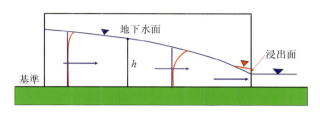

図 4.3 （本文 111 頁）

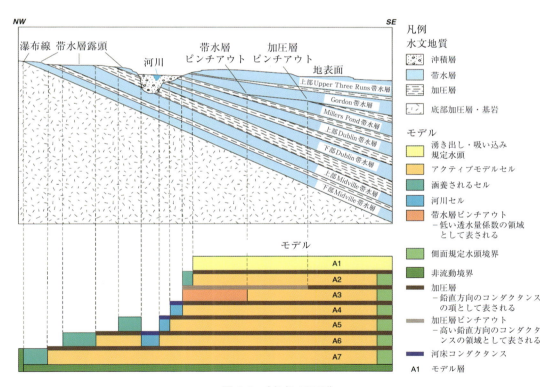

図 4.6 （本文 123 頁）

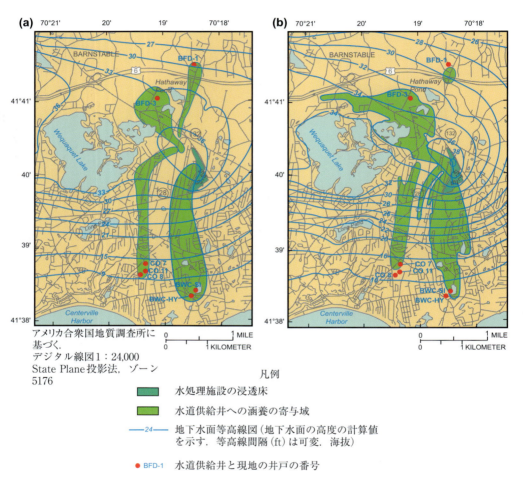

図 B4.1.3 （本文 114 頁）

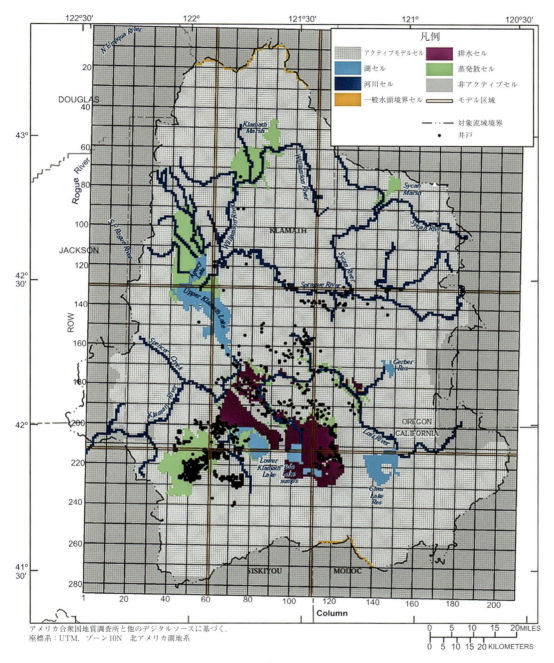

図 4.15 （本文 138 頁）

— 口絵 3 —

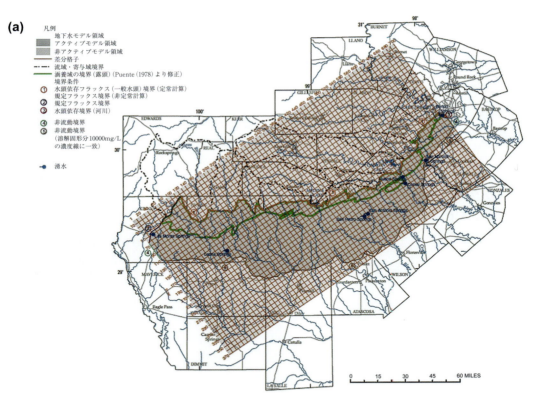

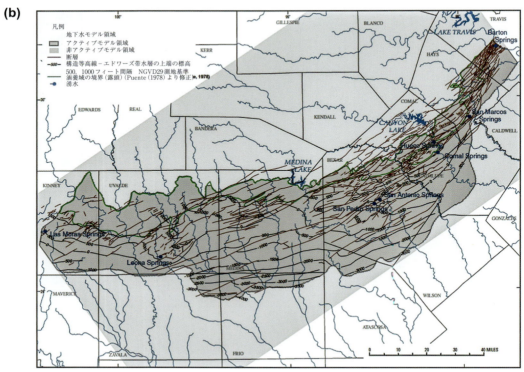

図 5.2 （本文 170 頁）

― 口絵 4 ―

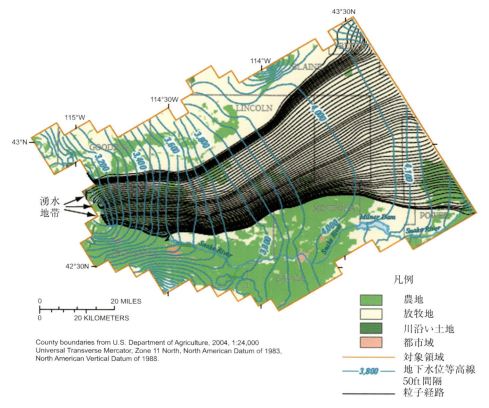

図 8.2(b) （本文 306 頁）

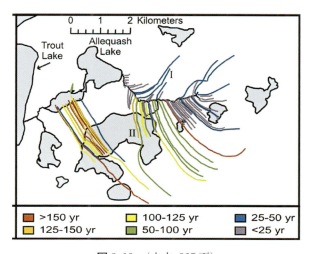

図 8.19 （本文 327 頁）

—口絵 5—

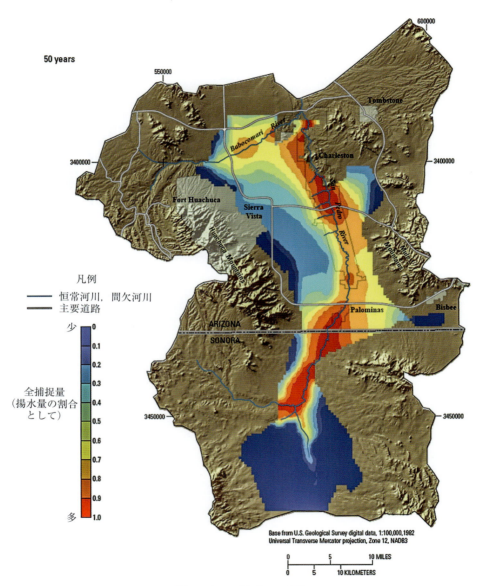

図 B8.3.2 （本文 330 頁）

—口絵 6—

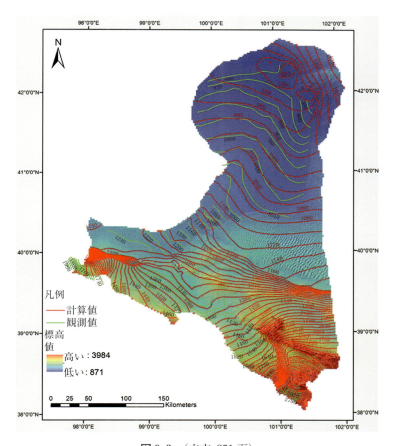

図 9.3 （本文 351 頁）

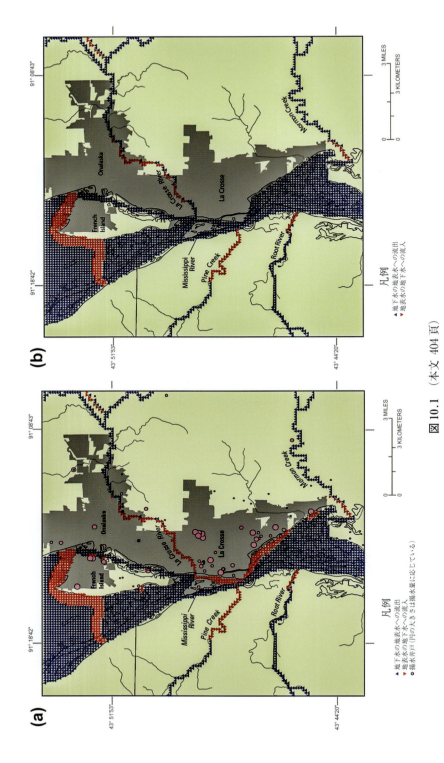

図10.1 (本文404頁)

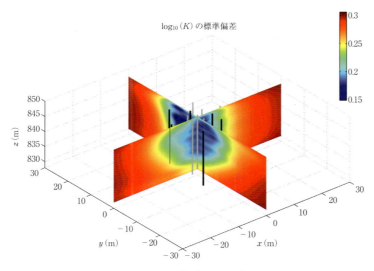

図 10.4 (本文 412 頁)

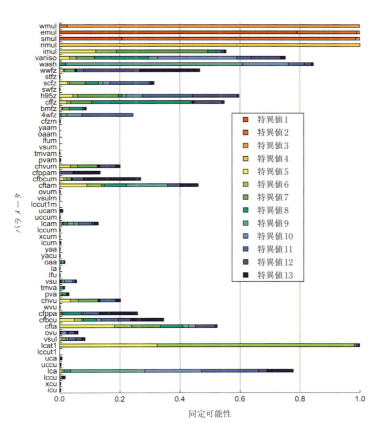

図 10.10 (本文 426 頁)

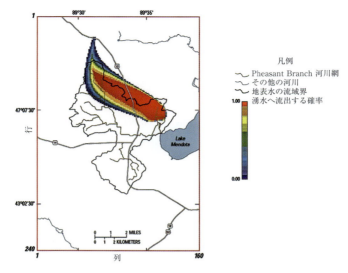

図 B10.4.2 （本文 432 頁）

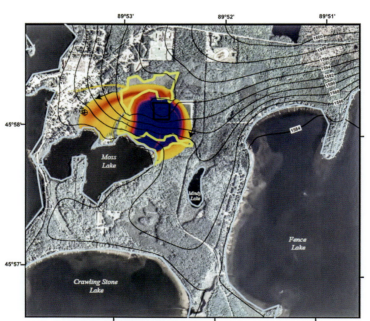

図 10.15 （本文 434 頁）

地下水モデル

実践的シミュレーションの基礎

第2版

Mary P. Anderson, William W. Woessner, Randall J. Hunt
著

堀野 治彦・諸泉 利嗣・中村 公人・大西 健夫・吉岡 有美
訳

共立出版

Applied Groundwater Modeling, Simulation of Flow and Advective Transport
by Mary Anderson, William Woessner, Randall Hunt

Copyright @ 2015, 2002 Elsevier Inc., All rights reserved.

This edition of Applied Groundwater Modeling, Simulation of Flow and Advective Transport by Mary Anderson, William Woessner, Randall Hunt is published by arrangement with ELSEVIER INC., a Delaware corporation having its principal place of business at 360 Park Avenue South, New York, NY 10010, USA

Original ISBN: 978-0-12-058103-0

Japanese language edition published by KYORITSU SHUPPAN CO., LTD.

...to Charles, Jean, and Lori

まえがき

> 芸術と科学は方法論において接点がある．
> Edward George Bulwer-Lytton

　1992年の初版発刊以降，地下水モデリングに多くの重要な発展がみられたことが，この第2版発刊のきっかけとなった．演算処理速度の増加と近年のマルチコアコンピュータ容量の増加とともに，洗練されたグラフィカルユーザーインターフェース（GUIs）と地理情報システムの利用が可能となったことが，地下水モデリングを一変させた．しかしより重要なのは，モデルキャリブレーションと不確実性解析の新しい方法，および，新しい強力なコードがより強力なモデリングツールを提供してくれることが，地下水モデリングの科学に改革を起こしていることである．第2版では，1992年以降に開発された多くの応用地下水モデリングにおける重要な進化を説明する．また，初版で扱った地下水流動モデリングの基礎を，最新の記述に更新する．モデルキャリブレーションと予測（第2版の9章と10章）は，章まるごと新しく書かれたものであり，パラメータ推定と予測解析における不確実性解析のための新しいツールの説明が含まれる．初版と同様，本書は，地下水流動モデリングに関する応用科学への手引きとなることを意図している．そのため本書では地下水モデリングの実行に焦点を当てている．地下水モデリングのより理論的なアプローチは，Diersch（2014），Bear and Cheng（2010）による教科書を参照していただきたい．

　地下水流動の定量的解析は，すべての水文地質学的問題のために不可欠であり，そのためには地下水モデルが必須のツールである．地下水流動モデルは，水頭の時空間分布のように完全な観測や測定ができない値を求めることができる．関連して重要な情報である水収支，流速，地表水体や井戸からあるいはそれらへと向かう流路などは，水頭分布から計算することができる．本書の焦点は地下水流動モデルを習得することにあり，これは地下水モデルの作成者にとって重要な第一歩となる．

　地下水流動のみの解析で多くの地下水問題が解決できるが，地表面下での溶質あるいは汚染物質の移動を解析する必要がある問題もある．輸送モデルには移流，分散，化学反応の表現が含まれ，溶質あるいは汚染物質の濃度を求めることができる．輸送モデルは本書の範囲を超えているが，詳細な内容がZheng and Bennett（2002）で述べられている．しかしながら，輸送モデリングの出発点は優れた地下水流動モデルである．なぜなら，輸送コードは地下水流動モデルの出力値を利用しているからである．さらに，移流のみを考慮すれば対処可能な輸送問題もあり，この場合，地下水流動モデルのポストプロセッサーである粒子追跡コードを用いて流路と滞留時間を計算すればよい．この手の問題は，初版から改訂と更新をした粒子追跡についての章（第2版の8章）で議論する．

地下水モデリングに熟達するためには，技術と科学の両方が必要となる．地下水モデリングの科学には，基礎的なモデリング理論と数値解析手法が含まれる．地下水流動の数値モデリングに関連する科学や数学を扱っている上級，中級，初級の教科書が多くある．1992年以降，応用地下水科学は，パラメータ推定（逆解析）と不確実性解析の理論や手法を含むほどにまで拡張しており，これらのトピックに特化した専門書がある（たとえば，Doherty, 2015；Asterら, 2013；Hill and Tiedeman, 2007）．本書では，地下水モデルを現地の問題に適用するために必要な背景情報を示すこともあるが，読者は水文地質学やモデリングの基本的な原理は知っていると想定している．これらの基本原理は，Fitts (2013)，Kresic (2007)，Todd and Mays (2005)，Schwartz and Zhang (2003)，Fetter (2001) のような標準的な教科書で取り扱われている．差分法，有限要素法を含む地下水モデリングの初歩的な知識もまた有用であり，Wang and Anderson (1982) などで取り扱われている．

本書は，地下水モデルをツールとして適用しようとする人にとって理解しやすいように書かれている．かつてJohn Wilson教授（New Mexico Tech）が我々にいった例えを使えば，モデルを使用することは，車を運転するようなものである．優れたドライバーは，道路規則を熟知し，さまざまな状況において車をコントロールし事故を回避するための技術をもっている．しかし，ボンネットの中で起きている複雑なことを理解する必要はない．本書の目的は，どのようにして優良なドライバーとなり，さまざまな状況においてモデルを操縦し，"事故"を回避するかについて読者が学ぶことを助けることである．そのため，各章の最後に一般的なモデリングの間違いを示している．私たちが出くわした間違いもあれば，多くは私たち自身が犯した間違いである．最終的に，上手に操縦する方法を学んだ後には，モデル作成者はコードの構造（たとえば，ボンネットの中を見るように）が知りたくなるであろう．コードの構造を熟知することは，モデル作成者が特定のコードの長所と短所を理解する助けとなり，必要とあればコードを修正する際の助けともなる．

モデリングの技術は経験を通じて身につけることができる．地下水モデルを開発，適用することにより，"水文学的センス"とモデリングの勘が発達する（Hunt and Zheng, 2012）．本書は，モデリング技術に関する基本ステップのガイドラインを提供する．それは，概念モデルの開発，定性的な概念モデルの定量（数値）モデルへの翻訳，モデルの入力値と出力値の評価などである．"技術（技芸）と科学は方法論において接点がある"とすれば，我々の目的は地下水流動モデルを適用する方法を示すことであり，モデリング技術の熟達を望む人々を助けるための簡潔で包括的な手引きを提供することにある．

本書は4部から成る．第1部 モデリングの基礎（1, 2, 3章）では，モデリングの動機，概念モデルの定式化過程，理論的かつ数値的な基礎を説明している．第2部 数値モデルの設計（4章から7章）では，どのように地下水流動の概念モデルを数値モデルに翻訳するのかが述べられており，格子/メッシュの設計，境界条件と初期条件の選択，パラメータ値の設定が含まれる．第3部は，粒子追跡，キャリブレーション，予報，不確実性解析（8章から10章）についてであり，粒子追跡とモデルの性能について述べている．第4部 モデリングの報告書と先端の話題（11, 12

章）では，モデリングの報告書とアーカイブ，モデルの査読，地下水流動モデリングの先端の話題を簡潔に述べている．

　初版では，網羅的に引用を示して特定の流れや粒子追跡コードによりモデリングの仕組みを例示した．しかし，1992年以降，地下水コードの数，性能がともに劇的に上昇した．そのため第2版では，2つの代表的な地下水流動コード，MODFLOW（差分法），FEFLOW（有限要素法）においてどのように基礎的なモデリングの概念が実装されたかを示す．我々はMODFLOW（http://water.usgs.gov/ogw/modflow/MODFLOW.html）を使用した．その理由はフリーウェア，オープンソース，十分な文献資料，世界的な使用があり，アメリカでは規制や法廷といった場面での標準的なコードとなっているためである．商用コードであるFEFLOWは広く使用されており，多目的に使用でき，十分なサポートがあり，オンライン（http://www.feflow.com/）と教科書（Diersch, 2014）の両方で十分な資料がある．どのようにパラメータ推定の概念が実装されるかを示すために，PESTソフトウェア（http://www.pesthomepage.org）を選択した．コードをひとまとめにしたPEST（Doherty 2014, 2015；Welterら，2012；Fienenら，2013）は，フリーウェア，オープンソースであり，広くパラメータ推定に用いられるアプローチと多くの先端オプションを含んでいる．アメリカ地質調査所がサポートする（http://pubs.usgs.gov/tm/tm7c5/）PESTのバージョン（Welterら，2012によるPEST ++）もある．実際には，モデル作成者はGUIを通してコードを使用するのが一般的だろう．GUIを通してコードがどのように作動するかの詳細は本書では扱っていない．読者はGUIの練習に時間を割くことで，これらのコードや他のコードを使用することに熟達できる．

　初版以降，地下水モデリングで多くの新しい開発や発展がなされ，これらは膨大な文献により支えられている．それゆえに，第2版で記述する内容についていくつかの指針を設けた．

- "例外" よりも "標準" に着目する．これは，たいていの問題に十全に対処することができるアプローチを読者に説明するためである．
- 初級および中級レベルの地下水のモデル作成者にとってわかりやすい言葉と数学を使用し，専門用語は極力避ける．そのため，上級のモデル作成者にとっては，我々の表記が単純あるいは厳密さに欠くと感じることがあるかもしれない．
- ほとんどの部分では，広く入手可能なソフトウェアを引用した．応用地下水モデリングの圧倒的多数は市販のソフトウェアを用いて行われているためである．
- ソフトウェア，専門用語，方法は将来的に変化すると認識している．そのため，変化しない地下水モデリングの基本的な原理に着目した記述とする．しかし，詳細な記述が有用と考えた場合には，コード固有の言葉や変数名を使用する．
- 主として，古典（標準）的論文を引用するとともに21世紀に発行された研究を引用する．引用は，特定のトピックに関連する膨大な文献への入り口と捉えるべきである．つまり，引用文献はそれ自体を引用しているのみならず，その中で引用される研究すべてを引用しているわけである．こうして，読者は文献全体を調べ，研究の道筋を探索する機会を得ることができる．

アメリカ地質調査所が発行しているレポートは，http://www.usgs.gov あるいは Universal Resource Locator（URLs）からフリーでダウンロードできる．

科学の成熟に伴い，地下水モデリングはより学際的になり，関連する論文は非常に多様な雑誌で発表されている．どんな教科書でも関連するすべての文献を扱うことはできない．それゆえ，その貢献を見落としてしまった人々に対してあらかじめお詫びの意を示しておきたい．

第2版には関連ウェブサイト（http://appliedgwmodeling.elsevier.com）があり，背景資料，例題，他のモデリングに関する資料へのリンクが掲載されている．本書と一緒にこのウェブサイトが2つレベルで役に立つことを願っている．ひとつは，学部や修士課程の学生に地下水モデルの適用の教育のため，もうひとつは，環境コンサル，産業と行政機関の人々の参考書として．最も広くは，本書は，地下水流動モデルをどのように構築，使用，評価するかを学びたい人々を対象としている．我々は，本書を読むことが地下水モデリングという長い旅の後押しとなることを願う．

すべての準備はできている．あとは心の準備だけだ．
ヘンリー五世，第4幕

Mary P. Anderson, Madison, Wisconsin
William W. Woessner, Missoula, Montana
Randall J. Hunt, Cross Plains, Wisconsin

免責条項

　本書の内容は，水文地質学と地下水流動モデリングの基礎に精通している人が地下水流動の数値モデルを現地の問題に展開する際の指針を与えることを意図している．本書の情報は読者が誤りを最小にすることを手助けすることができると信じて示されているが，本書の使用によって発生する可能性のあるいかなる誤差，誤り，虚偽の表示に対して，著者，米国政府および著者が所属する機関あるいは出版社は一切の責任を負わない．また，その原因に関わらず，いかなる損害についても賠償は行わない．商標，会社名，製品名のいかなる使用も説明を目的としたものであり，米国政府による承認を意味するものではない．

謝　辞

　本書の査読者による多くの貴重なコメントに感謝申し上げる．特に本書を通して読み，多くの技術的および編集上の有益なコメントを示してくれた Charles Andrews と Rodney Sheets，最終版に近い原稿に対する徹底的で注意深い査読を行った Kevin Breen に特に感謝したい．Michael Cardiff, Michael Fienen, Andrew Leaf, Jeremy White は第 9, 10 章に関して思慮に富んだ詳細なコメントを与えてくれた．Hans-Jorg Diersch, Henk Haitjema, Kurt Zeiler は他の章について価値のあるコメントを示した．

　また，長年にわたって会話や電子メールを通して洞察や支援を提供してくれた以下の方々にも感謝する．Daron Abby, Daniel Abrams, William Arnold, Jean Bahr, Mark Bakker, Paul Barlow, Brian Barnett, Okke Batelaan, Jordi Batlle-Aguilar, Steffen Birk, Kenneth Bradbury, John Bredehoeft, Philip Brunner, John Cherry, Steen Christensen, Brian Clark, K. William Clark, Thomas Clemo, Peter Cook, Le Dung Dang, Alyssa Dausman, Geoff Delin, Martin Dietzel, John Doherty, Matthew Ely, Daniel Feinstein, Charles Fitts, Devin Galloway, Joseph Guillaume, Keith Halford, Randall Hanson, Arlen Harbaugh, Glenn Harrington, David Hart, Mary Hill, Joseph Hughes, Steven Ingebritsen, Dylan Irvine, Anthony Jakeman, Scott James, Igor Jankovic, Paul Juckem, Elizabeth Keating, Victor Kelson, Stefan Kollet, Leonard Konikow, James Krohelski, Eve Kuniansky, Christian Langevin, Stanley Leake, Yu-Feng Lin, Fabien Magri, Marco Maneta, Steve Markstrom, Gregoire Mariethoz, Luis Marin, Ghislain de Marsily, Paul Martin, James McCallum, David McWhorter, Steffen Mehl, Allen Moench, Leanne Morgan, Eric Morway, Shlomo Neuman, Christopher Neuzil, Christopher Neville, Tracy Nishikawa, Richard Niswonger, Saskia Noorduijn, Gunnar Nutzmann, Thomas Osborne, Sorab Panday, Berh Parker, Adam Perine, Eileen Poeter, Vincent Post, David Prudic, Larry Putnam, Todd Rayne, R. Steve Regan, James Rumbaugh, Willem Schreuder, Margaret Shanafield, Craig Simmons, Campbell Stringer, Otto Strack, Michael Sukop, Amelia Tallman, Michael Teubner, Lloyd Townley, Herbert Wang, Lieke Van Roosmalen, Chani Welch, David Welter, Adrian Werner, Stephen Westenbroek, Gerfried Winkler, Ray Wuolo, Yueqing Xie, Richard Yager, Chunmiao Zheng, Vitaly Zlotnik, オーストラリアの Flinders 大学の 2011 and 2012 NCGRT Modeling and Research Groups のメンバー．Marie Dvorzak はウィスコンシン大学 Madison 校において図書館支援を行った．Mary Devitt と彼女の Crossroads Coffeehouse のスタッフは執筆活動の一部の「作業スペース」と「燃料」を提供してくれた．心から感謝している．最後になるが，我々の家族，特に伴侶と James Hunt, Johanna Hunt の忍耐力に感謝する．

感謝以外に答えはない，そして感謝，そしていつも感謝している．
十二夜，第 3 幕，第 3 場

訳者まえがき

　本書は，2015年に出版された Applied Groundwater Modeling — Simulation of Flow and Advective Transport — の第2版を翻訳したものである．第1版は，藤縄克之 現信州大学名誉教授のグループによって訳されて1994年に出版されている．当時は地下水汚染が社会問題として注目される中で正確な地下水流動シミュレーションの重要性が増していたが，地下水流動シミュレーションをいかに実際の現場の問題に適用するかといった視点から書かれた内容は特に実務者にとって有用なものであった．現在では，さらに洗練された地下水モデル（たとえば，MODFLOW や FEFLOW など）がユーザーにとってより使いやすい形で提供されていることから，第2版においても引き続き，理論の詳細というよりも，「地下水モデルをいかに実行させるのか」ということに終始焦点を当てている．そのため，「地下水モデル」というタイトルから想像するより，非常に数式は少なく，主には第3章の数学的基礎とコンピュータコードに限られる．地下水モデルの基礎理論に興味のある方は，たとえば，藤縄克之著「環境地下水学」（共立出版），日本地下水学会 地下水流動解析基礎理論のとりまとめに関する研究グループ編「地下水シミュレーション—これだけは知っておきたい基礎理論」（技報堂出版），古本とはなるが，P.S. フヤコーン・G.F. ピンダー（赤井浩一訳監修）「地下水解析の基礎と応用」（上巻 基礎編，下巻 応用編）（現代工学社）などの良著を参照していただきたい．

　第2版の大きな特徴は，モデルキャリブレーション（第9章），予報と不確実性解析（第10章）の章が新たに加わったことである．モデルに必要な各種の帯水層パラメータなどをいかに決定するかはモデル構築の上できわめて重要な課題である．また，モデルにはさまざまな不確実性が含まれており，それを踏まえて計算結果を確率的に評価しなければならない．これらの内容まで含まれた地下水モデルに関する他書は多くはない．この第9章と第10章が組み込まれたことによって，本書は一連の地下水モデル化の作業が完結する内容となっている．

　わが国では，健全な水循環を維持するために，流域としてその水循環を総合的かつ一体的に管理することなどを基本理念とした水循環基本法が2014年に制定され，水循環の状態を地域や流域ごとに把握することが非常に重要になってきている．地下水は水循環を構成する要素として無視することはできない．地下水の実態把握のためには，地下水位の時空間的な観測だけではなく，地域ごとに地下水モデルが構築されることがますます必要となってくるであろう．将来の地下水の保全と利用のバランスを考えた地下水管理の提案のためにも地下水モデルは有効である．地下水モデルを扱うことになる関係者が，原著者がまえがきで述べているように，地下水モデルの優良ドライバーとなっていただくことに対して，本書が少しでも貢献できれば幸いである．

　最後に，今回の翻訳を通して地下水モデルについて改めて勉強する機会を与えてくださった藤縄

克之先生に心より感謝申し上げる．また，筆が遅い我々に辛抱強くお付き合いくださった共立出版（株）の瀬水勝良氏に深謝する次第である．

2019年（令和元年）5月

堀野治彦，諸泉利嗣，中村公人，大西健夫，吉岡有美

目　次

第1部　モデリングの基礎

第1章　緒論（イントロダクション）

1.1　モデリングの動機············3
1.2　モデルとは············4
　　1.2.1　物理モデル············5
　　1.2.2　数理モデル············5
1.3　モデルの目的············9
　　1.3.1　予測/追算モデル············10
　　1.3.2　解釈モデル············10
1.4　モデルの限界············11
　　1.4.1　非一意性············11
　　1.4.2　不確実性············12
1.5　モデルの倫理············12
　　1.5.1　モデルの設計············13
　　1.5.2　モデルのバイアス············14
　　1.5.3　結果のプレゼンテーション············14
　　1.5.4　コスト············15
1.6　モデルの作成手順············15
　　1.6.1　作成手順のステップ············16
　　1.6.2　検証と妥当性評価············18
1.7　よくあるモデリングの誤り············19
1.8　本書の使い方············20
　　問　題············20
　　参考文献············21

Box 1.1　データ駆動型（ブラックボックス）モデル············5

第2章　モデリングの目的と概念モデル

2.1　モデリングの目的············27
2.2　概念モデル：定義と一般的な特徴············28
2.3　概念モデルの構成············33
　　2.3.1　境　界············34

2.3.2　水文層序学的特性と水文地質学的特性 ………………………………… 38
　　　2.3.3　流向と湧き出し・吸い込み ………………………………………………… 49
　　　2.3.4　地下水の水収支成分 ………………………………………………………… 52
　　　2.3.5　補足的な情報 ………………………………………………………………… 54
2.4　概念モデルの不確実性 ………………………………………………………………… 55
2.5　よくあるモデリングの誤り …………………………………………………………… 56
　　問　題 ……………………………………………………………………………………… 57
　　参考文献 …………………………………………………………………………………… 59

Box 2.1　地理情報システム（GIS）…………………………………………………………… 32
Box 2.2　空洞の表現 …………………………………………………………………………… 48

第3章　数学的基礎とコンピュータコード

3.1　序　論 …………………………………………………………………………………… 65
3.2　地下水流の支配方程式 ………………………………………………………………… 66
　　　3.2.1　仮　定 ………………………………………………………………………… 66
　　　3.2.2　導　出 ………………………………………………………………………… 67
3.3　境界条件 ………………………………………………………………………………… 72
3.4　解析的モデル …………………………………………………………………………… 73
　　　3.4.1　解析解法 ……………………………………………………………………… 73
　　　3.4.2　解析要素（AE）モデル …………………………………………………… 75
3.5　数値モデル ……………………………………………………………………………… 79
　　　3.5.1　差分法 ………………………………………………………………………… 80
　　　3.5.2　有限要素法 …………………………………………………………………… 82
　　　3.5.3　コントロールボリューム差分法 …………………………………………… 84
　　　3.5.4　求解法 ………………………………………………………………………… 87
3.6　コードの選択 …………………………………………………………………………… 90
　　　3.6.1　コードの検証 ………………………………………………………………… 91
　　　3.6.2　水収支 ………………………………………………………………………… 91
　　　3.6.3　実績の記録 …………………………………………………………………… 93
　　　3.6.4　GUI（グラフィカルユーザーインターフェース）……………………… 93
3.7　コードの実行 …………………………………………………………………………… 94
　　　3.7.1　シミュレーションログ ……………………………………………………… 94
　　　3.7.2　実行時間 ……………………………………………………………………… 96
　　　3.7.3　閉合基準と解の収束 ………………………………………………………… 96
3.8　よくあるモデリングの誤り …………………………………………………………… 98
　　問　題 ……………………………………………………………………………………… 98
　　参考文献 …………………………………………………………………………………… 101

Box 3.1　透水係数テンソル……………………………………………………………69
Box 3.2　解析解法による洞察………………………………………………………73

第2部　数値モデルの設計

第4章　モデルの次元と境界設定

4.1　空間の次元……………………………………………………………………………109
　　4.1.1　2次元モデル……………………………………………………………………109
　　　　4.1.1.1　平面モデル………………………………………………………………109
　　　　4.1.1.2　断面モデル………………………………………………………………115
　　4.1.2　3次元モデル……………………………………………………………………121
4.2　境界の選択……………………………………………………………………………124
　　4.2.1　物理的境界………………………………………………………………………125
　　　　4.2.1.1　難透水性の地層との接触………………………………………………125
　　　　4.2.1.2　破砕帯と断層……………………………………………………………126
　　　　4.2.1.3　地表水体…………………………………………………………………127
　　　　4.2.1.4　淡水と海水の界面………………………………………………………128
　　4.2.2　水理的境界………………………………………………………………………132
　　　　4.2.2.1　流線（地下水分水嶺）…………………………………………………132
　　　　4.2.2.2　等ポテンシャル線（定水頭/定流量）…………………………………132
4.3　数値モデルにおける境界条件の設定………………………………………………134
　　4.3.1　格子/メッシュにおける境界の設定…………………………………………134
　　4.3.2　規定水頭境界……………………………………………………………………135
　　4.3.3　規定流量境界……………………………………………………………………135
　　4.3.4　水頭依存境界……………………………………………………………………139
　　　　4.3.4.1　地表水体…………………………………………………………………140
　　　　4.3.4.2　排水路……………………………………………………………………142
　　　　4.3.4.3　地下水面からの蒸発散（ET）…………………………………………143
　　　　4.3.4.4　側面境界流れと空間的に離れた境界…………………………………145
4.4　地域モデルからの局所境界条件の抽出……………………………………………145
4.5　地下水面のシミュレーション………………………………………………………148
　　4.5.1　固定節点…………………………………………………………………………150
　　4.5.2　可動節点…………………………………………………………………………151
　　4.5.3　不定飽和流コード………………………………………………………………152
4.6　よくあるモデリングの誤り…………………………………………………………155
　　問　題……………………………………………………………………………………155
　　参考文献…………………………………………………………………………………160

Box 4.1　2次元または3次元 D-F 近似 ………………………………………………112

Box 4.2　断面モデル……………………………………………………………115
Box 4.3　差分断面モデルの表計算ソフトによる解法…………………………118
Box 4.4　淡水と海水の界面……………………………………………………129
Box 4.5　HDBから生じる大きな水収支誤差…………………………………140
Box 4.6　何が地下水面をコントロールするか………………………………152

第5章　空間的離散化とパラメータの割り当て

5.1　空間の離散化……………………………………………………………………167
　　5.1.1　格子/メッシュの配向………………………………………………169
　　5.1.2　差分格子………………………………………………………………169
　　　　5.1.2.1　構造化格子……………………………………………………171
　　　　5.1.2.2　非構造化格子…………………………………………………175
　　5.1.3　有限要素メッシュ……………………………………………………179
5.2　水平方向の節点間隔……………………………………………………………185
　　5.2.1　解の精度………………………………………………………………185
　　5.2.2　キャリブレーションターゲット……………………………………186
　　5.2.3　周囲境界の配置………………………………………………………186
　　5.2.4　不均質性………………………………………………………………186
　　5.2.5　断層，管流，障壁……………………………………………………187
　　5.2.6　内部の湧き出しと吸い込み…………………………………………188
5.3　モデルレイヤー…………………………………………………………………190
　　5.3.1　鉛直方向の離散化……………………………………………………192
　　5.3.2　レイヤーの型…………………………………………………………196
　　5.3.3　レイヤーの標高………………………………………………………197
　　5.3.4　尖滅と断層……………………………………………………………198
　　5.3.5　傾斜した水文地質単元………………………………………………198
5.4　パラメータ………………………………………………………………………203
　　5.4.1　材質特性パラメータ…………………………………………………204
　　　　5.4.1.1　透水係数………………………………………………………204
　　　　5.4.1.2　貯　留…………………………………………………………207
　　　　5.4.1.3　鉛直漏出，抵抗，透過性……………………………………208
　　　　5.4.1.4　全間隙率と有効間隙率………………………………………210
　　5.4.2　水文学的パラメータ…………………………………………………210
　　　　5.4.2.1　涵　養…………………………………………………………210
　　　　5.4.2.2　揚水速度………………………………………………………214
　　　　5.4.2.3　蒸発散（ET）…………………………………………………215
5.5　パラメータの割り当て…………………………………………………………215
　　5.5.1　一般的な原理…………………………………………………………215
　　5.5.2　レイヤーへの貯留パラメータの割り当て…………………………216

	5.5.3　格子あるいはメッシュへの割り当て	216
	5.5.3.1　領域区分	217
	5.5.3.2　補　間	217
	5.5.3.3　混成アプローチ	221
5.6	パラメータの不確実性	221
5.7	よくあるモデリングの誤り	221
	問　題	223
	参考文献	227

Box 5.1	不規則差分格子に内在する数値誤差	175
Box 5.2	鉛直方向の異方性と変換断面	183
Box 5.3	透水係数のアップスケール：層状の不均質性と鉛直方向の異方性	193
Box 5.4	浸透が涵養になるとき	211

第6章　湧き出し・吸い込みを掘り下げる

6.1	はじめに	235
6.2	揚水井および注入井	237
	6.2.1　差分法の井戸節点	240
	6.2.2　有限要素法の井戸節点および複数節点井戸	240
	6.2.3　差分モデルにおける複数節点井戸	241
6.3	空間的な分布をもつ湧き出し・吸い込み	247
6.4	排水および湧水	249
6.5	河　川	250
6.6	湖	255
6.7	湿　地	259
6.8	よくあるモデリングの誤り	266
	問　題	267
	参考文献	270

Box 6.1	井戸節点周辺における節点間隔の設定指針	244
Box 6.2	流域モデリング	260
Box 6.3	地表水のモデリング	264

第7章　定常・非定常シミュレーション

7.1	定常シミュレーション	277
	7.1.1　始動時の水頭（開始水頭）	278
	7.1.2　境界条件	278
	7.1.3　定常条件の特徴化	278
7.2	定常なのか非定常なのか	281

- 7.3 非定常シミュレーション･･･283
- 7.4 初期条件･･･285
- 7.5 非定常シミュレーションのための周囲境界条件･･･････････････････････287
- 7.6 時間の離散化･･･289
  - 7.6.1 時間ステップとストレス期間････････････････････････････････289
  - 7.6.2 時間ステップの選定･･291
- 7.7 非定常条件の特徴付け･･･294
- 7.8 よくあるモデリングの誤り･･･296
  - 問 題･･･296
  - 参考文献･･･298

第3部 粒子追跡，キャリブレーション，予報と不確実性分析

第8章 粒子追跡

- 8.1 はじめに･･･303
- 8.2 速度の補間･･･309
  - 8.2.1 空間離散化の効果･･309
  - 8.2.2 時間離散化の効果･･311
  - 8.2.3 補間法･･313
- 8.3 追跡スキーム･･･316
  - 8.3.1 準解析的方法･･316
  - 8.3.2 数値的方法･･317
- 8.4 弱い吸い込み･･･319
- 8.5 応 用･･･320
  - 8.5.1 流動系解析･･326
  - 8.5.2 捕捉帯と寄与域･･327
  - 8.5.3 汚染物質の移流輸送･･331
- 8.6 粒子追跡コード･･･332
- 8.7 粒子追跡のよくある誤り･･･334
  - 問 題･･･334
  - 参考文献･･･337

- Box 8.1 有効間隙率･･･304
- Box 8.2 流線網･･･307
- Box 8.3 捕捉帯と寄与域の詳細･･･328

第9章 モデルキャリブレーション：性能評価

- 9.1 はじめに･･･341

9.2　履歴との整合の限界……………………………………………………344
9.3　キャリブレーションターゲット…………………………………………345
　　9.3.1　水頭ターゲット………………………………………………346
　　9.3.2　フラックスターゲット………………………………………347
　　9.3.3　ターゲットのランキング……………………………………349
9.4　手動の履歴との整合………………………………………………………350
　　9.4.1　モデル出力値と観測値との比較……………………………350
　　9.4.2　調整するパラメータの選択…………………………………356
　　9.4.3　手動の試行錯誤による履歴との整合………………………358
　　9.4.4　手動によるアプローチの限界………………………………359
9.5　パラメータ推定：自動化試行錯誤による履歴との整合………………360
　　9.5.1　ターゲットの重み付け………………………………………364
　　9.5.2　最良の適合の探索……………………………………………365
　　9.5.3　統計解析………………………………………………………372
9.6　正規化インバージョンによる密にパラメータ化されたモデルキャリブレーション…373
　　9.6.1　キャリブレーションパラメータの数の増加………………374
　　9.6.2　パラメータ推定の安定化……………………………………377
　　　　9.6.2.1　経験知の追加：Tikhonov の正規化……………………377
　　　　9.6.2.2　次元を下げる：部分空間の正則化……………………382
　　9.6.3　パラメータ推定過程の高速化………………………………385
9.7　キャリブレーションとモデル性能評価の作業フロー…………………387
9.8　よくあるモデリングの誤り………………………………………………391
　　問　題………………………………………………………………………392
　　参考文献……………………………………………………………………395

Box 9.1　パラメータ推定の歴史的背景……………………………………362
Box 9.2　パラメータ推定コード実行のためのこつ………………………370
Box 9.3　パイロットポイントによる効果的なパラメータ化のこつ……381
Box 9.4　「非常に価値のある分解」──地下水モデルでの利点………383
Box 9.5　コード/モデルの検証と妥当性評価………………………………387
Box 9.6　さらなるパラメータ推定ツール…………………………………390

第10章　予報と不確実性解析

10.1　はじめに……………………………………………………………………403
10.2　不確実性の特徴……………………………………………………………407
10.3　不確実性の取り扱い………………………………………………………413
10.4　基本的な不確実性解析……………………………………………………418
　　10.4.1　シナリオモデリング…………………………………………418
　　10.4.2　線形不確実性解析……………………………………………420

　　　　　　10.4.2.1　線形不確実性解析の例 …………………………………… 424
10.5　進んだ不確実性解析 …………………………………………………… 429
　　　10.5.1　単一概念化による不確実性解析 ……………………………… 429
　　　10.5.2　複数の概念化による不確実性解析 ………………………… 436
10.6　予報の不確実性レポート ……………………………………………… 438
10.7　予報の評価：事後監査 ………………………………………………… 440
10.8　よくあるモデリングの誤り …………………………………………… 442
　　問　題 ………………………………………………………………………… 442
　　参考文献 ……………………………………………………………………… 443

Box 10.1　地下水モデリングにおける不確実性解析の歴史的概観 ……… 406
Box 10.2　不均一な帯水層中の移動時間：正確な予報は不可能か …… 415
Box 10.3　データ収集のコスト・ベネフィット解析 ……………………… 427
Box 10.4　モンテカルロ法による予報の不確実性表現 …………………… 431

第4部　モデリングの報告書および先端のトピック

第11章　モデリングの報告，アーカイブ，査読

11.1　はじめに ………………………………………………………………… 453
11.2　モデリングの報告書 …………………………………………………… 455
　　　11.2.1　タイトル ………………………………………………………… 456
　　　11.2.2　概要書と要旨 …………………………………………………… 457
　　　11.2.3　序　論 …………………………………………………………… 457
　　　11.2.4　水文地質学的な設定と概念モデル …………………………… 458
　　　　　　11.2.4.1　水文地質環境 ……………………………………… 458
　　　　　　11.2.4.2　システムの特性 …………………………………… 458
　　　　　　11.2.4.3　観　測 ……………………………………………… 459
　　　　　　11.2.4.4　概念モデル ………………………………………… 459
　　　11.2.5　数値モデル ……………………………………………………… 459
　　　　　　11.2.5.1　支配方程式とコード ……………………………… 460
　　　　　　11.2.5.2　設　計 ……………………………………………… 460
　　　　　　11.2.5.3　モデルの実行 ……………………………………… 461
　　　　　　11.2.5.4　キャリブレーション ……………………………… 461
　　　11.2.6　予測計算と不確実性解析 ……………………………………… 463
　　　11.2.7　考　察 …………………………………………………………… 464
　　　11.2.8　モデルの仮定，単純化，限界 ………………………………… 464
　　　11.2.9　まとめと結論 …………………………………………………… 465
　　　11.2.10　引用文献 ……………………………………………………… 465

	11.2.11 付　録	465
11.3	モデルのアーカイブ化	466
11.4	モデリング報告書の査読	467
11.5	報告書/アーカイブの準備と査読におけるよくある誤り	469
	問　題	470
	参考文献	470

第12章　先端の話題

12.1	序　論	473
12.2	複雑な地下水流動過程	475
	12.2.1 亀裂と管内の流れ	475
	12.2.2 帯水層の圧縮	476
	12.2.3 不定飽和流	477
	12.2.4 変動密度流	477
	12.2.5 多相流	478
	12.2.6 モデルの結合と連成	479
12.3	輸送過程	479
12.4	地表水過程	480
12.5	地下水の確率モデル	481
12.6	意思決定支援と最適化	482
12.7	おわりに	484
	参考文献	484

索　引　491

第1部
モデリングの基礎

> データを得る前に推理するのは，大きな間違いだ．知らず知らずに，事実を説明するための推理をするのでなく，推理に合うように事実をねじ曲げてしまう．
>
> シャーロック・ホームズ『ボヘミアの醜聞』，
> Sir Arthur Conan Doyle より

　第1章と第2章では，モデリングのプロセスを概観し，モデリングの目的および数値モデルの基礎となる概念モデルを論じる．第3章では，地下水モデリングで用いられる微分方程式と境界条件，解析モデル，解析要素モデル，数値モデル（差分モデル，有限要素モデル，コントロールボリューム差分モデル）の解法を概観する．また，コードの選択，実行，水収支計算についても議論する．

第 1 章

緒論（イントロダクション）

科学とは，芸術同様，自然の模倣ではなく，
自然の再創造である．

Jacob Bronowski

（1956，「科学と人間的価値」第 1 部）

1.1 モデリングの動機

　地下水学者は，よく地下水流動や地下水資源管理に関する質問を受ける．典型的には，次のような質問を受ける．

- 中国北部平原における地下水揚水が，今後 100 年にわたって地下水位に及ぼす影響はどのようなものでしょうか．
- アメリカ合衆国ウィスコンシン州 Madison で提案されている土地利用計画は，地域の湿地や河川への地下水流入量にどのような影響を及ぼすでしょうか．
- 今後 50 年，Nubian Sandstone 帯水層におけるリビアとエジプトの地下水位に対して，水資源配分に関する水管理計画がどのような影響を与えるでしょうか．
- 気候変動は，北部ウィスコンシン州の温帯林における地下水位や地表水への地下水の流出にどのような影響を及ぼすでしょうか．
- グヤナ（Guyana）の鉱山の露天掘りにより形成された湖の水位が，排水停止後に平衡状態に到達するためにはどの程度の時間が必要でしょうか．
- オーストリアの Graz の飲料水を提供する地下水井の集水域はどの程度の範囲なのでしょうか．
- Mexico City の埋立地地下の粘土遮水層の漏水量を見積もるためには，どのようなタイミングでどの地点で水をサンプリングすればよいでしょうか．
- 東京の工場跡地において，地下水に溶出した汚染物質が敷地外に到達するのに，どの程度の時間がかかるでしょうか．

このような一見素朴に見える質問に答えるにも，水文地質学的見識，洞察，専門的な判断が必要であるのみならず，水文地質学的情報と分析が必要となる．比較的単純な地下水問題であっても，帯水層パラメータと揚水量や涵養量といった水文学的な外部強制力に関わる値が必要となる．

地下水モデルは，現場の情報を統合し，水文地質学的素過程を理解するための定量的な枠組みを提供してくれる．モデルの構築によって，モデル作成者はモデルの仮定に含まれる誤差や考慮されていなかった過程に気がつくことができる．いい換えると，「モデルは，システムの作動原理を考える訓練になる（Anderson, 1983）」．こういった理由から，水文地質学研究の最初の段階から数理モデルを適用するべきであり，そうすることによって本質的な問題に答えることができる（たとえば，Bredehoeft and Hall, 1995）．

Tóth（1963）が力説したモデルの正当性，つまり「個別の現象が地下水流により関連しているが，個別の現象すべてを観測することはできない．しかし，理論を正しく活用すれば，関連する現象すべてを明らかにすることができ，地下水流動現象のうち一番重要な特性に注目することができる．」という考えは現在も通用するものである．別の見方をすれば，地下は直接見ることができないために，観測データの不足により解析が進まないことがある．このとき，地下水モデルは地下水システムを記述する最も説得力のある方法である．つまり，情報量が多く定量的な分析結果を示すことができ，計画の実行結果を予測することもできるのである．

水文地質学的な問題のすべてでモデルが必要なわけではないにしても，ほとんどすべての地下水問題に対して，ある種のモデルが有効である．たとえ，それが観測データを統合し，概念モデルを適用するというだけのモデルであったとしても，「なぜモデルなのか？」という問いからは，「モデルでなければ何がある？」という問いが導かれる．本書の第1版では，モデルに価値があるのかという議論をしたが，今日においては，地下水モデルは，地下水問題に言及するために必要不可欠な道具であることが受け入れられている．

1.2 モデルとは

モデルは，複雑な自然界を単純化して表現したものである．たとえば，道路地図はモデルの一種である（Wang and Anderson, 1982）．複雑な道路ネットワークを簡潔な方法で表現することで，目的地へナビゲーションしてくれる．同様に，地下水の概念モデルは，水文地質学的な知見を，文章，フローチャート，断面図，ブロックダイアグラム，表などの形式で単純化し，要約したものに他ならない．概念モデルは，現場で得られる情報および現場で入手可能な類似の知見に基づき，過去や現在におけるシステムの状態を表現したものである（2.2節）．より強力なモデルは，複雑な地下の水文地質条件を単純化し，水頭の時空間分布を定量的に表現したものである．大まかにいえば，地下水モデルは，物理（実験室）モデルと数理モデルに区分される．

1.2.1 物理モデル

物理モデルは，多孔質体（通常は砂）を充填した水槽（タンク）や円柱（カラム）実験を室内で行うことを含み，地下水頭や地下水流を直接測定する．ダルシー（1856）による先駆的な実験でも，砂を充填したカラムの直径や長さをいろいろに変化させて水頭を測定し，多孔質体中の流れが水頭勾配に比例することを示した．物理モデルは，通常，実験室のスケールをもつ（たとえば，Mamer and Lowry, 2013；Illman ら，2012；Sawyer ら，2012；Fujinawa ら，2009）．電流や粘性流体を模して地下水流を表す室内実験をアナログモデルという．電流に模したモデルを電流アナログモデルと呼び，たとえば Skibitzke（1961）がある．また粘性流体を模したモデルを Hele-Shaw モデルあるいは平行板モデルと呼び，Collins and Gelhar（1971）などがある．アナログモデルの中でも，電流アナログモデルは，デジタルコンピュータが普及する前の1960年代に重要なモデルであった（たとえば，Bredehoeft（2012）を参照）．

1.2.2 数理モデル

2種類の数理モデルを取り上げる．ひとつは，データ駆動型モデルであり，もうひとつは，プロセス型モデルである．データ駆動型，つまり，ブラックボックスモデル（Box 1.1）は，得られるデータから経験式あるいは統計的な関係式を導き，簡単に測定が可能な変数（たとえば降水）から，未知の変数（たとえば地下水面の水頭）を計算する方法である．プロセス型モデル（物理モデルともいわれることがあるが，この語法は Beven and Young（2013）によって否定された）は，物理過程と物理的な原理を用いて，解析の対象としている領域内の地下水流動を表現する．プロセス型モデルには確率論的モデルと決定論的モデルがある．モデルのパラメータのいくつかが確率分布をもっているときには，モデルは確率論的であり，そうでない場合に決定論的である．本書は，プロセス型決定論的モデルに焦点を当てているが，Box 10.1, 10.4, 12.5節で確率論的モデルについても簡単ではあるが議論する．

Box 1.1　データ駆動型（ブラックボックス）モデル

データ駆動型モデルは，系のプロセスや物理的特性を考慮することなく，入力値（たとえば，降水による涵養）に対する系の応答を計算する．現場に固有の経験式あるいは統計的な式を立て，パラメータをフィッティングさせることにより，入力値に応答した水位や流動量の履歴（時系列変化）を再現できるようにする．そして，得られた式を用いて将来の入力値に対する応答を計算する．データ駆動型モデルは，大量の観測値を必要とする．理想的には，系に作用する入力値がとり得る範囲をすべて網羅していることが望ましい．データ駆動型モデルは単独で使用されることもあれば（たとえば，Bakker ら，2007），プロセス型モデルと併用して用いられることもある（たとえば，Gusyev ら，2013；Demissie ら，2009；Szidarovszky ら，2007）．

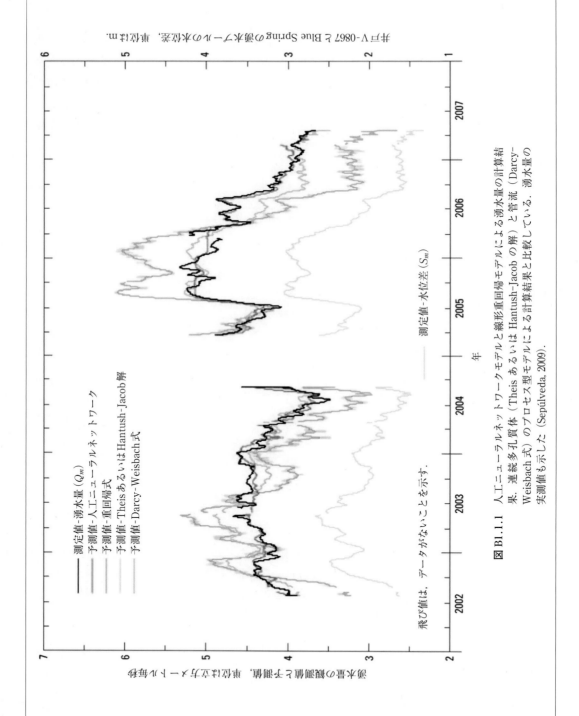

図 B1.1.1 人工ニューラルネットワークモデルと線形重回帰モデルによる湧水量の計算結果．連続多孔質体（Theis あるいは Hantush–Jacob の解）と管流（Darcy–Weisbach 式）のプロセス型モデルによる計算結果と比較している．湧水量の実測値も示した（Sepúlveda, 2009）．

データ駆動型モデルの初期の適用例は，カルスト帯水層の応答であり（Dreiss, 1989），カルスト帯水層への適用は徐々に普及し，成功を収めている（**図 B1.1.1**）．近年の研究で注目を集めているデータ駆動型モデルに，人工ニューラルネットワークモデル（Artificial Neural Network）がある（たとえば，Sepúlveda, 2009；Feng ら，2008；Coppola ら，2005）．また，ベイズネットワークを用いたデータ駆動型モデルもある（たとえば，Fienen ら，2013）．

一般には，プロセス型モデルが，データ駆動型モデルよりも好まれる．その理由は，大量の観測データがない場合や，気候変動に対する応答といった入力値が過去の記録からは得られないような場合にも，妥当な予測値を与えることができるからである．

プロセス型モデルは，対象領域内の物理過程を記述する支配方程式，領域境界上の水頭や流れを特定する境界条件，シミュレーション開始時の対象領域内の水頭を特定する初期条件，から構成されている．数理モデルの解は，解析的，あるいは，数値的に求めることができる．地下水流の数理モデルでは，水頭の空間分布に関して解を求めることになる．非定常問題の場合には，空間のみならず時間的な変化も求めることになる．

解析的モデルの場合には，数学的に解が得られるように問題を定義するため，自然界をかなりの程度単純化しなければならない．解析解とは，方程式の解を求めることにより，従属変数（たとえば，水頭）の空間分布を得ることである．なお，非定常解の場合には，時空間的な分布を求めることになる．単純な解析解ならば，電卓で求めることができるが，より複雑な解の場合には，エクセルのようなスプレッドシートやコンピュータプログラム（Barlow and Moench, 1998），あるいは，専門的なソフト（たとえば，MATLAB, http://www.mathworks.com/products/matlab/）が必要となる．解析解が得られるように仮定を設けることで，解の得られる問題が限定されてしまうため，実際の地下水問題にはほとんど適用できない．たとえば，3次元流動，不均質な水文地質学的条件，あるいは，実際の境界がもつ幾何学的形状などは解析的には取り扱えない．Theis（1935）による帯水層試験の解析解でさえ，数値解により置き換えられつつある（たとえば，Li and Neuman 2007；Yeh ら，2014）．しかし，解析的モデルは，ある種の問題には未だ有効であり，地下水の挙動に関する重要な洞察を与えてくれるものでもある（Box 3.2）．解析的モデルは，より複雑な数値モデルを構築する際の導きとなる便利な解釈ツールにもなる（Haitjema, 2006）．また，解析解を用いて数値モデルが正しくコードされているのかを検証することができる（1.6節）．

解析要素法（Analytic Element（AE）method）は，解析解をより複雑な問題に拡張する方法である（Haitjema, 1995；Strack, 1989）．ある型の解析解を重ね合わせる計算コードであり，解析解のことを解析要素と呼び，グリーン関数をもとに，点/線の湧き出し・吸い込みがあるときの解を含んだものになっている．解析要素法は，複雑な境界形状や不均質な領域を考慮することができるが，極度の不均質性を有する場合や非定常問題に対しては限定的にしか適用することができない（Hunt, 2006）．解析要素法の解法開発は，活発な研究分野となっている（たとえば，Kulman and Neuman, 2009）．現在，2次元の定常流問題に対して，最も頻繁に解析要素法が適用されている

(たとえば，Hunt, 2006；Haitjema, 1995)．また，解析要素法は，3次元非定常流問題の領域境界条件を与えるときにも有効なガイドとして用いられる（4.4節）．

典型的な数値モデルは，差分法（Finite Difference）あるいは有限要素法（Finite Element）である．複雑な境界条件と吸い込み・湧き出しをもつ不均質な媒体中における3次元の定常流問題ならびに非定常流問題，どちらも解くことができる．その汎用性ゆえに，地下水問題に広く適用可能であり，本書もこれらの手法に焦点を当てている．

数理地下水モデルは，局所的問題，地域的問題のどちらもシミュレートすることができる．解析的モデルや単純な数値モデルにより記述することができる，あるいはそうすべき問題もあるが，多くの問題は，精緻な地下水系の表現が必要となる．計算機能力の向上と新しい計算コードやツールのおかげで，複雑で巨大な地域規模の問題を効率的にシミュレートできるようになった．数値モデルの精緻さや複雑さの尺度には，考慮されているプロセスの数と，レイヤー，セル/要素，パラメータの数がある．数値モデルでは，モデル領域内の点（節点）にパラメータの値を割り当てるが，節点数が数百万個になることは珍しくない．たとえば，Frindら（2002）は，カナダ，オンタリオ州のWaterloo Moraine帯水層を，3次元の30層からなる有限要素モデルによりモデル化しており，1,335,790個の節点，2,568,900個の要素からなる．ミシガン湖流域の3次元差分モデルは，200万個以上の節点を用いている（Feinsteinら，2010）．Kolletら（2010）は，8×10^9個の有限要素セルをもつ地下水モデルに言及している．すべての節点，セル/要素に水理地質学的パラメータを割り当てる必要があるが，実際には，解析領域内を部分領域（ゾーン）に区分して，各領域内ではパラメータ値を一定として与えるのが通常である（5.5節）．領域区分（ゾーニング）により，パラメータの数を効果的に減少させることができる．パラメータ化の方法や複雑性に関する話題は，第9章で議論する．

「地下水モデル」，「モデル」という用語は，ある特定の問題に対する数学的な記述と入力データを意味する．「コード」という用語は，任意のモデルの入力データを取り扱うプログラムと地下水流動の過程を記述する方程式を解くプログラムのことを指す（3.2節）．コードは1つないし複数のプログラム言語で書かれており，コンピュータを用いて一連の方程式の解が求められる．たとえば，PESTと差分コードMODFLOWはFortranにより記述されており，PEST++と有限要素コードFEFLOWはC++により記述されている．地下水流動を解くためのコードは，水頭の時空間分布を計算し，併せて関連した量である流動量などを計算する．「粒子追跡コード」は，地下水流動計算コードによる出力値を用いて，地下水の流線（フローパス）と，そこから得られる移動時間を計算する（第8章）．地下水流動モデルを指して「コード」ということもあるが，コードを特定の問題に適用することをモデルと呼び，コードそれ自体は，モデルを解くための道具のことを指すものとして，モデルとは区別することにする．問題ごとに異なる地下水流動モデルが適用されるのに対し，同一のコードを用いて多くの異なる問題を解くことができるのである．

1.3　モデルの目的

地下水のモデリングを行うときに最初にするべきことは，モデルの目的を定めることである（図1.1）．最も一般的な目的は，将来の人間活動や水文条件が及ぼす影響を予測することである．しかし，モデルは，過去の状態を再構築（ヒンドキャスト，追算）することにも用いることができるし，解釈ツールとしても利用することができる．Reilly and Harbaugh（2004）は，地下水モデリ

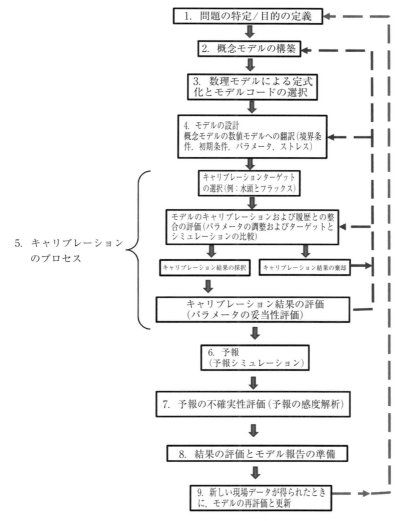

図 1.1　地下水モデリングの手順．モデルの目的が予報であることを想定して手順を示しているが，本文中でも記述したように他の目的にも適用可能である．図示していないが，概念モデルのデザインおよびキャリブレーションでは，現場データの取得が特に不可欠な手順である．

ングを大きく5つのカテゴリーに区分した．それは，地下水系の基礎的な理解，帯水層がもつ特性の推定，現状の理解，過去の理解，将来の予測である．ここでは，これらのうち最初の3つを解釈モデル，最後の2つを予報/追算モデルとする．最初に，予報/追算モデルについて議論する．

1.3.1 予報/追算モデル

大多数の地下水モデルの目的は，何らかの計画された活動の結果を予報あるいは予測するというものである．本章の最初に一覧にしたような疑問に答えるために，予報モデルを設計する．不確実性が必ず伴うことを強調するため，「予測」よりも「予報」という用語を好んで用いる．たとえば，気象「予報」は確率（たとえば，降水確率）によって記述される．予報モデル（第10章）は，キャリブレーションの一過程である履歴との整合（第9章）を通して，モデルの結果と観測値を比較して検証することが通例である．履歴との整合では，パラメータを許容範囲内で変化させて，モデルの出力値，主として水頭と流動量が，現場測定値（観測値）と十分に一致するようにする．キャリブレートされたモデルは，予報モデルの基本モデルとして利用することが可能となる．

追算（hindcasting/backcasting）モデルは，過去の状態を再構成するために用いられる．追算モデルには，汚染物質プリュームの動きをシミュレートするために必要な両方が含まれる地下水流動モデルと汚染物質輸送モデルのよく知られた例として，Woburn, Massachusetts Trial（Bair, 2001）やノースカロライナの軍事基地の例がある（Clement, 2011）．追算は非常に困難である．なぜなら，過去のデータは，不十分である場合が多いにも関わらず追加データを集めることは不可能だからである（Clement, 2011）．

1.3.2 解釈モデル

解釈モデルは，次のように利用される．(1) 特定の工学的問題に速やかに解答を与える「工学計算」．(2) 地下水システムの第1段階の理解を得るため，あるいは，その仮説を検証するための「スクリーニングモデル」．(3) 包括的な水文地質学的条件での過程を探索する「包括的モデル」．「工学計算」と「包括的モデル」はキャリブレーションされないのに対して，「スクリーニングモデル」はキャリブレーションされる場合もあればそうでない場合もある．

「工学計算」の典型的な適用例は，解析的モデルや数値モデルを用いて，帯水層揚水試験により得られる地下水位低下から帯水層定数を計算することである．新しい計算コードを検証するためにも解析的モデル，時に数値モデルが「工学計算」として適用される（1.6節）．

「スクリーニングモデル」は，概念モデルの診断や，流動系に関する仮説を検証するために用いることができる．また，より複雑な数値モデルをデザインするときの補助的な役割を果たすこともある．たとえば，Huntら（1998）は，2次元の解析要素モデルを，3次元の差分モデルの境界条件を設定するためのスクリーニングモデルとして利用している．解釈モデルは，システムの動態を概念化し，現場における支配的なパラメータあるいは過程について一般的な手掛かりを与えるために用いることもできる．たとえば，メキシコ湾において破損した油井からの油流出事故発生時，

Hsieh（2011）は MODFLOW モデル（油田における流れをシミュレートするように調整したモデル）を解釈モデルとして即座に開発し，破損した油井を封じ込めていることで上昇している圧力により，致命的な破裂に至る可能性があるかどうかを検討した．検討結果に従って，油田の圧力を下げるために油井の蓋を外す選択をし，結果として正しい決断であったことが証明された．

「包括的モデル」は，理想的な地下水系に適用される解釈モデルである．包括的モデルは，数値モデルの初期に利用されたものであるが，現在でも利用されている．たとえば，Freeze and Witherspoon（1967），Zlotnik ら（2011）は，地域地下水流動に対する不均質性の影響を研究するために，2 次元鉛直断面の包括的モデルを利用した．Woessner（2000）や Sawyer ら（2012）は，帯水層と河川の界面（hyporheic zone）における地下水と河川水との交換を研究するために包括的モデルを活用している．また，Sheets ら（2005）は，地下水の分水嶺付近における揚水の影響を評価するために包括的モデルを利用している．

1.4　モデルの限界

地下水モデルは現実の単純化であるため，単純化のために行った背景にある近似に制約を受ける．同時に，非一意性，不確実性にも制約を受ける（第 9 章，第 10 章）．実際の複雑な自然を表現しきることのできるモデルは存在しない．したがって，自然を表現しようとした地下水モデルには一定程度の不確実性が伴い，この不確実性を評価し報告しなければならない．この点において，予報モデルとしての地下水モデルは，気象予報に似ている．気象予報では，高度に洗練されたモデルの中で，広範なデータセット，大気物理の記述，気象学，リアルタイムの衛星画像が統合されるが，日々の気象予報は必ず確率とともに示される．同様に，地下水モデルの結果も，予報に伴う不確実性の特性と程度を明らかにすることによって評価されなければならない（10.6 節）．

1.4.1　非一意性

モデルの非一意性とは，モデルの入力値の組み合わせが異なっていても，現場観測データに適合するような結果が得られる，ということである．その結果，妥当と思われるモデルが常に複数存在することになる．初期の地下水モデリングでは，たった 1 つのキャリブレートされたモデルによる 1 つの予報値が報告されていたが，現在では許容されない．あらかじめキャリブレートされた複数のモデルを使用して解析を行うか，モデル作成者がキャリブレートされたモデルを 1 つ選択し，予報値を含んだ誤差の範囲を示さなければならない．いずれも，地下水モデルでは唯一の真の値が得られることはないという認識に基づいている．

モデルはそれ自体で正確な道具ではあるが，モデリングを進めるときには，モデリングに対する直観と水文地質学的な原理に基づいた専門的判断が必ず求められる．モデルの不確実性と非一意性があるために，次のようなモデリング思想が生まれる．「モデルが正しい答えを保証してくれるわけではない．しかし，適切にモデルを構築すれば，ある不確実性の範囲内で正しい答えを保証して

くれる．そして不確実性の範囲を示すことがモデル構築に伴う責任そのものである（Doherty, 2014）．」

1.4.2 不確実性

地下水モデルの不確実性（10.2節，10.3節）は，地下水流動過程の記述法に関わる多くの要因から生じる．あるコードを選択すると，モデルの目的に対して重要な水文過程について間接的に仮定を設けることになる．つまり，コード選択により，考えうるあらゆる過程のうち，事実上コードに含まれる過程のみに減らしてしまうためである．さらに，モデルに表現される現在および将来の水文地質条件は，完全には記述，定量化することができない．Hunt and Welter（2010）は，「未知数が未知である」，つまり，「「知らないということ」を知らない」（2012年2月12日付の前国防長官ラムズフェルドの記者懇談会より）ことを不確実性の要因とした．地下水モデルにおける「未知の未知数」とは，予想外（つまりモデル化されていない）の水文地質学的な特性のことを指し，地下の不均質性や将来の予想外の外的要因（ストレス）が含まれる．Bredehoeft（2005）は，新たに得られたデータが，モデル化されていなかった水文過程によるシステム応答があることを明らかにした場合の「驚き」を予期しておくべきであると警告している．たとえば，予報モデルには，涵養量の変化といった将来の水文条件や，新規建設される井戸の将来の揚水量と位置に関する不確実性が存在する．これらは不確実な社会経済的な要因に依存する．

不確実性の程度は予報モデルにより異なるが（10.3節），不確実性を減少させることはできてもなくすことはできない．したがって，モデルの結果に影響を及ぼす不確実性に敏感でなければならず，結果に対しては健全な懐疑をもたなければならない．モデリングの際の直観（Haitjema, 2006）や「水文学的センス」（Hunt and Zheng, 2012）はモデルの結果を評価し，誤った結果を判定するために役に立つ．モデリングのプロセスと結果は，基礎的な水文地質原理に根ざした「感度解析」を厳格に経たものでなければならない．

1.5 モデルの倫理

ここでいう倫理とは，道義的に適切な結果が得られるような行動を選択することを指す．したがって，地下水モデリングにおける倫理とは，モデルの計画，設計，実行から結果の発表に至るまで，倫理的に責任が負えるような行動をとることを意味する．また，偏向なく客観的であるべきであり，入手可能な最良の科学的知見に基づいたモデリングに精力を注ぐべきである．たとえ依頼主の期待する結果にならなかったとしても，また，規制や法的領域に関与するものであったとしても，科学的な整合性を崩してはならない．モデル作成者と学際的研究グループの科学者，弁護士，法律家，産業界や一般市民といった利害関係者（ステークホルダー）との間には，緊張関係が生じ得る．こういったグループからの不正な圧力や，社会的，環境的，法的な関係者の圧力に屈することなく倫理的なモデリングを断固として実行しなければならない．

1.5 モデルの倫理

規制への関心に基づいてモデルが利用されることがあり，時には，規制により制約さえ受けている．たとえば，ヨーロッパ水政策枠組み指令（Hulmeら，2002）では地下水モデルが必要であるとしているし，規制上の義務を来たす最良（時には唯一）の方法は地下水モデリングによるものであるようにと規制自体に記述されている．法廷でモデルの議論をする場合には，ぬかりなく，適正な科学に基づいて客観的に，バイアスがかからないように結果を示すよう努めなければならない．マサチューセッツ州 Woburn の地下水汚染問題は，一般書（Harr, 1995）や映画（原題 Civil Action, 邦題もシビル・アクション）にもなったが，アメリカ連邦裁判公判における水文地質システムの解釈をめぐっての対立と混乱がよく表れている（Bair, 2001；Bair and Metheny, 2011；法廷における科学：Woburn 毒物裁判，http://serc.carleton.edu/woburn/index.html も参照のこと）．この例では，競合する地下水モデル（1次元の定常モデルと3次元の非定常モデル）をめぐって，水文地質システムと適切なパラメータに対して異なる意見をもつ3人の専門家の証言により，判決を下すのに必要となる事実を究明することを難しくしている．

倫理的な問題は，モデルの設計（特に複雑さに関して），モデルのバイアス，モデリング結果の提示法，モデリングに要する経費を決定する際に生じる．以下に，それぞれの点を論じていく．

1.5.1 モデルの設計

地下水文学者は，モデル設計に当たって，時には依頼者，行政，ステークホルダーの意向を汲みつつ，課せられた課題に最良の答えを与える解析法を提案する．Box 1.1 に説明したデータ駆動型の解析要素法といった解析的手法を用いる場合や，モデルを利用しない現場データの解析により効率的に解答が得られる場合には，必ずしも数値地下水モデルは必要ない．たとえば，Kelson ら（2002）は，採掘場が地下水の枯渇に及ぼす影響を評価するに当たって，シンプルな解析要素法が，複雑な3次元地下水モデルと同様の考察を与えてくれることを示している．しかし，複雑な問題に解答を得るのに最良の方法は，多くの場合，数値モデルであろう．Kelson ら（2002）が検討した採掘場でも，現場における鉱山からの排出物と，それによる地下水および地表水の汚染可能性といった問題に対しては，より包括的な数値モデルが最もよい解答を与えてくれる．

入手可能なデータが不十分であるために，意思決定をするのに適した範囲にまで結果を絞り込むことができない，ということがモデリングをする前に判明する場合もあれば，モデリング中，あるいは，事後にそうであることが判明することもある．Clement（2011）は，最先端の極度に複雑な追算モデルでは，モデル構築にかけた労力の割には，それに見合うだけの過去のデータが揃っていないとしている．専門家による第三者委員会は，サイトの他の部分に対して今後追算モデルを構築する場合，解析的モデルを含めたより単純なモデルを活用することを推奨している．他方，モデル作成者はこの見解に対して反対をしており（Maslia ら，2012），たとえ現場データが十分ではなくても，複雑なモデルは有効であるとしている．「単純 vs. 複雑」をめぐる議論は，多くの文献に見られる（たとえば，Simmons and Hunt, 2012；Hunt ら，2007；Hill, 2006；Gomez-Hernandez, 2006）．モデルは，その目的にとって必須の過程とパラメータを含んでいなければならないが，そ

うでないものは排除しておくべきである．単純化と複雑化の適切な妥協点を判断することはモデリング技術の一部でもあり，モデリングにおける最大のチャレンジのひとつでもある（Doherty, 2011）．単純化にはいろいろな形態がある．考慮する過程と考慮しない過程の選別，時空間の離散化の方法，パラメータの割り当て，などである．複雑な自然現象を単純化するときのひとつひとつの意思決定が，現実の水文地質条件のある側面をどの程度シミュレートすることができるかに影響する．

1.5.2　モデルのバイアス

　モデルに対して，ほしい答えを生み出すようにモデルを作ることができるという批判があるが，結果にバイアスが生じるような近似を持ち込むことなくモデル設計をするために，専門的意識と倫理が求められる．意図的なバイアスの単純な例に，意図的に，あるいは，不適切に規定水頭境界を与えることにより，地下水揚水による地下水低下を最小化することができる，というものがある．境界条件として規定水頭境界を与えると，無限に地下水が流入することを許容するため，不自然に水頭が高く保たれて，揚水の影響が小さくなる（4.3節）．バイアスがかかることへの懸念から，モデル報告をピアレビューする機運が高まっている（11.4節）．経験を積んだ水文地質学者や工学者といった分野内からのレビューのみならず，分野外の専門家，規制立案者，反対組織，関心をもつ一般市民によるレビューも例外ではない．品質が保証されたレビューであれば，モデル作成者による不注意なモデリングミスを見つけるために有効である．しかし，もし，独立した組織，特に，反対意見側に関わる組織によりレビューがされた場合には，こうしたミスが意図的なバイアスを支持してしまうことがある．レビューアーであれ，モデル作成者であれ，潜在的な利益相反の可能性や個人的なバイアスを見抜くことを怠ってしまうと，バイアスがむしろ強化されてしまう．

　依頼主から金銭的な授受を受けているモデル作成者が，果たして中立を保ちバイアスから逃れられるのかということは，しばしば批判の対象となる．モデル作成者が中立性を保ち，プロとしての信用性を維持することが重要である．自身の仕事への対価に対しては，科学的，工学的評価を誠実に提示する義務がある．仕事に対する支払自体が問題なのではなく，依頼主が好むような結果に偏っているのではないか，という認識をもたれてしまうことが問題である．そのようなバイアスへの懸念に対しては注意深く，意識的に結果を示すことで答えることができる．以下にそれを見ていく．

1.5.3　結果のプレゼンテーション

　現在，洗練されたコードとグラフィックパッケージが揃っているので，印象的な図表を比較的容易に作成することができる．しかし，モデルの結果報告および口頭発表においては，モデルに内在する仮説や仮定の内容を明確にすることが重要である．現場データの不足について議論し，モデリングにおける不確実性を定量化し議論しなければならない．バイアスがかかっているとの批判に対してモデル作成者の身を守るためにも，モデルの信頼性に対する潜在的な関心に直接に言及する必

要がある．第 11 章で，モデル報告の準備方法を議論する．

1.5.4 コスト

モデルの設計および実行にかかるコストは，モデリングの限界という視点から議論されることがあるが，ここでは，モデル倫理という視点から捉えることにする．ハード・ソフトへの投資が完了しているならば，モデル作成者とモデリングチームにどれほど時間があるのかということが主要なコストとなる．明らかに，複雑なモデルほど，多くの時間と金を要する．概念化，モデルの構築，実行，結果の解釈の各段階において失敗すれば時間と金がかかることになるが，これらはモデリングの過程において不可避である．もちろん，モデルには現場データが必要であるが，現場データは，いかなる水文地質学的解析においても必要なものである．予算額により構築することのできるモデルとモデリングにかける労力の見通しが制限される．与えられた時間と資源に応じて最良のモデルを提供するためにモデル作成者は倫理的に制約されているのである．提示しているモデルの主要な制約条件がコストであった場合には，そのコストがモデルの設計と結果にどのような制約を与えているのかを明確に示す必要がある．

1.6 モデルの作成手順

　地下水モデリングの手順（図 1.1）は，科学的方法に従う（**図 1.2**）．科学的方法とは，問題を設定し，仮説を立て，検証し，仮説を採択，あるいは，棄却するという方法である．棄却された場合，仮説を改め，繰り返し検証する．同様に，地下水モデルの作成手順も，問題設定からスタートする．モデリング自体が目的になることはけっしてあってはならない．常に，特定の問題や問題群

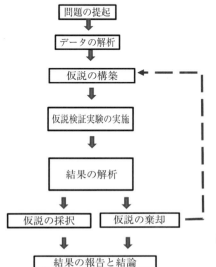

図 1.2　科学的な手順（http://www.sciencebuddies.org/science-fair-projects/project_scientific_method.shtml を改変）

に答えるためにモデルを設計しなければならない．設定した問題によって地下水モデルの様相は決まる．予報モデルとして地下水モデルを作成するときの手順を図 1.1 に示した．示したステップを踏むことで，モデルの信頼性を向上させることができる．図には示されていないが，ほとんどのステップにおいて，現場のデータやソフトな知見（モデルの出力値により直接検証されない情報のことを指す）も情報を与えてくれる．特に，概念モデルの設計，パラメタリゼーション，キャリブレーションの対象選択，キャリブレーション終了のタイミングなどに関して情報を与えてくれる．

モデリングは，新しい現場データが取得され，答えるべき新たな問題があるときに始まる．モデルの作成手順には循環的な性質があるため，潜在的には，モデルは改良し更新していくことができる．そうすることにより，水資源管理における意思決定の道具として日常的に利用することができる．イギリスでは，水資源管理のために，イギリス全域の帯水層システムに対してキャリブレートされたモデル群を構築しようとしている（Shepley ら，2012）．また，オランダは，水資源管理を目的とした国土全体の解析要素モデル（DeLange, 2006）および複数モデルシステム（DeLange ら，2014）をもっている．アメリカにおいても水資源管理を目的として広域地下水モデルが開発中である（Reeves, 2010）．しかし，モデルは特定の問題に解答を与えるために開発され，意思決定がなされた後には，ほとんど利用されないということがよくある．

1.6.1 作成手順のステップ

本書では，図 1.1 に示した各ステップを，以下に要約するような構成で論ずる．

1. モデルの目的とは，特定の問題や問題群に答えを与えることである（第 2 章）．どのような単純化をし，どのような仮定を設けるのか，ということは，主としてモデルの目的により決まるものである．したがって，目的が，数理モデルの特性，コードの選択，モデル設計の動機づけになる．
2. 概念モデルは，地下水流動系の記述から構成されている（第 2 章）．そこには，地下水と関連する地表水の記述，地下水層序学的な単位の記述，流動系の境界の記述などが含まれる．現場データを収集し，水文地質システムを記述する．そして，水収支成分を推定する．現場の状況を記述する際に伴う不確実性を考慮するために，複数の概念モデルを構築することもある．現場データを収集しないときでも，現場を視察することを推奨する．現場を知ることにより，概念モデルに水文地質条件を組み込むことができ，パラメータ値を割り当てるときの根拠を与えることができるので，モデリングの過程での意思決定を導いてくれる．
3. モデルの目的，および概念モデルが決まると，どのような数理モデルを選択し，そのモデルを記述するためにどのようなコードを選択するのか，ということが決まる（第 3 章）．数理モデルは，支配方程式と境界条件から成り，非定常問題に対しては初期条件も必要となる．コード化した数値解法のことを概ね数理モデルと呼んでよい．
4. モデル設計（第 4 章～第 7 章）は，概念モデルを数値地下水流動モデルに翻訳することであ

る．翻訳プロセスには，格子/メッシュの設計，境界の設定，帯水層パラメータおよび水文学的なストレスの割り当て，そして，非定常問題では，初期条件および時間ステップの設定が含まれる．概念モデルに基づいて，初期の設定パラメータのもと，モデルを実行する（5.5節）．粒子追跡コード（第8章）を用いて，流動方向，および，境界条件との相互作用をチェックし，流線および滞留時間を計算する．

5. モデリングにおいて，キャリブレーション（第9章）が最も重要な過程であることは間違いない．なぜなら，概念モデルと数値モデルの正当性を担保してくれるからである．なによりも，キャリブレーションしたモデルは，予報シミュレーションに使用される基本モデルになる．キャリブレーションでは，キャリブレーションターゲットとパラメータを決め，履歴との整合を行う．履歴との整合とは，初期設定パラメータを調整して，現場観測値とモデル出力値とが十分によく合致し，かつ妥当なパラメータ値となるまで，繰り返しモデルを実行することである．パラメータ推定コードを用いることで，現場観測値（キャリブレーションターゲット）に最も適合する妥当なキャリブレーションパラメータを探索することができる．キャリブレーションに十分な時間をかけられないことが多いので，プロジェクトの行程（工程と予算により決まる）の後半より前，できればより早い段階から始めることが望ましい．

6. 予報シミュレーション（第10章）は，キャリブレートされたモデル，あるいは，十分にキャリブレートされたひとまとまりのモデル群により，将来のイベントに対するシステムの応答を予報するものである．あるいは，追算シミュレーションでは，キャリブレートされたモデルが，過去の状態を再現するために用いられる．予報，追算シミュレーションどちらの場合にも，キャリブレートされた帯水層パラメータおよびストレスを用いて，モデルが実行される．ただし，将来，あるいは，過去において変化するストレスについては，別途与える必要がある．予報シミュレーションにおいては，水文条件（たとえば，涵養量や揚水量）の予想される推定値を求める必要がある．また，追算シミュレーションでは，過去の水文条件が必要となる．

7. 予報あるいは追算の不確実性（第10章）は，キャリブレートされたモデルに潜む不確実性から発生する．パラメータの不確実性，将来（あるいは過去）に生起する水文条件の規模とタイミングに関する不確実性などである．不確実性解析には，測定誤差，モデル設計の誤差，予測（あるいは追算）にとって重要な将来（あるいは過去）の水文条件の不確実性などの評価が含まれる．流線，滞留時間を予報するために，粒子追跡コードを活用できる（第8章）．

8. モデル化の報告（レポート，報告書）を通して結果を発表すると，モデルアーカイブに収められることになる（第11章）．モデル報告には，モデリングの過程が時系列で記録され，モデルの結果が示され，結論と結果の限界が記述される．初歩的な素材に始まり，水文地質条件に関する情報，データの説明と概念モデルを定式化するための仮定，数値計算法と選択したコードに関する参照文献が記載される．さらに，モデル領域の分割法とパラメータの割り当て方法が記述され，キャリブレーション方法の記録，結果，および予測とその不確実性が記されてい

る．モデル報告には，将来にモデルを再構築し実行できるように，使用したデータセット，コード，入出力データなどのアーカイブも付属している．
9. もし機会に恵まれるなら，事後監査（postaudit）により，モデル性能を評価することが有効である．事後監査（10.7節）とは，あるインパクトの影響をモデルで評価したとして，その後にシステムに生じた応答と，モデルによるその予報値とを比較することである．事後監査は，現場の状態に変化が生じ得るのに要する時間が経過したときに行うのがよい．事後監査の対象とした期間中のデータを収集することで，モデルを改良することができるかもしれない．「適応的管理（順応的管理）」では，新しいデータが取得されるたびにモデルは更新され，管理のための意思決定のガイドとして利用できる．予報シミュレーションは，ステップ1からステップ8まで行う．工学計算や包括的モデルの場合には，ステップ1～4を行い，ステップ5を飛ばして，ステップ6へと進む．スクリーニングモデルのための作業手順は，目的に応じて変わる．いずれにしても，最初の4つのステップは含まれており，ステップ5にいくか，飛ばしてステップ6，7，8と進むかである．もし，複数の概念モデルを考慮している場合には（たとえば，Neuman and Wierenga, 2002），一連の作業手順を複数回繰り返すことになる．

1.6.2　検証と妥当性評価

　作業手順には，モデルの検証（verification），コードの検証，モデルの妥当性評価（validation），といった用語が含まれていない．検証や妥当性という用語は，歴史的には使用されてきたが，地下水モデリングでは，もはや必要不可欠な要素ではないからである．しかし，現在でも使用されている用語でもあるため，下に説明を加え，Box 9.5でも触れることにする．

　モデル検証（model verification）とは，キャリブレーションに用いたデータとは独立の現場データを用いて，モデルの適合度を確かめることを指す．しかし，現場データに基づいたほとんどの地下水モデルには，多数のパラメータが含まれるため，モデル検証のためにデータをとっておくよりも，得られるデータのすべてをキャリブレーション作業そのものに使用することが推奨される（Doherty and Hunt, 2010, p. 15）．したがって，地下水モデリングにおける検証そのものは，一般には，有効な手順ではない．

　コード検証（code verification）とは，1つか複数の解析解と一致した結果を出すことができるか，あるいは，すでに検証されているコードによる結果と一致するかどうか，を確かめることである．コード開発においてはコード検証は重要なステップであり（ASTM, 2008），コード検証に関連した情報はユーザーマニュアルに含めなければならない．しかし，応用的なモデリングでは，ほとんどの場合，コード開発者により検証されており，かつ，モデリングコミュニティの間で十分にテストもされているコードを利用するので，モデリングの中で新たにコード検証をする必要はない．むしろ，モデリングの中で新たなコードを特別に開発したときや，既存のコードを書き換えたときなどに，コード検証が必要となる．

　モデルの妥当性評価に関しては，地下水学の文献に長きにわたる議論を見ることができる（たと

えば，Konikow and Bredehoeft, 1992；関連したコメントと返答；Bredehoeft and Konikow, 1993, 2012；Anderson and Bates, 2001；Hassan, 2004a, b；Moriasi ら，2012）．妥当性（実証）評価は，モデル検証と同一視され，それゆえ誤って，検証されたモデルは妥当な（実証された）モデルでもあるとされてきた．さらに，モデル作成者以外の人が，モデルが完璧に正しい予報を与えられるという誤った考えをもってしまう恐れがある．しかし，この考えは，まったく支持できない考えである．自然界を模したいかなるモデルであれ，また，そのモデルによる予報値であれ，それが真実を表すことはないのである．なぜなら，真実を知ることができないからである（Oreskes ら，1994）．したがって，コンピュータコードの検証や，制御下にある室内実験による実証と同じようには，自然界を模したモデルは実証できないのである．このような哲学的繊細さは広く一般に受容されているわけではないが，地下水モデルは完全に正確な予報を与えることはできず，したがって，実証ができないということは，モデル作成者の間では意見の一致するところである．地下水モデルに言及するとき，実証という用語は使用しないことを推奨する．

　上述のモデリング手順は，最良のモデリング手順の一般的な構造を示したものである．モデリングのガイダンス書にもモデリングの戦略が記述されているが，規制手続きに活用できるように，必要なステップや推奨されるステップを公式化したものになっている（たとえば，Barnett ら，2012；Neuman and Wierenga, 2002）．技術指針マニュアル（たとえば，Ohio EPA, 2007；Reilly and Harbaugh, 2004）も一般的なモデリング手順を記載しているが，特定のモデル作成者を対象としたものとなっている．ASTM International（http://www.astm.org）は，地下水モデリングに関する多様な技術指針書を出版している（ASTM, 2006, 2008）．

1.7　よくあるモデリングの誤り

　各章末で，地下水モデリングにおいてよく見かける誤りおよび誤解をモデリングの誤りとしてまとめる．ただし，網羅的なリストを作成することはできない．そのため，モデリングの過程でリストにない誤りをしたり，他のモデル作成者が作成したモデルに誤りを見つけることには，疑いの余地がない．

- キャリブレーションに十分な時間をとることができないこと．もちろん，概念モデルの定式化と数値モデルの設計は，地下水モデリングにおいて必要不可欠なステップである．しかし，この最初のステップに時間をかけすぎるあまり，キャリブレーションに使う時間も予算も削ってしまうことがよくある．プロジェクトの半分の時間と予算をキャリブレーションに当てることを推奨する．
- 予報モデルに十分な時間をとることができないこと．モデルのキャリブレーションが終わった段階で，モデリングの山場は終わったと思いがちであり，予報シミュレーションは，単にモデルを実行するだけの「生産」プロセスだと思い込みがちである．しかし，予報シミュレーションとあ

わせて不確実性解析を実施することが必要不可欠であり（第10章），不確実性解析には予想していたよりも長い時間がかかる．さらに，予報シミュレーションを行っている最中に，驚きにめぐり合うこともあり，モデリングの最初の方の手順に立ち返る必要が生まれるときもある．

- モデル報告に十分な時間をとることができないこと．読むに耐える包括的な報告書を作成することは，モデリングに際して行った重要な判断事項や結果を再検証するときに，必要不可欠である．モデルとその結果の優れた記述がなければ，報告書の価値も半減してしまう．

1.8　本書の使い方

　読者は，地下水文学の基本原理と地下水モデリングの概念に馴染みがあることが求められる．これらは，Fitts (2013)，Kresic (2007)，Todd and Mays (2005)，Schwartz and Zhang (2003)，Fetter (2001) などによる水文地質学の標準的な教科書に記載されている内容である．第3章で，差分法と有限要素法の基本的な原理について概観する．これは，Wang and Anderson (1982) に説明されている初歩的な内容と同程度のものである．

　各章末にもうけた問題では，各章における主要ポイントに触れるようにしている．第4章から以降では，差分法あるいは有限要素法のコードの使用を必要とする問題となっている．また，Box では本文で触れた内容をさらに掘り下げている．

　本書でカバーした内容を補足するために，本書で引用した文献に当たってみるとよい．また，アメリカ地質調査所や政府，行政組織が出版している専門誌やモデリング報告書も同様に参考になる．また，本書の姉妹 Web サイト（http://appliedgwmodeling.elsevier.com）には，こういった資料へのリンクを多く掲載している．モデリングの直観と水文学的感覚を磨くためには，本書で引用した文献をきっかけにして，専門誌の論文や技術レポートを学習すること，あるいは，モデルを用いて問題を設定し実際に解くということをすればよいだろう．

問　題

　本章の問題は，モデリングの手順への導入，および，設定した目的に答えるためのモデルのレベルを考察することを刺激することを意図した問題となっている．

1.1　下記の各問題に答えるためにどういったタイプの地下水モデル（予報モデルか解釈モデル（工学計算，スクリーニングモデル，包括的モデル）か）が好ましいかを列挙しなさい．また，そのような判断に至った仮定も列挙しなさい．
  a. ある規制組織は，異方性をもつ均質な砂岩帯水層を水源とする湧水群の水の年代が変動する理由を知りたいと考えている．今，2つの仮説が提示されている．ひとつは，それぞれの湧水は，複数の異なる流路を経由してきた水が混合しているという仮説．もうひとつは，層序学的，構造的

な条件が地下水の滞留時間を決めているために地下水の年代にも相違が生まれるという仮説である．

b. ある弁護士が，スペインの扇状地帯水層において，湛水灌漑のタイミングと分布が変化することにより，季節的な地下水変動がどのように変化するのかをコンサルタントに評価してほしいと考えている．この地下水涵養の変化は，最近発生した土地所有を含む訴訟に起因するものである．

c. あるコンサルタント会社が，不均質性の空間スケールと程度を決定する業務を請け負っている．この不均質性により，当初，均質な氷河堆積性の不圧帯水層と思われた地層から汚染水を汲み上げるための井戸において，その影響範囲が25％減少する可能性がある．

d. ある河川生態学者が，河川と隣接する氾濫原の地下水との季節的な水の交換量を定量化したいと考えている．

e. ある執行業者（agency）が，透水性が悪い分厚い堆積地層中に低レベル放射性廃棄物の埋め立て施設建設を計画している．計画サイトにおいて，地下水涵養量の変化が，地下水の流動量と方向にどのような影響を及ぼすのかを評価したい．

1.2 ある水文地質システムをモデルが適切に表現しているかを判断するための評価基準リストを作成しなさい．リストの妥当性を検討し，将来の参照となるように保管すること．

1.3 自身が住んでいる地域において，コンサルタント会社や行政組織によって最近に報告された地下水流動モデルの適用結果の報告書を読みなさい．その上で，モデルの目的およびモデリングで問題とされていることを明らかにしなさい．概念モデル（たとえば，文章，断面図，表など）はどのように表現されているだろうか．使用されている数理モデルを記述し，モデルを解くために用いられたコードを特定しなさい．キャリブレーションのプロセスを記述しなさい．予報にモデルが用いられている場合には，不確実性がどのように考慮されているか議論しなさい．モデリングの手順を表すフローチャートを作成し，図1.1と比較対照しなさい．

〈参考文献〉

Anderson, M.G., Bates, P.D. (Eds.), 2001. Model Validation: Perspectives in Hydrological Science. JohnWiley & Sons, Ltd, London, 500 p.

Anderson, M.P., 1983. Ground-water modelingdthe emperor has no clothes. Groundwater 21(6), 666e669. http://dx.doi.org/10.1111/j.1745-6584.1983.tb01937.x.

ASTM International, 2006. Standard guide for subsurface flow and transport modeling, D5880e06. American Society of Testing and Materials, Book of Standards 04(09), 6 p.

ASTM International, 2008. Standard guide for developing and evaluating groundwater modeling codes, D6025e08. American Society of Testing and Materials, Book of Standards 04(09), 17 p.

Bair, E.S., 2001. Models in the courtroom. In: Anderson, M.G., Bates, P.D. (Eds.), Model Validation: Perspectives in Hydrological Science. John Wiley & Sons Ltd, London, pp. 55e77.

Bair, E.S., Metheny, M.A., 2011. Lessons learned from the landmark "A Civil Action" trial. Groundwater 49(5), 764e769. http://dx.doi.org/10.1111/j.1745-6584.2008.00506.x.

Bakker, M., Maas, K., Schaars, F., von Asmuth, J., 2007. Analytic modeling of groundwater dynamics with an approximate impulse response function for areal recharge. Advances in Water Resources 30(3), 493e504. http://dx.doi.org/10.1016/j.advwatres.2006.04.008.

Barlow, P.M., Moench, A.F., 1998. Analytical Solutions and Computer Programs for Hydraulic Interaction of Stream-aquifer Systems. USGS Open-File Report: 98-415-A, 85 p. http://pubs.usgs.gov/of/1998/ofr98-415A/.

Barnett, B., Townley, L.R., Post, V., Evans, R.F., Hunt, R.J., Peeters, L., Richardson, S., Werner, A.D., Knapton, A., Boronkay, A., 2012. Australian Groundwater Modelling Guidelines. Waterlines Report. National Water Commission, Canberra, 191 p. http://nwc.gov.au/__data/assets/pdf_file/0016/22840/Waterlines-82-Australian-groundwater-modelling-guidelines.pdf.

Beven, K., Young, P., 2013. A guide to good practice in modeling semantics for authors and referees. Water Resources Research 49, 5092e5098. http://dx.doi.org/10.1002/wrcr.20393.

Bredehoeft, J., 2005. The conceptualization model problemdsurprise. Hydrogeology Journal 13(1), 37e46. http://dx.doi.org/10.1007/s10040-004-0430-5.

Bredehoeft, J., 2012. Modeling groundwater flowdthe beginnings. Groundwater 50(3), 324e329. http://dx.doi.org/10.1111/j.1745-6584.2012.00940.x.

Bredehoeft, J., Hall, P., 1995. Ground-water models. Groundwater 33(4), 530e531. http://dx.doi.org/.

Bredehoeft, J.D., Konikow, L.F., 1993. Ground-water models: Validate or invalidate. Groundwater 31(2), 178e179 (Reprinted in Groundwater 50(4), pp. 493e494). http://dx.doi.org/10.1111/j.1745-6584.1993.tb01808.x.

Bredehoeft, J.D., Konikow, L.F., 2012. Reflections on ourmodel validation editorial. Groundwater 50(4), 495. http://dx.doi.org/10.1111/j.1745-6584.2012.00951.x.

Clement, T.P., 2011. Complexities in hindcasting modelsdWhen should we say enough is enough? Groundwater 49(5), 620e629. http://dx.doi.org/10.1111/j.1745-6584.2010.00765.x.

Collins, M.A., Gelhar, L.W., 1971. Seawater intrusion in layered aquifers. Water Resources Research 7(4), 971e979. http://dx.doi.org/10.1029/WR007i004p00971.

Coppola, E., Rana, A., Poulton, M., Szidarovszky, F., Uhl, V., 2005. A neural network model for predicting aquifer water level elevations. Groundwater 43(2), 231e241. http://dx.doi.org/10.1111/j.1745-6584.2005.0003.x.

Darcy, H.P.G., 1856. Determination of the Laws of Water Flow through Sand, the Public Fountains of the City of Dijon, Appendix D e Filtration, Section 2 of Appendix D on Natural Filtration. Translated from the French by Patricia Bobeck. Kendall/Hunt Publishing Company, Iowa, 455e459.

De Lange, W.J., 2006. Development of an analytic element ground water model of the Netherlands. Groundwater 44(1), 111e115. http://dx.doi.org/10.1111/j.1745-6584.2005.00142.x.

De Lange, W.J., Prinsen, G.F., Hoogewoud, J.C., Veldhuizen, A.A., Verkaik, J., Oude Essink, G.H.P., van Walsum, P.E.V., Delsman, J.R., Hunink, J.C., Massop, H.ThL., Kroon, T., 2014. An operational, multi-scale, multi-model system for consensus-based, integrated water management and policy analysis: The Netherlands Hydrological Instrument. Environmental Modelling & Software 59, 98e108. http://dx.doi.org/10.1016/j.envsoft.2014.05.009.

Demissie, Y., Valocchi, A.J., Minsker, B.S., Bailey, B., 2009. Integrating physically-based groundwater flow models with error-correcting data-driven models to improve predictions. Journal of Hydrology 364(3e4), 257e271. http://dx.doi.org/10.1016/j.jhydrol.2008.11.007.

Doherty, J., 2011. Modeling: Picture perfect or abstract art? Groundwater 49(4), 455. http://dx.doi.org/10.1111/j.1745-6584.2011.00812.x.

Doherty, J.E., Hunt, R.J., 2010. Approaches to Highly Parameterized Inversion: A Guide to Using PEST for Groundwater-Model Calibration. U.S. Geological Survey Scientific Investigations Report 2010e5169, 60 p. http://pubs.usgs.gov/sir/2010/5169/.

Dreiss, S.J., 1989. Regional scale transport in a karst aquifer: 2. Linear systems and time moment analysis. Water Resources Research 25(1), 126e134. http://dx.doi.org/10.1029/WR025i001p00126.

Fienen, M.N., Masterson, J.P., Plant, N.G., Gutierrez, B.T., Thieler, E.R., 2013. Bridging groundwater models and decision support with a Bayesian network. Water Resources Research 49(10), 6459e6473. http://dx.doi.org/10.1002/wrcr.20496.

Feinstein, D.T., Hunt, R.J., Reeves, H.W., 2010. Regional Groundwater-Flow Model of the Lake Michigan Basin in Support of Great Lakes Basin Water Availability and Use Studies. U.S. Geological Survey Scientific Investigations Report 2010e5109, 379 p. http://pubs.usgs.gov/sir/2010/5109/.

Feng, S., Kang, S., Huo, Z., Chen, S., Mao, X., 2008. Neural networks to simulate regional ground water levels affected

参 考 文 献

by human activities. Groundwater 46(1), 80e90. http://dx.doi.org/10.1111/j.1745-6584.2007.00366.x.

Fetter, C.W., 2001. Applied Hydrogeology, fourth ed. Prentice Hall. 598 p.

Fitts, C.R., 2013. Groundwater Science, second ed. Academic Press, London. 672 p.

Freeze, R.A.,Witherspoon, P.A., 1967. Theoretical analysis of regional ground-water flow: 2. Effect of water table configuration and subsurface permeability variations. Water Resources Research 3(2), 623e634. http://dx.doi.org/10.1029/WR003i002p00623.

Frind, E.O., Muhammad, D.S., Molson, J.W., 2002. Delineation of three-dimensional well capture zones for complex multi-aquifer systems. Groundwater 40(6), 586e598. http://dx.doi.org/10.1111/j.1745-6584.2002.tb02545.x.

Fujinawa, K., Iba, T., Fujihara, Y., Watanabe, T., 2009. Modeling interaction of fluid and salt in an aquifer/lagoon system. Groundwater 47(1), 35e48. http://dx.doi.org/10.1111/j.1745-6584.2008.00482.x.

Gómez-Hernández, J.J., 2006. Complexity. Groundwater 44(6), 782e785. http://dx.doi.org/10.1111/j.1745-6584.2006.00222.x.

Gusyev, M.A., Haitjema, H.M., Carlson, C.P., Gonzalez, M.A., 2013. Use of nested flow models and interpolation techniques for science-based management of the Sheyenne National Grassland, North Dakota, USA. Groundwater 51 (3), 414e420. http://dx.doi.org/10.1111/j.1745-6584.2012.00989.x.

Haitjema, H.M., 1995. Analytic Element Modeling of Groundwater Flow. Academic Press, Inc., San Diego, CA, 394 p.

Haitjema, H., 2006. The role of hand calculations in ground water flow modeling. Groundwater 44(6), 786e791. http://dx.doi.org/10.1111/j.1745-6584.2006.00189.x.

Harr, J., 1995. A Civil Action. Random House, New York, 512 p. Hassan, A.E., 2004a. Validation of numerical ground water models used to guide decision making. Groundwater 42(2), 277e290. http://dx.doi.org/10.1111/j.1745-6584.2004.tb02674.x.

Hassan, A.E., 2004b. A methodology for validating numerical ground water models. Groundwater 42(3), 347e362. http://dx.doi.org/10.1111/j.1745-6584.2004.tb02683.x.

Hill, M.C., 2006. The practical use of simplicity in developing ground water models. Groundwater 44(6), 775e781. http://dx.doi.org/10.1111/j.1745-6584.2006.00227.x.

Hsieh, P.A., 2011. Application of MODFLOW for oil reservoir simulation during the Deepwater Horizon crisis. Groundwater 49(3), 319e323. http://dx.doi.org/10.1111/j.1745-6584.2011.00813.xs.

Hulme, P., Fletcher, S., Brown, L., 2002. Incorporation of groundwater modeling in the sustainable management of groundwater resources. In: Hiscock, K.M., Rivett, M.O., Davison, R.M. (Eds.), Sustainable Groundwater Development. Special Publication 193, Geological Society of London, pp. 83e90.

Hunt, R.J., 2006. Review paper: Ground water modeling applications using the analytic element method. Groundwater 44(1), 5e15. http://dx.doi.org/10.1111/j.1745-6584.2005.00143.x.

Hunt, R.J., Anderson, M.P., Kelson, V.A., 1998. Improving a complex finite difference groundwater-flow model through the use of an analytic element screening model. Groundwater 36(6), 1011e1017. http://dx.doi.org/10.1111/j.1745-6584.1998.tb02108.x.

Hunt, R.J., Doherty, J., Tonkin, M.J., 2007. Are models too simple? Arguments for increased parameterization. Groundwater 45(3), 254e261. http://dx.doi.org/10.1111/j.1745-6584.2007.00316.x.

Hunt, R.J., Welter, D.E., 2010. Taking account of "unknown unknowns". Groundwater 48(4), 477. http://dx.doi.org/10.1111/j.1745-6584.2010.00681.x.

Hunt, R.J., Zheng, C., 2012. The current state of modeling. Groundwater 50(3), 329e333. http://dx.doi.org/10.1111/j.1745-6584.2012.00936.x.

Illman, W.A., Berg, S.J., Yeh, T.-C.J., 2012. Comparison of approaches for predicting solute transport: Sandbox experiments. Groundwater 50(3), 421e431. http://dx.doi.org/10.1111/j.1745-6584.2011.00859.x.

Kelson, V.A., Hunt, R.J., Haitjema, H.M., 2002. Improving a regional model using reduced complexity and parameter estimation. Groundwater 40(2), 132e143. http://dx.doi.org/10.1111/j.1745-6584.2002.tb02498.x.

Kollet, S.J., Maxwell, R.M., Woodward, C.S., Smith, S., Vanderborght, J., Vereecken, H., Simmer, C., 2010. Proof of concept of regional scale hydrologic simulations at hydrologic resolution utilizing massively parallel computer resources. Water Resources Research 46, W04201. http://dx.doi.org/10.1029/2009WR008730.

Konikow, L.F., Bredehoeft, J.D., 1992. Ground-water models cannot be validated. Advances in Water Resources 15, 75e83. http://dx.doi.org/10.1016/0309-1708(92)90033-X (Also see comment by Marsily, G. de, Combes, P., Goblet, P., 1993. Advances in Water Resources 15, pp. 367e369. Reply by Bredehoeft, J.D., Konikow, L.F., pp. 371e172.).

Kresic, N., 2007. Hydrogeology and Groundwater Modeling, second ed. CRC Press, Boca Raton, FL. 807 p.

Kulman, K.L., Neuman, S.P., 2009. Laplace-transform analytic-element method for transient, porous-media flow. Journal of Engineering Math 64, 113e130. http://dx.doi.org/10.1007/s10665-008-9251-1.

Li, Y., Neuman, S.P., 2007. Flow to a well in a five-layer system with application to the Oxnard Basin. Groundwater 45 (6), 672e682. http://dx.doi.org/10.1111/j.1745-6584.2007.00357.x.

Mamer, E.A., Lowry, C.S., 2013. Locating and quantifying spatially distributed groundwater/surface water interactions using temperature signals with paired fiber-optic cables. Water Resources Research 49, 1e11. http://dx.doi.org/10.1002/2013WR014235.

Maslia, M.L., Aral, M.M., Faye, R.E., Grayman, V.M., Suarez-Soto, R.J., Sautner, J.B., Anderson, B.A., Bove, J.F., Ruckart, P.Z., Moore, S.M., 2012. Comment on "complexities in hindcasting modelsd when should we say enough is enough". Groundwater 50(1), 1e16. http://dx.doi.org/10.1111/j.1745-6584.2011.00884.x.

Moriasi, D.N., Wilson, B.N., Douglas-Mankin, K.R., Arnold, J.G., Gowda, P.H., 2012. Hydrologic and water quality models: Use, calibration and validation. Transactions American Society of Agricultural and Biological Engineers 55 (4), 1241e1247. http://dx.doi.org/10.13031/2013.42265.

Neuman, S.P., Wierenga, P.J., 2002. A Comprehensive Strategy of Hydrogeologic Modeling and Uncertainty Analysis for Nuclear Facilities and Sites. NUREG/CF-6805, 236 p. http://www.nrc.gov/reading-rm/doc-collections/nuregs/contract/cr6805/.

Ohio EPA (Environmental Protection Agency), 2007. Ground Water Flow and Fate and Transport Modeling, Technical Guidance Manual for Ground Water Investigations. Chapter 14, 32 p. http://www.epa.state.oh.us/ddagw/.

Oreskes, N., Shrader-Frechette, K., Belitz, K., 1994. Verification, validation, and confirmation of numerical models in the Earth Sciences. Science 263(5147), 641e646. http://dx.doi.org/10.1126/science.263.5147.641.

Reeves, H.W., 2010. Water Availability and Use Pilot: A Multiscale Assessment in the U.S. Great Lakes Basin. U.S. Geological Survey Professional Paper 1778, 105 p. http://pubs.usgs.gov/pp/1778/.

Reilly, T.E., Harbaugh, A.W., 2004. Guidelines for Evaluating Ground-Water Flow Models. U.S. Geological Survey Scientific Investigation Report 2004-5038, 30 p. http://pubs.usgs.gov/sir/2004/5038/.

Sawyer, A.H., Cardenas, M.B., Buttles, J., 2012. Hyporheic temperature dynamics and heat exchange near channel-spanning logs. Water Resources Research 48, W01529. http://dx.doi.org/10.1029/2011WR011200.

Schwartz, F.W., Zhang, H., 2003. Fundamentals of Groundwater. John Wiley & Sons, 583 p.

Sepúlveda, N., 2009. Analysis of methods to estimate spring flows in a karst aquifer. Groundwater 47(3), 337e349. http://dx.doi.org/10.1111/j.1745-6584.2008.00498.x.

Sheets, R.A., Dumouchelle, D.H., Feinstein, D.T., 2005. Ground-Water Modeling of Pumping Effects Near Regional Ground-water Divides and River/Aquifer Systems e Results and Implications of Numerical Experiments. U.S. Geological Survey Scientific Investigations Report 2005-5141, 31 p. http://pubs.usgs.gov/sir/2005/5141/.

Shepley, M.G., Whiteman, M.I., Hulme, P.J., Grout, M.W., 2012. Groundwater resources modelling: A case study from the UK, the Geological Society, London. Special Publication 364, 378 p.

Simmons, C.T., Hunt, R.J., 2012. Updating the debate on model complexity. GSA Today 22(8), 28e29. http://dx.doi.org/10.1130/GSATG150GW.1.

Skibitzke, H.E., 1961. Electronic computers as an aid to the analysis of hydrologic problems. International Association of Scientific Hydrology, Publ. 52 347e358. Comm. Subterranean Waters, Gentbrugge, Belgium.

Strack, O.D.L., 1989. Groundwater Mechanics. Prentice Hall, Englewood Cliffs, New Jersey, 732 p.

Szidarovszky, F., Coppola, E.A., Long, J., Hall, A.D., Poulton, M.M., 2007. A hybrid artificial neural network-numerical model for ground water problems. Groundwater 45(5), 590e600. http://dx.doi.org/10.1111/j.1745-6584.2007.00330.x.

Theis, C.V., 1935. The relation between lowering of the piezometric surface and rate and duration of discharge of a well using ground-water storage. Transactions of the American Geophysical Union 16, 519e524.

Todd, D.K., Mays, L.W., 2005. Groundwater Hydrology, third ed. John Wiley & Sons, Inc. 636 p.

Tóth, J., 1963. A theoretical analysis of groundwater flow in small drainage basins. Journal of Geophysical Research 68, 4795e4812. http://dx.doi.org/10.1029/JZ068i016p04795.

Wang, H.F., Anderson, M.P., 1982. Introduction to Groundwater Modeling: Finite Difference and Finite Element Methods. Academic Press, San Diego, CA, 237 p.

Woessner, W.W., 2000. Stream and fluvial plain ground water interactions: Rescaling hydrogeologic thought. Groundwater 38(3), 423e429. http://dx.doi.org/10.1111/j.1745-6584.2000.tb00228.x.

Yeh, T.-C.J., Mao, D., Zha, Y., Hsu, K.-C., Lee, C.-H., Wen, J.C., Lu, W., Yang, J., 2014. Why hydraulic tomography works? Groundwater 52(2), 168e172. http://dx.doi.org/10.1111/gwat.12129.

Zlotnik, V.A., Cardenas, M.B., Toundykov, D., 2011. Effects of multiscale anisotropy on basin and hyporheic groundwater flow. Groundwater 49(4), 576e583. http://dx.doi.org/10.1111/j.1745-6584.2010.00775.x.

第 2 章

モデルリングの目的と概念モデル

> すべてのことはできる限り単純化すべきであるが，単純化しすぎてもいけない．
> Albert Einstein より

　モデルリングの作業フローの最初の 2 つのステップ（目的の設定と概念モデルの構築，図 1.1）は，その後のモデルリング過程の方向性を決める．目的の設定では，モデルリングの動機を明確にし，モデルリング実行に当たっての方向性と文脈を与える．つまり，目的に応じて適切な仮定や単純化が決まるし，目的はまた，モデル作成者がキャリブレーションされたモデルが現地の観測値を十分に再現しているのかを判断するのにも役立つ．概念モデルは水文地質システムについてわかっていることを概括するものであるので，数値モデル設計のためのフレームワークを提供することになる．モデルのキャリブレーション結果が思わしくない，精度の良い予報が行えない，といった場合には，しばしば概念モデルが不適切か，不正確か，不十分かである可能性がある（Ye ら，2010）．モデルの品質保証評価を精査するとき，概念モデルの長所と短所を調べることにしばしば多くの時間を費やすことになる．

2.1　モデルリングの目的

　数値モデルの構築それ自体には，けっして終わりはない．モデルはいつもある疑問あるいは一連の疑問への答えを得るために設計される．実際には，将来の活動や水文学的条件による影響を予報するために，モデルリングが行われるのが一般的である．しかし，過去の状態を再現するため，あるいは解釈ツールとしても用いられる（1.3 節）．

　モデルリングの目的を決定するとき，モデルリングのきっかけとなった（一連の）疑問やそのモデルから何を得るのかを考慮する．モデルリングの目的を慎重に絞り込むことは重要なことである．なぜならば，モデルリングの目的が数値モデルの設計を先導し，目標に対するモデルの適否を判断するの

に用いられるからである．最初に決めたモデリングの目的を達成するためには水文地質学的データが不十分であることがわかった場合，モデリングの目的を修正する必要がある．一旦目的を定義し直せば，モデルが疑問に答えるための最も良い方法であるかどうかを再度確認しなければならない．モデリングの目的と使える時間と経費によって，地下水流動モデルとして解析モデルにするのか数値モデルにするのか，あるいは，1次元，2次元，3次元のどれにするのか，あるいは，定常か非定常かが決まり，また，粒子追跡あるいは溶質輸送を流動モデルに追加する必要があるかが決まる．

予報モデルの目的を効果的に記述した事例としては，

> この報告書はミシシッピ州のユニオン郡における2050年までの水需要の推定値を示し，2000年から2050年までの北東ミシシッピのCoffee SandとEutaw-McShan帯水層における地下水位低下量の計算値を記述するものである．なお，この地下水位の低下は，見込まれる揚水量増加により生じるものである．　　　　　　　　　　　　　　（Hutsonら，2000）

> この報告書の目的は，LWWDが提案する水利権を適用した場合に起こり得る影響を評価するために，地域的な地下水流動モデルを用いて得られた結果を記録することである．
> 　　　　　　　　　　　　　　　　　　　　　　　　　　　（Schaefer and Harrill, 1995）

次は解釈モデルをスクリーニングモデルとして利用した場合の目的を記述した例である．なお，このモデルは，キャリブレーションを行えば，予報にも使用可能である．

> この報告書は，ARNG（アメリカ陸軍州兵：U.S. Army National Guard）の調査を支援するため，どのようにモデルが用いられたかを示すもので，観測井の設置場所の決定，潜在的な湧き出し領域の推定，地方自治体所有の井戸の涵養域の推定などが含まれる．
> 　　　　　　　　　　　　　　　　　　　　　　　　　　（Walter and Masterson, 2003）

解釈モデルを包括的モデルとして利用した場合の目的を記述した例としては，

> 我々は，地下水と湖から成る単純なシステムを仮想的に設定し，システムの定常モデルを開発した．このモデルによって，湖の計算水位が，帯水層の透水係数（K_1）と比較して湖の透水係数に設定した値（K_2）にどの程度感度があるかを検証する． （Andersonら，2002）

> 本研究では，2次元の仮想モデルから得られた流線網の定性的な検討により，支配的なパラメータの変動が地域的な地下水流動システムに与える効果を示した．
> 　　　　　　　　　　　　　　　　　　　　　　　　　　（Freeze and Withespoon, 1967）

2.2　概念モデル：定義と一般的な特徴

現場固有の地下水問題を解決するためには，水文地質学者は，関連する観測値を収集・分析し，

2.2 概念モデル：定義と一般的な特徴

地下水システムで重要となる側面を明確にしなければならない．概念モデルとは，現場についてわかっていることの統合である（Kresic and Mikszewski, 2013）．一般に，地下水開発，汚染源の特定，汚染の修復に関わるアメリカの州や連邦政府の規制では，現場概念モデル（site conceptual model：SCM）の構築を要請しており，概念現場モデルとも呼ばれる．たとえば，アメリカ合衆国環境保護庁（U.S.EPA, 2003, p. 13）は，RCRA（資源保護回復法）とスーパーファンド用地における地下水回復の実現可能性を評価するためのSCMは，「既往研究から得られるデータ，現場の特徴，回復のためのシステム運用の統合であり…概念モデルは，現場の回復可能性を評価するための基礎を提供するものである．」としている．

概念モデルは，現場固有の水文地質学的条件に応じて構築されるのが通例である．しかし，包括的な地質条件に対して構築することもできる（図2.1；Winter, 2001）．地下水問題のほとんどは，概念モデルから開発された数理モデルにより取り扱われる．一般的に，概念モデルによる現場状況の近似がよいほど，数値モデルはより妥当な予報値を与える．モデリングの目的，入手可能な観測値，どこまで数値モデルを複雑にするかという実際的な制限によって，モデルの詳細さの程度が決まる．実践的には，節約に努めて概念モデルを設計することが望ましい．つまり，目的を達成できる重要な過程のみ含むように単純化した概念モデルでも，依然，関連するシステムの挙動を表現するために十分複雑である，ということを意味する．必要になれば，概念モデルを改定してモデリング過程でより複雑にしていくことができる．

上述のような一般概念の構築を行ってきた結果，水文地質学の論文では，多くの概念モデルの定義が生み出されてきた．Zheng and Bennett（2002）によれば，概念モデルを構築することは，"現場を特徴づけることと同義である"．つまり概念モデルとは，関連する局所的，地域的な水文地質情報の統合であり，これは，現場に固有の流れと輸送過程に関して単純化の仮定と定性的な解釈を与えることにより得られる．その他の定義の例を以下に示す．

> 概念的な地下水流動モデルは，実世界に生じる地下水問題の単純化であり，（1）実世界の問題の本質的特徴を捉え，（2）数学的に記述できる． （Haitjema, 1995）

> …概念モデルは，物理システムの特徴と動態の解釈あるいは作業上の記述である．

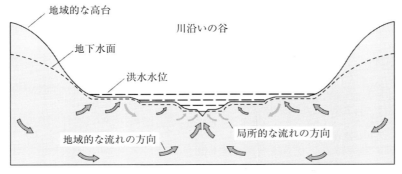

図2.1 台地のある大きな川沿いの谷の包括的概念モデル（Winterら，1998）

(ASTM, 2008)

概念的な水文地質モデルは，現場の水文地質学的条件，併せて，現場の流れ/輸送の動態に対して心の中に形成された構築物であり仮説である．これは，言葉，絵，図を用いて表されたり，表を用いて解釈，表現されたりする．　　　　　　　　　　　　（Neuman and Wierenga, 2002）

概念モデルは変化する仮説であり，特定の現場における流体の流れと汚染物質の輸送を支配する重要な特徴，過程，イベントを，対象とする問題という文脈に沿って同定することである．　　　　　　　　　　　　　　　　　　　　　　　　　　　　　　　　　　　　（NRC, 2001）

概念モデルは，地下水システムで鍵となる過程について現時点での理解を統合する．これにはストレスによる影響も含み，ありうる将来の変化を理解することも助ける．

(Barnett ら，2012)

筆者らは，"概念モデル"を地下水システムの定性的表現と定義する．この概念モデルは，水文地質学的な原理に従い，地質学，地球物理学，水文学，水文地質化学，その他の関連する情報に基

表 2.1　水文地質の概念モデルの構築に用いるデータのタイプ（Alley ら，1999）

物理構造
川の排水ネットワーク，地表水体，地形，人工地物，構造物と水に関係する活動の位置を示す地形図
地表面堆積物と岩盤の地質図
帯水層と加圧層の上端および下端の図
不圧（地下水面）と被圧帯水層の飽和している層厚図
帯水層と加圧層の平均的な透水係数の図と帯水層の透水量係数の図
帯水層の貯留係数の図
選ばれた地点における帯水層の地下水年代の推定値
水収支と水文ストレス
降水データ
蒸発データ
観測所間の河川流量の増減の観測値を含む河川流量データ
通常は恒常河川，乾いた水路，季節流を示す河川の排水ネットワーク図
河川へのすべての地下水流出の推定値
湧水の流出の観測値
表面流出と復帰流の観測値
流域間導水の量と位置
帯水層からの揚水の履歴と位置
それぞれのタイプの地下水利用量と復帰流の空間分布
井戸のハイドログラフと帯水層の水頭（水位）の地図
涵養域の位置（降水による面的涵養，失水河川，灌漑地区，涵養域，涵養井）
化学構造
土質や帯水層と加圧層内の自然起源の地下水といった地球科学的な特徴
エリアと深さの両方を示した帯水層の水質の空間分布
特に汚染されたあるいは潜在的に脆弱な不圧帯水層の水質の経時変化
可能性のある汚染物質の起源と種類
人工的に導水された水あるいは廃液の化学的な特徴
異なるスケールの土地被覆/土地利用の図．調査で必要があれば．
特に低水時の河川水の水質（採水の場所と時間）

2.2 概念モデル：定義と一般的な特徴

づく（**表2.1**）．概念モデルの設計では，一般に，9つのデータソースを考慮する．それは，地形，地質，地球物理，気候，植生，土壌，水文，水文化学/地球化学，人為的側面である（Kolm, 1996）．つまり，概念モデルには，水文地質学的枠組み（**図2.2**(a)）と水文システム（図2.2(b)）の両方を特徴づけることが含まれている．

概念モデルの構築では，関連する水文地質学的なデータをとりまとめ，分析し，統合する．この際，地理情報システム（GIS）のようなデータベースツールがしばしば役に立つ（**Box 2.1**）．GISデータに加えて，学術雑誌に掲載された論文とともに，コンサルタントによる報告書，州の地質調査や水文調査の報告書，そして，アメリカ地質調査所のような連邦組織が作成した報告書からもデータを集める．概念モデルの鍵となる構成要素は，境界，水文層序と水文地質学的なパラメータの推定値，一般的な地下水流動の流向，水の湧き出しと吸い込み，観測値に基づく地下水水収支である．概念モデルのデータはGISデータとして格納されることもあるが，一般的には，断面図，フェンスダイアグラム，表などを含む一連の図表により表現される．

概念モデルの開発に当たっては，地域的な水文地質が対象地の地下水流動に影響を与える様子を理解するために，地域の状態を考慮することが助けとなる．アメリカを対象としてモデルを開発する場合，地域の水文地質条件についての情報は，アメリカ地質調査所がオンラインで提供するGround Water Atlas of the United States（http://capp.water.usgs.gov/gwa/index.html）やBack

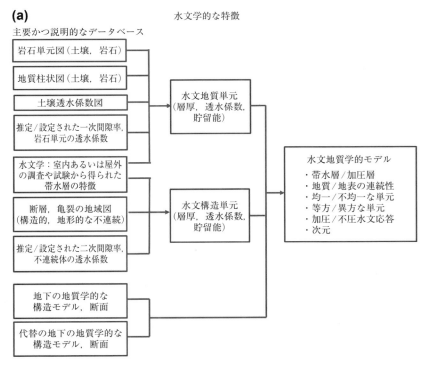

図2.2 （a）水文地質学的な現地の概念モデルに関連するデータと分析

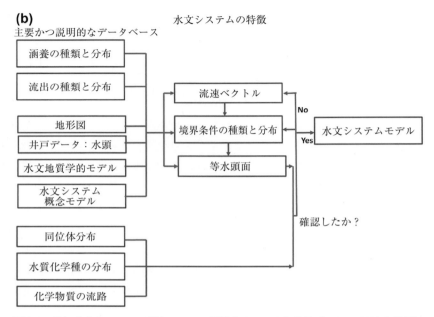

図 2.2 (b) 水文システムの概念モデルに関連するデータと分析（Kolm, 1996 を修正）

ら（1988）の研究から得られるかもしれない．アメリカのいくつかの重要な帯水層については，Johnston（1997）が地域的な水収支の情報を示している．その他の国の地域的な水文地質条件は，Zektser and Everett（2006）やその他研究者によってまとめられている．

Box 2.1　地理情報システム（GIS）

地理情報システムは，時空間データを格納，操作，分析，検索，表示するためのコンピュータプログラム，あるいはプログラムセットである．そのため，GIS は地下水流動システムの概念モデルを形成するデータを格納し，組み立て，表示するのに便利なツールである．フリーかつオープンソースである QGIS を含め，多くの GIS プログラムがある．GIS データは，グラフィカルユーザーインターフェース（GUI；3.6 節）への入力が可能であり，ほとんどの GUI には GIS 機能が内蔵されている．

地理的な位置情報に加えて，GIS には関連する特性（"メタデータ"と呼ばれる）データが含まれる．特性データには，水位標高あるいは透水係数といった測定項目が含まれる．また，観測期間が明示されていることもよくある．USGS（2007）は，GIS の一般的な概略を示している．Kresic and Mikszewski（2013）は，水文地質学的な現場モデルの設計という観点から GIS を議論し，ArcGIS for Desktop に搭載されている一連のプログラムをレビューしている（彼らの第 3 章を参照のこと）．比較的単純な地下水解析は GIS 内で実行可能であるが（たとえば，Minor ら，2007），GIS 自体は地下水流動モデルではない．データは GIS を用いて地下水モデルに入力される，あるいは GIS が直接地下水コードに連結される（たとえば，Marti

ら，2005；Tsou and Whittemore, 2001；Pint and Li, 2006；Steward and Bernard, 2006 も参照のこと）．Pinder（2002）は，Argus ONE GIS を Princeton 輸送コード，MODFLOW，MT3D に連結したモデリングについての詳細な説明書を提供している．

地下水コードとのインターフェース機能をもつ特別な GIS ツールもある（たとえば，Lin ら，2009；Meyer ら，2012；Ajami ら，2012）．地下水涵養と排水を計算するために設計されたそのようなツールの一例のキャプチャ画面を図 B2.1.1 に示す．

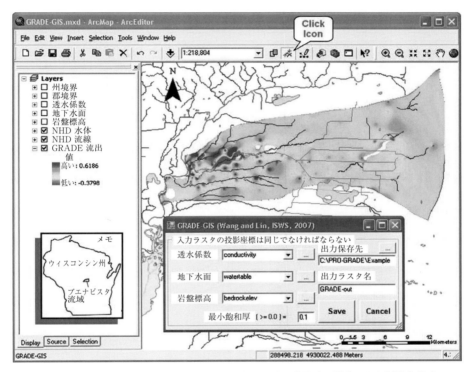

図 B2.1.1　アメリカ，中央ウィスコンシンの湿潤な地下水流域の推定された涵養と流出マップを表示している GIS ベースのグラフィックユーザーインターフェースの修正したキャプチャ画面．薄い灰色は涵養域を，濃い灰色は流出域を示す．地表水はラインとポリゴンで表される（Lin ら，2009）．

2.3　概念モデルの構成

たいていの地下水流動モデリングでは概念モデルが設計され，少なくとも，境界，水文層序および水文地質学的な特性，流動方向と湧き出し・吸い込み，そして，地下水の水収支成分の現地観測に基づいた推定値に関する情報を含む．加えて，入手可能な場合には，概念化の際の定義や制約条件となる情報，たとえば水質情報などが用いられる．地下水モデルを工学計算や包括的モデル（1.3 節）として用いる場合には，完璧な概念モデルは必要ない．

2.3.1 境界

概念モデルの境界に沿った水文条件は，数値モデルの数理的境界条件を決定する（3.3節）．境界条件は数理モデルの鍵となる要素であり（1.2節），定常数値モデルや多くの非定常モデルにより計算される流向に強く影響する．

境界には，地下水分水嶺などの水理的特徴，地表水体や比較的透水性の低い岩石などの物理的特

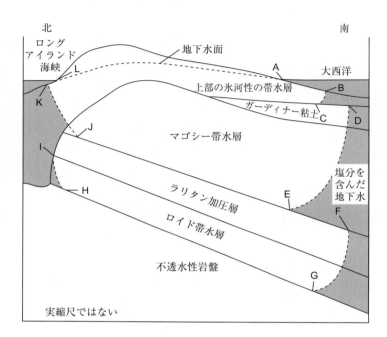

境界分割	水文地質学的な特徴	数学的表現
LA	地下水面と河川	規定流量（自由水面） 規定流量と水頭依存流量[*1]
HG	圧密岩盤	非流動（流線）
AB, KL	海岸流出	定水頭
BC, DE, FG, HI, JK	塩水と淡水の界面	非流動（流線）
CD, EF, IJ	海中流出	規定流量（自由水面）

[*1] 河川境界は異なるシミュレーションでは別に与えられる

図2.3 アメリカ，ニューヨーク州，ロングアイランドの地下水システムの概念モデルの水文地質学的な境界と数値モデルでの数学的表現（Buxton and Smolensk, 1999）

2.3 概念モデルの構成

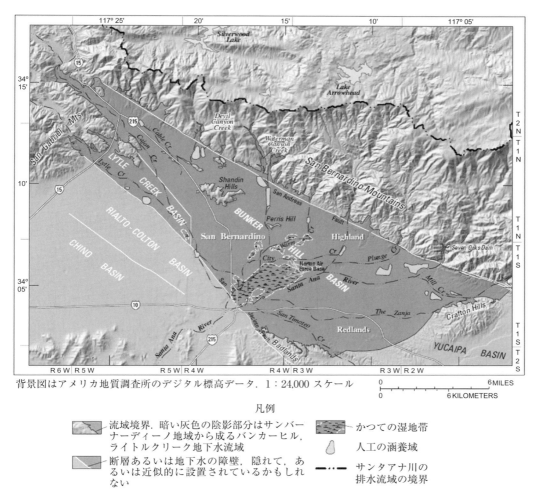

図 2.4 アメリカ，カルフォルニア州，サンバーナーディーノの地下水システムのモデルの境界となる断層（Danskin ら，2008）

徴が考慮される．地下水面は，3 次元数値モデルの上端境界条件となるのが通常である．側方と下端境界は，水文条件が変化しても，物理的特性または水理的特性が移動したり変化したりしない面に沿っているのが理想的である．たとえば，比較的安定した地下水分水嶺，沿岸帯水層では，海洋と淡水/塩水境界（図 2.3），地下水システムと連結している湖沼や河川，比較的透水性の低い岩石（たとえば，亀裂のない花崗岩，泥板岩，粘土）（図 2.3），比較的透水性の低い断層帯（図 2.4）などである．しかし，ある種の条件下では，揚水（たとえば，Sheets ら，2005）や涵養の変化によって分水嶺が移動しうることを意識しておかなくてはいけない．同様に，湖沼や河川，そして海洋においてさえ（Konikow, 2011），その水位は，揚水，気候変動，土地利用変化によって変化しうる．境界周辺の変化がモデリングの結果に悪影響を与える可能性を評価しなければならない．原理

36　　　　　　　　　　　　第 2 章　モデリングの目的と概念モデル

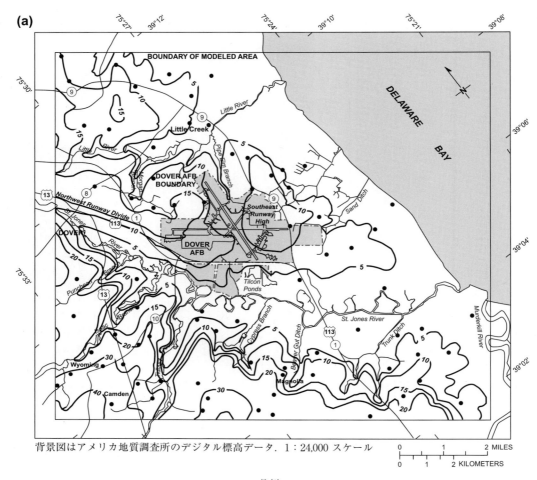

背景図はアメリカ地質調査所のデジタル標高データ．1：24,000 スケール

凡例

—10— 　平均的な涵養条件における地下水面標高（1995 年 10
　　　　月）（海面を基準とする．ft）．（地域的なデータは
　　　　Adams ら，1964；Boggess and Adams，1965；Boggess ら，1965；Davis ら，1965）

● 　観測地点

図 2.5　アメリカ，デラウェア州，ドーバー空軍基地の 1959 年 10 月の平均的な涵養条件における浅層帯水層内（図 2.9(b) 参照）の等水頭面図　(a) 地域的図面

的には，境界の位置および水理条件の経時変化を，数値モデルに組み込むことが可能である．ただし，この変化が継続して観測されている，あるいは，変化をあらかじめ推定できるという前提のもとであり，これは実際には難しいことが多い．

　地域や現場の等ポテンシャル線図，地形図，地質図を用いて境界は確定される．地下水分水嶺の位置を地形図から決定した場合，地下水分水嶺が地形的な分水嶺に常に一致するわけではないことを認識する必要がある（Winter ら 2003；Pint ら，20003）．水理学的あるいは物理学的な特徴に基

2.3 概念モデルの構成

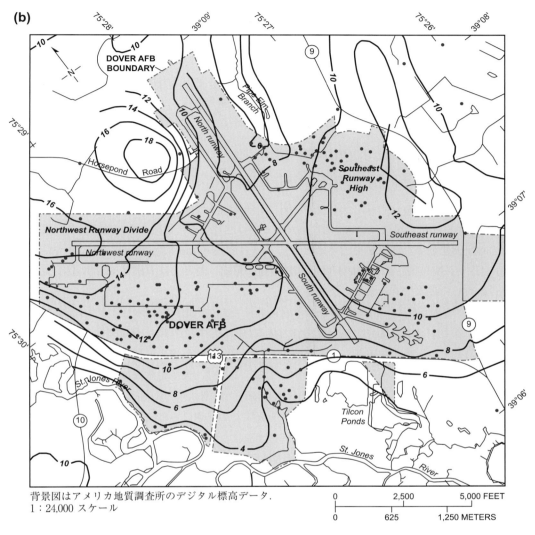

背景図はアメリカ地質調査所のデジタル標高データ．
1：24,000 スケール

凡例

—10— 平均的な涵養条件における地下水面標高（1995年10月）（海面を基準とする．ft）．（地域的なデータはAdams ら，1964；Boggess and Adams, 1965；Boggess ら，1965；Davis など，1965，地域の詳細はアメリカ陸軍工兵隊とデームズアンドムーアのデータをアメリカ地質調査所の解釈による，1997a）

● 観測地点

図 2.5 （b）現場の図面（Hinaman and Tenbus, 2000）．

づいて解析領域を区切ることが不可能，あるいは不具合をきたすこともある．境界条件となりうる水理学的あるいは物理学的な特性が対象領域付近に見つからない場合，より広い（地域的な）概念モデルの内側に現場概念モデル（SCM）を設定する（図 2.5）．このとき，数値モデルは 2 段階の詳細さをもち，主要なモデル領域（近傍場）が詳細に記述され，より広い地域地下水システム（遠方場）では詳細さが低くなる．近傍場の数値モデルの境界条件は，地域的な概念モデルの状態から決定されるか，地域的な数値モデルによる遠方場の解から計算される（4.4 節）．

2.3.2　水文層序学的特性と水文地質学的特性

　概念モデルを構成する地質学的な材質はできるだけ包括的に記述されるべきである．地下水システムを 1 つの帯水層，あるいは，一連の帯水層と加圧層によって特徴づけるのが，伝統的な方法である（図 2.6(a)）．帯水層は，1 つの地質単元あるいは水理学的に連続した一連の地質単元であり，相当量の地下水を貯留し，流動させることができる（Kresic and Mikszeaski, 2013, p. 49 の定義を改訂）．ここで"相当量"とは主観的であり，特定の用途（たとえば，家庭用，都市用，農業用，工業用）のために揚水できる水量により決まる．

　加圧層は，1 つの地質単元あるいは一連の地質単元であり，比較的透水性が低いために水を貯留することはできるが流動量は少ない．加圧層（あるいは加圧単元）は，その直下の帯水層を水理学的に加圧する．そのため，加圧された帯水層の水頭は上部の加圧層の底部の標高より高くなる．透水性の低い地質単元は，帯水層の下にも存在しうる．つまり，被圧帯水層は，加圧層に上下を挟まれることもある（図 2.6(a)）．半透水層（aquitard），難透水層（aquiclude），非透水層（aquifuge）という用語は，加圧層の相対的な透水性を表すために用いられてきた．半透水層は，流れを遅延させるが，流れそのものは妨害しない．非透水層は，流れを妨害するが，いくらかの水は流れることができる．難透水層は，水を流さない．最近では，横方向に連続した透水層の低い材質に対して，加圧層と半透水層が好んで使用される総称となっている．難透水層と非透水層は，ほとんど使用されない．なぜなら，難透水層は半透水層と同義である．また，完全に水を通さない地質単元はほとんどないために，非透水層が有用な用語になっていないためである（図 2.6(a, b)）．なお，このことは Chamberlin（1885）によってかなり以前に指摘されている．半透水層と加圧層は，互換的に使用されることの多い用語であるが，2 つを区別する専門家（たとえば，Cherry ら，2006, p. 1）もおり，すべての半透水層が水理学的に帯水層を加圧しているわけではないことを指摘している．たとえば，図 2.6(b) に示す比較的透水性の低い岩盤は半透水層ではあるが，加圧層ではない．半透水層と加圧層は，不連続かつ水漏れがある，あるいはそのどちらかの可能性がある（これは，第 1 に透水性，第 2 に亀裂によるもので，両方かどちらか一方が原因となっている）（図 2.6(b)）．加圧層の不連続性は，窓（window）と呼ばれることもある．ミネソタ州の研究者ら（たとえば，Green ら，2012 を参照のこと）は，水平方向の透水係数は帯水層と同程度であるが，鉛直方向の透水係数が低い加圧層を表現するため "aquitardifer" という用語を導入している．

　地質学者は，岩石をその成因に基づき，堆積岩，火成岩，変成岩の 3 種類に大別する．さらに火

2.3 概念モデルの構成

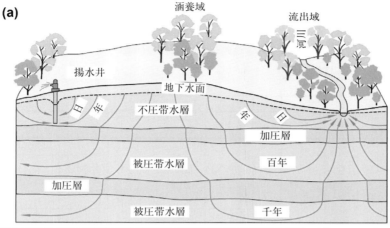

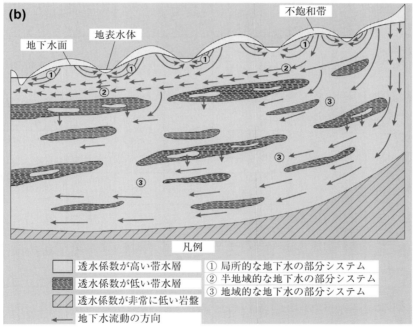

図 2.6 包括的な半透水層の概念モデル：(a) 半透水層内の流れのタイムスケール（Winter ら，1998）；(b) 不連続床（Alley ら，1999）．

成岩は，地下で形成された貫入岩と地表で形成された噴出岩に分類される．現場で地質学者は，岩石を鉱物特性と横方向の連続性といった物理特性（岩石学）に基づいて累層に分類する．水文地質学者は，この物理特性によるグルーピングをさらに水文層序単元へと細かく分類する．これは，岩石の空洞の性質と連結性（**Box 2.2**）に基づく分類であり，空洞は透過性と貯留特性を決める．また空洞は間隙率と浸透率によって特徴づけられる．岩石形成時の空洞を一次間隙率といい，岩石形成後に生じる開口部（たとえば，亀裂や溶質の流路）を二次間隙率という．有効間隙率は，相互に

連結した空洞の尺度であり，粒子追跡において重要である（Box 8.1）．浸透率とは，相互に連結した空洞が流体を通過させる能力を定量化したものである．地下水水文学では，通常，対象流体が水のため，浸透率ではなくより明示的に透水係数と表現される．Mexey（1964）は水文層序単元を導入し，単一と認められる帯水層とそれに関連する加圧層をあわせて表現しようとした．彼は，

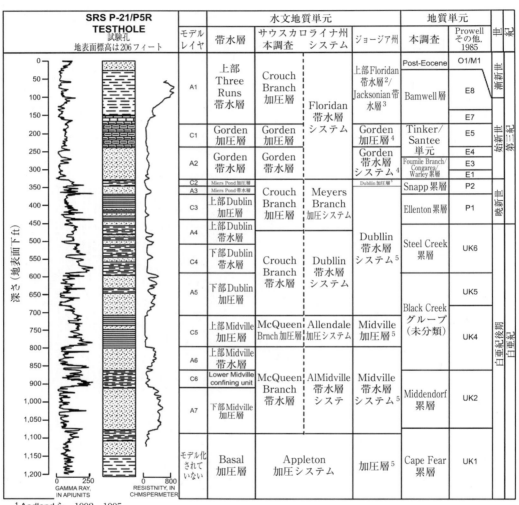

図 2.7 アメリカ，サウスカロライナ州，サバンナ川の水文地質単元．地質柱状図と数値モデルのレイヤーを併記．ジョージア州の学名は，サウスカロライナ州とは異なるので留意すること．（Clarke and West, 1998）．

2.3 概念モデルの構成

地質学者が定義する層序単元に類似した概念として水文層序単元を導入しようとした。しかし，その後，彼の定義は問題を含んでいることがわかっている。我々の目的にとっては，水文層序単元は，類似の水理特性をもつ連続した地質材質である（Seaber, 1988）。水文層序単元は，水文地質単元あるいは地質水文単元とも呼ばれる。いくつかの地質累層がまとめられて1つの水文層序単元になる場合もあるし，1つの地質累層が帯水層と加圧層に細分される場合もある。つまり，同一の地質単元であっても，その水文層序は地域的に変化しうる（**図2.7**）。

水文層序単元には，言外に地域性を含む。現場スケールでは，現場スケールでの水文層序単元を含意する「水相（hydrofacies）」が用いられるのが通例であり，比較的同質の水理特性をもつ連続した多孔質の材質を包含する（Poeter and Gaylord, 1990）。水相は水理学的な連続性に基づいて定義されるため，地質学的な層相（facies）の定義とは異なる。地質学的な層相は，類似の物理特性をもつ連続した堆積物であり，同一の地質環境下で堆積する。堆積環境の例として，氷河の氷端

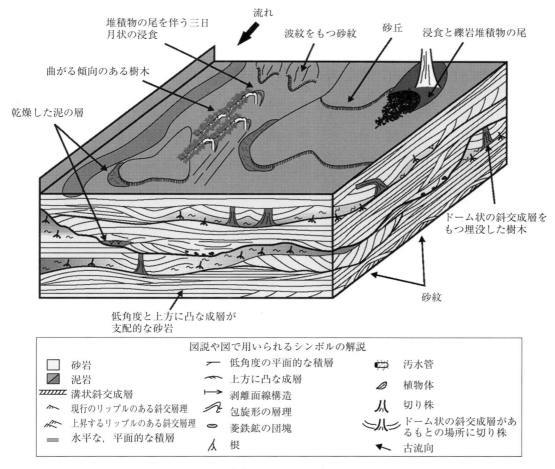

図2.8 河成堆積条件の地層モデル（Fieldingら，2009）

(氷河接触堆積物)，海岸（浜砂），山ぎわ（扇状地性堆積物）がある．地質学者は，堆積環境の一般的な情報を要約するために層相モデルを用いる（図2.8）．地質層相モデルは，現地の水文層序単元の解釈（Anderson, 1989），水相の幾何形状と水理特性を推定するために有用である．しかし，地質層相モデルにより表現される堆積は，理想的な堆積環境条件におけるものであり，任意の地点に見られる堆積物が正確にモデルにより再現されるわけではない．Kresic and Mikszewski (2013)，Fitts (2013)，Fetter (2001)，Back ら (1988)，Davis and DeWeist (1966) は多様な堆積環境についての水文地質学的な情報を要約しており，氷食地形，扇状地堆積物，海岸地形，カルスト，火成岩および変成岩地形などが含まれる．

堆積環境，地質史，水文層序単元と水相の水理特性を一般化した情報は，可能な場合には概念モデルに含めるべきである（図2.9(a)）．このような情報は，概念モデルのパラメータ値の決定に有用であり，後に，数値モデルのキャリブレーションで得られるパラメータ値の妥当性を検証するためや，粒子追跡シミュレーションの際の有効間隙率設定にも有用であろう（Box 8.1）．

Kolm (1996) は水文構造単元（図2.2(a)），つまり，亀裂帯，管流，断層といった流れが生じる領域か流れの障壁となる領域を定義することを提案している．これらの特性は，水文層序単元内

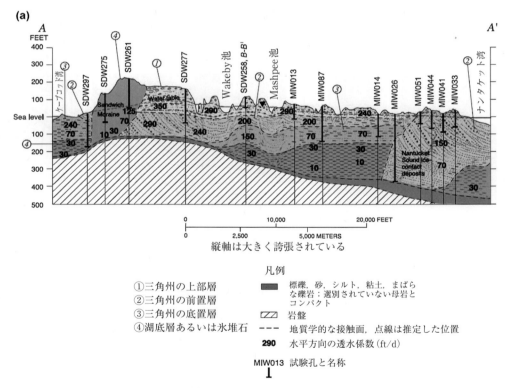

図2.9　断面の概念モデル．(a) アメリカ，マサチューセッツ州，ケープコッドにおける水文層序．堆積環境と推定された透水係数情報を併記．(Reilly and Harbaugh, 2004；Masterson ら，1997 を修正).

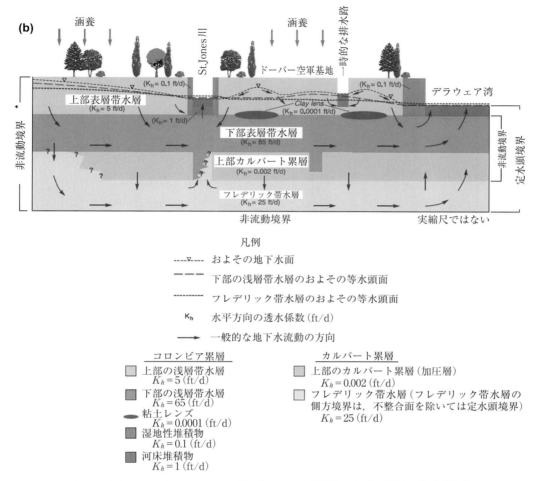

図 2.9 (b) アメリカ，デラウェア州，ドーバー空軍基地における浅層の地下水流動システムの水文地質単元．推定された透水係数を併記．加圧層（上部のカルバート累層）が不連続であることに留意すること（Hinaman and Tenbus, 2000）．

で固有な水文地質特性として割り当てられるか，別々の特性として設定される．実際には，このような水文構造単元は考慮しないのが一般的である．しかし，SCM にはこのような特性を組み込むことが必要であるため，このような概念は重要でありモデル設計にも関係する．

図2.7に類似した形で対象地域の水文層序単元がすでに定義されていることに気づいているであろうが，水文層序単元の厚みは，等しい厚みを等高線で結んだ等層厚線図（**図 2.10**），あるいはボーリング孔や井戸の柱状図から決定できる．現場スケールでは，水相は現場ボーリング孔から定義される（図 2.9(a)）．ボーリング孔の物理検層は水文層序単元を区分するのに役に立つ（図 2.7）．また，地中探査レーダーのような地表からの地球物理的探査手法は，ある種の堆積環境における水文層序単元の"スナップショット"を提供する（たとえば，Lunt and Bridge, 2004；Lowry ら，

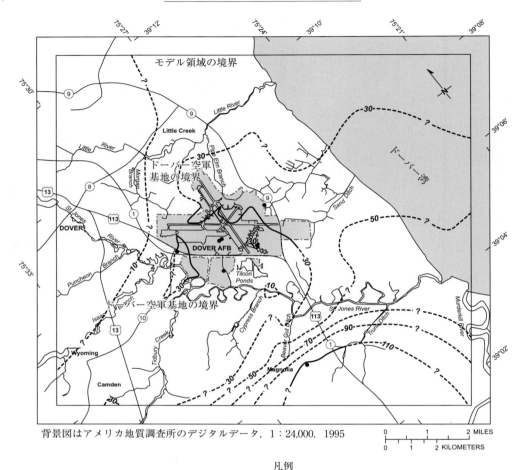

凡例

--110--?-- カルバート累層の上部加圧層の等層厚線（ft）（下部の浅層帯水層とフレデリック帯水層の間の加圧層）（ダッシュ線と疑問符は不確実な値）

● データ地点

図 2.10 アメリカ，デラウェア州，ドーバー空軍基地周辺の加圧層の等層厚線図（上部カルバート累層，図 2.9(b)）（Hanaman and Tensbus, 2000）

2009）．電気探査や弾性波探査は，塩水がある沿岸環境で役に立つ（たとえば，Barlow, 2003）．

水文層序単元と水相は，層序柱状図（図 2.7），断面図（図 2.9(a, b)），フェンスダイアグラム（図 2.11），ブロックダイアグラム（図 2.12）を用いて表現される．GIS ツール（Box 2.1）は，ボーリング孔からの情報を整理し表現することを支援するために用いられる（図 2.13(a, b)）．

現場データが利用可能なときは，それぞれの水文層序単元や水相の水文地質学的な特性の推定値を与えておくとよい（図 2.9(a, b)）．もし，関連する現場固有のデータが入手できないときは，周辺地域の先行研究や文献から値を推定することができる．パラメータの割り当てを助けるために

2.3 概念モデルの構成　　　　　　　　　　　　　　　　　　　　　　　　　45

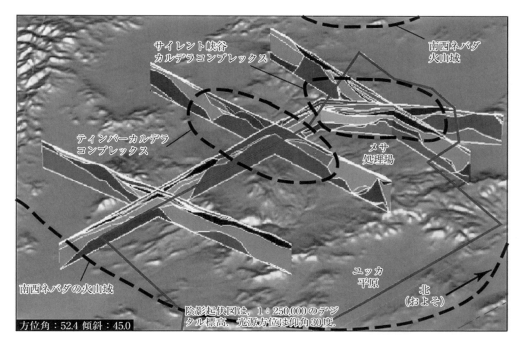

凡例

水文地質単元（すべてが断面に表示されているわけではない）

- 新しい沖積帯水層（YAA）
- 新しい沖積加圧層（YACU）
- 古い沖積帯水層（OAA）
- 古い沖積加圧層（OACU）
- 石灰岩の堆積層（LA）
- 溶岩流層（LFU）
- 新しい火山岩層（YVU）
- 上部の火山岩と堆積岩層（upper VSU）
- ティンバー山からサースリー峡谷までの火山岩帯水層（TMVA）
- ペインブラッシュ火山岩の帯水層（PVA）
- キャリコヒルズ火山岩層（CHVU）
- ワーモニー火山岩層（WVU）
- 噴火口の平野からパワー峠までの帯水層（CFPPA）
- 噴火口の平野からバルフロッグまでの加圧層（CFBCU）
- 噴火口の平野からトラムまでの帯水層（CFTA）
- ベルト状のレンジ層（BRU）
- 古い岩石層（OVU）
- 下部の火山岩と堆積岩の層（lower VSU）
- 堆積岩の加圧層（SCU）
- 下部の炭酸塩岩の帯水層から衝上断層（LCA_T1）
- 下部の砕屑岩の帯水層から衝上断層（LCCU_T1）
- 上部の炭酸塩岩の帯水層（UCA）
- 上部の砕屑岩の加圧層（UCCU）
- 下部の炭酸塩岩の帯水層（LCA）
- 下部の砕屑岩の加圧層（LCCU）
- 結晶質岩の加圧層（XCU）
- 貫入岩の加圧層（ICU）

各横断面の基礎は，地域の水文地質学的な構造モデルの基礎に対応する（海水面より上部4,000m）
方位角─モデル先端までの北からの水平方向の回転角度
傾斜─モデルの水平方向からの鉛直方向への回転角度

── ─ 郡の境界
━━━ ネバダの試験区の境界

図 2.11 アメリカ，ニューヨーク州，ユッカの水文地質単元のフェンスダイヤグラム（Fauntら，2010）．

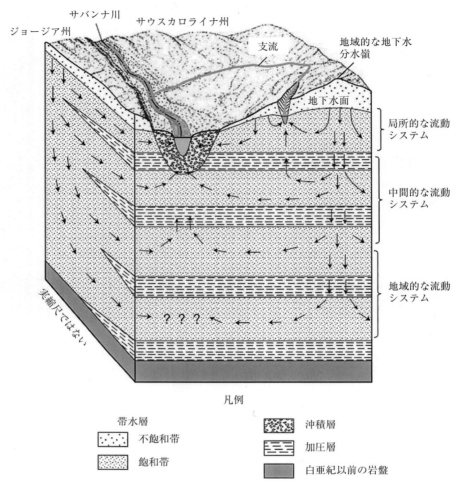

図 2.12 アメリカ，サウスカロライナ州，ジョージアのサバンナ川近傍の地下水流動 (Clarke and West, 1998)

は，堆積環境や堆積史と並んで水文層序単元/水相の空洞の量や連続性を一般化した情報が概念モデルに組み込まれる（Box 2.2）．概念モデルに使用されるパラメータ値は，モデルのキャリブレーション開始時の初期パラメータとして使用される（図 9.1）．すべての地下水流動モデルは，透水係数の情報が必要である．時間依存（非定常）シミュレーション（第 7 章）では，水文層序単元/水相の貯留パラメータも必要となる（5.4 節）．粒子追跡シミュレーションでは，有効間隙率の情報が必要になる（Box 8.1）．

2.3 概念モデルの構成　　47

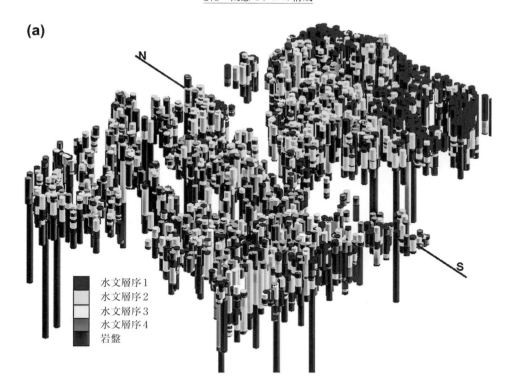

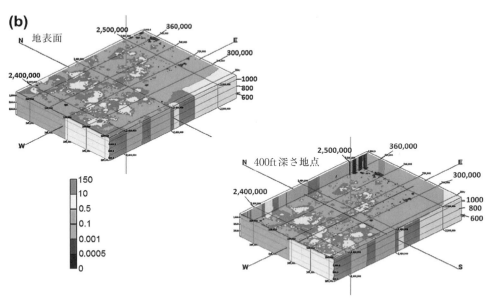

図 2.13　GIS ソフトウェア Rockworks v. 2006 で作成されたアメリカ，南西ウィスコンシンの 25.7 マイル×19 マイル四方の図．(a) 3 次元の円柱で表現された井戸柱状；(b) ソリッドモデルは，地表面，深度 400 ft 層を示す．図中の数字は透水係数（ft/day）を示す（Dunkle, 2008 を修正）．

Box 2.2　空洞の表現

　地質学者は，多孔質体の固相の粒子サイズと鉱物学という観点から，岩石を記述する．対して水文地質学者は，固相内の空洞に焦点を当てる．この Box では，帯水層と加圧層を構成し，水文層序単元と水相（2.3 節）を形作る典型的な地質材質の水理特性を述べる．この主題に関するより踏み込んだ議論は，Fitts (2013) の 5.3, 5.4, 5.5 節を参照されたい．水文層序単元と水相における空洞の特性と連続性に関する定性的情報は，概念モデルに含めるべきである．なぜなら，この情報は，概念モデルの初期パラメータを評価するために，また，キャリブレーションされた最終的なパラメータ値の妥当性を検証するために有用であるからである．

　砂と砂岩は，典型的によく連結した空洞をもち，その結果，一次間隙率が大きく，浸透率も高くなる．風成（風によって堆積した）の砂と砂岩は，その他のタイプの砂と砂岩と比較してより均質である．ある種の砂岩では，一次間隙率と浸透率が亀裂により増加する．炭酸塩岩（たとえば，石灰岩や苦灰岩）の水理特性は，実に多様である（図 2.14(a)）．これらの岩は溶質により形成された亀裂をもつことが多い．一部の炭酸塩岩は，よく連結した亀裂が密なネットワークを作っているため，広域モデルでは，この単元が連続した多孔質媒体のように機能し，等価多孔質媒体（Equivalent porous medium：EPM）といわれる．EPM と見なすことができる場合，標準的な地下水流動コードによって帯水層のシミュレーションをすることができるので，重要である（たとえば，Scanlon ら，2002；Rayne ら，2001）．大きい亀裂と管流，溶質の流れによる地表の落ち込み穴（図 2.14(a)）などにより特徴づけられる地形は，カルストとして知られており，炭酸塩岩が下敷きになっている．多孔質体のマトリクス内で生じる管流は，大抵，標準的な地下水流動コードに含まれる特別オプションを用いて計算できる（4.2 節）．しかし，管流が支配的となる場合，亀裂ネットワークと管状間隙内の流れを計算する特別な地下水流動コードを用いる必要があるかもしれない（12.2 節）．

　ほとんどの変成岩と貫入性の火成岩は，総じて結晶性の岩石とされ，一次間隙率や浸透率は非常に小さいかゼロであるため，流れに対する物理的境界としてしばしば用いられる（図 2.3, 2.6(b), 2.9(a)）．しかし，地域の地質学的な履歴により，結晶性の岩石は亀裂と風化領域を形成し，相当な二次間隙率と浸透率を有することがある（図 2.14(b)）．地殻応力による圧縮と引張，圧力解放による破砕，冷却時の収縮は二次的な浸透率に影響する．結晶性の岩石の風化は，サプロライトとして知られている堆積物を形成する．この堆積物は，40-50% の高い間隙率をもち，井戸水の水源ともなる（Fetter, 2001）．一般的には，結晶性の岩石の亀裂システムの重要性は深度が増加するにつれて減少する．しかし，鉱山や，花崗岩に掘られたボーリング孔の観測からは，1600 m 以深でも亀裂システムが生じうることが示されている（Fetter, 2001）．溶岩の流れのような噴出した火成岩は，溶岩が地表で冷却されるときに形成される亀裂と空洞により，しばしば二次的に高い浸透率をもつ．その結果，火山岩は生産性の高い帯水層を形成しうる（図 2.14(c)）．炭酸塩岩のように，もし変成岩，火成岩，あるいは，堆積岩の亀裂や火山岩の管流が水の主たる通り道を形成するときは，亀裂や管状間

隙内の流れを解析するための特別な地下水流動コードが必要となる（1.2 節）．

　加圧層（半透水層）は，典型的には，透水性の低い頁岩あるいは粘土で構成される．しかし，加圧層に大きな二次間隙率や浸透率をもつ亀裂があることは珍しくない．たとえば，"aquitardifers"（Green ら，2012）は，鉛直方向の透水性が低い堆積岩が支配的であるが，層理面と平行な亀裂が，水平方向の高い透水性をもたらす．

2.3.3　流向と湧き出し・吸い込み

　対象領域内での概念モデルの地下水流動は，図式的に流線や矢印を水頭図あるいは水文地質断面図の上に描くことで表される（図 2.1，2.6，2.9(b)，2.12，2.14(b,c)，2.15）．一般的な流向は，等地下水面図，等水頭面図から決定される．もし入手可能ならば，水位，境界，涵養域や流出域の情報からも決定することができる（図 2.5）．1 つ以上の帯水層が存在するとき，流向はそれぞれの帯水層で描かれる（図 2.9）．入れ子状の井戸で観測された水頭値が入手可能ならば，鉛直方向の流向に関する情報を得ることができ，流動系の深さを同定する助けともなる．流路を可視化するとき，異方性と鉛直方向の強調表示の影響を受けるため（Box 5.2），鉛直方向に強調をしていない断面図を 1 つ含めるようにするとよい（たとえば，Box 4.1 の図 4.1.1(b)）．鉛直方向の強調表示をしない断面図は，実際の地下水システムにおける真の相対的なスケールを表すのにも有効であり，地下水システムの深さは長さに対して非常に短い（Box 4.1）．

　観測井，とりわけ長期間の観測井の水位変動ハイドログラフ（Taylor and Alley, 2002；Feinstein ら，2004）は，データを収集・分析し，概念モデルのためのデータベースに保存するのがよい．この情報は，モデリングの目的達成のためには非定常あるいは定常モデルのどちらにすべきかを検討するのに有用である．アメリカの帯水層に広範囲にわたって設置された井戸のハイドログラフ作成例を，USGS のウェブサイト（http://groundwaterwatch.usgs.gov/）から閲覧することができる．

　対象領域内の重要な湧き出し・吸い込みは，位置を特定し記録するべきである．水の流入は，一般的に地表面から浸透する降水であり，地下水面を通過して地下水涵養となる（図 2.9(b)；Box 5.4）．ある水文地質環境では，地下水システムは，山ぎわや斜面からの流出（**図 2.15**），吸い込み穴からの浸出（図 2.14(a)），湖や河川（図 2.14(c)）のみならず貯水池，水路，調整池（図 2.15）といった地表水体により涵養される．水の再利用や処理活動によっても水の流入は生じ，注入井や人工涵養浸透水路などがある．吸い込みには，地下水システムから水を除去するあらゆるものが含まれ，たとえば，湿地，地表水体，海洋への広範な流出（図 2.1，2.6(a,b)，2.9(b)，2.12），暗渠排水やトンネルへの線上の流出，揚水井や湧水への点流出がある（図 2.14(c)）．地下水面が地表面に近い場合には，蒸発散によっても水の損失が生じる．これは，飽和帯からの直接的な蒸発と地下水面まで伸びた植物根による蒸散による（図 2.5）．対象領域を取り囲む境界（周囲境界）からの水の湧き出しと吸い込みについても記述するべきである．たとえば，いくらかの地下水が，モデルの下端境界や側面境界である岩盤の亀裂を通って，流入出することがある．また，境界沿いで潜伏流としても地下水が流入出することもある（図 2.15）．

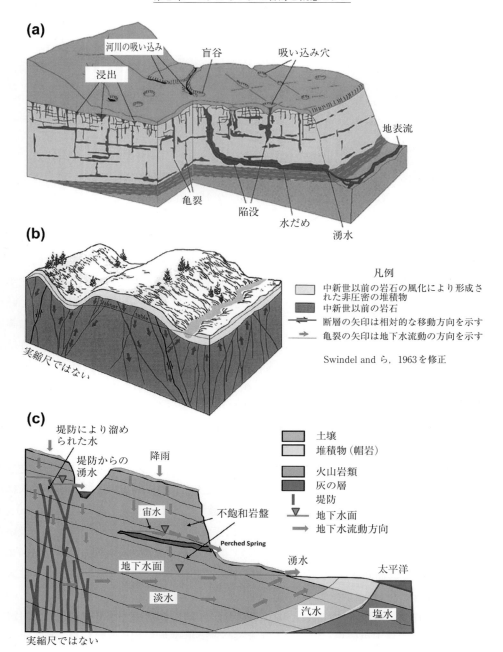

図 2.14 亀裂と管流によって特徴づけられる概念モデル
(a) 亀裂，管流，穴のあるカルスト地形の炭酸塩岩（Runkel ら，2003 を修正）
(b) 火成，変成岩地域の亀裂と断層（Whitehead, 1994）
(c) アメリカ，ハワイ州の溶岩流と堤防．低い透水係数の堤防が地下水流動の障壁の働きをしている（Oki ら，1999 を修正）．

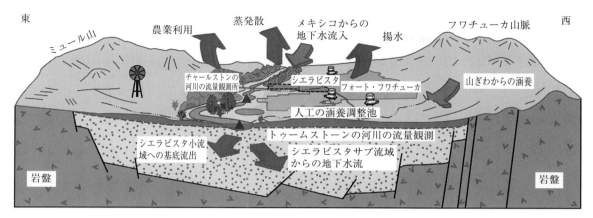

図 2.15 乾燥地（アメリカの南アリゾナ）における地下水流動と水収支成分を示したブロック図（Healy ら，2007）

地表水体と地下水との水交換を表現することは，数値モデルを設計する際に決定的なステップとなることが多い．幸い，地下水のモデリングコードには，概して，地下水と地表水の相互作用をシミュレーションするオプションが含まれている（4.3，6.4，6.5，6.6，6.7 節）．湿潤気候では，地表水体は，地表面近くの地下水システムと連結していることが多く，地下水の重要な流出域（図 2.1，2.6(a, b)，2.9(b)，2.12）と涵養域（図 2.14(c)）の両方あるいはいずれか一方となる．しかし，特に乾燥気候では，不飽和帯があるため地表水体は地下水と水理学的に分離し，地表水体は地下水流動にほとんど，あるいは，まったく直接的な影響を与えない．このような状況では，地表水とその直下にある地下水との相互作用の程度は，不飽和帯の水理特性と地表水の水位によって決まる．半透水層が水平方向に流れをそらす場合には，深層の地下水システムと地表水体との直接的な連結はない（図 2.6(b)）．しかし，深層の地域的な地下水システムからの水は，地表面に近い地域的な涵養域（図 2.6(b)）において涵養されたり，地域的な地表水流出域（図 2.6(a)）から上部の地下水システムへと流出することもある．よって，地表面近くの地下水流動を対象とするモデルにおいても，このような深層の流動システムを考慮するか，少なくとも，深層の流動システムからの寄与を考慮する必要がある．

概念モデルの開発では，涵養量，揚水量，蒸発散量，基底流量，湧水量，そして潜伏流および他の境界での流量についての情報は，涵養/流出条件の時空間的な変動に関する情報として，整理あるいは推定される．この情報はキャリブレーションターゲットを含んだ，モデルの入力値を作成するためにも使用される（9.3 節）．

2.3.4 地下水の水収支成分

現場観測に基づき推定した地下水の水収支成分を表にまとめることは，あらゆる概念モデルの一要素である．なぜなら，モデルの流入・流出について，最初の理解を与えてくれるからである．数

値モデルのキャリブレーションをするとき，観測値に基づく地下水の水収支を，数値モデルにより計算された水収支と比較することができる．概念モデルが対象とする区域や領域，そして特定の期間に対して地下水の水収支が計算される．特定の期間は，日，月，年，さらには数十年（表 2.2），あるいは季節平均や年平均（平衡）といった条件（図 2.6）の場合もある．

表 2.2 アメリカ，カリフォルニア州，サンバーナーディーノの 1945〜1998 年までの地下水の水収支．水収支の残差として生じる水収支誤差の計算方法を示す（Danskin ら，2006 を修正）．単位は acre-ft/年．

成分	最小	平均	最大	コメント
涵養				
直接降雨	0	1,000	12,000	
観測した流出	27,000	116,000	423,000	
未観測の流出	4,000	16,000	68,000	
局所的な流出	2,000	5,000	12,000	
導水	0	3,000	30,000	
地下水流	4,000	5,000	7,000	
揚水からの復帰流	20,000	28,000	37,000	
合計	57,000	174,000	589,000	
流出				
揚水	123,000	175,000	215,000	
地下水流	4,000	13,000	25,000	
蒸発散	1,000	7,000	26,000	
地下水の増加	0	5,000	42,000	
合計	128,000	200,000	308,000	
貯留変化	−143,000	−4,000	289,000	
残差	na	−22,000	na	
残差になりえる水収支成分				
観測した流出による涵養	0	4,000	5,500	計算値は多くの仮定に基づく元の推定より 5,500 acre-feet/年多い
未観測の流出による涵養	0	500	500	元の推定値は不確実性が高い
局所的な流出による涵養	0	500	500	元の推定値の流出に関する誤差は 500 acre-feet/年
基盤帯水層からの浸出	0	6,000	15,000	熱輸送モデルで推定された岩盤からの地下水流は 15,000 acre-feet
谷を埋積した帯水層の不圧部分での貯留変化	0	3,000	7,500	地下水流動モデルはより大きい貯留変化を示す
谷を埋積した帯水層の被圧部分での貯留変化	0	100	500	貯留変化の元の推定値は被圧帯水層を考慮していない
地盤沈下により生じた水	0	500	1,000	変動の少ない貯留からの水の解放．その量は不明
蒸発散の減少	0	1,000	2,000	モデルは蒸発散を過大推定しているかもしれない
帯水層からの地下水流出の減少	0	6,400	6,400	境界近くからの地下水流出の計算値は元の推定値より 6,400 acre-feet/年
合計	0	22,000	na	

負値は地下水貯留の減少を表す．na は該当せずを表す．平均値は観測値と推定値に基づく．計算された残差となりえる成分の数値は推定値である．

2.3 概念モデルの構成

水収支式の最も単純な形式は

$$流入量 = 流出量 +/- \Delta (貯留量) \tag{2.1}$$

である．地下水の水収支（**図2.16**の右の表）に加えて，水文システム全体の包括的な水収支（図2.16の左の表）が計算されることもある．"水文水収支"には，地下水流に加えて，降水，蒸発，蒸発散，地表水の流れが含まれる．地下水の水収支では，流入には，降水や他の水体による涵養（たとえば，山ぎわからの涵養），地表水体からの浸出，岩盤やモデル境界外の水文地質単元からの

開発前の水収支解析	
ロングアイランドの水文システムへの流入	ft³/s
1. 降水	2,475
ロングアイランドの水文システムからの流出	
2. 降水の蒸発散	1,175
3. 海への地下水流出	725
4. 海への河川流出	525
5. 地下水からの蒸発散	25
6. 湧水の流れ	25
全流出	2,475

開発前の地下水の水収支解析	
ロングアイランドの水文システムへの流入	ft³/s
7. 地下水涵養	1,275
ロングアイランドの水文システムからの流出	
8. 河川への地下水流出	500
9. 海への地下水流出	725
10. 地下水からの蒸発散	25
11. 湧水の流れ	25
全流出	1,275

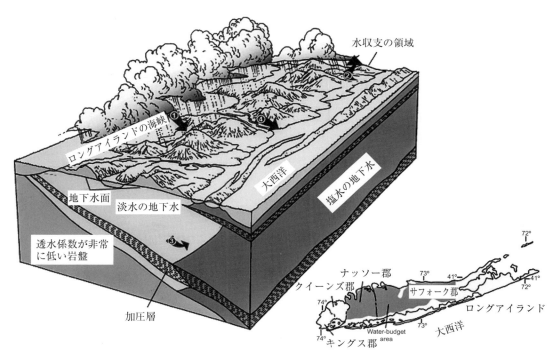

図2.16 アメリカ，ニューヨーク州，ロングアイランドのブロック図．開発前の条件下の水収支（左段の表）と地下水の水収支（右段の表）．2つの水収支は貯留の変化がない平衡条件を仮定している（Alleyら，1999）．

表 2.3 地下水の水収支成分の観測値（各表の1列目の数字）に関連する推定誤差（各表2列目の数字）の一例．ウィスコンシン州の湿地内の3つのサイトへの地下水流入を4つの異なる手法で推定した．K_v は鉛直方向の透水係数，K_h は水平方向の透水係数である（Hunt ら，1996 を修正）．

現地	ダルシー則による計算 ($K_v=K_h$) (cm/d)		同位体の物質収支 (cm/d)		温度プロファイルモデリング (cm/d)		水収支モデリング (cm/d)	
F2*	−0.02	±0.4	−0.6	±0.1	−1.0	±0.4	−1.1	±1.0
W1†	−0.2	±4	−0.1	±0.1	−0.7	±0.5	−0.4	±0.4
W2†	−0.3	±6	−1.0	±0.2	−0.8	±0.3	+1.3‡	±2.8

負値は地下水流入を表す．*人工湿地．†自然の湿地．
‡現地の水頭データが少ないため，水頭分布やフラックスの推定値は不正確．

流入，灌漑による涵養，井戸からの注水，その他あらゆる流入が含まれる．流出には，地表水体への地下水流出，揚水，湧水，山腹斜面沿いの浸出面からの流出，その他あらゆる流出が含まれる．流入と流出が等しくないとき貯留の変化が生じ，結果として地下水貯留の減少か増加となり，同時に地下水の水頭が変化する．

概念モデルのために地下水の水収支を組み立てることは，地下水システムの重要な成分や過程のすべてが考慮されているかどうか，また，どのようにこれらが相互作用しているのかを評価するのに役立つ．しかし，地下水の水収支成分を正確に推定することは困難であり不確実性を伴う．特に主たる情報源が文献値あるいは専門的判断に基づくときはそうである．このような理由から，概念モデルでは，水収支成分の妥当性の範囲（表 2.2）を示すことが多い．あるいは，各水収支成分に関する誤差の推定値が併記される（**表 2.3**）．表 2.3 に示すような地下水の水収支計算のためのフラックス推定値は，モデルのキャリブレーションにおいてフラックスターゲットとしても用いられることもある（9.3 節）．標準的な水文地質学の教科書，水文地質学の現場マニュアル（たとえば，Moore, 2012；Weight, 2008；Sanders, 1998），その他の文献で，地下水の各水収支成分を定量化する方法が述べられている．もし地下水の水収支がバランスしない場合，水収支の一部として残差が表れる（表 2.2）．残差の構成要素として，水収支の不確実性の原因となる項目を挙げることができる（表 2.2）．

2.3.5 補足的な情報

概念モデルは，主として地質学的，水文学的なデータに基づくが，水質，地球物理，土壌，植生，生物の生息域といった別種のデータを含めることも，概念モデル構築の助けとなる．一般的な水質分析には，主要陽イオン（Ca^{2+}，Mg^{2+}，Na^+，K^+）と陰イオン（SO_4^{2-}，HCO_3^-，Cl^-），電気伝導度，全溶存物質，溶存酸素，温度，pH が含まれる．研究の目的によっては，分析項目に微量金属，安定同位体および放射性同位体，有機化合物が含まれる．水質データは，類似の地球化学的組成をもつ地下水の同定や，異なる流動系から帯水層に流入する水を同定する助けとなる．水質の方向性は，地下水の流向を明らかにするのに有用なときもある．水質化学相は，どの程度流動系間に相違があるのかを同定する手助けとしても利用できる．

人工トレーサーおよび環境トレーサーともに，流動経路の情報を知るのに便利である．たとえば，人工甘味料は，地下水の流動経路の起源を明らかにするのに特に有用である（Royら，2014）．同位体データにより，起源，年代，地下水の流向，地表水との相互作用についての考察をすることができ（たとえば，Kendall and McDonnell, 1998），キャリブレーションのターゲットとすることも可能である（たとえば，Huntら，2006）．トリチウム，酸素・水素安定同位体，ストロンチウム，クロロフルオロカーボンなどの合成有機化合物を用いた同位体分析は，涵養源と涵養量を明らかにし，地下水流の速度（たとえば，Cookら，2006；Solomonら，2006；Huntら，2005）と地下水年代（McCallumら，2014）を推定するのに役立つ．しかし，井戸やピエゾメーターからの地下水試料には，異なる年代の水が混合しているのが通例であるため，同定される年代は，見かけの年代あるいは有効年代であることを認識していなければならない（Bethke and Johnson, 2002, 2008；Goode, 1996）．不均質な帯水層内では，大きく年代の異なる水の混合が生じる（Weissmannら，2002）．そのため，単純な地下水年代推定では区別できないこともありうる（McCallumら，2014）．地表水体の影響を受けて，複雑に収束する流動経路を特徴とする地下水システムにおいても，水の混合は重要となる（Pintら，2003）．8.5節のこのトピックについての記述も参考にされたい．

地表面からの物理探査，およびボーリング孔の物理探査は，地下水面と岩盤の深さの推定，不均質性，地質構造，層理面の確定に役立つ（たとえば，Lowryら，2009；Lunt and Bridge, 2004）．物理探査により淡水/塩水境界の位置を割り出すこともできる可能性があり（たとえば，Barlow, 2003），これは概念モデルの境界条件となりえる（図2.3, 2.14(c)）．ある種の植生と生物の生息域は，河川や湖の流出域と関連がある（たとえば，Van Grinsvenら，2012；Pringle and Triska, 2000；Rosenberryら，2000；Lodgeら，1989）．水成土壌は，地下水面が歴史的に地表面近くに存在してきたことの指標となることが多い．

2.4　概念モデルの不確実性

すべての概念モデルは，定性的で不確かなものである．なぜなら，単純な水文地質学的システムでさえ，その複雑性をすべて表現することはできないからである．さらに，概念モデルの基礎をなす観測値は常に不完全であり，真の水文地質条件に対する近似的記述をただ与えているにすぎない．

概念モデルの不確実性には，2つのアプローチから対処することができる．

1. 新しい情報を入手したときに，概念モデルを更新，改訂する．新しい情報には，モデルのキャリブレーションや不確実性解析で得られる情報のみならず，新たな観測値も含まれる（図1.1；Kresic and Mikszewski, 2013；Neuman and Wierenga, 2002 参照）．このアプローチでは，概念モデルは"進化する仮説"と見なされる（NRC, 2001）．

2. 概念モデルの代替案を作成する．Wuolo（1993）は，この手法と Chamberlin（1897）による有名な複数作業仮説というコンセプトを結合させた．このコンセプトでは，地質学者は研究対象とする現象を説明できる複数の可能性ある仮説を定式化する．しかし，システムの理解が進むことにより，一部の仮説が消去され，新しい仮説が提案される．地下水モデリングでは，概念モデルの代替案は，キャリブレーション（第 9 章）と予報の不確実性解析（第 10 章）において検証される．たとえば，Ye ら（2010）は，アメリカネバダ州の乾燥条件下で，水文層序単元の概念モデルとして 5 つ，涵養速度と涵養パターンの概念モデルとして 5 つ，計 25 の異なる概念モデルを検証している．

実際には，プロジェクト予算とモデリングの目的により，概念モデルの代替案を見つけ出すためにどれだけの労力を割けるかが決まる．好ましいと思われる概念モデルは，モデリング過程で更新，改訂されたものである．その概念モデルに基づいた数値モデルが十分にキャリブレーションされ，不確実性解析でよい結果を与えると判断されて，最終的に使用する概念モデルとして生き残る．数値モデルがこの 2 つの基準を満たしていないなら，1 つあるいは複数の概念モデルの代替案を検証することになる．

2.5　よくあるモデリングの誤り

- 特定の目的を定めずに，あるいは，特定の問いを立てることなく，システムについて何かを学ぶためにモデルを構築すること．目的のないモデリングであっても初期の解釈的な包括的モデリングの段階としては有用かもしれないが，たとえ包括的モデルであっても，はっきり目的を定義する方が利点となる．目的を定めることは，概念モデルと数値モデルに含む過程，パラメータ，詳細さの度合いを選択する助けとなる．
- モデルの作成者が概念モデルに夢中になること．大抵の場合，観測値だけから 1 つの概念モデルを選択するのは難しい．とりわけ，プロジェクト予算がなくなった後は難しい．概念モデルはご都合主義的に選択されることが多いので，しぶしぶ夢中になっているモデルをあきらめざるをえない．特に多くの投資をした後はそうなる．しかし，モデルキャリブレーションにおいて，手に負えないほど合致せず，最適同定されたモデルパラメータが水文地質学的に妥当な範囲を極度に超えてしまう場合には，概念モデルの改訂，あるいは代替的な概念モデルを選択し，モデリング過程のやり直しが必要となるだろう．
- 与えられた目的，予算，利用できる時間の中で作成することのできる数値モデルに比べて不適当に複雑な"現実世界"詳細概念モデルを作ること．科学的応用の種類によっては，概念モデルを作成すること自体が目標となることもある．こういった場合には，概念モデルには，結果に影響する可能性がある過程とパラメータをすべて含むことがむしろ適切である．しかし，地下水モデリングにおける概念モデル構築の目的は，現実世界から代表的な過程とパラメータのセットを

凝縮することであり，またこれらは地下水流動コードでシミュレーション可能であり，かつモデリングの目的を達成するものでなければならない．

問　　　題

第2章の問題は，概念モデルの構築に焦点を当てる．水収支および地下水の収支計算の両方が含まれる．

2.1 問題1.3のために読んだ報告書を参照しなさい．
    a. 本章で示した内容に基づくと，報告書にはモデリングの目的が明確に示されているか．また，報告書のタイトルは目的を反映したタイトルとなっているか．
    b. 報告書内で記述されている水文地質学的システムの概念モデルを批評しなさい．本章で議論したすべての要素を含んでいるか．概念モデルを構築する際の節約について意見を述べなさい．概念モデルの代替案は示されているか，もしない場合は作成を試みなさい．

2.2 表P2.1の層序学的記述を考察しなさい．説明中の地下水産出特性とBox 2.2の情報，あなたの水文地質学的な専門的判断から，この環境の水文層序単元を決定しなさい．水文層序単元を示しながら水文層序柱状図（たとえば，図2.7）を作成しなさい．

2.3 図P2.1の地質図は，河成の砂と礫が30 m堆積した峡谷平野を表している．河成堆積物の下には粘土質の扇状地性の堆積物が200 m堆積し，さらにその下に岩盤がある．気候は湿潤で，河川は地下水流出から水を得ながら，Black峡谷から南西へと流れる．地下水面は，峡谷内のほとんどで地表面から3 mの深さにある．砂と礫から成る不圧帯水層内から水道水を取水する井戸用地が計画されている．井戸用地が計画されている土地の所有者は，井戸の揚水強度が500 m^3/minであった場合に，河川の流量に影響を与えるのかを知りたがっている．推定される年間涵養量は0.1 m/yである．地域のコンサルタントは，XYZ断層が境界となると示唆している．
    a. 境界，水文層序的，水文地質学的なパラメータ，流向，湧き出しと吸い込みを特定し，所有者の疑問に答えるために適切な概念モデルを構築しなさい．あなたの選択の妥当性を検証しなさい．地下水の収支表を作成するところから始めて，水収支を完成させるために必要となる情報を示しなさい．
    b. 概念モデルを構築するに当たって，限られた地質学的情報のもとでは，自身がもっている水文地質学的な原理に頼って，その助けにより概念モデルを構築する必要があることに気づいたかもしれない．このような状況では，他の概念モデルでも同じくらいシステムをよく表現できるかもしれない．特に境界の確定では別の概念モデルがあり得る．異なる境界をもつ新しい概念モデルを作成しなさい．またその妥当性を検証しなさい．
    c. 境界の設定を改良するのに有用な追加情報を列挙せよ．

2.4 問題2.3で作成した概念モデルでは，以下のことを仮定している．(1) 降水量は蒸発散量より多い，(2) 峡谷平野の底地4 km^{2}を灌漑するため河川からの取水が行われ，一部は作物により利用されるが，一部は地下水面へと浸透し，一部は復帰流として河川へと還元される，(3) 井戸の稼働により帯水層から揚水された水は流域外へと送水される．

表 P2.1 アメリカ，サウスカロライナ州，オレンジバーグ郡の堆積物の岩相層序と水の産出（Colquhoun ら，1983；Aadland ら，1995 を修正；Gellici, 2007）

クーパーのグループ	非圧密，粘土質砂
オレンジバーグのグループ	非圧密から硬化 低い粒度分布 砂質粘土，粘土質砂，石灰岩 0-100 ft 厚さ 産出量は 100 gpm まで
	低未固結 石灰質の粘土構造内の細砂 海緑石と燐酸の岩盤 0-150 ft 厚さ 産出量は 500 gpm まで
	非圧密 中から低い粒度分布 砂と粘土質砂 50-100 ft 厚さ 産出量は 500 gpm まで
ブラックミンゴのグループ	低未固結 炭素を含んだ薄板状の砂と粘土 25-100 ft 厚さ
ピーディー累層	
ブラッククリーク累層	未固結 中から低い粒度分布 間に挟まれた砂と粘土 150-250 ft 厚さ 産出量は 1,500 gpm まで
	低未固結から高硬化 薄板状の丈夫なシルトと粘土 方解石で固められた岩盤 50-200 ft 厚さ 産出量は 2,000 gpm まで
ミッドデルフ累層	未固結から硬化 低いからかなり低い粒度分布 砂と砂質粘土 200-300 ft 厚さ 産出量は 2,000 gpm まで
ピードモント結晶質岩石	未固結から硬化 低い粒度分布 礫，砂，粘土質砂，粘土 50-300 ft 厚さ　50-300 ft 厚さ 砂岩，泥岩

a. 上述した条件に対して年間の水収支成分を表にまとめなさい．
b. 扇状地性帯水層における年間の地下水収支成分を表にまとめなさい．なお，用語を明確に定義し，自身の仮定を述べること．

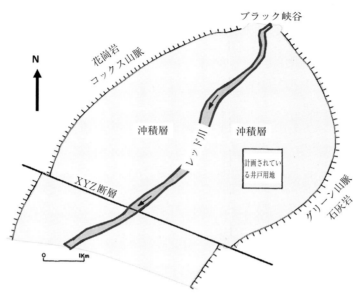

図 P2.1　レッド川流域の地質図

〈参考文献〉

Aadland, R.K., Gellici, J.A., Thayer, P.A., 1995. Hydrogeologic Framework of West-Central South Carolina. South Carolina DNR Water Resources Division Report 5, 200 p.

Ajami, H., Maddock, T., Meixner, T., Hogan, J.F., Guertin, D.P., 2012. RIPGIS-NET: A GIS tool for riparian groundwater evapotranspiration in MODFLOW. Groundwater 50(1), 154e158. http://dx.doi.org/10.1111/j.1745-6584.2011.00809.x.

Alley, W.M., Reilly, T.E., Franke, O.L., 1999. Sustainability of Ground-Water Resources. U.S. Geological Survey Circular 1186, 79 p. http://pubs.usgs.gov/circ/circ1186/.

Anderson, M.P., 1989. Hydrogeologic facies models to delineate large scale spatial trends in glacial and glaciofluvial sediments. Geological Society of America Bulletin 101, 501e511. http://dx.doi.org/10.1130/0016-7606(1989)101<0501:HFMTDL>2.3.CO;2.

Anderson, M.P., Hunt, R.J., Krohelski, J., Chung, K., 2002. Using high hydraulic conductivity nodes to simulate seepage lakes. Groundwater 40(2), 117e122. http://dx.doi.org/10.1111/j.1745-6584.2002.tb02496.x.

ASTM International, 2008. Standard guide for conceptualization and characterization of groundwater systems, D5979 e 96 (2008). American Society of Testing and Materials, Book of Standards 04(09), 8 p.

Back, W., Rosenshein, J.S., Seaber, P.R. (Eds.), 1988. Hydrogeology, DNAG (Decade of North American Geology) Series 2. Geological Society of America, Boulder, CO, 524 p.

Barlow, P.M., 2003. Ground Water in Freshwater-Saltwater Environments of the Atlantic Coast. U.S. Geological Survey Circular 1262, 113 p. http://pubs.usgs.gov/circ/2003/circ1262/.

Barnett, B., Townley, L.R., Post, V., Evans, R.F., Hunt, R.J., Peeters, L., Richardson, S., Werner, A.D., Knapton, A., Boronkay, A., 2012. Australian Groundwater Modelling Guidelines, Waterlines Report. National Water Commission, Canberra, 191 p. http://nwc.gov.au/__data/assets/pdf_file/0016/22840/Waterlines-82-Australian-groundwater-modelling-guidelines.pdf.

Bethke, C., Johnson, T., 2002. Ground water age. Groundwater 40(4), 337e339. http://dx.doi.org/10.1111/j.1745-6584.2002.tb02510.x.

Bethke, C., Johnson, T., 2008. Groundwater age and groundwater age dating. Annual Review of Earth and Planetary

Science 36, 121e152. http://dx.doi.org/10.1146/annurev.earth.36.031207.124210.

Buxton, H.T., Smolensky, D.A., 1999. Simulation of the Effects of Development of the Ground-Water Flow System of Long Island, New York. U.S. Geological Survey Water-Resources Investigations Report 98-4069, 57 p. http://pubs.usgs.gov/wri/wri984069/.

Chamberlin, T.C., 1885. Requisite and Qualifying Conditions of Artesian Wells. U.S. Geological Survey Annual Report 5, pp. 131e175.

Chamberlin, T.C., 1897. The method of multiple working hypotheses. Journal of Geology 5, 837e848.

Cherry, J.A., Parker, B.L., Bradbury, K.R., Eaton, T.T., Gotkowitz, M.B., Hart, D.J., Borchardt, M.A., 2006. Contaminant Transport through Aquitards: A State-of-the-Science Review. AWWA Research Foundation, IWA Publishing, Denver, CO, 126 p.

Clarke, J.S., West, C.T., 1998. Simulation of Ground-Water Flow and Stream-Aquifer Relations in the Vicinity of the Savannah River Site, Georgia and South Carolina, Predevelopment through 1992. U.S. Geological Survey Water-Resources Investigations Report 98-4062, 135 p. http://pubs.usgs.gov/wri/wri98-4062/.

Colquhoun, D.J., Woollen, I.D., Van Nieuwenhuise, D.S., Padgett, G.G., Oldham, R.W., Boylan, D.C., Bishop, J.W., Howell, P.D., 1983. Surface and Subsurface Stratigraphy, Structure and Aquifers of the South Carolina Coastal Plain. University of South Carolina, Department of Geology, 78 p.

Cook, P., Plummer, L.N., Solomon, D., Busenberg, E., Han, L., 2006. Effects and processes that can modify apparent CFC age. In: Groning, M., Han, L.F., Aggarwal, P. (Eds.), Use of Chlorofluorocarbons in Hydrology. A Guidebook. International Atomic Energy Agency, Austria, pp. 31e58. http://www.pub.iaea.org/MTCD/publications/pdf/Pub1238_web.pdf.

Danskin, W.R., McPherson, K.R., Woolfenden, L.R., 2006. Hydrology, Description of Computer Models, and Evaluation of Selected Water-Management Alternatives in the San Bernardino Area, California. U.S. Geological Survey Open-File Report 2005-1278, 178 p. http://pubs.usgs.gov/of/2005/1278/.

Davis, S.N., De Wiest, R.J.M., 1966. Hydrogeology. John Wiley and Sons, New York, 463 p.

Dunkle, K.M., 2008. Hydrostratigraphic and Groundwater Flow Model: Troy Valley Glacial Aquifer, Southeastern Wisconsin. M.S. thesis. Department of Geoscience, University of Wisconsin-Madison, 118 p.

Faunt, C.C., Sweetkind, D.S., Belcher, W.R., 2010. Three-dimensional hydrogeologic framework model, Chapter E. In: Belcher, W.R., Sweetkind, D.S. (Eds.), Death Valley Regional Groundwater Flow System, Nevada and California-Hydrogeologic Framework and Transient Groundwater Flow Model. U.S. Geological Survey Professional Paper 1711, pp. 165e249. http://pubs.usgs.gov/pp/1711/.

Feinstein, D.T., Hart, D.J., Krohelski, J.T., 2004. The Value of Long-term Monitoring in the Development of Ground-Water Flow Models. U.S. Geological Survey Fact Sheet 116-03, 4 p. http://pubs.usgs.gov/fs/fs-116-03/.

Fetter, C.W., 2001. Applied Hydrogeology, fourth ed. Prentice Hall. 598 p.

Fielding, C.R., Allen, J.P., Alexander, J., Gibling, M.R., 2009. Facies model for fluvial systems in the seasonal tropics and subtropics. Geology 37(7), 623e626. http://dx.doi.org/10.1130/G25727A.1.

Fitts, C.R., 2013. Groundwater Science, second ed. Academic Press, London. 672 p.

Freeze, R.A., Witherspoon, P.A., 1967. Theoretical analysis of regional ground-water flow: 2. Effect of water table configuration and subsurface permeability variations. Water Resources Research 3(2), 623e634. http://dx.doi.org/10.1029/WR003i002p00623.

Gellici, J.A., 2007. Hydrostratigraphy of the ORG-393 Core Hole at Orangeburg. South Carolina, State of South Carolina DNR Water Resources Division Report 42, 31 p.

Goode, D.J., 1996. Direct simulation of groundwater age. Water Resources Research 32(2), 289e296. http://dx.doi.org/10.1029/95WR03401.

Green, J.A., Runkel, A.C., Alexander Jr., E.C., 2012. Conduit flow characteristics of the St. Lawrence aquitardifer, conduits, karst, and contamination. In: Minnesota Ground Water Association Spring Conference April 19, 2012. http://www.mgwa.org/meetings/2012_spring/2012_spring_abstracts.pdf.

Haitjema, H.M., 1995. Analytic Element Modeling of Groundwater Flow. Academic Press, Inc., San Diego, CA, 394 p.

Healy, R.W., Winter, T.C., LaBaugh, J.W., Franke, O.L., 2007. Water Budgets: Foundations for Effective Water-Resources and Environmental Management. U.S. Geological Survey Circular 1308, 90 p. http://pubs.usgs.gov/circ/2007/1308/.

Hinaman, K.C., Tenbus, F.J., 2000. Hydrogeology and Simulation of Ground-Water Flow at Dover Air Force Base, Delaware. U.S. Geological Survey Water-Resources Investigations Report 99-4224, 72 p. http://pubs.usgs.gov/wri/wri99-4224/.

Hunt, R.J., Coplen, T.B., Haas, N.L., Saad, D.A., Borchardt, M.A., 2005. Investigating surface water-well interaction using stable isotope ratios of water. Journal of Hydrology 302(1e4), 154e172. http://dx.doi.org/10.1016/j.jhydrol.2004.07.010.

Hunt, R.J., Feinstein, D.T., Pint, C.D., Anderson, M.P., 2006. The importance of diverse data types to calibrate a watershed model of the Trout Lake Basin, northern Wisconsin, USA. Journal of Hydrology 321(1e4), 286e296. http://dx.doi.org/10.1016/j.jhydrol.2005.08.005.

Hunt, R.J., Krabbenhoft, D.P., Anderson, M.P., 1996. Groundwater inflow measurements in wetland systems. Water Resources Research 32(3), 495e507. http://dx.doi.org/10.1029/95WR03724.

Hutson, S.S., Strom, E.W., Burt, D.E., Mallory, M.J., 2000. Simulation of Projected Water Demand and Ground-Water Levels in the Coffee Sand and Eutaw-McShan Aquifers in Union County, Mississippi, 2010 through 2050. U.S. Geological Survey Water Resources Investigation Report 00-4268, 36 p. http://pubs.usgs.gov/wri/wri004268/.

Johnston, R.H., 1997. Hydrologic Budgets of Regional Aquifer Systems of the United States for Predevelopment and Development Conditions. U.S. Geological Survey Professional Paper 1425, 34 p. http://pubs.er.usgs.gov/publication/pp1425.

Kendall, C., McDonnell, J.J. (Eds.), 1998. Isotope Tracers in Catchment Hydrology. Elsevier Science Publishers, 839 p.

Kolm, K.E., 1996. Conceptualization and characterization of ground-water systems using Geographic Information Systems. Engineering Geology 42(2e3), 111e118. http://dx.doi.org/10.1016/0013-7952(95)00072-0.

Konikow, L.F., 2011. Contribution of global groundwater depletion since 1900 to sea-level rise. Geophysical Research Letters 38(17), L17401. http://dx.doi.org/10.1029/2011GL048604.

Kresic, N., Mikszewski, A., 2013. Hydrogeological Conceptual Site Models: Data Analysis and Visualization. CRC Press, Boca Raton, 584 p.

Lin, Y.-F.,Wang, J., Valocchi, A.J., 2009. PRO-GRADE: GIS toolkits for ground water recharge and discharge estimation. Groundwater 47(1), 122e128. http://dx.doi.org/10.1111/j.1745-6584.2008.00503.x.

Lodge, D.M., Krabbenhoft, D.P., Striegl, R.G., 1989. A positive relationship between groundwater velocity and submersed macrophyte biomass in Sparkling Lake, Wisconsin. Limnology and Oceanography 34(1), 235e239. http://dx.doi.org/10.4319/lo.1989.34.1.0235.

Lowry, C.S., Fratta, D., Anderson, M.P., 2009. Ground penetrating radar and spring formation in a groundwater dominated peat wetland. Journal of Hydrology 373(1e2), 68e79. http://dx.doi.org/10.1016/j.jhydrol.2009.04.023.

Lunt, I.A., Bridge, J.S., 2004. Evolution and deposits of a gravelly braid bar, Sagavanirktok River, Alaska. Sedimentology 51(3), 415e432. http://dx.doi.org/10.1111/j.1365-3091.2004.00628.x.

Martin, P.H., LeBoeuf, E.J., Dobbins, J.P., Daniel, E.B., Abkowitz, M.D., 2005. Interfacing GIS with water resource models: A state-of-the-art review. Journal of the American Water Resources Association 41(6), 1471e1487. http://dx.doi.org/10.1111/j.1752-1688.2005.tb03813.x.

Masterson, J.P., Walter, D.A., Savoie, J., 1997. Use of Particle Tracking to Improve Numerical Model Calibration and to Analyze Ground-Water Flow and Contaminant Migration, Massachusetts, Military Reservation, Western Cape Cod, Massachusetts. U.S. Geological Survey Water-Supply Paper 2482, 50 p. http://pubs.er.usgs.gov/publication/wsp2482.

Maxey, G.B., 1964. Hydrostratigraphic units. Journal of Hydrology 2(2), 124e129. http://dx.doi.org/10.1016/0022-1694(64)90023-X.

McCallum, J.L., Cook, P.G., Simmons, C.T., 2014. Limitations of the use of environmental tracers to infer groundwater age. Groundwater. http://dx.doi.org/10.1111/gwat.12237.

Meyer, S.C., Lin, Y.-F., Roadcap, G.S., 2012. A hybrid framework for improving recharge and discharge estimation for a three-dimensional groundwater flow model. Groundwater 50(3), 457e463. http://dx.doi.org/10.1111/j.1745-6584.2011.00844.x.

Minor, T.B., Russell, C.E., Mizell, S.A., 2007. Development of a GIS-based model for extrapolating mesoscale groundwater recharge estimates using integrated geospatial data sets. Hydrogeology Journal 15(1), 183e195. http://dx.doi.org/10.1007/s10040-006-0109-1.

Moore, J.E., 2012. Field Hydrogeology: A Guide for Site Investigations and Report Preparation. CRC Press, Boca Raton, FL, 190 p.National Research Council (NRC), 2001. Conceptual Models of Flow and Transport in the Fractured Vadose System. National Academy Press, Washington, DC, 374 p.

Neuman, S.P., Wierenga, P.J., 2002. A Comprehensive Strategy of Hydrogeologic Modeling and Uncertainty Analysis for Nuclear Facilities and Sites, NUREG/CF-6805, 236 p. and Appendices. http://www.nrc.gov/reading-rm/doc-collections/nuregs/contract/cr6805/.

Oki, D.S., Gingerich, S.B., Whitehead, R.L., 1999. Ground Water Atlas of the United States: Hawaii. U.S. Geological Survey Hydrologic Atlas, HA 730-N. http://pubs.usgs.gov/ha/ha730/ch_n/index.html.

Pinder, G.F., 2002. Groundwater Modeling Using Geographical Information Systems. John Wiley & Sons, Inc., New York, 233 p.

Pint, C.D., Hunt, R.J., Anderson, M.P., 2003. Flow path delineation and ground water age, Allequash Basin, Wisconsin. Groundwater 41(7), 895e902. http://dx.doi.org/10.1111/j.1745-6584.2003.tb02432.x.

Pint, T., Li, S.-G., 2006. ModTech: A GIS-enabled ground water modeling program. Groundwater 44(4), 506e508.

Poeter, E., Gaylord, D.R., 1990. Influence of Aquifer Heterogeneity on Contaminant Transport at the Hanford Site. Groundwater 28(6), 900e909. http://dx.doi.org/10.1111/j.1745-6584.1990.tb01726.x.

Pringle, C.M., Triska, F.J., 2000. Emergent biological patterns and surface-subsurface interactions at landscape scale. In: Jones, J.B., Mulholland, P.J. (Eds.), Streams and Ground Waters. Academic Press, San Diego, CA, pp. 167e193.

Rayne, T.W., Bradbury, K.R., Muldoon, M.A., 2001. Delineation of capture zones for municipal wells in fractured dolomite, Sturgeon Bay, Wisconsin, USA. Hydrogeology Journal 9(5), 432e450. http://dx.doi.org/10.1007/s100400100154.

Reilly, T.E., Harbaugh, A.W., 2004. Guidelines for Evaluating Ground-Water Flow Models. U.S. Geological Survey Scientific Investigation Report 2004-5038, 30 p. http://pubs.usgs.gov/sir/2004/5038/.

Rosenberry, D.O., Striegl, R.G., Hudson, D.C., 2000. Plants as indicators of focused ground water discharge to a northern Minnesota lake. Groundwater 38(2), 296e303. http://dx.doi.org/10.1111/j.1745-6584.2000.tb00340.x.

Roy, J.W., Van Stempvoort, D.R., Bickerton, G., 2014. Artificial sweeteners as potential tracers of municipal landfill leachate. Environmental Pollution 184, 89e93. http://dx.doi.org/10.1016/j.envpol.2013.08.021.

Runkel, A.C., Tipping, R.G., Alexander Jr., E.C., Green, J.A., Mossler, J.H., Alexander, S.C., 2003. Hydrogeology of the Paleozoic Bedrock in Southeastern Minnesota. Minnesota Geological Survey Report of Investigations 61, 105 p., 2 pls.

Sanders, L.L., 1998. A Manual of Field Hydrogeology. Prentice Hall, Upper Saddle River, NJ, 381 p.

Scanlon, B.R., Mace, R.E., Barrett, M.E., Smith, B., 2002. Can we stimulate regional groundwater flow in a karst system using equivalent porous media models? Case study, Barton Springs Edwards aquifer, USA. Journal of Hydrology 276 (1e4), 137e158. http://dx.doi.org/10.1016/S0022-1694(03)00064-7.

Schaefer, D.H., Harrill, J.R., 1995. Simulated Effects of Proposed Ground-Water Pumping in 17 Basins of East-Central and Southern Nevada. U.S. Geological Survey Water-Resources Investigations Report 95-4173, 71 p. http://pubs.er.usgs.gov/publication/wri954173.

Seaber, P.R., 1988. Hydrostratigraphic units. In: Back, W., Rosenshein, J.S., Seaber, P.R. (Eds.), Hydrogeology. The Geology of North America, DNAG (Decade of North American Geology) 0-2,Geological Society of America, Golden, CO, pp. 9e14.

Sheets, R.A., Dumouchelle, D.H., Feinstein, D.T., 2005. Ground-Water Modeling of Pumping Effects Near Regional Ground-Water Divides and River/Aquifer Systems e Results and Implications of Numerical Experiments. U.S.

Geological Survey Scientific Investigations Report 2005-5141, 31 p. http://pubs.usgs.gov/sir/2005/5141/.

Solomon, D., Plummer, L.N., Busenberg, E., Cook, P., 2006. Practical applications of CFCs in hydrological investigations. In: Groning, M., Han, L.F., Aggarwal, P. (Eds.), Use of Chlorofluorocarbons in Hydrology. A Guidebook. International Atomic Energy Agency, Vienna, Austria, pp. 89e103. http://wwwpub.iaea.org/MTCD/publications/pdf/Pub1238_web.pdf.

Steward, D.R., Bernard, E.A., 2006. The synergistic powers of AEM and GIS geodatabase models in water resources studies. Groundwater 44(1), 56e61. http://dx.doi.org/10.1111/j.1745-6584.2005.00172.x.

Taylor, C.J., Alley, W.M., 2002. Ground-Water-Level Monitoring and the Importance of Long-term Water-Level Data. U.S. Geological Circular 1217, 68 p. http://pubs.usgs.gov/circ/circ1217/.

Tsou, M.S., Whittemore, D.O., 2001. User interface for ground water modeling: ArcView extension. Journal of Hydrologic Engineering 6(3), 251e257. http://dx.doi.org/10.1061/(ASCE)1084-0699(2001)6: 3(251).

USEPA (U.S. Environmental Protection Agency), 2003. Guidance for Evaluating the Technical Impracticability of Ground-Water Restoration, Interim Final, Directive 9234. 2e25, September. http://www.epa.gov/superfund/health/conmedia/gwdocs/techimp.htm.

USGS (U.S. Geological Survey), 2007. Geographic Information Systems. http://egsc.usgs.gov/isb/pubs/gis_poster/.

Van Grinsven, M., Mayer, A., Huckins, C., 2012. Estimation of streambed groundwater fluxes associated with coaster brook trout spawning habitat. Groundwater 50(3), 432e441. http://dx.doi.org/10.1111/j.1745-6584.2011.00856.x.

Walter, D.A., Masterson, J.P., 2003. Simulation of Advective Flow Under Steady-State and Transient Recharge Conditions, Camp Edwards, Massachusetts Military Reservation, Cape Cod, Massachusetts. U.S. Geological Survey Water-Resources Investigations Report 03-4053, 68 p. http://pubs.usgs.gov/wri/wri034053/.

Weight, W., 2008. Hydrogeology Field Manual, second ed. The McGraw-Hill Companies, Inc., New York. 751 p.

Weissmann, G.S., Zhang, Y., LaBolle, E.M., Fogg, G.E., 2002. Dispersion of groundwater age in an alluvial aquifer system. Water Resources Research 38(10), 1198. http://dx.doi.org/10.1029/2001WR000907.

Whitehead, R.L., 1994. Ground Water Atlas of the United States: Idaho, Oregon, Washington, U.S. Geological Survey Hydrologic Atlas, HA 730-H. http://pubs.usgs.gov/ha/ha730/ch_h/index.html.

Winter, T.C., 2001. The concept of hydrologic landscapes. Journal of the American Water Resources Association 37 (2), 335e349. http://dx.doi.org/10.1111/j.1752-1688.2001.tb00973.x.

Winter, T.C., Harvey, J.C., Franke, O.L., Alley, W.M., 1998. Ground Water and Surface Water, a Single Resource. U.S. Geological Survey Circular 1139, 79 p. http://pubs.usgs.gov/circ/circ1139/.

Winter, T.C., Rosenberry, D.O., LaBaugh, J.W., 2003. Where does the ground water in small watersheds come from? Groundwater 41(7), 989e1000. http://dx.doi.org/10.1111/j.1745-6584.2003.tb02440.x.

Wuolo, R.W., August 1993. Ground-water modeling and multiple working hypotheses. The Professional Geologist, 19e21.

Ye, M., Pohlmann, K.F., Chapman, J.B., Pohll, G.M., Reeves, D.M., 2010. A model-averaging method for assessing groundwater conceptual model uncertainty. Groundwater 48(5), 716e728. http://dx.doi.org/10.1111/j.1745-6584.2009.00633.x.

Zektser, I.S., Everett, L.G. (Eds.), 2006. Ground Water Resources of the World and Their Use. NGWA Press, National Ground Water Association, Westerville, OH, 346 p.

Zheng, C., Bennett, G.D., 2002. Applied Contaminant Transport Modeling, second ed. John Wiley & Sons, New York. 621 p.

第3章

数学的基礎とコンピュータコード

> 厳格な数学的解析の魅力的な印象が，その正確さと優雅さの雰囲気とともに，全過程を条件付ける根拠の欠陥に対して我々を盲目的にすることはあってはならない．無防備な根拠に基づく精巧で優雅な数学的過程ほど狡猾で危険なだましはない．
>
> T.C. Chamberlin（1899）

3.1 序　　論

　地下土層の連続体は，間隙が空気と水で占められている地下水面上の不飽和帯と，間隙が水で完全に満たされている地下水面下の飽和帯に分けられるが，本書では地下水面下の飽和帯中の流れを主に取り扱う．伝統的に飽和帯中の水は地下水と呼ばれ，ここでもそれに倣う．地下土層中の水の流れは，本来飽和域が変動する流れ（不定飽和流）であり（12.2節），地下水面より上の流れのシミュレーションに触れる場合には，不飽和流という用語を用いることにする．

　地下水流のすべての物理過程モデルは2つの基本的な法則から導かれる．1つは水の生成・消失は生じないとする質量保存の法則であり，もう1つはポテンシャルの高いところから低いところに地下水は流れるというダルシー則である．また，地下水流の数理モデルは，対象領域内の物理過程を表す支配方程式（質量保存則とダルシー則から導出），境界に沿った過程を規定する境界条件，そして，時間依存性の（非定常）問題に対してはシミュレーション開始時の従属変数（すなわち水頭）の値を規定する初期条件から成る．この章では，地下水流の支配方程式の導出や境界条件に関わる数学の紹介とともに，支配方程式の近似によく用いられる方法の説明を行う．ある数理モデルは，解析的もしくは数値的に解くことができるが，数値モデルでの境界条件の設定は4.3節で，初期条件は7.4節で触れることにする．

モデルはその目的に対処する上で重要なすべての過程をシミュレートすべきであり，地下水流は通常すべての地下水モデルにおいて最も主要な過程といえる．本書では，密度効果を除いた連続的な多孔質体中の地下水流のモデル化を中心に進める．地下水流の基礎的な支配方程式では，地下水の密度はおよそ $1.0\,g/cm^3$ で一定と見なしている．これは全溶解固形物（TDS）濃度が 10000 mg/L より小さく，ほとんどの浅層帯水層の温度環境下にある水に対しては妥当な仮定である．たとえば，4℃の水は密度が $0.999973\,g/cm^3$ であり，加熱されて 50℃になったとしても $0.988047\,g/cm^3$ である．密度効果を含む地下水問題で最も一般的なものは，沿岸帯水層での海水侵入である（12.2 節の Box 4.4）．海水は $1.025\,g/cm^3$ の密度をもち，TDS も約 35000 mg/L に達するからである．

第12章では，先進的な問題を解決するために考慮が必要な他の過程をシミュレートするアプローチ法について簡単にまとめることにする．そうした過程には，密度の異なる流れに加えて，亀裂や管状間隙を通る流れ，帯水層の圧密，不定飽和流，多相流，溶質・熱輸送が含まれる．こうした過程はいずれも，この後導出するような標準的地下水流コードに用いられる一般的な支配方程式には含まれない．しかし，割れ目や管状間隙の流れ，帯水層の圧密，不定飽和流をシミュレートするオプションを有するコードも中にはある．さらに，地下水流コードは，多相流や溶質・熱輸送，降雨-流出過程をシミュレートする他のコードと連結する，すなわちリンクすることができる．本書のどこかで付加的な過程をシミュレートするオプションに触れることもあるが，複雑な地下水過程のシミュレーションを綿密に紹介することは避けることとする．

3.2 地下水流の支配方程式

3.2.1 仮　　　定

水文地質学的過程の数学的な表現には，単純化された仮定が必ず必要となり，そうした仮定は支配方程式に包含される．後で導かれる支配方程式は，地下水流のモデル化において最もよく用いられる形である．それは，連続した多孔質体中で一定の密度をもつ単相流体（水）がダルシー則に従う場合の流れを表現している．

3.1節で，密度一定の仮定を検討したが，単相流とすることは水がその系に存在する唯一の相であることを意味する．先進的な問題では，他の相としてガス，難水溶性液体，油が含まれるだろう（12.2節）．連続多孔質体では，水は連続した間隙空間を通って流れる．等価多孔質媒体（EPM）は，連続多孔質体としてシミュレートされることが理にかなった多孔質体である．たとえば，亀裂がかなり連続したネットワーク状態にある炭酸塩帯水層は，通常，EPM としてシミュレートされる．亀裂がそれほどよく連続していない場合には，個々の亀裂あるいは亀裂のネットワークを通る管流をシミュレートするために特別なオプション（5.2節）やコード（12.2節）が用いられることもある．溶質輸送のシミュレーション時には，亀裂と多孔質岩基質との間の同輸送をシミュレート

3.2 地下水流の支配方程式

するために二重領域アプローチを用いることができる（12.3節）．

3.2.2 導　出

多孔質体中の流れの支配方程式は，昔からサイコロ状の多孔質体を通る水のフラックスを考えることで導かれてきた．ただし，その大きさは多孔質体の特性を代表するのに十分大きいが，その容積内の水頭変化が比較的小さいと見なせるほど十分微小とする（**図 3.1**）．この立方多孔質体は代表要素体積（REV）として知られており，その体積は $\Delta x \Delta y \Delta z$ に等しい．

REVを通るフラックス **q** は，大きさが3成分 q_x, q_y, q_z によって表されるベクトルである．正式には次のように書ける．

$$\mathbf{q} = q_x \mathbf{i}_x + q_y \mathbf{i}_y + q_z \mathbf{i}_z \tag{3.1}$$

ここで，$\mathbf{i}_x, \mathbf{i}_y, \mathbf{i}_z$ はそれぞれ x 軸，y 軸，z 軸に沿った単位ベクトルである．質量保存則より，REV内の水収支は以下のようになるはずである．

$$\text{流出量} - \text{流入量} = \text{貯留量変化} \tag{3.2}$$

図3.1に示したREVの y 軸に沿った流れを考えてみよう．流入フラックスは $\Delta x \Delta z$ 面を通して生じ，$(q_y)_{\text{IN}}$ に等しい．流出は $(q_y)_{\text{OUT}}$ である．y 軸についての出入り量の差を総体積量で示すと

$$[(q_y)_{\text{OUT}} - (q_y)_{\text{IN}}] \Delta x \Delta z \tag{3.3}$$

となり，これは次のようにも書ける．

$$\frac{[(q_y)_{\text{OUT}} - (q_y)_{\text{IN}}]}{\Delta y}(\Delta x \Delta y \Delta z) \tag{3.4}$$

添字のINとOUTを消し，差分の表現から微分の形に変換すると，REVを通過する y 軸方向の流量変化は次式となる．

$$\frac{\partial q_y}{\partial y}(\Delta x \Delta y \Delta z) \tag{3.5}$$

x 軸，z 軸についても同様に流量変化が表現される．式（3.2）より，流量の全変化は貯留変化に等しくなる．

$$\left(\frac{\partial q_x}{\partial x} + \frac{\partial q_y}{\partial y} + \frac{\partial q_z}{\partial z}\right)\Delta x \Delta y \Delta z = \text{貯留量変化} \tag{3.6}$$

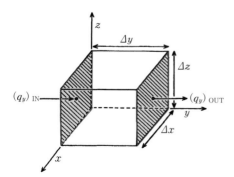

図 3.1　y 軸に沿った流れ成分を示した代表要素体積 $(\Delta x \Delta y \Delta z)$

REV 内には吸い込み（たとえば，揚水井）あるいは湧き出し（たとえば，注入井や他の涵養）の存在も許容しなければならない．両者による体積流入量は $W^* \Delta x \Delta y \Delta z$ で表現され，慣例的に湧き出しとなる場合に W^* をプラスとする．湧き出しであるとしたときには，式（3.6）左辺から W^* を引くことになり（式（3.2）で流入項の前にマイナスがあることに注意），結果として次のようになる．

$$\left(\frac{\partial q_x}{\partial x}+\frac{\partial q_y}{\partial y}+\frac{\partial q_z}{\partial z}-W^*\right)\Delta x \Delta y \Delta z = 貯留量変化 \tag{3.7}$$

ここで式（3.7）の右辺について考えてみよう．貯留量の変化は比貯留率 S_S で表されるが，これは水頭 h の単位変化に対し単位体積の帯水層から解放される貯留水の体積で定義される．

$$S_S = -\frac{\Delta V}{\Delta h \Delta x \Delta y \Delta z} \tag{3.8}$$

式（3.8）では慣例により Δh が負のときに ΔV は正としている．いい換えれば，水頭が低下すると貯留水が放出されることになる．REV 中の貯留量の変化する速度は次式で表される．

$$\frac{\Delta V}{\Delta t} = -S_S \frac{\Delta h}{\Delta t} \Delta x \Delta y \Delta z \tag{3.9}$$

式（3.7）と式（3.9）を組み合わせ両辺を $\Delta x \Delta y \Delta z$ で割ると，最終的に次のような水収支式が得られる．

$$\frac{\partial q_x}{\partial x}+\frac{\partial q_y}{\partial y}+\frac{\partial q_z}{\partial z}-W^* = -S_S \frac{\partial h}{\partial t} \tag{3.10}$$

しかしながら，**q** は容易に実測できないことからこの式が実際に利用されることはほとんどない．井戸では容易に水頭が測定できるため，これを用いて支配方程式を書き換えたい．そこで，比排出量（**q**）と水頭（h）を関連づけるダルシー則が利用される（**q** = −**K** grad h；ここで **grad** h は h の勾配を意味する）．**q** も **grad** h もベクトルであり，**K** は透水係数テンソルである（Box 3.1）．比排出量ベクトル **q** の成分は次式となる．

$$q_x = -K_x \frac{\partial h}{\partial x}$$

$$q_y = -K_y \frac{\partial h}{\partial y}$$

$$q_z = -K_z \frac{\partial h}{\partial z} \tag{3.11}$$

ここで，K_x, K_y, K_z は透水係数テンソル **K** の主成分であり，$\partial h/\partial x, \partial h/\partial y, \partial h/\partial z$ は水頭勾配ベクトル **grad** h の成分である．

式（3.11）を式（3.10）に代入すると，不均質で異方性な場での非定常3次元（3D）地下水流動を表す一般的な支配方程式（微分方程式）が得られる．

$$\frac{\partial}{\partial x}\left(K_x \frac{\partial h}{\partial x}\right)+\frac{\partial}{\partial y}\left(K_y \frac{\partial h}{\partial y}\right)+\frac{\partial}{\partial z}\left(K_z \frac{\partial h}{\partial z}\right)=S_S \frac{\partial h}{\partial t}-W^* \tag{3.12}$$

対象とする h は独立変数 x, y, z, t に従属する変数であり，K_x, K_y, K_z, S_S および W^* はパラメータ

である．K の添字は異方性の状態を示し（Box 3.1），透水係数が x, y, z の方向別に異なることを意味する．微分演算の括弧内に K が置かれていることで，透水係数の空間的変動（不均質性）が考慮される．

> **Box 3.1 透水係数テンソル**
>
> 透水係数がテンソルであるということは，その特性が方向別に変化することを意味する．数学的にテンソルはベクトルに作用し，あるベクトルを大きさも方向も違う可能性のある別のベクトルに変換する．たとえば，ダルシー則（$\mathbf{q} = -\underline{\mathbf{K}}\,\text{grad}\,h$）では，透水係数テンソル $\underline{\mathbf{K}}$ はベクトル $\text{grad}\,h$ を比排出量ベクトル $\mathbf{q}$ と関連づけている．$\mathbf{q}$ の成分（q_x, q_y, q_z）は座標（x, y, z）に沿った値であり，このとき透水係数テンソル $\underline{\mathbf{K}}$ の主成分（K_x, K_y, K_z）は x-, y-, z-軸に合わせられている（図 B3.1.1(a)）．
>
> 地下水流がダルシー則の通常の形式（式（3.11））で表現されるときには，どの座標方向の流れもその方向の勾配だけと関係する．たとえば，q_x は x-方向の水頭勾配とのみ結び付く．もちろん流れのベクトル $\mathbf{q}$ はなお 3 次元であり，式（3.1）から計算される．全体座標系と局所座標系が同一直線方向であれば（図 B3.1.1(a)），透水係数 $\underline{\mathbf{K}}$ は次の行列で表される．
>
> $$\underline{\mathbf{K}} = \begin{bmatrix} K_{xx} & 0 & 0 \\ 0 & K_{yy} & 0 \\ 0 & 0 & K_{zz} \end{bmatrix} \tag{B3.1.1}$$
>
>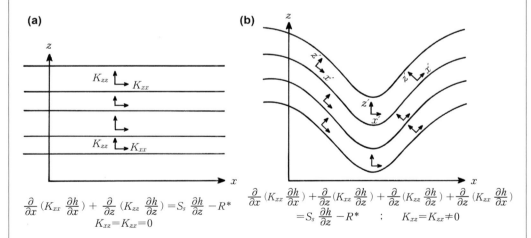
>
> **図 B3.1.1** 2 次元での全体および局所座標系．簡便なため 2 次元としているがその概念は容易に 3 次元にも拡張できる．(a) 全体座標系（x-z）は $\underline{\mathbf{K}}$ の主方向と一致している（$K_{xx} = K_x, K_{zz} = K_z$）．2 次元非定常流の支配方程式は 2 つだけ透水係数の項をもつ．(b) 水文地質学的に複雑な場合は $\underline{\mathbf{K}}$ について 4 つの成分が必要となる．局所座標系（x'-z'）は局所的な透水係数テンソルの主成分 K'_{xx}, K'_{zz} と合致するように定義される．全体座標系での 2 次元非定常流の支配方程式ではそこで定義される $\underline{\mathbf{K}}$ の 4 つの成分（K_{xx}, K_{zz} に加え $K_{xz} = K_{zx}$）が必要となる．

すなわち，K_{xx}, K_{yy}, K_{zz} を対角成分とし，非対角成分がゼロとなる行列である．

こう考えると，式（3.11）は $\underline{K}$ についての行列式（B3.1.1）を掛け合わせることによってダルシー則（$\mathbf{q} = -\underline{K}\,\mathrm{grad}\,h$）から生じたといえる．ただし，$\underline{K}$ の成分にある2つめの添字は $K_{xx}=K_x, K_{yy}=K_y, K_{zz}=K_z$ のように削除してある．

しかしながら，時には（5.3節参照）水文地質状況が複雑で（図B3.1.1(b)），$\underline{K}$ の全体座標系と局所座標系が合致不可能な場合もある．そうなると q_x, q_y, q_z はいずれも3つすべての座標方向の水頭勾配に左右されるため，式（3.11）は地下水流を適切に表現しているとはいえない．その場合には，流れの各座標方向の成分と，3方向すべてにおける勾配を関係づける方法が必要となるが，次のテンソルの完全形を用いてなされる．

$$\underline{K} = \begin{bmatrix} K_{xx} & K_{xy} & K_{xz} \\ K_{yx} & K_{yy} & K_{yz} \\ K_{zx} & K_{zy} & K_{zz} \end{bmatrix} \tag{B3.1.2}$$

ここで，K_{xx}, K_{yy}, K_{zz} はそれぞれ $\underline{K}$ の x, y, z 方向主成分であるが，現地あるいは室内試験から通常得られる K_x, K_y, K_z の値とは一致しない．なぜなら後者は $\underline{K}$ の主成分が図B3.1.1(a)のような座標軸との直線的一致性を前提にした値であるからである．このような前提が成立しないときは，式（B3.1.2）の行列要素の利用が，ダルシー則の拡張版として表現される $\mathbf{q}$ と水頭勾配を結び付ける数式項として最良と考えられる．

$$q_x = -K_{xx}\frac{\partial h}{\partial x} - K_{xy}\frac{\partial h}{\partial y} - K_{xz}\frac{\partial h}{\partial z}$$

$$q_y = -K_{yx}\frac{\partial h}{\partial x} - K_{yy}\frac{\partial h}{\partial y} - K_{yz}\frac{\partial h}{\partial z}$$

$$q_z = -K_{zx}\frac{\partial h}{\partial x} - K_{zy}\frac{\partial h}{\partial y} - K_{zz}\frac{\partial h}{\partial z} \tag{B3.1.3}$$

ダルシー則が式（B3.1.3）のように書けると地下水流の支配方程式（式（3.12））は次のように拡張される．

$$\frac{\partial}{\partial x}\left(K_{xx}\frac{\partial h}{\partial x} + K_{xy}\frac{\partial h}{\partial y} + K_{xz}\frac{\partial h}{\partial z}\right) + \frac{\partial}{\partial y}\left(K_{yx}\frac{\partial h}{\partial x} + K_{yy}\frac{\partial h}{\partial y} + K_{yz}\frac{\partial h}{\partial z}\right) + \frac{\partial}{\partial z}\left(K_{zx}\frac{\partial h}{\partial x} + K_{zy}\frac{\partial h}{\partial y} + K_{zz}\frac{\partial h}{\partial z}\right)$$
$$= S_s\frac{\partial h}{\partial t} - W^* \tag{B3.1.4}$$

この式（B3.1.4）を解く場合は，全対象領域に示す全体座標系を x-y-z 座標系とし，その全体座標系での $\underline{K}$ の主成分と非対角成分を特定しなければならない．幸いにも，$\underline{K}$ 行列は対角成分に対して対象であり，$K_{yx}=K_{xy}, K_{zx}=K_{xz}, K_{zy}=K_{yz}$ となる．それでもなお，これらの成分や対角成分の値を見出す必要がある．全体座標系での $\underline{K}$ の成分は揚水試験によって現地測定できるであろう（たとえば，Quinones-Aponte（1989）；Maslia and Randolph（1987））．より一般的な方法は，その座標系が $\underline{K}$ の主成分方向と同一直線となるように各セルすなわち計算要素ごとに局所座標を定義し（図B3.1.1(b)），先の成分を見つけることである．このとき局所座標系の $\underline{K}$ は非対角成分がゼロとなるため非ゼロとなるのは3成分だけである（式（B3.1.1））．各セル（要素）は独自の局所座標系に従っており，セル（要素）固有の $K_x, K_y,$

K_z をもつが，その値は通常の方法で測定される透水係数を示す．局所系での既知（測定された）の K_x, K_y, K_z と全体系での **K** の成分は，全体座標と局所座標の角度によって関連づけられる．いい換えれば，各セル（要素）の **K** 成分は局所系から全体系へ座標回転することで変換できる．全体系における各セル（要素）の **K** 成分を計算する式展開の詳細は，2次元問題については Wang and Anderson（1982, Appendix A）が，3次元については Bear（1972）が示している．また，Diersch（2014）の文献（p. 229 の式（7.8））には，2次元での **K** の成分や3次元での成分計算の方法が示されている．

ほとんどの地下水流動コードは式（B3.1.4）を解くように設計されてはいないが，何種類かの有限要素コード（たとえば，FEFLOW, Diersch（2014）；SUTRA, Voss and Provost（2002））では可能である．差分法では全体系で定義された格子内でセルを考えるため，局所座標の取り込みは単純にはいかない．一方，有限要素法では，各要素は常に個別に考えることができ，要素に局所座標を割り振り，座標回転の数式を組み込むことは比較的容易である．

幸いにも，多くの水文地質学的な取り扱い下では，**K** の主成分は座標軸と同一直線方向で考えることができる．地層は一般に比較的低い角度（<10°）で傾斜しており本質的に水平と見なせるため，K_x, K_y, K_z は全体系の x-, y-, z-座標軸と共通の軸にあると近似できる．その場合でも，**K** はなおテンソルであり，数学的には行列で表現されるが，非対角成分がゼロ（式（B3.1.1））のため通常のダルシー則（式（3.11））や標準的な支配方程式の形式（式（3.12））が適用される．

式（3.12）は透水係数テンソルの主成分（K_x, K_y, K_z）が座標軸 x, y, z に従うことを前提としている．これが当てはまらない場合には，3主成分だけではなく透水係数テンソルの9成分すべてを含む支配方程式の形式に変える必要がある（Box 3.1）．

ほとんどの地下水流数値解析コードでは式（3.12）が用いられ，問題が定常（$\partial h/\partial t=0$）や2次元を取り扱うときにはさらに簡単になる．ある被圧帯水層中の2次元水平流では，透水量係数（T）や貯留係数（S）のような鉛直方向に積分されたパラメータが定義される．帯水層の厚さを b としたとき，透水量係数の x, y 方向成分はそれぞれ $T_x=K_x b, T_y=K_y b$ となり，$S=S_s b$ となる．また，式（3.12）の湧き出し/吸い込み項 W^* は，単位時間，単位帯水層面積当たりの水量として表されるフラックス R（L/T）となる．こうした条件下では，式（3.12）は次のように簡素化される．

$$\frac{\partial}{\partial x}\left(T_x \frac{\partial h}{\partial x}\right)+\frac{\partial}{\partial y}\left(T_y \frac{\partial h}{\partial y}\right)=S\frac{\partial h}{\partial t}-R \tag{3.13a}$$

不均質で異方性のある不圧帯水層中の2次元水平流では，微分方程式は次式となる．

$$\frac{\partial}{\partial x}\left(K_x h \frac{\partial h}{\partial x}\right)+\frac{\partial}{\partial y}\left(K_y h \frac{\partial h}{\partial y}\right)=S_y\frac{\partial h}{\partial t}-R \tag{3.13b}$$

ここで，S_y は比産出量，R は涵養量である．このとき水頭（h）は帯水層底面からの地下水面高さに等しい．式（3.13a, b）で表された2次元水平流は，Dupuit-Forchheimer の仮定（4.1節；Box 4.1）のもとでの流れを示している．均質で等方性の帯水層における涵養のない（$R=0$）定常流の

場合には，式 (3.13a, b) はよく知られたラプラス式へと簡略化できる（3.4節）．

3.3 境界条件

　数学的に境界条件は次の3つのタイプに分類される．
　タイプ1　規定水頭境界（ディリクレ条件）：境界に沿った水頭が既知として与えられる．規定水頭境界では場所により水頭の値が変わることもある．定水頭境界は，境界での水頭がすべて同じ値になるという点で，タイプ1の中でも特別な境界といえる．
　タイプ2　規定流量境界（ノイマン条件）：境界での水頭の導関数が与えられる．流量はダルシーの法則から求められ，たとえば，図3.1の $\Delta x \Delta z$ 面でのフラックス境界条件は

$$\frac{\partial h}{\partial y} = -\frac{q_y}{K_y} \tag{3.14}$$

となるだろう．
　境界を横切る流れのない非流動境界（不透水性境界）はこのタイプ2の特別な場合である．
　タイプ3　水頭依存境界（コーシー条件）：境界を横切る流れは，境界すぐ外側の規定水頭と境界上あるいは近傍節点でのモデル計算水頭との差から計算される勾配を用いてダルシー則から求められる．このタイプの境界条件は，境界での水頭（h_b）と流量を関連づけるため混合境界条件と呼ばれることもある．たとえば，図3.1においてセルの右側 $\Delta x \Delta z$ 面に設定される水頭依存境界は，数値解的形式では次のように書ける．

$$q_y = -K_y \frac{h_b - h_{i,j,k}}{\Delta y/2} \tag{3.15}$$

ここで，$h_{i,j,k}$ はセル中心でモデルにより計算された水頭，h_b はセルの中心から $\Delta y/2$ 離れた $\Delta x \Delta z$ 面に沿う境界での規定水頭である．この境界条件は $h_{i,j,k}$ と h_b の相対差に応じた流動方向をもつ境界通過流を誘導している．
　ディリクレ，ノイマン，コーシーという名は19世紀の数学者に由来しており，彼らはそれぞれの名称のもととなった境界に関わる問題を研究していた．これら3種の境界条件は，従属変数がそれぞれ濃度や温度である溶質輸送，熱輸送のような他分野の問題においても同様に用いられる．
　厳密にいえば，ここで用いているように境界条件は解析領域の外周に沿った水理的条件のことを指すが，4.2節では，解析領域の内部に存在する吸い込みや湧き出しを表すための内部境界条件の概念を紹介する．ディリクレ，ノイマン，コーシーといった境界条件は内部境界においても適用可能である．さらに，境界での水頭あるいは流量がシミュレーションの進展に伴い更新されても，これら3境界条件はすべてこうした時間依存性に対応可能である．数値モデルにおける境界条件の実際については4.3節で触れる．

3.4 解析的モデル

数理モデルは解析的あるいは数値的な方法で解くことができる．本書では数値モデルを中心とするが，本節や Box 3.2 で解析モデルについても簡単に紹介する．

3.4.1 解析解法

解析解法は比較的素早く解け，数値的に正しく時空間上の連続した値が得られる点で数値解法に勝っている．ただし，解析的モデルは式 (3.12) より単純な形の支配方程式を用い，形状や境界条件が複雑でない流動系が要件となる．比較的複雑な解析的モデルの解法には煩雑な数学の適用が必要となり，たいていは適用を簡単にするためコンピュータプログラムにコード化されている（たとえば，Barlow and Moench, 1998）．

解析解法の例は多くの水文地質学の教科書（たとえば，Fitts, 2013）や雑誌論文に見ることができる．Bruggeman (1999) は地下水に関わる問題向けの摘要書を世に出し，Barlow and Moench (1998) や Reeves (2008) は帯水層-河川系の解析解法およびそのコンピュータプログラムを提示している．簡単な解析的モデルの例を Box 3.2 で論じることにする．

解析的モデルは現地の状態を高度に簡略化した近似にすぎないが，問題によってはその解を得ることで十分モデル化の狙いに適うこともある．たとえば，帯水層（揚水）試験から透水係数を推定する標準的アプローチでは，定常，非定常状態に応じてそれぞれティーム式，タイス式のような解析解が用いられる．さらに，解析解法は数値解法が正しくコード化されたかを確認する上で有用である（Ségol, 1994）．また，解析解法は数値モデル作成に役立つガイドラインにもなるし（Haitjema, 2006；Box 3.2），モデルの概念構成を試すこともできる（たとえば，Kelson ら，2002）．

Box 3.2　解析解法による洞察

単純な解析解法であれば容易に取り扱え，手計算あるいはスプレッドシートによって解くことができる．また，対象系の挙動について重要な検討を行える．例として，一定強度の涵養 (R) を受けている均質な不圧帯水層における1次元定常流モデルを考えてみよう（**図 B3.2.1**）．帯水層の両端は水路で仕切られており，その水路水位を水頭の基準面とする．この水位より下にある帯水層の厚さ b がそれより上部の飽和層厚さ h よりはるかに大きければ，透水係数 K の代わりに透水量係数 ($T=Kb$) 用いて不圧地下水流の方程式を線形化できる．いい換えれば，T を一定と考えるために $T=K(b+h) \cong Kb$ と仮定する．

数理モデルは次のようになる．

支配方程式：
$0<x<L$ において

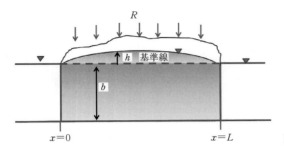

図 B3.2.1　1 次元流れ問題の概念モデル

$$\frac{d^2h}{dx^2} = -\frac{R}{T} \tag{B3.2.1a}$$

境界条件：

$x=0$ のとき，　　　　　　　　$h(0)=0$ 　　　　　　　(B3.2.1b)

$x=L$ のとき，　　　　　　　　$h(L)=0$ 　　　　　　　(B3.2.1c)

式（B3.2.1a）の一般解は次式で表せる．

$$h(x) = -\frac{R}{T}\frac{x^2}{2} + a_1 x + a_2 \tag{B3.2.2}$$

ここで，a_1, a_2 は任意の定数で境界条件によって決まる．境界条件（式（B3.2.1b）と式（B3.2.1c））を式（B3.2.2）に適用すれば，$a_2=0$，$a_1=RL/2T$ が得られる．するとモデルの解は次のようになる．

$$h(x) = \frac{R}{2T}(Lx - x^2) \tag{B3.2.3}$$

式（B3.2.3）からこの流動系がどんな挙動を示すかについて，多くのことを学ぶことができる．まず，水頭は R と正比例の関係にあり（たとえば，R が 2 倍になれば，領域内部のいずれの位置でも水頭は 2 倍），逆に T に反比例する．L は解析領域の大きさで決まるため別にして，R のいかなる増加も T が相応して増加すれば簡単に相殺され，同じ計算水頭が得られる．シミュレートされる水頭は R/T を調整することで変化することになり，現地測定で水頭しか知ることができなければこの比はわかっても R や T を個別に推定することはできない．

2 つの水路間にある地下水分水嶺（$x=L/2$ 地点）の水頭がモデルで正しくシミュレートされれば，流動系の他地点の水頭も少なくとも近似的には適正といえる．分水嶺での水頭 h_D は，式（B3.2.3）から次のようになる．

$$h_D = \frac{RL^2}{8T} \tag{B3.2.4}$$

この式は，流動系の他の場所の水頭と同様に分水嶺での水頭も R や $1/T$ に比例することを示している．しかし，分水嶺の水頭は系の長さの 2 乗（L^2）にも依存する．すなわち，L が増加すれば L^2 に応じて分水嶺水頭は増加する．このように，分水嶺水頭は水路間の距離 L に最も敏感であり，この種の系では L が最重要パラメータであることを式（B3.2.4）は示し

ている．幸いにも吸い込みの位置はたいていよくわかっており，距離も正確に特定できる．式（B3.2.4）から見出せるさらなる情報については Box 4.6 で触れる．

　これまでの検討は非常に簡素な例でのものであった．しかしながら，h, R, T（あるいは $K=T/b$）の間の関係や，h_D と L の関係についての概要は，より複雑な問題（たとえば，Box 4.6）にも通用する．なお，他にも特性漏水長 λ，帯水層の反応時間 τ のような有用なパラメータ類を，解析解法から導くことができる．特性漏水長 λ は多重帯水層系や地下水–地表水相互作用の検討時に用いられる（5.2 節）．一方，帯水層の反応時間 τ は，ある系が定常状態でモデル化できるのか，あるいは非定常シミュレーションが必要なのかを決める際の助けとなる（7.2 節）．

3.4.2　解析要素（AE）モデル

　AE 法（AEM）は比較的複雑な地下水流動問題を解くために多数の解析解の重ね合わせを利用する．この方法は Otto Strack 教授らによって紹介された（Strack and Haitjema（1981a, b）；AEM の歴史的概要は Strack（2003）を参照）．また，Fitts（2013）も AEM の優れた要約を提供しており，その中で Haitjema（1995）が地下水応用モデルに関する AEM の包括的な説明を行っていること，Strack（1989）がさまざまなタイプの AE や関連する数学について詳しく触れていることを示している．以下には，AEM の簡単な紹介を示す．

　AEM は，線形解は加算されうるという重ね合わせの原理に基づいている（Fitts（2013）や Reilly ら（1989）参照）．たとえば，水平な地下水面で揚水試験を行ったときの（地下水頭の）円錐低下を求める解析解は，地域的地下水流動の解と足し合わされれば，地域的に傾斜した地下水面からの揚水をシミュレートする合成解が得られるだろう．重ね合わせはまた，2 つ以上の揚水井による複合的な円錐低下の問題にも適用される．

　AEM は解析解（すなわち，地下水流動を左右する注目すべき流れ特性の解析解）を利用しており，その解析解は解析要素と呼ばれる．関連する水文学的な応答特性を表すために 1 つの AE コードは多くの AE（時には数千もの）を重ね合わせる．各種人為操作や水文特性（涵養，揚水，地表水体），さらに不均質性は個々の AE によって表現される（図 3.3 参照）．AE は，不均質性，薄い障壁，水頭あるいは流動量が規定された線状の湧き出し/吸い込み，漏出，面的に分布する涵養，完全あるいは不完全貫入井，等流など幅広い特性に対応するよう展開されてきた．たとえば，Fitts（2013）は一般によく用いられる AE の数種について議論している．ある AE モデルを設計する際には，近接場領域での流れを定義するために多くの AE が用いられるが，遠方場領域ではあまり多く用いられない（図 3.3 参照）．ほとんどの問題にとって，AE 解は解析解のようにすべての位置で正確であるが，現実の幾何形状に対応する上で解析領域内に AE の離散化が導入され，時には近似的になることもある（図 3.3 参照）．

　AEM は無限遠で境界条件をもつ無限の解析領域を仮定している．無限遠への，あるいはそこからの流れを制御するために，主要対象領域（近接場領域）は遠方場領域での内部境界条件で区切ら

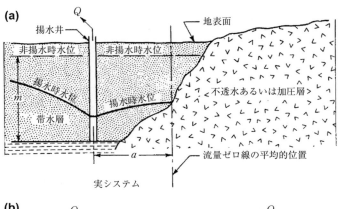

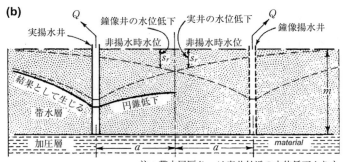

図 3.2 重ね合わせの原理の紹介．(a) 現地の環境状態．(b) 不透水性境界の影響を表現するための2つの井戸による揚水低下の重ね合わせ（すなわち，同じ強度で揚水する2井の影響で代用表現）(Ferris ら (1962))．

れる（図 3.3 参照）．AEM の利点は近接場領域を囲む周辺境界条件を設定する必要がないことである．その代わりに遠方場における湧き出しや吸い込みによって，近接場領域での流入出量を制御することになる．さらに，AE モデルは遠方場により多くの AE を加えることで容易に拡張できたり（理論的には無限遠まで），近接場に多くの要素を加えることで改良したりできる．よくある例として地表水体に関わる内部境界を適切に離散化することも重要である（たとえば，Hunt ら，1998）．

数値モデルでは水頭が代表的な従属変数であるが（式 (3.12)，式 (3.13)），ほとんどの AE コードでは支配方程式は流動ポテンシャル Φ によって表される（Haitjema, 1995；Strack, 1989）．この定式化の1つの利点は，流動ポテンシャルが被圧および不圧地下水の流れ両者に適応可能な線形の偏微分方程式を与えることである．方程式の線形性は重ね合わせに必要なだけでなく，多くの地下水モデル適用時には，複雑な数値モデル（たとえば，Sheets ら，2014）においてさえ効率性の点で有利である．流動ポテンシャルは多種の地下水流動問題に適用可能であるが（Strack, 1989；Box 4.4 参照），ここでは簡単のため，支配方程式の基本的な形を中心に概説する．まず，被圧帯水層における流動ポテンシャルは次式で表せる．

3.4 解析的モデル

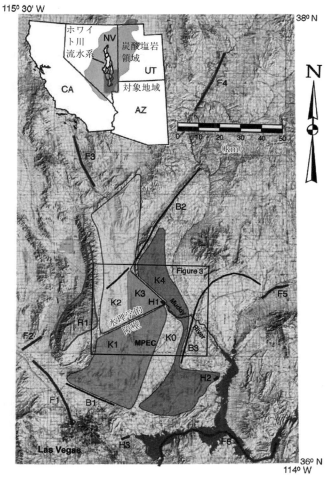

図 3.3 次に示す各種解析要素を用いてモデル化された領域の概観；透水係数領域（K）；断層 B1, B2 を含む非流動性障壁（B）；河川を含む遠方の特性場（F）；湧水 H1, H2 を含む近接の排出場（H）；涵養域（R）(Johnson and Mifflin, 2006).

$$\Phi = Th \tag{3.16}$$

ここで，T は透水量係数，h は水頭である．一方不圧帯水層では次式となる．

$$\Phi = \frac{Kh^2}{2} \tag{3.17}$$

均質等方条件で涵養のない 2 次元定常流のラプラス式は，流動ポテンシャルを用いて次のように書ける．

$$\frac{\partial^2 \Phi}{\partial x^2} + \frac{\partial^2 \Phi}{\partial y^2} = 0 \tag{3.18}$$

涵養 R がゼロでなければ，次のポアソン式が適用される．

$$\frac{\partial^2 \Phi}{\partial x^2} + \frac{\partial^2 \Phi}{\partial y^2} = -R \tag{3.19}$$

式（3.18）のラプラス式が適用される場合，流動ポテンシャルは Φ の微分が流れ関数 ψ（L³/T）を定義するという利点があり，この流れ関数は粒子追跡法なしで地下水の流路を求めるのに利用可能である．流れ関数は流動ポテンシャルから次のように定義される．

$$\frac{\partial \psi}{\partial y}=+\frac{\partial \Phi}{\partial x}=-Q'_x, \quad \frac{\partial \psi}{\partial x}=-\frac{\partial \Phi}{\partial y}=Q'_y \quad (3.20)$$

ここで，Q'_x と Q'_y はそれぞれ x, y 方向の単位幅当たりの流動量（L²/T）である．流線間の流動量は次のように流れ関数の変化分に相当する．

$$\Delta Q = \psi_1 - \psi_2 \quad (3.21)$$

Φ と ψ から流線網が描けるが，Box 8.2 で示すように限られた条件下でしか有効ではない．AEM 自体はそれほど限定的ではないが，実際に AE コードでは現実的な地下水問題として流路を求める際には粒子追跡法（第8章）を用いる．

　AE モデルはラプラス式やポアソン式の解法に限られるわけではなく，異方性や不均質性にも対応可能である．異方性は解析領域全体にわたって不変と仮定してもよいし，分割された小領域ごとに変わるとしてもよい（Fitts, 2010）．不均質性もまたすべての AE モデルに組み込むことができる（図3.3のように）．AEM はモデル適用時には，通常，Dupuit-Forchheimer の近似（4.1節；Box 4.1）による2次元の定常地下水流を解くために用いられる．しかしながら，非定常問題や特殊な3次元流動にも適用は拡張されてきており，また高度に不均質な系における溶質分散に対する数値実験的な適用も見られる（たとえば，Dagan ら，2003；Jankovic ら，2003）．新しい AE は進展し続けており（たとえば，Haitjema ら，2006；Strack, 2006），今後も AEM で対処可能な問題が増えるよう技法が成長するであろう．非常に広域なスケール（たとえば，Bakker ら，1999；de Lange, 2006；Feinstein ら，2006），地域スケール（たとえば，Kelson ら，2002；Feinstein ら，2003；Dripps ら，2006），さらにはサイトスケール（たとえば，Zaadnoordijk, 2006）においてさえ，AEM は複雑な2次元水平流動問題（Hunt, 2006）のシミュレーションを容易にするために応用的地下水モデルでの活躍の場を見出してきた．AE モデルは比較的速やかに構築できるため，スクリーニングモデルとしてもよく機能する．さらに，無限の広がりをもつ帯水層での AE 解は，数値モデルの近接場境界をシミュレートするのに用いることができる（4.4節；Haitjema ら，2010；Feinstein ら，2003；Hunt ら，1998）．

　SLAEM/MLAEM（http://www.strackconsulting.com/aem-products/），GFLOW（Haitjema, 1995；http://www.haitjema.com/），AnAqSim（Fitts, 2010；http://www.fittsgeosolutions.com/）のように多様な AE コードが利用可能である．GFLOW は応用モデルとして幅広く用いられており（Yager and Neville（2002）によるレビューを参照），2次元の単一層地下水流動をシミュレートできる．成層化された多重帯水層をシミュレートしたり（たとえば，AnAqSim, Fitts（2010），McLane（2012）のレビュー参照；TimML http://code.google.com/p/timml/，MLAEM http://www.strackconsulting.com/aem-products/），塩水侵入（Box 4.4）を取り扱えたりする特殊な AE コードも存在する．

3.5 数値モデル

　数値モデルは所定の位置での水頭を計算する際に支配方程式の近似型を利用する．解析解法やAEMとは違い，数値解は時空間上で連続ではなく，指定された時刻において空間的に離散した点（節点）で水頭は求められる．しかし，数値モデルは，複雑な境界条件や初期条件の下で，完全な非定常3次元，不均質で異方性状態にある支配方程式（式（3.12））を解くことができる．

　地下水モデルで最も一般的に用いられる数値解法は差分法や有限要素法である．差分法では，長方形格子内で相対位置を割り振る添字 (i, j, k) を用いて，節点が3次元空間上で示される（**図 3.4**）．有限要素法では，節点の位置は網目形状（メッシュ）の空間座標 (x, y, z) により指定される（**図 3.5**）．これらの方法については数多くの参考書や報告書がその基礎理論を取り上げている．例を挙げると，Remson ら（1971）は差分法について説明しており，Diersch（2014），Huyakorn and Pinder（1983），Pinder and Gray（1977），そして Istok（1989）は有限要素について紹介している．また，Wang and Anderson（1982）は両法の基礎的な導入解説を提供し，Pinder and Gray（1976）および Wang and Anderson（1977, 1982）は，なかでも，ラプラス式（式（3.18））の差分法と有

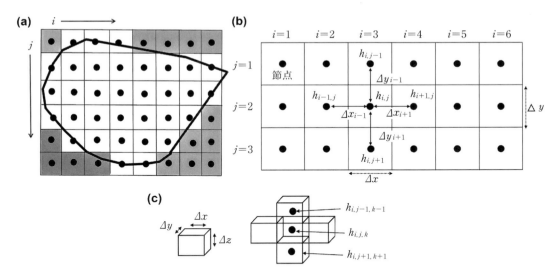

図 3.4 差分格子と表記法．(a) 節点間隔が等しい2次元の水平差分格子；i は列，j は行を示す．時には慣例的に異なった指標割り当てがなされることもある．たとえば，MODFLOW では i が行，j が列としている．セルはブロック中心型であり，太線は解析領域を表す．陰影のセルは領域の外側にあるセル（領域外セル）である．(b) 節点 (i, j) を中心とした差分計算単位（星形，5節点）を表記した2次元水平差分格子．(c) 3次元での表記．Δz は節点間の鉛直間隔を表し，k は鉛直方向の添字である．右のブロック群は2次元で示されている（紙面に垂直な y 軸方向の2つのブロックは示されていない）．3次元での差分計算単位は節点 (i, j, k) を含む7つの節点で構成される．

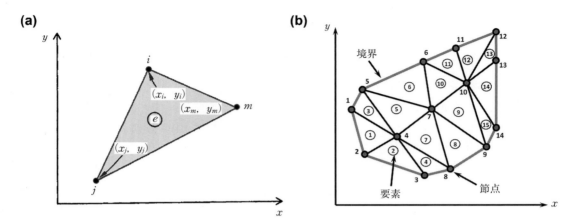

図3.5 三角形要素による2次元水平有限要素メッシュとその表記法.(a) 反時計回りに i,j,m とラベル付けされた節点をもつ代表的な三角形要素.各節点の座標は (x,y) で表現.(b) 番号付けされた節点で構成される三角形要素網.要素の番号は内部の丸囲み数字.要素は解析領域の境界に適合するように配置される(Wang and Anderson (1982) をもとに修正).

限要素法の定式化が同じ連立代数方程式を導くことを示した.さらに,彼らは節点の間隔が十分小さければ2つの方法は同じ結果をもたらすことも実証した.このように,概念は異なっても両法は同じような結果を示す.たとえラプラス式より複雑な支配方程式に対してもその傾向がある.

3.5.1 差分法

差分法では,節点は添字 i,j,k によって指定され,ここでは各添字は3次元空間のある節点のそれぞれ列,行,層を表すものとする(図3.4).行に沿った節点間隔は Δx,同じく列に沿った間隔は Δy,各層間の距離は Δz である.節点は差分セルあるいはブロック内部に置かれる(図3.4(b)および(c)).水頭は節点においてのみ定義され,その値は差分セル/ブロックの平均であることを意味する.支配方程式の近似式は,式(3.12)の偏微分を差分で置き換えることで得られる.たとえば,x 方向の節点が等間隔($\Delta x =$ 一定)の格子では,代表節点 i,j,k に対し,x に関する h の1次微分の近似は次式となる.

$$\frac{\partial h}{\partial x} = \frac{h_{i+1,j,k} - h_{i-1,j,k}}{2\Delta x} \tag{3.22}$$

ここで,$2\Delta x$ は節点水頭 $h_{i+1,j,k}$ と $h_{i-1,j,k}$ の x 方向距離である.この方向に節点が等間隔であるとき,2次導関数は次のようになる.

$$\frac{\partial^2 h}{\partial x^2} = \frac{1}{\Delta x}\left[\frac{h_{i+1,j,k}-h_{i,j,k}}{\Delta x} - \frac{h_{i,j,k}-h_{i-1,j,k}}{\Delta x}\right] = \frac{h_{i-1,j,k} - 2h_{i,j,k} + h_{i+1,j,k}}{(\Delta x)^2} \tag{3.23}$$

y 方向,z 方向についても同様の微分表現ができる.

また,時間微分も次のように差分表記できる.

$$\frac{\partial h}{\partial t} = \frac{h_{ij}^{n+1} - h_{ij}^{n}}{\Delta t} \tag{3.24}$$

ここで，上添字の n や $n+1$ はそれぞれ現在と次の時刻レベルを意味する．

図3.6のように不規則な節点間隔を許容する場合には，式（3.12）の差分表現は次のように書ける．

$$\frac{1}{(\Delta x)_{i,j,k}} \left[K_{x(i+1/2,j,k)} \frac{h_{i+1,j,k}^{n+1} - h_{i,j,k}^{n+1}}{(\Delta x)_{i+1/2,j,k}} - K_{x(i-1/2,j,k)} \frac{h_{i,j,k}^{n+1} - h_{i-1,j,k}^{n+1}}{(\Delta x)_{i-1/2,j,k}} \right]$$
$$+ \frac{1}{(\Delta y)_{i,j,k}} \left[K_{y(i,j+1/2,k)} \frac{h_{i,j+1,k}^{n+1} - h_{i,j,k}^{n+1}}{(\Delta y)_{i,j+1/2,k}} - K_{y(i,j-1/2,k)} \frac{h_{i,j,k}^{n+1} - h_{i,j-1,k}^{n+1}}{(\Delta y)_{i,j-1/2,k}} \right]$$
$$+ \frac{1}{(\Delta z)_{i,j,k}} \left[K_{z(i,j,k+1/2)} \frac{h_{i,j,k+1}^{n+1} - h_{i,j,k}^{n+1}}{(\Delta z)_{i,j,k+1/2}} - K_{z(i,j,k-1/2)} \frac{h_{i,j,k}^{n+1} - h_{i,j,k-1}^{n+1}}{(\Delta z)_{i,j,k-1/2}} \right]$$
$$= S_s \frac{h_{i,j,k}^{n+1} - h_{i,j,k}^{n}}{(\Delta t)} - W_{(i,j,k)}^{*} \tag{3.25}$$

ここで $(\Delta x)_{i+1/2,j,k}$ と $(\Delta x)_{i-1/2,j,k}$ は図3.6で示されたとおりであり，y 方向や z 方向について不規則な節点間隔が設けられても同じように定義される．左辺の上添字 $n+1$ はこの時刻レベルにおいて空間微分が近似されることを示している．

式（3.25）はコンダクタンスとして知られるパラメータを導入することで簡略化される．長方形差分格子における2つのセル間のコンダクタンス C は一般に次式となる．

$$C = \frac{KA}{L} \tag{3.26}$$

ここで，A は2つのセルの接触面積，L は2つのセルの節点距離，K はセル間の透水係数（すなわち，2つの節点間の平均透水係数）である．$Q = C\Delta h$ であることに気づけば，式（3.25）はコンダクタンスを用いて次のように書ける．

$$CV_{i,j,k-1/2} h_{i,j,k-1} + CR_{i-1/2,j,k} h_{i-1,j,k} + CC_{i,j-1/2,k} h_{i,j-1,k}$$
$$+ (-CV_{i,j,k-1/2} - CR_{i-1/2,j,k} - CC_{i,j-1/2,k} - CV_{i,j,k+1/2}$$
$$- CR_{i+1/2,j,k} - CC_{i,j+1/2,k} + HCOF_{i,j,k}) h_{i,j,k}$$
$$+ CV_{i,j,k+1/2} h_{i,j,k+1} + CR_{i+1/2,j,k} h_{i+1,j,k} + CC_{i,j+1/2,k} h_{i,j+1,k} = RHS_{i,j,k} \tag{3.27}$$

ここで，CR, CC はそれぞれ行，列内の水平コンダクタンスであり，CV は層と層の間の鉛直コンダクタンスである．式（3.27）では，式（3.25）や図3.4と整合するよう i を列指標（添字），j を行指標とする慣例に倣って MODFLOW の表記（$CR, CC, CV, HCOF, RHS$）を用いている．しか

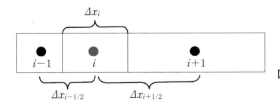

図3.6 ブロック中心型格子で x 方向に不規則な節点間隔の場合の表記．格子や表記例は1次元でのみ示している．

しながら，実際 MODFLOW では i が行に，j が列に対応していることに読者は注意して欲しい．結果的に，CR, CC の添字は MODFLOW 中の相応する方程式とは異なっている（たとえば，Harbaugh（2005）の式（6-1）参照）．

式（3.25）では，今の（旧）時刻レベルが n であり，次の時刻 $n+1$ での水頭を解くことになる．一方，式（3.27）では，また違った慣例に従って時刻レベルを表現し，時刻 t における水頭を解こうとしている．上添字なしで示された水頭 h は時刻 t での値と認識され，1つ前の（旧）時刻レベルは $t-1$ となる．レベル $t-1$ の水頭は RHS の表現式中に見られる．

$$HCOF_{i,j,k} = \frac{-SS_{i,j,k}V_{i,j,k}}{\Delta t}$$
$$RHS_{i,j,k} = \frac{-SS_{i,j,k}V_{i,j,k}h_{i,j,k}^{t-1}}{\Delta t} \quad (3.28)$$

ここで，$SS_{i,j,k}$ はセル i,j,k の比貯留率，$V_{i,j,k}$ は同セルの体積（$\Delta x_{i,j,k}\Delta y_{i,j,k}\Delta z_{i,j,k}$），$\Delta t$ は時間ステップ，$h_{i,j,k}^{t-1}$ は1つ前の時刻 $t-1$ での節点 i,j,k における水頭である．

式（3.25）あるいは式（3.27）は格子内のどの節点に対しても書くことができ，境界条件は境界上の節点に対する表現式中に組み込まれる．結果として得られる連立方程式は次のような行列方程式として表される．

$$[A]\{h\} = \{f\} \quad (3.29)$$

ここに，[A] はコンダクタンスと HCOF を含む係数行列あるいはコンダクタンス行列，$\{h\}$ は未知水頭の配列（ベクトル）であり，$\{f\}$ は RHS を収容している．行列方程式の解法は後の項で検討する．

3.5.2 有限要素法

有限要素法の数学的展開は差分法ほど単純明快ではない．有限要素法では，解析領域は節点で定義される要素群（図 3.5）に細分化される．従属変数（たとえば水頭）は要素内では連続した解（**図 3.7**(a)）として定義され，節点でのみ水頭値が定義され節点間では区分的に一定と見なされる（図 3.7(b)）差分法とは対照的である．有限要素解は個々の要素同士が端に沿って結び付くように区分的に連続する．最も一般的な要素は三角形（図 3.5）や四角形（図 5.11）タイプであるが，非常に多様な要素形状や節点配置が可能である．1次元では要素は線状であり，2次元では平面，3次元では体積をもつ多面体（図 5.12）となる．

有限要素メッシュ内の節点の位置は x, y, z 座標を用いて指定される（図 3.5(a)）．節点も要素も番号付けされ，各要素はそれを取り囲む節点の番号で定義される．図 3.5(b) を例にすると，5番の要素は節点 5, 7, 4 によって形成されている．有限要素法では差分法より節点位置の帳簿的管理負担が求められる．なぜなら，各節点の x, y, z 座標だけが必要なのではなく，要素番号とその要素を形成する節点の番号もメッシュを構成する上でコードに入力しなければならないからである．節点の番号付け配列はコード実行時にコンピュータのメモリに影響することもあるため（Wang

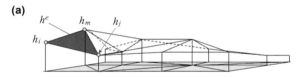
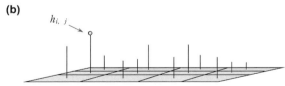

図3.7 有限要素法と差分法での水頭の表し方．(a) 有限要素法において，水頭（h^e）は要素内で連続した関数であり，図中のメッシュでは，要素は h_i, h_j, h_m と印された節点水頭で形成される三角形状となる．(b) 差分法では，水頭（$h_{i,j}$）は節点でのみ定義される．

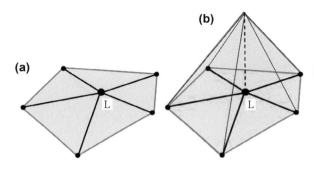

図3.8 (a) 有限要素メッシュにおける節点 L 周りの要素群の構成平面図．（図3.5を例にすれば，要素 1, 3, 5, 7, 4, 2 が節点 4 周りの構成要素群となる．）(b) 節点 L の基底関数 $N_L(x, y)$ の3次元的概観（Wang and Anderson (1982), Cheng (1978) をもとに修正）．

and Anderson, 1982)．メッシュの構築は気の重い作業ではあるが重要なことでもある．このようなことから，有限要素コードはメッシュを生成するソフトウェアを通常含んでいる．

有限要素の方程式は，要素内での水頭の試行的な解を導入することで導かれる．たとえば，図3.5(a) の三角形要素では，試行的解は一般に基底関数と呼ばれる補間関数によって定義され，この関数は節点での水頭値から要素内の水頭分布を表現する（図3.8）．複雑な関数も適用可能ではあるが，たいていの場合線形補間関数が選択される．

Wang and Anderson (1982) に従えば，2次元での線形補間関数の一般形は次式となる．

$$h^e(x, y) = a_0 + a_1 x + a_2 y \tag{3.30}$$

ここで，$h^e(x, y)$ は要素内の水頭を表し，a_0, a_1, a_2 は定数である．このとき，要素内の水頭は三角面を形成する次の3つの節点（反時計回りに i, j, m）での水頭値によって計算される．

$$h_i = a_0 + a_1 x_i + a_2 y_i$$
$$h_j = a_0 + a_1 x_j + a_2 y_j$$
$$h_m = a_0 + a_1 x_m + a_2 y_m \tag{3.31}$$

連立した式（3.31）から a_0, a_1, a_2 を解き，式（3.10）に代入すると，式（3.30）は基底関数を用いて次のように書き換えられる．

$$h^e(x, y) = N_i^e(x, y) h_i + N_j^e(x, y) h_j + N_m^e(x, y) h_m \tag{3.32}$$

ここで

$$N_i^e(x, y) = 1/(2A^e)[(x_j y_m - x_m y_j) + (y_j - y_m)x + (x_m - x_j)y]$$
$$N_j^e(x, y) = 1/(2A^e)[(x_m y_i - x_i y_m) + (y_m - y_i)x + (x_i - x_m)y]$$
$$N_m^e(x, y) = 1/(2A^e)[(x_i y_j - x_j y_i) + (y_i - y_j)x + (x_j - x_i)y] \tag{3.33}$$

であり

$$2A^e = (x_i y_j - x_j y_i) + (x_m y_i - x_i y_m) + (x_j y_m - x_m y_j) \tag{3.34}$$

である.

$N_i^e(x, y), N_j^e(x, y), N_m^e(x, y)$ は基底関数である．この場合，これらの関数は，3つの頂点（節点，図 3.5(a)）の水頭に関して面積 A^e の三角要素内で水頭を定義する線形関数である．式（3.33）で定義される線形基底関数の一般的特徴は以下のとおりである．

1. N^e は節点 L（i, j, m のいずれか）で 1 を取り，他の 2 つの節点では 0 となる.
2. N^e はいずれの辺においても距離に応じて線形的に変化する.
3. N^e は三角形の図心では 1/3 となる.
4. N^e は節点 L の対辺上では 0 である.

こうした特徴は式（3.33）に具体的な値を代入してみると確認できる．

　基底関数で定義される試行的解は真の解ではないため，支配方程式は試行的解によって正確には説明されず，残差項を含むことになる．この残差は水頭値が支配方程式を満足しない場合，そのズレの程度を示す尺度である（詳細は Wang and Anderson（1982）の第 6 章を参照）．残差の合計が 0 となるよう全解析領域にわたるズレが最小化されれば，試行的解は真の解に近づくことになる．有限要素モデルでは，残差を最小化し節点における従属変数（たとえば水頭）の近似値を得るために，重み付き残差法がよく適用される．重み付き残差法としては Galerkin 法が代表的であり，重み関数には基底関数（式（3.33））と同じものが設定される．

　解析領域に対する行列方程式（式（3.29））の組み立ては，各節点を取り巻く要素群（要素パッチ，図 3.8）に関連した方程式を考えることから始まる．次に，各要素の寄与分が整理集計され，全域での係数行列が形成される（図 3.9）．2 次元の場合の詳細は Wang and Anderson（1982；pp. 121-126）に示されている．非定常問題では，節点の水頭値は時間の関数でもあり，時間導関数は差分を用いて近似される．したがって，「非定常流動方程式を解く有限要素法は有限要素と差分の概念の混合法といえる」（Wang and Anderson, 1982, p. 152）．

3.5.3　コントロールボリューム差分法

　標準的な差分法は長方形の格子やその中にやはり長方形セルを必要とする．長方形格子はプログラム時や視覚化の際に簡便であるが，対象系の幾何学性に対して不都合な仮定を余儀なくされることもよくある．さらに，長方形格子には 2 つの難点がある．1 つは主となる対象領域の外側にもモデル領域としてのセルを置く場合があることであり，今 1 つは離散化の分解能を上げようとするとモデル領域の端にまで面的に広げざるをえず（図 5.6），3 次元モデルではさらにすべての層に鉛直的に細分化が及んでしまうことである．たとえば，地表水と地下水の相互作用をより良く表そうと

3.5 数値モデル

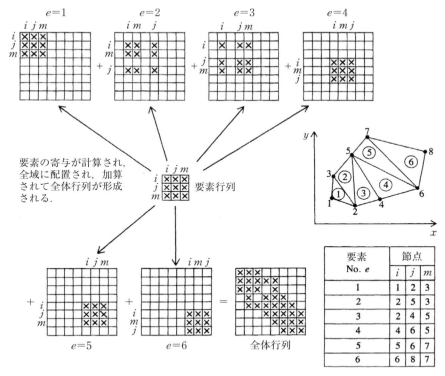

図 3.9 各要素の係数行列とその全域係数行列への組み込みの関係．挿入図に示した有限要素メッシュを例に模式的に整理している．

してモデルの第1層で地表水体周りの分解能を上げようと（より小さい節点間隔，より小さいセルにしようと）すると，第1層にしか地表水体が存在しないとしても同じ高度な離散化レベルが下位のすべての層にも求められる．

コントロールボリューム差分（CVFD）法は地下水問題に適用された最初の数値モデルの1つで用いられ（Tyson and Weber, 1964），また別の初期の適用の中で Narasimhan and Witherspoon (1976) によって詳細に検討されている．この方法は最初の頃は積分差分法と呼ばれていた．CVDF 法は空間上の離散化において有限要素法と同じように多くの柔軟性を差分法にもたらした．CVDF モデルでは，空間的離散化には長方形と正方形セルを組み合わせたり，六角形，三角形，さらには不規則形セルを用いたりすることができる（図5.4，図5.7，図5.8，図5.22）．また，鉛直の層ごとに離散化の状態が異なってもよい．最近では，Panday ら (2013) が CVFD を用いて，非構造化格子（USG）による差分コード MODFLOW 版，MODFLOW-USG コードを開発した．USG の節点は有限要素メッシュでのように，標準的差分法の慣例的指標 i, j, k ではなく連続的に番号付けされる．また，各セルも同様に番号付けされる（図3.1(a)）．隣接する節点は連結するといわれ（**図3.10**(a), (b)），利用者はすべての連結についてセル間の共有面の面積をデータ入力しな

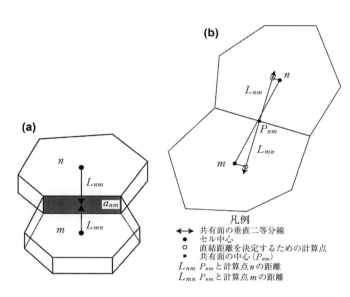

図 3.10 コントロールボリューム差分法で用いられる非構造化格子中の差分セル（n と m）の平面概要．節点はセルの中心に位置する．(a) 連結距離はセルの中心から測定される．水平方向のセル連結距離は $L_{nm}+L_{mn}$ であり，連結部の流動面積（灰色で表示）は a_{nm}（$= a_{mn}$）である．連結線は分割面（共有面）を垂直に二等分する．(b) セル n と m の中心（黒丸で表示）を結ぶ線は共有面を垂直に二等分していないため，より複雑な定義が L_{nm} と L_{mn} に必要となる．その手順は次のとおりである．まず，共有面の中点（P_{nm}）を決め，この点から各セル双方に向かって垂線を伸ばす．次に，セル中心点に最も近い垂線上の点（白丸で表示）と共有面の中点との距離を L_{nm} と L_{mn} と定義する（Panday ら，2013）．

ければならない．USG のためのデータ収集・整理が煩雑である場合，格子の組み立てに前処理プロセッサを使用するとよい（Panday ら，2013）．CVFD 法で用いられる方程式については以下に簡単に触れるが，その詳細は本書で取り扱う範囲とはしない．興味のある方は，理論の詳細についての Narasimhan and Witherspoon（1976），Dehotin ら（2011）の文献や，MODFLOW で使われるコードへの CVFD の適用法を紹介した Panday ら（2013）の文献を参考にされたい．ここでは，Panday ら（2013），Narasimhan and Witherspoon（1976）に従って，CVFD 法の概要を次に紹介する．

CVFD 法は有限体積法（たとえば，Bear and Cheng（2010）の pp. 537-541 参照）の一種である．形式的に式（3.12）をある小さなコントロールボリューム V に対して積分すると次式となる．

$$\int_V (K\nabla h)dV = \frac{\partial}{\partial t}\int_V (S_s h)dV + \int_V W dV \qquad (3.35)$$

この体積積分は次のように面積分に変換することができる．

$$\int_S (K\nabla h)\mathbf{n}dS = S_s V \frac{\partial h}{\partial t} + WV \qquad (3.36)$$

ここで，$\mathbf{n}$ はコントロールボリューム表面の外向き単位法線ベクトル，S はコントロールボリュームの表面領域である．支配方程式のこの表現は，質量保存則，すなわち水収支式を表しており，表面を通る流入・流出水量が，体積内での湧き出し/吸い込みによる増減量と貯水量変化の和に相当することを意味する．

CVFD 法では，流動系は時には要素とも呼ばれる小さな小領域（CVFD でいうボリューム V）

に細分化され，物質収支は式（3.36）で示されるように各ボリュームで計算される．式（3.36）左辺の面積分はボリュームの全表面 S を通るフラックスの総和を表し，初期条件や境界条件に従って，ボリューム内に蓄積する水の貯留速度を査定することになる．一方右辺は，ボリューム内水頭の平均的な時間変化として水の貯留速度を表現している（Narasimhan and Witherspoon, 1976, p. 54）．

実行する上では，差分表現は各ボリュームの水収支について書かれており，全域での行列方程式（式（3.29））に集約される必要がある．たとえば，Panday ら（2013）は，その（複数ある）隣接セル m それぞれと連結するセル n （図 3.10(a)）について，次のような CVDF 水収支式の一般形を示している．

$$\sum_{m \in \eta_n} C_{nm}(h_m - h_n) + HCOF_n(h_n) = RHS_n \tag{3.37}$$

ここで，C_{nm} はセル n と m の間のコンダクタンス，h_n, h_m はセル n, m 内の水理水頭であり，$HCOF_n$ と RHS_n はそれぞれ $HCOF_{i,j,k}$ と $RHS_{i,j,k}$ （式（3.28））に等しい．

式（3.37）の第 1 項はダルシー則により計算されるセル n, m 間の流れを表す．その総和は，ボリューム（要素）η_n に関連するすべてのセル m についてなされる．η_n はセル n と連結するセルの集合体を表す．CVFD の定式化では，コンダクタンス（C_{nm}）はセル n とその隣接セル m の間のセル間コンダクタンスとして次のように一般化される．

$$C_{nm} = \frac{a_{nm} K_{nm}}{L_{nm} + L_{mn}} \tag{3.38}$$

ここで，a_{nm} はセル n, m 間の流れに垂直な飽和域の面積，K_{nm} はセル間の透水係数，L_{nm} と L_{mn} はセル n, m の共有界面と両セル計算点のそれぞれ垂直距離である（図 3.10(b)）．

標準的な差分による一般流動方程式の近似（式（3.27））は，式（3.27）中の添字 i, j, m が CVFD 式の添字 n に代わりセル n がセル m で表示される隣接セルと連結していると考えれば，水収支の形式に書き換えられて式（3.37）と同一になる（Panday ら，2013）．したがって，標準的な差分方程式を解く方法は CVFD にも適用できる．しかしながら，主要かつ根本的な差異は，セル間コンダクタンス C_{nm} の計算法にある．標準的差分法では，長方形格子による規則的な幾何学形状およびセル結合のため，セル間コンダクタンスは比較的単純である（式（3.26））．一方 CVFD では，L_{nm} と L_{mn} （式（3.38））を連結セル（図 3.10(b)）それぞれに求めなければならず，また必ずしも長方形ではない共有面も特定しなければならない（図 3.10(a)）．

3.5.4 求解法

差分法，有限要素法あるいは CVFD 法により支配方程式を数値近似した結果得られる連立代数方程式は，直接法もしくは反復計算と一体化した直接法を用いて水頭について解かれる．この節では，解法上の一般的な特徴についていくつか簡単に紹介するが，Wang and Anderson（1982）は基本的な反復と行列解法の技術についてより詳細に議論している．

直接法は行列ソルバー[*1]を用いて全体行列方程式（式（3.29））を解き，丸め誤差を被るが連立方程式の正確な数値解を与える．丸め誤差は，コンピュータが各数値を表すのに有限桁の数値しか格納できないため生じる．原則的には直接解法が望ましいが，それはしばしばコンピュータに膨大なメモリ容量を必要とする．なぜなら，係数行列のすべての成分をコンピュータに記憶させなければならず，通常その数は非常に多いからである．さらに，行列方程式を直接解くには多くの計算処理が必要であり，かなりの丸め誤差が生じる可能性もある．実際，小規模で線形な地下水問題の場合は直接解法の実行時間は早いが，モデルの非線形性が高くなると実行時間は受け入れがたいほど長くなりうる．したがって，収束の問題（Konikow and Reilly, 1998）やコンピュータのメモリによって，直接解ソルバーの適用は限られてきた．しかし，解法の改良やコンピュータ能力の改良により直接法にも新しい展開の機運が高まっている．有限要素コードの FEFLOW（DHI-WASY, 2013；FEFLOW version 6.2）は 100 万節点まで収容可能な直接解ソルバーを含んでいる．また MODFLOW（DE4：Harbaugh, 1995, 2005）用の直接解ソルバーもある．こうした進展にもかかわらず，直接解法は依然として 1 組だけの水頭集合を解く定常モデルへの適用がふさわしいとなっている．非定常モデル，特に時間刻みが変化するモデルは（7.6 節；Harbaugh（1995）の表 1 参照），直接法に反復を組み込んだソルバーを使うとより良好に対処されるであろう．

　反復解法は最も簡単な数値解法の一種であり，点反復法は地下水流動モデリングの初期の時代には差分方程式を解く際にごく普通に用いられていたが，今日では，あまり用いられない．代わって，直接（行列）法に反復法が組み合わせられている．点反復法では，差分方程式は領域内の各節点水頭について連続的に解かれ，その過程は反復計算による水頭変化がなくなるまで（すなわち，解が収束するまで）繰り返される．たとえば，Box 4.3 の式（B4.3.2）は，点反復により 2 次元の均質帯水層の水頭を定常条件下で解くための差分方程式である（問題 3.5 も参照）．

　反復法と直接解法の組み合わせ法は，より効率的な直接行列ソルバーが使えるように，まず全体行列方程式（式（3.29））の係数行列を単純化する．その結果の行列方程式は係数行列が厳密には正しくないため，その解は正確ではなく反復計算により修正される．Wang and Anderson（1982, pp. 106-107）は 2 次元の地下水流動問題に対する直接法と反復法を組み合わせた用例を示している．また，McDonald and Harbaugh（1988）は 3 次元流動方程式（式（3.27））を解くための直接・反復組み合わせ法について説明している．コードは使用者が選択できるよう一般にいくつかの異なったソルバーを含んでいる．煩雑で大規模の地下水モデルを解くために，最も効率的に収束するソルバーを見つける数値実験がモデル作成者に求められることもあろう．

　解が（主観的に）収束したと判断されると反復過程を終了することから，反復解法は不正確である．その上，反復は非常に多くの計算処理を含み，その解に丸め誤差や瑕疵的副作用をもたらしがちである．加速パラメータや緩和因子は収束を速めるが，モデル作成者はこれらのパラメータの値を選ばなければならない．また，水頭の残差（反復開始時と終了時の水頭値の差）が各節点で計算

---

　*1　訳者注：特定の問題を解くためのミニパッケージソフトあるいはミニプログラム単位（サブコード）と思われる．

```
100 ITERATIONS FOR TIME STEP   1 IN STRESS PERIOD   1
0MAXIMUM HEAD CHANGE FOR EACH ITERATION:
0 HEAD CHANGE LAYER,ROW,COL   HEAD CHANGE LAYER,ROW,COL   HEAD CHANGE LAYER,ROW,COL   HEAD CHANGE LAYER,ROW,COL   HEAD CHANGE LAYER,ROW,COL
  -9.995      ( 1, 1, 5)       -3.302      ( 1, 4, 5)       -2.973      ( 1, 4, 5)       -2.125      ( 1, 4, 5)       -1.561      ( 1, 4, 5)
  -0.6207     ( 1, 4, 5)       -0.1787     ( 1, 4, 5)       -0.1370     ( 1, 4, 5)       -0.1538     ( 1, 9,11)       -0.1369     ( 1, 4, 5)
  -0.7454E-01 ( 1, 4, 5)       -0.2230E-01 ( 1, 4, 5)       -0.1339E-01 ( 1, 4, 5)       -0.1020E-01 ( 1, 4, 5)       -0.9841E-02 ( 1, 4, 5)
  -0.5095E-02 ( 1, 4, 5)       -0.1651E-02 ( 1, 4, 5)       -0.9778E-03 ( 1, 4, 5)       -0.7224E-03 ( 1, 4, 5)       -0.5151E-03 ( 1, 4, 5)
  -0.2968E-03 ( 1, 4, 5)       -0.8535E-04 ( 1, 4, 5)       -0.5132E-04 ( 1, 4, 5)       -0.4417E-04 ( 1, 4, 5)       -0.5334E-04 ( 1, 4, 5)
   0.4072E-04 ( 1, 1, 8)        0.4093E-04 ( 1, 1, 6)        0.4416E-04 ( 1, 1, 9)        0.4071E-04 ( 1, 1, 5)        0.4091E-04 ( 1, 1, 8)
   0.4413E-04 ( 1, 1, 9)        0.4412E-04 ( 1, 1, 8)       -0.5337E-04 ( 1, 1, 1)        0.4085E-04 ( 1, 1, 2)        0.4413E-04 ( 1, 1, 1)
   0.4097E-04 ( 1, 1, 8)        0.4097E-04 ( 1, 1, 9)        0.4074E-04 ( 1, 1, 2)        0.4417E-04 ( 1, 1, 9)        0.4079E-04 ( 1, 1, 2)
  -0.5333E-04 ( 1, 1, 5)        0.4416E-04 ( 1, 1, 9)        0.4417E-04 ( 1, 1, 5)        0.4073E-04 ( 1, 1, 1)        0.4090E-04 ( 1, 1, 8)
   0.4415E-04 ( 1, 1, 9)        0.4071E-04 ( 1, 1, 6)        0.4092E-04 ( 1, 1, 8)       -0.5335E-04 ( 1, 1, 5)        0.4389E-04 ( 1, 1, 1)
   0.4092E-04 ( 1, 1, 2)        0.4090E-04 ( 1, 1, 6)        0.4412E-04 ( 1, 1, 2)        0.4399E-04 ( 1, 1, 8)        0.4095E-04 ( 1, 1, 2)
   0.4074E-04 ( 1, 1, 6)       -0.5336E-04 ( 1, 1, 5)        0.4089E-04 ( 1, 1, 6)        0.4068E-04 ( 1, 1, 6)        0.4417E-04 ( 1, 1, 9)
   0.4417E-04 ( 1, 1, 1)        0.4073E-04 ( 1, 1, 6)        0.4095E-04 ( 1, 1, 5)        0.4417E-04 ( 1, 1, 9)       -0.5333E-04 ( 1, 1, 5)
   0.4093E-04 ( 1, 1, 8)        0.4414E-04 ( 1, 1, 8)        0.4408E-04 ( 1, 1, 9)        0.4096E-04 ( 1, 1, 2)        0.4094E-04 ( 1, 1, 2)
   0.4413E-04 ( 1, 1, 9)        0.4411E-04 ( 1, 1, 9)       -0.5334E-04 ( 1, 1, 1)        0.4066E-04 ( 1, 1, 5)        0.4418E-04 ( 1, 1, 9)
   0.4097E-04 ( 1, 1, 2)        0.4074E-04 ( 1, 1, 2)        0.4417E-04 ( 1, 1, 6)        0.4418E-04 ( 1, 1, 9)        0.4068E-04 ( 1, 1, 6)
  -0.5336E-04 ( 1, 1, 5)        0.4417E-04 ( 1, 1, 5)        0.4094E-04 ( 1, 1, 8)        0.4089E-04 ( 1, 1, 1)        0.4090E-04 ( 1, 1, 8)
   0.4415E-04 ( 1, 1, 1)        0.4094E-04 ( 1, 1, 8)        0.4413E-04 ( 1, 1, 6)       -0.5333E-04 ( 1, 1, 5)        0.4388E-04 ( 1, 1, 1)
   0.4092E-04 ( 1, 1, 2)        0.4069E-04 ( 1, 1, 6)        0.4413E-04 ( 1, 1, 6)        0.4095E-04 ( 1, 1, 2)        0.4074E-04 ( 1, 1, 6)
   0.4412E-04 ( 1, 1, 1)       -0.5334E-04 ( 1, 1, 1)        0.4099E-04 ( 1, 1, 1)       -0.3088E-04 ( 1, 1, 3)        0.4417E-04 ( 1, 1, 9)
```

図 3.11 100 反復後の非収束解を示す MODFLOW の出力例．水頭閉合基準は 0.1E-4 ft (0.1×10^{-4}) で設定された．出力は 100 反復されての最大水頭残差を左から右の順に示している．すなわち，行ごとに左から右に見るように 2 つ目となる．(たとえば，99 番目の反復は最後の行の右から 2 つ目となる．各反復での最大残差の位置は括弧内に層，行，列の順で示されている．この結果から，残差は 0.31E-4 ft (99 反復で計算された最小誤差) を下回ることがないことが示唆される．にもかかわらず，この実行結果の水収支誤差はわずか 0.22%であった．良好な水収支と解が誤差 0.4E-4 周辺で振動していることに基づけば，この解は受け入れ可能であろうし，あるいは収束基準を 0.1E-3 ft に拡大することもできよう．

され，モデル作成者は，許容する水頭残差の最大値を設定する水頭閉合基準（水頭誤差基準，誤差許容量，あるいは収束基準とも呼ばれる）の値を指定する．多くのソルバーは水収支についても同様に定義される第2の閉合基準も用いる．これらの誤差基準については3.7節で触れる．ほとんどの場合，反復回数にも制限が課せられる．閉合基準が満足されるか最大反復回数に到達すると反復は終了する（**図 3.11**）．

3.6 コードの選択

　数値解法（差分法，有限要素法，CVFD法）の適用により得られる連立方程式は，コンピュータコードにプログラムされている．特定のモデル適用にどの地下水流動コードを選択するかは，解くべき問題や，地表水体（6.1節）のような特殊性に対応可能なコード中オプションの有無，利用者の好みに依存する．標準的差分コードと有限要素あるいはCVFDコードの本質的に主要な差は，空間的な離散化の性状である．差分法は理解しやすく空間の離散化も有限要素，CVFDに比べ設定しやすい．一方有限要素やCVFDでは，不規則な幾何形状の境界，内部の不均質性，湧き出し・吸い込み，断層帯のような特性を差分法より現実に即して説明できる（図3.5）．有限要素法は，異方性の変動（Box 3.1；5.3節），漏出面，変動地下水面を差分やCVFDよりも容易かつ良好にシミュレートする．しかし，差分モデルは依然人気のあるままである．長方形格子という拘束から膨大な数の節点が必要となろうとも，コンピュータの能力向上により，標準差分コードで複雑なモデルが効率的に解けるようになっている．結果として，高分解能の差分モデルは多くの問題に対応可能である．

　地下水流動問題を解くために現在最も広く用いられているコードは，アメリカ合衆国地質調査所（USGS）による差分コードのMODFLOWである（http://water.usgs.gov/ogw/modflow/）．MODFLOWはモジュールの追加や他のコードとのリンクすなわち連動が可能であり，詳細な解説書を頼りに自由に利用できる．MOFFLOWの人気に並ぶほどの単独の有限要素コードはないが，商標コードのFEFLOW（http://www.feflow.com/）が広く用いられている（Trefry and Muffels (2007) のレビューを参照）．Diersch (2014) はFEFLOWで使われる有限要素法の理論的基礎を広範囲に文書化しており，ユーザーズマニュアルはオンラインで自由に利用可能である．本書では，モデル化観念の実装を解説する際の代表的コードとして全編を通じMODFLOWとFEFLOWを用いている．CVFDコードのMODFLOW-USG（Pandayら，2013）はモデル化群の中では依然新参者であり，そのため今のところ実績が限られている．

　通常の地下水流動方程式（式（3.12））を解くには，MATLABやCOMSOLのような一般的な数学ソフトパッケージも既製の地下水コードに代わる手段として利用できる．MATLABやその公的派生パッケージOCTAVEは，地下水流動方程式の数値近似で生じるような連立方程式解く手段を与えるだけでなく（Eriksson and Oppelstrup, 1994），解析解を得るツールとしても機能する（たとえば，Zlotnikら，2011；Cortis and Berkowitz, 2005）．COMSOLは有限要素に基づいたソフ

トパッケージであり，地下水流動（たとえば，Cardiff ら（2009））や溶質輸送，熱輸送（Li ら（2009）参照）などに関わる多様な偏微分方程式を解く．また，COMSOL により次のような連成モデルも構築できる；地下水流と付随する溶質あるいは熱輸送の連成；地下水流と地表水流の連成（Cardenas, 2008；Ward ら，2013）；植生モデルのような他種モデルと地下水流との連成（たとえば，Loheide and Gorelick, 2007）．しかし，このような数学ソフトパッケージは，これまで主として研究教育環境下で地下水のモデル化に適用されてきた．ほとんどの応用的地下水モデルでは，水文学的な特性をシミュレートするより多くのオプションを提供すること，地下水モデルを扱う集団で継続的に試され支援されることから，地下水に特化したコードが用いられる．さらに，工学的問題や管理的事項に適用の可能性がある地下水モデルは，業界標準のコード使用が求められる法的な場で問いただされることもあるわけである．

選択されたコードにかかわらず，次のような点が問われるべきである．(1) コードの精度は解析解や検証済みの数値解に対して確認されたか．(2) 水収支の計算を含んでいるか．(3) 現場での研究に利用され，証拠となる実績があるか．(4) グラフィカルユーザインターフェース（GUI）をもっているか．これらの各問いについて以下に解説する．

3.6.1 コードの検証

地下水流動のコードは数値解を解析解や時には他の数値解と比較することで検証される．この検証のねらいは数値解法が適切にプログラムされているかの試験である（ASTM, 2008）．数値解の結果と解析解の一致の程度は，閉合基準，格子間隔，時間刻みの選択に左右される．コード検証に用いられる例題はたいていの場合ユーザーズマニュアルに含まれている．

3.6.2 水 収 支

水収支計算はほとんどのコードで標準的機能となっており（概念モデルの一部として通常計算される），数値解の精度を評価する参考となったり，現場ベースの水収支との比較を可能にしたりする．コードで計算された水収支は，地下水面を含め境界を横切る流量，地表水体を含む湧き出し・吸い込みによる出入り量，非定常の場合は貯留量変化を項目別に整理する（**図 3.12**）．貯留からの水の放出は流入として，吸い上げは流出として計上される．通常，規定水頭境界節点に関わるセルあるいは要素は，水収支計算の目的領域の一部とは見なされない．たとえば，規定水頭節点への涵養はその水頭に捕捉されると考え，水収支計算には含まれない．同様に，規定水頭境界と対象領域間の流動量は水収支に含まれるが，規定水頭節点間の流量は通常計算されない（図 3.12）．

地下水流動の支配方程式は質量保存則（すなわち，水収支）とダルシー則により導かれる（3.2節）．したがって，支配方程式の数値解は質量を保存しているはずである．局所的な保存則の不成立がみられることで有限要素法は批判されてきたが（たとえば，Berger and Howington, 2002），現代の有限要素コードによる水収支計算が示すようにその批判は不当である．初期の有限要素解法で報告された水収支誤差は技法上の不備から生じたものであり，有限要素法に固有のものではな

```
     VOLUMETRIC BUDGET FOR ENTIRE MODEL AT END OF TIME STEP    5 IN STRESS PERIOD   12
     ------------------------------------------------------------------------------------
     CUMULATIVE VOLUMES     L**3                              RATES FOR THIS TIME STEP    L**3/T
     ------------------                                       ------------------------

            IN:                                                      IN:
            ---                                                      ---
               STORAGE =   0.11099E+08                                  STORAGE =    23927.
         CONSTANT HEAD =      330.70                             CONSTANT HEAD =    24.778
                 WELLS =      0.0000                                      WELLS =    0.0000
              RECHARGE =   0.17021E+08                                 RECHARGE =    21375.
              TOTAL IN =   0.28120E+08                                 TOTAL IN =    45327.
           OUT:                                                     OUT:
           ----                                                     ----
               STORAGE =   0.68859E+07                                  STORAGE =    0.0000
         CONSTANT HEAD =   0.13935E+08                             CONSTANT HEAD =    25326.
                 WELLS =   0.73000E+07                                     WELLS =    20000.
              RECHARGE =      0.0000                                    RECHARGE =    0.0000
             TOTAL OUT =   0.28121E+08                                TOTAL OUT =    45326.
              IN - OUT =     -250.00                                   IN - OUT =    0.81250
   PERCENT DISCREPANCY =                  0.00             PERCENT DISCREPANCY =                  0.00
```

図 3.12 MODFLOW で計算された非定常問題での水収支．ストレス期間 12 の内の時間ステップ 5 に関して，左図は積算水収支を体積で示し，右図は時間当たりの体積量で水収支を示している（ストレス期間は 7.6 節で説明）．この例では，地表水体を表す 2 つの規定水頭境界（「CONSTANT HEAD」で項目表示），降水による面的涵養（「RECHARGE」と表示），1 つの揚水井（「WELL」と表示）がある．水は規定水頭境界を通って流動系に出入りすることに注意すること．また，水は涵養として系に入り，揚水井からは排除される．流入（IN）の下には貯留量変化（STORAGE）が記載さているが，これは貯留体から水が正味に失われること（すなわち，貯留体から去り系に浸入すること）を意味する．この時間ステップでの積算水収支中の誤差は 250 ft^3 であり，この値が全流入あるいは流出量の 0.01％未満であることから誤差（PERCENT DISCREPANCY）は 0 となっている．

い．現代の有限要素コードは数値的に正確な水収支を計算する手続き（プロシジャー）を含んでいる．たとえば，FEFLOW では調和境界フラックス法が用いられている（Diersch, 2014, pp. 391-393）．

　水収支は全流入量が全流出量に等しいことを示すはずである．たいていの場合，コードは流入・流出量の差として水収支誤差を計算する（図 3.12）．水収支誤差はおよそ 0.5％内（理想的には 0.1 内；Konikow, 1978）が望ましいが，1％程度と高くても許容できることもある．閉合基準が高く設定されすぎたり，あるいは解が許容最大反復回数内で収束しないこともあるため，大きな水収支誤差ほど解が収束しなかったことを意味する可能性が高い（3.7 節）．また，過大な水収支誤差は入力データ，モデル設計，すなわち概念化などの誤差を反映していることもあろうし，水頭依存境界（Box 4.5）をコードがシミュレートする際の不備によることもあろう．全体での水収支は，通常項目別にモデル出力される．なお，いくつかのソルバーは水収支の閉合基準が満たされるよう解法の過程で局所的に水収支を照合する（3.5 節）．MODFLOW 用の ZONEBUDGET（Harbaugh, 1990）は問題領域中でユーザーが指定する区域の局所的水収支を計算するが，これはモデル中の局所流動を分析する上で役に立つ．

3.6.3 実績の記録

工学的あるいは管理的問題に適用されるコードは，それなりの利用や検定の履歴をもつことが理想的である．本書では実例解説として，MODFLOW や FEFLOW を用いる．MODFLOW パッケージは一揃いの地下水コードとして広く世界中で利用されており，合衆国において訴訟対応時の標準となっている．MODFLOW は実際数多くの多様な現場問題に適用されてきており，一連の国際的な専門家会議でも注目的存在である（http://igwmc.mines.edu/Conference.html）．地下水のモデル化集団の中で MODFLOW は歴史的に長く利用されていることから（McDonald and Harbaugh, 2003），不備が発見されては修正され，新しいモジュール（パッケージや処理単位）が開発されている．また，多様な GUI も使えるようになっている．一方，FEFLOW（Diersch, 2014）は商標をもつ有限要素コードであり，1979 年に初出して以来，改良や更新がなされ続けてきた．このコードは 1990 年代に商業的に提供され（Trefry and Muffels, 2007），各種複雑な地下水問題への適用が増え続けている（DHI-WASY, 2013）．

3.6.4 GUI（グラフィカルユーザーインターフェース）

GUI はユーザーとコードの間の橋渡しとして機能する．それはモデル設計やパラメータ入力を容易にし，データをコードに手入力する際に生じるミスを回避するのに役立つ．GUI はまた可視化や検査，出力の分析においても非常に有用である．ほとんどの数値解法には煩雑な処理があることから，GUI は地下水のモデル化に不可欠なツールである．

GUI は差分や CVFD の格子，および有限要素メッシュ・境界を含むモデル領域の姿を生成する．キャリブレーションターゲットやパラメータの表示は，データの空間分布を可視化し値を編集する上で大いに助けとなる．また，GUI はコードが求める形式にデータの書式を整え集合化したり，入力ファイルを作成したり，コードを実行したりもできる．さらに，コードの実行から出力ファイルを処理したり，結果を画像表示したりもする．

GUI はある特定のコード用に開発されることもあれば，多数のコードを含むこともある．たとえば，PetraSim は TOUGH2 コード集用の GUI である（Yamamoto（2008）参照）．FEFLOW は入力ファイル，出力ファイル，グラフを作成する 1 つの GUI を含んでいる（Diersch, 2014）．ModTech は地下水の流れと輸送コードを GIS 環境下で統合したものである（Pint and Li（2006）のレビュー参照）．MODFLOW は組み込み式の GUI をもたないが，多くの GUI が MODFLOW 向けに開発されている．MODFLOW 用に商業的に開発され最も広く利用されている GUI を 3 つ挙げると，Groundwater Vistas（Rumbaugh and Rumbaugh, 2011）（Langevin and Bean（2005）のレビュー参照），Visual MODFLOW-flex（VM-Flex）（Schlumberger Water Services, 2012），Groundwater Modeling Systems（Jones, 2014）である．USGS は，パブリックドメイン GUI として，MODFLOW 用 ModelMuse（Winston, 2009），MODFLOW とともに UCODE を使ったパラメータ推定用 ModelMate（Banta, 2011）を開発した．Freeware PMWIN もまた MODFLOW シミ

ュレーションに利用できる（Cheng and Kinzelbach, 2013）．これら GUI の多くは，MODFLOW と一緒に機能する，パラメータ推定，粒子追跡，溶質輸送コードも含んでいる（たとえば，PEST, PEST ++；MODPATH, PATH3D；MT3DMS, SEAWAT）．多くの場合 GUI は，複数のバージョンの MODFLOW コード（MODFLOW-SURFACT, MODHMS, MODFLOW-USG）や最適化法に対応する．GUI はさまざまな 3 次元的可視化オプションをもっているが，加えて，結果を後処理して 3 次元表示する専用のソフトパッケージもある（たとえば，Kresic and Mikszewski（2013）参照）．たとえば，Model Viewer は，USGS により地下水モデル用に作成された 3 次元の可視化およびアニメーションプログラムである（Zheng（2004）のレビュー参照）．また，GroundWater Desktop（http://www.groundwaterdesktop.com/）は視覚化機能が強化されている．

　GUI はファイル構造や特殊なコードで必要となる入力についてすべて詳細に知る労から解放してくれるが，モデル作成者がコードの操作法について十分な知識がなくてもコード動作上の問題解決が非常に楽に行えるようになっている．コードのユーザーズマニュアルを一読すれば，コード内部の動きをおおよそ理解することができるだろう．コードの入力ファイル構造を知ることも有用である．GUI の中には，ユーザーのデータ入力から GUI が作成したモデルコードの入力ファイルにアクセスできるものもあり，これにより GUI とは別に入力ファイルを検査し修正することが可能となる．

3.7　コードの実行

　モデルが設計されデータが GUI に入力されると，コードが実行される．たいていは，データの入力ミスの修正，概念構造上の不具合に対するモデル設計やパラメータ値の調整，ソルバー設定や閉合基準の調整などのために数回の試行が必要となる．コード運用の第 2 段階では，モデルのキャリブレーションのために多くの実行が繰り返されるだろう．最終段階では，モデルは予測や不確実性解析のために実行される．こうした 3 段階を通じて実施されるシミュレーションの運用記録（シミュレーションログ）は保存しておくことをお勧めする．この節ではシミュレーションログ，実行時間，閉合基準と解の収束性について紹介する．

3.7.1　シミュレーションログ

　モデル利用時には，モデル設計，キャリブレーション，予測および不確実性解析の間，何度もコードを実行させることになるため，シミュレーションログ（コードの実行に付随した動作過程や判定の記録；表 3.1）を取っておくことは有効である．ログは各実行の意味や結果の要約，（生じていれば）変化の状況を含む．これらは実行の結果としてモデルに付帯したものである．シミュレーションログはモデル構築，キャリブレーション，予測過程の道筋をつけたり，課題のモデル化を進める上で鍵となる判断をリストアップしたりするのに役に立つ．ログはまた，データセットがどのように集約整理されたのか，格子あるいはメッシュはどのように離散化されたか，概念モデル（ま

3.7 コードの実行

表 3.1 シミュレーションログの例（Aquaterra Consulting Pty Ltd（2000）より修正）

ジョブ 125		定常状態と非定常状態のキャリブレーション		
実行番号	課題	モデル変化，前モデルのパラメータ	コメント/結果	ファイル名およびパス
A1	前のモデルでスタートし，排水量と影響の予測に向けて更新	水文地質学的レポートや以下に示すように，格子の精緻化，層の幾何特性とKの調整，水収支の増加，定常状態での再較正を行う	以下参照	125\Model\W1M1.mdl (PMWinv4)(Model No.1 用)
A2	格子の精緻化 サイト周辺の既存モデル格子は約1000 m 四方（サイトでの数行はこれより小さい）—ファイルの個々のノートを参照	さらなる細分化の必要性も含みつつ，格子はサイトで最小100 m のセルに精緻化された．渓谷の西方端での観測水位が，推定された岩脈を横切る非常に急な水理勾配を示す（たとえば，BH3〜BH4）ことから，物理的な水平流障壁（反対側を参照）が正当化される．	格子の精緻化に従い，以前は不活性であった層1のセルのいくつかが活性化．格子が細分化されるほど，基盤のうねりと層1の単元（沖積層など）の境界が正確に表されるため，それに応じて，Kh, Kv も調整された．	水平流障壁パッケージが含むデータファイル： L1HFBc.dat L1HFBd.dat L2HFBc.dat L2HFBd.dat （最後の文字はコンダクタンス（"c"）あるいはディレクション（"d"）を示している）
B1	一般的な解の調整	キャリブレーションシミュレーション最後の水頭を，継続される次のキャリブレーションの初期値に設定しフィードバックする．再湿潤化は初めのうちは沈滞化しており，層1の多くのセルは特に縁の部分で乾いていた．これらのセルの基礎高度は一般に地下水面より上部であるため，再湿潤化が稼働しても，それらのほとんどは再湿潤しない．同様に，西方渓谷の層2の多くのセルも乾いている．再湿潤化はこの後停止した．PCG2 ソルバーは Hclose＝0.01, Rclose＝100, Outer＝50，Inner＝30, Accl＝0.9	層1と2の初期水頭ファイル→ 層1と2の境界流入量データファイル→ 再湿潤化パラメータ—5反復ごと，Rewet＝0.9, Threshold＝−2 m 観測孔データファイル→ Hclose＝0.001m, Rclose＝10(L^3/T), Accl＝0.99, Outer＝54, Inner＝20	L1strtHD.dat, L2strtHD.dat, L1wel.dat, L2wel.dat BorW1.bor＝52 孔（オリジナルデータセット）
C1	涵養	オリジナルモデルでは，涵養は層1のセルだけに対し（最も高いアクティブセルで）$1.585×10^{-5}$ m/d であった．この値は初期に全体での値として $3×10^{-5}$ m/d まで倍増された．渓谷縁辺部での（反対側も参照）涵養増強は，基盤露頭の流出が露頭に隣接するがれ場に集中することから，物理的な正当性をもつ．	涵養強度は広い渓谷部を横断して0にまで後に減少した．ただし，サイト東部から露頭域周辺の涵養は $1×10^{-4}$ m/d に増強され，サイトの狭い渓谷西部では $3×10^{-5}$ m/d のままであった．適用は層1にのみである．全体的な体積ベースの涵養量は，以前のモデルに比べ鉛直方向に倍増している．	L1rch.dat＝改正された涵養強度

たは数値モデル）のどのような変化が結果に影響を与えたのか，についての情報を含むこともある．モデルキャリブレーションや予測不確実性解析の際のパラメータセットや水文学的ストレスに対する変動記録を保存しておくと，最終的なモデル報告での状況とは異なる条件下のモデル応答を検討する上で特に有効である．代表的な記録は次のようなものである：モデル作成者の名前，シミュレーションデータ，課題名/課題番号，シミュレーション番号，利用コード名（およびそのバージョン），実行の目的，入力ファイル名，入力データの注釈，出力ファイル名，結果に対する注釈（ASTM, 2013）．また，シミュレーションログは報告の準備の助けとなったり，モデル化完了後に他に求められる可能性のある変化へのモデル応答記録を提供したりもできる．

3.7.2 実行時間

ある与えられた入力データセットに対しコードを実行する時間の長さが実行時間である．この実行時間は主に以下の点に依存する：(1) コンピュータが入力ファイルを読み込み，コードを実行する速さ；(2) ソルバーやソルバーパラメータの設定選択の効率性；(3) 問題の非線形性や，コードの計算処理量に影響する節点および層の数；(4) ソルバーの収束に要する反復回数；(5) 最初に与えられる定常水頭値と最終的な水頭解との近似の程度；(6) 非定常状態の場合，ストレス期間と時間ステップの数（7.6節）；また，そもそもシミュレーションが定常条件なのか非定常条件なのかという点である．非定常モデルは定常モデルより通常長い時間がかかる．場合によっては，閉合基準が厳格に運用されるほど非定常モデルの全体的な実行時間を短縮できる．なぜなら1つの時間ステップでより良好な水頭が得られれば，その後連続する時間ステップでの解の収束性が促進されるからである．

コンピュータの速さに加えもう1つ考慮すべき点は，コードを読み込んだり，入力データや実行中に作成される配列に迅速にアクセスしたりするのに十分なランダムアクセスメモリ（RAM）をコンピュータがもっているかである．ほとんどのワークステーションは複雑な応用地下水モデルを実行するのに十分なRAMを備えている．直接ソルバーは行列解法と反復法を組み合わせたソルバーよりも通常多くのRAMを必要とし，そのため広域の問題を解く場合にはあまり用いられない（3.5節）．加えて，較正あるいは不確実性解析用（第9章，第10章）の補助的コードはさらなる計算負荷を余儀なくし，多くの調整パラメータや観測値をもつモデルでは，並行処理が可能な多重プロセッサの利用が必要となることもある．

3.7.3 閉合基準と解の収束

反復を含むソルバーでは反復の最大回数に加え，通常，水頭と水収支両者に関する閉合基準を指定する必要がある（3.5節）．閉合基準の値は実行時間だけではなく解の妥当性にも影響する．その理由は，その値が許容される最大残差を決定し，それゆえいつ解が収束したかの判断を決定するからである．残差が許容最大値と等しいか下回れば，解は収束したとされ反復は終了する．また，許容最大反復回数も指定され，もし解がその許容回数内で収束しなければ（閉合基準を満足しなけ

れば），収束前であっても実行は終了する．コードは水頭閉合基準を（領域内の）最大計算残差あるいは領域全体の残差総和と比較したり，何か他の複合統計量と比較したりすることもある．最大計算残差が用いられるときには，経験的な目安として，望まれる水頭精度レベルより1桁，2桁小さい水頭閉合基準を設定する．このことは，水頭閉合基準がたいてい1E-3～1E-5のオーダーの値に設定されることを意味する．他の種類の残差比較の場合には，閉合基準の値を設定するためにコードのユーザーズマニュアルとよく向き合わなければならない．

　水収支の閉合基準もまたどのように残差が計算されるかに左右される．通常，水収支残差は百分率誤差で表されるが，他の選択肢も可能である．さらに，コードは全領域での全体水収支を計算するが，同時にセルや要素単位あるいは小領域単位の水収支も計算しうる．水収支閉合基準の適正な大きさ（桁数）を確約するにはコードのユーザーズマニュアルでよく検討する必要がある．この2つの誤差基準が解に与える影響については試しておくべきであろう．理想的には，閉合基準値の選択は，できるだけ実行反復時間が短い中で計算水収支が許容誤差内に収まるよう，調和が図られるべきである（3.6節；図3.12）．非定常シミュレーションでは，期間を通じた水収支変化が合理的であるか否かを評価するために，時間ステップの終端ごとに水収支の計算値を見直すことがしばしば重要となる．

　不当に小さな閉合基準が指定されてしまうと，解は簡単に収束しなくなるだろう．すなわち，解に含まれる小さな数値誤差の蓄積により，指定された閉合基準内に残差が収まらないため解は収束しない．その場合たいていは，水収支誤差が許容範囲内にあっても水頭残差はその閉合基準より幾分か大きい辺りで振動する（図3.11）．時には，水頭閉合基準を大きくすることで，収束が可能となる．しかしながら，ソルバーによっては，閉合基準を緩和しても，単により大きな残差の周りで振動するだけになることもある．非収束性はまた，初期の水頭やパラメータの割り当ての不備や境界条件の不適切さ，入力データ中の誤差にも起因する．コードによっては（たとえば，MODFLOW），収束への接近をモニターし，閉合から最も離れた節点での残差を一覧表示するものもある（図3.11）．モデル領域内のどの辺りで残差が大きいのかを探ることで，モデルがなぜ収束しないのかを特定することが可能な場合もある．残差の大きな区域に関するコードの読み込みデータを調べることで入力データ中の誤差が明らかになることもあろう．さらに非収束性は，モデルの概念モデルの不備によっても生じよう．たとえば，内部に吸い込みをもたず，非流動性境界に囲まれたある帯水層が面的に均質な涵養を受ける場合の定常水頭を求めるようなモデル設計は，その想定が非合理的である．供給される水を排除する吸い込みがないことから，解は収束しないであろう．すなわち，モデルは定常状態の解をもたないはずである．

　またある場合には，収束性の欠如はそれ自体としては，解の脆弱性を示すわけではないかもしれない．たとえば，水頭依存境界を用いる場合には，解が収束したとしても大きな水収支誤差を生じうる．水収支誤差は水頭依存条件のシミュレートのされ方に含まれる不具合によって引き起こされ，必ずしも解が脆弱であることを意味するとは限らない．より詳細はBox 4.5を参照されたい．非定常シミュレーションの場合，最初の数回の時間ステップでは解は収束しないだろう．初期の時

間ステップでの水頭値は重要でなく，初期数回の時間ステップ後の計算水収支誤差が小さければ，先の点は心配事ではないかもしれない．このような状況下では，解が収束しなくてもシミュレーションを継続するようなコード中のオプションが利用できる．定常解析ソルバーが収束しないとき，多くの時間ステップと貯留パラメータに任意の値をもった非定常モデルを稼働することで定常解に行き着くことができる（Feinsteinら，2003，p. 198）．このとき非定常モデルは貯留がすっかりなくなるまで実行されるため，貯留パラメータは任意でよく，じっくりと解を探り定常状態へ着実に近づくように単純に機能する．

3.8 よくあるモデリングの誤り

- 別のコードを使えばもっとうまくシミュレートできるときでも，ある特定のコードの利用に固執してしまう．
- モデルの出力が予想される流動系の反応や水文地質学的な常識と合わなくても，GUIへの入力が正しくコードに伝達されていると信じ込んでしまう．
- より単純なモデルあるいは解析解の結果と反するような複雑な数値モデルの結果を照合し損なうことがある．単純なモデルは複雑な数値モデルに潜む概念上の不備を特定するのに役立つことがあるにも関わらず．
- コードで利用可能な別のソルバー選択やソルバーの設定範囲の検討をないがしろにしてしまう．既定のソルバーを用い，解への影響を試すことなくGUIが用意したその設定値をそのまま利用することを特にしがちである．しかしながら，ソルバー設定値の調整や別のソルバーへの変更は実行時間の短縮になったり，ソルバーの収束問題上必要になったりすることがある．
- 収束不良が領域内で生じているかをモデル出力から判断し損なってしまう．水頭やフラックス残差の空間分布，残差統計分析，計算水収支などを検討することで，非収束性の理由が判明することがよくある．
- モデルが最後まで実行されるとコードへの入力は正しいと仮定してしまう．自由形式の入力選択をすると，多くのコードは入力データに欠損があっても最後まで動くであろう．結果の正確性と完結性に留意して，入力データの一覧は常に検討されるべきである．
- 解の計算精度を低く設定しすぎて解が収束しない場合がある．より高い精度を指定して解法を稼働させなければならない（たとえば，コードの倍精度モードで）．

問　　題

第3章の問題では，本章や特定の解析モデルで登場する方程式を掘り下げてみよう．

3.1　差分近似式を表現する練習である．

a. 式（3.13a）の差分近似式を書きなさい．
b. 式（3.13b）の差分近似式を書きなさい．線形である式（3.13a）の近似に比べ，この非線形方程式を表現するときにはどのような煩雑さが生じるであろうか．式（3.13b）の非線形性の要因は何か．どうすれば方程式を線形化できるであろうか．

3.2 式（3.27）の標準的な差分近似は，どうすれば式（3.37）の水収支の形に書き換えられるか示しなさい．すなわち，式（3.27）から式（3.37）への変換で省略されている展開を示しなさい．

3.3 式（3.13a, b）の定常状態表現が式（3.19）と同じになることを説明しなさい．

3.4 2つの井戸が等方均質な厚さ20 mの被圧帯水層を完全貫入している（図P3.1）．その貯留係数は2×10^{-5}と推定され，透水係数は100 m/dである．加圧層は非常に透水性の低い土壌で構成され，不透水層と近似できる．井戸は2つとも半径が0.5 mであり，30日間一定の強度（井戸Aは4000 L/min，井戸Bは，12,000 L/min）で揚水されている．揚水開始前は，領域内のいずれの地点でも水頭は100 mであった．図P3.1中の800 m×500 mの対象領域は，数十 km^2 以上に及ぶ1つの問題領域の近接場であり，したがって，帯水層は事実上無限の広がりをもち地下水位の複合的円錐低下は揚水30日後も境界までは到達していない．

a. この問題状況に対する数理モデル（支配方程式，境界条件，初期条件）を示しなさい．
b. 図P3.1に示される800 m×500 mの対象領域に節点間隔50 mの均一な格子を重ねなさい．このとき，各井戸が正確に節点上に位置するように注意する．節点に配置した2つの揚水井によって

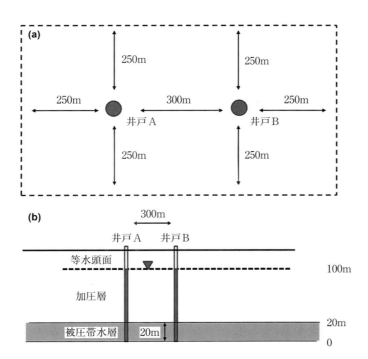

図 P3.1 （a）ある被圧帯水層の一部である800 m×500 m領域の概観．井戸A, Bの位置を示している．（b）帯水層の断面．水頭の基準面は被圧帯水層の底面である．

生じる水位低下（100 m の初期水頭からの変化量）をタイスの解析解法で計算し重ね合わせなさい．2 井による円錐低下の重なりを示す結果的な水位低下状況をコンターで示しなさい．また，タイスの解析解法で，上の a の解答と同じ形の支配方程式を解くことができるか．もしできなければ，タイスの解析法に適した支配方程式による数理モデルを示し，両数理モデルがこの問題に有効である理由を説明しなさい．

  c. この問題における水収支成分を列挙しなさい．揚水井への水供給は何によるものであるか．b での解答結果を用いて，水収支成分の各値を計算しなさい．水収支の均衡は取れているか．水収支の誤差はどれほどか．

3.5 均質等方性の被圧帯水層からある単一井によって揚水がなされ，定常状態に達している（図 P3.2）．図 P3.3 に示すように 400 m 四方の格子が設定され，格子の境界に沿った井戸で水頭が測定されている．

  a. この問題に対する数理モデルを示しなさい．

  b. 4 つの連立方程式を解いて，内部の 4 節点における水頭を計算しなさい．

  c. 標準的なスプレッドシート（たとえば，エクセル）を用いて，点反復法により地下水の支配方程式の差分近似を解くことができる（Box 4.3）．点反復法でこの問題を解くための差分式を示しなさい．次に，スプレッドシートモデルを展開し，内部 4 節点の水頭を求めなさい．（注意：エクセルでスプレッドシートを構成するときには，ツール＞オプション＞計算と進み，反復ボックス

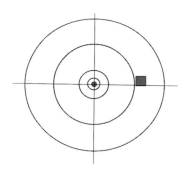

図 P3.2 被圧帯水層を貫入している単一井（黒丸●）による定常円錐低下の概要．水位低下は井戸から離れるにつれて減少している．正方形は図 P3.3 に示す 400 m×400 m 格子の位置を表す．

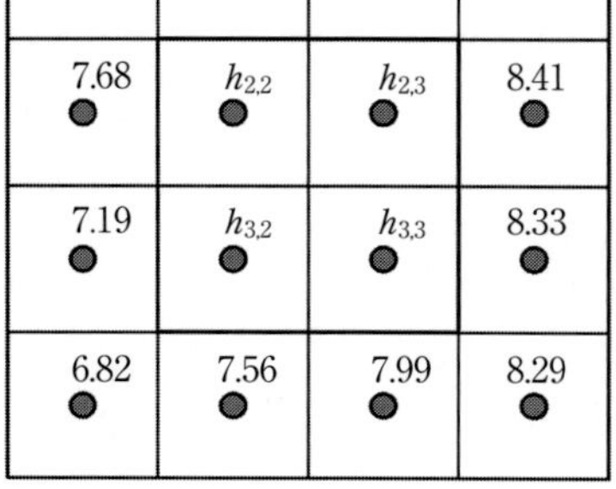

8.04	8.18	8.36	8.53
7.68	$h_{2,2}$	$h_{2,3}$	8.41
7.19	$h_{3,2}$	$h_{3,3}$	8.33
6.82	7.56	7.99	8.29

図 P3.3 図 P3.2 で示された 400 m×400 m 領域中の水頭分布．境界水頭の単位は m であり，内部の 4 節点での水頭は未知である（Wang and Anderson, 1982 より）．

もチェックすること．F9を押すと計算が始まる．) 少なくとも1000反復，また水頭の閉合基準に1E-4を設定し，残差絶対誤差の最大値と比較検討しなさい．

d. 上のbとcの解答結果を比較しなさい．水頭の解はすべて同じ値となったか．同じでないなら，その差について説明しなさい．

〈参考文献〉

Aquaterra Consulting Pty Ltd, 2000. Groundwater Flow Modelling Guideline. Murry-Darling Basin Commission, Australia. Project 125.

ASTM International, 2008. Standard Guide for Developing and Evaluating Groundwater Modeling Codes, D6025-96 (2008). American Society of Testing and Materials. Book of Standards 04.09, 17 p.

ASTM International, 2013. Standard Guide for Documenting a Groundwater Flow Model Application, D5718-3. American Society of Testing and Materials. Book of Standards 04.08, 6 p.

Bakker, M., Anderson, E.I., Olsthoorn, T.N., Strack, O.D., 1999. Regional groundwater modeling of the Yucca Mountain site using analytic elements. Journal of Hydrology 226(3e4), 167e178. http://dx.doi.org/10.1016/S0022-1694(99)00149-3.

Banta, E.R., 2011. ModelMatedA Graphical User Interface for Model Analysis. U.S. Geological Survey Techniques and Methods, 6eE4, 31 p. http://water.usgs.gov/software/ModelMate/.

Barlow, P.M., Moench, A.F., 1998. Analytical Solutions and Computer Programs for Hydraulic Interaction of Stream-aquifer Systems. U.S. Geological Survey. Open-File Report 98-415A, 85 p. http://pubs.usgs.gov/of/1998/ofr98-415A/.

Bear, J., 1972. Dynamics of Fluids in Porous Media. Elsevier, New York, 764 p.

Bear, J., Cheng, A.H.-D., 2010. Modeling Groundwater Flow and Contaminant Transport. In: Theory and Applications of Transport in Porous Media, vol. 23. Springer, 834 p.

Berger, R.C., Howington, S.E., January 2002. Discrete fluxes and mass balance in finite elements. Journal of Hydraulic Engineering 128(1), 87e92. http://dx.doi.org/10.1061/(ASCE)0733-9429(2002)128:1(87).

Bruggeman, G.A. (Ed.), 1999. Analytical Solutions of Geohydrological Problems. Developments in Water Science, vol. 46. Elsevier, Amsterdam, p. 959.

Cardenas, M.B., 2008. Surface-ground water interface geomorphology leads to scaling of residence times. Geophysical Research Letters 35, L08402. http://dx.doi.org/10.1029/2008GL033753.

Cardiff, M., Barrash, W., Kitanidis, P.K., Malama, B., Revil, A., Straface, S., et al., 2009. A potential-based inversion of unconfined steady-state hydraulic tomography. Groundwater 47(3), 259e270. http://dx.doi.org/10.1111/j.1745-6584.2008.00541.x.

Chamberlin, T.C., June 30, 1899. Lord Kelvin's address on the age of the earth as an abode fitted for life. Science 889e901. New Series 9(235).

Cheng, R.T., 1978. Modeling of hydraulic systems by finite-element methods. In: Advances in Hydroscience, vol. 11. New York Academic Press, pp. 207e284.

Chiang, W.-H., Kinzelbach, W., 2013. 3D-Groundwater Modeling with PMWIN: A Simulation System for Modeling Groundwater Flow and Transport Processes. SpringereVerlag, Berlin, Heidelberg, New York, 346 p.

Cortis, A., Berkowitz, B., 2005. Computing "anomalous" contaminant transport in porous media: The CTRW MATLAB toolbox. Groundwater 43(6), 947e950. http://dx.doi.org/10.1111/j.1745-6584.2005.00045.x.

Dagan, G., Fiori, A., Jankovic, I., 2003. Flow and transport in highly heterogeneous formations, part 1: Conceptual framework and validity of first-order approximations. Water Resources Research 39(9), 1268. http://dx.doi.org/10.1029/2002WR001717.

Dehotin, J., Vazquez, R.R., Braud, I., Debionne, S., Vaillet, P., 2011. Modeling of hydrological processes using unstructured and irregular grids-2D groundwater application. Journal of Hydrologic Engineering 16(2), 108e125. http://

dx.doi.org/10.1061/(ASCE)HE.1943-5584.0000296.

De Lange, W.J., 2006. Development of an analytic element ground water model of the Netherlands. Groundwater 44 (1), 111e115. http://dx.doi.org/10.1111/j.1745-6584.2005.00142.x.

DHI-WASY, 2013. FEFLOW 6.2 User Manual. DHI-WASY GmbH, Berlin Germany, 202 p. http://www.feflow.com/uploads/media/users_manual62.pdf.

Diersch, H.-J.G., 2014. FEFLOW: Finite Element Modeling of Flow, Mass and Heat Transport in Porous and Fractured Media. Springer, 996 p.

Dripps, W.R., Hunt, R.J., Anderson, M.P., 2006. Estimating recharge rates with analytic element models and parameter estimation. Groundwater 44(1), 47e55. http://dx.doi.org/10.1111/j.1745-6584.2005.00115.x.

Eriksson, L.O., Oppelstrup, J., 1994. Calibration with Respect to Hydraulic Head Measurements in Stochastic Simulation of Groundwater Flow e a Numerical Experiment Using MATLAB. Starprog AB, Technical Report SKB 94-30. Swedish Nuclear Fuel and Waste Management Co (SVENSK), 50 p. http://skb.se/upload/publications/pdf/TR-94-30webb.pdf.

Feinstein, D.T., Dunning, C.P., Hunt, R.J., Krohelski, J.T., 2003. Stepwise use of GFLOW and MODFLOW to determine relative importance of shallow and deep receptors. Groundwater 41(2), 190e199. http://dx.doi.org/10.1111/j.1745-6584.2003.tb02582.x.

Feinstein, D.T., Buchwald, C.A., Dunning, C.P., Hunt, R.J., 2006. Development and Application of a Screening Model for Simulating Regional Ground-water Flow in the St. Croix River Basin, Minnesota and Wisconsin. U.S. Geological Survey. Scientific Investigations Report 2005e5283, 50 p. http://pubs.usgs.gov/sir/2005/5283/.

Ferris, J.G., Knowles, D.B., Brown, R.H., Stallman, R.W., 1962. Theory of Aquifer Tests. U. S. Geological Survey. Water-Supply Paper 1536-E, 174 p. http://pubs.usgs.gov/wsp/wsp1536-E/.

Fitts, C.R., 2010. Modeling aquifer systems with analytic elements and subdomains. Water Resources Research 46(7), W07521. http://dx.doi.org/10.1029/2009WR008331.

Fitts, C.R., 2013. Groundwater Science, second ed. Academic Press, London. 672 p.

Haitjema, H.M., 1995. Analytic Element Modeling of Groundwater Flow. Academic Press, Inc., San Diego, CA., 394 p.

Haitjema, H., 2006. The role of hand calculations in ground water flow modeling. Groundwater 44(6), 786e791. http://dx.doi.org/10.1111/j.1745-6584.2006.00189.x.

Haitjema, H.M., Hunt, R.J., Jankovic, I., de Lange, W.J., 2006. Foreword: Ground water flow modeling with the analytic element method. Groundwater 44(1), 1e122. http://dx.doi.org/10.1111/j.1745-6584.2005.00144.x.

Haitjema, H.M., Feinstein, D.T., Hunt, R.J., Gusyev, M., 2010. A hybrid finite difference and analytic element groundwater model. Groundwater 48(4), 538e548. http://dx.doi.org/10.1111/j.1745-6584.2009.00672.

Harbaugh, A.W., 1990. A Computer Program for Calculating Subregional Water Budgets Using Results from the U.S. Geological Survey Modular Three-dimensional Ground-water Flow Model. U.S. Geological Survey. Open-File Report 90-392, 46 p. http://pubs.er.usgs.gov/publication/ofr90392.

Harbaugh, A.W., 1995. Direct Solution Package Based on Alternating Diagonal Ordering for the U.S. Geological Survey Modular Finite-difference Ground-water Flow Model. U.S. Geological Survey. Open-File Report 95e288, 46 p. http://pubs.er.usgs.gov/publication/ofr95288.

Harbaugh, A.W., 2005. MODFLOW-2005, the U.S. Geological Survey Modular Ground-water Model e the Groundwater Flow Process. U.S. Geological Survey Techniques and Methods. 6-A16. http://pubs.er.usgs.gov/publication/tm6A16.

Hunt, R.J., 2006. Ground water modeling applications using the analytic element method. Groundwater 44(1), 5e15. http://dx.doi.org/10.1111/j.1745-6584.2005.00143.x.

Hunt, R.J., Anderson, M.P., Kelson, V.A., 1998. Improving a complex finite difference groundwater-flow model through the use of an analytic element screening model. Groundwater 36(6), 1011e1017. http://dx.doi.org/10.1111/j.1745-6584.1998.tb02108.x.

Huyakorn, P.S., Pinder, G.R., 1983. Computational Methods in Subsurface Flow. Academic Press, New York, 473 p.

Istok, J., 1989. Groundwater Modeling by the Finite Element Method. American Geophysical Union (AGU), Washington, D.C.. Water Resources Monograph 13, 495 p.

Jankovic, I., Fiori, A., Dagan, G., 2003. Flow and transport in highly heterogeneous formations, part 3: Numerical simulations and comparisons with theoretical results. Water Resources Research 39(9), 1270. http://dx.doi.org/10.1029/2002WR001721.

Johnson, C., Mifflin, M., 2006. The AEM and regional carbonate aquifer modeling. Groundwater 44(1), 24e34. http://dx.doi.org/10.1111/j.1745-6584.2005.00132.x.

Jones, N.L., 2014. GMS v10.0 Reference Manual. Aquaveo, Brigham Young University, Provo, Utah, 662 p.

Kelson, V.A., Hunt, R.J., Haitjema, H.M., 2002. Improving a regional model using reduced complexity and parameter estimation. Groundwater 40(2), 132e143. http://dx.doi.org/10.1111/j.1745-6584.2002.tb02498.x.

Konikow, L.F., 1978. Calibration of ground-water models. In: Verification of Mathematical and Physical Models in Hydraulic Engineering. American Society of Civil Engineers, New York, pp. 87e93.

Konikow, L.F., Reilly, T.E., 1998. Groundwater modeling. In: Delleur, J.W. (Ed.), The Handbook of Groundwater Engineering. CRC Press, Boca Raton, FL, pp. 20-1e20-39.

Kresic, N., Mikszewski, A., 2013. Hydrogeological Conceptual Site Models: Data Analysis and Visualization. CRC Press, Boca Raton, FL, 584 p.

Langevin, C., Bean, D., 2005. Groundwater Vistas: A graphical user interface for the MODFLOW family of ground water flow and transport models. Groundwater 43(2), 165e168. http://dx.doi.org/10.1111/j.1745-6584.2005.0016.x.

Li, Q., Ito, K., Wu, Z., Lowry, C.S., Loheide II, S.P., 2009. COMSOL multiphysics: A novel approach to ground water modeling. Groundwater 47(4), 480e487. http://dx.doi.org/10.1111/j.1745-6584.2009.00584.x.

Loheide, S.P., Gorelick, S.M., 2007. Riparian hydroecology: A coupled model of the observed interactions between groundwater flow and meadow vegetation patterning. Water Resources Research 43(7), W07417. http://dx.doi.org/10.1029/2006WR005233.

Maslia, M.L., Randolph, R.B., 1987. Methods and Computer Program Documentation for Determining Anisotropic Transmissivity Tensor Components of Two-dimensional Ground-water Flow. U.S. Geological Survey. Water Supply Paper 2308, 46 p. http://pubs.er.usgs.gov/publication/wsp2308.

McDonald, M.G., Harbaugh, A.W., 1988. A Modular Three-dimensional Finite- Difference Ground-water Flow Model. U.S. Geological Survey Techniques of Water-Resources Investigations. 06-A1, 576 p. http://pubs.er.usgs.gov/publication/twri06A1.

McDonald, M.G., Harbaugh, A.W., 2003. The history of MODFLOW. Groundwater 41(2), 280e283. http://dx.doi.org/10.1111/j.1745-6584.2003.tb02591.x.

McLane, C., 2012. AnAqSim: Analytic element modeling software for multi-aquifer, transient flow. Groundwater 50(1), 2e7. http://dx.doi.org/10.1111/j.1745-6584.2011.00892.x.

Narasimhan, T.N., Witherspoon, P.A., 1976. An integrated finite-difference method for analyzing fluid flow in porous media. Water Resources Research 12(1), 57e64. http://dx.doi.org/10.1029/WR012i001p00057.

Panday, S., Langevin, C.D., Niswonger, R.G., Ibaraki, M., Hughes, J.D., 2013. MODFLOW-USG Versions 1: An Unstructured Grid Version of MODFLOW for Simulating Groundwater Flow and Tightly Coupled Processes Using a Control Volume Finite-difference Formulation. U.S. Geological Survey Techniques and Methods. 6-A45, 66 p. http://pubs.usgs.gov/tm/06/a45/.

Pinder, G.F., Gray, W.G., 1976. Is there a difference in the finite element method? Water Resources Research 12(1), 105e107. http://dx.doi.org/10.1029/WR012i001p00105.

Pinder, G.F., Gray, W.G., 1977. Finite Element Simulation in Surface and Subsurface Hydrology. Academic Press, San Diego, CA, 295 p.

Pint, T., Li, S.-G., 2006. ModTech: A GIS-enabled ground water modeling program. Groundwater 44(4), 506e508. http://dx.doi.org/10.1111/j.1745-6584.2006.00233.x.

Quinones-Aponte, V., 1989. Horizontal anisotropy of the principal ground-water flow zone in the Salinas alluvial fan, Puerto Rico. Groundwater 27(4), 491e500. http://dx.doi.org/10.1111/j.1745-6584.1989.tb01969.x.

Reeves, H.W., 2008. STRMDEPL08dAn Extended Version of STRMDEPL with Additional Analytical Solutions to

Calculate Streamflow Depletion by Nearby Pumping Wells. U.S. Geological Survey. Open-File Report 2008e1166, 22 p. http://pubs.usgs.gov/of/2008/1166/.

Reilly, T.E., Franke, O.L., Bennett, G.D., 1987. The Principle of Superposition and its Application in Ground-water Hydraulics. U.S. Geological Survey Techniques of Water Resources Investigations. Chapter B6, Book 3, 28 p. http://pubs.usgs.gov/twri/twri3-b6/.

Remson, I., Hornberger, G.M., Molz, F.J., 1971. Numerical Methods in Subsurface Hydrology. Wiley-Interscience, John Wiley & Sons, Inc., New York, 389 p.

Rumbaugh, J.O., Rumbaugh, D.B., 2011. Groundwater Vistas V.6. Environmental Simulations Inc., 213 p. http://www.groundwatermodels.com/ESI_Software.php

Schlumberger Water Services, 2012. Visual MODFLOW Flex User Documentation. Schlumberger Water Services, Kitchener, Ontario, Canada, 330 p.

Ségol, G., 1994. Classic Groundwater Simulations: Proving and Improving Numerical Models. PTR Prentice-Hall, Inc., Englewood Cliffs, New Jersey, 531 p.

Sheets, R.A., Hill, M.C., Haitjema, H.M., Provost, A.M., Masterson, J.P., 2015. Simulation of water-table aquifers using specified saturated thickness. Groundwater 53(1), 151e157. http://dx.doi.org/10.1111/gwat.12164.

Strack, O.D.L., 1984. Three-dimensional streamlines in Dupuit-Forchheimer models. Water Resources Research 20 (7), 812e822. http://dx.doi.org/10.1029/WR020i007p00812.

Strack, O.D.L., 1989. Groundwater Mechanics. Prentice-Hall, Inc., Englewood Cliffs, New Jersey, 732 p.

Strack, O.D.L., 2003. Theory and applications of the analytic element method. Reviews of Geophysics 41(2), 1005e2003. http://dx.doi.org/10.1029/2002RG000111.

Strack, O.D.L., 2006. The development of new analytic elements for transient flow and multiaquifer flow. Groundwater 44(1), 91e98. http://dx.doi.org/10.1111/j.1745-6584.2005.00148.x.

Strack, O.D.L., Haijema, H.M., 1981a. Modeling double aquifer flow using a comprehensive potential and distributed singularities: 1. Solution for homogeneous permeabilities. Water Resources Research 17(5), 1535e1549. http://dx.doi.org/10.1029/WR017i005p01535.

Strack, O.D.L., Haijema, H.M., 1981b. Modeling double aquifer flow using a comprehensive potential and distributed singularities: 2. Solution for inhomogeneous permeabilities. Water Resources Research 17(5), 1551e1560. http://dx.doi.org/10.1029/WR017i005p01551.

Trefry, M.G., Muffels, C., 2007. FEFLOW: A finite-element ground water flow and transport modeling tool. Groundwater 45(5), 525e528. http://dx.doi.org/10.1111/j.1745-6584.2007.00358.x.

Tyson Jr., H.N., Weber, E.M., 1964. Ground-water management for the nation's futuredcomputer simulation of ground-water basins, American Society of Civil Engineers Proceedings. Journal of the Hydraulics Division 90, 59e77.

Voss, C.I., Provost, A.M., 2002. SUTRA: A Model for Saturated Unsaturated Variable-density Groundwater Flow with Solute or Energy Transport. U.S. Geological Survey. Water Resources Investigation Report 02e4231.

Wang, H.F., Anderson, M.P., 1977. Finite differences and finite elements as weighted residual solutions to Laplace's equation. In: Gray, W.G., Pinder, G.F. (Eds.), Finite Elements in Water Resources, Proceedings of the First International Conference on Finite Elements in Water Resources, Princeton University, July. Pentech Press, London, pp. 2.167e2.178.

Wang, H.F., Anderson, M.P., 1982. Introduction to Groundwater Modeling: Finite Difference and Finite Element Methods. Academic Press, San Diego, CA, 237 p.

Ward, A.S., Gooseff, M.N., Singha, K., 2013. How does subsurface characterization affect simulations of hyporheic exchange? Groundwater 51(1), 14e28. http://dx.doi.org/10.1111/j.1745-6584.2012.00911.x.

Winston, R.B., 2009. ModelMuse-a Graphical User Interface for MODFLOW-2005 and PHAST. U.S. Geological Survey Techniques and Methods. 6-A29, 52 p. http://pubs.usgs.gov/tm/tm6A29/.

Yager, R.M., Neville, C.J., 2002. GFLOW 2000: An analytical element ground water flow modeling system. Groundwater 40(6), 574e576. http://dx.doi.org/10.1111/j.1745-6584.2002.tb02543.x.

Yamamoto, H., 2008. PetraSim: A graphical user interface for the TOUGH2 family of multiphase flow and transport codes. Groundwater 46(4), 525e528. http://dx.doi.org/10.1111/j.1745-6584.2008.00462.x.

Zaadnoordijk, W.J., 2006. Building pit dewatering: Application of transient analytic elements. Groundwater 44(1), 106e110. http://dx.doi.org/10.1111/j.1745-6584.2005.00171.x.

Zheng, C., 2004. Model viewer: A three-dimensional visualization tool for ground water modelers. Groundwater 42(2), 164e166. http://dx.doi.org/10.1111/j.1745-6584.2004.tb02664.x.

Zlotnik, V.A., Cardenas, M.B., Toundykov, D., 2011. Effects of multiscale anisotropy on basin and hyporheic groundwater flow. Groundwater 49(4), 576e583. http://dx.doi.org/10.1111/j.1745-6584.2010.00775.x.

第 2 部
数値モデルの設計

> コンピュータの非人間性の一端は，ひとたび十分にプログラムされて，滑らかに作動するならば，そこに偽りがまったくないという点にある．
>
> Isaac Asimov

　第2部（第4章～第7章）は，概念モデルから数値モデルへの書き換えを扱う．第4章では，河川，湖沼，揚水井の簡単な表現を含む数値モデルにおけるモデルの次元と境界条件の設定を解説する．第5章では，差分格子または有限要素メッシュの節点による空間の離散化と節点，セル，要素へのパラメータの割り当てについて述べる．吸い込みと湧き出しのより複雑な表現を第6章で論じる．定常状態のシミュレーションおよび非定常モデルの初期条件，時間の離散化や他の側面の特徴を第7章で論じる．

第4章

モデルの次元と境界設定

> 夢に向かい，自信をもって前進すれば，今までに予想だにしなかった成功を手中にすることができるであろう．このとき，何かを克服しているであろう．目に見えない境界を通過しているのだ．
>
> Henry David Thoreau

4.1 空間の次元

第3章では，3次元流れに関する非定常支配方程式（式（3.12））を導いた．解析解は，1次元と2次元では展開されることが多いが，3次元ではほとんど展開されない．地下水数値モデルの多くは，2次元または3次元の空間次元で流れをシミュレートする．1次元数値モデルが使用されることはほとんどない．モデルの次元は，モデルの目的，水文地質の複雑さおよび流動系に依存する．

4.1.1 2次元モデル

2次元においては，平面モデルは地下水系を単一層（**図 4.1**）として水平面上に表し，断面モデルは横断面（図 2.1）における流れを示す．

4.1.1.1 平面モデル

2次元（2D）平面モデルでは，被圧または不圧帯水層（図 4.1(a)と(b)）中の流れを表すために，流れは水平2次元でシミュレートされる．式（3.13a）は被圧帯水層に対する支配方程式であり，式（3.13b）は不圧帯水層に対する支配方程式である．すなわち，モデルで表されるすべての特徴（たとえば，揚水井，地表水のような水の内部湧き出し，周辺境界条件）の水理学的効果は，帯水層のすべての深さにわたっている．2次元平面モデルの定常解は，水平面での水頭の2次元配

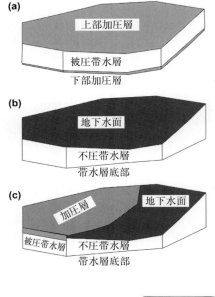

図4.1 2次元（2D）平面モデルの概念図．(a) 上下の加圧層によって挟まれた被圧帯水層．上の加圧層は不圧帯水層の下に存在する場合がある（図4.2参照）ので，不圧帯水層は加圧層を通過する漏出によって水の湧き出しを被圧帯水層に与える．水頭は，被圧帯水層を貫通する井戸の水面の高さによって定義される等水頭面を表す（図4.2参照）．(b) 不圧帯水層の水頭は，帯水層底部より上にある地下水面の高さ（h）に等しい（図4.2および図4.3参照）．モデル層の厚さはhに等しく，場所によって変化する．(c) 2次元平面モデルは，同じモデル層内での被圧・不圧の両方の状態をシミュレートすることができる．

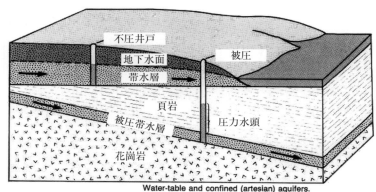

図4.2 局所地下水流動系における不圧帯水層と被圧帯水層を表す概略図（Waller, 2013）．

列となる．一方，非定常解は時間ステップごとに水頭の配列を計算する．被圧帯水層において水頭は等水頭面を表すが，不圧帯水層においては水頭は地下水面を表す．2次元平面モデルは，モデル領域（図4.1(c)）の異なる領域で，不圧条件と被圧条件を表すこともまた可能である．

　平面モデルは側面境界だけで定義される．モデルの上端と下端の境界は，流れの2次元定式化に固有のもので，ユーザーによって条件として指定されることはない．水平流れの必要条件は，2次元平面モデルの下端が本質的に不透水境界であることを意味する．被圧帯水層は，加圧層または他の比較的透水性の低い層（図4.2）によって下端で接する．被圧帯水層の上端もまた加圧層に接している．上端または下端の加圧層のどちらかがモデルの目的のために不透水であると仮定されるとき，加圧層を横切る漏水は生じない．加圧層が透水性ならば式（3.13a）のRは漏水を表し，それ

は加圧層を通る鉛直流れ（q_L）である．

$$q_L = -K'_z \frac{h_{\text{source}} - h}{b'} \tag{4.1}$$

ここに，h_{source} は湧き出し床の水頭であり，それは加圧層上の不圧帯水層（図 4.2）か別の被圧帯水層である．h は帯水層での計算された水頭である．K'_z と b_0 はそれぞれ鉛直透水係数と加圧層の厚さである．漏水は，対象とした帯水層の上と下の両方に位置する帯水層から起こる場合がある．パラメータ K'_z/b' は，鉛直漏水として定義される．鉛直漏水の反対は鉛直抵抗 b'/K'_z である．同様の概念であるが，鉛直抵抗は，厚さ b' がゼロになると無限に近づく漏水とは対照的に，厚さ b' がゼロに近づくにつれて抵抗もゼロに近づくというわかりやすい特性をもつ．

不圧帯水層は，不透水性と考えられる物質によって下端で，地下水面によって上端で本質的に境界が定められている．下端境界を横切る漏水（完全に不透水性とは限らない下端境界の場合）は式 (4.1) または現場データから q_L を指定することによってシミュレートすることができる．地下水面は，解として計算されるので，境界条件としては考慮されない．

2 次元平面モデルは Dupuit-Forchheimer（D-F）近似を使う．要するに，D-F 近似は，水平方向の流れが支配的であり（たとえば，**Box 4.1** の図 B4.1.1），（鉛直方向の流れは依然として表されるが：Box 4.1）鉛直方向の水頭勾配は無視できると仮定する．鉛直方向の水頭変化がゼロであるとき，水平面における任意の点 (x,y) の水頭は被圧帯水層の等水頭面の高さ，もしくは不圧帯水層（**図 4.3**）の（帯水層底部から測定された）地下水面の高さ（すなわち，地下水面の高さは飽和層厚 b）に等しい．D-F 近似による解と 3 次元（3D）流れの解との比較によると，D-F モデルで計算された水頭は，鉛直流れを引き起こす水理的特徴（たとえば，部分的に浸透する地表水体，揚水井，地下水分水嶺のような 3 次元的特徴）から $2.5d$ 以上離れた距離では，3 次元モデルによる水頭とほとんど差がない（Haitjema, 2006, p. 788）．ここに，

$$d = b\sqrt{K_h/K_v} \tag{4.2a}$$

である．

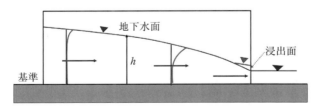

図 4.3 Dupuit-Forchheimer（D-F）近似における不圧帯水層での水平方向の流れ（矢印）．D-F 近似は流出面と地下水面近くでは不正確となる．真の流れ場における等ポテンシャル線（赤線）は，鉛直勾配と浸出面が存在する地下水面と流出面近くで屈折する．D-F 近似は鉛直等ポテンシャル線（青線）を仮定する．真の流れ場では，地下水面は地表水体の水面上の流出面を横切り（赤線），浸出面が形成される．D-F 近似のもとでは，地下水面は連続的で，浸出面をもつことなく地表水体の自由水面に連なる．（**口絵参照**）

式 (4.2a) において，K_h と K_v はそれぞれ水平および鉛直方向の透水係数，b は飽和層の厚さである．したがって，等方条件の場合（$K_h/K_v=1$），鉛直流は，3次元的特徴から飽和層厚の2〜3倍離れたところでは無視できる．局所地下水流動系（たとえば，Box 4.1 の図 B4.1.1）では，鉛直流を引き起こす水理特性は系境界に位置し，それは単一の水理特性に必要な距離を2倍にし，系の距離 L が $5d$ より大きいときに D-F 流れが良い近似であることを意味する（Haitjema, 2006, p. 788）．

$$L > 5b\sqrt{K_h/K_v} \tag{4.2b}$$

多くの地下水系では，距離 L は飽和層厚 b よりも非常に大きいため，多様な地下水流問題（Box 4.1）に対して D-F 近似を用いた平面流モデルが使われる．

D-F 近似では浸出面はない．浸出面は，圧力がゼロ（大気圧）に等しい不圧帯水層の流出面であるので，浸出面に沿った水頭は流出面の高さに等しい．浸出面は，斜面や河川堤防（図 4.3）に沿って，あるいは，トンネル，鉱山，大きな径をもつ井戸の中で局所的に形成される（6.2 節）．D-F モデルは地下水面の傾斜が高い箇所と流れの強い鉛直成分がある流出面の近くでは十分に機能しない．しかし，上述のガイドラインによって定義されるように，浸出面からの距離が十分に大きいとき，その解は正確である．

自由水面（移動境界）として地下水面を正確にシミュレーションすることは，地下水面上の非線形境界条件と鉛直流の厳密な表現を必要とするので複雑になる（Neuman and Witherspoon (1971)；Diersch, 2014, pp. 216-218, 405-406；4.5 節）．Diersch（2014, p. 406）が観測したように，実際には「自由水面問題は，通常，厳密でない方法のみで解くことができる」．D-F モデルは，そのような厳密でない解法の1つである（Box 4.1）．地下水面および関連する浸出面をシミュレーションするための他のオプションは，4.5 節で論じられる．

Box 4.1　2次元または3次元 D-F 近似

自然界は3次元で非定常である．したがって，3次元非定常モデルが常に最も正当化できる地下水モデルであると主張するかもしれない．しかし，3次元非定常地下水モデルを用いた不確実性解析の設計，キャリブレーション，実行の時間とコストはかなりのものであり，モデル性能と予測に関連した課題を検討する時間と予算がほとんどなくなる可能性がある．本書で繰り返されるテーマは，複雑な自然界を適切に簡略化することが必然的にすべての環境モデリングの根底にあるということである．4.1節では，2次元平面流をシミュレーションするための D-F 近似について述べた．条件が D-F モデルに対して適切であるとき，3次元モデルのコストと労力は避けることができる．このように，適用可能であれば D-F 近似は価値あるものとなる．この Box では，D-F モデルに関するいくつかの付加的情報を示す．

D-F 理論は，水頭の鉛直変化を無視した等水頭面の式を Dupuit（1863）が導き出した19世紀に遡る．Dupuit とは独立に，Forchheimer（1886, 1898）は被圧流と不圧流の両方の式において水頭の鉛直変化を省略した．近似式の名称に両人の貢献が認められる．D-F 理論は被

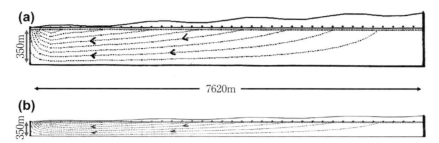

図 B4.1.1 流動経路を示す局所地下水流動系の断面. (a) 鉛直流がわずかに拡大されている（鉛直拡大＝2.5）. (b) 鉛直拡大がない場合は，流動経路は水平方向に支配的である. 系のパラメータは，湿潤気候の帯水層に典型的な値である（涵養量＝25.4 mm/yr；$K_h=K_v=0.3$ m/d）. 系の長さと厚さの比はおよそ25である（Haitjema and Mitchell-Bruker (2005) より修正）.

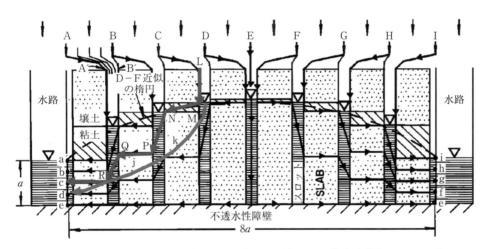

図 B4.1.2 Kirkham (1967) の「スロット（細長い穴）のある」多孔質体. AからIまでのスロットは流れに対して鉛直抵抗とはならない. 鉛直流れが階段状の流路 LMNPQRc に沿って生じる. スロット間隔が密なときは経路 MkjRd に沿って鉛直流れは滑らかになる（Kirkham (1967) より修正）.

圧・不圧条件の両方に当てはまるが，この理論は，地下水面の高さを計算する方法を与えるので，不圧帯水層に適用するとき特に有益である. 地下水面はモデルの上端境界条件となり（4.5節とBox 4.6），地下水面境界条件を設定するためには地下水面の位置を知っておく必要があるが，地下水面の位置は通常わかっていないので，不圧帯水層の断面（Box 4.2 と 4.3）と3次元モデルで問題が生じることを忘れてはならない. しかし，D-Fモデルにおいては，地下水面は境界とはならず，その代わりに，モデルの解として地下水面の高さが計算される（たとえば，Youngs, 1990）.

局所地下水系の流動経路は，鉛直流の描写を誇張するために鉛直方向に拡大された横断面（図B4.1.1(a)）でしばしば描かれるが，鉛直方向へ拡大しない場合は，流動経路は水平方向

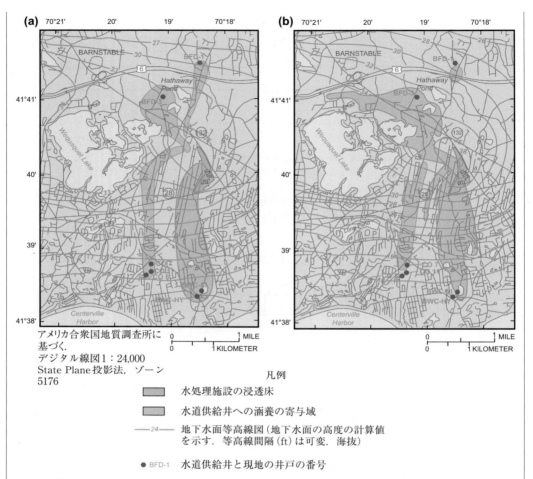

図 B4.1.3 (a) D-F 条件を使用した 2 次元平面モデルと (b) 3 次元 8 層モデルによって計算された，不均質系における 7 箇所の部分貫入・高性能揚水井に対する地下水面等高線と捕捉帯．揚水井は，捕捉帯の形状の形に影響を及ぼす 3 次元流れを引き起こす（Reilly and Harbaugh, 2004）．**（口絵参照）**

に支配的となる（図 B4.1.1(b)）．式（4.2a, 4.2b）（4.1 節）は，D-F モデルが適切である場合を決定するための指針を提供する．一般に，地表水体からの距離がおよそ $2d$ より大きいとき，3 次元流れを引き起こす特徴の影響は無視できる．ここで，d は式（4.2a）によって与えられる．均質等方性帯水層（$K_h/K_v=1$）では，地表水体からの距離が帯水層の飽和厚のおよそ 2 倍であるとき，3 次元の影響は無視できる．式（4.2b）は，局所地下水流におけるD-F モデルの適用範囲に関する指針を提供する（たとえば，図 B4.1.1）．均質等方性帯水層系については，系の長さがその飽和厚の少なくとも 5 倍（すなわち，$L/b>5$）であるとき，局所地下水流動の D-F モデルはよく機能する．$K_h/K_v=1000$ ならば，系の長さはその飽和厚よりも少なくとも 160 倍大きい必要があり，それは多くの局所地下水流動システムにとって

非現実的な形状ではない.

　D-F 理論でよく見落される側面は，たとえ鉛直水頭勾配が無視できると仮定される場合でも，鉛直流が無視されないということである．Kirkham（1967）によって考え出された思考実験は，鉛直勾配がゼロであるとき，鉛直流がどのように生じるかを説明している．Kirkham は，鉛直スロット（図 B4.1.2）が流れの抵抗にならない「スロットのある」多孔質体を想定した．したがって，スロットの深さに伴う水頭変化はないが，鉛直流がスロットの中で起こることはありえる．地下水面の湾曲は，スロット間に位置する帯水層ブロックを通る水平流への抵抗から生じる（図 B4.1.2）．Polubarinova-Kochina（1962）も，地下水面の湾曲は D-F モデルに鉛直流が含まれるに違いないことを意味することを認めている．平面 2 次元モデルで 3 次元流動経路を近似する理論を発展させるために，Strack（1984）は Kirkham（1967）と Polubarinova-Kochina（1962）の考えを用いた．鉛直方向の速度は流れの連続性を必要とすることによって近似されるが，水平方向の速度はダルシー則から得られる．2 次元水平流システムにおける 3 次元流動経路の存在は，3 次元粒子追跡（第 8 章）が D-F モデルで実行できることを意味する.

　多くの帯水層が，その深さよりも非常に長いとすると，D-F 理論は多くの地域の地下水流問題に適用できる．それでも，モデリングの目的の中には 3 次元シミュレーションを必要とするものがある．3 次元流れがモデリングの目的にとって重要である場合は，3 次元モデルを常に用いなければならない（たとえば，図 B4.1.3）.

4.1.1.2　断面モデル

　断面モデルは，地下水流動系（Box 4.2 の図 B4.2.1）の鉛直部分（断面）での 2 次元流れを表す．支配方程式は式（B4.2.1）（Box 4.2）である．モデルは断面の上端と下端および側面に沿った境界条件によって定義される.

Box 4.2　断面モデル

　ここでは，標準的な差分（FD）と有限要素（FE）の地下水流動コードを用いて断面モデルを組み立てるための指針を提示する．便宜上，差分格子について説明する.

　すべての水は断面内を流れなければならないので，断面モデルの縦軸は地下水流動経路と平行した方向に置かれなければならない．水は断面に対して垂直に流れることははない．断面の厚さは，単位幅または流れが断面に平行となる帯水層の特定の幅に設定される（図 B4.2.1）．通常，断面は長方形であり，4 つの境界（すなわち，上端，下端，両側の境界）をもつ．しかし，断面が長方形でないときは，より複雑な境界の形状を適用することができる．一般的に，上端の境界は地下水面を表し，下端境界は不透水境界としてシミュレートされるが，規定水頭，規定流量または水頭依存条件を用いてもシミュレートできる．断面の両端における側面境界は，しばしば地下水分水嶺を表し，不透水境界条件としてシミュレートされる（Box 4.3）．断面モデルは，通常，3 次元モデルの多層スライスとして構築され，鉛直分

116　　第4章　モデルの次元と境界設定

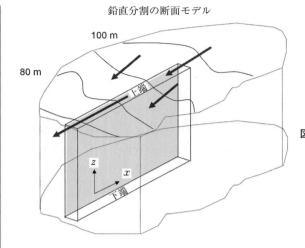

鉛直分割の断面モデル

図 B4.2.1　矢印で示された地下水流と平行に置かれた断面モデル．地下水面等高線（メートル表示）も示されている．鉛直分割は，3次元モデルでシミュレートされるとき，断面モデルにとっては望ましい分割である．

割と呼ばれるが，水平分割と呼ばれる1層モデルとして構築することもできる．

　x-z 平面の断面における流れの非定常支配方程式は，$\partial h/\partial y=0$ とした式（3.12）から導かれる．

$$\frac{\partial}{\partial x}\left(K_x\frac{\partial h}{\partial x}\right)+\frac{\partial}{\partial z}\left(K_z\frac{\partial h}{\partial z}\right)=S_s\frac{\partial h}{\partial t}-W^* \qquad (B4.2.1)$$

ここに，$W^*(1/T)$ は断面の上端セル（L^3）に適用される体積涵養速度（L^3/T）である．流路が時間変化するので非定常シミュレーションは扱いにくく，断面の方向は変化する流れ場に一致するように調整されなければならない（図B4.2.1）．したがって，3次元モデルは非定常モデルに適し，断面モデルは，通常，式（B4.2.1）で $\partial h/\partial t=0$ とした定常流のシミュレーションに用いられる．

鉛直分割

　鉛直分割は，断面モデルには理にかなった分割である．鉛直分割の断面は3次元モデルの断面にすぎない．断面モデルはいくつかの層をもち，断面の厚さはその方向によって，Δy または Δx に等しい（たとえば，図B4.2.2）．3次元支配方程式（式（3.12））が適用され，帯水層パラメータ（$K_x=K_y, K_z, S_s$）と層の厚さが，3次元モデルの場合のように入力値となる．差分または有限要素コードで与えられる涵養オプションに従って涵養量は入力される．鉛直スライスはいくつかのモデル層を含むので，モデル入力はスライスを表す単一の列に対して層ごとのデータ入力から成る．したがって，データ入力は水平分割よりいくぶん面倒ではあるが，データの組み立てはGUIで簡易化されている．3次元モデルのように，地下水面節点の貯留係数は比産出率に等しく，地下水面下の節点に対する貯留係数は帯水層の圧縮と水の膨張から放出された水を表す（5.5節；図5.27）．

水平分割

　水平分割（図B4.2.2）において，断面モデルの格子/メッシュは平面2次元モデルとして設定されているため，モデル作成者側の見方を変える必要がある．水平分割は，式（B4.2.1）

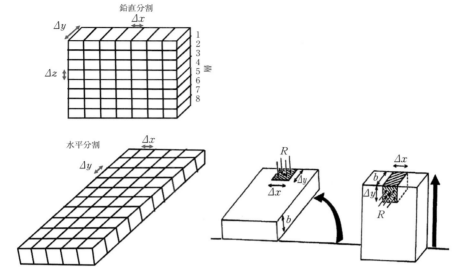

図 B4.2.2 水平分割（下の3つの図）では，断面は平面2次元モデルとしてシミュレートされる．層の厚さは，断面の幅に等しい．鉛直分割（上の図）を比較のために示す．

と被圧帯水層の2次元水平流の支配方程式である式（3.13a）の類似性に依存する．式（B4.2.1）の z が式（3.13a）の y に等しければ，2つの方程式は同じになる．同様に，式（B4.2.1）の K_x, K_z, S_s, W^* が，式（3.13a）の T_x, T_y, S, R にそれぞれ置き換えられる．層の厚さ b は断面の幅に等しいので，$T_x=K_x b, T_y=K_z b; S=S_s b, R=W^* b$ となる．パラメータ S は貯留係数で，地下水面の節点では比産出率に等しく，他の節点では帯水層の圧縮と水の膨張から放出される水を表す（5.5節；図5.27）．

　水平分割の主な利点は，生のモデル出力が複数の層の行ごとではなく，水頭値を1つの2次元配列で表すことができることである．断面モデルを解くためにスプレッドシートを使用するとき，水平分割はさらに便利である（Box 4.3）．しかし，GUIは，断面でのモデルの入出力を表示するので，鉛直分割における断面モデルを容易にする．多くのモデリングの適用においてはGUIを用いるので，鉛直分割がたいていの断面モデルで優先される．

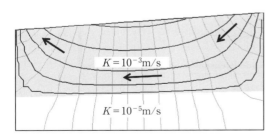

図 4.4 断面モデルにおける等ポテンシャル線（細線）と流動経路（太線）．概略的な流れの矢印も図示されている．透水係数の大きさが2桁違うことにより上層の底部は，事実上，不透水境界になる．図はTopoDriveを用いて作成された（Hsieh, 2000）．

断面モデルの解は，鉛直面における水頭の2次元配列であり，そこから等ポテンシャル線を描くことができ，流動方向を推測できる（Box 4.3の図 B4.3.3(c)；図 4.4）．断面モデルでは，断面に対して垂直な流れがないと仮定する．断面モデルは流線に沿って方向付けられ，すべての流れは断面の鉛直面内で生じる．

Box 4.3　差分断面モデルの表計算ソフトによる解法

地下水流動方程式と境界条件を簡単な形に近似することから得られる差分方程式の反復解は，表計算ソフトを用いて求めることができる．表計算モデリングにおいて，表計算の各セルは差分セルとなる．この手法は，均質な等方性帯水層の断面における定常局所地下水流に関する Toth（1962）によって述べられた簡単な問題に適している．

Tothの概念モデルは図 B4.3.1 で，数理モデルは図 B4.3.2 でそれぞれ示される．線形地下水面が上端境界を形成し，規定水頭境界（地下水面での規定水頭条件に関する Box 4.6 の注意を促す議論を参照）で表される．側面境界は，局所地下水分水嶺を表し，非流動境界として計算される．系の下端における非流動境界は，不透水性の材質を表す．

支配方程式はラプラス方程式である．

$$\frac{\partial^2 h}{\partial x^2}+\frac{\partial^2 h}{\partial z^2}=0 \qquad (B4.3.1)$$

ここに，z は鉛直座標である．Δx と Δz が一定となる一様な規則格子での式（B4.3.1）の差分近似は次のようになる．

$$h_{i,j}^{m+1}=\frac{h_{i+1,j}^{m}+h_{i-1,j}^{m+1}+h_{i,j+1}^{m}+h_{i,j-1}^{m+1}}{4} \qquad (B4.3.2)$$

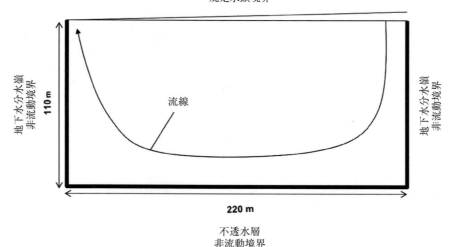

図 B4.3.1　局所地下水系の横断面における境界と流線の概略を示す概念モデル（Toth, 1962 より）．

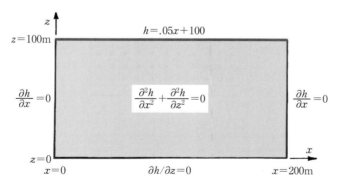

図 B4.3.2 図 B4.3.1 の概念モデルに対する支配方程式と境界条件を示す数理モデル (Toth (1962) より).

ここに，m は現在の反復レベルの水頭，$m+1$ は新しい反復レベルを表す．式 (B4.3.2) は，水頭が計算されるとともに次の反復レベルに更新されるガウス–ザイデル点反復法によって $h_{i,j}$ を求めるために適した形となっている．各差分セルの水頭は隣接する 4 つのセルにおける水頭の平均値となり，$h_{i,j}^{m+1}$ の解は透水係数と格子間隔に依存していないことは重要である．式 (B4.3.2) で表される 5 つの節点は，5 点差分作用素として知られている 2 次元差分計算表を構成する（図 3.4）．

水平分割における断面モデル（Box 4.2）は，表計算ソフトを用いて組み立てられる（**図 B4.3.3**）．Toth の問題を本書では，流出域の $(x, z) = (0, 100)$ において水頭は 100 m に等しく，地下水面の傾きは 0.05 m/m であると仮定する．表計算ソフトは 7 行と 13 列になるように 20 m の節点間隔（$\Delta x = \Delta z = 20$ m）にする．ただし，7 行目と 1 列目および 13 列目（図 B4.3.3 (b) と (c) の列 A と M）は問題領域の外の仮想（または「鏡像」）節点である．仮想節点は，境界の反対側での計算水頭に等しくなるように仮想節点の水頭を設定することによって，非流動境界条件を実行するために用いられる．この方法では，境界を横切る水頭勾配はゼロである．非流動境界が境界セルの外側の端に位置するように，表計算ソフトはブロック中心型差分格子として設定される．境界セルに対する異なる差分方程式では，点中心型格子を使用できる（問題 4.1）．

表計算ソフトの各セルに対する差分方程式は，式 (B4.3.2) で記述される（図 B4.3.3 (b)）．たとえば，表計算ソフトの列 D，3 行目（セル D3）の式は以下のようになる．

$$D3 = \frac{D4 + D2 + C3 + E3}{4} \tag{B4.3.3}$$

境界に沿ったセルの式は境界条件を含むように修正される．表計算ソフトの一番上の行は 100 m から 110 m までの既知水頭である．それは上端（地下水面）境界に沿った水頭で，図 B4.3.2 に示される線形方程式を用いて計算される．

他の 3 つの境界を横切る非流動境界条件は，境界を横切る隣接したセルの水頭に等しい仮想節点の水頭を設定することによってシミュレートされる（図 B4.3.3(b)）．この方法では，

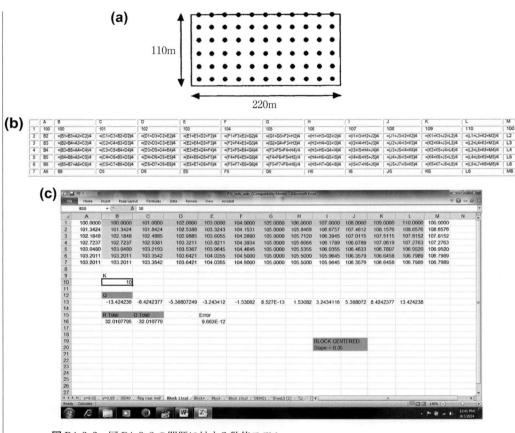

図 B4.3.3 図 B4.3.2 の問題に対する数値モデル．
(a) 問題領域内の境界の位置および 11 個の列と 6 個の行の節点配置を示すブロック中心格子．(b) 問題のエクセル表計算モデルにおける各セルに関する差分方程式．規定水頭境界の値 (m) が，地下水面を表すために最初の行に入力される．A 列目と M 列目および 7 行目の仮想節点は，問題領域の外にあって，境界に沿った差分セルの外端で非流動境界条件を満たすために使用される．(c) 水頭 (m) の解．地下水面を横切るフラックスを計算する目的で，透水係数は 10 m/d (セル B10) である．地下水面での流量 (Q) は横断面の 1 m の幅に対して m³/d で計算される．地下水面を通過する全涵養 (RTotal) と全流出 (DTotal)，および水収支誤差 (すなわち，RTotal と DTotal の差) も計算されている．

最初と最後の列および最後の行における水頭は，境界を横切る水頭を反映する (図 B4.3.3 (c))．角の節点は 5 点作用素に含まれない (式 (B4.3.2))．一旦適切な式が定式化されると，各セルの水頭に対して式を繰り返し解くように表計算ソフトは設定される (問題 4.1 参照)．この問題では，地下水面を横切るフラックスは 10 m/d の透水係数と 1 m の断面 (層) の厚さを仮定して計算される．この問題における水収支の計算は以下のとおりである．地下水面への流入 (RTotal) は，地下水面を通過する流出 (DTotal) に等しい．水収支誤差は，RTotal と DTotal の差として計算される．水頭とフラックスの解 (図 B4.3.3(c)) は，点中

4.1 空間の次元

心境界を用いた解と比較される場合がある（問題 4.1）.

　表計算ソフトによるモデル化は，各差分セルに関する方程式を記述する方法や，点反復によって差分モデルを解く方法を示す，教育上有用な手段である．興味ある読者は，Bair and Lahm（2006）から，地下水モデルの表計算ソフトの解についての多くの情報を得ることができる．しかし，実際には，表計算ソフトによる解法は，モデル化計画の予備段階でさえ，標準的なコンピュータコード以上のいかなる利点も提供しない．表計算ソフトのすべてのセルに対して方程式を入力し，チェックすることは，退屈で厄介なことである．複雑な表計算ソフトのモデルを設定し，テストするのに必要な時間は，標準的な流動コードを設定し，実行するのに必要な時間と同じかそれ以上かかるであろう．

したがって，断面モデルは，揚水井への放射状流や湧き出し・吸い込み点付近の3次元流，他の3次元流効果をシミュレートすることができない（Box 4.2）.

軸対称断面モデルは，パイ形状の空間の問題領域での放射状流を計算するように設計されている．湧き出しまたは吸い込みが断面の原点に位置する限り，線状または点状の湧き出し・吸い込みをシミュレートすることができる（図 4.5）．断面の厚さは，角度 θ によって原点（$r=0$）から広がる．円筒座標（たとえば，Reilly, 1984）の支配方程式を解くために特別な目的コードが利用できるが，入力パラメータを適切に調整することによって，デカルト座標に基づく標準的コードを用いても軸対称断面をシミュレートすることができる（たとえば，MODFLOW ファミリーのコードの詳細な手続きについては，Langevin（2008）を参照）.

断面モデルは，横断面での局所地下水流動（たとえば，Cardenas, 2008；Winter, 1976；Freeze and Witherspoon, 1967）や河川下の河床間隙水域（浅層地下水と河川水の混合域）（たとえば，Woessner, 2000）を研究するために用いられてきた．軸対称断面モデルは，帯水層（揚水）試験をシミュレートするために，一般的に用いられる．Langevin（2008）は，軸対称モデルを用いて揚水井への放射状流，注水・揚水試験，揚水に伴う塩水上昇を計算した．しかし，流れを1つの水平面に制限すること，あるいは問題領域中で放射状流を仮定することは一般的には妥当性を欠くため，実際には工学と管理に関する問題に地下水モデルを適用する際は，多くの場合，3次元流の影響をシミュレートするために3次元モデルが用いられる．

4.1.2　3次元モデル

3次元モデルは，3つの空間次元のすべての流れをシミュレーションするので，地下水流に影響を与えるすべての水文地質単元を陽的に含むことができる．一般的に，各水文地質単元は1つのモデル層であるが（図 2.7 および 2.9(b)），水文地質単元内で水頭の鉛直分布を計算する必要があるときは，より多くの層が用いられる（5.3 節；図 5.3. Box 5.3 図 B5.3.2）．3次元モデルは上・下端の境界と側面境界をもつ．すべての周囲境界に沿った条件を指定しなければならない（すなわち，規定水頭，規定流量，または水頭依存境界；3.3 節）．一般に，上端境界は地下水面である．

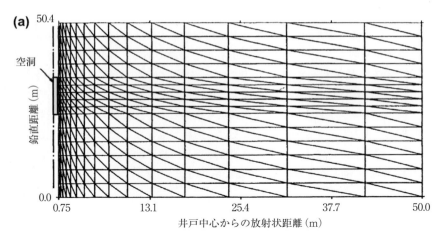

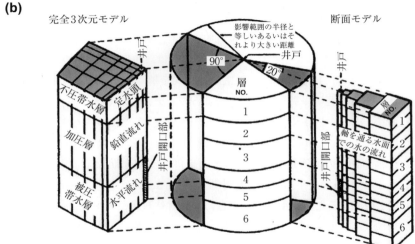

図 4.5 軸対称断面．(a) 空洞（すなわち，左側に示された，中心に穴のある区間をもつ井戸）に流入する非定常地下水流動の軸対称断面モデルにおける有限要素メッシュ（Keller ら，1989 より修正）．(b) 右側の差分格子で示されている帯水層のパイ形状断片における部分貫入揚水井への流れをシミュレートするための軸対称断面．断面の厚さとセルに割り当てられた透水量係数は井戸からの距離とともに増加する．断面厚の変化に対応するために貯留係数の補正も必要となる．揚水速度は，帯水層の楔のなす角度（ここでは 20°）に応じて調整する．放射状流を仮定し，対称性を利用して帯水層の 4 分の 1 だけをモデル化した完全 3 次元モデルの格子を左図に示す（Land，1977 より修正）．

下端境界は，通常，比較的透水性の小さい層との接触面であり，非流動境界条件によって表される，あるいは，下端境界を通過する漏水は規定水頭条件，規定流量条件または水頭依存条件（式（4.1））によってシミュレートされる．支配方程式は式（3.12）であり，解は非定常シミュレーションの各時間ステップに対して水頭の 3 次元配列となる．定常問題では，解として水頭の 3 次元配列が 1 つだけ求まる．

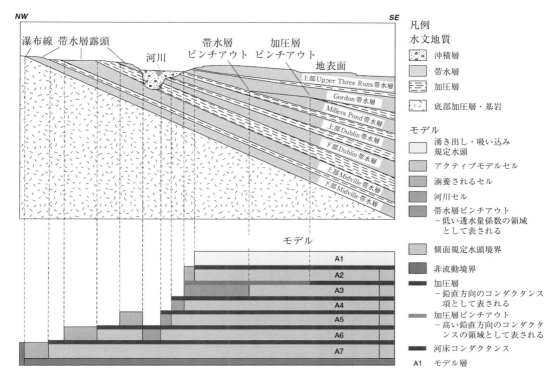

図 4.6 サバンナ川サイト（SC, USA）の 7 層準 3 次元モデルにおける水文地質とモデル層を示す概略図．加圧層は，差分格子で表されていないが，漏水と湧水項による層を通過する流れによって加圧層の鉛直抵抗を表現することによりモデルに間接的に含まれている（Clark and West, 1998）．（口絵参照）

準 3 次元モデルは，過去には地域スケールの地下水動系を計算するのに用いられたりもしたが，完全 3 次元モデルが準 3 次元モデルに大きく取って代わった．準 3 次元モデル（図 4.6）では，各帯水層は 1 つのモデル層によって 1 つずつ表されるが，加圧層は格子/メッシュに陽的には含まれない．その代わりに，間に挟まる加圧層の存在によって生じる流れに対する鉛直抵抗が，漏水項によって間接的にシミュレートされる．加圧層によって生じる鉛直流に対する抵抗は鉛直漏水係数（K'_z/b_0）によって表される．モデルの帯水層間の鉛直流動（q_{UL}）は

$$q_{UL} = -K'_z \frac{h_u - h_L}{b'} \tag{4.3}$$

である．ここに，h_u は加圧層より上の上部帯水層の水頭，h_L は加圧層より下の下部帯水層の水頭，b' は加圧層の厚さ，K'_z は加圧層の鉛直透水係数である．式（4.3）は鉛直抵抗が K'_z によって支配されると仮定しているため，帯水層中の流れは水平方向に支配的である．モデルは準 3 次元と見なされる．なぜなら，帯水層間の鉛直流れは，格子/メッシュを用いて層によって陽的に加圧層を表す必要なく，式（4.3）によって表され，帯水層（モデル層）の流れは水平とできるからである．

準 3 次元モデルでは，流れは加圧層中で厳密に鉛直であると仮定され，加圧層に貯留されている

水の（たとえば，加圧層より上および，または下の帯水層から揚水した結果としての）放出はない．帯水層の透水係数が加圧層より2桁以上大きいとき（図4.4），加圧層で鉛直流を仮定することによって生じる誤差は，通常5%未満である．しかし，加圧層での貯留を無視することは，多くの現場への適用において大きな誤差を生む場合がある（Steltsova, 1976）．加圧層の貯留からの放出は，加圧層の比貯留率を含む非定常な漏水項を用いてシミュレートできる（詳細は，Bredehoeft and Pinder, 1970；Trescottら，1976；Anderson and Woessner, 1992, p. 198を参照）．格子またはメッシュにおいて加圧層が存在しない場合は流動経路と移動時間（8.2節）の計算に誤差を引き起こすので，粒子追跡は準3次元モデルで使われるべきではない．

ほとんどのモデル問題の適用において，準3次元モデルの限界について完全3次元モデルに対して議論されている．にもかかわらず，準3次元手法は，連続する帯水層と加圧層から成る多層帯水層系を効率的にシミュレートすることができる（たとえば，Box 4.4の図B4.4.1(b)）．

4.2 境界の選択

概念モデルの物理的，水理学的境界は，2.3節で議論された．数学的な境界条件の3つのタイプ（定水頭を含む規定水頭条件，非流動を含む規定流量条件，水頭依存条件）は，3.3節で紹介した．概念的に，境界条件は問題領域への流入出を定める．モデル領域の周辺長に沿った水理学的条件に関する境界条件は，周囲境界条件と呼ばれる（図4.7(a)）．

しかし，地下水流動コードの境界条件は内部の湧き出し・吸い込み（図4.7(b)）を表すこともでき，それは実質的に内部境界条件である．周囲境界条件は，差分（FD）および有限要素（FE）モデルで必要とされる．解析要素（AE）モデル（3.4節）の周囲境界は自動的に無限で設定されるため，内部境界だけがAEモデルでは規定される．

規定水頭境界に沿った水頭が固定されると，境界での動水勾配とフラックスが決まる．規定水頭を設定すると，モデルから無限に水が供給され，また排除することができるため，シミュレーションに大きな影響を与える．規定流量境界では，境界上でフラックスが固定され，境界流は境界での水頭変化に影響されない．水頭依存境界（HDB）は，境界を横切る流れをコントロールするために，境界に割り当てられた水頭と計算された水頭を使用する．本節では，これらの3つのタイプの数学的な境界条件を再検討し，それらを概念モデルの物理的，水理学的境界と関連づける（2.3節）．物理的境界と水理学的境界は，3つのタイプの数学的境界条件によって表すことができる．4.3節では，3つのタイプの数学的境界を数値モデルで実行する方法を議論する．

もちろん，数値モデルの境界は概念モデルの境界と一致していなければならない．可能な場合はいつでも，物理的境界が水理学的境界の代わりに用いられるべきである．通常，物理的境界は，フィールドに存在する物理的境界へ拡張されるようにモデル領域の大きさを拡大させることによって見出すことができる（4.4節）．境界が選択されたあとには，境界に割り当てられた条件によって生じる一般的な流動パターンを可視化すべきであり，流動パターンが水文地質学的に意味をなすこ

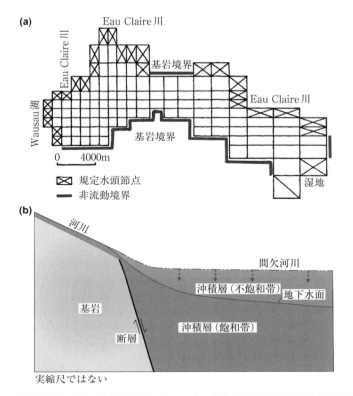

図 4.7 物理的境界．(a) 物理的境界によって定められた周囲境界を示す 2 次元平面差分格子．比較的低透水性の基岩の露出部分は非流動境界となる．規定水頭境界は湿地，Wausau 湖，Eau Claire 川（WI, USA）を表す（Kendy and Bradbury (1988) より修正）．(b) 断層を横切る比較的低透水性の基岩は沖積帯水層の物理境界となる．間欠河川は，厚い不飽和帯によって地下水面と分離されるが，浸透条件を通して帯水層に水を供給する（図 4.16（d））（Niswonger and Prudic, 2005）．

と，および流入・流出場所がモデル化された領域の水文地質について知られていることと一致していることを確認しなければならない．

4.2.1 物理的境界

物理的境界は，フィールド内で容易に識別できる物理的特徴を表すための最も着実で正当性の高い周囲または内部境界である（図 4.7）．低透水係数（たとえば，渓谷堆積物と基盤の間，透水性砂岩と不透水性頁岩の間）の層，河川，湖，湿地のような地表水体，沿岸域での淡水‐海水界面との接触は物理的境界である．

4.2.1.1 難透水性の地層との接触

低透水係数をもつ層は，非流動境界を形成することがある．側面の非流動境界は，相対的に透水

性の低い基盤の露出部に設定されることがある（図4.7(a)と(b)）．たいていのモデルの下端境界は，相対的に透水性の低い層との接触部において非流動条件として規定される（たとえば，図4.6, 2.3, 2.9(b), 2.12）．水文地質単元の間の透水係数に少なくとも2桁の差があるとき，接触面に沿った流れは水平方向が支配的となり，接触面は非流動境界として表される（図4.4；Freeze and Witherspoon (1967)）．このような接触面に境界を設定することの妥当性は，ダルシー則から得られる．つまり，同じ水平方向の動水勾配下で2つの水文地質単元に水平方向の流れが与えられるとき，2桁もしくはそれ以上低い透水量係数をもつ単位は流れの1％未満にしか寄与せず，ほとんどの場合，それは無視することができるほど十分に小さい．実際には，地質学的境界の透水係数の差は，通常2桁よりはるかに大きい．

4.2.1.2 破砕帯と断層

断層と破砕帯は亀裂であり，それに沿った運動によって地質学的物質が移動して生じたものである（図4.7(b)）．通常，断層（破砕）帯およびその周辺の地質学的物質の透水係数は変化する．地質学的物質は押しつぶされ，亀裂においてより高い透水係数の角礫石をつくるか，より低い透水係数をもつ細粒断層粘土をつくる．亀裂に隣接した領域では透水係数が増大または減少するが，透水係数があまり変化しない場合もある（Sholz and Anders, 1994；Caine ら，1996）．断層の地質学的特徴描写（たとえば，Caine and Minor, 2009；Rawling ら，2001）と地下水流動パターンの解析（たとえば，Jeanne ら，2013；Bense and Person, 2006；Seaton and Burbey, 2006）では，地下水流がしばしば分断され，断層帯を通る流動パターンが複雑になりうることが示されている．断層が流れに対する水みちまたは障壁（図4.8）となる場合があるが，地質学的に複雑な帯水層において

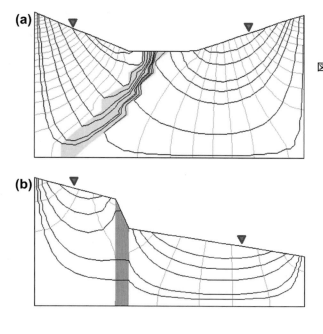

図4.8 不圧帯水層の横断面に示された断層帯を横切る流れ．断面のシミュレーションは TopoDrive (Hsieh, 2001) で行われた．等ポテンシャル線（細線）と流動経路（太線）が示されている．帯水層と断層帯の透水係数（K）の大きさに2桁の違いある．帯水層と断層は等方性である．(a) 水みちとしての断層．断層は灰色の領域で示される．断層の K は帯水層の K より大きい．地下水は断層を上方へ流れ，谷底で流出する．(b) 障壁（ダム）としての断層．断層帯は灰色の領域で示される．断層の K は帯水層の K より小さい．断層帯を横切る地下水面の急な低下があり，水は断層に対してせき止められる．

は，同じ断層が障壁と水みちの両方の作用をすることもある（Bense and Person, 2006）．

4.2.1.3 地表水体

海，大きな湖，河川を含む大規模な地表水体は，地下水に対する永続的な湧き出しまたは吸い込みとなる物理的境界である．大きな地表水体の水位は，水理学的支配因子として作用し，揚水のようなストレスによって顕著には変化しない（図 4.7(a)，2.5(a)，2.9(b)）．たとえば，非常に広くて深い湖は，局所地下水系に対して確実に定水頭境界を形づくる物理的境界である．大河川（図4.7(a)）も明確な物理的境界を形成する．

強く水理学的に影響する大規模な地表水体は，帯水層全体に物理的に貫入しないが，地下水分水嶺がその水体の下にあると，水体は帯水層に完全に貫入する境界を水理学的に形成する可能性がある（たとえば，**図 4.9**(a)，2.1，2.6(a)の河川や図 2.9(b)のデラウェア湾）．地表水体の水理学的影響が比較的弱いとき，分水嶺は帯水層に貫入せず，水体の下を流れる地下水流が存在する（たと

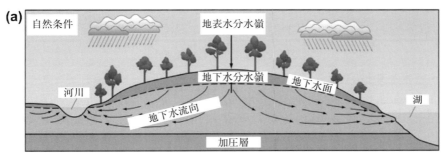

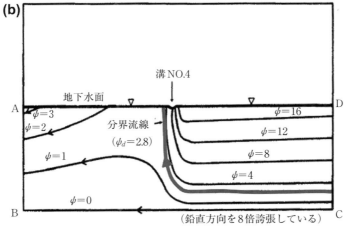

図 4.9 完全または部分貫入する地表水体．(a) 高台の下および河川下に地下水分水嶺がある不圧帯水層の横断面図．河川は物理的に帯水層へ部分貫入するが，水理学的には完全貫入している．湖（右側）は，物理的，水理学的に完全貫入である（Granneman ら，2000）．(b) 浅い溝付近に流線がある不圧帯水層の横断面図．流線は溝の下を流れ，潜伏流を示す．溝は物理的，水理学的に部分貫入である（Zheng ら，1988 より修正）．

えば，図4.9(b)の小さい溝)．Zhengら（1988）は，排水路の下で完全に貫入する分水嶺が形成される程度は，地下水面の局所的な傾きに反比例し，河床堆積物を横切る水頭勾配に正比例することを見出した．（地表水を表すための）規定水頭やHDBと（地表水体の下の）非流動境界の組み合わせは，強く部分貫入をする地表水体を表すために用いられる．しかし，モデル境界から離れて部分貫入する地表水体は，水頭依存条件によって最もよく表現され，地表水体下の流れは水文条件の変化に応じて変化する（4.3節）．

　地下水系に直接連結していない地表水体は，大きな影響を及ぼす物理的境界とはならない．たとえば，地表水体は深い位置にある被圧帯水層の地下水流には，ほとんどもしくはまったく影響を及ぼさない．また，乾燥地の地表水は厚い不飽和帯によって分離されるために地下水系とは水理学的に不連続となる場合がある（図4.7(b)）．

　地表水体が規定水頭または水頭依存条件で表されるとき，地表水体は潜在的にモデルに無限の水量を供給することから，大きな恒常的水体に対して妥当な条件になる場合がある．しかし，間欠河川や上流河川は季節的に干上がるため，その季節的な消滅を考慮しないと，モデルに重大な誤差をもたらす可能性がある（Mitchell-Bruker and Haitjema, 1996）．地表水の流れと河川や湖の水位の調整を考慮に入れた地表水体の計算ができる高度なオプションは第6章で論じる．

4.2.1.4　淡水と海水の界面

　沿岸部の帯水層では，淡水の地下水が淡水-塩水界面に沿って海へ流出する（**図4.10**）．現場条件下では，界面は潮汐，地下水の揚水，涵養の変化に応じて移動し，その結果，遷移帯または分散帯ができる．界面が比較的安定であるとき，分散帯は狭くなり，界面の代表的な平均位置に非流動境界を設定できる（図2.3）．しかし，界面が安定でない（または，予測シミュレーションで表さ

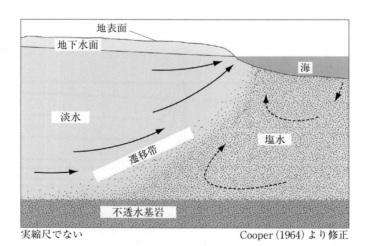

図4.10　沿岸帯水層における淡水-海水界面．分散帯での淡水域から海水域への遷移を示している．界面は地下水流に対して障壁として作用する．淡水は界面に沿って上方へ流れ，海へと流出する（Barlow, 2003）．

れる条件下で安定でない）ならば，静的な境界は適切でないであろう．淡水-塩水界面を非流動境界としてシミュレートすることが適切でないとき，淡水と塩水（**Box 4.4**）が混ざることない明確な界面をシミュレートするか，もしくは密度効果と分散を含めることによって界面での混合と流れをシミュレートするためには，特別な目的コードが用いられる場合がある（12.2 節，12.3 節）．

Box 4.4 淡水と海水の界面

　地下水は，世界中の沿岸地域社会にとって重要な水資源である．したがって，海水侵入は重大な心配事である．なぜなら，特にその影響がたいてい不可逆的であるからである．沿岸帯水層の地下水は，海に向かって流れ，淡水と海水の界面に沿って地下の塩水と混ざり，海底から流出する（図 4.10）．地下水の揚水によって界面は内陸へ移動し，その結果，海水侵入が生じる．界面での混合は，拡散と分散によって生じ，遷移帯を形成する．拡散は，淡水と海水の溶質濃度の違いによって生じる．分散は，たとえば，断続的な揚水や潮汐の変動による一過性の地下水流に伴う淡水と海水の混合によって生じる．こうした一過性によって界面は前後に動くことになる．

　塩水侵入に関する一般的な話題には広く関心が寄せられている．それは海水侵入だけではなく，内陸の淡水帯水層への塩水移動を含む（たとえば，http://www.swim-site.org/）．塩水侵入のモデル化に関する文献には，比較的簡単なものから複雑なものまでいろいろな方法が記されている（Werner ら，2013）．有名な Ghyben-Herzberg 関係から導かれるが，淡水-海水界面に関する最も簡単な表現によると，海面下の界面の深さ z が海面より上の水頭 h のおよそ 40 倍となる（**図 B4.4.1**(a)）．この簡単な数学的記述は，静水力学条件（すなわち，淡水と海水は動かない）の下で界面上の水頭が淡水側と海水側で同じであるという観察結果に基づいている．すなわち

$$\rho_s g z = \rho_f g (z+h) \tag{B4.4.1a}$$

ここに，ρ_s は海水密度，ρ_f は淡水密度，g は重力加速度である．

　式（B4.4.1a）を再整理すると Ghyben-Herzberg の関係が得られる．

$$z = \frac{\rho_f}{\rho_s - \rho_f} h = \alpha h$$

ここに，$\rho_f = 1.0 \text{ g/cm}^3$, $\rho_s = 1.025 \text{ g/cm}^3$, $\alpha = 40$.

　もちろん，実際は，淡水も海水も静止していない．両方とも上方へ移動し，界面に沿って混合する．海水が海から地下を通って循環し，再び海へと流出する一方で，淡水は海底に流出する（図 4.10）．遷移帯では淡水と海水の間でいくらかの水の交換があるが，界面は実質的に非流動境界として作用する．界面が比較的安定で，遷移帯が狭いとき，（モデルの目的によるが）静的非流動境界として界面を表現することは妥当である．この場合，海底への淡水の流出は水頭依存あるいは規定水頭境界条件によって計算される（図 2.3）．

　しかし，問題によっては，淡水の揚水や海面上昇といった水文学的影響に応じた界面の非定常移動（あるいは，最終的な長期間の平均的，平衡状態，あるいは定常状態での位置）を

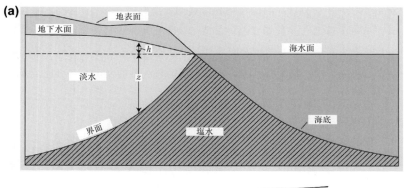
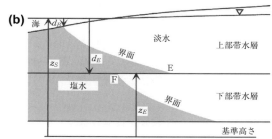

図 B4.4.1 淡水-海水界面：(a) Ghyben-Herzberg 関係によって仮定されるような静水条件下（式 (B4.4.1b)）(Barlow, 2003)；(b) 準3次元モデル (4.1節) を用いて計算される多層帯水層系．層間の鉛直抵抗が小さい（すなわち，漏水係数が大きい）とき，(図の EF に沿った) 帯水層間の界面での隔たりは小さい．帯水層間に加圧層があるとき，隔たりは比較的大きい (Fitts ら，2015)．

予測することが必要である．界面の位置を予測するモデルは，明確な界面をもつ（界面流とも呼ばれる）モデルと変動密度モデルの2つに分類される．両手法とも淡水と海水間の密度差を考慮に入れるが，明確な界面をもつ手法は界面に沿った混合はなく，遷移帯もないと仮定する．変動密度モデルは，移流分散方程式に基づく溶質輸送モデルに可変密度地下水流モデルを連成させる（12.2節，12.3節）．連成モデルで淡水-海水界面を計算するには，界面近くで小さな節点間隔が必要となるため，一般的に実行時間は長くなる．明確な界面をもつ数値モデルについては以下に示すが，連成モデルより非常に速く実行できる．また，定常状態の明確な界面を解く多くの解析解もある．その要約に関しては，Werner ら (2013) の 4.1 節および Bear and Cheng (2010, pp. 613-620) を参照されたい．

明確な界面による手法では，地下水流の支配方程式（式 (3.12)）は，淡水域における淡水水頭と海水域の現出する（海水）水頭の項で記述される（**図 B4.4.2**）．界面は，2つの領域間の移動境界として計算される．このとき，界面に沿った水頭とフラックスの連続性を保つようにする．これを扱うための数学は比較的複雑である．詳細に関して興味ある読者は Bear and Cheng (2010, pp. 601-605) を参照されたい．D-F 理論 (4.1節；Box 4.1) に従う水平流を仮定することによって，方法は単純化することができる．よって，界面もしくは多層帯

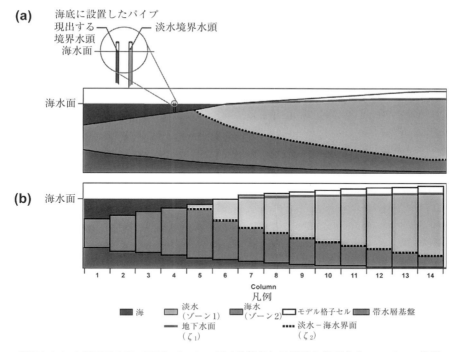

図 B4.4.2 MODFLOWs SWI2 パッケージで計算される明確な界面をもつモデルの横断面．(a) 現出する（海水）水頭と界面での等価な淡水水頭を示す概念モデル．淡水-海水界面（点線）は，淡水域（ゾーン1）と地下の海水（ゾーン2）を分離する．(b) 沿岸帯水層での1層モデル．層の厚さは空間で変化し，層内における密度の鉛直変化は淡水と地下の海水を表す．コードは，界面の非定常移動を解析する (Bakker ら，2013)．

水層系の界面を解くために，単一密度流の数値コードを修正することができる．Bakker ら (2013) は，この方法を用いて，MODFLOW SWI2 パッケージを開発した．それは1つの帯水層（図 B4.4.2）ならびに多層帯水層（図 B4.4.1(b)）での界面の非定常移動を解析する．

Fitts (2013, p. 224) の指摘によれば，2次元非定常シミュレーションにおいて，被圧および不圧帯水層に対する淡水-海水界面での貯留係数 (5.4節) は次のように表される．

$$S_y = S = n_e \frac{\rho_f}{\rho_s - \rho_f} \quad (B4.4.2)$$

ここに，S_y は比産出率（すなわち，不圧帯水層の貯留係数），S は被圧帯水層の貯留係数，n_e は有効間隙率である (Box 8.1)．界面の陸地方向への動きが，淡水を海水に置き換えて実質的に貯留から淡水を取り除くので，貯留係数に関するこの定義が必要となる．

定常状態の明確な界面モデルも利用可能である．たとえば，Bakker and Schaars (2013) は界面の定常な位置を解くために，D-F に基づいた方法を示した．しかし，彼らの方法の不利な点は，多層帯水層系の一番上の帯水層が不圧になり得ないということである．Bakker and Schaars (2013) と同様の方法は，いくつかの AE コードで使用されているが，そこで

は，Stack（1976；Bear and Cheng, 2010, pp. 616-619 も参照のこと）によって開発された界面流出ポテンシャル（3.4 節）を用いて定常状態の界面位置を計算している．GFLOW（Haitjema, 2007）では Strack の公式を用いて単一の帯水層の界面流動を計算する．AnAqSim（Mclane, 2012 のレビューを参照）は，単一帯水層と多層帯水層の両方の界面流動を計算することができ，さらに多層帯水層系の一番上の帯水層を不圧にすることを可能にする（Fitts ら，2015）．

4.2.2 水理学的境界

問題領域の周囲で物理的境界を指定することが不可能か，または不都合な場合，水理学的境界の使用を検討する．水理学的境界は，流線（地下水分水嶺）と等ポテンシャル線（定水頭線）によって表される．

理想的には，水理学的境界は，物理的境界のように，時間変化せず空間で安定している水理学的条件を定める．しかし，現場での水理学的条件は，ストレスに応じて変化する場合があるので，モデルにおける水理学的境界の位置とその定義を再評価する必要がある．水理学的境界は，物理的境界よりも不適切に指定される可能性がある．水理学的境界はけっして理想的ではないが，非定常ストレスの結果として水理学的境界に沿った条件が変化する可能性があるため，非定常問題よりも定常問題に適している．これらの問題を考えると，水理学的境界を選択する前に境界条件の設定の代替案（4.4 節で論じられる）を考慮するべきである．

4.2.2.1 流線（地下水分水嶺）

地下水は流線と平行に流れ，定義により，水は流線を横切らない．このように，流線は，水理学的非流動境界を形成する地下水分水嶺と考えることができる（図 4.11(a)，4.12）．地域的な地形的に高い場所（図 4.9(a)，4.11(a)）と一致する地下水分水嶺は，比較的安定した特性であることが多く，周囲境界を形成しうる．しかし，地域的地下水分水嶺であっても，揚水の変化，程度は小さいが涵養の変化，地域吸い込みの水位の変化に応じて移動することがある（たとえば，Sheets ら，2005）．水理学的流線境界がモデルの結果に影響を及ぼすかどうか決定する 1 つの方法は，非流動境界を規定水頭と置き換えてモデルを再実行することである．規定境界節点への（または，からの）流れが大きくないならば，その位置で水理学的非流動境界を割り当てることは適切である（問題 4.6）．

4.2.2.2 等ポテンシャル線（定水頭/定流量）

等ポテンシャル線，定水頭線は，定水頭の水理学的境界（図 4.12）を形成するために用いることができる．あるいは，規定流量は，等ポテンシャル線を横切って計算され，境界流を規定するために使用される．実際には，規定水頭の水理学的境界は，境界条件の最も望ましいタイプとはならない．なぜなら，物理的特性に基づいていない水頭は空間的，時間的にほとんど安定しないからで

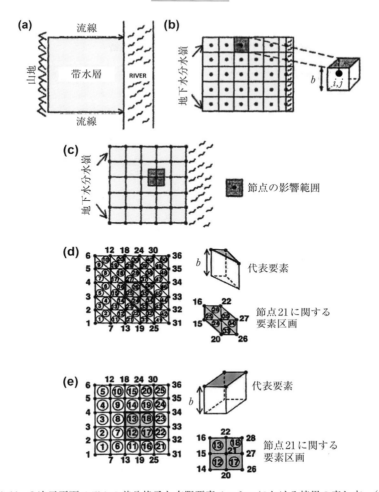

図 4.11 2次元平面モデルの差分格子と有限要素メッシュにおける境界の表し方．(a) 説明の便宜上，山地に面した比較的透水性が低い岩は，物理的な非流動境界となる．流線は，地下水面マップから定められ，水理学的非流動境界を形成する．完全貫入の河川は物理的に規定水頭境界となる．(b) ブロック中心型差分格子．非流動境界が差分セルの端にあり，規定水頭が節点上にあることを示している．格子は問題領域より大きい．(c) 点中心型差分格子．非流動境界と規定水頭境界は節点に直接配置されている．格子は問題領域と一致する．(d) 三角形の有限要素メッシュ．節点番号が示され，要素番号は丸で囲まれている．非流動および規定水頭境界は節点上に直接配置されている．(e) 四角形の有限要素メッシュ．節点番号と要素番号，および境界条件については (d) の三角形要素の場合と同じである．

ある．さらに，規定水頭境界は，潜在的に無限の量の水をモデルへ供給したり，取り除いたりする．

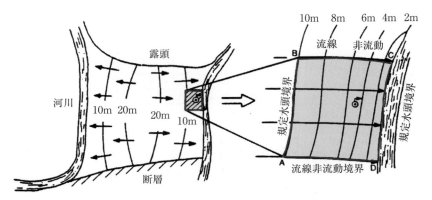

図 4.12 水理学的境界．物理的特徴によって囲まれた地域的問題領域（左図）および地域的問題の解から得られた3つの水理学的境界をもつ局所的問題領域（右図）での地下水面等高線図．丸で囲まれた点は揚水井を示す（Townley and Wilson (1980) より修正）．

4.3 数値モデルにおける境界条件の設定

　この節では，周囲境界と内部境界に対する数値モデルにおける規定水頭条件，規定流量条件および水頭依存条件を表す方法を提示する．3.5節で導入され，また5.1，5.2，5.3節で詳述される差分格子と有限要素がよく用いられるが，便宜上，境界条件を設定するための方程式を提示するときには差分表記を用いる．通常，わずかに異なる表記にはなるが，同じ方程式を有限要素モデルでも適用できる．以下に述べる境界オプションは，河川，湖，湧水および湿地を表すためによく用いられるが，より高度なオプションが利用可能であり，6.4～6.7節で論じる．本において提示する方法は一般的なものである．したがって，コード固有の境界設定に関する情報については，コードのユーザーズマニュアルを常に参照すべきである．

4.3.1　格子/メッシュにおける境界の設定

　ブロック中心型差分格子（たとえば，MODFLOW と MODFLOW-USG）では，節点が差分セル/ブロックの中心に置かれる（図 4.11(b)）．規定水頭境界は節点上に置かれるが，規定流量境界は節点を囲むブロックの端に設定される（図 4.11(b)；Box 4.3 の図 B4.3.3(a)）．点中心型差分格子（たとえば，HST3D；Kipp, 1987）では，節点は格子線の交点に配置され，規定水頭・規定流量境界は節点に置かれる（図 4.11(c)）．（ブロック中心型と点中心型の差分モデルの違いは，問題 4.1 で解説される．）有限要素メッシュでは，規定水頭・規定流量境界は節点に置かれる（図 4.11(d)，(e)）．水頭依存境界は，流れをユーザー指定された境界水頭と関連づけるものであり，点中心型差分格子と有限要素メッシュでは節点上に，ブロック中心型差分格子ではブロック端に配置される．

4.3.2 規定水頭境界

規定水頭境界は，境界に沿った節点に水頭値を固定することによって設定される．したがって，規定境界水頭は，水文ストレスに応じて変化しない．定常モデルでは規定境界水頭は変化しないが，多くのコードでは，非定常シミュレーションの間に境界値を更新するために水頭の時系列を入力することができる．たとえば，MODFLOWでは時間変動規定水頭（CHD）パッケージが対応している．現場条件下では，指定された規定水頭節点の位置にある水頭は，実際には時間とともに変化することがある．あるいは，境界を通過するフラックスは物理的あるいは水理学的制約条件によって制限される可能性がある．したがって，規定水頭境界は，間違った計算水頭を引き起こすことがある．揚水や涵養量の変化といったストレスの影響を受けない大きな水体（大河川，湖，貯水池，海）を表すために，規定水頭境界を用いるのがよい．あまり一般的ではないが，揚水井での流出を解くために，規定境界条件を用いることができる．たとえば，規定水頭条件では，その水頭を生じさせる揚水流量を知ることを必要とせずに，井戸からの流出を伴う問題に対して井戸の水頭を望ましい高さに固定することができる．しかし，より一般には，揚水井を計算する場合には，揚水流量を指定することによる規定流量条件が用いられる（4.3.3項と6.2節）．

2次元平面モデルでは，規定水頭境界は，物理的（図4.3），水理学的に必然的に帯水層に完全に貫入する．規定境界水頭は，境界での帯水層における鉛直方向の平均水頭を表し，帯水層の全体にわたって規定される．モデルの内部の地表水体は，規定水頭条件を用いて計算できるが，これは地表水体が帯水層に完全に貫入していると仮定していることを知っておく必要がある．たとえば，規定水頭節点で表された河川は，2次元平面問題の領域を2つの独立した領域にそれぞれ別々にモデル化することができる．二分し，同様に，地形学的分水嶺（図4.9(a)）の下に非流動境界を配置することは，実質的に問題領域を2つに分けることである．（この問題は，問題4.3bと4.4でさらに詳細に探求する．）モデル内部における部分貫入の地表水体（たとえば，図4.9(b)）は，水頭依存条件を用いて表した方がよい（下記参照）．

4.3.3 規定流量境界

規定流量境界は，境界で流量を設定するものである．よって，境界節点での水頭はコードによって計算され，シミュレーションが進行するにつれて変化しうる．大部分のコードでは，非定常シミュレーションにおいて時間変化する境界流量の入力が可能である．規定流量は，潜伏流として問題領域へ流入または流出する地下水のような，境界を横切る水平流を表すために2次元または3次元モデルの側面境界に沿って設定される（たとえば，図4.13(a)，(b)，2.4，2.15）．また，規定流量境界を3次元モデルの上端に設定すると地下水面を横切る鉛直流によって涵養を表現することができる（図4.13(a)；4.5節）．あるいは，モデルの下端に設定し，モデルには含まれない下層へのあるいは下層からの漏水を表すこともある．規定流量条件は，揚水井や注水井のような点湧き出しや点吸い込みを表すために用いられる（6.2節）．

136　第4章　モデルの次元と境界設定

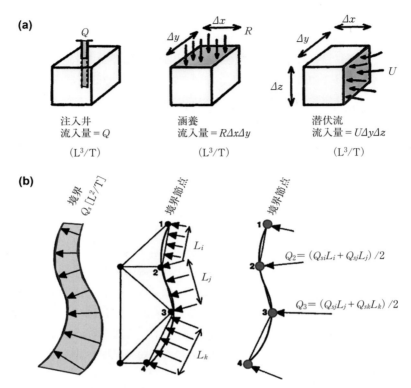

図4.13 規定流量条件の設定．(a) 差分格子において，井戸または面的涵養を用いてある量の水が差分セル/ブロックに注入（またはセル/ブロックから抽出）される．横方向の流れ（すなわち，潜伏流）は，コードの井戸または涵養オプション，あるいは水頭依存境界を用いて導かれる．井戸に見立てた潜伏流は $Q=U\Delta y\Delta z$ であり，U は横方向フラックス（L/T）である．潜伏流（U）が涵養として入力されるとき，$R=U\Delta z/\Delta x$ となる．(b) 有限要素メッシュにおいて，境界に沿った拡散流（Q_s）は三角形要素の側面に沿って離散化され，節点に割り当てられる（Townley and Wilson（1980）より修正）．

　概念的には，同じ水理学的効果が，規定水頭条件または規定流量条件のどちらかで得ることができる．しかし，一般的には水頭よりもむしろ流量を規定する方が望ましい．規定水頭境界は，境界で水頭が固定され，境界を横切る流れは水頭勾配に依存し，モデルによって計算される．したがって，計算された流れは，現場条件を表さない場合がある．一方，規定流量境界は，モデルの内外への一定の現実的な水の流量を維持するものである．さらに，規定流量境界が用いられているとき，モデルキャリブレーション中のパラメータの変化に対して，計算された水頭はより敏感となるが，これはパラメータ推定の助けとなる（第9章）．

　非流動条件（すなわち，流量がゼロとして規定される）は，差分および有限要素コードにおける初期設定の周囲境界条件である．この初期設定を無効にするためには，コード中の他のオプションを有効にする必要がある．コンピュータコード自体の中では，差分コードにおける非流動条件の設

4.3 数値モデルにおける境界条件の設定

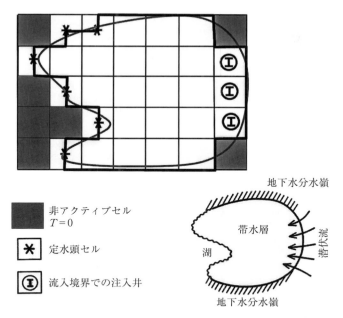

図 4.14 2 次元ブロック中心型差分格子の初期設定の非流動境界は，問題領域の外にある非アクティブセル/仮想セル（陰影の部分）の透水量係数 (T) をゼロに設定することにより設定される．地下水分水嶺に沿った非流動条件を設定するために使用される $T=0$ の仮想セルおよび潜伏流境界の右側の仮想セルは示されていない．一定水頭条件および規定流量（注入井）条件が，初期設定の非流動境界を無効にするために境界セルに設定される (McDonald and Harbaugh, 1988).

定は，仮想節点を含む（図 B4.3.3，Box 4.3；問題 4.1）．たとえば，MODFLOW では，モデル境界の外側にある仮想節点に，透水係数の初期設定値として 0 を内部的に割り当てることによって，境界セルの端が非流動条件になるようにしている（**図 4.14**）．有限要素コードでは，有限要素方程式が全体行列方程式に組み立てられ，境界フラックスは自動的にゼロに設定される．その詳細は，Wang and Anderson (1982, pp. 117, 126-127) に示されている．差分および有限要素コードでは，コードの涵養または揚水/注水井境界条件を用いて境界節点に流れを導入することによって，ゼロでない規定流量の周囲境界が設定可能となる（図 4.13(a)，4.14，**図 4.15**）．このようにして，水は吸い込みまたは湧き出しとして境界節点に導入され，それによって境界での流れを引き出す．

境界を横切る流れは，通常，現場データや文献から得られた情報から推定される．差分モデルでは，流れはフラックス（L/T）または体積流量（L^3/T）（図 4.13(a)，4.14）として差分セルに入力される．規定流量境界は揚水井や注水井を表すためによく適用される（6.2 節）．概念的には，水はセル面の 1 つを通って流入または流出した後，隣接するアクティブセル面に流入する．たとえば，潜伏流は，概念的に側面を通して流入または流出する．3 次元モデルでは，涵養はセルの一番上の表面から流入し，漏水は側面と底面を通って流入もしくは流出する．有限要素モデルでは，境界でのフラックスは各境界節点に比例分配される（図 4.13(b)）．

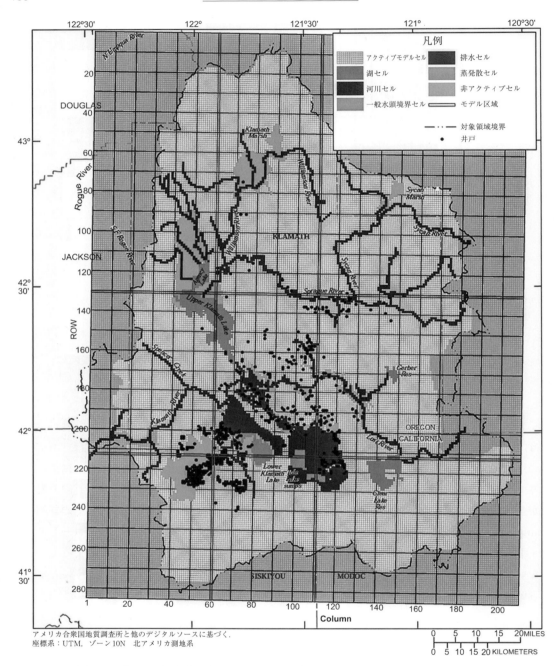

図 4.15 境界流（一般水頭境界セルとして指定），排水，蒸発散に対する水頭依存境界（HDB）条件の設定を示す差分格子．河川セルと湖セルは，6.5 節および 6.6 節で説明されるように，より高度な HDB 条件用いる（Gannett ら，2012）．
（口絵参照）

規定流量境界は規定水頭境界よりも好ましいが，水文地質学的に妥当であるときでも，規定流量境界だけを使用することは一般的に推奨されない．支配方程式（式 (3.12)）が水頭の導関数または差分の項で記述されることを思い起こしなさい．解が満たされるのは，水頭勾配が規定境界のフラックスと一致しているときである．しかし，定常問題が勾配によってのみ設定されるとき，勾配は相対的なものであるため，その問題は非唯一性となる．その場合，多くの異なる水頭値の配列から同じ勾配が生じる．非唯一性は避け，良好な解を得るためには，少なくとも1つの周囲または内部境界の節点に対して水頭を規定し，水頭を計算するための基準高さをモデルに与えればよい．抵抗が極端に大きくないならば，水頭依存境界条件をこの目的に用いることも可能である（4.3.4項）．非定常シミュレーションでは，初期条件（7.4節）で規定される水頭が，解に対して基準高さを与えるため，規定水頭条件または水頭依存条件を設定することなく，唯一の解が得られる．しかし，初期水頭における誤差が解の誤差を生じさせることがあるので，非定常モデルのすべての境界条件が規定流量として設定されるとき，出力は初期条件からの差（たとえば，水位低下量）として報告される必要がある．したがって，非定常モデリングであっても，すべてが規定流量境界（問題4.5）であるモデルでは，水頭値を内部境界として規定することが，通常は望ましい．

4.3.4 水頭依存境界

水頭依存境界（HDB）が設定されるとき，コードは，ユーザー指定の境界水頭と境界節点でのモデル計算水頭との間の動水勾配を用いて，境界を横切る流れを計算する．

数学的に，HDBを横切る体積流量 $Q(\mathrm{L}^3/\mathrm{T})$ は，一般的な形式の方程式を用いて計算される．

$$Q = C\Delta h = C(h_B - h_{i,j,k}) \tag{4.4a}$$
$$C = KA/L \tag{4.4b}$$

ここに，Δh はユーザー指定の境界水頭 h_B とモデルで計算された境界付近の水頭 $h_{i,j,k}$ の差，C はコンダクタンス（L^2/T）で，代表透水係数（K）と代表面積（A）の積を h_B と $h_{i,j,k}$ の位置の距離（L）で割ることによって計算される．動水勾配 $\Delta h/L$ は水平または鉛直の流れを表す．HDBの利点は，境界に直接配置される必要のない規定境界水頭（h_B）の位置を柔軟に選べるということである．もう1つの利点は，非定常シミュレーションでは，シミュレーションの進行に伴い $h_{i,j,k}$ が時間変化し，境界流量の計算値（Q）も自動的に更新されることである．

境界水頭の位置と動水勾配の方向の両方を指定することができる柔軟性は，HDB条件が，河川，湖，湿地，他の地表水体の内外への鉛直流れ，排水管への流れ，地下水面からの蒸発散，側面境界や下端境界での流れ，モデル領域外の境界を含む多様な水文地質学的状況を表現できることを意味する（図4.15）．たとえば，MODFLOWには，River (RIV) Package（河川パッケージ），Drain (DRN) Package（排水パッケージ），Evapotranspiration (EVT) Package（蒸発散パッケージ）およびGeneral Head Boundary (GHB) Package（一般水頭境界パッケージ）によって提供される基本的なオプションとLake (LAK) Package（湖パッケージ）とWetlands Package（湿地パッケージ）によって提供される応用的なオプションを含むいくつかのオプションが，HDB条件を設定す

るために用意されている．下記の節で説明するように，コンダクタンス C を指定する方法は，HDB を適用する対象によって変化する．いくつかの条状件下で，HDB は異常なほど大きい水収支誤差を引き起こす（Box 4.5）．

Box 4.5　HDB から生じる大きな水収支誤差

　モデルの水収支における大きな誤差（すなわち，1.0% より大きい）は，一般に，モデル設計の概念的誤差，解の非収束性やデータの入力誤差を暗示している（3.6 節，3.7 節）．

　しかし，水頭の解が許容できる（すなわち，水頭の閉合基準は満たされる；3.7 節）場合であっても，大きな水収支誤差（～200%）が HDB 条件のいくつか定式化に対して発生する可能性がある（4.3 節，6.4-6.7 節）．水頭の閉合基準が満たされ，HDB 内外への流れが水収支誤差の原因として同定されていれば，この種の水収支誤差は，モデル結果を必ずしも無効にするというわけではない．誤差発生の仕方は，以下で説明される．

　計算された水収支の大きな誤差は，周囲または内部の HDB と帯水層との間の水移動を表す人為的結果として生じる可能性がある．HDB 条件が遠く離れた境界（4.4 節）や大きな湖（4.3 節，6.6 節）を表すために用いられるとき，そのような異常な状況が（少しでも生じるならば）生じる場合がある．HDB を実行するとき，境界水頭とコンダクタンス（式 (4.4)）の値を割り当てる．割り当てられたコンダクタンスが非常に大きく設定され，境界での勾配がゼロでない場合は，莫大な量の水が移動する．境界を通過する流れは HDB での計算水頭勾配と割り当てられた大きなコンダクタンスを使って計算され，そのことにより異常に大きな水フラックスが生じる可能性がある．コンダクタンスが大きいと，境界での水頭勾配が小さい場合であっても大きな水フラックスが発生する．HDB 節点での水頭の残差は小さいので，水頭の閉合基準は依然として満たされる．

　そのような条件が水収支に重大な影響を与えるかどうかは，水収支の他の構成要素に対する異常計算された流量の合計値の相対的な大きさに依存する．モデルによる水収支誤差が許容範囲となり，水頭閉合基準を満たし，HDB での妥当な応答が計算されるようになるまで，コンダクタンスの値を減少させることにより，水収支誤差をしばしば除去することができる．

4.3.4.1　地表水体

　河川，湖，湿地を含む地表水体での水交換を表すために，水頭依存条件が 2 次元平面モデルと 3 次元モデルの両方でよく用いられる（図 4.15）．地表水体は，モデルでは陽的に表現されない（すなわち，格子/メッシュ内の空間を占有しない）．むしろ，地表水体に影響される節点に対して，HDB が規定される（図 4.16(a)）．3.3 節より，HDB を横切る鉛直流 q_z は次式で計算される．

$$q_z = -K'_z \frac{h_{i,j,k} - h_s}{b'} \tag{4.5}$$

ここに，q_z は地表水体から出入りする水の鉛直フラックス，$h_{i,j,k}$ はモデルによって計算される地表水体の下の地下水水頭，h_s は指定される地表水水頭である（すなわち，規定境界水頭），K'_z は地

下水系と地表水体との間の界面での鉛直透水係数（通常，河床，湖床または湿地堆積物の鉛直透水係数），b' は界面の厚み（通常，河床，湖床，湿地の厚さ）である．

加圧層を通過する漏水に対して，式（4.5）は式（4.1）と概念的に同一である．式（4.5）にお

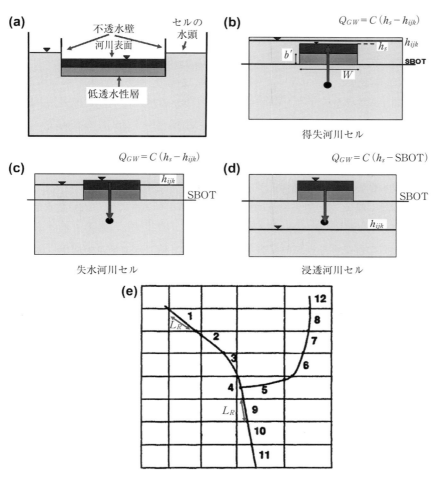

図 4.16 差分セルの河川を用いた地表水体を表現するための HDB 条件の設定．(a) 差分セルの河川表現．河川はセルにはめ込まれるように，かつ水が帯水層と交換できるように概念化されている．ただし，河川は格子内の空間を占有しない（有限要素メッシュにおける表現も同様である）．河川の水位はセルの水頭よりも低く，河川の幅はセルの幅よりも小さい．(b) 得水河川の場合，帯水層の水頭 $h_{i,j,k}$ は河川の水頭 h_s よりも高くなる．河床堆積物の底部高さは SBOT で，その厚さは b' である．Q_{GW} は河川へ流出する地下水の体積流量（L³/T）である．(c) 失水河川では $h_{i,j,k} < h_s$ となり，Q_{GW} は河川から帯水層へ涵養される体積流量（L³/T）である．(d) 浸透条件下では，河川は帯水層から切り離され，Q_{GW} は一定となる．(e) 河川の 12 区間への分割．河川の幅（W）は格子間隔（Δx）に比べて非常に小さく，分割された河川の長さ（L_R）は，セルの長さ（Δy）と等しくない．各分割では，L_R および W と同様に，h_s，SBOT，K_z'/b' は異なる値となる（McDonald and Harbaugh (1988) より修正）．

いて，地表水体と地下水系の接続は，河床，湖床，湿地帯の堆積物の漏水性 K'_z/b' またはその逆数の鉛直抵抗 b'/K'_z によって特徴づけられる．このとき，式（4.4b）の K/L は，式（4.5）の K'_z/b' に等しくなる．コンダクタンスを計算するためには，式（4.4b）の A は流れに垂直な水平面積であり，地表水の部分または範囲の幅 W と長さ L_R から計算される（$A=WL_R$）（図4.16(e)）．地表水体がセルや要素の表面全体を覆う場合，A は関連するセルや要素の表面積に等しいが，地表水体の幅はセルや要素の幅より小さくなる場合があり（図4.16(a)），同様に地表水体の長さがセルや要素の長さと一致しないことがある（図4.16(e)）．

HDBは，得水（地下水システムからの流出（図4.16(b)））と失水（地下水システムへの流入；図4.16(c)）の両方の条件を表すことができる．いくつかの特殊な HDB（たとえば，MODFLOW の河川パッケージ）は，帯水層の水頭が界面堆積物の下端（図4.16(d)のSBOT）よりも低下したとき，地表水体を帯水層から切り離す．その際，浸透条件が生じ，地表水体からの流れは地下水水頭には依存せず，$C(h_s-\text{SBOT})$ に等しくなる：図4.16(d)）．浸透条件ではないが，それに近い条件の場合は，地表水体は急傾斜で盛り上がる．

大部分のコードは，帯水層と地表水体の間の鉛直フラックスを表すための基本的な HDB 条件を提供している．しかし，そのような簡単な HDB 条件は，固定された地表水水位を用いるが，地下水と地表水体との間の水交換を近似的に表すだけである．地下水モデルで河川，湖，湿地をシミュレートするためのさらに高度な方法を，それぞれ6.5節，6.6節，6.7節に示す．

4.3.4.2 排　水　路

水頭依存条件は，暗渠，トンネル，鉱山，湧水を含む排水路を計算することも可能である（図4.15と図4.17）．排水路の水頭は，式（4.4a）の規定境界水頭 h_B である．排水路の最も標準的な表し方では，排水路は，帯水層の水頭 $h_{i,j,k}$ が排水路の高さ h_B より高いときのみ，アクティブになる．すなわち，排水路は問題領域から水を取り除くだけであり，モデルに水を与えない．水頭が指定された排水路の高さより高くなるにつれて，排水路への流出は増加する．$h_{i,j,k} \leq h_B$ ならば，排水路セルからの流出はなく，式（4.4a）の Q は定義によりゼロとなる．湧水に関しては，排水路の水頭は，湧水の位置における地表面の高さに等しい．広範囲の浸出（たとえば，湿地への浸出）は，浸出が起こりやすい一般的な領域に排水節点を配置することによって計算される（図4.15）（たとえば，Batelaan and DeSmedt, 2004）．

重要な点は，排水路に排出される水はモデルから取り除かれることである．これは，湧水や湿地への浸出の計算において，水が地表を流れ，下向き勾配で地下水系に再流入する場合は適していない．湿地への浸出は，6.7節で論じられる他のアプローチを使って計算できる．MODFLOW（Banta（2000）によるDRT1）における排水路パッケージを用いると，ユーザー指定された位置だけではあるが，排水路節点から地下水系へと水を流すことができる．一般に，水は排水節点から流出して地下水系へ入ることができないので，失水区域をもつ地表水体に対して排水路設定することは適切ではない．

4.3 数値モデルにおける境界条件の設定

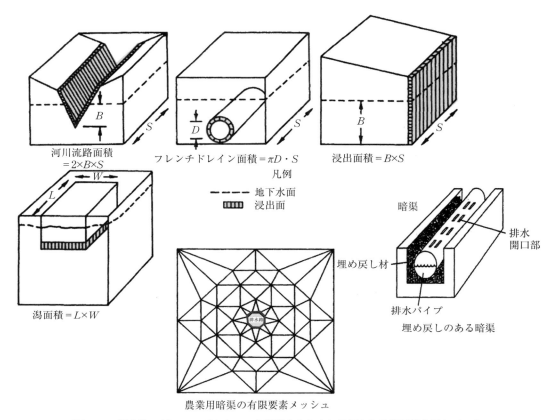

図 4.17 排水路の例：コンダクタンスを計算するために使用される断面積も示している (Yager (1987)；Fipps ら (1986), McDonald and Harbaugh (1988) より修正).

排水のコンダクタンスである式 (4.4b) の C は，排水の周りの材質に影響を受ける．暗渠（図4.17）に関しては，コンダクタンスは，暗渠管の開口部のサイズと密度，排水路周辺の化学物質の沈殿の存在，排水路周りの埋め戻しの透水係数と厚さに依存する．計算される排水路への流量が測定値に適合するまで，コンダクタンスの値を調整することによって，コンダクタンスはキャリブレーション期間に推定される．鉱山とトンネル（たとえば，Zaidel ら，2010）の場合は，排水路節点は浸出面（図4.17）を表し，コンダクタンスは側壁を形成する地質学的物質に関係する．

4.3.4.3 地下水面からの蒸発散（ET）

多くの水文地質学的条件では，蒸発散は，地下水面からよりもむしろ不飽和帯から主に生じる．その場合には，飽和帯からの蒸発散はゼロとなり，不飽和帯における蒸発散による浸透の減少分は，降水から蒸発散を引いた正味の涵養量を地下水モデルに入力することによって考慮できる（Box 5.4）．しかし，地下水面が地表面に近い場合は，蒸発が地下水面から直接発生したり，地下水植物（根が地下水面に達する植物）が蒸散を通して地下水を抽出することがある．地下水面が根

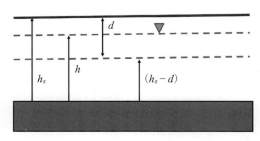

図 4.18 水頭依存境界（式 (4.6)）としての蒸発散の表現：消散深さ (d)，地表面高さ (h_s)，h_s-d，および計算水頭 (h) を示す．

域まで，あるいはそれ以下（消散深さと呼ばれる（**図 4.18** の中の d））に低下すると，蒸発散は終了する．温暖な気候では，蒸発散は季節的に変化し，生長期には高い速度で，植物の老齢期にはほとんど，あるいはまったく蒸発散はない．

地下水モデルでは，通常，蒸発散は地下水面を横切るフラックスとして表す．2 次元平面モデルでは，蒸発散は内部の HDB によって表される．3 次元モデルでは，地下水面が一般的に上端境界条件であるため，蒸発散は地下水面節点での HDB 条件によって表される（図 4.15）．基本的な蒸発散の表現においては，消散深さ (d)，通常地表面高さに等しい境界水頭 (h_s)，最大蒸発散速度 (R_{ETM}) が割り当てられる．地下水面が h_s に等しいか，上回るとき，最大蒸発散速度が生じる．境界水頭の位置（地表面）と消散深さとの間では，蒸発散による水損失の体積流量は線形に変化する．ここで，$Q_{ET}=C\Delta h$（式 (4.4a)），C，Δh は以下のとおりである．

$$C = \frac{R_{ETM}A}{d} = \frac{Q_{ETM}}{d} \tag{4.6a}$$

$$\Delta h = h_{i,j,k} - (h_s - d) \tag{4.6b}$$

式 (4.6a) において，A はセルの表面積（たとえば，$\Delta x \Delta y$）または要素の表面積である．式 (4.6b) において，$h_{i,j,k}$ はモデルによって計算される地下水面の水頭である（図 4.18）．ここで，C はコンダクタンスではなく，蒸発散がゼロとなる消散深さと最大となる地表面との間で蒸発散が線形増加するよう定義される．蒸発散と Δh の関係を表現するために他の関数が用いられることがある（たとえば，Banta, 2000）．

消散深さを推定するための現場情報は，植物の根群深さの推定値から得られることが最も多い．最大蒸発散速度 (R_{ETM}) はリモートセンシングと気候学的情報から通常推定される．現場で行われた多くの点測定値に当てはまることであるが，局所的因子が R_{ETM} の点測定値を複雑にしており（たとえば，Lott and Hunt, 2001），実際には，R_{ETM} の正確な推定は困難である．さらに，地下水モデルのセルや要素で蒸発散を表すために点測定値をスケールアップすることは，挑戦的な課題である．蒸発散の推定技術と課題は常に研究されている．これらの課題に関する議論は，このテキストの範囲を超えている．より詳細は，Abtew and Melesse (2012)，Goyal and Harmsen (2013)，Moene and van Dam (2014) などに示されている．

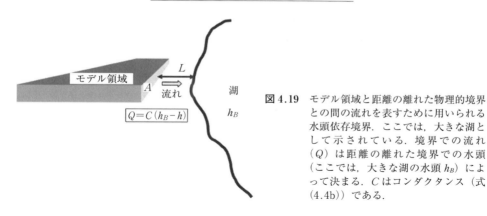

図 4.19 モデル領域と距離の離れた物理的境界との間の流れを表すために用いられる水頭依存境界．ここでは，大きな湖として示されている．境界での流れ（Q）は距離の離れた境界での水頭（ここでは，大きな湖の水頭 h_B）によって決まる．C はコンダクタンス（式 (4.4b)）である．

4.3.4.4 側面境界流れと空間的に離れた境界

HDB 条件は，潜伏流（図 4.13(a), 2.15）およびモデル領域の外側に位置する離れた境界との流入・流出（**図 4.19**）といった側面境界流れ（図 4.15）を計算するためによく用いられる．MODFLOW では，側面境界流れと空間的に離れた境界は，一般水頭境界（GHB）パッケージを用いて表現される．

周囲境界での側面流れに関して，指定する境界水頭（式 (4.4a) の h_B）は周囲境界上もしくはその周辺の水頭であり，コンダクタンス（式 (4.4b)）は境界での条件を反映する．HDB は，離れた境界（たとえば，図 4.19 の湖）へ，あるは境界からの横方向の流れを表すこともできる．その場合，格子/メッシュを拡大することなく，HDB は離れた位置にある物理的特性にまでモデルを実質的に拡張する．離れた物理的境界での水頭（たとえば，図 4.19 の湖水位）が，規定する境界水頭となる．コンダクタンス（式 (4.4b)）は，モデルの周囲境界と離れた物理的境界（たとえば，図 4.19 の湖の湖岸線）との間の平均水平透水係数に等しい K，モデル境界と離れた境界との距離 L，流れに垂直なセルまたは要素の面の面積 A を用いて計算される．このようにして，モデルの周囲境界は，格子/メッシュをその物理的な位置まで拡張することなく，物理的特性と関連づけられる．

HDB は，通常，推測された水理学的境界よりも防御的であるが，物理的境界をモデルの周囲からどのくらい離れて合理的に設定できるかを決定するためには，専門的な判断が求められる．すなわち，空間的に離れた物理的特性とモデルの周囲との間の平均透水係数を適切に推定できる距離はどれくらいであるか．この種の HDB 条件の適用例のいくつかは，その距離が長い．たとえば，Handman and Kilroy（1997）は，モデルの周囲から 16 マイルで位置する湧水を表現するために，空間的に離れた HDB を使用した．そこでは，規定された境界水頭は湧泉の標高に設定された．

4.4 地域モデルからの局所境界条件の抽出

周囲境界を選択することは難しいことが多い．なぜなら，物理的境界と適切な水理学的境界（た

とえば，安定した地下水分水嶺）は問題領域周辺に位置しない場合があるからである．HDBは，モデルの周囲境界を離れた物理的境界の水頭へ関連づけるために使用できる（4.3節）．あるいは，境界が離れた物理的特性の場所に位置するように，問題領域を拡張することができる．問題領域を拡張するには，格子/メッシュを拡張し，節点数を増やすことが必要となるが，それは計算負荷を増大させる．有限要素メッシュおよび非構造化コントロール・ボリューム差分（CVFD）格子では，細分化された節点ネットワークが，節点（5.1節）のより粗い領域ネットワークの中に埋め込まれ，粗い節点間隔をもつ遠方場の節点数を最小にする一方で，周囲境界は離れた物理的特性に置かれる．

局所スケールモデルに関する周囲境界は，大規模な地下水流モデルから水頭および流れを抽出することによって定義することも可能である（図4.20）．これらの技術は，標準的な差分と有限要素モデルで機能する．これらの方法の中の2つは，差分と有限要素の両方のモデルに適用可能な段階的メッシュ細分化（TMR）（Wardら，1987；Leak and Claar, 2006），およびMODFLOWのために開発された局所的格子調整（LGR）（Mehl and Hill, 2006）である．TMRでは，より大規模な差分や有限要素モデルで計算された水頭と流れに基づいて，より小さな地理的エリアを連続的にカバ

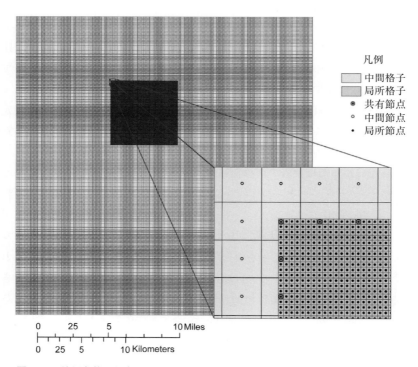

図4.20　境界条件の設定に関する格子細分化：中間スケールモデルと局所スケールモデルの水平方向の差分格子における共有節点を示す．局所スケールモデルに対する水理学的境界は中間スケールモデルの解から抽出される．中間スケールモデルの境界情報を提供する地域スケールモデルの格子は，ここでは示されていない（Hoard, 2010）．

4.4 地域モデルからの局所境界条件の抽出

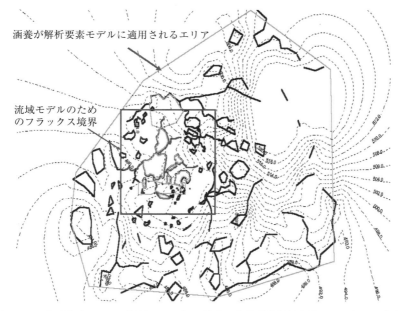

図 4.21　3 次元差分モデル（流域モデル）に対する水理学的境界条件は，2 次元の地域的解析要素（AE）モデルから抽出される．湖と河川の解析要素は濃い太線と薄い太線で色づけされている．AE モデルで計算された水頭（点線）は，有限要素モデルの周囲境界（四角の枠線）に沿ったフラックスを計算するために使用される．AE モデルから抽出されたフラックスは 5 層差分モデルの周囲境界に沿って鉛直方向に一様に分布する（Hunt ら（1998）より修正）．

ーする差分や有限要素モデルのための境界条件が割り当てられる．各モデルは独立して実行され，境界条件は各実行のあと，連続的に抽出される．

いくつかのグラフィカルユーザーインターフェース（GUI）（たとえば，Groundwater Vistas）には，以下の TMR オプションがある：より小さなスケールモデルのために設定された境界位置に沿った水頭と流れを抽出する；より小さなスケールモデルの境界に沿った規定水頭や規定流れを計算する；境界条件としてより小さなスケールモデルにその情報をインポートして，より小さなスケールモデルを実行する．あるいは，地域 AE モデルからの結果を，局所的な差分または有限要素 TMR モデルの境界条件を規定するために使用することができる（たとえば，Hunt ら，1998；Feinstein ら，2003）．AE コード GFLOW のグラフィカルインターフェースは，たとえば，AE モデルの解から得られる水頭または流れを規定水頭境界や規定流量境界として，差分または有限要素モデルに直接エクスポートする（**図 4.21**）．

計算された境界条件を更新するために地域モデルと局所モデルの間に反復的なフィードバックがあること以外は，LGR は TMR と概念的に類似している（たとえば，Feinstein ら，2010；Hoard，2010 を参照）．実際には，LGR を用いることは厄介であり，実行時間を大幅に増やし，単一の全体詳細格子（Vilhelmsen ら，2012）を用いるよりも効率的でない場合があるので，TMR が，通常，

LGR より好まれる．局所スケールモデルの境界が，その結果が境界に沿った条件に左右されないように対象領域から十分に離れているならば，TMR はたいていの問題に対して適用可能である．しかし，抽出された境界に沿った条件が時間とともに変わるとき，TMR の手法はより複雑で厄介となる．非定常 TMR モデルにおいては，境界を横切る地下水流の速さと方向が時間とともに変化する場合，抽出された境界条件は更新されなければならない（たとえば，Buxton and Reilly (1986) 参照）．LGR モデルは，挿入周囲境界の非定常な更新を自動的に行うことができる．

4.5 地下水面のシミュレーション

不圧条件下の地下水流動の厳密な定式化において，地下水面はその位置がモデルの解に依存する移動自由面境界である（図 4.22(a)）．自由面境界問題を解くことは難しいが，いくつかの解析解が特別な場合に利用できる（Bruggeman, 1999）．数値モデルの移動境界として地下水面を計算する（たとえば，Diersch, 2014, pp. 416-421）ことは，移動節点を可能にするコードを必要とする．多くの場合，実際には，地下水面上の境界条件は単純化され，空間に固定された節点をもつ格子/メッシュを用いて解きやすくする．D-F 近似（4.1 節；Box 4.1）を用いる不圧地下水流の 2 次元平面モデルでは，地下水面の水頭は解として計算される従属変数である（図 4.3）．しかし，2 次元断面モデルと 3 次元モデルにおいて，地下水面は，通常，モデルの上端境界である．地下水面での水頭（Box 4.6），または，より一般的には，地下水面を横切るフラックス（Box 4.3）を規定することができる．一般的にいって，水頭よりもむしろ地下水面を横切るフラックス（涵養）を指定することの方がよい（Box 4.6）．いずれの場合も，境界を正確に配置するためには，少なくとも地下水面のおよその高さが必要である．本節では，数値モデルで地下水面を計算するためのいくつかのオプションを示すが，最初に，いくつかの基本原理をまとめる．

地下水は全水頭（h）勾配に応じて流れる．全水頭（または水頭）は，圧力水頭（図 4.2）と位置水頭（z）の合計である．地下水面では，圧力は大気圧（ゼロ）に等しいので，地下水面の水頭は位置水頭に等しい．地下水面境界に関する問題の基本的なジレンマは，地下水面水頭をモデルで計算させたいときに，境界の位置を設定するためには地下水面の水頭を知っている必要があるということである．もう一つの複雑さは浸出面（図 4.3，4.22(b) と (c)）であり，その位置もまた未知である．地下水面に沿った条件と同様に，浸出面に沿った圧力はゼロ（大気圧）であるため，浸出面の水頭は浸出面の高さに等しい．浸出面を通る水の排出は，排水節点をもつ HDB を用いて計算することができ（4.3 節；図 4.17），揚水井の井戸ケーシングに沿って浸出面を計算するためのオプションもある（6.2 節）．しかし，標準的な地下水流動コードは，一般に浸出面の位置については解かないが，それは，たいていの地下水問題では浸出面は流動系のサイズと比較して小さな特性であるために，通常，問題とはならない．しかし，浸出面の位置を解くことは，斜面およびトンネルの安定性，脱水，ダムの中の流れといった工学的問題にとっては重要である．

以下では，地下水面を計算するための 3 つのオプションを説明する：(1) 固定節点をもつ標準的

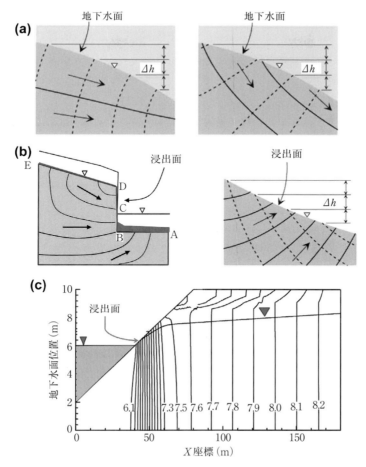

図 4.22 地下水面と浸出面の水理学的条件．(a) 涵養がない場合，地下水面は流線となる（左図）が，涵養があると流線とはならない（右図）．両方の場合で，地下水面の圧力水頭はゼロである．(b) 河川堤防に沿った浸出面（DC）（左図）．流線と流動方向が示されている．地下水面の位置（DE）と堤防と地下水面の交点（D）は未知である．右図は浸出面付近の流れの詳細な模式図を示す．浸出面の圧力水頭はゼロであり，浸出面の全水頭は位置水頭に等しくなる（Fitts (2013) より修正）．(c) 変動飽和モデルのゼロ圧力面として計算された地下水面．帯水層は，鉛直方向に 10 倍引き伸ばした横断面で示されている．等ポテンシャル線は，飽和-不飽和連続体で計算され，海での流出面付近では密な間隔となる．海水面と浸出面も示されている（Ataie-Ashtiani (2001) より修正）．

な差分および有限要素；(2) 可動節点をもつ有限要素コード；(3) 不飽和-飽和帯を連続体として計算する不定飽和流コード．第 1 の方法は実際に最も広く使われているが，浸出面の位置を見つけることがモデルの主な目的であるならば，地下水面と浸出面はオプション 2 または 3 を用いて計算しなければならない．

4.5.1 固定節点

標準的な地下水流動コードでは，節点は空間に固定されている．このことは，地下水面での計算水頭 $(h_{i,j,k})_{\text{WT}}$ が地下水面の高さ $z_{i,j,k}$ に必ずしも等しいというわけではないことを意味し，$(h_{i,j,k})_{\text{WT}}$ は，$(z_{i,j,k} \pm \Delta z/2)$ の範囲内にあることが期待される（図 4.23）．ここで Δz は $z_{i,j,k}$ 周辺の節点間隔である．計算水頭が地下水面セルの上端（通常，地表面の高さに設定）より高いならば，地下水面セルは被圧条件に変換され，セルは「湛水する」と表現される（5.3 節）．計算水頭が地下水面セルの下端より低いならば，セルは脱水される（下記参照）．

通常，地下水面の節点には規定流量境界条件が割り当てられ（Box 4.6），コードによって地下水面セルの水頭が解かれる．$(h_{i,j,k})_{\text{WT}}$ が節点の高さ（$z_{i,j,k}$）に等しくない場合（通常はこのケースとなるが），地下水面境界は正確には表されない．Clemo（2005）は，シミュレーション中にセル内の節点配置を調整できるように，MODFLOW-2000 の修正を提示した．しかし，たいていの適用例では，未調整の地下水面水頭における誤差は，そのような調整がなくても許容される．

固定節点を使う最も簡単な場合は，地下水面が不圧帯水層内にとどまっているときである（5.3 節参照）．空間的には，地下水面は，いくつかの層にまたがって存在する場合があり，そのおのおのがモデルの一番上の活動層（アクティブレイヤー）となる（たとえば，図 4.6）．地下水面が地下水面層の下端より低下するならば，層の節点は脱水される．これまで 20 年以上にわたって乾燥節点の取り扱いには悪戦苦闘してきた．以前のコードで使われた 1 つの単純な方法では，乾燥節点は，水頭が計算されるアクティブ節点の配列から取り除かれた．乾燥節点を取り除き，再び湿った場合にそれらを元に戻す手順が開発されたが，本質的には不安定であり（Doherty, 2001；Painter ら，2008），間違った解を導いた．地下水面層の飽和厚さが目に見えて変化しないと予想される問題に適した，成功した方法は，不圧地下水面層を被圧層として計算することである（5.3 節）．こ

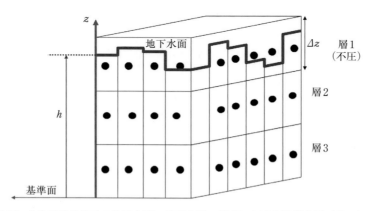

図 4.23 3 次元差分格子の地下水面．地下水面の節点における計算水頭（h）は，モデル最上層の下端の位置よりも高いが，必ずしも節点の位置に等しいとは限らない．（有限要素メッシュの固定節点でも同様）

の方法は問題を線形化して，多くの問題に対して許容できる解を与える（Sheets ら，2015；Juckem ら，2006）．最もよい解は，MODFLOW の最新バージョン（たとえば，MODFLOW-NWT Niswonger ら，2011）で実現されている．そのバージョンでは，差分方程式の定式化と解くために改良された方法を用いて，乾燥節点の問題がより効率的に，かつ確実に解かれる（Hunt and Feinstein (2012) によるレビューを参照のこと；テストケースは，Bedeker ら（2012）によって提供されている）．

4.5.2 可動節点

可動節点は，有限要素コードに容易に組み込まれる．なぜなら，有限要素法は固定された節点メッシュを構成するときでさえ，3 次元空間内の節点の位置を参照するからである（3.5 節；図 3.5）．しかし，解析の進行に伴って可動節点の位置を更新するためには，追加のプログラミング（すべての有限要素コードに含まれるというわけではない）が必要とされる．有限要素コード FEFLOW (Diersch, 2014) といくつかの特別な目的の有限要素コード（たとえば，Neuman (1976)，Neuman and Witherspoon (1971) による FREESURF；Townley (1990) による AQUIFEM-N）は，地下水面（図 4.24(a)）を追跡する可動節点を可能にする．可動節点は地下水面上に正確に配置され，節点の水頭は節点の高さにちょうど等しくなる（すなわち $(h_{i,j,k})_{WT}=z_{i,j,k}$）．可動節点はまた，浸出面の位置を計算可能にする（図 4.24(b)）．もちろん，節点が移動するとき，影響を受けた要素の形状は変化し（変形する），可動節点を含むコードは可変要素も可能にする．

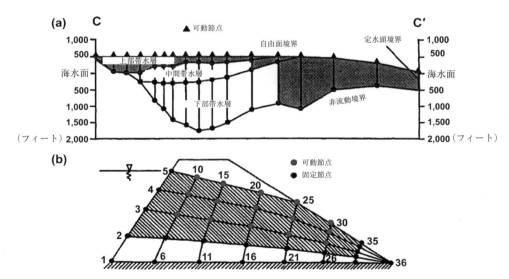

図 4.24　有限要素メッシュにおける可動節点と可変要素（陰影部分）．(a) 可動節点は地下水面境界に沿って配置される（Mitten ら (1988) より修正）．(b) 可動節点は，地下水面境界および透水性アースダムの内部と流出面に沿って配置されている．モデルは地下水面とそれに関連する浸出面の位置を解く．節点番号 25 と 30 は浸出面上にある（Neuman (1976) より修正）．

4.5.3 不定飽和流コード

地下水面を計算する最も現実的かつ理論的に厳密な方法は，不飽和-飽和帯を連続体として表す不定飽和流コードを用いることである（Box 6.2；12.2節）．浸透速度はモデルの上端境界（通常は地表面）を横切るように規定される．コードは地下連続体の水圧または圧力水頭を解き，地下水面は圧力ゼロ（大気圧）の表面として決定される（図4.22(c)）．浸出面の位置は反復的に決定される（Cooley, 1983；Neuman, 1973）．もちろん，不飽和帯を含むモデルは，飽和帯のみを表すモデルよりも複雑で，より複雑な支配方程式を必要とし，その他の2つのアプローチよりもはるかに長い実行時間を必要とする．

Box 4.6 何が地下水面をコントロールするか

地下水面は多くの地下水モデルにおいて重要な境界であるが，地下水面の配置は，通常は十分にわかっていない．地下水面が常に地表面に従う複製である，すなわち，地下水面が地形によってコントロールされるということは，よくある誤解である．多くの水文地質学的な設定では，地下水面は地形よりもむしろ涵養によってコントロールされる（Haitjema and Mitchell-Bruker, 2005；Shahbaziら, 1968）．その区別は重要である．なぜなら，涵養によってコントロールされる地下水面は，通常，規定流量境界によって表されるのに対し，地形によってコントロールされる地下水面は規定水頭境界条件によってしばしば表されるからである．

地下水面の野外での測定値を地表面をまねることによって外挿し，地下水面の水頭を規定する気になることがある．しかし，地下水面表面（3次元モデル）または地下水面断面（2次元断面モデル）を定める際のわずかな外挿誤差でさえ，涵養としてモデルに供給され，流出として除去される水の流れに重大な誤差を引き起こすことがありえる（たとえば，Stoertz and Bradbury, 1989）．4.3節で述べたように，規定水頭境界は潜在的に問題領域に無限の量の水を供給し，問題領域から無限の量の水を受け入れる可能性がある．したがって，誤って規定された地下水面は，規定境界水頭に出入りする拘束されない流れを提供する可能性がある．そのような流れは，野外条件下での実際の流れを表すとは考えにくい．その代わりに，地下水面を出入りする流れが妥当な値に制限されるように，地下水面を横切るフラックスとして涵養を規定することができる．涵養速度を測定することは難しい（5.4節）が，涵養の近似値はある信頼度で推定できる（Box 5.4）．さらに，モデルに入力される涵養速度の初期値は，たいていの場合，キャリブレーションの間に調節され，改善される．

Tóth（1962, 1963）の画期的な業績に関連してTóthian流れとも呼ばれる地形に起因する地下水の流れを計算するために，規定水頭の地下水面境界が用いられることがある（たとえば，Zlotnikら，2011, 2015）．Tóthの仕事は，井戸水理学から流動系解析へと水文地質学の焦点を移したという点で，先駆的であった．彼は，線形の地下水面に沿った規定水頭をもつ地域的地下水流動に関する断面モデルを発展させた（Tóth, 1962；Box 4.3）．後に，彼は，地下

水面に沿って水頭を規定するために正弦波関数を使用した（Tóth, 1963）．後者のモデルは，特有のパターンをもつ入れ子状の局所的，中間的，地域的流動セルを発生させた（**図B4.6.1**）．図B4.6.1のような図は，地域的地下水流動の象徴的な図となった（Tóth, 2005）．

しかし，入れ子状の流動セルは，地下水面が涵養によってコントロールされるときは存在しない（**図B4.6.2**；Haitjema and Mitchel-Bruker, 2005 も参照）．さらに，応用地下水モデリングにおける最も現実的な問題は，無次元パラメータ h_D/d を用いて示すことができる涵養駆動流を含む．

$$\frac{h_D}{d} = \frac{R}{K}\frac{L^2}{8bd} \quad (B4.6.1)$$

このパラメータは，式（B3.2.4）（Box 3.2）のパラメータから Haitjema and Mitchel-Bruker（2005）によって開発された．式（B4.6.1）は，地下水面が涵養と比べて地形によってコントロールされる条件を決定するのに役立つ．式（B4.6.1）において，h_D は，距離 L だけ離れた2つの河川に囲まれる不圧帯水層における1次元流れに関する地下水分水嶺での水頭である．d は水平基準からの地形高（**図B4.6.3**），R は涵養速度，K は透水係数，b は，図B4.6.3に示す厚さである．h_D が d とほぼ等しい（すなわち，$h_D/d ≒ 1$）とき，地下水面は地形と涵養のどちらにも完全にはコントロールされない．$h_D/d > 1$ のとき，地下水面は地表面を横切り，地形によってコントロールされる．このような地形に基づいた流れのもとでは，地下水面は地形が高い所での涵養と，地形の低い所での流出によってコントロールされる．$h_D/d < 1$ のときは，地下水面は涵養によってコントロールされる．

Tóth（1963）の断面モデルにおいて，$h_D/d = 40$（$L/b = 4, L/d = 400, R/K = 0.2$ を用いて式（B4.6.1）から計算される；Haitjema and Mitchel-Bruker, 2005）は，予想どおり，地下水面が地形によってコントロールされることを意味する．Tóth モデルでは，$R/K = 0.2$ の場合，低透水係数の媒体は高い涵養を受ける．より透水性の高い水文地質学的層序単元をもつ水文地質環境では，h_D/d は，通常，1未満であり，地下水系は涵養に制御される．これは，ほとんどの野外設定において R/K が一般に $10^{-6} \sim 10^{-3}$ の範囲にあるという観察結果に従う．たとえば，$R/K = 1.4 \times 10^{-6}$（たとえば，$K = 50$ m/d；$R = 25.6$ mm/y = 10 インチ/y），$L/b = 100$ および $L/d = 500$ のとき，h_D/d は1より非常に小さくなる（= 0.0088）（Haitjema and Mitchel-Bruker, 2005）．Haitjema and Mitchel-Bruker（2005）の解析は，図B4.6.1で示すような地形に起因する流れは，半透水層よりもむしろ帯水層に焦点を当てた地下水問題では，一般的に起こらないことを示唆する．

多くの地下水流動問題では，地下水面は規定水頭よりもむしろ規定流量境界条件によってよく表される．規定流量条件では，モデルによって地下水面の水頭が計算でき，地下水面との間の真の流れを近似できる可能性が高く，大部分の帯水層系にとってより概念的に適切である．地下水系が，低い透水係数と高い涵養速度，高い鉛直異方性，系の長さ L と飽和厚 b との比が小さい深い流動系によって特徴づけられるとき，地下水面は地形によってコントロールされる（たとえば，Tóth の問題で $L/b = 4$；Lemieux ら，2008；Haitjema and Mitchel-Bruker, 2005 も参照のこと）．しかし，河床形態に起因する流れは，地形に起因する流れに類

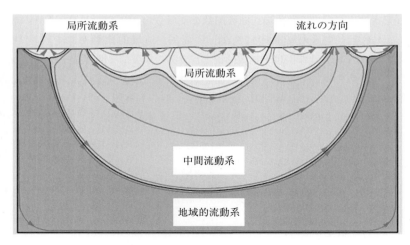

図 B4.6.1 Tóth（1963）の断面モデルに基づいた，地下水面が地形にコントロールされるときの地域的流動系の概略図．地形をまねて，正弦波規定水頭条件が地下水面に課せられる．モデルは，入れ子状になった局所的，中間的，地域的流動セルを計算する（Winter ら，1998）．

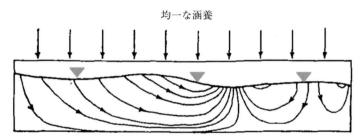

図 B4.6.2 2次元断面モデルにおける涵養によってコントロールされる地下水面．均一な涵養が正弦波の地表面に浸透する Hele-Shaw アナログ・モデル（1.2 節）から決定した水頭を用いて地下水面は規定された．地下水面は，地表面の正弦波関数に従わず，入れ子状の流動セルは現れない（Shahbazi ら，1968 より修正）．

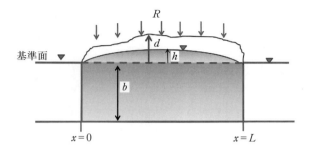

図 B4.6.3 一様な涵養 R がある不圧帯水層における D-F 近似のもとでの1次元流れの概念モデル．最大の地形高 d は，（境界での水頭によって定義される）基準面と地表面との間の最大の鉛直距離である．鉛直スケールはわかりやすくするために，大きく誇張されている．

似した概念であるが，河床間隙水域（地表水と地下水が混ざる河床の下の領域）での地下水流れを計算するために，効果的に用いることができる．河床間隙水域流れのモデルにおいて，水頭が河床の上端に沿って規定され，地下水モデルの上端境界条件を形成する（たとえば，Zlotnikら，2011）．

4.6 よくあるモデリングの誤り

- 地表水体を表すために規定水頭境界と水頭依存境界（HDB）をよく用いるが，地下水系と交換される水量が合理的で，概念モデルと一致しているかどうかについて検証することを怠る．規定水頭境界とHDB（Box 4.5）は，問題領域との間に現実的でない水量を移動させる場合がある．
- 排水路は得水および失水が生じる地表水体を計算するために用いられる．HDBを用いる排水路の基本的な表現では，水を地下水系へ侵入させないので，排水路のHDBは排水路から水の損失を計算できない．
- 揚水井を計算するために，2次元断面モデルが用いられる．断面モデルは，断面の両側では非流動であると仮定するため，井戸への放射状流を計算できない．揚水井に対しては，軸対称断面モデル，2次元平面モデルまたは3次元モデルを用いる必要がある．
- 2次元断面モデルは，地下水の流動経路と一致していない．断面モデルは，断面の厚さの範囲内のみの流れを計算するため，地下水流と一致させる必要がある．
- 揚水の長期的な影響を決定するために設計されたモデルに対する水理学的境界条件を定めるために，等ポテンシャル線を選択する．野外条件下では，揚水は，境界条件を規定するために選択された等ポテンシャル線の位置での水頭に影響を及ぼす可能性があり，その場合，モデルの境界条件は無効となる．さらに，等ポテンシャル線に基づく規定水頭条件はモデルに無制限の量の水を供給し，それによって，計算される水位低下が誤って低く保たれることによって，揚水の影響が過小評価される可能性がある．
- 揚水の長期的な影響を決定するためのモデルでは，流線によって定義される水理学的境界条件を用いて，横方向の非流動境界が設定される．野外では，揚水の影響が水理学的非流動境界に達し，低下錐の拡張を正しく表現できない可能性があり，それによって水位低下が非常に大きくなる場合がある．
- 地下水面は，規定水頭を用いて計算される（Box 4.6）．モデルは，地下水面節点を出入りする非現実的な流れのために，実際にはない入れ子状の流れ系を計算してしまう．

問　題

第4章の問題では境界の考え方を紹介し，境界の割り当てがモデルの結果に与える影響を調べ

る．いくつかの問題は，表計算や地下水流動コード（差分法または有限要素法）を必要とする．推奨コードを，本書の Web サイト（http://appliedgwmodeling.elsevier.com/）に示す．境界条件の設定に関する具体的な指示については，コードのユーザーズ・マニュアルを参照しなさい．差分法と有限要素法における境界設定の違いは，解にわずかな差を引き起こす可能性がある．この章では，揚水井や注入井を導入して，境界流れ（図 4.13(a)，4.14，4.15）を計算した．また問題 4.4 のように内部の規定流量境界条件で揚水井や注入井を表すことができる（4.3 節）ことも述べた．6.2 節では，内部の吸い込みとしての井戸に関する詳細な情報を提供する．

4.1 Box 4.3 の図 B4.3.1 と図 B4.3.2 で示した等方性かつ均質な帯水層における 2 次元定常地下水流動を計算するとき，差分格子での非流動境界と規定水頭境界の設定には，表計算を用いることができる．ここでは，ブロック中心型および点中心型差分方程式を用いて，この問題を異なる方法によって解く．モデルの上端境界は地下水面であり，図 B4.3.2（Box 4.3）の式を用いて規定される．非流動境界は，Box 4.3 で説明したように仮想節点を組み込むことによって Box 4.3 の式（B4.3.2）を用いて設定される．たとえば，図 B4.3.3（Box 4.3）におけるブロック中心型格子の左側の非流動境界に沿って，仮想節点 A5 の水頭は B5 の計算水頭に等しく設定される．非流動境界は A5 と B5 節点の中間に位置する．表計算で実行されるブロック中心型格子に対する差分方程式は，図 B4.3.3(b)（Box 4.3）に示される．5 点作用素（3.5 節）は，**図 P4.1**(a)で示されるように，左側境界に沿った節点に関して修正される（図 P4.1(b)，(c)）．

  a. 表計算モデルを用いて，図 B4.3.3(a)，(b)（Box 4.3）に示したように，ブロック中心型格子の水頭に関する差分方程式を解きなさい．Excel で表計算を解くために，ツール＞オプション＞計算へと進み，手動にチェックをつけなさい．また，「繰り返し」ボックスをチェックしなさい．計算を開始するために F9 を押しなさい．少なくとも 1000 回の繰り返しと 1×10^{-4}m の許容誤差を用いなさい．また水収支計算も行いなさい．図 B4.3.3(c)（Box 4.3）の解に対して自分の解をチェックしなさい．等ポテンシャル線（1 m 間隔の等高線）を描いて，適当なスケールで流線の図を作成しなさい．

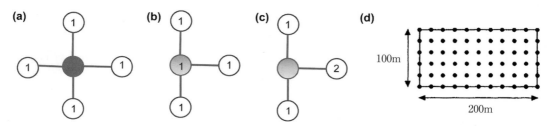

図 P4.1 (a) 2 次元差分格子の内部節点（実丸）に関する 5 点作用素計算モジュール．数字は Box 4.3 の差分方程式（式（B4.3.2））における水頭の重み付けである．(b) ブロック中心型差分格子の境界節点（陰影）に関する計算モジュール．非流動境界は節点の左側にある．仮想節点 $i-1, j$（ここでは示されていない）の水頭は節点 i, j の水頭に等しい．(c) 点中心型差分格子の境界節点（陰影）に関する計算モジュール．非流動境界は節点上に直接存在する．仮想節点 $i-1, j$（ここでは示されていない）の水頭は節点 $i+1, j$ の水頭に等しい．(d) Box 4.3 の断面モデルにおける点中心型差分格子．

b. 縦11列と横6行の点中心型格子を用いなさい（図P4.1(d)）．非流動境界が点中心型格子では異なって配置されるので，問題領域の幾何形状はブロック中心型格子（Box 4.3の図B4.3.3(a)）とは異なり（図P4.1(d)），境界に沿った差分方程式も異なる．（ヒント：図P4.1(c)で示される計算モジュールを用いて点中心型格子の左側の非流動境界での差分方程式を書きなさい．右側と下端の境界に対して類似の計算モジュールを作成しなさい．）

c. 標準的な差分コード（たとえば，MODFLOW）と有限要素コード（たとえば，FEFLOW）を用いて問題を再び解きなさい．これは，差分もしくは有限要素コードの使用を必要とする最初の問題なので，結果を報告する前に解法の閉合基準の値の割り当てを検証し，解の収束性を評価しなさい（3.7節）．さらにaとbの解を比較しなさい．

4.2 ダムの下の地下水流動を計算するために断面モデルを作成し，差分または有限要素コードのどちらかを用いてそのモデルを解きなさい．不透水性岩盤上にある河川の谷を埋める厚さ26.5 mの等方性で均質なシルト質砂（$K=10$ m/d）の上に，長さ60 m，幅40 mの不透水性のコンクリートダムが建設されている（図P4.2）．貯水池の深さは30 mで，ダムから放水された水の河川水位は10 mである．対象の横断面の長さは，ダムを中心として200 mである．数値モデルを定式化するとき，境界条件の表し方について注意深く考えなさい．結果を報告する前に，解法の閉合基準の値を検証し，解の収束性を評価しなさい（3.7節）．

a. 可能な限り，シミュレーション結果は，何らかの独立した計算と照合してチェックされるべきである．この問題では，流線網を使って図解的に問題を解くことができる（Box 5.2と8.2）．図から寸法を取り出し，鉛直方向の拡大をすることなく断面の縮尺図を作成しなさい．曲線の四角形で流線網（Box 5.2の図B5.2.1(a)を参照）を作成し，ダムの下の単位幅当たりの地下水浸出量を計算しなさい（Box 8.2参照）．

b. 数値モデルを作成しなさい．断面モデルの側面境界を$x=0$および$x=200$ mにおいて設定しなさい．モデルを用いて，水頭と（水収支の計算値から）ダムの単位幅当たりの地下水流動量を計算しなさい．

c. 水頭と流れに関して，aの図解法による解とbの数値解を比較しなさい．解が大きく異なるならば，一方もしくは両方の解にエラーがある．エラーを修正し，水頭とダムの単位幅当たり浸出量を再計算しなさい．

d. ダムの下の多孔質媒体は，$K_x=10\,K_z$の異方性であると仮定し，数値モデルを再度実行しなさ

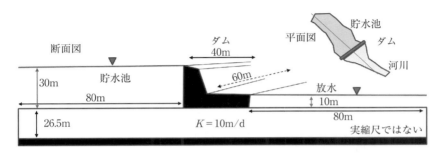

図P4.2 ダムと貯水池が上にある帯水層の断面．差し込み図は，平面図でのダムを示す；線は断面のおよその位置を示す．

い．ただし，今度は異方性を含んでいる．ダムの単位幅当たりの地下水浸出量を計算しなさい．なぜ浸出率は等方かつ均質な条件の解と異なるのか．（あなたは，変形断面を用いて，この問題を図解的に解くことも可能である．Box 5.2 を参照しなさい．）

4.3 Hubbertville の町は，礫質の不圧帯水層（図 P4.3）に揚水井を建設することによって水供給を拡大することを計画している．井戸は，20,000 m³/d の速度で定常的に揚水するように設計されている．井戸の建設は，沼地保護区を管理する州の機関 Fish and Game Service によって中止された．機関は，ポンプでの揚水は沼地への地下水流出を「かなり」減少させ，水鳥生息地に損害を与えると主張した．一方，町は，北側にある完全に浸透型の河川境界と，谷の中央付近に位置する地下水分水嶺によって，沼地への流れのいかなる変化も生じないと主張した．

 a. 図 P4.3 の情報を用いて揚水する前の条件に対して，河川と沼地の間の帯水層の2次元平面定常モデルを作成しなさい．河川境界および沼地境界を 1000 m の定水頭境界としなさい．両側面境界は非流動境界である．このように境界条件を割り当てる妥当性を示しなさい．500 m の一定節点間隔を用いなさい．モデルを実行し，水頭の等高線図を作成しなさい．南北断面の地下水面断面を描いて，河川と湿地の間の計算地下水分水嶺に印を付けなさい．沼地保護区への流出量を計算しなさい．

 b. a で導いた定常水頭を用いて，谷の中央部における地下水分水嶺の位置を示しなさい．地下水分水嶺の位置で，最初に非流動境界を用い，次に規定水頭境界を用いてモデルを実行しなさい．こ

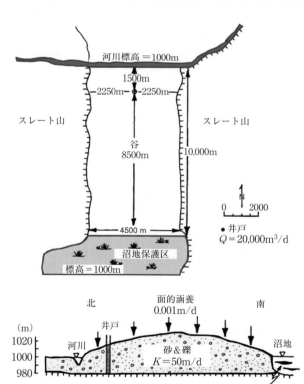

図 P4.3 沼地保護区に隣接している帯水層の平面図と断面図．河川から 1500 m 離れた完全貫入の揚水井の位置案も示されている．

の結果とaの結果を比較しなさい．それぞれの沼地保護区への流出量を計算しなさい．内部境界を割り当てることによる影響はどのようなものか．

c. aのモデルを再度実行するが，ここでは河川を表すためにHDBを用いなさい．河川の水位は1000 m，幅は500 mである．河床堆積物の鉛直透水係数は5 m/d，堆積物の厚さは1 mである．堆積物の底の標高は995 mである．その結果をaの結果と比較しなさい．

d. 河川幅を5 mと仮定して，cのモデルを再度実行しなさい．河川幅を減らすことによる影響はどのようなものか．

4.4 問題4.3で作成したモデルを使用する．井戸は図P4.3で示される位置にある．20,000 m^3/dの一定割合で揚水する．以下の3つのモデル境界のそれぞれに対して，定常状態の揚水条件下でモデルを3回実行しなさい：(1) 図P4.3で示される物理的境界；(2) 河川と沼地の間の地下水分水嶺における内部非流動境界；分水嶺の位置は問題4.3の解から決定される；(3) 河川と沼地の間の地下水分水嶺における内部規定水頭境界；分水嶺の位置は問題4.3の解から決定される．

a. 地下水分水嶺に課せられた内部境界条件が結果の水頭分布に与える影響について考察しなさい．3つの揚水シミュレーションについて，揚水井を表す節点を通る北-南の地下水面断面を比較しなさい．各境界条件下における沼地保護区への流出量を計算しなさい．

b. 問題4.3の揚水以前のシナリオ下における沼地への地下水流出量と揚水シナリオ下の結果を比較しなさい．モデルの結果に照らして，州政府機関が用いた「有意に減少した」という表現（問題4.3の考察参照）はどのような意味をもつのか考えなさい．沼地保護区への地下水流の変化によって潜在的に影響を受ける物理的，地球化学的，生態学的条件のリストを作成しなさい．

4.5 問題4.3aの河川と沼地の定水頭境界を規定流境界に置き換えなさい．問題4.3aの水収支結果を使い河川と沼地における境界フラックスを計算しなさい．ゼロ流れの側方境界条件を含むすべての境界は規定流量境界であることに注意すること．

a. 1000 mの開始水頭を用いて規定流量境界でモデルを実行し，次に2000 mの開始水頭を用いて2回目を実行しなさい．（注意：一部のGUIでは，すべてに規定流量境界を用いるとエラーが発生したり，これらの条件下ではモデルが実行できないことを警告する．）その結果を問題4.3aの結果と比較し，その違いを説明しなさい．

b. aで設計したモデルの1つをとって，河川または沼地のどちらかの一定フラックス節点を1000 mの規定水頭節点に置き換えなさい．そのモデルを定常状態で実行しなさい．その結果をaおよび問題4.3aの結果と比較し，その違いを説明しなさい．

4.6 対象領域から少し離れた場所に配置された水理学的非流動境界条件を用いて，面的に広い帯水層の境界を定めたい場合がしばしばある．2つの非流動境界条件（流線）は，流れ管（または，特別な条件下では流管；Box 8.2の図B8.2参照）となる．この境界の割り当てがモデル結果に悪影響を与えるかどうかを判断する1つの方法は，非流動境界を規定水頭境界に置き換えることである．流れがこれらの規定水頭の節点間で生じるならば，非流動境界の割り当ては適切でない．この方法は沼地保護区問題を使って例示することができる．スレート山が存在しないと仮定しよう．その代わりに，非流動境界として，より大きな地域的流動系内に幅4500 mの流れ管を設定する．

a. 図P4.3（a）の流れ管を表す非流動境界を，問題4.3aの解から得られた規定水頭に置き換えなさい．モデルを実行し，問題4.3aの定常水頭が再現されることを確認しなさい．流れ管境界で

の東-西のフラックスと沼地保護区への流出量を計算しなさい．モデル化された地域が幅 4500 m であることを確認しなさい．

b. 流れ管を定める規定水頭境界を使って，揚水井をもつ定常流場を計算しなさい．規定水頭境界との間の流れを調べて，その結果を a で計算された揚水前と比較しなさい．沼地保護区への流出量はいくらか．流れ管の水理学的境界は，揚水井から十分離れていて，非流動境界として作用しているか．いい換えると，揚水条件下で側面境界からモデル領域への流れ管境界に沿った規定水頭節点との間の流れは十分に小さく，流れが実質なくなっているか．

〈参考文献〉

Abtew, W., Melesse, A., 2012. Evaporation and Evapotranspiration: Measurements and Estimation. Springer Dordrecht. ISBN: 10: 9400747365, 290 p.

Anderson, M.P., Woessner, W.W., 1992. Applied Groundwater Modeling: Simulation of Flow and Advective Transport. Academic Press, 381 p.

Ataie-Ashtiani, B., Volker, R.E., Lockington, D.A., 2001. Tidal effects on groundwater dynamics in unconfined aquifers. Hydrological Processes 15(4), 655e669. http://dx.doi.org/10.1002/hyp.183.

Bair, E.S., Lahm, T.D., 2006. Practical Problems in Groundwater Hydrology: Problem-based Learning Using Excel_ Worksheets. Pearson, Prentice Hall, Upper Saddle River, New Jersey (reference book and CD).

Bakker, M., Schaars, F., 2013. Modeling steady sea water intrusion with single-density groundwater codes. Groundwater 51(1), 135e144. http://dx.doi.org/10.1111/j.1745-6584.2012.00955.x (Erratum: Groundwater 51(4), 651).

Bakker, M., Schaars, F., Hughes, J.D., Langevin, C.D., Dausman, A.M., 2013. Documentation of the Seawater Intrusion (SWI2) Package for MODFLOW. U.S. Geological Survey Techniques and Methods 6-A46, 47 p. http://pubs.er.usgs.gov/publication/tm6A46.

Banta, E.R., 2000. MODFLOW-2000, the U.S. Geological Survey Modular Ground-water Modeldocumentation of Packages for Simulating Evapotranspiration with a Segmented function (ETS1) and Drains with Return Flow (DRT1). U.S. Geological Survey Open-File Report 00-466, 127 p. http://pubs.er.usgs.gov/publication/ofr00466.

Barlow, P.M., 2003. Ground Water in Freshwater-saltwater Environments of the Atlantic Coast. U.S. Geological Survey Circular 1262, 113 p. http://pubs.usgs.gov/circ/2003/circ1262/.

Batelaan, O., De Smedt, F., 2004. SEEPAGE, a new MODFLOW drain package. Groundwater 42(4), 576e588. http://dx.doi.org/10.1111/j.1745-6584.2004.tb02626.x.

Bear, J., Cheng, A.H.-D., 2010. Modeling groundwater flow and contaminant transport. In: Series: Theory and Applications of Transport in Porous Media, vol. 23. Springer, 834 p.

Bedekar, V., Niswonger, R.G., Kipp, K., Panday, S., Tonkin, M., 2012. Approaches to the simulation of unconfined flow and perched groundwater flow in MODFLOW. Groundwater 50(2), 187e198. http://dx.doi.org/10.1111/j.1745-6584.2011.00829.x.

Bense, V.F., Person, M.A., 2006. Faults as conduit-barrier systems to fluid flow in siliciclastic sedimentary aquifers. Water Resources Research 42(5), W05421. http://dx.doi.org/10.1029/2005WR004480.

Bredehoeft, J.D., Pinder, G.F., 1970. Digital analysis of area flow in multiaquifer groundwater systems: A quasi three-dimensional model. Water Resources Research 6(3), 883e888. http://dx.doi.org/10.1029/WR006i003p00883.

Bruggeman, G.A.(Ed.), 1999. Analytical Solutions of Geohydrological Problems. In: Developments in Water Science, vol. 46. Elsevier, Amsterdam, 959 p.

Buxton, H., Reilly, T.E., 1986. A Technique for Analysis of Ground-water Systems at Regional and Subregional Scales Applied on Long Island, New York. U.S. Geological Survey Water Supply Paper 2310, pp. 129e142. http://pubs.er.

参考文献

usgs.gov/publication/wsp2310.

Caine, J.S., Evans, J.P., Forster, C.B., 1996. Fault zone architecture and permeability structure. Geology 24(11), 1025e1028. http://geology.gsapubs.org/content/24/11/1025.abstract.

Caine, J.S., Minor, S.A., 2009. Structural and geochemical characteristics of faulted sediments and inferences on the role of water in deformation, Rio Grande Rift, New Mexico. Geological Society of America Bulletin 121 (9e10), 1325e1340. http://dx.doi.org/10.1130/B26164.1.

Cardenas, M.B., 2008. Surface-ground water interface geomorphology leads to scaling of residence times. Geophysical Research Letters 35(8), L08402. http://onlinelibrary.wiley.com/doi/10.1029/2008GL033753/full.

Clarke, J.S., West, C.T., 1998. Simulation of Ground-water Flow and Stream-aquifer Relations in the Vicinity of the Savannah River Site, Georgia and South Carolina, Predevelopment through 1992. U.S. Geological Survey Water-Resources Investigations Report 98e4062, 135 p. http://pubs.er.usgs.gov/publication/wri984062.

Clemo, T., 2005. Improved water table dynamics in MODFLOW. Groundwater 43(2), 270e273. http://dx.doi.org/10.1111/j.1745-6584.2005.0021.x.

Cooley, R.L., 1983. Some new procedures for numerical solution of variably saturated flow problems. Water Resources Research 19(5), 1271e1285. http://dx.doi.org/10.1029/WR019i005p01271.

Diersch, H.-J.G., 2014. FEFLOW: Finite Element Modeling of Flow, Mass and Heat Transport in Porous and Fractured Media. Springer, 996 p.

Doherty, J., 2001. Improved calculations for dewatered cells in MODFLOW. Groundwater 39(6), 863e869. http://dx.doi.org/10.1111/j.1745-6584.2001.tb02474.x.

Dupuit, J., 1863. Etudes th_eoriques et pratiques sur le mouvement des eaux dans les canaux d_ecouverts et_a travers les terrains perm_eables. Dunod, Paris. Feinstein, D.T., Dunning, C.P., Hunt, R.J., Krohelski, J.T., 2003. Stepwise use of GFLOW and MODFLOW to determine relative importance of shallow and deep receptors. Groundwater 41(2), 190e199. http://dx.doi.org/10.1111/j.1745-6584.2003.tb02582.x.

Feinstein, D.T., Dunning, C.P., Juckem, P.F., Hunt, R.J., 2010. Application of the Local Grid Refinement Package to an Inset Model Simulating the Interactions of Lakes, Wells, and Shallow Groundwater, Northwestern Waukesha County, Wisconsin. U.S. Geological Survey Scientific Investigations Report 2010e5214, 30 p. http://pubs.usgs.gov/sir/2010/5214/.

Fipps, G., Skaggs, R.W., Nieber, J.L., 1986. Drains as a boundary condition in finite elements. Water Resources Research 22(11), 1613e1621. http://dx.doi.org/10.1029/WR022i011p01613.

Fitts, C.R., 2013. Groundwater Science, second ed. Academic Press, London. 672 p.

Fitts, C.R., Godwin, J., Feiner, K., McLane, C., Mullendore, S., 2015. Analytic element modeling of steadyinterface flow in multilayer aquifers using AnAqSim. Groundwater 55(3), 432e439. http://dx.doi.org/10.1111/gwat.12225.

Forchheimer, P., 1886. Ueber die Ergiebigkeit von Brunnen-Anlagen und Sickerschlitzen. Zeitschrift des Architekten- und Ingenieur-Vereins zu Hannover 32, 539e563.

Forchheimer, P., 1898. Grundwasserspiegel bei brunnenanlagen. Zeitschrift des €osterreichischen Ingenieurund Architekten Vereins 44, 629e635.

Freeze, R.A., Witherspoon, P.A., 1967. Theoretical analysis of regional ground-water flow: 2. Effect of water table configuration and subsurface permeability variations. Water Resources Research 3(2), 623e634. http://dx.doi.org/10.1029/WR003i002p00623.

Gannett, M.W., Wagner, B.J., Lita Jr, K.E., 2012. Groundwater Simulation and Management Models for the Upper Klamath Basin, Oregon and California. U.S. Geological Survey Scientific Investigation Report 2012-5062, 92 p. http://pubs.er.usgs.gov/publication/sir20125062.

Goyal, M.R.G., Harmsen, E.W., 2013. Evapotranspiration: Principles and applications for water management. CRC Press, Boca Raton, FL. ISBN: 10: 1926895584, 628 p.

Grannemann, N.G., Hunt, R.J., Nicholas, J.R., Reilly, T.E., Winter, T.C., 2000. The importance of ground water in the Great Lakes Region. U.S. Geological Survey Water Resources Investigations Report 00e4008, 14 p. http://pubs.usgs.

gov/wri/wri00-4008/.

Haitjema, H.M., 1995. Analytic Element Modeling of Groundwater Flow. Academic Press, Inc., San Diego, CA., 394 p.

Haitjema, H.M., 2006. The role of hand calculations in ground water flow modeling. Groundwater 44(6), 786e791. http://dx.doi.org/10.1111/j.1745-6584.2006.00189.x.

Haitjema, H.M., 2007. Freshwater and Salt Water Interface Flow in GFLOW. GFLOW documentation. http://www.haitjema.com/documents/FreshwaterandsaltwaterinterfaceflowinGFLOW.pdf.

Haitjema, H.M., Mitchell-Bruker, S., 2005. Are water tables a subdued replica of the topography? Groundwater 43(6), 781e786. http://dx.doi.org/10.1111/j.1745-6584.2005.00090.x.

Handman, E.H., Kilroy, K.C., 1997. Ground-water Resources of Northern Big Smoky Valley, Lander and Nye Counties, Central Nevada. U.S. Geological Survey Water Resources Investigations Report: 96-4311, 102 p. http://pubs.er.usgs.gov/publication/wri964311.

Hoard, C. J., 2010. Implementation of Local Grid Refinement (LGR) for the Lake Michigan Basin Regional Groundwater-flow Model. U.S. Geological Survey Scientific Investigations Report 2010e5117, 25 p. http://pubs.er.usgs.gov/publication/sir20105117.

Hsieh, P. A., 2001. TopoDrive and ParticleFlowdTwo Computer Models for Simulation and Visualization of Ground-water Flow and Transport of Fluid Particles in Two Dimensions. U.S. Geological Survey Open-File Report 01e286, 30 p. http://pubs.er.usgs.gov/publication/ofr01286.

Hunt, R.A., Anderson, M.P., Kelson, V.A., 1998. Improving a complex finite difference groundwater-flow model through the use of an analytic element model. Groundwater 36(6), 1011e1017. http://dx.doi.org/10.1111/j.1745-6584.1998.tb02108.x.

Hunt, R.J., Feinstein, D.T., 2012. MODFLOW-NWT e robust handling of dry cells using a Newton Formulation of MODFLOW-2005. Groundwater 50(5), 659e663. http://dx.doi.org/10.1111/j.1745-6584.2012.00976.x.

Jeanne, P., Guglielmi, Y., Cappa, F., 2013. Hydromechanical heterogeneities of a mature fault zone: Impacts on fluid flow. Groundwater 51(6), 880e892. http://dx.doi.org/10.1111/gwat.12017.

Juckem, P.F., Hunt, R.J., Anderson, M.P., 2006. Scale effects of hydrostratigraphy and recharge zonation on baseflow. Groundwater 44(3), 362e370. http://dx.doi.org/10.1111/j.1745-6584.2005.00136.x.

Keller, C.K., VanderKamp, G., Cherry, J.A., 1989. A multiscale study of the permeability of a thick clayey till. Water Resources Research 25(11), 2299e2318. http://dx.doi.org/10.1029/WR025i011p02299.

Kendy, E., Bradbury, K.R., 1988. Hydrogeology of the Wisconsin River Valley in Marathon County, Wisconsin. Wisconsin Geological and Natural History Survey, Information Circular 64, 66 p.

Kipp Jr, K.L., 1987. HST3D: A Computer Code for Simulation of Heat and Solute Transport in Threedimensional Ground-water Flow Systems. U.S. Geological Survey Water-Resources Investigations Report 86-4095, 517 p. http://pubs.er.usgs.gov/publication/wri864095.

Kirkham, D., 1967. Explanation of paradoxes in Dupuit-Forchheimer seepage theory. Water Resources Research 3(2), 609e622. http://dx.doi.org/10.1029/WR003i002p00609.

Land, L.F., 1977. Utilizing a digital model to determine the hydraulic properties of a layered aquifer. Groundwater 15(2), 153e159. http://dx.doi.org/10.1111/j.1745-6584.1977.tb03160.x.

Langevin, C.D., 2008. Modeling axisymmetric flow and transport. Groundwater 46(4), 579e590. http://dx.doi.org/10.1111/j.1745-6584.2008.00445.x.

Leake, S. A., Claar, D. V., 1999. Procedure and Computer Programs for Telescopic Mesh Refinement Using MODFLOW. U.S. Geological Survey Open-File Report 99e238, 53 p. http://pubs.er.usgs.gov/publication/ofr99238.

Lemieux, J.-M., Sudicky, E.A., Peltier, W.R., Tarasov, L., 2008. Simulating the impact of glaciations on continental groundwater flow systems: 2. Model application to the Wisconsinian glaciation over the Canadian landscape. Journal of Geophysical Research 113 (F3), F03018. http://dx.doi.org/10.1029/2007JF000929.

Lott, R.B., Hunt, R.J., 2001. Estimating evapotranspiration in natural and constructed wetlands. Wetlands 21(4), 614e628. http://dx.doi.org/10.1672/0277-5212(2001)021 [0614: EEINAC] 2.0.CO; 2.

McDonald, M.G., Harbaugh, A.W., 1988. A Modular Three-dimensional Finite-Difference Ground-water Flow Model.

U.S. Geological Survey Techniques of Water-Resources Investigations 06eA1, 576 p. http://pubs.er.usgs.gov/publication/twri06A1.

McLane, C., 2012. AnAqSim: Analytic element modeling software for multi-aquifer, transient flow. Groundwater 50 (1), 2e7. http://dx.doi.org/10.1111/j.1745-6584.2011.00892.x.

Mehl, S. W., Hill, M. C., 2006. MODFLOW-2005, the U. S. Geological Survey Modular Ground-water ModeldDocumentation of Shared Node Local Grid Refinement (LGR) and the Boundary Flow and Head (BFH) Package. U.S. Geological Survey Techniques and Methods 6eA12, 78 p. http://pubs.er.usgs.gov/publication/tm6A12.

Mitchell-Bruker, S., Haitjema, H.M., 1996. Modeling steady state conjunctive groundwater and surface water flow with analytic elements. Water Resources Research 32(9), 2725e2732. http://dx.doi.org/10.1029/96WR00900.

Mitten, H.T., Lines, G.C., Berenbrock, C., Durbin, T.J., 1988. Water Resources of Borrego Valley and Vicinity, San Diego County, California: Phase 2-Development of a Ground-water Flow Model. U.S. Geological Survey Water-Resources Investigation Report 87e4199, 27 p. http://pubs.er.usgs.gov/publication/wri874199.

Moene, A.F., van Dam, J.C., 2014. Transport in the Atmosphere-vegetation-soil Continuum. Cambridge University Press, New York. ISBN: 10: 0521195683, 458 p.

Neuman, S.P., 1973. Saturatedeunsaturated seepage by finite elements. Journal of Hydraulics Division, American Society of Civil Engineers 99 (Hy12), 2233e2250.

Neuman, S.P., 1976. User's Guide for FREESURF I. Department of Hydrology and Water Resources, University of Arizona, Tuscon, Arizona, 22 p.

Neuman, S.P.,Witherspoon, P.A., 1971. Analysis of nonsteady flow with a free surface using the finite element method. Water Resources Research 7(3), 611e623. http://dx.doi.org/10.1029/WR007i003p00611.

Niswonger, R.G., Panday, S., Ibaraki, M., 2011. MODFLOW-NWT, a Newton Formulation for MODFLOW-2005. U.S. Geological Survey Techniques and Methods 6eA37, 44 p. http://pubs.er.usgs.gov/publication/tm6A37.

Niswonger, R. G., Prudic, D. E., 2005. Documentation of the Streamflow-routing (SFR2) Package to Include Unsaturated Flow beneath StreamsdA Modification to SFR1. U.S. Geological Survey Techniques and Methods 6eA13, 50 p. http://pubs.er.usgs.gov/publication/tm6A13.

Painter, S., Başa_gao_glu, H., Liu, A.G., 2008. Robust representation of dry cells in single-layer MODFLOW models. Groundwater 46(6), 873e881. http://dx.doi.org/10.1111/j.1745-6584.2008.00483.x.

Polubarinova-Kochina, P.Y., 1962. Theory of Groundwater Movement. Princeton University Press, Princeton, NJ (translated from the Russian original by J.M. Roger de Wiest) 613 p.

Rawling, G. C., Goodwin, L. B., Wilson, J. L., 2001. Internal architecture, permeability structure, and hydrologic significance of contrasting fault-zone types. Geology 29(1), 43e46. http://dx.doi.org/10.1130/0091-7613(2001)029 < 0043: IAPSAH > 2.0.CO; 2.

Reilly, T.E., 1984. A Galerkin Finite-element Flow Model to Predict the Transient Response of a Radially Symmetric Aquifer. U.S. Geological Survey Water Supply Paper 2198, 33 p. http://pubs.er.usgs.gov/publication/wsp2198.

Reilly, T.E., Harbaugh, A.W., 2004. Guidelines for Evaluating Ground-water Flow Models. U.S. Geological Survey Scientific Investigation Report 2004-5038, 30 p. http://pubs.usgs.gov/sir/2004/5038/.
Errata: http://pubs.usgs.gov/sir/2004/5038/errata_sheet/.

Scholz, C.H., Anders, M.H., 1994. The permeability of faults. In: Hickman, S., Sibson, R., Bruhn, R. (Eds.), Proceedings of Workshop LXIII: The Mechanical Involvement of Fluids in Faulting, Red Book Conference. U.S. Geological Survey Open File Report 94-228, Menlo Park, CA, pp. 247e253.http://pubs.usgs.gov/of/1994/0228/report.pdf.

Seaton, W.J., Burbey, T.J., 2006. Influence of ancient thrust faults on the hydrogeology of the Blue Ridge Province. Groundwater 43(3), 301e313. http://dx.doi.org/10.1111/j.1745-6584.2005.0026.x.

Shahbazi, M., Zand, S., Todd, D.K., 1968. Effect of topography on ground water flow, vol. 77. International Association of Scientific Hydrology (Proceedings, General Assembly of Bern 1967), pp. 314e319. http://iahs.info/Publications-News/paper-search.do.

Sheets, R.A., Dumouchelle, D.H., Feinstein, D.T., 2005. Ground-water Modeling of Pumping Effects Near Regional

Ground-water Divides and River/aquifer Systems - Results and Implications of Numerical Experiments. U.S. Geological Survey Scientific Investigations Report 2005-5141, 31 p. http://pubs.er.usgs.gov/publication/sir20055141.

Sheets, R.A., Hill, M.C., Haitjema, H.M., Provost, A.M., Masterson, J.P., 2015. Simulation of water-table aquifers using specified saturated thickness. Groundwater 53(1), 151e157. http://dx.doi.org/10.1111/gwat.12164.

Stoertz, M.W., Bradbury, K.R., 1989. Mapping recharge areas using a ground-water flow model e A case study. Groundwater 27(2), 220e229. http://dx.doi.org/10.1111/j.1745-6584.1989.tb00443.x.

Strack, O.D.L., 1976. A single-potential solution for regional interface problems in coastal aquifers. Water Resources Research 12(6), 1165e1174. http://dx.doi.org/10.1029/WR012i006p01165.

Strack, O.D.L., 1984. Three-dimensional streamlines in Dupuit-Forchheimer models. Water Resources Research 20(7), 812e822. http://dx.doi.org/10.1029/WR020i007p00812.

Streltsova, T.D., 1976. Analysis of aquifer-aquitard flow. Water Resources Research 12(3), 415e422. http://dx.doi.org/10.1029/WR012i003p00415.

Tóth, J., 1962. A theory of groundwater motion in small drainage basins in Central Alberta, Canada. Journal of Geophysical Research 67(11), 4375e4387. http://dx.doi.org/10.1029/JZ067i011p04375.

Tóth, J., 1963. A theoretical analysis of groundwater flow in small drainage basins. Journal of Geophysical Research 68(16), 4795e4812. http://dx.doi.org/10.1029/JZ068i016p04795.

Tóth, J., 2005. The Canadian school of hydrogeology: History and legacy. Groundwater 43(4), 640e644. http://dx.doi.org/10.1111/j.1745-6584.2005.0086.x.

Townley, L.R., 1990. AQUIFEM-n: A Multi-layered Finite Element Aquifer Flow Model, User's Manual and Description. CSIRO Division of Water Resources, Perth, Western Australia.

Townley, L.R., Wilson, J.L., 1980. Description of an User's Manual for a Finite Element Aquifer Flow Model AQUIFEM-1, MIT Ralph M. Parsons Laboratory for Water Resources and Hydrodynamics. Technology Adaptation Program Report No. 79-3, 294 p.

Trescott, P.C., Pinder, G.F., Larson, S.P., 1976. Finite-difference model for aquifer simulation in two dimensions with results of numerical experiments. U.S. Geological Survey Techniques of Water-Resources Investigations. Book 7, 116 p. http://pubs.er.usgs.gov/publication/twri07C1.

Vilhelmsen, T.N., Christensen, S., Mehl, S.W., 2012. Evaluation of MODFLOW-LGR in connection with a synthetic regional-scale model. Groundwater 50(1), 118e132. http://dx.doi.org/10.1111/j.1745-6584.2011.00826.x.

Waller, R.M., 2013. Groundwater and the Rural Homeowner. U.S. Geological Survey, 38 p. http://pubs.usgs.gov/gip/gw_ruralhomeowner/.

Wang, H.F., Anderson, M.P., 1982. Introduction to Groundwater Modeling: Finite Difference and Finite Element Methods. Academic Press, San Diego, CA., 237 p.

Ward, D.S., Buss, D.R., Mercer, J.W., Hughes, S.S., 1987. Evaluation of a groundwater corrective action at the Chem-Dyne Hazardous Waste site using a telescopic mesh refinement modeling approach. Water Resources Research 23(4), 603e617. http://dx.doi.org/10.1029/WR023i004p00603.

Werner, A.D., Bakker, M., Post, V.E.A., Vandenbohede, A., Lu, C., Ataie-Ashtiani, B., Simmons, C.T., Barry, D.A., 2013. Seawater intrusion processes, investigation and management: Recent advances and future challenges. Advances in Water Resources 51, 3e26. http://dx.doi.org/10.1016/j.advwatres.2012.03.004.

Winter, T.C., 1976. Numerical Simulation Analysis of the Interaction of Lakes and Groundwater. U.S. Geological Survey Professional Paper 1001, 45 p. http://pubs.er.usgs.gov/publication/pp1001.

Winter, T.C., Harvey, J.C., Franke, O.L., Alley, W.M., 1998. Groundwater and Surface Water, a Single Resource. U.S. Geological Survey Circular 1139, 79 p. http://pubs.er.usgs.gov/publication/cir1139.

Woessner, W.W., 2000. Stream and fluvial plain ground water interactions: Rescaling hydrogeologic thought. Groundwater 38(3), 423e429. http://dx.doi.org/10.1111/j.1745-6584.2000.tb00228.x.

Yager, R.M., 1987. Simulation of Ground-water Flow Near the Nuclear-fuel Reprocessing Facility at the Western New York Nuclear Service Center, Cattaraugus County, New York. U.S. Geological Survey Water Resources

Investigation Report 85e4308, 58 p. http://pubs.er.usgs.gov/publication/wri854308.

Youngs, E. G., 1990. An examination of computed steady-state water-table heights in unconfined aquifers: Dupuit-Forchheimer estimates and exact analytical results. Journal of Hydrology 119 (1e4), 201e214. http://dx.doi.org/10.1016/0022-1694(90)90043-W.

Zaidel, J., Markham, B., Bleiker, D., 2010. Simulating seepage into mine shafts and tunnels with MODFLOW. Groundwater 48(3), 390e400. http://dx.doi.org/10.1111/j.1745-6584.2009.00659.x.

Zheng, C., Bradbury, K.R., Anderson, M.P., 1988. Role of interceptor ditches in limiting the spread of contaminants in ground water. Groundwater 26(6), 734e742. http://dx.doi.org/10.1111/j.1745-6584.1988.tb00424.x.

Zlotnik, V. A., Cardenas, M. B., Toundykov, D., 2011. Effects of multiscale anisotropy on basin and hyporheic groundwater flow. Groundwater 49(4), 576e583. http://dx.doi.org/10.1111/j.1745-6584.2010.00775.x.

Zlotnik, V.A., Toundykov, D., Cardenas, M.B., 2015. An analytical approach for flow analysis in aquifers with spatially varying top boundary. Groundwater 53(2), 335e341. http://dx.doi.org/10.1111/gwat.12205

第5章

空間的離散化とパラメータの割り当て

> 私は殻の中に拘束されていても，自分自身を
> 無限の宇宙の王と見なすことができる…
>
> ハムレット，第2幕，第2場

前章では問題領域を節点に離散化する考え方を説明した．節点は，差分法ではセル/ブロック，有限要素メッシュでは要素を定義する．本章は空間の離散化，格子/メッシュへの初期パラメータ値の割り当てに焦点を当てる．時間の離散化については7.6節で解説する．

5.1 空間の離散化

差分格子もしくは有限要素メッシュの設計は，モデル設計において最も重要かつ難しいステップの1つである．格子/メッシュの節点数は，解の精度，解を得るのに要する計算時間，生成される出力の量に影響する．格子/メッシュを生成するためには，グラフィカルユーザーインターフェース（GUI）（3.6節）もしくは有限要素メッシュジェネレータが利用されるが，節点間隔を入力し，有限要素メッシュの要素の種類を決めなければならない．格子/メッシュの設計後に節点を追加したり，削除したりすることができる GUI もあるが，節点網を再設計する際には，パラメータ値の再割り当てや一般には境界条件の修正が必要となる．したがって，モデル化の目的に最も合致した格子/メッシュの設計を考えることに時間を費やすのが賢明である．さらに，モデル化のすべての段階，つまり，キャリブレーション，粒子追跡，予測シミュレーションにおいて同じ格子/メッシュが利用されることになる．したがって実施するシミュレーションの目的に見合った格子/メッシュであるかを，前もって計画的に確認することが重要である．

数値モデルでは，節点と差分セル/ブロックもしくは有限要素（図3.4，図3.5，図3.10，図4.11）を用いて問題領域が離散化される．節点網は数値モデルによる計算の骨組みを形成する．また，節点で水頭が計算され，節点間の値は補間されるため，節点間隔が出力の解像度を決定する．

メッシュと格子という用語はときに互換的に使用されるが，ここでは，差分節点網に対しては「格子」，有限要素節点網に対しては「メッシュ」を用いる．概念モデルと周辺の境界の位置は水平方向の格子/メッシュの全体的な大きさを決定する．2次元（2D）平面モデルは水平方向の節点間隔によって定義される1つのレイヤーをもつ．3次元（3D）モデルは2つ以上のレイヤーをもつが，一般的には水平方向の節点網はモデルの全レイヤーで同一である．ただし，レイヤーごとに水平方向の節点網を変えることができるコードもある．

　一般に，有限要素メッシュは問題領域をより柔軟に離散化できる．これは三角形要素や四角形要素（つまり，長方形に限らない四辺形要素）をメッシュに用いることができるためである．これに対して，標準的な差分格子は長方形格子でなければならない．格子もメッシュも構造化あるいは非構造化ができる．最も一般的なタイプである構造化格子/メッシュ（長方形の格子/メッシュ）では，3次元空間内の節点はせいぜい6つの隣接する節点と接続するが（図5.1(a)），非構造化格子/メッシュでは，6つの接続よりも少なくしたり多くしたりすることができ（図5.1(b)），節点ごとに接続数を変えることもできる．差分コードでは，コントロールボリューム差分（CVFD）法を用いて非構造化格子を作成することができる（Pandayら，2013）．この手法を用いた初期の差分法は積分差分（IFD）と呼ばれていた．初期の地下水問題への数値モデル適用例には，非構造化差分格子を使用した例がある（Tyson and Weber, 1964, Narashihan and Witherspoon, 1976）．MODFLOW-USG（USGとは非構造化格子（UnStructured Grid）を表す（Pandayら，2013））は非構造化格子を取り扱えるCVFDコードの最近の例である．明確にするために，CVFDを用いた差分法，つまり非構造化格子によってより柔軟な格子作成が可能な方法と，構造化長方形格子を必要とする標準的な差分法とを区別する．

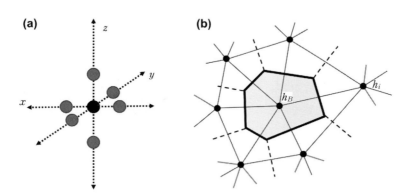

図5.1 節点間の接続．(a) 3次元構造化格子/メッシュでは，節点は隣接する節点と最大で6つの接続を有する．2次元では最大で4つの接続を有する（http://doi.ieeecomputersociety.org/cms/Computer.org/dl/mags/cs/2012/03/figures/mcs20120300483.gif）．
(b) 中央節点が6つの他の節点と接続している水平方向の2次元非構造化差分格子．3次元でこの格子は8つの接続を有する（Tyson and Weber (1964) より修正．この文献は個人利用に限定してダウンロードできる．他のいかなる利用にはアメリカ土木学会の事前許可が必要である．）．

5.1 空間の離散化

鉛直方向の離散化はモデルレイヤーの厚さにより決まり，各レイヤーは水文地質単元を表すのが通例である（5.3節）．したがって，ほとんどの数値モデルでは，鉛直方向の離散化のスケールは水平方向の節点網の節点間隔とは異なる．鉛直方向の離散化に関しては5.3節に回して，以下では2次元水平方向の格子/メッシュに関して一般的な解説をする．水平方向の節点間隔の選択法は5.2節で議論する．

5.1.1 格子/メッシュの配向

格子/メッシュのx軸もしくはy軸が地下水流の主方向と平行に配向していることが理想的である．さらに，座標軸は透水係数（K）テンソルの主方向と共線形であるのがよい（Box 3.1）．流れの主方向は，断層と一連の節理，水文地質単元の走向，成層化といった構造的特徴により支配されている（図5.2，図5.3）．流れの主方向が定まらない場合，格子/メッシュは，入力ファイルを整理するGISやGUIの投影法と合わせるのが一般的である．

異方性の方向を非均質なものとして計算しなければならない場合も，ごくまれにある．つまり，透水係数テンソルの主方向が空間的に変化するために，モデルの全体座標軸を透水係数テンソルの主方向と共線形にすることができない場合である（Box 3.1の図B3.1.1(b)）．たとえば，急傾斜な水文地質単元を計算する際にこの問題が生じる（5.3節）．このような場合，支配方程式には透水係数テンソルの非対角成分が含まれなければならず（Box 3.1の式（B3.1.4）），この形式の支配方程式の求解には有限要素コードが最良である．理論的には，差分コードも修正すれば非均質異方性を取り扱うことができ，水平方向成分に対してはより容易に実行できる（Andermanら，2002）．鉛直方向の非均質な異方性に対する修正も理論的に可能であるが，実用上プログラム化することは困難である（Hoaglund and Pollard, 2003；Yagerら，2009）．

有限要素法は，差分法（CVFDも含めて）よりも異方性の方向変化に容易に対応可能である．これは，有限要素解法で係数行列を組み立てる際には各要素が別々なものとして扱われ，要素内の局所座標軸を透水係数テンソルの局所的な方向に一致させることができるからである（Box 3.1の図B3.1.1(b)を参照）．すべてではないにしても，有限要素コードの多くは，異方性の方向の非均質性を考慮できる．有限要素コードであるFEFLOW（Diersch, 2014）では，異方性の方向に対して，全体座標軸，傾斜床と地質構造（たとえば，図5.3），要素内の局所座標系の方向を一致させることができる．なお，局所座標系を一致させるのが最も一般的である．有限要素コードSUTRA（Voss and Provost, 2002）も非均質な異方性に汎用的に対応可能である．

5.1.2 差分格子

標準的な差分格子は長方形の構造化格子である（図5.4(a), (b)）．非構造化差分格子では格子設計がより柔軟になり，有限要素メッシュと同程度の柔軟性をもつ．

170　第5章　空間的離散化とパラメータの割り当て

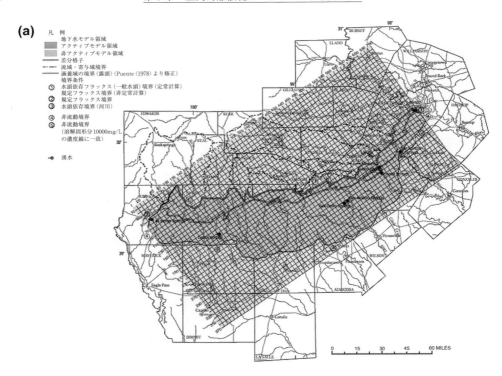

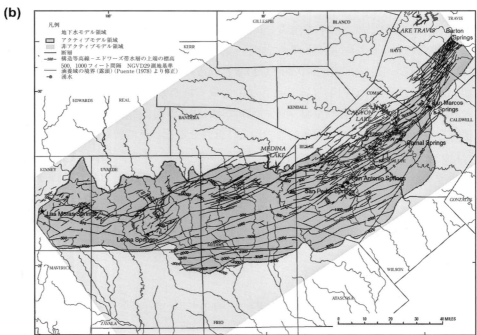

図5.2　差分格子の配向．(a) アメリカテキサス州のエドワーズ帯水層のモデルのための差分格子は (b) に示すような北東-南西方向の断層に一致するように配向している．格子が境界条件で規定されている問題領域よりも大きいことに注意．境界外の領域には，領域外節点が含まれる（Lindgrenら，2004）．
（口絵参照）

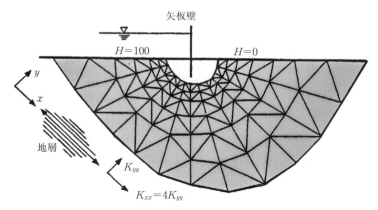

図5.3 有限要素メッシュの座標軸は左側の成層状況によって示されるように透水係数テンソルの主成分に一致するように配向している．矢板の近くの詳細なメッシュは省略されている（Townley and Wilson, 1980 を修正）．

5.1.2.1 構造化格子

構造化差分格子は長方形のセル/ブロック（図4.11(b)，図3.4(c)）から成り，ブロック中心（**図5.5**(a)，図4.11(b)），時として点中心（図5.5(b)，図4.11(c)）の格子とすることができる．ブロック中心格子では，格子線がセル境界を形づくり，セルの中心に節点が置かれるが，点中心格子では格子線は節点を通る．両者ともに節点周りの長方形領域が差分セルとなる．構造化差分格子の全体的な形は長方形であるが，問題領域として設定する地下水系は長方形でないのが普通である（図5.2）．そのため，長方形で表されるモデル領域内部に問題領域が含まれるように境界が表現される（図5.2）．モデル領域内の水頭値が計算される節点をアクティブ節点，問題領域外に位置する節点を非アクティブ節点と呼ぶ．非アクティブ節点は解の一部ではなく，水頭値は計算されない（ただしコードが使用する配列の保存領域は占めている）．

構造化差分格子での節点位置は，2次元では行と列，3次元では行と列とレイヤーによる番号付け規約を用いて特定される（図3.4）．2次元の構造化差分格子は，水平面の Δx と Δy の値を格納した配列から生成される．格子設定のためのコード特有の慣例があることに注意しなければならない．たとえば，MODFLOW では，変数 DELR（Δr）が水平方向の列間の節点間隔（Δx と等価）を表し，変数 DELC（Δc）が水平方向の行間の節点間隔（Δy と等価）を表す．行に対して添字 i，列に対して添字 j を用いて節点が指定されるため（3.5.1項），DELR 配列は各列に対する1つの値（Δr_j）を格納し，DELC 配列は各行に対する1つの値（Δc_i）を格納する（図5.5）．3次元モデルでは，Δz の値を直接に入力するか，最上位と最下位のレイヤーの標高から計算される．

等間隔格子（図5.2(a)）では，水平面で節点間隔が均一であり（$\Delta x = \Delta y = $ 定数），セル中心に節点が位置する．不規則格子では，水平方向の一方向もしくは両方向に沿って節点間隔が変化する．ブロック中心格子では依然セル中心に節点が位置するが，点中心格子では節点の位置は中心から外れる（図5.5）．等間隔格子の方が計算精度，操作効率ともに良いために，等間隔節点網向け

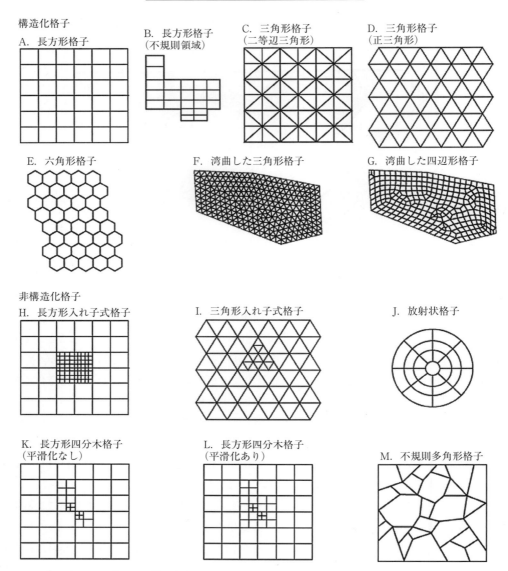

図5.4 構造化格子と非構造化格子の設計（Pandayら，2013）

に設計された後処理操作が多い．ただし，局所的に解像度を細かくして地表水体，揚水井，パラメータの変化，急激な水頭勾配，その他重要となる水文特性を表現する必要があるときには，等間隔格子は非実用的である．モデル領域の一部分でのみ細かな解像度が必要な場合，不規則格子で設計するか，そうでなければ，局所的に小さな格子を大きな格子の中に埋め込む（図5.4(h), (i)；4.4節，図4.20）．考え方としては，局所的に小さな格子を埋め込む方法が好ましいことが多いが，設定や実行に多くの時間を要することもある．ここでは，標準的な構造化差分格子で使用する不規則

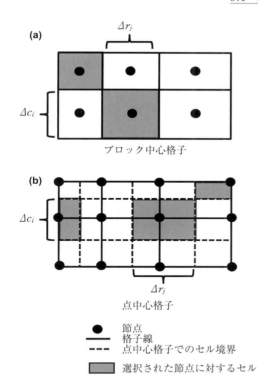

図 5.5 MODFLOW の慣例（i＝行，j＝列）を用いて表される不規則格子．列間の間隔（行に沿った間隔）が Δr_j，行間の間隔（列に沿った間隔）が Δc_i である．（a）ブロック中心格子，（b）点中心格子（McDonald and Harbaugh, 1988 を修正）

格子について述べる．

不規則格子は，格子全体にわたって行数や列数が同じでなければならないので，注目する領域外でも細かな離散化となることは避けられないことがほとんどである（**図 5.6**）．不規則格子構築の際には，水平方向の節点間隔は両方向ともに徐々に増加もしくは減少させなければならない．共通の目安は，前の節点間隔の 1.5 倍以上にならないように間隔を広げていくことである．たとえば，節点間距離が 1 m であれば，次の節点間距離は 1.5 m 以上にせずその次は 2.25 m 以上にしない．2 倍になる行や列が幾分あってもよいが，すべての格子で 1.5 倍以上には広げない方がより望ましい．この不規則格子の目安は，不規則節点間隔に対して求めた 2 次導関数の差分表現が大きな誤差を含むことから生まれた（式 (3.25)）．つまり，等間隔格子の差分表現では 2 次まで正しく打切り誤差を表せるが，不規則格子では 1 次までしか正しくない．打切り誤差の違いはテイラー級数展開によって示される（Remson ら，1971，pp. 65-679）．不規則格子でより大きな数値誤差が生じることの発見的な説明を **Box 5.1** に示した．x 方向と y 方向の両方で節点間隔を変化させると数値誤差は累積するが，格子拡大の際に両方向ともに 1.5 倍の規則に従っていれば，数値誤差を許容範囲内に収めることができる．

等間隔格子は，計算精度が良く，元来入力データと計算出力の処理が容易であるため好まれるが，もし全領域で細かい節点間隔が用いられると，同じ問題領域をカバーするためにより多くの節

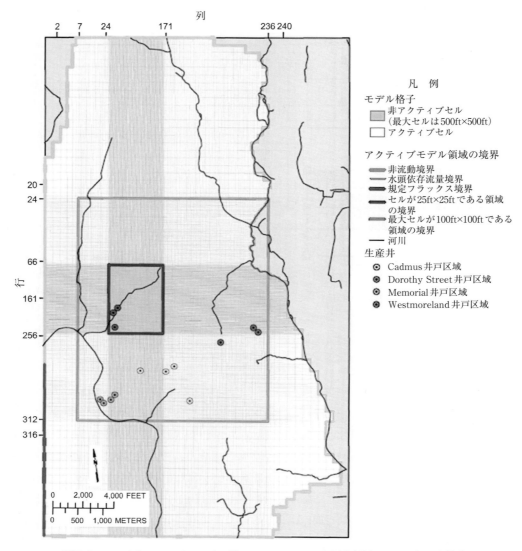

図5.6 アメリカニュージャージー州のスーパーファンド用地付近において細かな節点間隔を提供するために設定された不規則差分格子（Lewis-Brown ら，2005）

点が必要となる．節点数が多くなると，入力と出力のための配列はより大きくなり，記憶容量とデータ管理労力も多大になる．しかし，今日，コンピュータの計算能力向上と記憶容量増加により，等間隔節点を用いた全体的に微細な格子を適用できる地下水問題も多くなっている．

Box 5.1 不規則差分格子に内在する数値誤差

不規則差分格子での差分近似が等間隔差分格子に比較して大きな誤差をもつことを，発見的に説明をしてみよう（5.1節）．図 B5.1.1 に示す1次元ブロック中心格子を考えてみよう．節点 i 近傍の2次導関数の差分表現は点 $i+1/2$ と点 $i-1/2$ で計算される1次導関数の差となる．

$$\left.\frac{d^2h}{dx^2}\right|_i = \frac{d}{dx}\left(\left.\frac{dh}{dx}\right|_{i+1/2} - \left.\frac{dh}{dx}\right|_{i-1/2}\right) = \frac{1}{\Delta x}\left(\frac{h_{i+1}-h_i}{\Delta x_{i+1/2}} - \frac{h_i-h_{i-1}}{\Delta x_{i-1/2}}\right) \quad (B5.1.1)$$

Δx が一定のとき（図 B5.1.1(a)），点 $i+1/2$ と点 $i-1/2$ はブロックの端に一致するため，節点 i は $i+1/2$ と $i-1/2$ の中心に位置する．しかし，不規則格子の場合（図 B5.1.1(b)），点 $i+1/2$ は節点 i を有するブロックの端には一致せず，節点 i は点 $i-1/2$ と点 $i+1/2$ の中心に位置しない．

差分解は点 $i+1/2$ と点 $i-1/2$ の中点の水頭を計算する．節点が点 $i+1/2$ と点 $i-1/2$ の中心にないと，水頭が計算される位置は節点に一致しないため，解に誤差が生じる．

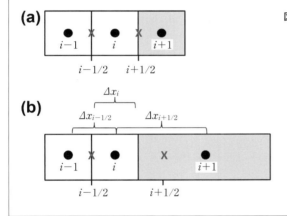

図 B5.1.1 (a) 規則的差分格子，(b) 不規則差分格子．両者とも1次元で示されている．節点は塗りつぶされた丸であり，節点の間の地点を×で示している．点 $i+1/2$ は節点 i と $i+1$ の間にあり，点 $i-1/2$ は節点 $i-1$ と i の間にある．$\Delta x_{i+1/2}$ は節点 i と $i+1$ の間の距離，$\Delta x_{i-1/2}$ は節点 $i-1$ と i の間の距離，Δx_i は節点 i を含むセルの幅である．等間隔格子では，$\Delta x_{i+1/2} = \Delta x_{i-1/2} = \Delta x_i$ となる．見やすくするために，不規則格子は推奨される1.5倍ではなく，4倍で拡大している（5.1節）．

5.1.2.2 非構造化格子

CFVD モデルの非構造化差分格子（3.5節）に，入れ子式格子による細かな節点間隔の離散化領域を導入すると（図 5.4(h), (i), 図 5.7），有限要素メッシュ同様，節点の設計に柔軟性が得られ，構造化不規則格子に代わる方法となる．入れ子式格子には，注目する領域の外側の問題領域は細かな節点間隔にする必要がないという長所がある．段階的メッシュ細分化（TMR）と局所的格子調整（LGR）に類似した（4.4節）考え方であり，注目する領域の詳細な離散化を局所スケールのモデルで行い，局所スケールのモデルはより大きなスケールのモデルから抽出された境界条件の中に位置づけられる．しかし，TMR と LGR は，複数の数値モデルと複数セットの境界条件を連結させて入れ子状の問題領域を表現する必要がある．対照的に，入れ子式格子では細かな節点間隔の格子が粗い節点間隔をもつより大きなスケールの格子の中に埋め込まれるため，1つの問題領域，1

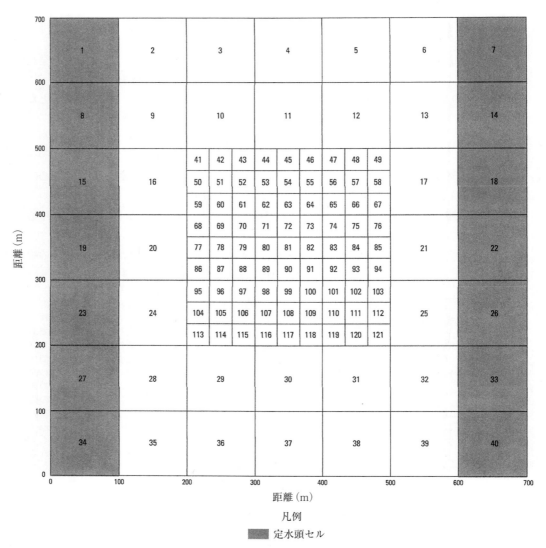

図 5.7 非構造化差分格子中の入れ子式セル.各セルに番号が振られている(Panday ら,2013).

セットの境界条件,1つの解が存在するだけとなる.

MODFLOW-USG(Panday ら,2013)には,入れ子式格子(図 5.4(h), (i))とともに,地質や人工物周辺の四分木細分化(図 5.4(k), (l))による格子細分化法もある.四分木格子法(3 次元では八分木格子と呼ばれる)では,相対的に粗い節点間隔をもつ長方形格子が 4 つのより小さいセルに分割され,これが局所的に何度も繰り返し適用されることで,揚水井や河川や水路のような地物の周りに入れ子式格子が形成される(図 5.8).

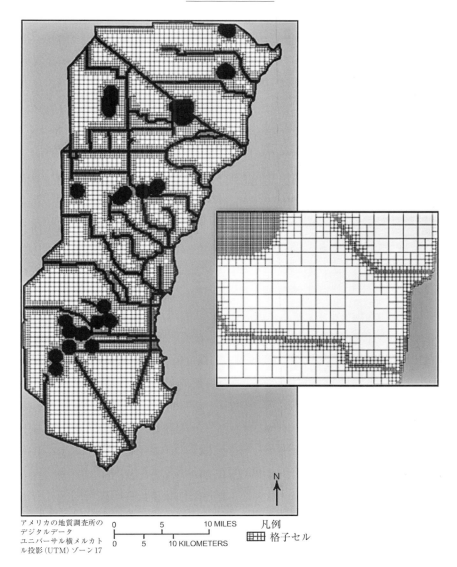

図 5.8 アメリカフロリダの Biscayne 帯水層の CVFD モデルにおける四分木格子（800 m の構造化格子が基となっている）．市営井戸と水路，海岸線から 1000 m 以内においては，セルは 50 m の大きさのセルにまで 4 つのレベルに細分化されている．四分木格子は平滑化され，各セルはいかなる方向に対しても 2 つ以上のセルに接続していない（Panday ら，2013）．

　格子の構築に必要な入力情報を複雑にすれば，非構造化格子はさらに柔軟になる．非構造化格子では，有限要素メッシュ同様，節点に連続した番号が割り振られるので，標準的な差分で用いられる効率的な i, j, k を用いた番号付け規約とは異なる．各セルにもまた番号が振られる（図 5.7）．隣接節点は接続され，共有するセル面をすべての接続に対して入力しなければならない．データ整理

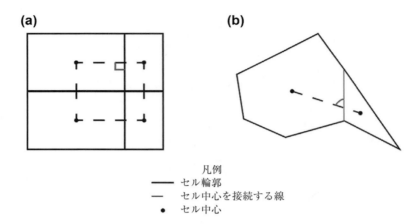

図 5.9 非構造化差分格子における2つのタイプのセルの接続．(a) 隣接するセルの中心を接続する線は共有する面と直角に交わる．(b) 隣接するセルの中心を接続する線は共有する面と直角に交わっておらず，CVFD 要件が守られていない（Panday ら，2013）．

の複雑性を考えると，非構造化格子では前処理コードの利用が推奨される（Panday ら，2013）．

デカルト座標の中で非構造化差分格子を設計する際に重要となる指針は，隣接セルの中心点を結ぶ線が共有面と直角に交わり（図 5.9），交点が面のほぼ中心になるということである．円筒形格子の場合，交点は半径の対数平均に一致する．この指針は，コントロールボリューム差分（CVFD）要件と呼ばれ，この要件を遵守することで差分方程式が2次まで正しいことが保証される．厳密には，入れ子式格子ではこの要件は守られていないが（詳細は Panday ら，2013 を参照），わずかであれば許容される．図 5.4(a)-(e)，(j) に示す格子は CVFD 要件を満たしているが，同図の他の格子は要件を満たしていない．MODFLOW-USG は仮想節点補正（Ghost Node Correction：GNC）パッケージと呼ばれるモジュールを有しており，CVFD 要件が破られることで引き起こされる誤差を最小化する設計となっている．GNC パッケージは，仮想節点と隣接するセルのアクティブ節点を結ぶ線が面を直角に二等分するように，自動的に仮想節点を置く（図 5.10）．面を横切るフラックスは仮想節点の水頭値から計算される．なお仮想節点の水頭値は補間により近似される．また，地下水流動方程式（式（3.27））の差分近似におけるセル間コンダクタンス項の接続長さを計算するためにも，仮想節点は使用される．仮想節点自身はアクティブ節点には含まれず，仮想節点の水頭値はアクティブ節点の水頭値の補間により求められる．

Feinstein ら（2013）は「準構造化」非構造化格子法を提案し，1つのレイヤー内では同一の構造化格子を維持しつつ，レイヤー別に異なる節点網を設定できるようにした．彼らの適用例では，最上位のレイヤーに最小の節点間隔をもたせて地下水と地表水の相互作用を計算し，深層レイヤーほど粗く離散化している．下位レイヤーの1つの大きなセルの上に，上位レイヤーで4つの小さなセルが並んでいる．標準的な GUI で別々に作成した構造化格子を MODFLOW-USG にインポートし，MODFLOW-USG からの出力は，標準的な構造化格子の後処理プログラムにより後処理され，

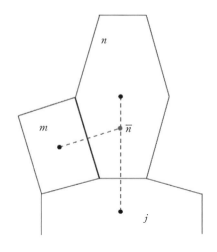

凡例
● セル中心
● 仮想節点

図 5.10 CVFD 要件が守られていないことを補正するための非構造化格子における仮想節点の設定 (Panday ら, 2013).

可視化される．

ここまでの説明から明らかなように，非構造化格子で格子設計の柔軟性を得ようとすると，標準的な差分格子と比べてより注意が求められる．Panday ら (2013) は以下のように述べている．「もし格子が適切に設計されなかったり，GNC パッケージによる適切な補正がなされなければ，水頭と流動の計算に大きな誤差が生じることになる．これらは水収支誤差として表面化しないため検出が困難である．MODFLOW-USG のユーザーは，誤差，その要因，適切な格子設計法とフラックス補正法による誤差の削減法に対する理解を深めることが重要である．」

5.1.3 有限要素メッシュ

有限要素法は，元来，構造化メッシュと非構造化メッシュの両方に適用可能であるが，コードによっては構造化メッシュのみ利用可能なときもあるので，常に利用手引きを閲覧するようにしなければならない．構造化メッシュ，非構造化メッシュともに，構造化差分格子よりも多くの入力データが必要となる．メッシュの各節点と要素に番号を振り（図 3.5(b)），節点位置は座標値 (x, y, z) で特定される．2 次元要素は三角形か四角形のどちらかである（図 5.11）．3 次元要素は四面体，六面体，角柱である（図 5.12）．問題領域（図 5.13(a), (b)）の周囲境界に適合するように要素は設定され，境界上に節点が置かれるとともに要素内部に置かれることもある（図 5.11，図 5.12）．補間（基底）関数（3.4 節）が要素内の水頭値を定義し，補間関数により要素が線形，2 次，3 次のいずれであるかが決まる．最も一般的な要素は線形要素である．1 種類の要素のみ使用できるコード（図 5.4(c), (d), (f), (g)，図 5.13(b)）もあるが，混合が可能なコードもある（図 5.14(a)）．

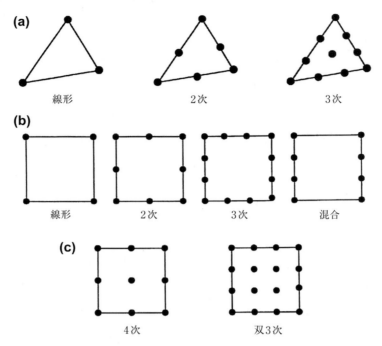

図 5.11 2 次元有限要素．線形, 2 次, 3 次は使用される基底関数のタイプを表す（3.5 節）．(a) 三角形要素，(b) 四角形要素（セレンディピティ属），(c) 四角形要素（ラグランジェ属）(Huyakorn and Pinder, 1983 から採用)

有限要素メッシュは入れ子式メッシュ（図 5.14(h), (j)）と局所的な地物周辺のメッシュ細分化（図 5.14(a), (b), 図 4.17）にも対応できる．

　節点には，系統的に上から下（あるいは下から上），左から右へとメッシュの最短区間に沿って連続的に番号が振られる（図 5.13(c)）．ユーザーが任意に節点番号を振ることができるコードもあり，入力ファイルに並んでいる順番に従って節点番号が振り直される．この場合，節点番号は問題領域の最短区間に沿って連続的に入力されなければならない．各要素を構成する節点番号は反時計回りに入力される．要素番号と要素の入力順番は有限要素方程式の組み立てにとって重要ではない．なぜなら，コードが各節点の位置を記録し，各要素をその要素を構成する節点に関連づけているからである．ただし，モデルの出力を調べるときには，節点番号と要素番号が付されたメッシュの図を参照したいと考えるであろう（図 4.11(d), (e)）．

　すべての要素に対する方程式を集めて全体行列方程式が組み立てられる（図 3.9）．メッシュの最短区間に沿って系統的に番号付けしておくと係数行列のバンド幅を減らすことができ，必要な記憶容量と計算時間を節約できる．対称行列（対角成分に対して値が対称である行列）の半バンド幅（SBW）は，行に沿って対角成分と最後の非ゼロ列の間にある列数の最大値であり，バンド幅は $2\times(\mathrm{SBW}-1)$ となる．SBW は以下の式から計算される

$$\mathrm{SBW}=R+1 \tag{5.1}$$

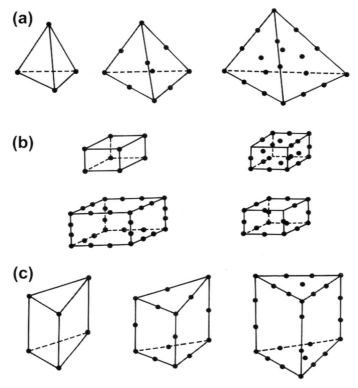

図 5.12 3次元有限要素．(a) 四面体，(b) 六面体，(c) 角柱（Huyakorn and Pinder, 1983 から採用）

ここで，R は任意の要素を構成する節点番号の差の最大値である（Istok, 1989）．たとえば，図 5.13(c) に示すメッシュでは，R は 17，半バンド幅は 18，バンド幅は 34 となる．有限要素メッシュの設計には時間を要するため，有限要素コードにはたいていメッシュ生成ユーティリティやメッシュ生成のための GUI が含まれている．たとえば，FEFLOW はメッシュ生成のさまざまなオプションを提供している（Diersch, 2014, pp. 760-770）．以下に簡単に示すように，有限要素法のメッシュ設計にはいくつか制約条件があるが，メッシュ生成ユーティリティはすべてではないがほとんどに対応しているため作成の補助となる．

等方性媒体に対して有限要素メッシュを設計する場合，たとえば，正三角形要素のみを利用することで，各要素のアスペクト比（要素の最小辺に対する最大辺の比）が 1 に近くなるようにしなければならない．この条件は，不規則差分格子を作成する際に用いられた 1.5 倍の規則に類似しており，数値誤差を最小にするために必要である．経験により，アスペクト比が 5 以上になることは避けるべきである．さらに，遷移領域を用いて要素の大きさを徐々に変化させるのがよい（図 5.14(b)）．異方性媒体の場合には，変換した等価な等方性領域の中で要素の形を検討しなければならず（Box 5.2），等方性領域でのアスペクト比が 5 を超えないように設計する．

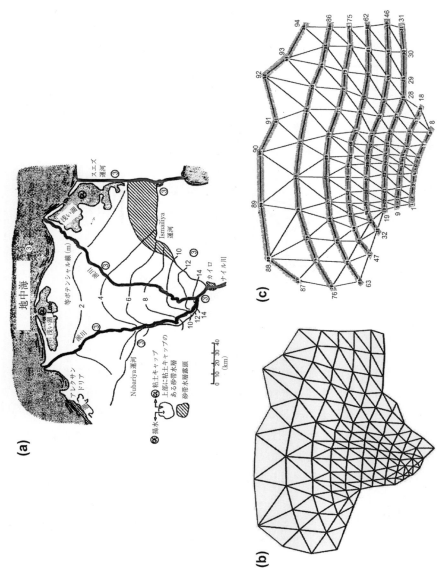

図 5.13 エジプトナイルデルタの有限要素モデルでの離散化．(a) 水頭値と境界条件 (丸で囲まれた数値) を表す地図．③が水頭依存境界を示す (3.3節)．(b) 不規則な境界に適合するように作られた三角形要素．(c) 一部省略されたメッシュの節点番号．節点には短いメッシュから順に番号が振られている (Townley and Wilson, 1980 を修正)．

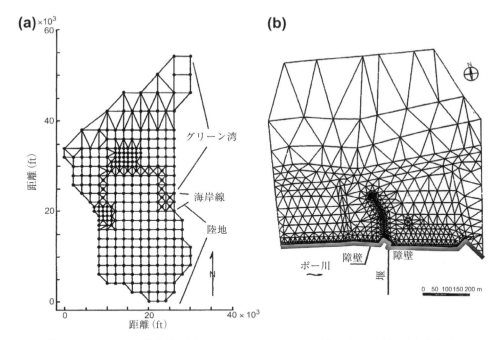

図 5.14 メッシュの細分化．(a) アメリカウィスコンシン州のグリーン湾に突き出た半島の有限要素メッシュ．三角形要素と四角形要素の混合によって構築されている．グリーン湾に地下水が流出している海と陸地の境界線の領域を表すために細かい節点間隔が使用されている（Bradbury, 1982）．(b) イタリア北西部のポー川が氾濫したとき高い地下水から原子炉を保護するために設計された障壁に近い領域での局所的なメッシュの細分化を示した有限要素メッシュ．河川が南側の境界を形成しており，河川堤防は細かい節点間隔によって表されている．北側と南側の境界は既知水頭値によって設定され，東側と西側の境界は非流動境界である（Gambolati ら，1984 を修正）．

Box 5.2　鉛直方向の異方性と変換断面

　透水係数は，鉛直方向の異方性（K_h/K_v）が水平方向の異方性（K_x/K_y）よりもかなり大きいことが多いため，鉛直面の異方性に焦点を当てる．なお水平面にも同様の解析ができる．鉛直方向の異方性比を K_h/K_v と定義する．ここで K_h（$=K_x$）は水平方向の透水係数である．ただし，鉛直方向の異方性比を K_v/K_h で定義する場合もあるため注意いただきたい．

　定常・均質で異方性をもつ系は，数学的な座標系変換により，変換断面とも呼ばれる等方的な系に変換できる．座標系変換の方程式は，有限要素メッシュの設計（5.1節），鉛直方向の節点間隔の大きさの確認（式（5.4），5.3節），Dupuit-Forchheimer の解析（式（4.2），4.1節，Box 4.1），流線網の構築（Box 8.2）において用いられている．

　異方性をもつ実際の系の座標を x と z とし，変換後の等方性をもつ系の座標を X と Z とする．ここで

$$X = x \tag{B5.2.1a}$$
$$Z = z\sqrt{K_x/K_z} \tag{B5.2.1b}$$

式（4.2）と式（5.4）は式（B5.2.1b）から得られる．（2次元水平面での解析では，$X=x$, $Y=y\sqrt{T_x/T_y}$ となる（T_x と T_y は透水量係数）．

式（B5.2.1a, b）から

$$\frac{\partial}{\partial x} = \frac{\partial}{\partial X} \tag{B5.2.2a}$$

$$\frac{\partial}{\partial z} = \sqrt{\frac{K_x}{K_z}}\frac{\partial}{\partial Z} \tag{B5.2.2b}$$

実際の $x\text{-}z$ 座標系では，涵養のない均質で異方性をもつ系の定常流に対する偏微分方程式は

$$K_x\left(\frac{\partial^2 h}{\partial x^2}\right) + K_z\left(\frac{\partial^2 h}{\partial z^2}\right) = 0 \tag{B5.2.3}$$

となり，式（B5.2.3）は $X\text{-}Z$ 座標系では，ラプラス方程式に変換される．

$$\left(\frac{\partial^2 h}{\partial X^2}\right) + \left(\frac{\partial^2 h}{\partial Z^2}\right) = 0 \tag{B5.2.4}$$

変換断面と実際の断面では流動が同じになる必要があることから，変換断面での等価な等方性透水係数 K_X（$=K_Z$）が

$$K_X = K_Z = \sqrt{K_x/K_z} \tag{B5.2.5}$$

となることが示される（たとえば，Fitts, 2013, p. 285 を参照）．

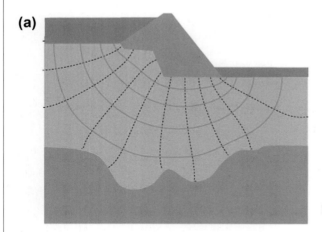

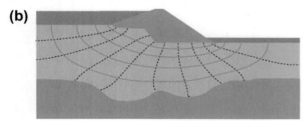

図 B5.2.1　ダムの下の流動を示す流線網．等ポテンシャル線は点線，流線は実線で示されている．流動は左から右に向かう．(a) 等方性の変換断面（$X\text{-}Z$ 座標）では等ポテンシャル線と流線は直交する．(b) 実際の異方性の系（$x\text{-}z$ 座標）では等ポテンシャル線と流線は直交しない（Fitts, 2013）．

流線に直交するように等ポテンシャル線を描くことによって変換断面内で流線網（Box 8.2）を作成し（図5.2.1(a)），実際の座標系に変換し返すことができる（図B5.2.1(b)）．変換断面では，実際の x-z 座標系における流動と比べて鉛直方向の流動が誇張される．いい換えると，実際の座標系では，鉛直方向の異方性が鉛直方向の流動に対する抵抗となり，水平方向に流動をそらすことになる．

5.2　水平方向の節点間隔

5.1節では，水平方向の格子/メッシュの一般的な特徴をみた．この節では，水平方向の節点間隔の選択を考える．水平方向の節点網設計はモデルの目的に依存する．たとえば，地下水と地表水の交換の計算（統合的水利用の計算など）が目的ならば，重要となる地表水体周辺を小さな節点間隔にすることが必要となるであろう．不均質多孔質媒体中の流路を計算することが目的であれば，十分な数の節点を用いて流動に影響する不均質な領域を離散化しなければならない．帯水層試験の計算が目的であれば，揚水井周辺に細かい節点間隔が必要となる．また，最適な節点間隔は，精度の高い解を得る必要性（相対的に多数の節点によりもたらされる）と，適度な実行時間とデータ管理と可視化の容易さ（相対的に少数の節点によりもたらされる）とのバランスによって決まる．

必要な節点数を決定するために最初に行うことは，問題領域全体の大きさを考慮することである．地理的範囲が広くなるほど，適切に領域をカバーするのに必要な節点数が多くなるのは自明である．さらに，他に少なくとも6つの要因，(1) 解の精度，(2) キャリブレーションターゲットの位置，(3) 周囲境界の形状，(4) パラメータの空間変動性（不均質性），(5) 断層，管流，障壁，(6) 湧き出しと吸い込み，が水平方向の節点網と節点間隔の設計に影響を与える．要因 (4)，(5)，(6) は通常，水頭勾配の急激な変化を引き起こすため，関連する地物の周辺の水頭変化を捉えることが必要な場合は細かい節点間隔が必要となる．

これらの6つの要因を，個別にみていく．

5.2.1　解の精度

支配方程式の数値近似とは，連続空間にある偏微分方程式を節点における解という離散的な表現に置き換えることであり（3.4節），理論的には，節点間隔が小さいほど解の精度が高くなるということを思い起こそう．理想的には，解に及ぼす節点間隔の影響を感度解析によって評価すべきである．つまり，節点間隔を短くしながら計算を繰り返し，水頭と流動量の計算値が許容できる程度に収束するまで計算を行う．単純な問題（問題5.1）であれば，簡単に異なる節点網をテストすることができるが，実際には節点間隔に対して正式な感度解析を行うことは滅多にない．節点間隔を小さくするためには新しい格子/メッシュの構築だけではなく，パラメータ，境界条件，湧き出し・吸い込みの再離散化が必要となるからである．定常状態のモデルに対しては，もう1つのオプ

ションとして，節点に依存しない解析要素（AE）モデル（3.4節，4.4節）の解と数値解の結果を比較する方法がある．差分モデル/有限要素モデルと解析要素モデルの解に大きな乖離がみられる場合，節点間隔を細かくする必要があることになる（たとえば，Hunt ら，2003a；Haitjema ら，2001）．

5.2.2 キャリブレーションターゲット

キャリブレーションでは，水頭とフラックスなどの野外観測値をキャリブレーションターゲットとして使用し計算値と比較する．理想的には水頭値のキャリブレーションターゲットは節点上にあるのがよい．補間による誤差を発生させることなく，水頭の計算値（常に節点で計算される）を測定値と直接比較することができるためである．しかし，水頭やフラックスのターゲットの位置に節点を置くことが現実的でない場合がある．こうした設計上の問題を考慮して，いくつかの GUI（たとえば，Groundwater Vistas）には結果を後処理するときに水頭のターゲットを節点位置で内挿するオプションが実装されている．

5.2.3 周囲境界の配置

節点間隔を十分小さくとることで，問題にとって重要となる境界の不規則性をセルや要素が捉えることができるようにしなければならない．モデルの周囲境界と領域の幾何形状をよく一致させることにより，周囲境界条件をより適切に表現することができる（図5.2(a)，図5.13）．

5.2.4 不均質性

セル，要素，節点ごとに異なるパラメータ値を割り当てることができるため，モデルに含みうる不均質性の最大レベルは節点間隔により決まる（5.5節）．透水係数の空間変動性を正確に表現することは，輸送モデル（12.3節）や粒子追跡コードを用いた流路の決定（第8章）において重要となる（ここでは，流路の正確な表現にとって流速変化の計算が重要な意味をもつ）．また，透水係数の不均質性を表現することは流路をキャリブレーションターゲットとして利用する地下水流動モデルにおいても重要となる（9.3節，Box 10.2）．Haitjema ら（2001）は差分コードであるMODFLOW による数値実験を行い，節点間隔が流速場の計算値に及ぼす影響を調べた．透水係数を周囲の多孔質媒体の 10 倍以上変化させた事例の検討に基づき，流路と移動時間を正確に表現するためには，不均質な領域に対して理想的には少なくとも 50 個の差分セルに離散化しなければならないと結論づけた．

透水係数の不均質性に比べると，面的な涵養の空間変動性を捉えるように節点網を設計することは，重要度が低い場合が多い（たとえば，Haitjema, 1995, pp. 278-279）．しかし，領域区分により涵養の不均質性を考慮することが必要となるモデル化問題もある（5.5節）．

5.2.5 断層，管流，障壁

地質的断層（4.2節，図4.8）を表現するには，他の問題領域に使用される節点間隔よりも小さい節点間隔が一般には必要となる．障壁となる断層は非接続節点（図5.15(a)）や透水性の低い要素/セル（図5.15(b)，図4.8(b)）によって計算できる．透水性の断層や管流は透水性の高い要素/セル（図4.8(a)）によって計算できる．

FEFLOW（Diersch, 2014）には離散的特徴要素（DFE）を用いるオプションが含まれており，メッシュの節点間隔より小さい地質特性や人工地物，すなわち周囲の多孔質媒体よりも高い透水性を有する井戸，管流，開いた断層などの計算をすることができる（図5.16）．1次元の離散的特徴要素は平面状（水みち，縦坑，トンネル，河川）もしくは管状（井戸，管流，トンネル，排水）である．2次元の離散的特徴要素は亀裂や透水性断層を表すために用いられる．離散的特徴要素はメ

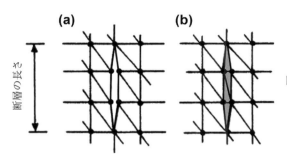

図5.15 有限要素メッシュにおける断層．(a) 非接続節点は不透水性断層を表現する．(b) 細かい要素（網掛け）は断層を表す．要素に割り当てられる透水係数あるいは透水量係数の値によって，断層の透水性・不透水性が決定される（Townley and Wilson, 1980を修正）．

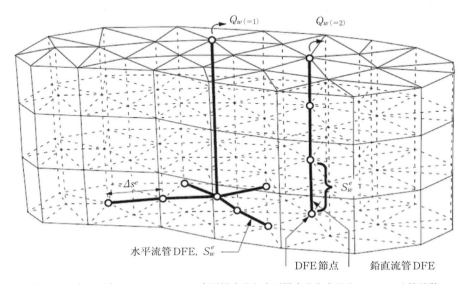

図5.16 有限要素メッシュにおける多層揚水井と水平揚水井を表現するための流管離散要素（DFE）（Diersch, 2014）．

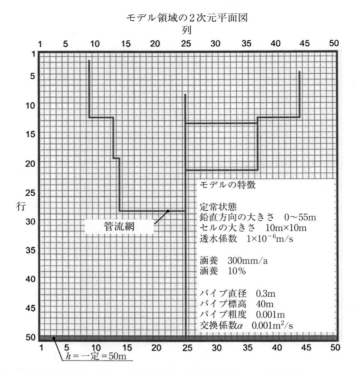

図 5.17 管流過程 CFD を用いて計算された差分格子での管流（Reimann and Hill, 2009）

ッシュを構成する要素と節点を共有し，要素もしくはメッシュ内の連結した節点の端や面に沿って置かれる（図 5.16）．Diersch（2014, 4 章, 12 章）は離散的特徴要素に関して詳しく議論している．また，6.2.2 項での離散的特徴要素の議論も参照されたい．

MODFLOW の特別なパッケージを用いると障壁と管流を計算できる．水平流動障壁（Horizontal-Flow Barrier：HFB）パッケージは，地下水流動を妨げる離散的で局所的な地質特性を計算する（Hsieh and Freckleton, 1993）．離散化では物理的な障壁を表現できないが，地下水流動方程式を差分近似する際の節点内透水係数の修正として反映させることができる．管流過程（Conduit Flow Process：CFP）（Shoemaker ら, 2008, Reimann and Hill, 2009 による再検討，Reimann ら, 2012 を参照）は連続多孔質媒体内の管流網（**図 5.17**）を計算する．管流過程（CFP）は管路中の乱流と層流から成るパイプ流を，周囲の連続多孔質媒体中の層流（MODFLOW-2005 による）と連成させて計算する．MODFLOW-USG の連結線形ネットワーク（Connected Linear Network：CLN）過程は管流を計算する管流過程（CFP）と同じ役割を果たす．

5.2.6 内部の湧き出しと吸い込み

湧き出しと吸い込みの周辺にたいてい現れる急な水頭勾配の正確な表現が要求される場合，湧き

5.2 水平方向の節点間隔

出し・吸い込み周辺では小さい節点間隔が必要となる．地下水モデルに頻繁にみられる湧き出しと吸い込みは，河川，湖，湿地，湧水，揚水井，注水井である．湖と湿地以外の地物は，他の問題領域で使用される節点間隔よりも小さいのが普通である．

Haitjema ら（2001）は，地表水体が堆積層により下層の帯水層と分離しているとき，地表水体への流入量（あるいは流出量）の 95% が距離 3λ 以内で生じていることを示した．ここで，λ は特性漏水長で（**図 5.18**(a)），解析解（詳細は Haitjema ら，2001，p. 933）から導出され，以下の式で表される．

$$\lambda = \sqrt{Tc} \qquad (5.2)$$

ここで，$c = b'/K_z'$ である．

式（5.2）では，T は帯水層の透水量係数（透水係数×飽和帯厚さ），c は地表水体と帯水層の間の鉛直方向の抵抗（4.3 節）で，河川，湖，湿地の堆積物の鉛直方向の透水係数 K_z' に対する堆積物の厚さ b' の比で計算される．通常，地表水体は内部水頭依存境界条件（4.4 節，図 4.6）により表され，流速の空間変動性を捉え，関連する地下水水頭を計算するために，水頭依存セル／要素を 3λ よりも小さくしなければならない．MODFLOW を用いた数値実験において，Haitjema ら

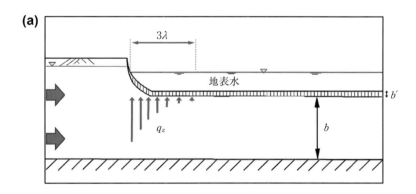

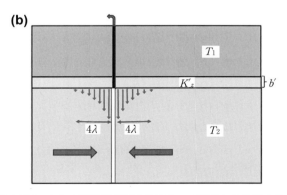

図 5.18 特性漏水長 λ．(a) 水頭依存境界条件によって表される地表水体（Haitjema, 2006 から採用），(b) 漏水性被圧帯水層の揚水井．

(2001) は，節点間隔を λ 以下，理想的には約 0.1λ にした水頭依存セルによって地表水体を表すことで，流速と水頭を正確に計算することができると結論づけている（Hunt ら，2003a も参照）．幅広い地表水体の場合には，節点間隔を細かくする領域は幅 3λ の流入/流出領域に限定してよい．

揚水井は点的な吸い込み，注水井は点的な湧き出しである．ほとんどのモデルで揚水井や注水井の直径は節点間隔よりも小さい．流管離散要素（図 5.16）を用いて揚水井を計算する有限要素コードもあり，MODFLOW にも同様のオプションがある（MODFLOW の管流過程 CFP と MODFLOW-USG の連結線形ネットワーク CLN 過程，5.2.5 項の離散的特徴要素 DFE と MODFLOW のオプションの議論を参照）．

標準的差分格子や有限要素メッシュでは，井戸節点周辺の節点間隔を細かくすると井戸とその周辺の水頭値の解像度が良くなる．揚水井と注水井周辺の水頭勾配を正確に表すために推奨できる指針は，井戸節点周辺の節点間隔を ξr_w 以下にするというものである．ここで，ξ は 4.8～6.7 の範囲の係数であり，格子/メッシュ設計によって変わる（Box 6.1）．r_w は井戸の半径である．モデルの目的上，水頭勾配の詳細な解像度を必要としないのであれば，井戸周辺の節点間隔は粗くてよく，ティームの解析解により井戸とその周辺の水頭を評価することで十分である（Box 6.1）．

Haitjema（2006）は，半被圧（漏水性）帯水層中に貫通した揚水井では加圧層を通じた漏水が起こり，漏水の 95% は井戸周辺の 4λ の半径内で生じることを示している（図 5.18(b)）．この場合，λ は以下の式で定義される．

$$\lambda = \sqrt{\frac{T_1 T_2 c}{T_1 + T_2}} \tag{5.3}$$

ここで，$c = b'/K_z'$ である．T_1 と T_2 は図 5.18(b) に示されている帯水層の透水量係数である．c は加圧層の鉛直方向の抵抗を表す．理想的には漏水領域内の節点間隔を 0.1λ のオーダで λ 以下とすることで，漏水速度の空間変動性を捉えることができる（Haitjema ら，2001）．T_1 を無限大にすると図 5.18(a) の地表水を表すことができ，式（5.3）の分母の T_2 は T_1 に比べて無視できる．さらに T_2 を T で置き換えれば式（5.3）は式（5.2）となる．

5.3 モデルレイヤー

地下水流動コードのほとんどは 3 次元流動用の設計になっているが，1 つのレイヤーのみを用いることで 2 次元流動の計算もできる（4.1 節，図 4.1，Box 4.1，Box 4.2）．地域スケールの問題では 2 次元モデルで十分な場合もあり，特に 3 次元モデルが必要とされるのは，水文地質層序の鉛直方向の変動性が重要であり，鉛直方向の水頭変化を計算する必要がある場合である（たとえば，Box 4.1 の図 B4.1.3(b)）．3 次元シミュレーションでは，たいてい各レイヤーが 1 つの水文地質層序単元を表す（**図 5.19**，図 2.7，図 4.6）．しかし，透水係数の鉛直方向の変化を計算したり，単一単元内での水頭値の鉛直方向の変化を捉えたりすることが必要な場合には（5.3.1 節），単一の水文地質層序単元を複数のレイヤーで表現することもある．

5.3 モデルレイヤー

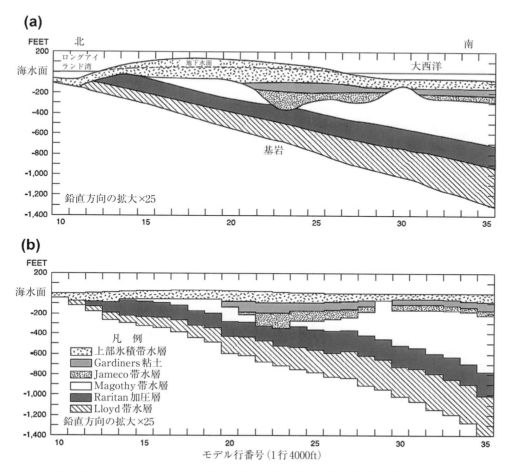

図 5.19 アメリカニューヨーク州ロングアイランドの水文地質単元を表すレイヤー．(a) 水文地質単元を示す断面，(b) 傾斜した地質単元を表す変形モデルレイヤー（図 5.20 を参照）（Reimann and Harbaugh, 2004, Buxton ら, 1999 を修正）

最も簡単な設計では 2 次元水平方向の節点間隔を全レイヤーで同じにする．レイヤーを構成する水平方向の節点網のセル，要素，節点に水平方向と鉛直方向の透水係数と貯留パラメータを割り当てる．支配方程式の数値近似を求める際には $\varDelta z$ の値を直接に使用できるが（式 (3.25)），たいていの解析コードでは，鉛直方向の透過特性を表すパラメータに内部化している（式 (3.27)）．レイヤー間の鉛直方向の透過特性は，鉛直方向の漏水性（レイヤー間の K_z の平均値をレイヤー中心間の距離で除したもの）とセル/要素の水平面の面積を乗じることで計算される（たとえば，式 (3.26)）．

5.3.1 鉛直方向の離散化

鉛直方向の水頭勾配と K の変動性の大きさによってレイヤーの数と鉛直方向の節点間隔（Δz）が決まる．Δz の選択に一般的な規則はないが，以下に議論するように，一般的な指針として最低3つのレイヤーを用いるべき2つの状況がある．

1. モデル化の目的にとって，水文地質層序単元内での水頭値や K の鉛直方向の変化（たとえば，Box 5.3の図 B5.3.2）を捉えることが重要な場合，最低3つのレイヤーを用いなければならない．水文地質層序単元内の鉛直方向の漏水性の変動を表すためには3つのレイヤーが必要である．鉛直方向の漏水性は2つのレイヤーにおける K_z の平均値をレイヤー中心間の距離で除したものである．レイヤーの水頭値は節点の上下両方の漏水性から計算される．したがって，3つのレイヤーであれば，水文地質層序単元の K_z から全体として求められる鉛直方向の漏水性に基づいて，連続するレイヤーの中間レイヤーの水頭値を計算することが保証される．
2. 2つのレイヤー間の K に大きな相違があるとき，モデル化の課題に粒子追跡（第8章）が含まれるならば，低い K をもつ地質単元に3つ以上の遷移レイヤーが必要となる．遷移レイヤーによって水頭勾配は適切に表現され（**Box 5.3**の図 B5.3.2），レイヤー間で流速が正確に計算されることが確保される．正確な流速は，正確に流路と移動時間を表現するために不可欠である．

水頭依存境界条件により表される地表水体下部での鉛直流動を計算するために，特にレイヤーを追加する必要はない．キャリブレーション（5.4節，Nemeth and Solo-Gabriele, 2003）過程での鉛直方向のコンダクタンス調整により，鉛直方向の流動計算は妥当になされるからである．レイヤーを追加すれば鉛直方向の水頭値変化を捉えることはできるが，すでに鉛直方向のコンダクタンス調整により妥当な流動計算がされているので，流動の計算値は必ずしも改善しない．

モデル領域では水平流動が支配的なことが多いため，水平方向の節点間隔とは違って Δz の急激な変化は通常は問題とならない（Haitjema, 2006, Box 4.1）．そのため，水平面での節点間隔伸長における 1.5 倍ルールのような一般指針（5.2節）は，鉛直方向の離散化には存在しない．しかし，鉛直方向の透水係数と勾配の大きな局所的変化を正確に表現するためには，相対的に細かい離散化が必要となる．

ほとんどの状況では，鉛直方向の節点間隔が水平方向に比べてかなり大きくても，必ずしも数値誤差が生じるわけではない．鉛直方向の異方性がたいていはモデルに組み込まれているため，鉛直流動成分が減少し流れが水平方向に向くためである．鉛直方向の異方性が鉛直方向のサイズを効果的に変換するため（Box 5.2），鉛直方向の節点間隔を水平方向のそれに対して $\sqrt{K_h/K_z}$ 倍に増加させると，$\Delta z = \Delta x = \Delta y$ の等方性格子/メッシュの場合と同じ精度で数値解が得られる．いい換えると，鉛直方向に異方性を有する問題では，次式に従って鉛直方向の節点間隔 Δz_{adjust} を増加させることができる．

$$\varDelta z_{\text{adjust}} = \varDelta z \sqrt{K_h / K_z} \tag{5.4}$$

ここで，$\varDelta z = \varDelta x = \varDelta y$，$K_h$，$K_v$ はそれぞれ水平方向と鉛直方向の透水係数である．たとえば，$K_h/K_v = 100$ であれば，鉛直方向の節点間隔は数値的精度を失うことなしに $\varDelta x$ と $\varDelta y$ の 10 倍にすることができる．式 (5.4) の考え方は変換断面の解析から導かれる（Box 5.2）．

Box 5.3　透水係数のアップスケール：層状の不均質性と鉛直方向の異方性

ある地点での透水係数の測定は，ほとんどの地下水流動モデルの節点間隔よりも小さなスケールである．アップスケーリングにより，地点の測定値を数値モデルでの大きな節点間隔に適合するように調整することができる．アップスケーリングの簡単な例をここでは示す．便宜的に差分セルを用いるが，議論する原理は有限要素にも適用できる．

初期の研究に，層状の不均質性が複数の地質単元を合成したときの異方性と関連していることを観測した Maasland（1957）と Marcus and Evenson（1961）の研究がある．**図 B5.3.1** に示す一連の層では，地質単元ごとに透水係数が異なるため不均質である．十分小さなスケールでの測定では，多孔質媒体中から均質で等方的な体積を採取していると見なす．一連の層を構成する各層で均質で等方な透水係数を測定することができるとき，透水係数の値をアップスケールして，数値モデルのセルや要素から成る一連の層全体を表現するのに適した水理学的に等価な水平方向と鉛直方向の透水係数を求めることができる．

厚さ B_{ij} をもつレイヤーの水平方向節点網の各節点 (i,j) において，水平方向に等価な透水係数，あるいは，鉛直方向に等価な透水係数を計算したいとする（図 B5.3.1）．等方性をもつ各層，理想的には薄層（認識できる最も薄い堆積層）は，一連の層の中にあって節点周辺では均質である．薄層の厚さを $b_{i,j,k}$，透水係数を $K_{i,j,k}$ とする（k は鉛直方向の添字）．節点 (i,j) でのレイヤーの厚さ $B_{i,j}$ は

$$B_{i,j} = \sum_{k=1}^{m} b_{i,j,k} \tag{B5.3.1}$$

であり，m は一連の層を構成する薄層の数である．

一連の層を通過する水平流動（比流量）がダルシー則によって表され，薄層を通る流量の

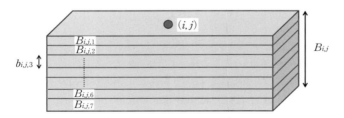

図 B5.3.1　水平方向節点網における節点 (i,j) での厚さ $B_{i,j}$ のモデルレイヤーを形成している 7 つの等方性単元から成る層状連続体．等方性レイヤーを連続させることで表される層の不均質性は，差分セルや有限要素である均質・異方性ブロックによって表現される．式 (B5.3.2) と式 (B5.3.3) を用いると，ブロックに対する等価な水平方向と鉛直方向の透水係数をそれぞれ求めることができる．

和になることが理解できれば（Freeze and Cherry, 1979, p. 34；Todd and Mays, 2005, p. 101），水理学的に等価な水平方向の透水係数 K_h は

$$(K_h)_{i,j} = \sum_{k=1}^{m} \frac{K_{i,j,k} b_{i,j,k}}{B_{i,j}} \tag{B5.3.2}$$

等価な鉛直方向の透水係数 K_v は

$$(K_v)_{i,j} = \frac{B_{i,j}}{\sum_{k=1}^{m} \frac{b_{i,j,k}}{K_{i,j,k}}} \tag{B5.3.3}$$

式（B5.3.3）は質量保存則，つまり鉛直流動（比流量）が層状連続体にわたって一定であるという要請から得られる（Freeze and Cherry, 1979, p. 33；Todd and Mays, 2005, p. 102）．

式（B5.3.2）と式（B5.3.3）から明らかなのは，等価な K_h と K_v の値，鉛直異方性比（K_h/K_v）は計算に含まれる薄層の数と薄層間の透水係数の差異（問題5.2b）によるということである．また層状連続体が薄層よりもむしろ異方性単位から構成されているとき，同式を用いてモデルレイヤーの等価透水係数を計算することができる．この場合，地層単元の層状連続体に対する一連の K_h を式（B5.3.2）へ入力してモデルレイヤーの等価な K_h を計算し，式（B5.3.3）において K_v の値からモデルレイヤーの等価な K_v が計算される（問題5.3）．

式（B5.3.2）と式（B5.3.3）を用いてアップスケーリングすることは，実用上は困難である．これらの式で必要とされるスケール（薄層のスケール）で透水係数を測定することが一般的には現実的ではないためである．さらに，薄層がセル/要素のスケールで横方向に連続していることは稀であり，むしろ不連続で局所的に混在する（図5.26）．入手可能な現地測定値，つまり，薄層よりも大きなスケールでの測定値を用いてアップスケーリングするには異なる技術が必要であり，比較的多くの文献が存在するが（たとえば，Daganら，2013；Noetingerら，2005；Renard and Marsily, 1997；Zhouら，2014の参考文献23-37を参照），それは本書の範囲を超える．実際には，水平方向の透水係数の値は細分化され，鉛直方向の異方性比はモデルキャリブレーション（第9章）により評価される．そうではあるものの，式（B5.3.2）と式（B5.3.3）を用いて，計算対象とする地質状況に対してキャリブレートされた鉛直方向の異方性比が合理的かどうかを常に確認すべきでもある．

未固結帯水層（たとえば，沖積堆積物や氷河性流出土砂）においては，鉛直方向の異方性比の測定値は通常 2～100 の範囲にある（Todd and Mays, p. 103, この中で Morris and Johnson, 1967 を引用している）．たとえば，アメリカウィスコンシン州の氷河性の流出土砂の鉛直方向の異方性比の現地測定値は 20（Weeks, 1969）からおよそ 5（Kenoyer, 1988）の範囲である．未固結帯水層を含むモデルは，野外観測のスケールよりも大きな鉛直スケールで設計されることが多く（たとえば，Caoら，2013；Morgan and Jones, 1995；Guswa and LaBlanc, 1985；Winter, 1976），しばしば100以上の大きな異方性比が用いられる（問題5.3も参照）．たとえば，Caoら，（2013）は，平均層厚110～160mである華北平原の3層地域モデルにおいて，粘土層を挟む未固結沖積堆積物を表現するために鉛直異方性比を 10,000 としている．成層化した基岩系の鉛直異方性比は 1000 以上になりうる．Feinsteinら，（2010, p. 110）は，ミシガン湖流域の地域モデルにおいて，帯水層には 2000 まで，加圧層には 20,000

までの値を K_h/K_v として用いている．なお，加圧層内では亀裂・透水層と頁岩層が互層を成している．

　大規模な地域モデルでは大きな鉛直異方性比を避けられないこともあるが，サイトスケールのモデル，時には地下集水域スケールのモデルであっても，透水性の低いレイヤーを明示的にモデルレイヤーに含める方が，それらの影響を鉛直異方性比に集中化して合成モデルレイヤーに割り当てるよりも好ましい．境界条件によっては，鉛直方向の流れが境界条件によって引き起こされている場合でさえ，高い異方性比により流れを水平方向に迂回させてしまうこと（Box 5.2）に注意する必要がある（図 B5.3.2）．

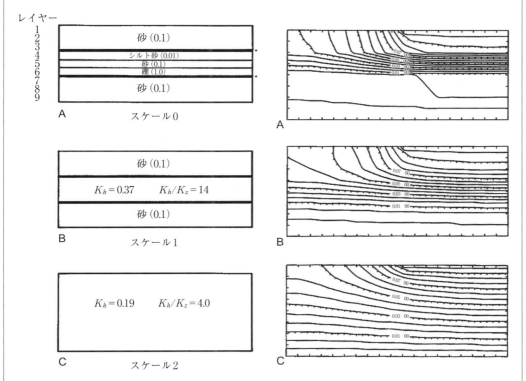

図 B5.3.2 層状になった不均質性の効果．左側に3つの異なるスケールでの層状の不均質性を示す．スケール0では各層は等方的で，括弧内に K (cm/s) の値を示す．スケール1，2での等価な水平方向の透水係数 K_h と鉛直方向の異方性比 K_h/K_v は式 (B5.3.2) と式 (B5.3.3) を用いて計算された．右側には，各場合における2次元流動条件下での等ポテンシャル線（等高線間隔＝0.0034 m）を示す．両側と上端境界の左側は非流動境界，上端境界の右側は $h=0.1$ m，下端境界は $h=0$ で規定されている．3つのモデルともに各層厚20 cm の9つのレイヤーに離散化されている．たとえば，各層厚が20 m といったより大きなスケールでの流動を表現するためにレイヤーをスケーリングすると，同じ相対的な効果が観察されるであろう（Anderson, 1987 を修正）．

5.3.2 レイヤーの型

レイヤーの型は，被圧，不圧，被圧と不圧で変換可能かのいずれかである．水頭がレイヤーの上端以上にあり，レイヤーの飽和厚さが時間経過や応力により変化しない場合，そのレイヤーは被圧となる．したがって，セル，要素あるいは節点において，透水係数に飽和厚さを乗じることにより透水量係数（T_x, T_y）が計算される．

K_zの値はレイヤー間の漏出を計算するために割り当てられる．被圧レイヤーの貯留パラメータ（5.4 節）は被圧貯留係数（比貯留率×レイヤー厚さ）である．コードでは，貯留係数，あるいはより便利に，比貯留率を各セル，要素あるいは節点に対して指定できる．被圧レイヤーでの計算水頭値は，定義上，レイヤーの上端以上となる．もし被圧レイヤーの水頭が計算過程でレイヤーの上端以下になった場合，レイヤーを被圧に維持する（つまり，飽和厚さをレイヤー厚さに固定する）か，不圧条件に変換するのが一般的なコードである．しかし，被圧条件を維持しようとすると，結果として非現実的な飽和厚さとなる．よって，後に議論するように，もし変換させたければ変換可能レイヤーとしてあらかじめ指定しておく必要がある．

飽和厚さの時間変化が比較的小さいと仮定できる場合には，不圧条件下のレイヤー（つまり，地下水面レイヤー）を被圧レイヤーとして計算できる設定もある．不圧帯水層を一定飽和厚さで表現することを定厚近似と呼び，解は線形化され，反復計算の安定化やモデル収束の迅速化に寄与することもある．Sheets ら（2015）は近似に関する包括的な分析を行い，「近似の際に実行時間を減らすことや安定性を増加させることは，多くのモデル計算が必要なとき，たとえば逆解析，感度解析・不確実性解析，マルチモデル解析，最適資源管理シナリオの開発の際には特に有効となる．」と結論付けている．しかし，地下水面レイヤーを表現する被圧レイヤーには，比産出率の値を割り当てて貯留係数を表す必要がある．

水頭がレイヤーの上端以下の場合，レイヤーは不圧となる．不圧レイヤーの飽和厚さはレイヤー底面から測定した地下水面の標高と等しい．地下水面の変動に伴い飽和厚さが変化するように計算される．透水係数（K_x, K_y, K_z）と比産出率の値がレイヤーの各セル，要素，あるいは節点に割り当てられる．

変換可能レイヤーに指定すると，ユーザーの介入なしに被圧条件から不圧条件，あるいはその逆の切り替えが可能となる．変換可能レイヤーの場合，水頭がレイヤーの上端よりも大きいか小さいかが計算処理中に判断され，それに応じてレイヤーを被圧あるいは不圧として扱う．変換可能レイヤーの入力値は，被圧と不圧，両方の貯留パラメータ（5.5 節）となる．モデル上部のいくつかのレイヤーは変換可能レイヤーに指定することができ，そこまでは地下水面が低下しないと考えられる底部は被圧レイヤーとして指定できる．しかし，全レイヤーで一貫した入力値の構造を維持しつつ，被圧と不圧の切り替えができる柔軟性を確保するには，全レイヤーを変換可能レイヤーに指定するのがよい．

5.3.3 レイヤーの標高

構造化差分格子では，レイヤーの上端と下端の標高を入力し，この値からレイヤー厚さが計算されるのが通例であるが，Δz を直接入力できるコードもある．レイヤーの上端・下端標高が空間的に一定であるとき，Δz はレイヤーに対して一定となる．しかし，構造化格子を用いるほとんどの差分コード（たとえば，MODFLOW）では，レイヤーの上端・下端標高を節点ごとに変化させることができ，実質的には Δz が空間的に変化して，レイヤーの歪曲を生み出すことができる（図 5.20）．歪曲は数値解に誤差を生じさせ，地下水流動モデルでは問題にならないことが多いが，粒子追跡（8.2 節）では注意が必要となる．非構造化差分格子/有限要素メッシュでは，格子/メッシュを生成するために各節点の z 座標を入力する必要がある．非構造化差分格子は節点が層状に並んでいることを前提とする．有限要素メッシュはレイヤーの幾何形状に制約されないが（図 5.3），レイヤーが地質を最もよく表現しているときにはレイヤーを利用できる（図 5.16）．

レイヤーの下端は水文地質単元の下端となるか，水文地質単元内で層状になった不均質性に基づいて決められる．被圧レイヤーの上端もまた，水文地質単元に基づいて決定される．考え方としては，不圧レイヤーの上端が地下水面となるが，地下水面を正確に知ることはできないため，地下水面より上の標高，通例では地表面標高を上端に設定する．不圧レイヤーの水頭が設定したレイヤーの上端よりも上になった場合は，コードによってレイヤーが被圧条件に変換されるが，これは解に不利な影響を与えうる．不圧条件から被圧条件への意図しない変換は非定常計算においては通常最も問題になることである．なぜなら，変換するとコードは比産出率の代わりに被圧貯留係数の値を用いるからである．被圧貯留係数の値は比産出率よりもかなり低い（5.4 節）．

不圧条件から被圧条件へ意図せず変換されないように，一番上のレイヤーの上端標高を想定される最高地下水面よりも高く設定（たとえば，数 100 m 高くするなど）することも可能である．しかし，実際には，上端の標高は GUI や GIS を用いて地表面の標高と同じにするのが通例であり，

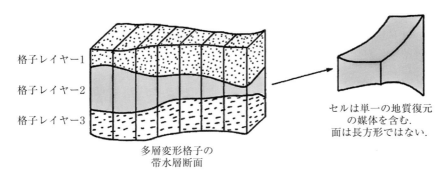

図 5.20 差分格子において変形したレイヤーで表される水文地質単元．レイヤー内の各セルは異なる上端・下端標高を有しており，Δz は空間的に変化するため，図 5.19 のような不規則な形状の（変形した）レイヤーを表現できる（McDonald and Harbaugh, 1988 を修正）．

モデル上端を地表標高に設定することを強く推奨する．地表面より計算水頭値が高くなったときを容易に判断できるからである．GUIにより，計算水頭値が地表面より上にある節点を湛水節点として表し，その場所を示すオプションがある．地表水体や湿地帯近くの地形的に低くなっている領域では，適切な節点が湛水するであろう．適切でない場合には，涵養量を減少させるか，透水係数を増加させるかして，湛水節点を取り除くことができる．もしくは，水頭依存境界条件（たとえば，湿地を表現する排水節点において）を用いることで，指定した標高（たとえば，地表面）に計算水頭値が達したときに水を取り除く操作ができる．ただし，このような特性を組み込んでもよいと判断された場合に限る．

5.3.4 尖滅と断層

モデルレイヤーを表現する際に共通して直面するやっかいな問題は尖滅の存在である．これは水文地質単元が不連続のときに生じる．構造化格子とメッシュでは，尖滅はレイヤー内の帯水層パラメータ値を調整することにより計算できる（図5.21(a)，図4.6参照）．あるいは，連続したレイヤーを用いつつ，地質単元が不連続となる領域で恣意的にレイヤーを薄くして（1m未満）表すこともできる．不連続な部分では，隣接するレイヤーを代表する特性値を，恣意的に薄くしたレイヤーに割り当てる．MODFLOW-USGの非構造化差分格子は，尖滅のより満足いく表現が可能な考え方になっている（図5.21(b)）．MODFLOW-USGは，断層に沿った鉛直方向の地質単元のずれも表現可能であり（図5.22），水平流動障壁（HFB）パッケージを用いて断層に沿った抵抗が計算される．同様に，有限要素メッシュも尖滅と断層を柔軟に表現することができ（図5.15），水みちとなっている断層内部および周辺のDFE（離散特徴要素）を用いた流れ計算を含んでいる．

5.3.5 傾斜した水文地質単元

傾斜が10°以下の水文地質単元は，水平レイヤーとして計算しても構わないと考えられるのが通例である．10°以上の傾斜の場合には特別な処理が必要になる．急傾斜（>10°）の水文地質単元を計算するための最良のオプションは，透水係数テンソルの非対角成分を含む支配方程式の一般形を解く有限要素コードを用いることである（Box 3.1の式(B3.1.4)，5.1.1項）．非等方性の一般的な取り扱いができない差分，有限要素コードの場合には，単純な配置を示す断面内の傾斜床を計算することができる．この場合，全体座標系を透水係数テンソルと一致するように簡単に傾けたり（図5.3），節点間隔に補正係数を適用することで，傾斜床を水平レイヤーとして表現することができる（Carletonら1999, pp. 24-25）．しかし，傾斜が変化するような複雑な地質設定（たとえば，褶曲床，Box 3.1の図B3.1.1(b)，図5.23(b)）に対しては，メッシュの各要素内の局所座標軸と透水係数の調整が可能な有限要素メッシュが必要となる（たとえば，Yagerら2009の結果を参照）．

構造化・非構造化差分格子は，水平レイヤーを表現するために設計されている（図5.23(c)，

5.3 モデルレイヤー

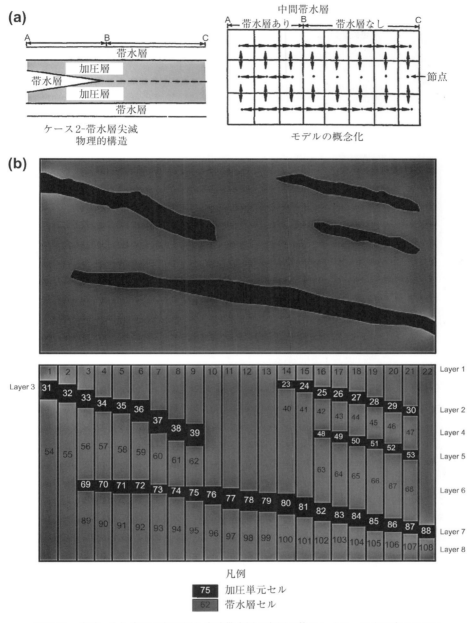

図 5.21 尖滅．(a) 左図の加圧層と尖滅帯水層が右図の第2レイヤーの中に表されている．レイヤー内の節点に割り当てられた水理学的特性が帯水層から加圧層への変化を反映している（Leahy, 1982 を修正）．(b) 非構造化差分格子断面の尖滅（Panday ら, 2013）．

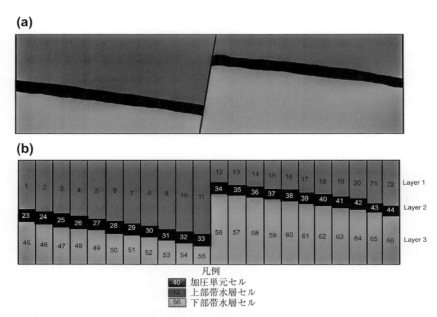

図 5.22 非構造化 FD 格子による断層の表現．(a) 断面における断層に沿った地質単元のずれ (b) 非構造化 FD 格子による表現（Panday ら，2013）．

2.9(b)，2.11，4.6）．そのため，透水係数（K）テンソルの主成分はモデルの座標系に一致させる（Box 3.1）．傾斜した水文地質単元が水平からある角度（傾斜角）傾いていると，モデルの座標軸と透水係数テンソルとの間にずれが生じる（図 5.23(a)）．構造化有限要素メッシュでも同様である（図 5.23(b)）．傾斜が 10°未満であるとき，ずれによる誤差は 20%以下である（Hoaglund and Pollard, 2003）．しかし，急傾斜の水文地質単元に対しては，ずれによる誤差は大きくなる．それでも，座標軸と透水係数テンソルのずれにより生じる誤差に自覚的であれば，差分（CVFDを含む）モデルを使用して傾斜床を考慮できる．これまでに，こうしたモデルは比較的多数の文献に記載されている（部分的なリストとして Yager ら，2009 の Table 2 に引用されている文献を参照のこと）．傾斜した地質単元を計算するための差分格子の設計ガイドラインを以下に示す．

　差分格子を用いて傾斜した水文地質単元をシミュレートする方法には一般に 2 つの方法がある．

（1）レイヤー内の材質特性パラメータを空間変動させて，傾斜した任意の水文地質単元から隣の単元への変化を表す方法（図 5.23(a), (c)）；（2）各レイヤーで単一の水文地質単元を表す方法（**図 5.24**，5.19(b)，4.6）．以下にこれらの方法を議論する．両方法とも，透水係数テンソルは x 軸と z 軸に沿っていないため，誤差が生じる．それにも関わらず両方法は，傾斜床によって引き起こされる透水係数の空間変化を，標準的な差分格子を用いて組み込むことができる．

　レイヤー内のセルに適切な材質特性パラメータを割り当てることにより，傾斜した地質単元の計算をすることができ，ある傾斜地質単元から次の傾斜地質単元への変化を表現することができる（図 5.23(a), (c)）．したがって，傾斜床による地質の水平方向変化は透水係数の一連の変化によっ

5.3 モデルレイヤー

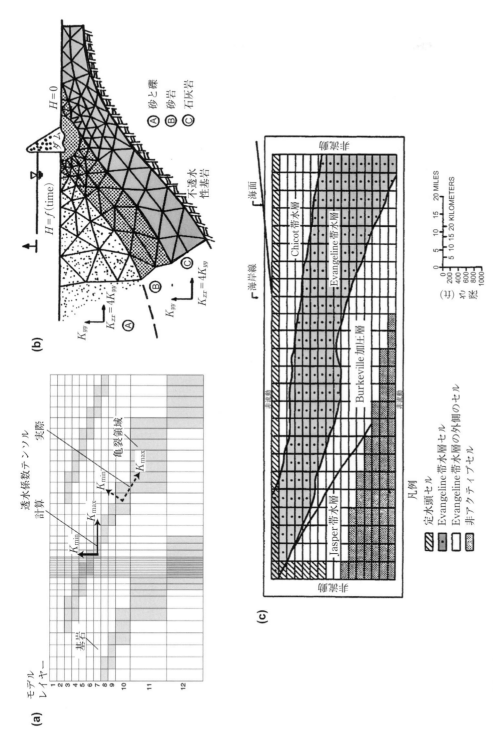

図 5.23 透水係数テンソルとモデルの座標軸のずれ．(a) 亀裂性岩石から成る傾斜軸（陰影部分）を示す断面差分格子を水平モデルレイヤーと重ね合わせたもの．地質単元の傾斜による地質の水平方向変化はレイヤー内の透水係数 K の空間変化によって表される．K_{min} は鉛直方向の透水係数，K_{max} は水平方向の透水係数である (Yager ら, 2009)．(b) 2次元断面モデルにおけるダム直下の傾斜褶曲床 (水文地質単元 B, C) を表す有限要素メッシュ．現地条件下では，水文地質単元 B, C に対する透水係数テンソルの主成分 (K_x, K_y) が傾斜褶曲床平面と一致する．単元 B, C には等方性が仮定されるので K_{xx} と K_{yy} が等しく，全体座標系と向きをがー致する．ダム直下の水文地質単元に対しては，全体座標系と一致し，$K_{yy}=K_{xx}/4$ とする．ダム直下の細かい解像度メッシュは示していない (Townley and Wilson, 1980 を修正)．(c) 傾斜した水文地質単元を示す断面差分格子．モデルレイヤー内の透水係数の空間変動によって表現されている (Groschen, 1985 を修正)．

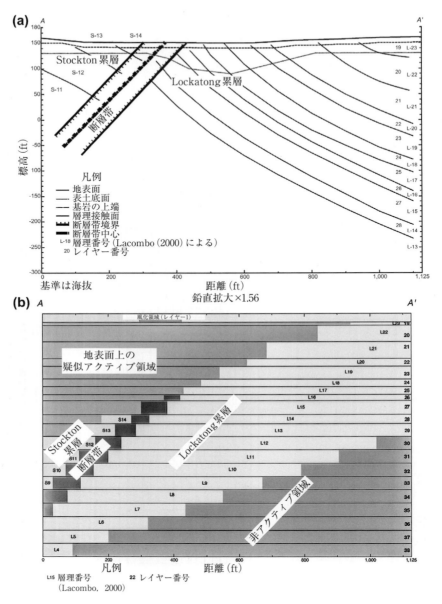

図 5.24 傾斜した水文地質単元を差分格子の水平レイヤーで表現した例．すべての格子が 3 次元で 71 レイヤーをもつ．(a) 傾斜床と断層領域を示す水文地質断面．この設定では傾斜角は 15°から 70°の範囲にあり，断層領域付近で最大傾斜となる．(b) (a) に示した地質を表現する水平モデルレイヤー．アクティブセル，疑似アクティブセル，非アクティブセル (Lewis-Brown and Rice, 2002 を修正).

て捉えられる．この方法は水文地質を表現しやすい考え方である．なぜなら，傾斜床が格子内の地質変化に反映されるためである．しかし，ある程度複雑な記録をつけて透水係数の空間変動を追跡する必要がある．つまり，透水係数の空間変動は関連した水文地質単元の位置に対応しなければならず，傾斜した水文地質単元の上下端標高と結び付けられるものであるが，モデルに明示的に含まれるものではない．

考え方は興味深くはないが，操作的に魅力的なもう1つの方法は，離散化したレイヤーとして傾斜した水文地質単元を表現するものである（図5.24，5.19(b)，4.6）．たいていの場合，レイヤーは変形層である．つまり，レイヤー内の節点は節点網の中で水平方向に配置されるが，レイヤー内で各セルには異なる上下端標高が割り当てられている（図5.19(b)，5.20）．傾斜した水文地質単元を表現するこの方法は，使用されるレイヤーが変形していなくても（図5.24(b)），変形層を使用する方法と見なされることがあり，変形層は必ずしも傾斜層ではなくてもよい（図2.9(b)）．均一な傾斜床で特徴付けられる単純な地質設定では（図5.19(b)，4.6），このアプローチは比較的単純でわかりやすい．しかし，複雑な地質の場合（図5.24(a)），各レイヤーで正しく水理学的条件を計算するために，設定が概念的，操作的に，より複雑になる．各レイヤーが問題領域の全範囲を覆わなければならない．そのため，各レイヤーの中で，水平方向全体にわたって3つまでの領域が配置される（図5.24(b))．(1) アクティブ節点の領域は地質単元内の流れを表現する．(2) 疑似アクティブ領域内の節点には帯水層パラメータが割り当てられ，地表面や表層帯水層から鉛直に水が流れるが，水平方向の水移動はないような値となる．疑似アクティブ領域のレイヤーは，名ばかりの厚さ（<1m）と鉛直方向の大きな透水係数 K_z（つまり，高い漏水性，低い抵抗性）を有する．疑似アクティブレイヤー内の節点は，アクティブ節点に涵養することだけが目的であるため，通過節点（pass-through node）と呼ばれる．通過節点は，水文地質単元の地表露頭の下層への涵養（図4.6），上部に覆い被さる水平表層レイヤー下の不整合露頭（図5.24）への涵養の役割をもつ．しかし，通過節点の大きな K_z は，数値的不安定性を引き起こしうる．特に高い漏水性（低い抵抗性）をもつ内部境界条件に連結しているときに起こりうる．(3) 最後に，非アクティブ節点の領域はレイヤーの傾斜部終端を描くために使用され，非流動条件が与えられることで，この地質単元の透水性が深部で実質ゼロになることを表す．

5.4　パラメータ

ここからの3節では，パラメータおよび格子/メッシュへの初期パラメータ値の割り当てについて述べる．本節では，地下水流動モデルで用いられるパラメータを概説する．5.5節では，セル，要素，節点への初期パラメータ値の割り当てについて述べる．割り当てたパラメータ値のうちいくつか，もしくはすべてが，モデルキャリブレーションにより調整される（第9章）．5.6節ではパラメータの不確実性について述べる．これについては第9章と第10章でも再び触れることになる．

地下水流動の支配方程式（式（3.12））は，(1) 従属変数である圧力水頭，これはモデルによっ

て計算される；(2) 独立変数である空間座標 x, y, z，これは節点網の枠組みを提供する，および時間的枠組みを提供する時間 t；そして (3) パラメータを含んでいる．パラメータには，多孔質媒体の水理学的特性を記述する材質特性パラメータと涵養速度や揚水・注水速度といった湧き出し・吸い込みとして系にかかる外的要因を特定する水文学的パラメータがある．

パラメータの割り当てに際して考慮すべき重要な点は，材質特性パラメータと水文学的パラメータは典型的にスケール依存性があることを認識することである．つまり，パラメータの値は測定されるスケールに依存する．現地や実験室での測定値から得られたパラメータのスケールはたいてい数値モデルの節点間隔とは異なっている．スケーリング誤差はスケール依存性に対する補正をせずにパラメータ値を節点網に割り当てることによって生じる．アップスケーリング手法（Box 5.3）は，数値モデル中の大きな節点間隔に適合するように，小さいスケールのパラメータを調整するものである．同様に，大きなスケールのパラメータ（たとえば地域スケール）をサイトスケールで利用するためには，ダウンスケールしなければならない．

5.4.1 材質特性パラメータ

従来から，2つの材質特性パラメータで多孔質媒体の水理学的特性を記述する．(1) 水の透過特性を表す透水係数と (2) 非定常な貯留への吸水あるいは貯留からの放出を表す貯留係数である．また，有効間隙率が粒子追跡を用いた輸送時間の推定には必要となる（第8章，Box 8.1）．

5.4.1.1 透 水 係 数

透水係数（K）は地下水流動を支配する主要な材質特性パラメータである．解はたいてい K に対して感受性がある．さらに，K の値は地質材料に対して大きな幅をもつため（たとえば，12 オーダー以上；**図 5.25**），単一の値を割り当てることは困難である．スクリーニングモデルや予備モデルの実行においては，K を一定値（つまり，多孔質媒体は均質で等方性である）と仮定することが適切である．しかし，現地の地質材料は不均質（特性が空間変動する）で，異方性（特性が方向によって変化する）があり，ほとんどのモデルはある程度の不均質性を有し，たいていは異方性を有する．多くの設定では，水平面では K は等方的（$K_x = K_y$）であると仮定するのが適切である．しかし，帯水層の割れ目（図 5.2，2.14(a), (b)），覆瓦構造のような堆積構造，あるいは選択流を引き起こすような特性をもつ場合（図 2.8），水平方向の異方性（K_x/K_y）が重要になる．水平方向の異方性は，傾斜した水文地質単元（5.3 節）を計算する際にも重要となり，走向に平行な水平方向の K は走向に垂直な水平方向の K よりも通常は大きくなる（Yager ら 2009）．水平方向の異方性は現地測定から推定できるが（Quinones-Aponte, 1989；Neuman ら 1984），地質から推測もしくは推定されるのが通例である．

鉛直方向の異方性（K_h/K_v）（ここで，K_h と K_v はそれぞれ水平方向，鉛直方向の透水係数）は，一般にほとんどの水文地質学的条件に見られ，モデルレイヤー内の層理面と薄層（成層）によって引き起こされる（**図 5.26**，Box 5.3 の B5.3.2）．また，割れ目，不均質性，水平方向の選択

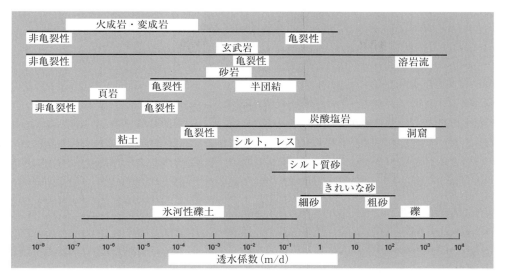

図 5.25 地質材料の透水係数の範囲（Healy ら，2007; modified from Heath, 1983）.

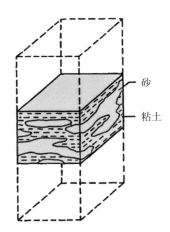

図 5.26 差分格子のレイヤー中のセルブロック内の不連続な指交薄層（McDonald and Harbaugh, 1988 を修正）.

流を引き起こすその他の構造によっても生じる．鉛直方向の異方性は特別に設計された帯水層試験（たとえば，Weeks, 1969；Neuman, 1975；Kruseman and de Ridder, 1990；Sterrett, 2008）やトレーサ試験（たとえば，Kenoyer, 1988）によって測定することができるが，これらの試験が実際に実施されることは稀である．鉛直方向の異方性はしばしばスケール依存的であり，現地で確認された層と構造の数，およびそれと関連付けられたモデルレイヤーの厚さの両方に依存する（Box 5.3）．したがって，現地の測定は，モデルスケールでの鉛直方向の異方性を代表していないのが通例であり，たいていモデルキャリブレーションによって K_h/K_v が推定される（Box 5.3）．

透水係数の空間変動と方向による変動の詳細な情報は，2 次元であれ 3 次元であれほとんど入手

することができず，特にたいていの地下水流動モデルで用いられる節点間隔の解像度では得られない．透水係数の点情報は一般に帯水層（揚水）試験，単一井（スラグ）試験，井戸性能試験や室内透水試験と粒度試験から推定される．各方法で得られる透水係数の推定値は通常異なる．なぜなら帯水層からのサンプリングスケールが異なり，制約条件となる仮定，内在する誤差も異なるためである．

　帯水層試験では，井戸の揚水を比較的長い時間（通常 24～72 時間）行い，1 地点もしくはそれ以上の観測井で圧力水頭を測定する．水位低下の解析により，水位降下円錐内の帯水層における全体としての平均的な透水量係数と貯留係数の推定値が得られる．得られる帯水層パラメータ値は，水の移動や貯留に影響を与える小さなスケールの不均質性，割れ目，成層や帯水層中の他の水文地質的特徴の影響を平均化したものとなる．帯水層試験は加圧層の特性を測定するためにも設計することができる．帯水層試験から得られたパラメータ値はサイトスケールモデルに適しているが，もし水位降下円錐が帯水層の十分大きな領域にわたって拡がり，揚水が地域スケールの帯水層からの"サンプリング"になっているのであれば，地域スケールモデルにも利用できる．しかし，サイトスケールでの K の空間変動の情報は，標準的な帯水層試験では得られない．以下に，サイトスケールの不均質性に関する情報を提供できる方法を述べる．

　水理学的トモグラフィー（断層撮影法）では，3 次元網に配置された井戸で連続的に揚水を行い，残りの井戸で水位応答がモニターされる（Yeh and Lee, 2007）．3 次元網で連続的に揚水を行うことで，空間上の複数の点に揚水のストレスがかかるため，単一井試験以上の情報を得ることができる．材質特性パラメータの空間変動性は，逆解析コード（第 9 章）により推定される（たとえば，Berg and Illman, 2013；Cardiff ら 2009）．Bohling and Butler（2010）は水理学的トモグラフィーの逆解析解は非一意的であるため，結果の解釈には注意が必要であることを喚起している．

　単一井（スラグ）試験は，井戸水位の急激な上昇もしくは下降に対する井戸内の圧力水頭の応答を測定する．水位の急激な変化は，金属製あるいはプラスチック製の円筒を井戸に抜き差しすることや，井戸に既知体積の水（スラグ）を注入あるいは揚水したりすることによって引き起こされる．これにより井戸のごく近傍の特性を測定することができるため，パラメータ値は空間的に積分された測定値というよりはむしろ点的な測定値と見なされる．多段階スラグ試験（Butler, 2009）では K の 3 次元的空間変動性を捉えることができる．この方法では，井戸あるいは掘削孔の複数の深さで注水あるいは揚水され，通常ダイレクトプッシュ（直接貫入）（ASTM, 2010）により実施される．井戸のストレーナ部や掘削孔の開口部はパッカーによって分離するか，試験のためのピエゾメータを取り付けることができる（たとえば，Liu ら 2009, 2010；Dogan ら 2011）．

　井戸性能（比湧出量）試験は井戸掘削直後に実施されるのが通例である．完成した井戸から揚水され，数時間以下が典型的な実施時間である．井戸の揚水速度（産出量），初期静止水位，最終水位，揚程，比湧出量（揚水速度を水位低下量で除したもの）を記録する．比湧出量は透水量係数の推定に使用され（たとえば，Dunkle ら 2015；Arihood, 2009；Sterrett, 2008；McLin, 2005），透水係数は透水量係数と単位厚さから推定される．井戸性能試験の結果はたいてい井戸施工レポート

（Well Construction Report：WCR）に含まれており，監督官庁の所管のもと公的なアクセスが可能なことが多い．WCRには，所有者，位置，掘削方法，井戸施工と竣工，地質柱状図も記述されており，地質単元の水文地質や厚さに関する情報を収集することができる．ただしWCRに記録されているデータは注意して用いなければならない（Sterrett, 2008）．なぜなら測定地点の標高は正確な測定ではないのが通例であり，記録水位には定量化されていない井戸損失による水位低下が含まれており，これは揚水水位の記録値に影響するからである．それでもなお，地下に関して有用な情報が不足している場合，WCRは地下水モデルにおける透水係数の初期値推定のための有用な情報を提供しうる．

K を評価する室内試験には，未固結堆積物の粒度分析と堆積物と岩の透水試験がある．室内試験から得られるパラメータ値は，そのサンプルが帯水層のごく一部からの採取であることから，点的な測定値である．粒度分析から得られる透水係数値は，Hazen式のような粒径と透水係数の間に一般的に成立する経験式によるもので，サイトの条件は反映していない（Rosasら2014）．透水試験では，定常（定水頭）あるいは非定常（変水頭）条件下での多孔質媒体カラム中の流量と圧力水頭の測定から透水係数が推定される．透水試験で得られる透水係数はしばしば原位置測定よりも数オーダ小さくなる（Bradbury and Muldoon, 1990）．これは，試験器に堆積物を最充填する際に粒子が再配列するためである．たとえ堆積物や岩を不攪乱で採取しても，また原位置での可搬式透水試験器による測定（Davisら1994）でも，現地の状況は代表しえない．なぜなら，透水試験器のサンプルスケールでは捉えることのできない割れ目，礫レンズ，層理といった大きなスケールの特徴によって引き起こされるスケーリング効果があるためである．したがって，実際のモデル化では，室内試験法は透水係数の相対的な差を決定するのに適している．

5.4.1.2 貯　　留

貯留パラメータは，非定常計算における多孔質媒体中の貯留からの水の放出と吸水を規定する（第7章）．以下に，3つの貯留パラメータ（貯留係数，比貯留率，比産出率）について述べる．

貯留係数 S（storativity, storage coefficient）は無次元パラメータで，単位圧力水頭変化 Δh に対して生じる多孔質媒体の単位面積 A 当たりの水の体積変化 ΔV_w を表す．

$$S = \frac{-\Delta V_w}{A \Delta h} \tag{5.5}$$

式（5.5）では，Δh が負のとき ΔV_w を正とするのが慣習である．つまり，水頭が減少すると水は貯留から放出され，増加すると貯留に取り込まれる．被圧条件下では，貯留からの水の放出は帯水層の圧縮と水の膨張によってのみ起こるため

$$S = \rho g b (\alpha + \theta \beta) \tag{5.6}$$

となる．ここで，ρ は水の密度，g は重力加速度，b は帯水層厚さ，α は帯水層の圧縮率，θ は全間隙率，β は水の圧縮率である．比貯留率 S_s(L^{-1}) は被圧帯水層の貯留係数を帯水層厚さ b で除したものである．

$$S_s = S/b \tag{5.7}$$

不圧帯水層では，地下水面の間隙空間からの排水によりほとんどの水が貯留から放出される．帯水層の圧縮と水の膨張による水の放出はごくわずかである．間隙空間から排水される水は比産出率 S_y によって表され，地下水面の低下に対する重力排水を意味する．より一般的には，多孔質媒体の体積 ΔV_{pm} から排水される水の体積 ΔV_w である．現地条件下では，ΔV_{pm} は $A\Delta h$ に等しい．ここで，Δh は地下水面標高の変化である．

$$S_y = \frac{\Delta V_w}{\Delta V_{pm}} = -\frac{\Delta V_w}{A\Delta h} \tag{5.8}$$

不圧帯水層の貯留係数 S_u は

$$S_u = S_y + S_s b \cong S_y \tag{5.9}$$

となる．ここで，b は飽和帯水層厚さ，S_s は式（5.6），（5.7）によって定義される．実用上，不圧帯水層の貯留係数は，S_y が $S_s b$ よりもかなり大きいため，実質 S_y に等しい．被圧条件下と不圧条件下に分けて貯留係数を使うよりも，被圧条件下に限定して貯留係数を使用する研究者もいる（たとえば，Barlow and Leake, 2012, p. 5）．応用に重点をおく場合にコードに入力する主要な貯留パラメータは，比貯留率 S_s（式（5.7））と比産出率 S_y（式（5.8））である．プログラム内部で S_s にレイヤーの飽和厚さを乗じるような地下水流動コードになっており，被圧レイヤーに対しては被圧帯水層の貯留係数，不圧レイヤーに対しては比産出率が用いられる（5.5 節）．淡塩界面での被圧帯水層の貯留係数と比産出率の値については特別な考慮が必要となる（Box 4.4 参照）．

被圧帯水層に対する貯留係数と比産出率は帯水層試験から通常評価される．比産出率は室内排水試験からも得られ，飽和多孔質媒体の体積 ΔV_{pm} から排水される体積 ΔV_w を測定することで得られる（式（5.8））．被圧帯水層の S の値は小さく，$10^{-2} \sim 10^{-5}$ の範囲にある（Fitts, 2013, p. 220）．S_y の値はかなり大きく（表 5.1），典型的な値は 0.01〜0.30 の範囲にある（Freeze and Cherry, 1979, p. 61；Fitts, 2013, p. 222 も参照）．現地測定ができない場合，比産出率の値は，その取りうる範囲が比較的小さいため，文献値から得ることができる（たとえば，表 5.1；Johnson, 1966 も参照）．比貯留率は，式（5.7）を用いて被圧帯水層の貯留係数の測定値から計算するか，文献値（表 5.2）から推定することができる．現地データでは貯留パラメータの値を十分には限定できないため，キャリブレーションによりその不確実性が評価されるのが通例である．

5.4.1.3 鉛直漏出，抵抗，透過性

地下水モデルでは，地表水体は水頭依存境界条件によって計算されることが多い（4.3 節）．これにより，地表水と地下水の交換速度は堆積物-水界面に存在する堆積物に影響を受ける．堆積物の鉛直方向の透水係数と厚さを用いることによって堆積物を通過する流量を計算することができる（式（4.5））．ここで，鉛直漏出は堆積物の鉛直方向の透水係数をその厚さで除したもの（K_z'/b'），鉛直抵抗は漏出の逆数（b'/K_z'）である．鉛直透過性は漏出とセル内の堆積物の水平面積の積である（式（4.4b））．

鉛直漏出は現地で測定することが難しく，点的な測定は K_z' の局所的不均質性に強く影響を受け

5.4 パラメータ

表 5.1 典型的な比産出率（S_y）の値（Morris and Johnson, 1967）

材質	解析数	範囲	算術平均
堆積物			
砂岩（細粒）	47	0.02-0.40	0.21
砂岩（中粒）	10	0.12-0.41	0.27
シルト岩	13	0.01-0.33	0.12
砂（細粒）	287	0.01-0.46	0.33
砂（中粒）	297	0.16-0.46	0.32
砂（粗粒）	143	0.18-0.43	0.30
礫（細粒）	33	0.13-0.40	0.28
礫（中粒）	13	017-0.44	0.24
礫（粗粒）	9	0.13-0.25	0.21
シルト	299	0.01-0.39	0.20
粘土	27	0.01-0.18	0.06
石灰岩	32	0-0.36	0.14
風性堆積物			
レス	5	0.14-0.22	0.18
風成砂岩	14	0.32-0.47	0.38
岩			
片岩	11	0.22-0.33	0.26
凝灰岩	90	0.02-0.47	0.21

表 5.2 典型的な比貯留率（S_s）の値（出典 Domenico, 1972）

材質	比貯留率（S_s）（m^{-1}）
塑性粘土	2.0×10^{-2}–2.6×10^{-3}
硬質粘土	2.6×10^{-3}–1.3×10^{-3}
中位硬質粘土	1.3×10^{-3}–9.2×10^{-4}
ゆるい砂	1.0×10^{-3}–4.9×10^{-4}
締まった砂	2.0×10^{-4}–1.3×10^{-4}
締まった砂礫	1.0×10^{-4}–4.9×10^{-5}
岩（亀裂性，節理性）	6.9×10^{-5}–3.3×10^{-6}
岩（堅固）	3.3×10^{-6}未満

るため，アップスケーリングが困難である（たとえば，Rosenberry ら 2008）．そのため，鉛直漏出（もしくはコンダクタンス）はキャリブレーションにより評価するのが実際的である．K_z' の相対的な大きさを示す一般的なガイドラインは，キャリブレートされた値が水文地質学的状況の妥当な計算値になっているかを検証する助けとなる．たとえば，沿岸堆積物（波や潮流によって乱された堆積物）は，深く穏やかな水域に堆積した細粒堆積物よりも比較的大きな K_z' を有する．地表水が帯水層を涵養する領域では，地下水が流出する領域と比べて堆積物の K_z' が低くなる．これは，涵養域では地表水中に懸濁している細粒堆積物によって間隙空間が閉塞することによる（Lee, 1977；Rose, 1993）．

　水頭依存条件は地表水体周辺の形状と流動系の近似的な表現にしかすぎず，地表水体に関連する特性を表現するために細かな空間的離散化が必要となる（5.2節）．よって，キャリブレーションを通して鉛直漏出（もしくはコンダクタンス）が調整され，離散化により生じる不自然な結果が補

正されるため，キャリブレーションで得られた値は，たとえ漏出量の測定値が完璧に正確であっても，それとは一致しない（McDonald and Harbaugh, 1988, pp. 6-5, 6-6）．そのため，漏出量はフラックスの現地測定値に適合するようにキャリブレートされるのが通例である．同様に，水頭依存条件（4.3節）により計算される排水と湧水の漏出量もまた，キャリブレーションを通して測定流量に合うように調整される．

5.4.1.4 全間隙率と有効間隙率

全間隙率（多孔質媒体の体積中に占める全間隙空間の尺度），有効間隙率（相互に連結した間隙空間の尺度）ともに，地下水流動の支配方程式（式（3.12））には現れていない．被圧帯水層における貯留係数の定義（式（5.6））に全間隙率は含まれるが，被圧帯水層の貯留係数は，式（5.6）から計算されるよりはむしろ，帯水層試験から評価されるか文献値が参照されることが多い．しかし，有効間隙率は，粒子追跡（8.1節）において速度を計算する際に用いられるため重要である．したがって，有効間隙率の議論は，第8章（Box 8.1）に回すことにする．

5.4.2 水文学的パラメータ

水文学的パラメータは系へのストレスを表現する．主な水文学的ストレスは涵養，揚水/注水，蒸発散である．

5.4.2.1 涵　　養

涵養は地表面から浸透し，不飽和帯中を流動して，地下水面を横切って地下水系に入る水のことである．涵養量の測定・推定方法は数多く，多様であり（**表5.3**），Healy（2010）に詳しく記載されている．定常状態における地下水面への涵養量の初期値は，地域の年降水量の一部として大まかに与えられるか，土壌特性から推定される（たとえば，HELPモデルが用いられる；Schroederら 1994）．また，涵養量は不飽和流モデル（たとえば，HYDRUS；Simůnek ら，2011；UZF パッケージ；Niswongerら 2006）（Box 5.4）からの流出量，大気大循環モデル（たとえば，Toews and Allen, 2009）の出力値から得られる流出量，あるいは，土壌水収支の残差として推定することもできる（**Box 5.4**）．

大スケールでの涵養量の推定値を妥当な範囲内に収めることはできるものの，涵養量の空間的時間的変動性を定量化することは難しい．涵養量の空間的時間的な変動性が重要であるかどうかはモデルの目的による．たとえば，モデルの主要な目的が汚染物質の輸送や高解像度の地下水流動経路の描写であるならば，比較的高精度で涵養量を空間的時間的に特定しなければならない．地域的な地下水の問題に対しては，通常，問題領域全体にわたって均一に平均涵養速度を割り当てれば十分である．しかし，基底流（たとえば，Juckemら 2006）や地下水位（Caoら 2013）の正確な計算には，地域スケールであっても涵養量の空間的変動性が必要になることもある．

表 5.3 涵養量と流出量の推定手法. ほとんどの手法はどちらも推定することができるが,手法によってはどちらか一方の推定により適している(NRC, 2004; Scanlon ら, 2002 を修正).

測定が実施される水文学的領域	手法	
	乾燥・半乾燥気候	湿潤気候
地表水	水路の水収支 基底流出 浸出計 熱トレーサ 同位体トレーサ 溶質物質収支 流域モデリング	水路の水収支[b] 基底流出[b] 浸出計 熱トレーサ 同位体トレーサ 溶質物質収支 流域モデリング
不飽和帯 (測定される流出量は主に植生への上向きの吸水である)	ライシメータ[a] 現場センサー(中性子プローブ,TDR など) ゼロフラックス面[a] ダルシー則 トレーサ(履歴(^{36}Cl, ^3H, ^2H, ^{18}O),環境(Cl)) 数値モデリング 熱的解析 表層地球物理(DC, EM, レーダー) クロスホール地球物理(DC, EM, レーダー) 重力地球物理	ライシメータ[a] 現場センサー(中性子プローブ,TDR など) ゼロフラックス面[a] ダルシー則 トレーサ(人為的に与える) 数値モデリング 表層地球物理(DC, EM, レーダー)[a] クロスホール地球物理(DC, EM, レーダー)[a]
地下水	弾性圧縮測定(たとえば,GIS, InSAR) トレーサ(履歴(CFCs, $^3H/^3He$),環境(Cl, ^{14}C)) 数値モデリング	地下水面変動(観測井,地球物理) ダルシー則 トレーサ(履歴(CFCs, $^3H/^3He$)) 数値モデリング

[a] 涵養量の推定にのみ適した手法
[b] 流出量の推定にのみ適した手法

Box 5.4 浸透が涵養になるとき

　地下水涵養は地下水面を横切る水であり,地下水モデリングにとって最も重要なパラメータの1つである(5.4節).地下水涵養は地表面での浸透(陸域の浸透)や地表水体や一時的な地表湛水の下部への浸透(湛水浸透)に由来する.いずれの場合も,蒸発散により部分的に損失し,残りが最終的に地下水面に到達し涵養となる.涵養過程は地下水の問題のみならず,農業,河川流生成にとって関心の対象である.そのため,浸透と涵養は,地下水水文学者だけでなく,土壌物理学者や地表水水文学者によって研究されてきたことは驚くに当たらない(たとえば,Freeze and Cherry, 1979, pp. 211-221 を参照).

　涵養量の現地測定は難しいが,多くの間接的な推定法がある(表5.3).現地測定値が利用可能なとき,普通は点的な値であるため,モデル領域にアップスケールされなければならな

い．現時点で入手可能な道具立ての中では，土壌水収支の残差を計算して初期の涵養量推定値とすることを推奨する．土壌水収支法が魅力的な理由は，空間的時間的な涵養量推定のための物理的根拠を与えてくれること，普通に入手可能なデータ（たとえば，土地被覆，土壌特性と根の深さ，降水，気温）を利用していること，そして，どのような大きさのモデル領域にも適用できることである．また，地下水流動モデルの入力に適した形式で涵養量を計算できるソフトウェアが容易に利用可能である（たとえば，Westenbroek ら 2010）．この手法では，土壌根群域は地表面からゼロフラックス面までと定義される（図 B5.4.1）．ゼロフラックス面とは，蒸発散による水の上向き移動と地下水面への下向き移動を区別する仮想的な平面である．地表面での浸透は，降水から流出を差し引くことで計算され，さらに土壌層内での蒸発散による損失が差し引かれ（たとえば，よく知られた Thornthwaite-Mather 法；Westenbroek ら 2010 を参照），残りの水がゼロフラックス面を通過し，不飽和帯を通って地下水面に流れ，涵養となる．

土壌水収支法は良い方法ではあるものの，涵養量の推定のために用いるときには 3 点注意しなければならない．(1) 水収支残差として計算される量は，他の水収支成分推定の累積誤差に影響を受ける．(2) 土壌水収支法は拒絶涵養（涵養されない成分）を考慮していない．拒絶涵養の概念は Theis（1940）が導入し，以下のように説明されている．周辺の地下水位が地表面に近い（通常 1 m 以内）領域では，降雨イベント中の浸透によって地下水面が地表

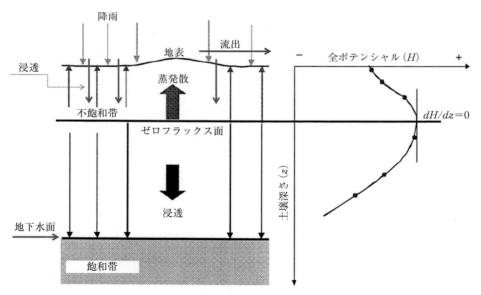

図 B5.4.1　地下断面（左側）と地下土壌中の全水頭（ポテンシャル）値（右側）の模式図．不飽和帯中のゼロフラックス面が示されている．根群域は地表面とゼロフラックス面の間の不飽和帯の上部に位置する．ここでの流出は拒絶涵養ではなく浸透余剰地表流を表す．涵養は飽和帯の上端である地下水面を横切る．全水頭勾配（dH/dz）はゼロフラックス面でその方向を変える（地下水面において圧力水頭＝0 である）（Khalil ら，2003 を修正）．

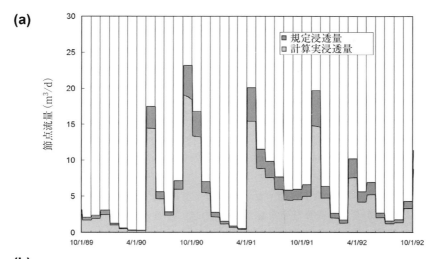

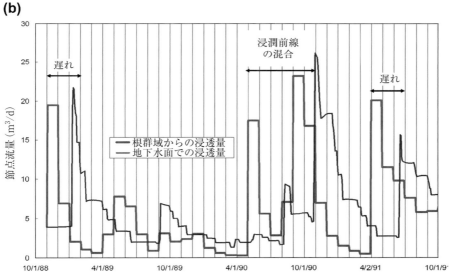

図 B5.4.2 土壌水収支から推定された涵養量と，MODFLOW-UZF（Niswonger ら，2006）の各節点に対する 1 次元（柱状）不飽和流近似により計算された涵養量の比較．アメリカ，北ウィスコンシンの温帯湿潤気候の例．土壌カラムの上端をゼロフラックス面としている（図 B5.3.1）．涵養速度は土壌水収支法により計算された．(a) 不飽和帯が厚さ 1 m 以下であるときの結果．UZF パッケージを用いて計算された地下水面での涵養量（薄網棒グラフ）は，拒絶涵養や飽和余剰地表流を考慮していない土壌水収支から推定された涵養量（薄網＋濃い網）よりも小さい．(b) 不飽和帯の厚さが 15 m 以上のときの結果．涵養イベントのタイミングと大きさが異なることがわかる．土壌水収支から導出された浸透量が凡色の線，UZF パッケージを用いて計算された地下水面を通る水量が黒色の線で表されている．1990 年 10 月の涵養量（黒線）が夏季に観測された基底線まで戻っていないことに注意しなければならない．1990 年秋季の浸潤前線が先立つ春季の浸透と混合したことによる（Hunt ら，2008 を修正）．

面近くに上昇し，それによって，下方から土壌層が飽和する．飽和土壌は飽和透水係数と等しい速度までしか水を輸送しない．もし降雨強度が飽和透水係数を超えると，過剰降雨は「拒絶」され，地表面を飽和余剰地表流として流出する（Box 6.3）．これは，土壌の浸透能力を超えたときに生じる浸透余剰による地表流（Horton流）とは区別される．拒絶涵養を考慮すると，単純に土壌水収支から推定された値よりも明らかに低い涵養量となる（図B5.4.2(a)）．(3) 土壌水収支の残差は根群域の底から流れ出る水である．そのため，水がゼロフラックス面から地下水面まで流れるのに要する時間を考慮してない．地下水面が深い領域では（たとえば，粗粒土で深さ>5 m），不飽和帯の水の移動が地下水面での涵養量のタイミングと大きさに影響する（図5.4.2(b)）．

　もし土壌水収支の計算値を地下水面の涵養量として直接入力する場合，これらの事項は地下水モデルの結果にかなりの影響を与える．1つ目の項に対処するため，地下水流動モデルのキャリブレーションの際に土壌水収支から推定された涵養量を調整するのは常套的な方法である．流域における涵養量の空間的に相対的な違いを維持するため，土壌水収支から算出される一連の涵養量に対して単一の乗数をキャリブレーションパラメータとして定義することができる．このようにして，物理的に求められた涵養パターンは維持されるが，涵養量の絶対値はキャリブレーション期間中のパラメータ推定によって得られる（第9章）．残りの2つの事項に対処するためには，たとえ単純な表現であれ，ある程度のレベルで不飽和領域の過程を地下水モデルの中で考慮しなければならない（たとえば，Niswongerら2006）．

　涵養量の空間分布は相互に関連する多くの因子，つまり，降水，局所的地形，土壌の浸透能，地形，地下水面までの深さ，不飽和帯の特性・条件などに支配されている．涵養量の空間分布を決めることは難しい．涵養量を規定する現地測定（たとえば，河川基底流量）のほとんどは，大きな面積をもつモデル領域での積分値であるため，領域の平均速度に関する考察は得られるものの，領域内での配分はわからないからである．また，不飽和帯の過程は個々の浸透イベントを遅らせたり融合したりするため，涵養量の時間的分布は複雑なものとなる（Box 5.4）．

　問題領域内で区分的に一定の涵養速度が割り当てられることがよくある（5.5節）．土壌水収支法（Box 5.4）によって涵養域を描くことができ，絶対値ではないにしても，領域間の相対値を推定することができる．通常，節点網に割り当てられた涵養量の初期値はモデルのキャリブレーションを通して調整され（たとえば，Caoら2013），河川基底流といった地下水流出の測定値が制約条件となる．これは，涵養としてモデルに入る水の多くが，地表水への流出としてモデルから出て行くことが通例だからである．たとえ涵養パラメータが空間的に変化する場合であっても，一連の涵養量に単一のキャリブレーションパラメータを乗じることによって，基底流の測定値に適合させることがよく行われる（たとえば，Hunt 2003b；Feinsteinら2010）．

5.4.2.2　揚水速度

揚水（あるいは注水）速度は測定が簡単で記録されていることも多い（たとえば，行政が所有す

る揚水井）．記録がない場合でも水使用量を推定することができる．たとえば，作物の種類から灌漑揚水量が推定できる．

5.4.2.3　蒸発散（ET）

ET は直接的な蒸発と植物の蒸散による水の損失の和であり，地下水面が地表面にあるか近い場所では決まって生じる．涵養量と同様，ET を測定する手法は多様であり，詳細な記述は本書の範囲を超える．応用地下水モデルの観点からは，地下水面からの ET は水頭依存境界条件として計算され（4.3 節），必要な入力パラメータは最大 ET 速度と ET がゼロとなる消散深さである．これらのパラメータの妥当な値はサイトに固有であると考えられるが，取り得る範囲は文献から得られる（たとえば，Moene and Dam, 2014；Goyal and Harmsen, 2013；Abtew and Melesse, 2012 を参照）．

蒸発（植生がある場合は蒸散も含む）は，地表水体からも生じ，地下水流動に影響しうる．自由水表面の面積が小さいため河川からの直接的な蒸発は無視できるのが通例であり，そのため地下水モデルでは一般に無視される．湖沼といった比較的大きな水体からの蒸発は含めなければならない（6.6 節）．比較的小さな湖沼であっても，フェッチ長の相違と遮蔽の程度から生じる風の状況の変化に起因したスケール依存性を示す（たとえば，Granger and Hedstrom, 2011）．よって，同じモデルであっても湖沼によって蒸発速度は変化しうる（たとえば，Hunt ら 2013）．湿地からの蒸発散速度は表面粗度の変化による風の状況変化に影響を受ける．そのため，実蒸発散速度は，よく使用される気象学的手法による点的な計算値から求められる可能蒸発散速度よりも大きくなる（Lott and Hunt, 2001）．蒸発散を水頭依存境界条件として計算するか，直接的にモデルからのフラックスとして指定するかに関わらず，点的な蒸発散の測定値は節点間隔にまでスケールアップされなければならず，任意地点の代表性を確保するためにキャリブレーションを通して評価されなければならない（Healy, 2010, p. 31）．

5.5　パラメータの割り当て

モデルに割り当てる初期パラメータ値は現地測定と室内測定に基づいており，水文地質学的な判断が頼りとなる．スケール効果に対して調整した後（5.4 節），パラメータ値の点的な推定値は，領域区分か補間により格子/メッシュに割り当てられる．モデルのキャリブレーションを通して，すべてあるいはいくつかのパラメータ値を調整し，水頭とフラックスの計算値が現地から得られた測定値とよりよく適合するようにする（第9章）．

5.5.1　一般的な原理

差分（CVFD を含む）モデル，有限要素モデルともに，節点での水頭を計算する．一方，パラメータ値が割り当てられるのはセル，要素，あるいは節点のどれかであり，コードごとにパラメー

タの割り当て方には慣例がある．以下にパラメータ割り当ての一般的な原理をいくつか述べるが，コードのユーザーマニュアルを常に参照してコード固有の情報を得る必要がある．

初期パラメータ値を割り当てるときは，現地測定に基づいたサイトに特有な値が望ましい．しかし，サイトが位置する地域の一般的なパラメータ値や文献から得られる一般値も，初期推定値の選択に有効であることが多い．主な材質特性パラメータである透水係数，比産出率，比貯留率の一般的な値が，図5.25，表5.1，5.2に示されている．

ブロック中心差分格子においては，パラメータ値はすべてのアクティブ節点に関連づけられる（図5.2(a)，5.6，3.4，4.15）．プログラムコード内部で，非アクティブ節点にはパラメータ値0を割り当てるのが通常である（図4.14）．ブロック中心格子では，パラメータはブロック内の物質の体積を代表する．点中心格子では，パラメータは節点周辺の影響範囲に割り当てられる（図5.5(b)）．ただし，他の方法も可能である．有限要素モデリングでは，パラメータ値は要素に割り当てられる（たとえば，図5.23(b)；FEFLOWではDHI-WASY GmbH, 2012）のが通常であるが，パラメータによって節点に割り当てたり要素に割り当てたりするコードもある（たとえば，MODFE；Toral, 1993）．専ら線形三角形要素を使う場合，節点への割り当てが可能なコードであるならば，節点に割り当てる方が容易である．なぜなら，常に要素よりも節点の数が少ないからである．たとえば，図5.13(c)のメッシュでは要素数155に対して節点は96しかない．帯水層特性が急激に変化する場合，パラメータ値は要素に割り当てなければならない．さらに，2つの異なる多孔質媒体の境界は常に要素境界と一致しなければならない（図5.23(b)）．

5.5.2　レイヤーへの貯留パラメータの割り当て

貯留パラメータをモデルレイヤーに割り当てるときは（5.4節），特別な注意が必要である．比産出率の値は不圧帯水層に割り当てられ，被圧帯水層の貯留係数，比貯留率は被圧帯水層に割り当てられる．変換可能なレイヤー（5.3節）に指定されているのがほとんどのケースであり，比産出率と比貯留率（もしくは被圧帯水層の貯留係数）の両方が入力され，レイヤーの現在の状態（つまり被圧か不圧か）に応じて適切なパラメータを用いる．比産出率は地下水面が存在するモデルレイヤー（つまり不圧レイヤー）でのみ意味をなす貯留パラメータである．不圧帯水層がいくつかのモデルレイヤーによって表現されるとき，地下水面が存在するレイヤーのみが不圧となる（図5.27）．地下水面レイヤーより下位のレイヤーは被圧レイヤーとしてモデル化され，被圧帯水層の貯留パラメータが用いられる．

5.5.3　格子あるいはメッシュへの割り当て

通常，現地測定と室内測定は，問題領域内の限られた数の位置でしか行われないが，モデルではセル，要素，あるいは格子／メッシュ内の節点，すべてに値を割り当てる必要がある．パラメータの点的推定値を全節点網に拡張するには，領域区分（zonation）と補間（interpolation）の2つの主要な手法がある．領域区分と補間の両方を用いる混成アプローチも有効である．使用する手法に

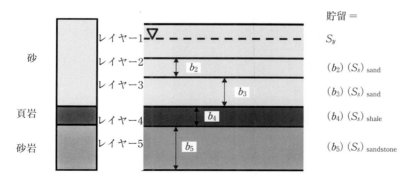

図5.27 3つの水文地質単元（不圧条件下にある上層の砂質帯水層，頁岩の被圧層，被圧砂岩帯水層）から成る5つのレイヤーを有するモデルにおける貯留パラメータの割り当て．この条件下では，地下水面（破線）はレイヤー1にのみ存在し，レイヤー1より下位のレイヤーは完全飽和状態にある．レイヤー1の貯留は比産出率（S_y）によって表現され，レイヤー2, 3, 4, 5は被圧条件下で，比貯留率（S_s）とレイヤー厚さの積に等しい被圧帯水層の貯留係数をもつ．実際は，全レイヤーは不圧・被圧が変換可能なレイヤー（5.3節）として指定され，比産出率と比貯留率（もしくは被圧帯水層の貯留係数）の両方が全レイヤーに入力される．計算では自動的に不圧レイヤー（つまり地下水面が存在するレイヤー）に対してのみ比産出率を用いる．

関わらず，パラメータの分布は，モデル化対象地に対する地質学的履歴と堆積環境の概念モデルと一致しなければならない．

5.5.3.1 領域区分

領域区分においては，問題領域内の一定領域（ゾーン）に，区分的な定数値としてパラメータを割り当てる（図5.28(a)，5.29）．同じゾーン内の節点には同じパラメータ値が与えられるという意味においてゾーンは区分的に一定なものであり，ゾーンの間でのみパラメータ値の空間的変化が生じる．概念モデルに含まれる情報をもとにゾーンの境界設定がなされ，問題領域内においてパラメータ値が同じであると考えられる領域を特定する．ランダムな不均質性があると考えられる場合，ゾーン内の任意のパラメータ値の期待値の幾何平均が割り当てられ，不均質性にトレンドがある場合，算術平均が用いられる．パラメータごとに異なるパターンをもったゾーンが必要になる．たとえば，透水係数のゾーンはたいてい涵養のゾーンとは異なる（図5.29(a), (b)）．

5.5.3.2 補　　間

補間は，特定位置のパラメータ値を利用して，格子／メッシュ内の各節点の値を計算する．補間は，水文地質単元や水文面（hydrofacies）内において特性が徐々に変化することを考慮でき，単元内のトレンドとして空間変動性を表現することになる．補間方法には主として決定論的方法と地質統計学的方法の2つのタイプがある．決定論的補間法は点的な値を直接用いるが，地質統計学的補間法は，点的な値と測定点間の空間的な自己相関といったパラメータの統計学的特性を用いる．これらの方法により空間におけるパラメータ分布の等高線を作成することができる．

218   第5章　空間的離散化とパラメータの割り当て

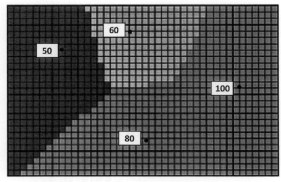

セル値は最近隣の測定値である．

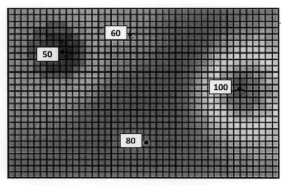

セル値は測定値の逆距離平方重み付き平均である．

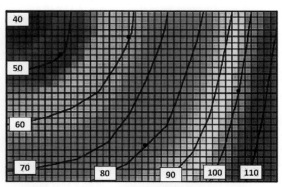

セル値は2つの隣接した等高線の距離重み付き平均である．

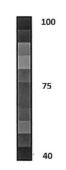

図 5.28　差分格子における透水係数のパラメータ割り当て：(a) 領域区分；(b) 逆距離補間；(c) 線形補間（Reilly and Harbaugh, 2004）．

5.5 パラメータの割り当て

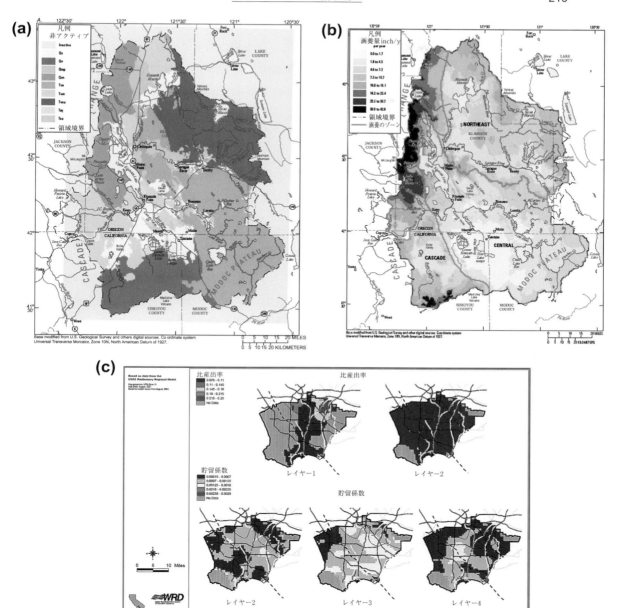

図 5.29 パラメータの領域区分の例:(a) 透水係数の領域区分(Gannett ら, 2012);(b) 涵養量の領域区分(Gannett ら, 2012);(c) 貯留パラメータの領域区分(Johnson and Njuguna, 2002).

よく利用される2つの決定論的補間法は逆距離フィッティングと多項フィッティングである．逆距離補間は，節点位置での測定値が維持されるため正確な補間方法である（図5.28(b)）．多項フィッティングは不正確な補間法である．これは，多項式の最小二乗フィッティングでは測定点の測定値とは異なる値が計算されることが通例であるためであるが，測定の極値の影響や等高線の急激なピークや窪みを消去することができる利点もある．ただし，表現する特性にとってピークや窪みが望ましいときとそうでないときがある．

クリギングによる地質統計学的補間は最もよく用いられる補間スキームである．たいていのデータセットに対して適度に滑らかな分布を生成しつつ，測定値が格子上の対応する位置において維持されるからである．クリギングは当初鉱床に対して適用され，この手法の先駆者である南アフリカのDanie G. Krige (1919-2013) にちなんでいる．クリギングでは，パラメータはランダム関数と仮定され，その空間的相関（空間構造）がバリオグラム（図5.30）によって定義される．バリオグラムは距離に伴うパラメータ変化を表す．至近距離の測定値が得られる場合，測定値間の相関は高くなると期待される．クリギングでは，クリギングされた値の標準偏差を計算することで補間誤差の推定値も得られる．こうした誤差推定はモデルキャリブレーションや予測の不確実性解析におけるパラメータの妥当な範囲を示すものとして利用できる．さらに，クリギングは特定の節点位置の初期パラメータ値を保存している．Marsily (1986, 11章) は，地下水問題に適用されたクリギングを厳選した事例とともに概説している．補間により節点網をパラメータ化する際によく利用される方法に誘導点（パイロットポイント）がある（9.6節；Box 9.3；Dohertyら2010）．得られるパラメータの推定値を用いて，モデル領域全体に分布する多くの異なる点，あるいはパイロットポイントにおいて値を推定する．次に，パイロットポイントでのパラメータ値を用いてクリギングによる補間を施して，セル，要素，あるいは節点に割り当てるのである．GUI (3.6節) と GIS (Box 2.1) には補間ルーティンが含まれている．人気のあるプログラム

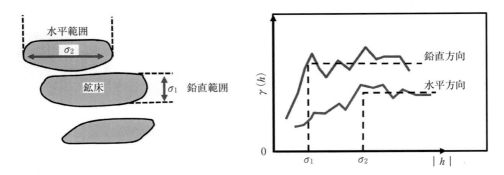

図5.30 測定点の離間距離 h と離間距離におけるデータ値の分散（バリオグラム関数 γ）によって定義されるバリオグラム．バリオグラムとクリギングは当初鉱山へ適用され，シル σ は水平方向と鉛直方向の鉱体の大きさを表す．水文地質学への適用では，シルは不均質性の大きさを表す（Journel and Huijbregt, 1978）．

SURFER（Golden Software）は，逆距離補間やクリッギングを含む多くの補間方法を提供している．

5.5.3.3 混成アプローチ

モデルでは，あるパラメータは領域区分されるだろうし，他のパラメータは補間されるだろう．さらに，両手法を用いて同じパラメータタイプの空間変動性を表現することができる．たとえば，たいていの地質学的状況では，モデルの領域区分ほど境界や形状がはっきりしているわけでもなく，かといって，補間が現地で実際に存在しうるパラメータ値の明瞭な差を表現しているわけでもない．混成アプローチでは，領域区分を用いて地質学的に明瞭に区分される領域を表し，補間を用いて領域内の空間変動性を表す．混成アプローチは多くの問題にとって魅力的なオプションである（たとえば，Doherty and Hunt, 2010a, b；Hunt ら 2007；Webb and Anderson, 1996）．

5.6 パラメータの不確実性

パラメータ値を確定的に知ることはできず，測定誤差，補間誤差，スケーリング誤差といった交絡因子に影響を受ける．格子/メッシュに割り当てられた初期パラメータ値の誤差を評価すると，パラメータの不確実性を可視化する助けとなる．たとえば，各パラメータに対して，最大値，最小値，平均値を，信頼区間，分散，あるいは標準偏差とともに集計することができ，箱ひげ図を用いてパラメータ値の不確実性を可視化できる（図5.31）．

透水係数は12オーダーの範囲にわたり（図5.25），比産出率はだいたい1オーダーの範囲内で変動する（表5.1）．その結果，透水係数に比べて比産出率に内在する不確実性は小さい．これは幸いなことである．なぜなら比産出率の測定値が入手できないサイトが多いからである．比産出率（表5.1）に比べると比貯留率（被圧帯水層の貯留係数）は取りうる範囲が大きいが（表5.2），貯留係数の現場推定値は入手可能なことが多い．さらに，被圧帯水層における貯留係数の変化に対する計算の感度は比較的低い．なぜなら，通常，被圧条件下で貯留から取り出される水は少ないからである．

パラメータ値は不完全にしか知ることができず，大きな不確実性を有することが多いため，モデルに割り当てられる初期値はキャリブレーションを通して改善される（第9章）．パラメータ値の不確実性がモデル予測に及ぼす影響は，所定の手続きに沿った不確実性解析により評価される（第10章）．

5.7 よくあるモデリングの誤り

- 格子/メッシュが地理的な境界，サイトの境界，あるいは行政界に沿っており，地下水流動の主方向に沿っていないこと．

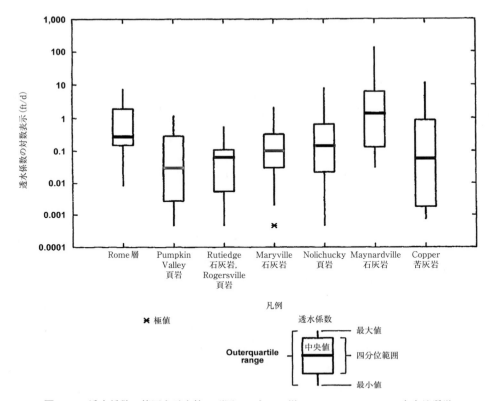

図5.31 透水係数の範囲を示す箱ひげ図．テネシー州 Bear Creek Valley の水文地質単元の例（Connell and Bailey, 1989 を修正）．

- 地下水と地表水の交換を正確に表現するには地表水体周辺の節点間隔が広すぎること．地表水へのフラックスと地表水からのフラックスを正確に表すことが重要な場合，地表水体周辺の節点間隔設計の指針として，特性漏水長 λ（式 (5.2)）を用いるとよい．
- CVFD 要件が満たされている MODFLOW-USG の非構造化格子を生成し，仮想節点補正を用いることができないこと．これは水収支誤差を引き起こさないため，水頭と流動の計算に及ぼす誤差を検出できない．
- 大きく傾き褶曲した水文地質単元を表現するには，不均質異方性を含む有限要素モデルが必要であるにも関わらず，変形レイヤーから成る構造化差分格子を用いること．
- 乾燥していることがわかっている領域において，計算地下水面が地表面より上になること．湛水節点のチェックができていない．
- 被圧条件下にあるレイヤーの貯留を表すのに比産出率の値を入力値としていること．表層の不圧帯水層を表すすべてのレイヤーには，比産出率が妥当な貯留パラメータであると誤って仮定している．むしろ，地下水面がレイヤーに存在するときを除いてモデルレイヤーは被圧条件にある．

比貯留率（被圧帯水層の貯留係数）が被圧レイヤーに適した貯留パラメータである．この誤りは，常に変換可能レイヤーを用いることによって避けることができ，比貯留率（被圧帯水層の貯留係数）と比産出率の両方の入力が必要である．

- 比貯留率の入力が求められているのに，貯留係数を入力すること（逆もまた同様）．
- パラメータの区分領域と形状がモデル領域の水文地質と一致していないこと．
- パラメータの点的測定値がアップスケーリングすることなく格子/メッシュに割り当てられていること．

問　　題

本章の問題では，節点間隔が水頭の解に及ぼす影響，平面2次元モデルと3次元モデルの違い，補間方法とデータ密度がパラメータ分布に及ぼす影響を検討する．

5.1 図 P5.1 に示す島における右上象限の水頭を解くために，平面2次元モデル（ガウス/ザイデル反復法の表計算モデルを用いることを考えなさい）を構築しなさい．帯水層は被圧，均質，等方的で，透水量係数 T は $10,000\,\text{ft}^2/\text{day}$ である．涵養 R は漏水性加圧層を通して均一に $0.00305\,\text{ft/day}$ の速度で生じている．島の半分の幅 l は $12,000\,\text{ft}$ である．島の境界の水頭は海面に等しい（$h=0\,\text{ft}$ を用いる）．島を4つの象限に分ける地下水分水嶺に対して，水頭は対称となる（図 P5.1）．点中心差分格子（もしくは有限要素メッシュ）を用い，島中心の観測井における節点が象限モデルの左側と下側の境界を形作る地下水分水嶺上にあるようにしなさい．

モデルに水収支を組み込みなさい．モデルへの流入は涵養による流入量である．水収支計算のためには，モデルへの涵養量を計算するに当たって，格子/メッシュ（正確に問題領域の大きさと一致しているわけではない）の面積を用いる必要がある．流入量は海への流出量と等しくなるはずである．流出速度は流出境界に沿ってダルシー則を適用することによって計算できる．

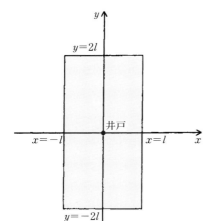

図 P5.1　長方形の島の平面図．島を4つの象限に分ける線が地下水分水嶺であり，均質・等方な帯水層中において，規定した流れ場に応じて形成される（Wang and Anderson, 1982）．

a. この象限モデルの数学モデルを記述しなさい．支配方程式，境界条件を含むこと．
b. 許容誤差 $1×10^{-4}$ ft を用いてモデルを解き，2つの節点網の設計を分析しなさい：(1) $4×7$ の節点配列（$\Delta x = \Delta y = 4000$ ft）；(2) $13×25$ の節点配列（$\Delta x = \Delta y = 1000$ ft）．それぞれの節点網に対して，小数点4桁までの水頭の解を出力しなさい．
c. (b) で得られた解を解析解（Carslow and Jaeger, 1959, p. 151）と比較しなさい．

$$h(x,y) = \frac{R(a^2-x^2)}{2T} - \frac{16Ra^2}{T\pi^3}\sum_{n=0}^{\infty}\frac{(-1)^n\cos\left(\frac{(2n+1)\pi x}{2a}\right)\cosh\left(\frac{(2n+1)\pi y}{2a}\right)}{(2n+1)^3\cosh\left(\frac{(2n+1)\pi b}{2a}\right)} \qquad \text{(P5.1.1)}$$

ここで，$a=l, b=2l$ である．
（ヒント：式（P5.1.1）を解くコンピュータプログラムを記述しなさい．式（P5.1.1）を解くに先立って，島の中心の水頭が式（P5.1.1）によると 20 ft であることをチェックすることにより数値解を素早く確認することができる．）
d. (b) の各節点網に対する水収支計算の結果を比較しなさい．節点間隔が大きい場合（4000 ft），島からの流出がかなり小さくなることがわかる．その理由を説明しなさい．
e. 節点間隔を 500 ft，250 ft にしてモデルを実行しなさい．4種類の節点網すべてに対して海岸線における水頭値と流出速度を比較しなさい．この問題に対して節点間隔が 1000 ft で十分であると思うか．答えの理由を考えなさい．

5.2 以下の (a), (b) に答えるために Box 5.3 を参照しなさい．
a. Box 5.3 の式（B5.3.2），（B5.3.3）を物質収支とダルシー則を用いて導きなさい．（ヒント：必要であれば，Freeze and Cherry, 1979, pp. 32-34；Todd and Mays, 2005, pp. 101-102 を参考にしなさい．）
b. 均質・等方性単元から成る成層系を考え，Box 5.3 の式（B5.3.2），（B5.3.3）を用いて，成層化した連続体の鉛直異方性比 K_h/K_v がスケール依存性を有することを示しなさい．すなわち，この比が鉛直方向の地質単元の連なりにおける不均質性の解像度（連続体中のレイヤー数）に依存することを示しなさい．連続体中のレイヤー数を増やすことによってより小さなスケールで不均質性が捉えられるとき，計算される K_h/K_v の値が変化する．

5.3 乾燥環境下にある産業用施設が $900\text{ m} \times 900\text{ m}$ の池の中の流体を処理しているが，0.2 m/d で池から漏れが生じている（図P5.2）．この地域の降水からの涵養は無視できる．池は水平な問題領域の中心に位置し，池の下に，砂，粘土，砂礫から成る連続した堆積層が横たわっている．池の境界周辺の地表面には湿潤領域があり，土壌のウォーターロギングを引き起こしている部分があり植生に影響している．池の所有者は，ウォーターロギングは池の土手を通る池からの浸潤によって引き起こされていると信じている．しかし，州の規制機関は，池の底からの漏出が地下水面のマウンドを作り出し，地表面と交差していることを疑っている．モデリングの目的は，池の下の地下水面のマウンドが地表面に到達して土壌をウォーターロギングさせるかどうかを決定することである．
a. 産業用施設によって雇われたコンサルタント会社は，モデリングの目的に対処するために，迅速で容易な方法として平面2次元定常状態不圧モデルを推奨している．コンサルタント会社に新しく雇われた水文地質学者として，あなたはモデル構築を指令される．問題領域の幅は 11,700 m である．問題領域の北側と南側の境界条件は非流動境界条件を用い，左右両側に沿って規定水頭

問題　　　225

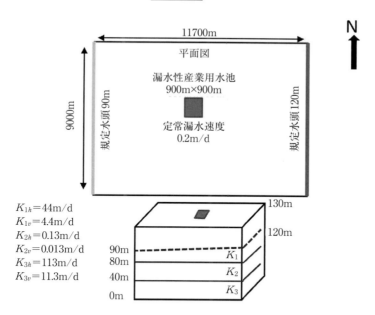

図 P5.2 問題 P5.3 に対する問題領域（平面図と 3 次元ブロック図）．問題領域の幅は 11,700 m である．左右両側の境界に沿った水頭は 120, 90 m である．K_1 はレイヤー 1 の透水係数であり，水平方向，鉛直方向の透水係数（K_x と K_z）はそれぞれ K_{1h}, K_{1v} である．K_2, K_3 はそれぞれレイヤー 2, 3 の透水係数である．網目の正方形が池である．破線は地下水面を表す．レイヤー 1 の平均飽和層厚さは 25 m である．地表面標高は基準から 130 m である．

としなさい（図 P5.2）．節点間隔は 900 m の等間隔としなさい．Box 5.3 の式（B5.5.2），(B5.3.3) を用いてレイヤーの水平方向と鉛直方向の平均透水係数を計算しなさい．鉛直方向の透水係数は 1 レイヤーの平面 2 次元モデルでは使用されないが，レイヤーの鉛直方向の異方性比が興味の対象である．計算された水頭値を用いて地下水面の等高線図（等高線間隔 1 m）を作りなさい．このモデルのもとで地下水面は地表面と交差するであろうか．

b. 州の規制機関は 3 次元モデルを開発して，鉛直流れと異方性が地下水面マウンドの高さに影響するかどうかを検討するよう要求している．彼らは，レイヤー 2 の透水係数が低いことと成層化した連続した単元内に鉛直方向の異方性が存在することがマウンドを地表面まで上昇させているのではないかと指摘している．図 P5.2 の情報に基づいて，3 レイヤーの定常状態モデルを構築しなさい．規定水頭境界と非流動境界はすべてのレイヤーに及んでいるとする．各レイヤーにおける等ポテンシャル面（等高線間隔 1 m）を作成しなさい．また，規定水頭境界断面および池を通る断面での水頭分布を示しなさい．結果を検証し，以下について答えなさい．

i. なぜ 2 次元モデルの結果は 3 次元モデルの結果と異なるのか説明しなさい．池の下の地下水面マウンドの高さを支配する主要因は何か．この問題に対して 2 次元モデルが適切かどうかを検討しなさい．

ii. 地下水面は池から離れた地表面と交差する可能性があるか．もしそうであるならば，池の近

226　第 5 章　空間的離散化とパラメータの割り当て

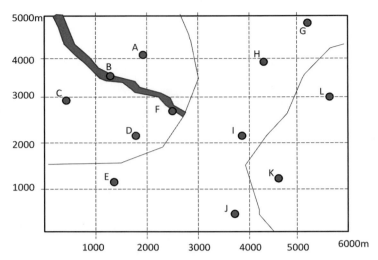

図 P5.3　問題 P5.4 での乾燥渓谷の問題領域．2 つの扇状地の地質学的境界と表 P5.1 に示している透水係数の現地測定地点（黒丸）を示している．網目で示した領域は井戸 B と F が取水している礫に富んだ埋没水路の推定位置である．

　　くの地表面の図上に陰を付けることによって，漏出の影響領域を示しなさい．

c. モデリングレポートを査読に送ったところ，査読者が 900 m という大きな節点間隔によってマウンドを規定する水頭勾配を十分に捉えられるかどうかと質問があった．マウンドによって影響される地表面領域が過小評価されているのではないかということである．（b）で開発した 3 レイヤーモデルを用いて，節点間隔が解に及ぼす影響を評価しなさい．格子/メッシュ全体にわたって均等に 300 m まで節点間隔を小さくしなさい．また，池周辺の節点間隔を細かくするような不規則差分格子，非構造化差分格子，もしくは有限要素メッシュを構築しなさい．モデルを実行し，各レイヤーおよび池と定水頭境界を通る断面での等ポテンシャル図（等高線間隔 1 m）を作成しなさい．もしマウンドが地表面と交差するようであれば，影響される地表面領域を図に示しなさい．結果を (a), (b) の結果と比較・対比しなさい．

d. ウォーターロギングの原因について結論を述べなさい．モデルの結果に基づいて解答しなさい．

e. この問題では，すべてのパラメータが既知であると仮定しており，成層化（と異方性）と節点間隔が地下水面の高さと形状にどのように影響するかを検証した．次元と節点間隔に加えて，地下水面マウンドの高さの予測に不確実性を付与する要因のリストを作成しなさい．不確実性がモデルの結果と結論にどのように影響するかを推測しなさい．

5.4 乾燥流域の広域地下水モデル（図 P5.3）を開発して，離れた都市に供給するための揚水量が今後 15 年間持続可能かどうかを決定する．現地調査の一部として，地質が地図化され，帯水層（揚水）試験を行って流域の透水係数を測定した．帯水層試験の期間，地図に示された井戸でそれぞれに揚水され，観測井（地図に示されていない）において地下水位低下量を測定した．透水係数の測定値はモデルで使われる節点間隔（1000 m）の代表値である．扇状地内の堆積物は細砂，砂，礫が支配的である．図 P5.3 に示された 2 つの扇状地の間の領域は主にシルトと粘土である．透水係数が測定されたサイトの位置を図 P5.3，対応する値を表 P5.1 に示す．

表 P5.1 帯水層（揚水）試験から得られた透水係数値．井戸の位置は座標値で表されており，図 P5.3 に示されている．

井戸 #	x(m)	y(m)	K(m/d)
A	1950	4100	56
B	1300	3500	100
C	400	2900	45
D	1800	2200	20
E	1300	1200	5
F	2500	2700	76
G	5200	4800	1
H	4300	3900	6
I	3800	2200	10
J	3700	500	15
K	4700	1300	43
L	5600	3000	28

a. 表 P5.1 の透水係数の値を用いて，線形補間によって透水係数分布の等高線図を手書きで描きなさい．水文地質学の直感と知識を用いてこの地質状況に存在する堆積面のありうる境界を推定し，等高線を作る助けとしなさい．

b. 点的な透水係数データ（表 P5.1）を地質統計学的補間および決定論的補間プログラムに入力し，透水係数の等高線図と色付き図を作成しなさい．あなたの結果と（a）で得られた手書き等高線による解釈を比較・対比しなさい．各方法における領域境界での透水係数の扱いはどのようになっているだろうか．

c. 表 P5.1 から 1 つおきにデータを取り除き，データセットを半分に減らしなさい．（a）と（b）の指示に従って等高線を再度作成しなさい．用いた補間プログラムによる結果はこの設定に対して妥当な透水係数分布を与えているか．現地データがまばらであるとき，水平方向の節点間隔が均一に 1000 m であるモデルへ透水係数を割り当てようとすることに対してコメントしなさい．

〈参考文献〉

Abtew, W., Melesse, A., 2012. Evaporation and Evapotranspiration: Measurements and Estimation. Springer Dordrecht. ISBN: 9400747365; 290 p.

Anderman, E.R., Kipp, K.L., Hill, M.C., Valstar, J., Neupauer, R.M., 2002. MODFLOW-2000, the US Geological Survey Modular Groundwater Model: Documentation of the Model-layer Variable Direction Horizontal Anisotropy (LVDA) Capability of the Hydrogeologic-unit Flow (HUF) Package. US Geological Survey Open-File Report 02e409, 61 p. http://pubs.er.usgs.gov/publication/ofr02409.

Anderson, M.P., 1987. Treatment of heterogeneities in groundwater modeling. In: Solving ground water problems with models, V. 1. Proceedings, National Ground Water Association Conference and Exposition, Denver, CO, pp. 444e463. info.ngwa.org/gwol/pdf/870142823.pdf.

Arihood, L. D., 2009. Processing, Analysis, and General Evaluation of Well-driller Records for Estimating Hydrogeologic Parameters of the Glacial Sediments in a Ground-water Flow Model of the Lake Michigan Basin. U.S. Geological Survey Scientific Investigations Report 2008-5184, 26 p. http://pubs.er.usgs.gov/publication/sir2008 5184.

ASTM International, 2010. Standard Practice for Direct Push Installation of Prepacked Screen Monitoring Wells in

Unconsolidated Aquifers. ASTM D6725-04, 15 p.

Barlow, P.M., Leake, S.A., 2012. Streamflow depletion by wellsdunderstanding and managing the effects of groundwater pumping on streamflow. U.S. Geological Survey Circular 1376, 84 p. http://pubs.usgs.gov/circ/1376/.

Berg, S.J., Illman, W.A., 2013. Field study of subsurface heterogeneity with steady-state hydraulic tomography. Groundwater 51(1), 29e40. http://dx.doi.org/10.1111/j.1745-6584.2012.00914.x.

Bohling, G.C., Butler, J.J., 2010. Inherent limitations of hydraulic tomography. Groundwater 48(6), 809e824. http://dx.doi.org/10.1111/j.1745-6584.2010.00757.x.

Bradbury, K.R., 1982, Hydrogeologic Relationships between Green Bay of Lake Michigan and Onshore Aquifers in Door County (Ph.D. Dissertation). University of Wisconsin-Madison, Wisconsin, 287 p.

Bradbury, K.R., Muldoon, M.A., 1990. Hydraulic conductivity determinations in unlithified glacial and fluvial materials. In: Nielson, D.M., Johnson, A.I. (Eds.), Ground Water and Vadose Zone Monitoring, vol. 1053. ASTM Special Technical Publication, pp. 138e151.

Butler, J.J., 2009. Pumping tests for aquifer evaluationdtime for a change? Groundwater 47(5), 615e617. http://dx.doi.org/10.1111/j.1745-6584.2008.00488.x.

Buxton, H.T., Smolensky, D.A., Shernoff, P.K., 1999. Feasibility of Using Ground Water as a Supplemental Supply for Brooklyn and Queens. U.S. Geological Survey Water-Resources Investigations Report 98-4070, New York, 33 p. http://pubs.er.usgs.gov/publication/wri984070.

Cao, G., Zheng, C., Scanlon, B.R., Liu, J., Li, W., 2013. Use of flow modeling to assess sustainability of groundwater resources in the North China Plain. Water Resources Research 49(1), WR011899. http://dx.doi.org/10.1029/2012.

Cardiff, M., Barrash, W., Kitanidis, P.K., Malama, B., Revil, A., Straface, S., Rizzo, E., 2009. Potentialbased inversion of unconfined steady-state hydraulic tomography. Groundwater 47(2), 259e270. http://dx.doi.org/10.1111/j.1745-6584.2008.00541.x.

Carleton, G.B., Welty, C., Buxton, H.T., 1999. Design and Analysis of Tracer Tests to Determine Effective Porosity and Dispersivity in Fractured Sedimentary Rocks, Newark Basin. U.S. Geological Survey Water-Resources Investigations Report 98-4126A, New Jersey, 80 p. http://pubs.er.usgs.gov/publication/wri984126A.

Carslaw, H.S., Jaeger, J.C., 1959. Conduction of Heat in Solids, second ed. Oxford University Press, London. 510 p.

Connell, J.F., Bailey, Z.C., 1989. Statistical and Simulation Analysis for Hydraulic-conductivity Data for Bear Creek and Melton Valleys, Oak Ridge Reservation, Tennessee. U.S. Geological Survey Water Resources Investigations Report 89-4062, 49 p. http://pubs.er.usgs.gov/publication/wri894062.

Dagan, G., Fiori, A., Jankovic, I., 2013. Upscaling of flow in heterogeneous porous formations: Critical examination and issues of principle. Advances in Water Resources 51, 67e85. http://dx.doi.org/10.1016/j.advwatres.2011.12.017.

Davis, J.M., Wilson, J.L., Phillips, F.M., 1994. A portable air-minipermeameter for rapid in situ field measurements. Groundwater 32(2), 258e266. http://dx.doi.org/10.1111/j.1745-6584.1994.tb00640.x.

DHI-WASY GmbH, 2012. FEFLOW 6.1 User Manual. DHI-WASH GmbH, Berlin, 116 pp. Diersch, H.-J.G., 2014. FEFLOW: Finite Element Modeling of Flow, Mass and Heat Transport in Porous and Fractured Media. Springer, 996 p.

Dogan, M., Van Dam, R.L., Bohling, G.C., Butler Jr, J.J., Hyndman, D.W., 2011. Hydrostratigraphic analysis of the MADE Site with full-resolution GPR and direct-push hydraulic profiling. Geophysical Research Letters 38(6), L06405. http://dx.doi.org/10.1029/2010GL046439.

Doherty, J.E., Fienen, M.N., Hunt, R.J., 2010. Approaches to Highly Parameterized Inversion: Pilot-point Theory, Guidelines, and Research Directions. U.S. Geological Survey Scientific Investigations Report 2010e5168, 36 p. http://pubs.usgs.gov/sir/2010/5168/.

Doherty, J., Hunt, R.J., 2010a. Approaches to Highly Parameterized Inversion: A Guide to Using PEST for Groundwater-model Calibration. U.S. Geological Survey Scientific Investigations Report 2010e5169, 60 p. http://pubs.usgs.gov/sir/2010/5169/.

Doherty, J., Hunt, R.J., 2010b. Response to comment on: Two statistics for evaluating parameter identifiability and error reduction. Journal of Hydrology 380 (3e4), 489e496. http://dx.doi.org/10.1016/j.jhydrol.2009.10.012.

参考文献

Domenico, P.A., 1972. Concepts and Models in Groundwater Hydrology. McGraw-Hill, NY, 405 p.

Dunkle, K.M., Hart, D.H., and Anderson, M.P., 2015. New ways of using well construction reports for hydrostratigraphic analyses. Groundwater, early view. http://dx.doi.org/10.1111/gwat.12326.

Feinstein, D.T., Fienen, M., Reeves, H., Langevin, C., 2013. Application of a "semi-structured" approach with MODFLOW-USG to simulate local groundwater/surface-water interactions at the regional scale as basis for a decision-support tool. In: MODFLOW and More 2013: Translating Science into Practice, Proceedings of the 7th International Conference of the International Ground Water Modeling Center. Colorado School of Mines, Golden, CO, pp. 600e604.

Feinstein, D.T., Hunt, R.J., Reeves, H.W., 2010. Regional groundwater-flow model of the Lake Michigan Basin in support of Great Lakes Basin water availability and use studies. U.S. Geological Survey Scientific Investigations Report 2010e5109, 379 p. http://pubs.usgs.gov/sir/2010/5109/.

Fitts, C.R., 2013. Groundwater Science, second ed. Academic Press. 696 p.

Freeze, R.A., Cherry, J.A., 1979. Groundwater. Prentice Hall, 604 p.

Gambolati, G., Toffolo, F., Uliana, F., 1984. Groundwater response under an electronuclear plant to a river flood wave analyzed by a nonlinear finite element model. Water Resources Research 20(7), 903e913. http://dx.doi.org/10.1029/WR020i007p00903.

Gannett, M.W., Wagner, B.J., Lite Jr, K.E., 2012. Groundwater Simulation and Management Models for the Upper Klamath Basin, Oregon and California. U.S. Geological Survey Scientific Investigations Report 2012e5062, 92 p. http://pubs.usgs.gov/sir/2012/5062/.

Goyal, M.R.G., Harmsen, E.W., 2013. Evapotranspiration: Principles and Applications for Water Management. CRC Press, Boca Raton, FL, ISBN 1926895584, 628 p.

Granger, R.J., Hedstrom, N., 2011. Modelling hourly rates of evaporation from small lakes. Hydrology and Earth System Sciences 15, 267e277. http://dx.doi.org/10.5194/hess-15-267-2011.

Groschen, G.E., 1985. Simulated Effects of Projected Pumping on the Availability of Freshwater in the Evangeline Aquifer in an Area Southwest of Corpus Christi, Texas. U.S. Geological Survey Water Resources Investigation Report 85e4182, 103 p. http://pubs.er.usgs.gov/publication/wri854182.

Guswa, J.H., Le Blanc, D.R., 1985. Digital Models of Ground-water Flow in the Cape Cod Aquifer System, Massachusetts. U.S. Geological Survey Water Supply Paper 2209, 64 p. http://pubs.er.usgs.gov/publication/wsp2209.

Haitjema, H.M., 1995. Analytic Element Modeling of Groundwater Flow. Academic Press, San Diego, CA, 394 p.

Haitjema, H.M., 2006. The role of hand calculations in ground water flow modeling. Groundwater 44(6), 786e791. http://dx.doi.org/10.1111/j.1745-6584.2006.00189.x.

Haitjema, H., Kelson, V., de Lange, W., 2001. Selecting MODFLOW cell sizes for accurate flow fields. Groundwater 39(6), 931e938. http://dx.doi.org/10.1111/j.1745-6584.2001.tb02481.x.

Healy, R.W., 2010. Estimating Groundwater Recharge. Cambridge University Press, Cambridge, UK, ISBN 978-0-521-86396-4, 245 p.

Healy, R.W., Winter, T.C., LaBaugh, J.W., Franke, O.L., 2007. Water Budgets: Foundations for Effective Water-resources and Environmental Management. U.S. Geological Survey Circular 1308, 90 p. http://pubs.usgs.gov/circ/2007/1308/.

Heath, R.C., 1983. Basic Ground-water Hydrology. U.S. Geological Survey Water Supply Paper 2220, 84 p. http://pubs.er.usgs.gov/publication/wsp2220.

Hoaglund, J.R., Pollard, D., 2003. Dip and anisotropy effects on flow using a vertically skewed model grid. Groundwater 41(6), 841e846. http://dx.doi.org/10.1111/j.1745-6584.2003.tb02425.x.

Hsieh, P.A., Freckleton, J.R., 1993. Documentation of a Computer Program to Simulate Horizontal-flow Barriers Using the U.S. Geological Survey's Modular Three-dimensional Finite-difference Groundwater Flow Model. U.S. Geological Survey Open-File Report 92e477, 32 p. http://pubs.er.usgs.gov/publication/ofr92477.

Hunt, R.J., Doherty, J., Tonkin, M.J., 2007. Are models too simple? Arguments for increased parameterization. Groundwater 45(3), 254e261. http://dx.doi.org/10.1111/j.1745-6584.2007.00316.x.

Hunt, R.J., Haitjema, H.M., Krohelski, J.T., Feinstein, D.T., 2003a. Simulating ground water-lake interactions: Approaches and insights. Groundwater 41(2), 227e237. http://dx.doi.org/10.1111/j.1745-6584.2003.tb02586.x.
Hunt, R.J., Prudic, D.E., Walker, J.F., Anderson, M.P., 2008. Importance of unsaturated zone flow for simulating recharge in a humid climate. Groundwater 46(4), 551e560. http://dx.doi.org/10.1111/j.1745-6584.2007.00427.x.
Hunt, R.J., Saad, D.A., Chapel, D.M., 2003b. Numerical Simulation of Ground-water Flow in La Crosse County, Wisconsin and into Nearby Pools of the Mississippi River. U.S. Geological Survey Water-Resources Investigations Report 03e4154, 36 p. http://pubs.usgs.gov/wri/wri034154/.
Hunt, R.J., Walker, J.F., Selbig, W.R., Westenbroek, S.M., Regan, R.S., 2013. Simulation of Climatechange Effects on Streamflow, Lake Water Budgets, and Stream Temperature Using GSFLOW and SNTEMP, Trout Lake Watershed, Wisconsin. U.S. Geological Survey Scientific Investigations Report 2013-5159, 118 p. http://pubs.usgs.gov/sir/2013/5159/.
Huyakorn, P.S., Pinder, G.F., 1983. Computational Methods in Subsurface Flow. Academic Press, 473 p.
Istok, J., 1989. Groundwater modeling by the finite element method, American. Geophysical Union. Water Resources Monograph 13, 495 p.
Johnson, A.I., 1966. Compilation of Specific Yield for Various Materials. U.S. Geological Survey Open-File Report, 119 p. http://pubs.usgs.gov/of/1963/0059/report.pdf.
Johnson, T., Njuguna, W., 2002. Available aquifer storage determinations using MODFLOW and GIS, Central and West Coast Groundwater Basins, Los Angeles County, California. In: Water Replenishment District of Southern California, Presented at the 22nd Annual Esri International User Conference, July 8e12, 2002. http://proceedings.esri.com/library/userconf/proc02/pap0330/p0330.htm.
Journel, A.G., Huijbregts, C.J., 1978. Mining Geostatistics. Academic Press, 600 p.
Juckem, P.F., Hunt, R.J., Anderson, M.P., 2006. Scale effects of hydrostratigraphy and recharge zonation on baseflow. Groundwater 44(3), 362e370. http://dx.doi.org/10.1111/j.1745-6584.2005.00136.x.
Kenoyer, G.J., 1988. Tracer test analysis of anisotropy in hydraulic conductivity of granular aquifers. Groundwater Monitoring & Remediation 8(3), 67e70. http://dx.doi.org/10.1111/j.1745-6592.1988.tb01086.x.
Khalil, M., Sakai, M., Mizochuchi, M., Miyazaki, T., 2003. Current and prospective applications of zero flux plane (ZFP) method. Journal Japan Society Soil Physics 95, 75e90. https: //www.js-soilphysics.com/data/pdf/095075.pdf.
Kruseman, G.P., de Ridder, N.A., 1990. Analysis and Evaluation of Pumping Test Data. International Institute for Land Reclamation and Improvement, 377 p.
Leahy, P.P., 1982. A Three-dimensional Ground-water-flow Model Modified to Reduce Computer Memory Requirements and Better Simulate Confining-Bed and Aquifer Pinchouts. U.S. Geological Survey Water Resources Investigation Report 82e4023, 59 p. http://pubs.er.usgs.gov/publication/wri824023.
Lee, D.R., 1977. A device for measuring seepage flux into lakes and estuaries. Limnology and Oceanography 22(1), 140e147. http://dx.doi.org/10.4319/lo.1977.22.1.0140.
Lewis-Brown, J.C., Rice, D.E., 2002. Simulated Ground-water Flow, Naval Air Warfare Center West Trenton. U.S. Geological Survey Water-Resources Investigations Report 02e4019, New Jersey, 44p. http://pubs.er.usgs.gov/publication/wri024019.
Lewis-Brown, J.C., Rice, D.E., Rosman, R., Smith, N.P., 2005. Hydrogeologic Framework, Ground-water Quality, and Simulation of Ground-Water Flow at the Fair Lawn Well Field Superfund Site, Bergen County. U.S. Geological Survey, Scientific Investigations Report 2004-5280, New Jersey pp. 109. http://pubs.usgs.gov/sir/2004/5280/.
Lindgren, R.J., Dutton, A.R., Hovorka, S.D., Worthington, S.R.H., Painter, S., 2004. Conceptualization and simulation of the Edwards aquifer, San Antonio region, Texas. U.S. Geological Survey Scientific Investigations Report 2004e5277, 143 p. http://pubs.usgs.gov/sir/2004/5277/.
Liu, G., Butler Jr, J.J., Bohling, G.C., Reboulet, E., Knobbe, S., Hyndman, D.W., 2009. A new method for high-resolution characterization of hydraulic conductivity. Water Resources Research 45(8), W08202. http://dx.doi.org/10.1029/2009WR008319.
Liu, G., Zheng, C., Tick, G.R., Butler Jr, J.J., Gorelick, S.M., 2010. Relative importance of dispersion and rate-limited mass

transfer in highly heterogeneous porous media: Analysis of a new tracer test at the MADE Site. Water Resources Research 46(3), W03524. http://dx.doi.org/10.1029/2009WR008430.

Lott, R.B., Hunt, R.J., 2001. Estimating evapotranspiration in natural and constructed wetlands. Wetlands 21(4), 614e628. http://dx.doi.org/10.1672/0277-5212(2001)021 [0614: EEINAC] 2.0.CO; 2.

Maasland, M., 1957. Soil Anisotropy and Land Drainage. In: Luthin, J.N. (Ed.), Drainage of Agricultural Lands. American Society of Agronomy, Madison, WI, pp. 216e285.

Marcus, H., Evenson, D.E., 1961. Directional Permeability in Anisotropic Porous Media, Water Resources Center Contribution, vol. 31. University of California, Berkeley.

de Marsily, G., 1986. Quantitative Hydrogeology. Academic Press, 440 p.

McDonald, M.G., Harbaugh, A.W., 1988. A Modular Three-dimensional Finite-difference Ground-water Flow Model. Techniques of Water-Resources Investigations 06eA1, USGS, 576 p. http://pubs.er.usgs.gov/publication/twri06 A1.

McLin, S.G., 2005. Estimating aquifer transmissivity from specific capacity using MATLAB. Groundwater 43(4), 611e614. http://dx.doi.org/10.1111/j.1745-6584.2005.0101.x.

Moene, A.F., van Dam, J.C., 2014. Transport in the Atmosphere-vegetation-soil Continuum. Cambridge University Press, New York. ISBN: 0521195683, 458 p.

Morgan, D.S., Jones, J.L., 1995. Numerical Model Analysis of the Effects of Ground-water Withdrawals on Discharge to Streams and Springs in Small Basins Typical of the Puget Sound Lowland. U.S. Geological Survey Open-File Report 95e470, Washington, 73 p. http://wa.water.usgs.gov/pubs/ofr/ofr.95-470/descript.html.

Morris, D.A., Johnson, A.I., 1967. Summary of Hydrologic and Physical Properties of Rock and Soil Materials as Analyzed by the Hydrologic Laboratory of the U.S. Geological Survey 1948e1960.

U.S. Geological Survey Water Supply Paper 1839-D, 42 p. http://pubs.er.usgs.gov/publication/wsp1839D.

Narasimhan, T.N., Witherspoon, P.A., 1976. An integrated finite-difference method for analyzing fluid flow in porous media. Water Resources Research 12(1), 57e64. http://dx.doi.org/10.1029/WR012i001p00057.

Nemeth, M.S., Solo-Gabriele, H.M., 2003. Evaluation of the use of reach transmissivity to quantify exchange between groundwater and surface water. Journal of Hydrology 274 (1e4), 145e159. http://dx.doi.org/10.1016/S0022-1694 (02)00419-5.

Neuman, S.P., 1975. Analysis of pumping test data from anisotropic unconfined aquifers considering delayed gravity response. Water Resources Research 11(2), 329e342. http://dx.doi.org/10.1029/WR011i002p00329.

Neuman, S.P., Walter, G.R., Bentley, H.W., Word, J.J., Gonzalez, D.D., 1984. Determination of horizontal aquifer anisotropy with three wells. Groundwater 22(1), 66e72. http://dx.doi.org/10.1111/j.1745-6584.1984.tb01477.x.

Niswonger, R.G., Prudic, D.E., Regan, R.S., 2006. Documentation of the Unsaturated-zone Flow (UZF1) Package for Modeling Unsaturated Flow between the Land Surface and the Water Table with MODFLOW-2005. U.S. Geological Survey Techniques and Methods Report 6eA19, 62 p. http://pubs.er.usgs.gov/publication/tm6A19.

Noetinger, R., Artus, V., Zargar, G., 2005. The future of stochastic and upscaling methods in hydrogeology. Hydrogeology Journal 13(1), 184e201. http://dx.doi.org/10.1007/s10040-004-0427-0.

NRC (National Research Council), 2004. In: Anderson, M.P., Wilson, J.L. (Eds.), Groundwater Fluxesacross Interfaces. National Academy Press, 85 p.

Panday, S., Langevin, C.D., Niswonger, R.G., Ibaraki, M., Hughes, J.D., 2013. MODFLOWeUSG Version 1: An Unstructured Grid Version of MODFLOW for Simulating Groundwater Flow and Tightly Coupled Processes Using a Control Volume Finite-difference Formulation. U.S. Geological Survey Techniques and Methods. Book 6, Chapter A45, 66 p. http://pubs.usgs.gov/tm/06/a45.

Quinones-Aponte, V., 1989. Horizontal anisotropy of the principal ground-water flow zone in the Salinas alluvial fan, Puerto Rico. Groundwater 27(4), 491e500. http://dx.doi.org/10.1111/j.1745-6584.1989.tb01969.x.

Reilly, T.E., Harbaugh, A.W., 2004. Guidelines for Evaluating Ground-water Flow Models. U.S. Geological Survey Scientific Investigations Report 2004-5038, 30 p. http://pubs.er.usgs.gov/publication/sir20045038.

Reimann, T., Birk, S., Rehrl, C., Shoemaker, W.B., 2012. Modifications to the conduit flow process mode 2 for

MODFLOW-2005. Groundwater 50(1), 144e148. http://dx.doi.org/10.1111/j.1745-6584.2011.00805.x.

Reimann, T., Hill, M.E., 2009. MODFLOW-CFP: A new conduit flow process for MODFLOWe2005. Groundwater 47 (3), 321e325. http://dx.doi.org/10.1111/j.1745-6584.2009.00561.x.

Remson, I., Hornberger, G.M., Molz, F.J., 1971. Numerical Methods in Subsurface Hydrology. Wiley-Interscience, 389 p.

Renard, P., de Marsily, G., 1997. Calculating equivalent permeability: A review. Advances in Water Resources 20 (5/6), 253e278. http://dx.doi.org/10.1016/S0309-1708(96)00050-4.

Rosas, J., Lopez, O., Missimer, T.M., Coulibaly, K.M., Dehwah, A.H.A., Sesler, K., Lujan, L.R., Mantilla, D., 2014. Determination of hydraulic conductivity from grain-size distribution for different depositional environments. Groundwater 52(3), 399e413. http://dx.doi.org/10.1111/gwat.12278.

Rose, W.R., 1993. Hydrology of Little Rock Lake in Vilas County, North-Central Wisconsin. U.S. Geological Survey Water-Resources Investigations Report 93-4139, 22 p. http://pubs.er.usgs.gov/publication/wri934139.

Rosenberry, D.O., LaBaugh, J.W., Hunt, R.J., 2008. Use of monitoring wells, portable piezometers, and seepage meters to quantify flow between surface water and ground water (Chapter 2). In: Field Techniques for Estimating Fluxes between Surface and Ground Water. U.S. Geological Survey Techniques and Methods Report 4-D2, pp. 43e70, 128 p. http://pubs.usgs.gov/tm/04d02/pdf/TM4-D2-chap2.pdf.

Scanlon, B.R., Healy, R.W., Cook, P.G., 2002. Choosing appropriate techniques for quantifying groundwater recharge. Hydrogeology Journal 10(1), 18e39. http://dx.doi.org/10.1007/s10040-001-0176-2.

Schroeder, P.R., Dozier, T.S., Zappi, P.A., McEnroe, B.M., Sjostrom, J.W., Peton, R.L., 1994. The Hydrologic Evaluation of Landfill Performance (HELP) Model, Engineering Documentation for Version 3, EPA/600/R-94/168b, US. Environmental Protection Agency, Risk Reduction Engineering Laboratory, Cincinnati, OH.

Sheets, R.A., Hill, M.C., Haitjema, H.M., Provost, A.M., Masterson, J.P., 2015. Simulation of water-table aquifers using specified saturated thickness. Groundwater 53(1), 151e157. http://dx.doi.org/10.1111/gwat.12164.

Shoemaker, W.B., Kuniansky, E.L., Birk, S., Bauer, S., Swain, E.D., 2008. Documentation of a Conduit Flow Process (CFP) for MODFLOW-2005. U.S. Geological Survey Techniques and Methods. Book 6, Chapter A24, 50 p. http://pubs.er.usgs.gov/publication/tm6A24.

Šimůnek, J., van Genuchten, M.Th, _Sejna, M., 2011. The HYDRUS Software Package for Simulating Two- and Three-dimensional Movement of Water, Heat, and Multiple Solutes in Variably-saturated Media. Technical Manual, Version 2.0. PC Progress, Prague, Czech Republic, 258 p.

Sterrett, R.J. (Ed.), 2008. Groundwater & Wells, third ed. Johnson Division, St. Paul, MN. 812 p.

Theis, C.V., 1940. The source of water derived from wells. Civil Engineering 10(5), 277e280 (Reproduced in Anderson, M.P., editor, 2008, Benchmark Papers in Hydrology, 3: Groundwater. Selection, Introduction and Commentary by Mary P. Anderson, IAHS Press, pp. 281e286.).

Todd, D.K., Mays, L.W., 2005. Groundwater Hydrology, third ed. John Wiley & Sons, Inc. 636 p.

Toews, M.W., Allen, D.M., 2009. Evaluating different GCMs for predicting spatial recharge in an irrigated arid region. Journal of Hydrology 374 (3e4), 265e281. http://dx.doi.org/10.1016/j.jhydrol.2009.06.022.

Torak, L.J., 1993. A MODular Finite-element Model (MODFE) for Areal and Axisymmetric Ground-waterflow Problems, Part 1dModel Description and User's Manual. U.S. Geological Survey Techniques of Water-Resources Investigations. Book 6, Chapter A3, 136 p. http://pubs.usgs.gov/twri/twri6a3/.

Townley, L.R., Wilson, J.L., 1980. Description of and user's manual for a finite element aquifer flow model AQUIFEM-1, MIT Ralph M. Parsons Laboratory for Water Resources and Hydrodynamics. Technology Adaptation Program Report No. 79-3 294.

Tyson Jr, H.N., Weber, E.M., 1964. Ground-water management for the nation's futuredComputer simulation of ground-water basins, American Society of Civil Engineers Proceedings. Journal of the Hydraulics Division 90, 59e77.

Voss, C.I., Provost, A.M., 2002. SUTRA: A Model for Saturated Unsaturated Variable-density Groundwater Flow with Solute or Energy Transport. U.S. Geological Survey Water Resources Investigation Report 02e4231, 429 p. http://pubs.er.usgs.gov/publication/wri024231.

参考文献

Wang, H.F., Anderson, M.P., 1982. Introduction to Groundwater Modeling: Finite Difference and Finite Element Methods. Academic Press, San Diego, CA, 237 p.

Webb, E.K., Anderson, M.P., 1996. Simulation of preferential flow in three-dimensional, heterogeneous conductivity fields with realistic internal architecture. Water Resources Research 32(3), 533e545. http://dx.doi.org/10.1029/95WR03399.

Weeks, E.P., 1969. Determining the ratio of horizontal to vertical permeability by aquifer-test analysis. Water Resources Research 5(1), 196e214. http://dx.doi.org/10.1029/WR005i001p00196.

Westenbroek, S.M., Kelson, V.A., Dripps, W.R., Hunt, R.J., Bradbury, K.R., 2010. SWB - a Modified Thornthwaite-Mather Soil Water Balance Code for Estimating Groundwater Recharge. U.S. Geological Survey Techniques and Methods 6A31, 65 p. http://pubs.usgs.gov/tm/tm6-a31/.

Winter, T.C., 1976. Numerical Simulation Analysis of the Interaction of Lakes and Ground Water. U.S. Geological Survey Professional Paper 1001, 45 p. http://pubs.er.usgs.gov/publication/pp1001.

Yager, R.M., Voss, C.I., Southworth, S., 2009. Comparison of alternative representations of hydraulicconductivity anisotropy in folded fractured-sedimentary rock: Modeling groundwater flow in the Shenandoah Valley (USA). Hydrogeology Journal 17(5), 1111e1131. http://dx.doi.org/10.1007/s10040-008-0431-x.

Yeh, T.-C.J., Lee, C.-H., 2007. Time to change the way we collect and analyze data for aquifer characterization. Groundwater 45(2), 116e118. http://dx.doi.org/10.1111/j.1745-6584.2006.00292.x.

Zhou, H., Gomez-Hernandez, J.J., Li, L., 2014. Inverse methods in hydrogeology: Evolution and recent trends. Advances in Water Resources 63, 22e37. http://dx.doi.org/10.1016/j.advwatres.2013.10.014.

第6章

湧き出し・吸い込みを掘り下げる

> 熱伝導問題と地下水水理学との間には多くの共通点があり，吸い込み・湧き出しもそのひとつである．湧き出しは涵養井戸，吸い込みは流出井戸に類似する．
>
> C.V. Theis（1935）
>
> とうとうすべてはひとつに合流し，川の流れそのものがそこにはあった．
>
> Norman Fitzroy Maclean,
> A River Runs Through It

　4.3節では，湧き出し・吸い込みを，規定水頭境界，規定流量境界，水頭依存境界（Head-dependent boundary：HDB）として与える方法を議論した．また，5.2節では，湧き出し・吸い込み周辺の節点間隔選択の際の指針を述べた．本章では，湧き出し・吸い込みを表現する方法をさらに掘り下げる．揚水井，注入井，排水，湧水，河川，湖，湿地等を取り扱う．また，浸透による涵養，漏水，潜伏流（underflow），地下水面からの蒸発散といった，空間的な分布をもつノンポイント（面源）の湧き出し・吸い込みも取り扱う．

6.1　はじめに

　地下水モデルへの水の付加や除去は，周囲あるいは内部の境界条件として表現するか，湧き出し・吸い込み項（式（3.12）における W^* の項）として表現するかのどちらかである．河川，湿地，湖，排水，湧水，地下水面からの蒸発散は，典型的には水頭依存境界条件で表現され（4.3節），時には規定水頭境界条件と規定流量境界条件で表現される．空間分布をもつ不飽和帯からの浸透による涵養，井戸からの揚水（あるいは井戸への注水）も湧き出し・吸い込み項として表現されるか，規定水頭境界条件あるいは規定流量境界条件で表現される（4.3節）．

地下水モデルに湧き出し・吸い込みを組み込むために，一般には，2つの異なるアプローチがとられてきた．1つのアプローチは，パッケージごとに入力データを集約し，特定のタイプの湧き出し・吸い込み項をそれぞれに計算し，出力値を個別に集約するという方法である．たとえば，MODFLOW では，井戸からの揚水と井戸への注水，河川，湖，湿地，排水，地下水面からの蒸発散，不飽和帯との水の行き来，を表現する個別パッケージに入力値を与える．パッケージへの入力は個別に集約されるが，パッケージはメインプログラムに組み込まれており，メインコードとの入出力値のやり取りは，自動的に実行されるようになっている．

　もう1つのアプローチは，FEFLOW（Diersch, 2014）や COMSOL で採用されている方法で，プログラムコードが提供する汎用湧き出し・吸い込み項や境界条件（4.3節）の中から，ユーザー自身が適切なものを選択し，関係するパラメータに適切な値を与える，という方法である．このアプローチでは，汎用湧き出し・吸い込み項，規定水頭境界，規定流量境界，あるいは，汎用水頭依存境界を取り扱うようなプログラムコードとなっている．ユーザーは，特定の湧き出し・吸い込み項を最もよく表現する選択肢を決めなければならない．たとえば，河川を水頭依存境界条件で表現するのが望ましいとすれば，その選択肢を選ぶという作業が必要である．このようにして，複数のタイプの湧き出し・吸い込みが，同一の汎用湧き出し・吸い込み項，あるいは，境界条件により表現されることもある．4.2節と4.3節で説明したように，湧き出し・吸い込みを表現する一般的な原理に従って水文地質学的な判断を下し，各吸い込み・湧き出しを表すのに最適な境界条件をコードから選択することになる．加えて，選択したオプションが正しく計算実行されるためには，入力値の形式を整える必要がある．パッケージを利用する方法と比較して，水文地質学的な過程，および，コードがどのようにプログラムされているのかということに関するより総合的な理解が必要となる．

　地下水モデリングの応用という意味では，前者のアプローチ（パッケージを利用する方法）の方が便利であり，中級のモデル作成者が始めるには手ごろである．パッケージを介して，地下水モデリングにおいて重要となる主要過程を直接に取り扱うことができる．パッケージへの入力データは，特定の過程に合わせてカスタマイズされており，その過程を記述するパラメータに直接関連づけられている．さらに便利なのは，シミュレーションの過程が追跡されモデル出力値に報告される点である．しかし，先端応用の場合，特定の湧き出し・吸い込みに対して個別に入力データをカスタマイズすることのできる後者のアプローチの方が，融通がきく．MODFLOW の基本パッケージの制限を改良するために，新しい MODFLOW パッケージが開発された．たとえば，河川パッケージ（6.5節）の制約を改良するために河道追跡（SFR）パッケージが開発された．

　本章では，差分法による MODFLOW と有限要素法による FEFLOW を例として，湧き出し・吸い込みを表現する2つのアプローチをめぐる議論の枠組みを説明し，また，差分法と有限要素法の相違を説明する．6.2節で揚水井・注水井，6.3節でノンポイント（空間的分布をもつ）の湧き出し・吸い込み，6.4節で排水と湧水，6.5節で河川，6.6節で湖，そして，6.7節で湿地，をそれぞれ取り扱う．

6.2 揚水井および注入井

4.3節では，モデルの境界部分において規定流量境界を与えるために，どのように揚水井あるいは注水井が利用されるかを説明した（図4.13(b)および図4.14）．また，揚水井あるいは注入井は規定水頭節点を用いてシミュレートすることができ，たとえば，水の引き抜きを表現できることも示した（4.3節）．本節では，モデル領域内部における揚水井あるいは注入井を，モデル内部に存在する点の湧き出し・吸い込みとして表現する方法を説明する．

揚水井には，生活用水，産業用水，灌漑用水，都市用水を供給する井戸がある．また，トンネル，採石場，鉱山からの廃水用の井戸，地下水除染用の井戸などもある．注入井は，帯水層への貯留と回復，地下水ヒートポンプシステム，水理学的障壁の構築と維持，汚染水の廃棄，水理破砕（水圧破砕）などに使用される．通常は，揚水井あるいは注入井は垂直であるが，時には，傾いた井戸や水平な井戸もシミュレートすることができる（図5.16）．水平な井戸は，水供給（たとえば，Ranney放射集水井戸，Haitjemaら2010；Kelson, 2012）や水理破砕に用いられることがある．複数井戸が近接して位置するときは，単一井戸節点を設定することにより複数井戸からの揚水，あるいは，注入を表現することもある．地域モデルでは，大きな容量をもつ主要な井戸のみシミュレートするのが典型である．家庭用の井戸といった産出量の小さな井戸からの取水量はわずかな体積にしかすぎず，地域の地下水流動システムに及ぼす影響は無視できるからである．局所的な問題においてさえ，家庭用井戸からの揚水は必ずしも含む必要はない．たとえば，表層の不圧帯水層からの家庭用地下水の揚水は，水収支のごく数パーセントしか占めず，揚水のほとんどが水処理システムへの排水を経由して，局所的な地下水システムに戻る．

モデル領域内の井戸の位置は，グラフィカルユーザーインターフェース（GUI：Graphical User Interface）に表示される基図の上にプロットされる．なお，このGUIは，入力データを集約し，出力データを処理するために用いられるものである．理想的には，モデルの節点が井戸の地理的な位置と一致するのが望ましいが，実際には，すべての節点を井戸の位置と同じ場所に配置することはほぼ不可能である．井戸節点は，井戸スクリーンと開口部の標高に対応する層内に配置する（図6.1）．

差分法，有限要素法ともに，井戸節点における水頭の計算値が，揚水井あるいは注入井の実際の水頭値を完璧に表しているわけではない（図6.1）．いずれの方法でも，揚水井/注入井は特異点になっている．つまり，その点では微分値が存在しないのである．典型的な格子/メッシュにおける揚水条件下では，水頭の計算値は，実際の水頭値よりも高い方に偏るため，地下水位の推定低下量は，過小評価されることになる（図6.2(c)）．注入井では反対の効果が発生し，水頭の計算値は低い方に偏る．より高い精度が求められる場合には，揚水井/注入井の中と近傍における水頭は，ティームの解析解を用いて計算することができる（たとえば，Charbeneau and Street, 1979）．Box 6.1と6.2.3項を参照のこと．解析解を用いる利点は，井戸周囲の節点間隔を細かくしなくても水

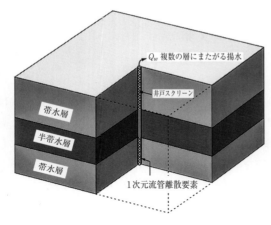

図 6.1 層状の差分モデルにおける井戸の表現．井戸スクリーン部分を通して井戸は帯水層につながっており，1次元流管離散要素（discrete feature element：DFE）によりシミュレートされる（Diersch, 2014）．

頭計算値を修正できる点にある．ティームの式（Box 6.1）あるいは修正していない計算値であっても，モデルの目的に十分にかなう推定値を与えてくれる場合が多い．しかし，モデルの主たる目的が，井戸のごく近傍の水頭をシミュレートすることである場合，要となる揚水の中心付近では，節点間隔を小さくすることを推奨する（Box 6.1）．たとえば，節点間隔を小さくした局所スケールのモデルを用いることにより，従来からの帯水層試験，水理的断層撮影試験，単孔試験をシミュレートすることができる．

揚水/注水のシミュレーションでは，井戸の揚水速度あるいは注水速度を，体積流動速度（L^3/T）で与える必要がある．体積流動速度の符号は，揚水なのか注水なのかを示している．ただし，流れの方向を示す符号がコードにより異なる（たとえば，MODFLOW の井戸パッケージでは，揚水が負で表現されるが，FEFLOW では正で表現される）．揚水/注水速度とその実施スケジュールは，オペレータ/所有者，あるいは，水利用の管理責任を負う規制組織から得られる情報に基づいて推定することができる．容量の大きな井戸が無数に存在し，測定が行われていない地域では，使用電力の記録にポンプのサイズと効率の推定値を組み合わせて，揚水量/注水量を推定することができる．個人の家庭用井戸の地下水利用量は通常計測されていない．そのような場合，1人1日当たりの家庭用水使用量の推定値を用いて正味の揚水量を推定することができる．灌漑用の揚水量は，航空写真などで得られた作付面積や，他の水利用推計値から算出することができる．

2次元の領域モデルでは，通常，完全貫通井を前提にシミュレーションがされる．つまり，地層の飽和部分の厚さ全体にわたって井戸の吸い込み口が開いていることになる．部分貫入井の場合，通常その影響は無視される．なぜなら，半径約 $1.5b\sqrt{K_h/K_v}$ に影響が限られるからである．ここで，b は帯水層の飽和厚，K_h/K_v は，鉛直断面方向の異方性を表す（Hantush, 1964；Haitjema 1995, p. 394）．むしろ，格子/メッシュによる空間分割と関連した誤差が，部分貫入による誤差を上回る．3次元モデルでは，各井戸の詳細な仕様を決定し，井戸スクリーンの上端と下端の標高を指定しなければならない．3次元モデルは，帯水層が複数層から構成されているとし，揚水をしてい

6.2 揚水井および注入井

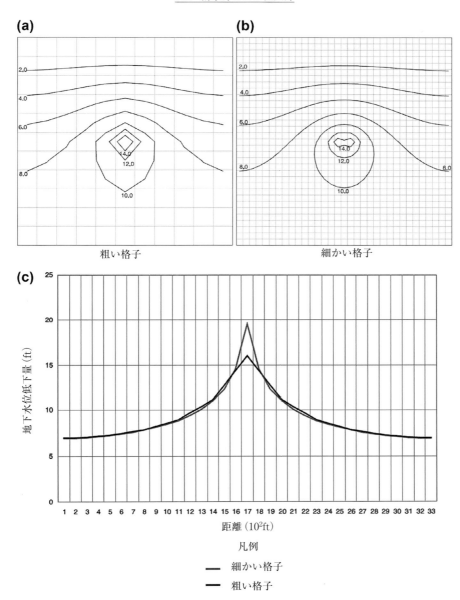

図 6.2 2次元平面差分モデルにおける揚水井付近の水頭計算値に及ぼす節点間隔の影響．(a) と (b) では，間隔 200 ft (61 m) の2つの井戸から，それぞれ 100,000 ft^3/day (2832 m^3/day) で揚水されている．(a) は，節点間隔が 300 ft (91 m) で，井戸節点1つで2つの揚水井の両方を表している．(b) は，節点間隔 100 ft (30 m) で，各揚水井が隔たった井戸節点によって表されている．(c) は，モデルのデザインは (a), (b) と同一であるが，1つの井戸から 200,000 ft^3/day (5663 m^3/day) の揚水がある設定となっている．井戸節点が存在する格子行に沿って地下水面が低下している (Reilly and Harbaugh, 2004)．

る特定の層に揚水/注入井節点を指定することで,部分貫入井の影響をシミュレートすることができる.ただし,特別なオプション(たとえば,MODFLOW の複数節点井戸パッケージ,6.2.3 項)を利用しないと,選択した層に完全貫入しているものとして設定される.

6.2.1 差分法の井戸節点

差分格子における揚水/注入井は,井戸節点におけるポイントソースあるいはポイントシンクとしての取り扱いとなる.しかし,差分モデルの節点は,1 つのセル/ブロック全体を表しているので,揚水井からの揚水量,注入井への涵養量は,セル/ブロック 1 つの体積から引き抜かれるか,あるいは,付加されるかになる.つまり,点における注水あるいは揚水は,セルの面全体に面的広がりをもった涵養あるいは揚水と見なされて計算されることになる(図 6.3(b)).どちらの場合にも,差分セル/ブロックの上面に対して単位時間当たりある体積の水(L^3/L^2T)を面的に付加する計算になっている.ほとんどの差分法コード(たとえば,MODFLOW における井戸パッケージ)では,ユーザーは,揚水あるいは注水を流速(体積流動速度)(L^3/T)で入力し,計算上,流速をセル上面の面積で除してフラックスに換算している.

6.2.2 有限要素法の井戸節点および複数節点井戸

有限要素法コードでは,規定流量(Neumann)の内部境界条件として,揚水あるいは注水速度を節点に与えて井戸が表現される(たとえば,FEFLOW の井戸境界条件).規定流量境界条件に指定される有限要素節点のことを,ノイマン節点と呼ぶこともある(Istok, 1989, p. 155).差分モデルのように面的ではなく,節点から水が引き抜かれたり注入されたりする.井戸が節点上にない場合,井戸を含む要素節点間で流量が配分される.通常,要素内で線形な変化を仮定して配分される(Istok, 1989;Torak, 1993 に詳細が記述されている).

複数節点(複数層)井戸は,複数層に鉛直貫入した井戸を表現するものであり,2 つ以上の井戸節点を連結してシミュレートする(図 6.1 と図 6.4,また図 5.16 も参照のこと).FEFLOW は,図 6.1 と図 5.16 に示した 1 次元の流管離散要素(discrete feature element:DFE)を使って複数

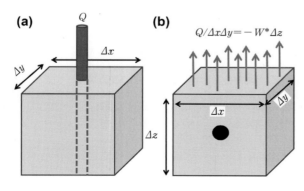

図 6.3 差分格子における揚水あるいは注入井の表現.(a)ポイントソースあるいはポイントシンクとして井戸を表す方法.(b)面的な分布として揚水井(Q)からの揚水を表す方法.ここで,W^*(T^{-1})は一般的な湧き出し・吸い込み項(式(3.12)を参照のこと).

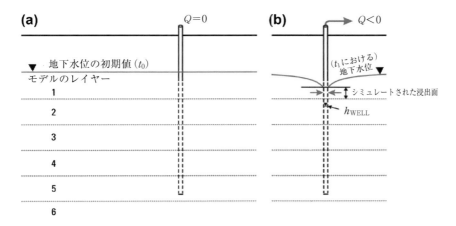

図 6.4 複数節点井戸．(a) 井戸は上部 4 層を完全に貫通し，5 層目に部分的に貫入している．(b) 井戸孔に沿って形成される浸出面はさらに井戸の水頭損失を引き起こす．井戸からの流出は MODFLOW の記法に従って Q の値が負のとき揚水を表すことに注意すること．

井戸をシミュレートする（Diersch, 2014, pp. 221-223；5.2 節の DFE に関する議論も参考のこと）．DFE は，節点間隔よりも小さい領域で，周囲の多孔質体よりも地下水をよく透水する領域と定義される．DFE に高い透水性（10^6 m/s のオーダー）を割り当てることにより，井戸の軸を構成する節点水頭をできる限り均一にし，同時に DFE 内では井戸の流出地点まで水頭勾配が小さくなることを保証している．この方法では，井戸ケーシングへの貯留も考慮することができる．ケーシングへの貯留は，揚水開始直後には重要であるが，揚水期間全体からみると小さいため，実際には無視されることが多い（Diersch, 2014, pp. 222, 426）．DFE 内（井戸孔の軸に沿った）の流れは，層流に対する Hagen-Poiseuille の式を用いてシミュレートされる（Diersch, 2014, p. 222）．トータルの揚水速度あるいは注水速度は，井戸の揚水あるいは注水ポイントに位置する節点に割り当てられる．井戸を表す流管 DFE の節点はメッシュ内の節点を共有し連結している（図 5.16）．このように地下水流動方程式の解に DFE が連成しているので，井戸の水深変化を伴う流入と流出が自動的に組み込まれることになる．

6.2.3 差分モデルにおける複数節点井戸

MODFLOW-USG の連結線形ネットワーク（Connected Linear Network Process；CLN）過程は DFE に類似した機能をもつ（Panday ら 2013）．CLN 過程は，差分法の構造格子と非構造化格子のどちらにも利用可能である（5.2 節）．有限要素法の 1 次元流管 DFE に類似しているのが CLN 過程の柱状線形管であるが，CLN 過程の線形ネットワークと多孔質体との間では節点が共有されていない．その代わりに，CLN の解と多孔質体中の節点水頭値を求める地下水流動方程式の解が連成している．CLN 過程は，井戸を表す柱状線形管中の層流を解くと同時に，CLN の節点と

多孔質体の節点との間での水の交換を計算する．MODFLOWにおける井戸パッケージを用いてCLNの節点から揚水がなされる．

　この他に，標準的な構造格子で複数節点井戸を取り扱う差分モデルには，3つの方法がある．(1) ユーザーが層間での揚水・注水量を割り振る方法，(2) 井戸節点を有するセルの鉛直透水係数を高くする方法，(3) 複数層にわたる井戸内の現象を特殊な式を用いて表現する方法，である．Neville and Tonkin（2004）は，3手法の比較解析を行っている．揚水井という視点から各手法についてまとめるが，注入井に関しても同様の議論が可能である．

1. 井戸が貫入している各層に節点を配置し，トータルの揚水量 Q_T を各層の透水係数に応じて層ごとの揚水量に割り振る．したがって，トータルの揚水量 Q_T が各層からの揚水量 $Q_{i,j,k}$ の和と等しくなる．透水量係数で重み付けされた各層の揚水量（$Q_{i,j,k}$）は，近似的に次式となる．

$$Q_{i,j,k} = \frac{T_{i,j,k}}{\sum T_{i,j,k}} Q_T \tag{6.1}$$

ここで，$T_{i,j,k}$ はある層の透水量係数であり，$\sum T_{i,j,k}$ は井戸が貫入している層の透水量係数の総和である（McDonald and Harbaugh, 1988）．式（6.1）が近似式であるというのは，$Q_{i,j,k}$ は井戸節点における水頭 $h_{i,j,k}$ の関数であり，この値は解の一部として計算されることに理由がある．また，従来の差分方程式は，複数の帯水層や成層した地層に貫入した井戸では，層間で選択的な流路（あるいは抵抗が小さな流路）が発生するということを考慮していない．計算上は，井戸の各節点において異なる水頭が計算されるが，複数層にまたがる井戸の実際の水頭値は，井戸が貫入している層の作用を複合した平均的な水頭になる（Papadopulos, 1966）．Neville and Tonkin（2004）は，この方法は単純すぎて複数井戸の実際的な問題にはほとんど適用できないと結論づけている．

2. 井戸節点を含むセル／ブロックの鉛直透水係数を非常に高い値に設定し，井戸内部における水頭差を最小化する．この方法でも，式（6.1）を用いて，各井戸節点の揚水量を入力する必要はある．Neville and Tonkin（2004）は，次の2条件を満たす場合には，許容範囲内の解が得られるとしている．条件1：井戸節点を含むセル内の水頭をおよそ等しい値にするために，これらのセルの鉛直透水係数が十分に高い値に設定されていること．条件2：井戸を表現するセルの空間的なサイズは，井戸のサイズに近いこと．理想的には，Box 6.1 の式（B6.1.6）に示したガイドラインに沿った節点間隔であると望ましい．それでも，透水係数の高いセルが積み上がることにより，数値計算が不安的になり，解の収束問題が発生することがある．加えて，井戸損失を考慮することができない．井戸損失は，井戸スクリーンや井戸孔における乱流や抵抗（井戸孔でのこの作用を表層効果という）や，井戸孔に形成される浸潤面に起因する．

3. 標準的な差分格子を使用して複数層に貫入する井戸のシミュレーションを行うのに，実際的な方法として好まれるのは，ティームの式を用いて井戸周辺水頭の近似値を与える方法であり，MODFLOWの複数節点井戸（MNW2）パッケージはこの方法を採用している（Konikow ら

2009).MNW2 パッケージは，MNW1 パッケージ（Halford and Hanson, 2002）の改良・拡張版であり，MNW1 もまた，Bennett ら（1982）のアイデアに基づいて，より初期のパッケージである複数帯水層井戸（MAW1）パッケージから作成されたものである．Neville and Tonkin（2004）は，MAW1 パッケージを検証し，解析解と比較検討した．その結果，この方法は優れた結果を与えるものであり，セルサイズにも比較的依存しないことから，ある程度粗い格子でも地域モデルの井戸をよく表現できるとしている．

MAW1，MNW1，MNW2 パッケージは，複数節点井戸の節点群における平均的な水頭値を計算し，井戸節点間で揚水量あるいは注水量を配分する．MODFLOW-NWT（Niswonger ら 2011；Hunt and Feinstein, 2012 のレビューも参照のこと）は，MODFLOW の井戸（WEL）パッケージとともに複数節点井戸パッケージを使用している．MODFLOW-NWT には，薄い不圧帯水層で井戸孔に沿って浸潤面が発達するときに発生する揚水量の減少を考慮するオプションが用意されている（図 6.4(b)）．

MNW2 パッケージの概要は以下のとおりである．なお，MNW2 のほとんどのオプションは，MNW パッケージでも利用できる．ティームの式により準定常状態（定常な地下水面形状）にある井戸近傍の流れが表現される（**Box 6.1** の式（B6.1.1））．複数井戸への流れ Q_n に対するティームの式は次のとおりである．

$$Q_n = \frac{2\pi T_n}{\ln(r_e/r_w)}(h_w - h_n) \tag{6.2a}$$

あるいは

$$Q_n = CWC_n(h_w - h_n) \tag{6.2b}$$

ここで，h_w は実際の井戸水頭，h_n は井戸節点をもつ差分セルの計算水頭，CWC_n はセルから井戸への透水性（L^2/T），T_n は異方性をもつ帯水層の透水量係数であり $b\sqrt{K_x K_y}$ と等価，r_w は井戸半径，r_e は有効井戸半径（定義は Box 6.1）である．また

$$Q_T = \sum_{n=1}^{m} Q_n \tag{6.3}$$

であり，ここで，m は井戸を構成するセル中の全節点数である．h_n, h_w, Q_n が未知数となる．MNW2 では，一般的な差分方程式を解くことにより，h_n が計算され，h_w と Q_n が繰り返し計算により求められる．繰り返し計算の奇数回目では，直近で計算された Q_n を用いて，式（6.2）と式（6.3）から h_w が求められる．他方，偶数回目では，直近に計算された h_w を用いて Q_n が求められる．MODFLOW の一般水頭境界（GHB）パッケージは，境界水頭が h_w となるときには，式（6.2b）を計算に使用する．

上記の解法は，ティームの式により計算される理論的な地下水位低下，あるいは，帯水層の損失のみを考慮している．MNW2 パッケージは，井戸損失による地下水位低下も考慮することができる．式（6.2b）の CWC_n 項が次式のように修正される．

$$CWC_n = [A + B + CQ_n^{(P-1)} + \Delta h_p Q_n^{-1}]^{-1} \tag{6.4}$$

最初の水頭損失項 A は，ティームの式（式 (6.2a)）により計算される理論的な損失を表しており，井戸セルの空間的なサイズよりも井戸半径が小さいことを考慮して，修正された項である．第2項，第3項は，井戸損失を表す．B は，井戸孔近傍と井戸孔内部およびスクリーンで発生する水頭損失（表層効果）であり，C は，井戸付近で発生する乱流による非線形な水頭損失を表す．線形な水頭損失係数 B には，井戸掘削によりかく乱された帯水層部分の流れによる水頭損失，および，礫によるケーシング部と井戸スクリーン部の流れによる水頭損失の効果が含まれる．係数 C と指数部（P は無次元）は，段階的揚水試験により個別に井戸ごとに推定されるのが通例である．さらに，部分貫入により発生する水頭損失は Δh_p により表され，解析解により計算される（Barlow and Moench, 2011）．MNW2 は，井戸孔に沿った浸潤面も取り扱うことができる（図 6.4(b)）．井戸損失，部分貫入，浸潤面の計算を MNW2 がどのように行っているのか，ということの詳細は Konikow ら（2009）を参照されたい．

> **Box 6.1　井戸節点周辺における節点間隔の設定指針**
>
> 　差分モデル，有限要素モデルともに，井戸節点の水頭計算値が揚水井あるいは注入井の水頭を正確に表現しているわけではない（6.2 節；図 6.2）．むしろ計算水頭値は，有効井戸半径，時に仮想井戸半径とも呼ばれる半径における水頭値に等しい（**図 B6.1.1**(a) と**図 B6.1.2**）．この Box では，(1) 節点間隔が比較的粗い場合に，有効井戸半径を利用してどのように揚水井あるいは注入井における水頭値を推定するのか，(2) 井戸節点周辺にどのように細かく節点を配置すれば，井戸内部および井戸周辺における水頭値のよりよい近似値を得られるのか，ということを取り扱う．
>
> 　この Box で議論する原理は，差分モデル，有限要素モデルのどちらにも適用できるが，井

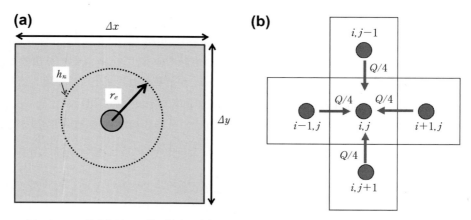

図 B6.1.1　差分格子での井戸節点．(a) 井戸節点は差分セルの中心にある．有効井戸半径 r_e は水頭がセル内の平均水頭 $h_n (= h_{i,j})$ に等しくなる半径である．(b) 井戸節点 (i, j) の隣の差分セル．Q は揚水速度．揚水節点を有するセルは4つの隣りの各セルから揚水量の 1/4 を受け取る．

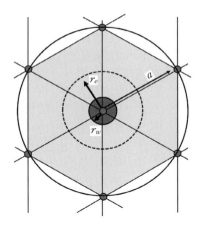

図 B6.1.2 正三角形要素から成る有限要素メッシュの井戸節点．井戸節点の周りには6つの節点があり，式 (B6.1.7) で表される距離だけ井戸節点から離れている．井戸半径を r_w, 有効井戸半径を r_e とする（Diersch ら，2011 を修正）．

戸節点の数学的取り扱いは，両モデルで異なる (6.2 節). 便宜的に，差分格子内の 2 次元水平流を取り扱い，差分法表記で説明をするが，同様の方法を有限要素メッシュにも適用することができる．また，以下の議論では，揚水井を便宜的に取り扱うが，注入井にも同様の議論を適用することができる．

井戸における水頭の推定：ティームの解析解は数値モデルと組み合わせて，揚水井周辺の水頭を計算するために利用されることが多い．ティームの式は，均一かつ等方な帯水層における揚水井への定常な放射状流動を表すために導出された式であるが，定常状態が成立する以前の状態でも，局所的には妥当な値を与える．特に，井戸周辺における帯水層からの水除去量が 0 に近い場合には，井戸周辺の水頭値を計算するために，ティームの式を用いることができる．この条件下では，準定常状態条件（定常形状条件）が井戸近くで成立し，ティームの式が適用可能となる (Heath and Trainer, 1968).

Butler (1988) は，t を揚水開始後の経過時間，r を揚水井からの距離，S を貯留係数，T を透水量係数とすると，$t = 100r^2 S/4T$ のときに，定常形状条件に達することを指摘した (Bohling ら 2002, 2007 も参照のこと). この関係式は，非定常の放射状流動に対してタイス式に Cooper-Jacob 近似を適用する際の指針から得られる．この近似は，u（これは $r^2 S/4Tt$ に等しい）が 0.01 より小さいときに妥当である．このときティームの式は次のようになる．

$$h_w = h_{i,j} - \frac{Q}{2\pi T} \ln \frac{r_e}{r_w} \tag{B6.1.1}$$

ここで，h_w は井戸中の実水頭，$h_{i,j}$ は差分法により計算される井戸節点を含むセルの水頭であり，差分法では有効井戸半径 r_e における水頭値と等価である．Q は井戸節点における全揚水量（あるいは全注入量），T は同セルの透水量係数である．井戸半径が r_w, 有効井戸半径が r_e となる（差分モデルでは，r_e における水頭がセルの平均水頭 $h_{i,j}$ と等しくなる）．式 (B6.1.1) は，r_e の値を与えることにより，計算値 $h_{i,j}$ から井戸における実際の水頭 h_w を推定するために利用することができる．

井戸節点に隣接した格子のサイズが均等であるとき，$\Delta x = \Delta y = a$ となり，そのとき，

$r_e=0.208a$ となることが示されている（Prickett, 1967）．この関係式の妥当性を，井戸節点に隣接する四次元格子領域を示した図B6.1.1(b)を参照しながら示す．井戸節点 (i,j) の近傍では地下水位の低下が対称的であると仮定すれば，四方からの体積流動速度は均一に $Q/4$ となる．ダルシー則を適用してセル右端面を通過する流れを計算すると

$$\frac{Q}{4}=aT\frac{h_{i+1,j}-h_{i,j}}{a} \tag{B6.1.2}$$

となる．ティームの式を $r=\Delta x=a$（水頭が $h_{i+1,j}$ となる点）と，$r=r_e$（水頭が $h_{i,j}$ となる点）の間で適用すると，次式を得る．

$$\frac{Q}{4}=\frac{\pi T}{2}\cdot\frac{h_{i+1,j}-h_{i,j}}{\ln(a/r_e)} \tag{B6.1.3}$$

式（B6.1.2）と（B.6.1.3）とを組み合わせて

$$\frac{a}{r_e}=e^{\pi/2}=4.81$$

あるいは

$$r_e=0.208a \tag{B.6.1.4}$$

となる．

　ティームの式を不圧条件に対して修正すると，式（B6.1.1）に類似して次式のように書ける．

$$h_w=\sqrt{h_{i,j}^2-\frac{Q}{\pi K}\ln\frac{r_e}{r_w}} \tag{B.6.1.5}$$

ここで，r_e は式（B 6.1.4）により近似的に与えられる．ここで，式（B.6.1.1）と（B.6.1.5）には，井戸損失（6.2節，式（6.4））の効果は含まれていないことを覚えておくとよい．

井戸節点間隔の指針：モデルの目的上，揚水井近傍における水頭と流動を正確に求めることが要請される場合，式（B.6.1.4）が井戸周辺の節点間隔を設計する指針となる．今，式（B.6.1.4）における r_e（水頭が $h_{i,j}$ に等しくなる点）が r_w に等しいと仮定しよう．この場合，水頭の計算値 $h_{i,j}$ は，r_w における水頭値と等しくなければならない．したがって，その帰結として

$$a=4.81r_w \tag{B.6.1.6}$$

となる．つまり，井戸節点（節点 i,j）における水頭値 $h_{i,j}$ が，井戸内の水頭 h_w を近似的に与えるためには，井戸節点周辺における節点間隔は，井戸半径の4.81倍程度か，それより小さい必要がある．格子を設計するときに，式（B.6.1.6）に示す指針が守られているようであれば，井戸内部における水頭を推定するために，式（B.6.1.1）あるいは（B.6.1.5）を使用する必要はない．

　正三角形要素（図B.6.1.2）をもつ有限要素法では

$$a=\xi r_w \tag{B.6.1.7}$$

となる．ここで，ξ は，井戸節点に連結している節点数 n に依存し，$n=4$ のとき $\xi=4.81$，$n=6$ のとき $\xi=6.13$，$n=8$ のとき $\xi=6.66$ となる（DHI-SASY GmbH, 2010, p. 50）．

　式（B.6.1.6）および式（B.6.1.7）で定義された節点間隔を用いるのが望ましいのは，帯

水層試験，水理的断層撮影，単孔試験の結果を解析するときである（5.4節）．また，粒子追跡法（第8章）のために井戸節点のごく近傍における地下水流速を正確に計算する場合や，地下水流動モデルを溶質移動や熱移動と組み合わせて使用する場合（12.2節および12.3節）には，揚水井あるいは注入井周辺の節点間隔を細かくする必要がある．その他のほとんどの地下水流動問題では，通常，揚水井あるいは注入井の周辺でこれほど細かい節点間隔（式(B.6.1.6)，(B.6.1.7)）にする必要はなく，比較的粗い格子（たとえば，図6.2(a)と(c)）による水頭計算値で，モデルの目的は十分に満たされる．必要に応じて，ティームの式（式(B.6.1.1)，式(B.6.1.5)）により井戸節点周辺の水頭計算値を改良すればよい．

6.3 空間的な分布をもつ湧き出し・吸い込み

最もよくみられる空間的な分布をもつ（ノンポイントの）ソースは，地下水への涵養であり，地表面からの浸透を起源とし，不飽和帯を通過して地下水面に到達する（図6.5(a)および(b)；Box 5.4）．その他の空間的な分布をもつ流れには，モデル領域下端面とモデル領域外との水の行き来や，モデル領域の側面を通しての潜伏流（図6.5(c)），蒸発散などがある．ノンポイントの湧き出しあるいは吸い込みをフラックス（L/T）で与えるか，体積流動速度（L³/T）で与えるかは，選択することができる．たとえば，ある計算コード（たとえば，MODFLOWの涵養パッケージなど）は，涵養量を地下水面に対するフラックスで与える．フラックスで与える場合，涵養を受けるセルあるいは要素の面積を涵養フラックスに乗じて，節点に付加される体積流動速度が求められる（図6.5(a)）．

涵養量は，規定流量境界条件を用いて体積流動速度として与えることもできる．涵養量をフラックスで受け取る有限要素モデルでは，涵養を受ける節点要素の面積とユーザーが指定した涵養フラックスを乗じた値を節点間で分配する．Torak（1993）およびIstok（1989）に詳細な計算手順をみることができる．FEFLOWでは，「物性値」として，涵養量をモデルの上端層あるいは下端層へのフラックスで与えることもできれば，井戸境界条件（規定流量境界条件の一種）として体積流動速度で与えることもできる．井戸境界条件を用いる場合には，涵養フラックスを体積流動速度に変換してから与える必要がある．涵養量が地下水面に対して面的に与えられる場合（差分法），節点に点的に与えられる場合（有限要素法）では，考え方が異なるため，局所的な地下水流動に与える影響も異なることになる．しかし，実際に得られる解は考え方の相違に左右されない．実際のところ，差分法，有限要素法ともに，面的な分布をもつ涵養量は，体積流動速度として節点に入力されるからである．差分モデルでは，節点がセル/ブロックが占めている空間を代表している，という点が有限要素モデルとは異なる．

涵養量は，不圧層に直接に入力され（5.3節），地下水面が存在するセルや要素のみに与えられるのが通常である．上端層でしか地下水面が形成されないモデルもあるが，多くのモデルでは，下層でも地下水面が形成するようになっている．また，定常解を求める繰り返し計算や外部からのス

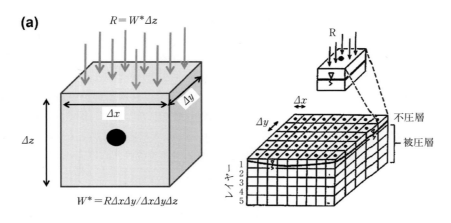

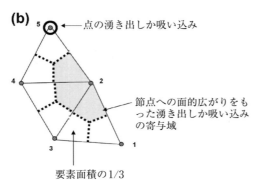

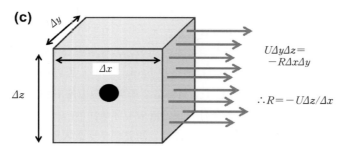

図 6.5 分布をもつ涵養．(a) 浸透による涵養は 3 次元差分セルの最上層（不圧）にフラックス（L/T）で与えられる．W^* は，一般的な支配方程式（式（3.12））の湧き出し・吸い込み項を表す．(b) 有限要素メッシュの網付き部分への涵養は，節点 2 への体積涵養速度（L^3/T）として与えられる．節点 2 に割り当てられる量は，網付き部分における量に基づいて重み付き平均をした値である．(c) 潜伏流 U（図 2.15）を表すために差分ブロック側面に割り当てられる流入量（ただし負の流入量）．入力値がコードの涵養入力行において速度（L/T）である場合には，入力データを集計する際に図に示したように側面フラックスを調整する必要がある．有限要素コードでは，潜伏流は節点に割り当てられ，体積速度（L^3/T）を用いた規定流量境界条件で指定される．

トレスに応じた非定常シミュレーションの際に，地下水面が下層に低下するようになっている（4.5節）．こういった状況を取り扱うための工夫として，例外なく上端層に涵養量を与えるのではなく，モデルのアクティブセルに涵養量を与えられるようなコードとなっているモデルもある．この場合，地下水面が層をまたがって動くときに，涵養量の分布が自動的に更新されるようになっている．

いかにして涵養量を支配方程式の数値近似へ組み込むかは，コードに固有のため，その詳細を知りたい読者はコードのユーザーマニュアルを参照するとよい．一般には，支配方程式（式（3.12））の湧き出し項として涵養量を与える場合，差分近似であれば式（3.29）の行列 $\{f\}$ 内に含まれる．また，有限要素近似であれば，涵養項を含む行列が式（3.29）の右辺に追加される．Wang and Anderson（1982, pp. 145-147）は，2次元定常流を例として詳細に記述している．数値解析としては，有限要素法の規定流量境界条件として涵養を考慮するのがより簡潔であろう．

構造格子の差分ブロック底部の流れは，数学的には上端ブロックあるいは上端要素の流れと同一であり，非構造差分格子あるいは有限要素メッシュにおいても，底部ブロック面あるいは要素面の面積が，上端ブロック面あるいは要素面の面積と同一であれば，やはり同一である．側方からの涵養流入は，流量をコードに応じて調整して計算する必要があるかもしれない．たとえば，浸透による涵養をシミュレートするときには，差分ブロックの場合には，体積流動速度と上端面面積（$\Delta x \Delta y$）を乗じるのが適切である（図6.5(a)）．しかし，潜伏流といった側方流（図6.5(c)）の場合には，流動は側面（$\Delta x \Delta z$ あるいは $\Delta y \Delta z$）で生じるので，差分ブロックあるいは有限要素の上端面とは，一般的には面積が異なる．こういった場合，要素節点に与える流量が適切となるよう入力値を調整する必要がある．こういった問題は，一般水頭依存境界条件（HDB）を用いて側方流を表現すると発生しないため，モデル領域における側方流の流入・流出を表現するには，一般水頭依存境界条件を用いることが好ましい．

地下水面からの蒸発散による水の損失は，通常，水頭依存境界条件（4.3節）により計算される．MODFLOW には，蒸発散を計算するパッケージが多種あり，オリジナルの蒸発散パッケージもある（McDonald and Harbaugh, 1988）．その他，蒸発散パッケージには Banta（2000）による蒸発散セグメント（ETS1）パッケージがある．これについては，Doble ら（2009），Baird and Maddock（2005），Ajami ら（2012）も参照のこと．また，FEFLOW では，一般水頭依存境界条件を用いて蒸発散が計算されるので，4.3節に示した原理に基づいて入力値を計算しておく必要がある．

6.4 排水および湧水

高い地下水面が土地利用を制約している場合（図4.17），地下水面を下げるために排水がなされることがある．たとえば，農地を乾燥化するためには暗渠排水が用いられる．また，鉱山，採石場，トンネルといった大規模な掘削と地下作業の場合，排水溝と排水ポンプにより水を抜く．通

常，このような形での地下水流動系からの水の除去は，水頭依存境界条件を用いてシミュレートされる（4.3節）．

水頭依存境界条件を用いて排水を定式化する方法は，自噴井（たとえば，Brooks, 2006）や浸出面（図4.17），湧水，湧水池，湿地への拡散流，源頭部の河川にも適用できる．湧水，湧水池，低層湿地への流入などは，地形的な窪地や陸地の低地部における局所的，面的な地下水流入の典型である．自噴井，湧水，湧水池に対しては，地下水の流入が発生している地点の標高と排水の標高とを一致させる（4.3節）．

排水として計算される流出のコンダクタンス（式（4.4b））は，計算値と流量の測定値を比較するキャリブレーションにより推定するのが通常である．たとえば，湧水といった大きな流量に対しては流量観測機器を用いて測定ができるし，より小さな流量には簡易式のフリュームや堰がよく，また，水面下の湧水には浸出計（シーページメータ）が適している（Lee, 1977；Rosenberryら2008）．また，コンダクタンスをキャリブレーションパラメータとして推定する代わりに，排水のコンダクタンスを意図的に大きな値に設定して，排水が生じている付近の帯水層の特性が流出を支配するようにする方法がある．

モデルから排水を取り除いてしまうことが不適切な場合もある．つまり，現場の状況によっては，計算された排水が地表流となり，下流で地下水流動系に再流入する場合があるからである．この状況を取り扱うために，排水の一部が指定された節点から地下水流動系に再流入するコードが開発されている（たとえば，Banta（2000）による排水再流入（DRT1）パッケージ）．よりよいアプローチは，排水が生じる点を河道網の最上流部の節点とし，排水を河道流として下流に追跡し，河床からの浸透として地下水流動系に再流入しうるものとして取り扱う方法がある（6.5節）．

排水の定式化では，排水が生じるとして指定した標高に比べて帯水層の水頭が同一かそれ以下の場合，浸出がないと仮定している．しかし，現場によっては，ある時期は湿地が地下水系を涵養し，また別のある時期は地下水から排水が生じることもある．このような場合，湿地からの地下水涵養量が十分に大きくなると，排水としての定式化が適切ではなくなる．モデルの目的にとって重要であるならば，河川（6.5節），湖沼（6.6節）に対するオプションを利用して湿地をシミュレートすることができる．あるいは，湿地層を介して地下水と地表水の流れをシミュレートする方法もある（6.7節）．

6.5 河　　川

河川は，地下水の湧き出しにも吸い込みにもなる．地下水から涵養される河川が得水河川（図6.6(a)；図4.16(b)）であり，逆に河川が地下水を涵養するのが失水河川である（図6.6(b)；図4.7および図4.16(c)と(d)）．基底流は地下水起源の河川流のことであり，地表流やその他の水源からの流入がない乾燥条件下で測定されるか，ハイドログラフの分離により推定される．帯水層と河川との水交換は，空間的（たとえば，Lowryら 2007；Woessner, 2000）にも時間的（たとえば，

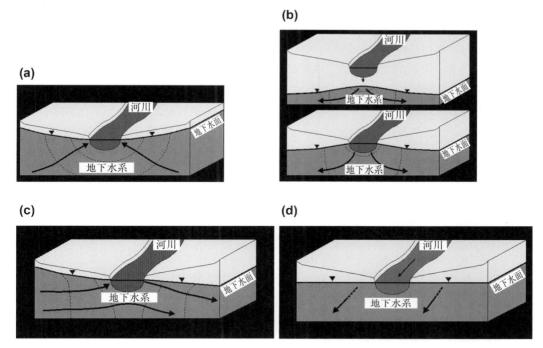

図 6.6 河川と地下水との水交換の概念モデル．河川水位に対する相対的な地下水面の位置を示した．(a) 得水河川，(b) 失水河川，(c) 通過河川，(d) 平行流河川（Woessner, 2000 による）

Hunt ら 2006）にも複雑である．河川には，得水区間，失水区間に加え，地下水の流入出がある場合や平行に流れている（図 6.6(c), (d)）区間もあり，その分布や空間的範囲は，時間とともに変化しうる．地下水系と河川との間での水の流動方向は，河川水位と，河川近傍や河床付近の地下水水頭との相対的な高さにより決まる．

　河川がセル/要素の全体を占めている場合，節点に水頭を指定して計算することができる（図 4.7(a)）．しかし，たいていの河川は，節点間隔よりも狭く浅いために，水頭を節点に指定すると，地下水流動系に対して無限の湧き出し・吸い込みになってしまう．より適切な方法として，水頭依存境界（4.2 節および 4.3 節）として河川を表現する方法が通常とられる．ここでは，河川がセル/要素に水理学的に接続しているものの，格子/メッシュ内で物理的には空間を占有していないものとして概念化される（図 4.16）．河川が存在するセル/要素ごとに河川の大きさが定義される．W が河川幅，L がセル/要素内での河川長，b が河床堆積物の厚さである．水頭依存境界条件のもとでは，河床と帯水層との間の水交換は，河床を通して鉛直に生じ，河川の側面を通しての交換は発生しない．たとえば MODFLOW では，河川（RIV）パッケージによって河川と帯水層との間の水交換 Q_{GW} が式（4.5）により計算される．漏水率 K'_z/b' とセル内で河川が占める面積（LW）との積が河床コンダクタンス C に等しく，次式のようになる．

$$Q_{GW} = -K'_z \frac{h_{i,j,k} - h_s}{b'} LW \tag{6.5}$$

ここで，$h_{i,j,k}$ は，河川に接続した水頭依存境界節点の水頭計算値であり，h_s はユーザーが指定する河川水位である（図4.16(b)と(c)）．Q_{GW} が負のときには，河川に水が流れ込み，地下水系から水が失われる．Q_{GW} が正のときには，河川から地下水系に水が流入する．単純な表現法として（たとえばMODFLOWの河川パッケージを利用して），h_s が一定期間変化しない定数と仮定する方法がある．しかし，実際には，河川の流下方向に沿って水位は変化する．

式 (6.5) は，得水河川，失水河川のどちらにも利用されるが，帯水層の水頭が河床堆積物の底部よりも低くなる場合には，河川と帯水層が不連続となり，浸透が発生する．この状況下では（図4.16(d)），河床底部における水頭は，河床堆積物底部の標高と等しいと仮定され（図4.16(d)のSBOT），河川から地下水系への流動量（Q_{GW}）は一定値となる．

$$Q_{GW} = C(h_{i,j,k} - \text{SBOT}) \tag{6.6}$$

ここで，$C = (K'_z/b')(LW)$，$h_{i,j,k} < \text{SBOT}$である．モデルのキャリブレーションにより，計算値 Q_{GW}（式 (6.5)，式 (6.6)）と現場での推定値を比較する．河川と地下水との間のフラックスは，河床に浸出計を置くことで特定の場所の局所的な測定値が得られる．また，ダルシー則により，鉛直方向の水頭勾配と河床の透水係数から推定値が得られる（たとえば，Rosenberryら 2008）．あるいは，温度フラックス法を用いた推定法もある（たとえば，Lapham, 1989；Constantzら 2008）．

河川水のある区間での正味の得失水量は，下流の流量から上流の流量を差し引くことにより推定できる．流量を測定する区間長を十分に長くとって，測定流量の差が小さいことによる誤差と区別できるようにする必要がある．誤差5％で流量測定ができればよい推定値と見なしてよいが，20％までは許容範囲である（Herschy, 1995；Harmelら 2006）．特に，流量観測所における長期の流量記録は，観測所間での流量の増減を計算するのに便利である．典型的には，総観的な観測と観測所の流量観測を組み合わせて，地下水起源ではない河川流量を分離することができ（たとえば，Gebertら 2007），基底流を分離する手法（たとえば，Westenbroekら 2012；Sloto and Crouse, 1996）を用いると，時系列の河川流量データから基底流の時系列データを作成することができる．

河川-地下水の水交換をシミュレートする簡単な方法を示したが，いくつか短所がある．最たるものは，河川水位 h_s が時間変化しないとき，無限大の湧き出しあるいは吸い込みになりうることである．源頭部渓流や間欠河川（たとえば，Mitchell-Bruker and Haitjema, 1996），近くに揚水井がある小渓流などでは，時間変化しない水位は不適切である．河川水位の時間変動は地下水水頭に重要な影響を及ぼしうるため，河川水位は時間変化させるべきである．より進んだ手法がいくつかあり，変動する河川水位をシミュレートすることができる．MODFLOWのSFRパッケージ（Prudicら 2004によるSFR1；Niswonger and Prudic, 2005によるSFR2）では，固定値として河川水位を指定できるが，一般的には，数値計算の一部として河川水位を計算させる．SFRパッケージは河道追跡計算を行うこともでき，複数の方法が完備しているが，最も利用される方法はマニング式に基づいた方法である．

$$Q_s = \frac{C_f}{n} A R^{2/3} S_0^{1/2} \tag{6.7}$$

ここで，Q_s は河川流量（L³/T），C_f は単位換算係数で m³/s では 1.0，ft³/s では 1.486，n はマニングの粗度係数，A は河道断面積（L²），R は河道の径深（L），S_0 は水面勾配（L/L）であり，通常は，河道勾配と等しいと仮定される．また，SFR パッケージは，河川流から水を引き抜いたり足したりすること，河川の分水，水面への降水および蒸発を河道区間ごとに取り扱うことができる．この手法は，河道区間ごとに河川流を追跡するため，河川から失われる水量（たとえば地下水系への涵養によって）は，上流から流入する流量に限定される．そのため，河川水位を一定にしたときには，非現実的な漏水量が強制的に生じうるのに比べて，より適切なタイミングで間欠河川や上流河川区間での河川水の断水（干上がり）を発生させることができる（Mitchell-Bruker and Haitjema, 1996）．

SFR パッケージには，計算流出量から河川水位を計算する複数の方法が実装されている．最もよく利用される方法では，幅広の矩形河道断面を仮定し，河道幅 W が水深 d_s よりも十分に大きいと仮定される．その場合，式（6.7）は，次式のように書ける．

$$Q_s = \frac{C_f}{n} W d_s^{5/3} S_0^{1/2} \tag{6.8}$$

計算で得られる Q_s と既知の河川形状および勾配を組み合わせることにより，式（6.8）から水深 d_s を計算できる．この d_s を，ユーザーが与えた河床上端の標高に足し合わせることにより，河川水位が得られる．さらに複雑な河道断面形状は，8点（**図 6.7**）で定義することができ，より複雑な計算式で水深が計算される．手法の詳細，その他の水深計算法は，Prudic ら（2004）と Niswonger and Prudic（2005）を参照されたい．

SFR2 パッケージでは，いくつかの河道特性（たとえば，鉛直透水係数，河床堆積物の厚さなど）をセルごとに指定可能となり，河道区間全体で指定しなければならない SFR1 パッケージとは異なる．また，SFR2 パッケージは，浸透条件下（図 4.16(d)）では，不飽和帯の水移動を追跡す

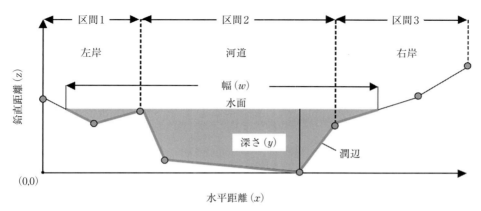

図 6.7 複雑な河道断面形状の河道に沿った8点による近似（Prudic ら 2004）．

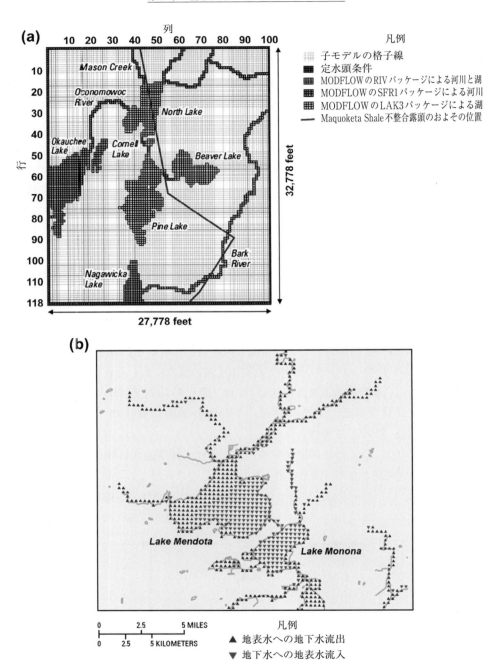

図6.8 差分格子での河川と湖の表現．(a) MODFLOW の河川パッケージにより遠方の河川と湖を水位一定で表現し，SFR と湖パッケージにより近傍の河川と湖を表現している（Feinstein ら 2010）．(b) MODFLOW の河川パッケージにより水位一定の湖として表現している．揚水に応答して地下水系への流入が発生している領域が三角（▼）で示され，三角（▲）で示された領域では地下水の流入がある（Hunt ら 2001 を改変）．

ることができる．非定常モデルでは，河川からの水が不飽和帯を通過するのに要する時間が重要になることがあり，特に，河床と地下水面との距離が大きい乾燥地においては重要である（図 4.7）．

　Hughes ら（2012, 2014）は，地表水追跡（SWR1）過程と呼ばれる MODFLOW のための河川流パッケージを開発した．このパッケージは，1 次元，2 次元の地表流をより洗練された方法で取り扱う．SWR1 過程は，Saint Venant 方程式の拡散波近似により河道追跡を行うオプションを備えており，地表水水位と MODFLOW の地下水流動支配方程式が連成されている．SWR1 過程は SFR パッケージに比べて地表水追跡に特化しており，湿地を経由する地表水も取り扱うことができる（6.7 節）．

　地下水モデルに河川水位の計算を含むと，入出力の複雑性が大きくなり，非線形方程式が加わることで解の安定性に影響する．したがって，MODFLOW を用いてモデリングをするときには，解析対象から遠く隔たった地物に対して，より簡便な河川パッケージや排水パッケージを利用し（モデルの目的に対して，河川水位の振動を無視することが重要な影響を及ぼさない），対象地近傍の河川を表すときに SFR パッケージの 1 つを利用する，というのが通例である（**図 6.8**(a)）．

　FEFLOW では，一般水頭依存境界（HDB）条件を用いて河川をシミュレートするのが典型である．より先進的な適用例では，FEFLOW と地表水コード（MIKE11）をリンクさせた例がある．差分モデル，有限要素モデルのどちらにも，対象地内の河川をシミュレートする洗練されたオプションが用意されているので，複雑に連結した地表水系を考慮した地下水流域をシミュレートできる．当然，地下水に軸足をおいたコードでありながら，流域モデルとしても効果的に利用できることが多い（6.7 節直後の Box 6.2 を参照のこと）．

6.6　湖

　湖は，規定水頭，あるいは，水頭依存境界条件により表現することができる（4.2 節および 4.3 節）．どちらにしても湖水位を与える必要があり，一定値を与える．しかし，湖水位を計算すること自体がモデリングの目的にとって重要となる問題もある．この場合，これから説明するように，地下水流動コードのオプションを利用することで水位変動を計算することができる．

　湖は，「排水湖」と「浸出湖」に大別される．「排水湖」は，地表水の流入あるいは河川流出のどちらかあるいは両方が無視できない量存在する湖であり，浸出湖は，そういった流入出がない湖である．湖は，地下水の様態，つまり，涵養，流出，通過，により分類することもできる（Born ら 1979）（**図 6.9**(a)-(c)）．涵養湖は地下水系に水を供給し，流出湖は吸い込みとして機能する．また通過湖は，地下水系との水の行き来を通して水を交換する．しかし，地下水系と湖との水交換は時空間的に複雑であり，3 類型に区分できるほど単純ではない（たとえば図 6.9(d)）．さらに，流動形態は季節的に変動し乾燥や多雨に応答して変化する．

　大まかにいって，地下水モデルで湖をシミュレートする方法は，湖水位を指定する（固定湖水位モデルと呼ばれる）か，モデルによって湖水位が計算される（変動湖水位モデルと呼ばれる）かで

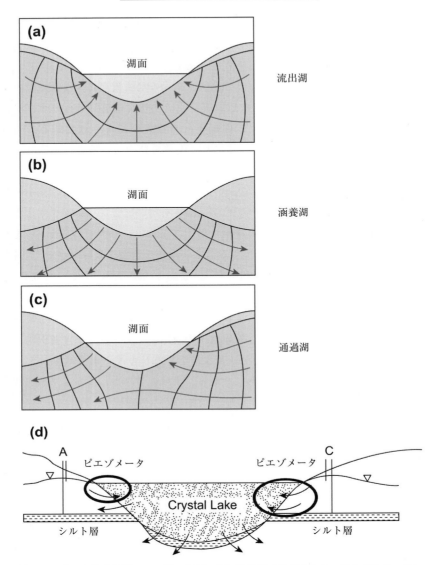

図 6.9 地下水流動状態による湖の分類．(a) 流出湖は地下水からの流入がある．(b) 涵養湖は地下水系に涵養がある．(c) 通過湖は湖床のある部分からは地下水の流入があり，他の部分では涵養がある（Winter ら 1998）．(d) 複雑な流動状態をもつ湖では，浅い地下水の流入（丸で囲んだ矢印）があり，通過湖的な性格をもちながら，深部への涵養がある（Anderson and Cheng, 1993 を修正）．

ある（Hunt ら 2003）．固定した湖水位を与えるには，湖水位の標高値を水頭として指定するか，より一般的には，河川の場合と同じ水頭依存境界条件を使用する（6.5 節）．水頭依存境界で与えた場合，湖は格子/メッシュ上で平面空間を占有することはなく，鉛直方向にのみ湖底と帯水層との間で水交換が生じると仮定される．よって，湖底の幾何学的形状や湖の側面を通した流動は考慮

することはできず，湖底を通した流動のみが計算される（図6.8(b)）．

　変動する湖水位を表現する方法は2通りある．1つは，高い透水性を節点に与える方法，もう1つは，湖に特化した水収支式を解く方法である（たとえば，Merritt and Konikow（2000）によって開発されたMODFLOWの湖パッケージや，Huntら（2003）の提案による湖要素を用いた解析要素法によるGFLOWなどである）．浸出湖では，湖が位置するセルや要素に高い透水係数（K）を与えて該当節点における水位を計算し，計算期間中に湖水位が変動するようにできる（たとえば，Andersonら 2002；Huntら 2003；Chui and Freyberg, 2008）．浸出湖では，高いKを与えることで湖水位を良好に表現することができるが，この方法は排水湖には適さない．帯水層と湖との水交換フラックスを計算する後処理が必要であり，水収支誤差が許容範囲内に収まるのに時間を要するからである（たとえば，Andersonら 2002）．

　これに対して，湖に特化した水収支式は，浸出湖および排水湖の湖水位変動を計算することができる．MODFLOWでは，湖パッケージ（LAK3；Merritt and Konikow, 2000）により，浸出湖および排水湖の湖水位変動と水収支を，定常解析，非定常解析の両方で計算することができる．湖はグリッド内の一定空間を占有しており，隣接するセルと水平方向，鉛直方向で接触している（図6.10(a)）．この方法では，湖を構成する節点は，地下水流動方程式では非アクティブ節点として指定されるが，格子内では湖の幾何形状が表現されている．そのため，湖節点の水頭（湖水位）は独立に計算され，水頭依存境界条件として地下水流動方程式に組み込まれる．LAK3パッケージでは，水収支式により湖水位が計算される．この水収支式には，地下水流の流入・流出，河川流の流入・流出，湖面に対する降水の流入と蒸発による湖面からの流出，表面流による流入，その他の経路による湖への水の付加や減少が含まれている．SFRパッケージを利用することで，湖への河川流の流入，排水湖からの流出水の下流への河道追跡を自動的に行うことができる．

　湖パッケージでは，ダルシー則により，水理水頭勾配の計算値とユーザーが割り当てる湖底の漏水係数を用いて，帯水層と湖節点間の水交換が決定される（図6.10(b)）．パッケージの計算コードは，湖から，あるいは湖への水平方向，鉛直方向の地下水流Q_{GW}を計算する．

$$Q_{GW} = KA \frac{h_l - h_a}{\Delta l} = C(h_l - h_a) \tag{6.9}$$

ここで，Kは帯水層内の点と湖との間の水平方向あるいは鉛直方向の透水係数であり（図6.10(c)），Aはセルの流動方向に垂直な面の断面積，h_lは湖水位，h_aは湖に隣接する帯水層セルの水頭，Δlはh_lとh_aを計算する点間の距離，Cはコンダクタンスである．

　コンダクタンスは，湖床堆積物の抵抗（漏水係数の逆数）と帯水層自体の抵抗を含む（図6.10(b)）．帯水層自体の抵抗は，湖底堆積物と帯水層の接触面と，それに隣接した帯水層セル間の抵抗である．湖底および接触する帯水層部分のコンダクタンスを用いて全体のコンダクタンスCが計算される．

$$\frac{1}{C} = \frac{1}{C_{lkbd}} + \frac{1}{C_{aq}} \tag{6.10}$$

258   第 6 章　湧き出し・吸い込みを掘り下げる

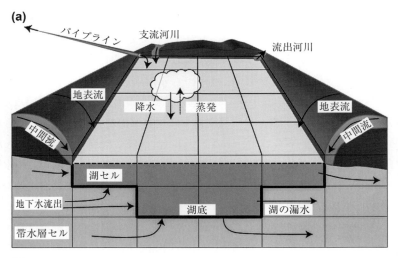

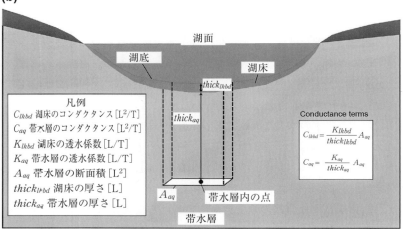

図 6.10 MODFLOW の LAK3 パッケージによる湖の表現．(a) 湖を表す節点が差分格子中の空間を占める．あわせて水収支成分が示されている．(b) コンダクタンスを計算する一般的な式を示している．式 (6.16) において C_{lkbd}, C_{aq} から平均的なコンダクタンスが計算される．(c) 湖と地下水との間の水平方向，鉛直方向の流動がシミュレートされる（(a), (b), (c) の一部は Markstrom ら 2008，また，Merritt and Konikow, 2000 を修正）．

ここで，C_{lkbd} および C_{aq} は図 6.10(b) に定義されている．さらに湖パッケージの詳細に興味ある読者は，Merritt and Konikow（2000）および Markstorm ら（2008）を参照されたい．

河川の表現法と同様，上記の洗練された湖水位変動計算は，湖-地下水相互作用がモデリングの目的において重要である場合にのみ限定して使用されるのが通例である．多くの湖が含まれるMODFLOWモデルでは，あまり重要でない湖（たとえば，対象地から離れている湖）は，単純な水頭依存境界条件（たとえば，MODFLOW の河川パッケージや一般水頭境界（GHB）パッケージを利用）で表し，モデリングの目的に対して重要な湖を湖パッケージで表すのがよい（図 6.8(a)）．

6.7 湿　　地

湿地をシミュレートする典型的な方法には，浅い湖として取り扱う方法（6.6節），節点に高い

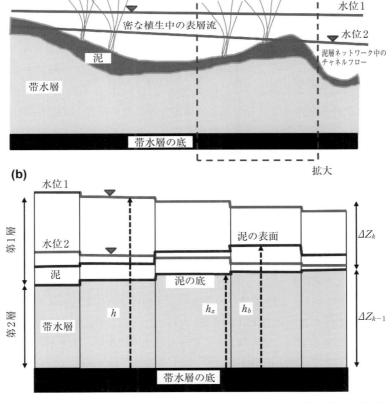

図 6.11　MODFLOW の湿地パッケージによる湿地の表現．(a) 現場の状態の概略図．(b) 2層モデルで，下部の地中層と連成した上部の湿地層から成る．上部層は湿地をシミュレートし，地表水の流動と湿地堆積物中の流動を取り扱う（Restrepo ら 1998 を修正）．

透水係数 K を与える方法（Merritt, 1992），河川として取り扱う方法（6.5 節），排水として取り扱う方法（6.4 節）などがある．しかし，湿地の水流動を表現すること自体がモデリングにとって重要である場合，MODFLOW の SWR1 過程（6.5 節）あるいは湿地（Wetland）パッケージ（Restrepo ら 1998；Wilsnack ら 2001）の利用を検討してもよい．こういったパッケージのコードが充実するにつれて，湿地と地下水系との間の流動をシミュレートすることができるようになっている．

SWR1 過程は，河川流の追跡を目的に開発されたものであるが（6.5 節），2 次元の地表流をシミュレートすることができ，湿地などに適用可能である．SWR1 では，地下水流動モデル（MODFLOW）の格子上に湿地がある構造をしている．一方，湿地パッケージでは，モデルの上層が地表水および湿地土壌を表す構造となっている（**図6.11**）．湿地層で地表流のみが生じているか，地表流とともに湿地堆積物中でも流れが生じているか，どちらかを選択することができる．地表流は Kadlec（1990）に従って次式で表現される．

$$q_{OL} = K_W(h-L_S)^\beta S_f^\alpha \tag{6.11}$$

ここで，q_{OL} は単位幅当たりの地表流，K_W は地表流の透水性を表す係数，h は水頭，L_S は地表標高，S_f は水理勾配，β は微地形と植生の茎密度に関係する指数であり鉛直分布をもつ，α は層流か乱流かの程度を表す指数である．たとえば，$\alpha=\beta=1$ のとき，式（6.11）はダルシー則になり，$\alpha=0.5$, $\beta=5/3$ のとき，マニング式（式（6.8））になる．湿地層は下層の地下水モデルの層と，透水項を通して連成している．より詳しくは，Restrepo ら（1998）と Wilsnack ら（2001）を参照されたい．湿地層の選択的な浸透流は，セルごとに異方性比を変えることで表現できる．また，蒸発散や揚水といった吸い込み的な効果による水損失も取り扱うことが可能である．

Box 6.2　流域モデリング

流域は水文学的な単位であり，特に水資源評価，水資源計画，水資源管理などで用いられる．流域モデルには，本書で議論しているような地下水をもとにしたモデル（たとえば，Reeves, 2010）と，完全な水文流域モデル（たとえば，Hunt ら 2013）がある．後者は水文応答モデルと呼ばれ（Freeze and Harlan, 1969；その他），地形をもとにした降雨-流出モデルが含まれる（Beven, 2012）．

地下水集水域，あるいは，地下流域は地下水の分水嶺により区切られており，地表水を支配する地形的な集水域とは一致しない（**図 B6.2.1**）．したがって，地表水の流域界は地下流域を近似しているにすぎない．地下水をもとにした流域モデルは，地下水流動コードと組み合わせて構築されており，地下水集水域が明示的にシミュレートされ，周囲の境界条件は，より広域の地域モデルの解から与えられる（4.4 節，図 4.20 と図 4.21）．地表水と地下水との水交換は特別オプション（4.3 節，6.5 節，6.6 節，6.7 節）によりシミュレートされ，地下水集水域を決める地下水の分水嶺は，地域モデルの解から決められる（図 B6.2.1）．定常モデルではあまり重要にはならないが，地下水モデルをもとにした非定常な流域モデルでは，

6.7 湿地

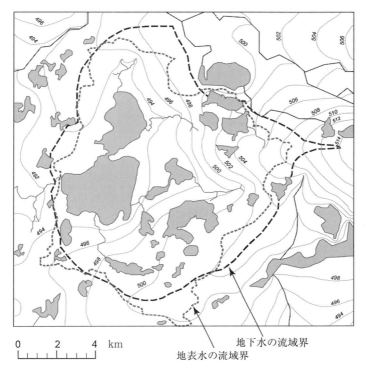

地下水の流域界
地表水の流域界

図 B6.2.1 Trout Lake の地表水の流域界（点線で囲んだ部分）と地下水界（破線で囲んだ部分）．温帯気候，氷河性の地形をもつ（アメリカ Wisconsin 州北部）．地下水の等値線（m）をあわせて示した．領域解析要素モデルにより図に示した矩形領域周囲の水理的な境界条件を定義し，差分モデルの解析領域が図の矩形領域となっている．図 4.21 も参照のこと．地下水界（破線で囲んだ部分）は，差分モデルにより計算された水頭をもとに引かれている（Pint ら 2003 を修正）．

水文応答のタイミングを正確にシミュレートするために不飽和帯の過程を表現する必要がある（Box 6.3 の図 B6.3.2）．そのために，1 次元の鉛直不飽和流と地下水モデルを内部でリンクさせるオプションが利用されることが多い（たとえば，Zhu ら 2012；Niswonger ら 2006）．

対照的に水文応答モデルは，地形的に定義された流域の地表における水文過程を表現したものであり，地表と地中の河川流のソースをシミュレートする（図 B6.2.2）．水文応答モデルの開発は，初期の水文研究の目標であり（Freeze and Harlan, 1969；Beven, 2002），現在でも活発な研究領域である（たとえば，De Lange ら 2014；Schmid ら 2014；Liggett ら 2012）．しかし，水文過程は多様であり，空間スケール，応答時間が異なるため，このような集水域モデルの設計と求解は難しい．初期の集水域モデル（たとえば，Crawford and Linsley (1966) による Stanford Watershed Model）のコードは，「ブラックボックス」アプローチを用いて，河川からの地下水系への損失と地下水系からの流入により，降水の河川への流出を追跡していた（Box 6.3）．モデリングの歴史において初期には，地中全体を連続体と見なして精緻に

第 6 章　湧き出し・吸い込みを掘り下げる

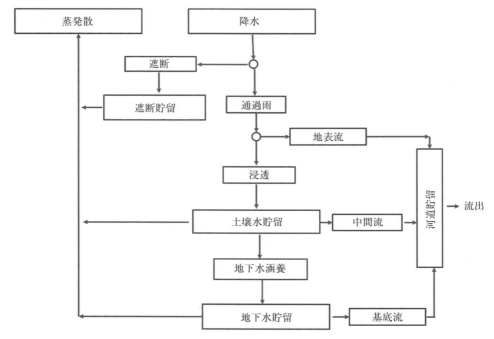

図 B6.2.2　水文応答モデルにおける水文循環の要素（Freeze and Harlan, 1969 を修正）.

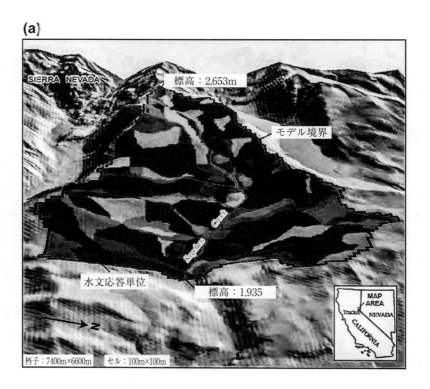

(b)

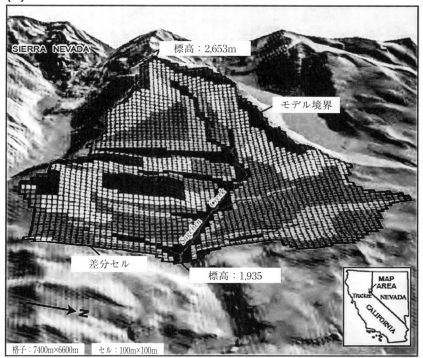

背景の陰影起伏図はUSGS（アメリカ合衆国地質調査所）の10m標高データ．北緯45°北西から照射した図である．地図投影法は横メルカトル図法，第11帯，測地系はNorth America Datum 1983．視点情報：地表から6,300m高，視準角度24°，鉛直強調＝2x．

凡例
透水係数値：m/d

第1層	第2層
0.026	0.00045
0.052	0.0009
0.065	0.0027
0.13	0.009
0.39	0.027

図B6.2.3 アメリカ，カリフォルニア州，Truckee近くの融雪出水が卓越する山地性流域におけるGSFLOWモデルの要素．（a）水文応答単位（HRU；Box 6.3）．地表と土壌帯における過程を表現するための降雨流出モデルで用いられる．（b）差分格子と透水係数．MODFLOWで用いられる（Markstromら 2008）．

シミュレートするモデルも開発された（たとえば，Freeze, 1971）．後に，地表水を取り扱うコードと，地中の不飽和流を表すRichards式に基づいた地中流を取り扱うコードを連成したコードが開発されてもいる（たとえば，Panday and Huyakorn, 2004；HydroGeoSphere, Bruner and Simmons, 2012によるFEFLOWのレビュー，Diersch, 2014 表10.3, p. 478）．しかし，こういった地中流モデルでは時間ステップ，空間分割ともに細かくしなければならず，長期の計算では大きな計算資源が必要となる．

計算時間の短縮は，鉛直1次元の不飽和帯浸透モデルを，地表水モデルと結合した地下水モデルに結合することで実現できる．たとえば，GSFLOW（Markstromら 2008）は，河川

と湖沼を含む地表の水文過程をシミュレートする降雨流出コードと，地下水流を表すMODFLOWが連成しており，1次元の鉛直浸透流は不飽和帯流（UZF）パッケージがシミュレートする（Niswongerら2006）（図B6.2.3）．MIKE SHEでも類似のオプションが選択可能である（Graham and Butts, 2006；Hughes and Liu, 2008；Jaber and Shukla, 2012のレビューも参照のこと）．

Box 6.3　地表水のモデリング

　地表水モデル，あるいは，降雨流出モデル（たとえば，Beven, 2012；Loague, 2010）は2つのプロセス，つまり，河川流の生成と追跡をシミュレートする．河川流の生成は，河川へと降雨を追跡する過程をシミュレートすることであり，流出経路に沿って水の損失と付加が考慮される．地表流水文学者は，長い間，河川流生成に関与する過程の理解と格闘してきており，論文とアイデアを豊富に受け継いでいる（Beven, 2006；Kirkby, 1978）．河川流の追跡は，河道を下流に向かって水が流下する過程のことであり，河道への地下水の流入および河道からの地下水系への流入を考慮する（6.5節）．降雨流出モデルからの主要な出力は，河川ハイドログラフ（図B6.3.1の中央の図）である．

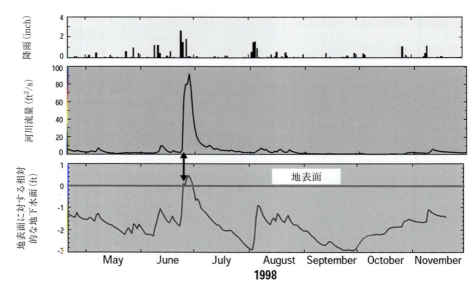

図B6.3.1　温帯湿潤気候にある流域（アメリカWisconsin州中部）の現場データ．河川のピーク流量生成のために変動流出寄与域が重要であることを示している．地下水面が地表面よりも低いときには（一番下の図），降水は浸透し地下水涵養となるため，河川流量（中央の図）は地下水から生じる基底流が支配的となる．大きな降水（一番上の図）に応答して地下水面が地表面まで上昇すると（矢印），降水は浸透よりも流出になる．その結果として形成される河川のピーク流量（中央の図）は，平時の河川流量よりも9倍大きくなる（Huntら，2000を修正）．

6.7 湿　　地

　降雨流出モデルは，集中型，半分布型，完全分布型モデルに大別できる（Beven, 2012）．集中型モデルでは，河川流の追跡と，地下水流を含む個々の河川流生成過程は，1つのコンパートメントあるいは「ブラックボックス」により表現され，流域全体での平均的な応答を表すものと考えられる．たとえば，流域としての地下水応答は，単一の線形貯留槽でシミュレートされる．地下水応答の空間的変動は，地表面の単純な関数で表現される．半分布型モデルでは，流域を水文応答単位（Hydrologic response unit：HRU）に分割する．HRU は任意の水文イベントに対して同じような応答を示す流域の単位である（Box 6.2 の図 B6.2.3(a)）．HRU を単位として各水文過程が離散化（分布化）される．たとえば，流域の各 HRU では地下水の流入，流出を表すために線形の貯留槽が用いられる．流域の水文過程を表す最も洗練され，計算能力を要する方法が，完全分布型降雨-流出モデルである．この方法では，格子/メッシュを用いて離散化した流域全体にパラメータが分布しており，地下水モデルと同程度の解像度をもつ．なお，完全分布型モデルにおける地下水モデルが，本書で議論しているタイプのモデルに相当する．

　地下水モデルと地表水モデルの主要な違いは，地表水モデルの観測値が少数地点の河川ハイドログラフであるのに対し，地下水モデルの観測値は，空間的分布をもつ水頭およびフラックスであることである．したがって，地表水モデルでは，普通，時間的に密，空間的に粗なキャリブレーションデータを有しているのに対して，地下水モデルでは空間的に密，時間的に粗なデータであることが通例である．さらに，何千とある流域の入力パラメータのうち，河川ハイドログラフは 3～6 程度のパラメータしか拘束できない（Jakeman and Hornberger, 1993；Doherty and Hunt, 2009）．したがって，殊に流出ピークの予報といった地表水モデリングの目的は，いまだ十分には果たされていない（たとえば，Beven, 2009）．

　水文学者は，早くから地表水モデルに地下水プロセスを含めることが重要であることを認識していた．たとえば，河川流生成理解への重要な貢献として，Freeze（1972a, b；Kirkby, 1978 により要約されている）は，地中流の数値モデルを用いて，降雨イベント中の河川流生成では，地下水と関連した過程が重要であることを示した．降雨イベント中に地下水面が低平地の地表面に到達すると，地下水涵養からはじかれた飽和余剰地表流が発生する可変流出寄与域が形成される（Box 5.4）．飽和余剰地表流は速やかに河道に移動し，河川流の急速な増加をもたらす．1960 年代に発展した流出寄与域と呼ばれるこの概念は，他の現象では説明できなかった降雨イベント中に観察される河川流の急激な増加と大きなピークを説明する助けとなった．浸透（地中に水が入っていくこと）から飽和余剰地表流（地表を水が流下していくこと）への遷移が，河川流のピーク形成をもたらす流出生成の主要な閾値となるということである（図 B6.3.1）．したがって，地表付近に地下水が存在する低平地（たとえば，河川付近の湿地）が河川のピーク流の重要なソースになっており，流出生成のタイミングは，これらの領域で地下水が上昇し，降雨流出寄与域に転換するタイミングによって決まる．

　流出寄与域による流出は評価に値するものであり（図 B6.3.1），この流出生成過程を考慮していないモデルは，ピーク流出量のみならず通常の流出も正確に予報できないだろう（図 B6.3.2）．降雨流出モデルで，地下水過程を無視したり，過剰な単純化をすると，履歴との整

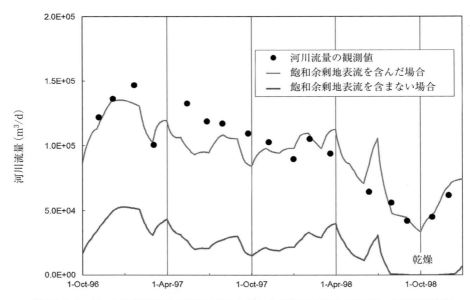

図 B6.3.2　ピーク流出時以外の河川流量における飽和余剰地表流の重要性．温帯湿潤気候にある流域（アメリカ Wisconsin 州北部）の例．大きな湖の出口において河川流量がシミュレートされた．この湖は5つの支流河川からの流入を受ける．2つのシミュレーションを実施しており，どちらも，同一の時空間分布をもつ降水量を用いている．飽和余剰地表流を無視したシミュレーションでは，湖の出口で測定された流量と比較すると，低い方に偏っている．5つの支流で飽和余剰地表流を河道追跡したシミュレーションによる河川流量では，観測値との一致度がよくなる（Hunt ら 2008 を修正）．

合でピーク流出量を表現しようとするときに，他のパラメータに肩代わりを押し付けることになる（同様の現象は，地下水モデリングでも発生する．5.3節，9.6節，Box 5.3）．このようなパラメータの肩代わりはピーク流出の予報を難しくするので，地下水モデルと地表水モデルおよび水文応答モデルとの連結に，改めて関心が寄せられている（Box 6.2）．

6.8　よくあるモデリングの誤り

- 入力値になっている井戸揚水量の符号を誤って与えてしまい，揚水ではなく注水にしてしまうことがある．等水頭線と水収支の計算値をチェックし，揚水量が適切に与えられていることを確認する必要がある．
- 不圧帯水層の井戸孔に沿った浸出面の影響を考慮した計算コードでは，浸出面の形成に応じて井戸揚水量が減少する．しかし，このことに気がつかないことがある．そのため，ユーザーが指定したよりも小さな揚水量でシミュレートされることになる．モデル出力に報告される揚水量を常にチェックし，正しい水量が揚水されているかを確認しなければならない．

- 地下水面が下層で形成されているのに，モデルの上端層にのみ涵養量を与えてしまうことがある（たとえば，図 4.6 を参照のこと）．そのため，意図したよりも少ない水量が入力値となってしまう．上端のアクティブレイヤーにおいて地下水面に向かって涵養量が追跡されないためである．
- 地下水面が存在する節点（たとえば，図 4.6 を参照のこと）より上の乾燥セルあるいは非アクティブセルは，地下水面へ涵養量が加えられるのを妨げる．非アクティブセルより下のセルは涵養量を受け取ることができない計算コードになっているからである．この場合にも，意図したよりも少ない水量が入力値となる．上端のアクティブレイヤーにおいて地下水面に向かって涵養量が追跡されないためである．
- 間欠河川を水頭依存境界条件としてシミュレートし，モデルに非現実的な水量を与えてしまうことがある．間欠河川をシミュレートするには，排水節点を考慮したり，河川セルが乾燥することを許容するコード（たとえば，MODFLOW の SFR パッケージ）を利用するべきである．
- 地下水系にかなりの水量が損失する現場条件をシミュレートするために，排水を利用すること．地下水系の涵養に排水を利用するのは適切ではない．他のタイプの水頭依存境界条件を利用するべきである．
- MODFLOW の湖パッケージで湖底の漏水係数に不適切な値を与えていても，湖底特性に関する出力値をチェックすることを怠ったために，誤りが検出されないことがある．

問　　題

　本章で取り扱うのは，井戸近傍における節点間隔を調べる問題，河川と排水を水頭依存境界として表現する問題，異なる 3 種類のアプローチによる採石場の貯水池をシミュレーションする問題である．

6.1 層厚 10 m の被圧帯水層において 3 つの側面が非流動境界，1 つの側面が水頭 100 m の規定水頭境界をもつ（図 P6.1）．なお水頭値は帯水層底部を標高 0 m としたときの値である．解析領域は 8100

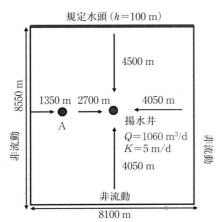

図 P6.1　水平 2 次元モデルの領域．揚水井（中央の点）と観測井 A が示されている．どちらも，10 m の厚さをもつ被圧帯水層に完全貫入している．

m×8550 m，帯水層の透水係数は 5 m/d である．中央の井戸からは，1060 m³/d で揚水されている．井戸 A からは揚水はなく，観測用の井戸として用いられている．

a. 比較的大きな節点間隔（たとえば，900 m 四方の中心差分格子）をもつ等間隔格子/メッシュを用いて平面 2 次元定常モデルを設計しなさい．2 つの井戸が節点上に位置するように注意すること．モデルを実行し，水頭分布を示す等値線を作成しなさい．揚水井および観測井における計算水頭値を報告しなさい．

b. 節点間隔を最初の 3 分の 1（たとえば，300 m 四方の中心差分格子）に変更しなさい．このときにも，2 つの井戸が節点上に位置するように注意すること．モデルを実行し，水頭分布を示す等値線を作成しなさい．揚水井および観測井における計算水頭値を報告しなさい．

c. さらに節点間隔を 1 オーダー小さく（たとえば，30 m 四方の中心差分格子）に変更しなさい．同様に，2 つの井戸が節点上に位置するように注意すること．モデルを実行し，水頭分布を示す等値線を作成しなさい．揚水井および観測井における計算水頭値を報告しなさい．

d. 節点間隔が観測井における水頭に及ぼす影響を論じなさい．水頭計算値は，モデルによらずおおよそ同じ値になるだろうか．本問題の適切な節点間隔に関して，あなたの結論を述べなさい．

e. 揚水井の半径を 0.3 m と仮定しなさい．井戸周辺の節点間隔が Box 6.1 に示したガイドラインに沿うように，変動節点間隔，あるいは，入れ子状の有限要素メッシュ，あるいは，非構造差分格子を用いて，計算をしなさい．この結果を，(a)，(b)，(c) で得られた結果と比較対照しなさい．

f. 井戸揚水がない場合の流動場を可視化しなさい．境界条件は現実的だろうか．揚水がない条件下で，解析領域全体に均一に広がる漏水を加えると，流動場にどのような影響が及ぶだろうか．

6.2 100 世帯が立地する領域の上流に，地下水面をまたいで砂・礫の採石場が掘削される計画が立てられた．住宅地では，採石場が掘削を予定している不圧帯水層と同じ帯水層に井戸が掘られており，引水している．採石終了後には，採石跡は地下水で満たされることになる．こうして採石終了後に残される貯水池が，地下水の流動方向や，住宅地へ流動する地下水の量に影響を与えるのではないか，という懸念がある．採石場の管理者は，局所的な地下水状態には貯水池は影響を及ぼさないとしている．この問題に対して平面 2 次元モデルを設計しなさい．節点間隔は 125 m の等間隔とすること．不圧帯水層の底部を標高 0 m とし，帯水層底部まで掘削がなされ，貯水池の影響を評価するのには，定常状

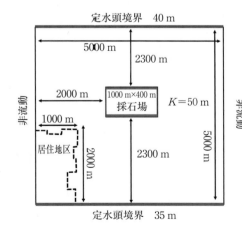

図 P6.2　不圧帯水層の水平 2 次元モデルの領域．砂と礫の採掘により形成された貯水池（中央）が示されている．居住区域は，図中の左下隅に示されている．

態で十分であると仮定する．帯水層は均一かつ等方的であり，透水係数は 50 m/d とする．

a. 貯水池がない場合に，定常状態での居住地領域における地下水水頭を計算しなさい．図 P6.2 に示した条件下で，帯水層に貫入した採石跡貯水池を表現する方法はたくさんある．最初に，貯水池の水位をおおよそ 38 m として水頭を与えて，採石跡貯水池が地下水位に及ぼす影響を計算しなさい．貯水池がないとした場合に得られる定常解が，貯水池が形成される前の採石場近傍における平均的な地下水位となるかどうかを確かめなさい．居住地領域の境界付近における地下水位は貯水池の影響を受けるだろうか．

b. 高い透水係数（K）をもつ領域を貯水池に設定することにより，その効果をシミュレートしなさい．K の値を変えていき，貯水池の水位が低下して，それ以上 K の値を大きくしても変化しなくなるまでやってみるとよい．また，モデル上の貯水池領域で，水頭勾配が無視できる程度かをチェックしなさい．モデルの水収支が収束しているかどうかをチェックすることも忘れないように．居住地境界付近の水頭を検討し，(a) で得られた結果と比較した結果をコメントしなさい．

c. MODFLOW の LAK3 を用いて，帯水層中に貫通した湖として採石跡貯水池をシミュレートしなさい．地下水フラックスは，貯水池側面のみから発生するものとする．地表水の流入・流出，水面からの蒸発損失はないと仮定して，地下水水頭を計算しなさい．次に，水面から 0.001 m/d の蒸発を考慮して，再度，シミュレーションを行いなさい．居住地領域の境界付近の水頭を検討し，(a) と (b) で得られた結果と比較した結果をコメントしなさい．

d. 3 種の方法で得られた結果を比較検討し，各方法の長所，短所をリスト化しなさい．

6.3 この問題では，2 つの湖に挟まれた不圧帯水層における排水と河川を水頭依存境界条件を用いてシミ

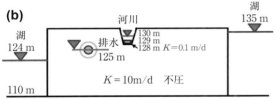

図 P6.3 不圧帯水層の水平 2 次元モデルの領域．2 つの湖に挟まれて，幅 200 m，水位が 130 m で一定した河川が横切っている．排水域が 200 m の幅で敷設されており，地下水面を 125 m まで押し下げている．(b) 排水域を横切る南北方向の断面．

ュレートする（図P6.3）．河川幅は200 m，排水域も河川と同じ幅をもつ．河床堆積物の厚さは1 mあり，鉛直方向の透水係数は0.1 m/d である．

　a. 定常モデルを設計し，河川と地下水の水交換，および，排水域への地下水流を計算しなさい．排水域のコンダクタンスは未知であるとする．排水のコンダクタンスに対するモデルの感度を検討し，シミュレーションに用いる値を決定しなさい．

　b. 河川幅を200 mの代わりに50 mとして，再度，計算を実行しなさい．河川へ，あるいは，河川からの地下水流の総計値にどのように影響するか．

　c. 河川節点を排水節点に変更し，河川の排水標高を130 mとしなさい．計算を実行し，この変化が水頭分布に及ぼす影響を記述しなさい．河川を排水として表現することが妥当な場合というのは現場の条件がどういう場合か．

6.4　第4章の図P4.3に示した設定で設計したモデルは，帯水層の底部が不透水であると仮定している．平面2次元モデルにおいて，岩盤から不圧帯水層への均一な上向き漏水を組み込むにはどのようにすればよいか．また，揚水井の節点でこの漏水をシミュレートするにはどうすればよいか．

〈参考文献〉

Ajami, H., Maddock, T., Meixner, T., Hogan, J.F., Guertin, D.P., 2012. RIPGIS-NET: A GIS tool for riparian groundwater evapotranspiration in MODFLOW. Groundwater 50(1), 154e158. http://dx.doi.org/10.1111/j.1745-6584.2011.00809.x.

Anderson, M.P., Cheng, X., 1993. Long- and short-term transience in a groundwater/lake system in Wisconsin, U.S.A. Journal of Hydrology 145, 1e18. http://dx.doi.org/10.1016/0022-1694(93)90217-W.

Anderson, M.P., Hunt, R.J., Krohelski, J., Chung, K., 2002. Using high hydraulic conductivity nodes to simulate seepage lakes. Groundwater 40(2), 117e122. http://dx.doi.org/10.1111/j.1745-6584.2002.tb02496.x.

Baird, K.J., Maddock, T., 2005. Simulating riparian evapotranspiration: A new methodology and application for groundwater models. Journal of Hydrology 312 (1e4), 176e190. http://dx.doi.org/10.1016/j.jhydrol.2005.02.014.

Banta, E.R., 2000. MODFLOW-2000, the U.S. Geological Survey Modular Ground-water Modeldocumentation of Packages for Simulating Evapotranspiration with a Segmented Function (ETS1) and Drains with Return Flow (DRT1). U.S. Geological Survey Open-File Report 00e466, 127 p. http://pubs.er.usgs.gov/publication/ofr00466.

Barlow, P.M., Moench, A.F., 2011. WTAQ Version 2dA Computer Program for Analysis of Aquifer Tests in Confined and Water-table Aquifers with Alternative Representations of Drainage from the Unsaturated Zone. U.S. Geological Survey Techniques and Methods 3eB9, 41 p. http://pubs.usgs.gov/tm/tm3b9/.

Bennett, G.D., Kontis, A.L., Larson, S.P., 1982. Representation of multiaquifer well effects in threedimensional groundwater flow simulation. Groundwater 20(3), 334e341. http://dx.doi.org/10.1111/j.1745-6584.1982.tb01354.x.

Beven, K.J., 2002. Towards an alternative blueprint for a physically-based digitally simulated hydrologic response modeling system. Hydrological Processes 16, 189e206. http://dx.doi.org/10.1002/hyp.343.

Beven, K.J. (Ed.), 2006. Benchmark Papers in Hydrology, 1: Streamflow Generation Processes. Selection, Introduction and Commentary by Keith J. Beven. IAHS Press, p. 431.

Beven, K.J., 2009. Environmental Modelling: An Uncertain Future? An Introduction to Techniques for Uncertainty Estimation in Environmental Prediction. Routledge, 310 p.

Beven, K.J., 2012. Rainfall-runoff Modeling: The Primer, second ed. Wiley-Blackwell. 488 p.

Bohling, G.C., Zhan, X., Butler Jr., J.J., Zheng, L., 2002. Steady shape analysis of tomographic pumping tests for characterization of aquifer heterogeneities. Water Resources Research 38(12), 1324. http://dx.doi.org/10.1029/2001WR001176.

Bohling, G.C., Butler Jr., J.J., Zhan, X., Knoll, M.D., 2007. A field assessment of the value of steady-shape hydraulic tomography for characterization of aquifer heterogeneities. Water Resources Research 43(5), W05430. http://dx.doi.org/10.1029/2006WR004932.

Born, S.M., Smith, S.A., Stephenson, D.A., 1979. Hydrogeology of glacial-terrain lakes, with management and planning applications. Journal of Hydrology 43 (1e4), 7e43. http://dx.doi.org/10.1016/0022-1694(79)90163-X.

Brooks, L., 2006. Hydrology and Simulation of Ground-water Flow, Lake Point, Tooele County, Utah. U.S. Geological Survey Scientific InvestigationReport 2006-5310, 28 p. http://pubs.usgs.gov/sir/2006/5310/.

Brunner, P., Simmons, C.T., 2012. HydroGeoSphere: A Fully Integrated, Physically Based Hydrological Model. Groundwater 50(2), 170e176. http://dx.doi.org/10.1111/j.1745-6584.2011.00882.x.

Butler Jr., J.J., 1988. Pumping tests in nonuniform aquifersdthe radially symmetric case. Journal of Hydrology 101 (1e4), 15e30. http://dx.doi.org/10.1016/0022-1694(88)90025-X.

Charbeneau, R.J., Street, R.L., 1979. Modeling groundwater flow fields containing point singularities: A technique for singularity removal. Water Resources Research 15(3), 583e594. http://dx.doi.org/10.1029/WR015i003p00583.

Chui, T.F.M., Freyberg, D.L., 2008. Simulating a lake as a high-conductivity variably saturated porous medium. Groundwater 46(5), 688e694. http://dx.doi.org/10.1111/j.1745-6584.2008.00463.x.

Constantz, J.E., Niswonger, R.G., Stewart, A.E., 2008. Analysis of Temperature Gradients to Determine Stream Exchanges with Ground Water. In: Field Techniques for Estimating Fluxes Between Surface and Ground Water. U.S. Geological Survey Techniques and Methods Report 4eD2, pp. 115e128, http://pubs.usgs.gov/tm/04d02/pdf/TM4-D2-chap4.pdf.

Crawford, N.H., Linsley, R.K., 1966. Digital Simulation in Hydrology, Stanford Watershed Model IV. Technical Report No. 39, Department of Civil Engineering, Stanford University, 210 p.

Diersch, H.-J.G., 2014. FEFLOW: Finite Element Modeling of Flow, Mass and Heat Transport in Porous and Fractured Media, Springer, 996 p.

Diersch, H.-J.G., Bauer, D., Heidemann, W., Ruhaak, W., Schatizi, P., 2011. Finite element modeling of borehole heat exchanger system, Part 2: Numerical simulation. Computers & Geosciences 37(8), 1136e1147. http://dx.doi.org/10.1016/j.cageo.2010.08.002.

Doble, R.C., Simmons, C.T., Walker, G.R., 2009. Using MODFLOW 2000 to model ET and recharge for shallow ground water problems. Groundwater 47(1), 129e135. http://dx.doi.org/10.1111/j.1745-6584.2008.00465.x.

Doherty, J., Hunt, R.J., 2009. Two statistics for evaluating parameter identifiability and error reduction. Journal of Hydrology 366, 119e127. http://dx.doi.org/10.1016/j.jhydrol.2008.12.018.

Feinstein, D.T., Dunning, C.P., Juckem, P.F., Hunt, R.J., 2010. Application of the Local Grid Refinement Package to an Inset Model Simulating the Interactions of Lakes, Wells, and Shallow Groundwater, Northwestern Waukesha County, Wisconsin. U.S. Geological Survey Scientific Investigations Report 2010e5214, 30 p. http://pubs.usgs.gov/sir/2010/5214/.

Freeze, R.A., 1971. Three-dimensional, transient, saturated-unsaturated flow in a groundwater basin. Water Resources Research 7(2), 347e366. http://dx.doi.org/10.1029/WR007i002p00347.

Freeze, R.A., 1972a.Role of subsurface flow in generating surface runoff, 1. Base flow contributions to channel flow. Water Resources Research 8(3), 609e623. http://dx.doi.org/10.1029/WR008i003p00609 (Reproduced in Loague, K., editor, 2010, Benchmark Papers in Hydrology, 4: Rainfall-Runoff Modelling. Selection, Introduction and Commentary by Keith Loague, IAHS Press, pp. 256e270.).

Freeze, R.A., 1972b. Role of subsurface flow in generating surface runoff, 2. Upstream source areas. Water Resources Research 8(5), 1272e1283. http://dx.doi.org/10.1029/WR008i005p01272 (Reproduced in Loague, K., editor, 2010, Benchmark Papers in Hydrology, 4: Rainfall-Runoff Modelling. Selection, Introduction and Commentary by Keith Loague, IAHS Press, pp. 271e283.).

Freeze, R.A., Harlan, R.L., 1969. Blueprint for a physically-based, digitally-simulated hydrologic response model. Journal of Hydrology 9, 237e258. http://dx.doi.org/10.1016/0022-1694(69)90020-1.

DHI-WASY Gmbh, 2010. FEFLOW: Finite element subsurface flow and transport simulation system. White Papers 5, 108 p.

Gebert, W.A., Radloff, M.J., Considine, E.J., Kennedy, J.L., 2007. Use of streamflow data to estimate base flow/groundwater recharge for Wisconsin. JAWRA Journal of the American Water Resources Association 43(1), 220e236. http://dx.doi.org/10.1111/j.1752-1688.2007.00018.x.

Graham, D.N., Butts, M.B., 2006. Flexible integrated watershed modeling with MIKE SHE. In: Singh, V.P., Frevert, D.K. (Eds.), Watershed Models. CRC Press, Boca Raton, Florida, pp. 245e271.

Haitjema, H.M., 1995. Analytic Element Modeling of Groundwater Flow. Academic Press, Inc., San Diego, CA, 394 p.

Haitjema, H., Kuzin, S., Kelson, V., Abrams, D., 2010. Modeling flow into horizontal wells in a Dupuit-Forchheimer model. Groundwater 48(6), 878e883. http://dx.doi.org/10.1111/j.1745-6584.2010.00694.x (erratum Groundwater 49 (6), p. 949).

Halford, K.J., Hanson, R.T., 2002. User Guide for the Drawdown-limited, Multi-node Well (MNW) Package for the U.S. Geological Survey's Modular Three-dimensional Finite-difference Ground-water Flow Model, Versions MODFLOW-96 and MODFLOW-2000. U.S. Geological Survey Open-File Report 02e293, 33 p. http://pubs.er.usgs.gov/publication/ofr02293.

Hantush, M.S., 1964. Hydraulics of wells. In: Chow, V.T. (Ed.), Advances in Hydroscience, 1. Academic Press, New York, pp. 281e432.

Harmel, R.D., Cooper, R.J., Slade, R.M., Haney, R.L., Arnold, J.G., 2006. Cumulative uncertainty in measured streamflow and water quality data for small watersheds. Transactions of the American Society of Agricultural and Biological Engineers (ASABE) 49(3), 689e701. http://dx.doi.org/10.13031/2013.20488.

Heath, R.C., Trainer, F.W., 1968. Introduction to Ground Water Hydrology. John Wiley and Sons, New York (Reprinted 1981 by Water Well Journal Publishing Co., Worthington, OH, 285 p.).

Herschy, R.W., 1995. Streamflow Measurement, second ed. Elsevier. 524 p.

Hughes, J.D., Liu, J., 2008. MIKE SHE: Software for integrated surface water/ground water modeling. Groundwater 46(6), 797e802. http://dx.doi.org/10.1111/j.1745-6584.2008.00500.x.

Hughes, J.D., Langevin, C.D., Chartier, K.L., White, J.T., 2012. Documentation of the Surface-water Routing (SWR1) Process for Modeling Surface-water Flow with the U.S. Geological Survey Modular Ground-water Model (MODFLOW-2005). U.S. Geological Survey Techniques and Methods 6eA40, 113 p. http://pubs.usgs.gov/tm/6a40/.

Hughes, J.D., Langevin, C.D., White, J.T., 2014. MODFLOW-based coupled surface water routing and groundwater-flow simulation. Groundwater early view. http://dx.doi.org/10.1111/gwat.12216.

Hunt, R.J., Graczyk, D.J., Rose, W.J., 2000. Water Flows in the Necedah National Wildlife Refuge. U.S. Geological Survey Fact Sheet FS-068e00, 4 p. http://pubs.er.usgs.gov/usgspubs/fs/fs06800.

Hunt, R.J., Prudic, D.E., Walker, J.F., Anderson, M.P., 2008. Importance of unsaturated zone flow for simulating recharge in a humid climate. Groundwater 46(4), 551e560. http://dx.doi.org/10.1111/j.1745-6584.2007.00427.x.

Hunt, R.J., Haitjema, H.M., Krohelski, J.T., Feinstein, D.T., 2003. Simulating ground water-lake interactions: Approaches and insights. Groundwater 41(2), 227e237. http://dx.doi.org/10.1111/j.1745-6584.2003.tb02586.x.

Hunt, R.J., Strand, M., Walker, J.F., 2006. Measuring groundwater-surface water interaction and its effect on wetland stream benthic productivity, Trout Lake watershed, northern Wisconsin, USA. Journal of Hydrology 320(3e4), 370e384. http://dx.doi.org/10.1016/j.jhydrol.2005.07.029.

Hunt, R.J., Feinstein, D.T., 2012. MODFLOW-NWT: Robust handling of dry cells using a Newton formulation of MODFLOW-2005. Groundwater 50(5), 659e663. http://dx.doi.org/10.1111/j.1745-6584.2012.00976.x.

Hunt, R.J., Bradbury, K.R., Krohelski, J.T., 2001. The Effects of Large-scale Pumping and Diversion on the Water Resources in Dane County, Wisconsin. U.S. Geological Survey Fact Sheet 127-01, 4 p. http://pubs.er.usgs.gov/publication/fs12701.

Hunt, R.J., Walker, J.F., Selbig, W.R., Westenbroek, S.M., Regan, R.S., 2013. Simulation of Climatechange Effects on Streamflow, Lake Water Budgets, and Stream Temperature Using GSFLOW and SNTEMP, Trout Lake Watershed, Wisconsin. U.S. Geological Survey Scientific Investigations Report 2013e5159, 118 p. http://pubs.usgs.gov/sir/2013/5159/.

参 考 文 献

Istok, J., 1989. Groundwater modeling by the finite element method, American Geophysical Union (AGU), Washington, D.C. Water Resources Monograph 13, 495 p. http://dx.doi.org/10.1029/WM013.

Jaber, F.H., Shukla, S., 2012. MIKE SHE: Model use, calibration, and validation. Transactions of the ASABE 55(4), 1479e1489. http://dx.doi.org/10.13031/2013.42255.

Jakeman, A.J., Hornberger, G.M., 1993. How much complexity is warranted in a rainfall-runoff model? Water Resources Research 29(8), 2637e2649. http://dx.doi.org/10.1029/93WR00877.

Kadlec, R.H., 1990. Overland flow in wetlands: Vegetation resistance. Journal of Hydraulic Engineering 116(5), 691e705. http://dx.doi.org/10.1061/(ASCE)0733-9429(1990)116:5(691).

Kelson, V., 2012. Predicting collector well yields with MODFLOW. Groundwater 50(6), 918e926. http://dx.doi.org/10.1111/j.1745-6584.2012.00910.x.

Kirkby, M.J. (Ed.), 1978. Hillslope Hydrology. John Wiley & Sons, 389 p.

Konikow, L.F., Hornberger, G.Z., Halford, K.J., Hanson, R.T., 2009. Revised Multi-node Well (MNW2) Package for MODFLOW Ground-water Flow Model. U.S. Geological Survey Techniques and Methods 6eA30, 67 p. http://pubs.usgs.gov/tm/tm6a30/.

De Lange, W.J., Prinsen, G.F., Hoogewoud, J.C., Veldhuizen, A.A., Verkaik, J., Oude Essink, G.H.P., van Walsum, P.E.V., Delsman, J.R., Hunink, J.C., Massop, H.ThL., Kroon, T., 2014. An operational, multi-scale, multi-model system for consensus-based, integrated water management and policy analysis: The Netherlands Hydrological Instrument. Environmental Modelling & Software 59, 98e108. http://dx.doi.org/10.1016/j.envsoft.2014.05.009.

Lapham, W.W., 1989. Use of Temperature Profiles Beneath Streams to Determine Rates of Vertical Ground-water Flow and Vertical Hydraulic Conductivity. U.S. Geological Survey Water-Supply Paper 2337, 35 p. http://pubs.er.usgs.gov/publication/wsp2337.

Lee, D.R., 1977. A device for measuring seepage flux in lakes and estuaries. Limnology and Oceanography 22(1), 140e147. http://dx.doi.org/10.4319/lo.1977.22.1.0140.

Liggett, J.E., Werner, A.D., Simmons, C.T., 2012. Influence of the first-order exchange coefficient on simulation of coupled surfaceesubsurface flow. Journal of Hydrology 414e415, 503e515. http://dx.doi.org/10.1016/j.jhydrol.2011.11.028.

Loague, K. (Ed.), 2010. Benchmark Papers in Hydrology, 4: Rainfall-runoff Modelling. Selection, Introduction and Commentary by Keith Loague, IAHS Press, 506 p.

Lowry, C., Walker, J.F., Hunt, R.J., Anderson, M.P., 2007. Identifying spatial variability of groundwater discharge in a wetland stream using a distributed temperature sensor. Water Resources Research 43(10), W10408. http://dx.doi.org/10.1029/2007WR006145.

Markstrom, S.L., Niswonger, R.G., Regan, R.S., Prudic, D.E., Barlow, P.M., 2008. GSFLOWdCoupled Ground-water and Surface-water Flow Model Based on the Integration of the Precipitation-runoff Modeling System (PRMS) and the Modular Ground-water Flow Model (MODFLOWe2005). U.S. Geological Survey Techniques and Methods 6eD1, 240 p. http://pubs.usgs.gov/tm/tm6d1/.

McDonald, M.G., Harbaugh, A.W., 1988. A Modular Three-dimensional Finite-difference Ground-water Flow Model. U.S. Geological Survey Techniques of Water-Resources Investigations 06eA1, 576 p. http://pubs.usgs.gov/twri/twri6a1/.

Merritt, M.L., 1992. Representing canals and seasonally inundated wetlands in a ground water flow model of a surficial aquifer. In: Interdisciplinary Approaches in Hydrology and Hydrogeology (M.E. Jones and A. Laenen, Eds.). American Institute of Hydrology, pp. 31e45.

Merritt, M.L., Konikow, L.F., 2000. Documentation of a Computer Program to Simulate Lake-aquifer Interaction Using the MODFLOW Ground-water Flow Model and the MOC3D Solute-transport Model. U.S. Geological Survey Water-Resources Investigations Report 00e4167, 146 p. http://pubs.er.usgs.gov/publication/wri004167.

Mitchell-Bruker, S., Haitjema, H.M., 1996. Modeling steady state conjunctive groundwater and surface water flow with analytic elements. Water Resources Research 32(9), 2725e2732. http://dx.doi.org/10.1029/96WR00900.

Neville, C.J., Tonkin, M.J., 2004. Modeling multiaquifer wells with MODFLOW. Groundwater 42(6), 910e919. http:

//dx.doi.org/10.1111/j.1745-6584.2004.t01-9-.

Niswonger, R.G., Prudic, D.E., 2005. Documentation of the Streamflow-routing (SFR2) Package to Include Unsaturated Flow beneath StreamsdA Modification to SFR1. U.S. Geological Survey Techniques and Methods 6eA13, 50 p. http://pubs.usgs.gov/tm/2006/tm6A13/.

Niswonger, R.G., Prudic, D.E., Regan, R.S., 2006. Documentation of the Unsaturated-zone Flow (UZF1) Package for Modeling Unsaturated Flow between the Land Surface and the Water Table with MODFLOW-2005. U.S. Geological Survey Techniques and Methods 6eA19, 72 p. http://pubs.er.usgs.gov/publication/tm6A19.

Niswonger, R.G., Panday, S., Ibaraki, M., 2011. MODFLOW-NWT, A Newton Formulation for MODFLOW-2005. U.S. Geological Survey Techniques and Methods 6eA37, 44 p. http://pubs.usgs.gov/tm/tm6a37/.

Panday, S., Huyakorn, P.S., 2004. A fully coupled physically-based spatially-distributed model for evaluating surface/subsurface flow. Advances in Water Resources 27(4), 361e382. http://dx.doi.org/10.1016/j.advwatres.2004.02.016.

Panday, S., Langevin, C.D., Niswonger, R.G., Ibaraki, M., Hughes, J.D., 2013. MODFLOW-USG Versions 1: An Unstructured Grid Version of MODFLOW for Simulating Groundwater Flow and Tightly Coupled Processes Using a Control Volume Finite-difference Formulation. U.S. Geological Survey Techniques and Methods 6eA45, 66 p. http://pubs.usgs.gov/tm/06/a45.

Papadopulos, I.S., 1966. Nonsteady flow to multiaquifer wells. Journal of Geophysical Research 71(20), 4791e4797. http://dx.doi.org/10.1029/JZ071i020p04791.

Pint, C.D., Hunt, R.J., Anderson, M.P., 2003. Flow path delineation and ground water age, Allequash Basin, Wisconsin. Groundwater 41(7), 895e902. http://dx.doi.org/10.1111/j.1745-6584.2003.tb02432.x.

Prickett, T.A., 1967. Designing pumped well characteristics into electric analog models. Groundwater 5(4), 38e46. http://dx.doi.org/10.1111/j.1745-6584.1967.tb01625.x.

Prudic, D.E., Konikow, L.F., Banta, E.R., 2004. A New Streamflow-routing (SFR1) Package to Simulate Stream-aquifer Interaction with MODFLOW-2000. U.S. Geological Survey Open-File Report: 2004-1042, 95 p. http://pubs.usgs.gov/of/2004/1042/.

Reeves, H.W., 2010. Water Availability and Use PilotdA Multiscale Assessment in the U.S. Great Lakes Basin. U.S. Geological Survey Professional Paper 1778, 105 p. http://pubs.usgs.gov/pp/1778/.

Reilly, T.E., Harbaugh, A.W., 2004. Guidelines for Evaluating Ground-water Flow Models. U.S. Geological Survey Scientific Investigations Report 2004-5038, 30 p. http://pubs.usgs.gov/sir/2004/5038/.

Restrepo, J.I., Montoya, A.M., Obeysekera, J., 1998. A wetland simulation module for the MODFLOW ground water model. Groundwater 36(5), 764e770. http://dx.doi.org/10.1111/j.1745-6584.1998.tb02193.x.

Rosenberry, D.O., LaBaugh, J.W., Hunt, R.J., 2008. Use of Monitoring Wells, Portable Piezometers, and Seepage Meters to Quantify Flow between Surface Water and Ground Water. In: Field Techniques for Estimating Fluxes between Surface and Ground Water. U.S. Geological Survey Techniques and Methods Report 4eD2 (Chapter 2), pp. 43e70. http://pubs.usgs.gov/tm/04d02.

Schmid, W., Hanson, R.T., Leake, S.A., Hughes, J.D., Niswonger, R.G., 2014. Feedback of land subsidence on the movement and conjunctive use of water resources. Environmental Modelling & Software 62, 253e270. http://dx.doi.org/10.1016/j.envsoft.2014.08.006.

Sloto, R.A., Crouse, M.Y., 1996. HYSEP: A Computer Program for Streamflow Hydrograph Separation and Analysis. U.S. Geological Survey Water-Resources Investigations Report 96-4040, 46 p. http://pubs.er.usgs.gov/publication/wri964040.

Theis, C.V., 1935. The relation between lowering of the piezometric surface and rate and duration of discharge of a well using ground-water storage. Transactions of the American Geophysical Union 16, 519e524. http://onlinelibrary.wiley.com/doi/10.1029/TR016i002p00519/full.

Torak, L.J., 1993. A Modular Finite-element Model (MODFE) for Areal and Axisymmetric Ground-Water-Flow Problems, Part 1: Model Description and User's Manual. U.S. Geological Survey Techniques of Water Resources Investigations. Chapter A3 Book 6, 136 p. http://pubs.usgs.gov/twri/twri6a3/.

Wang, H.F., Anderson, M.P., 1982. Introduction to Groundwater Modeling: Finite Difference and Finite Element Methods. Academic Press, San Diego, CA, 237 p.

Westenbroek, S.M., Doherty, J.E., Walker, J.F., Kelson, V.A., Hunt, R.J., Cera, T.B., 2012. Approaches in Highly Parameterized Inversion: TSPROC, A General Time-series Processor to Assist in Model Calibration and Result Summarization. U.S. Geological Survey Techniques and Methods (Chapter 7), Book 7, Section C, 73 p. http://pubs.usgs.gov/tm/tm7c7/.

Wilsnack, M.M., Welter, D.E., Montoya, A.M., Restrepo, J.I., Obeysekera, J., 2001. Simulating flow in regional wetlands with the MODFLOW wetlands package. JAWRA Journal of the American Water Resources Association 37(3), 655e674. http://dx.doi.org/10.1111/j.1752-1688.2001.tb05501.x.

Winter, T.C., Harvey, J.C., Franke, O.L., Alley, W.M., 1998. Ground Water and Surface Water, a Single Resource. U.S. Geological Survey Circular 1139, 79 p. http://pubs.er.usgs.gov/publication/cir1139.

Woessner, W.W., 2000. Stream and fluvial plain ground water interactions: Rescaling hydrogeologic thought. Groundwater 38(3), 423e429. http://dx.doi.org/10.1111/j.1745-6584.2000.tb00228.x.

Yang, L., Wang, X.-S., Jiao, J.J., 2015. Numerical modeling of slug tests with MODFLOW using equivalent well blocks. Groundwater 53(1), 158e163. http://dx.doi.org/10.1111/gwat.12181.

Zhu, Y., Liangsheng, S., Lin, L., Jinzhong, Y., Ming, Y., 2012. A fully coupled numerical modeling for regional unsaturatedesaturated water flow. Journal of Hydrology 475, 188e203. http://dx.doi.org/10.1016/j.jhydrol.2012.09.048.

第7章

定常・非定常シミュレーション

> 時間，それは2つの無限の間の暗く狭い峡である．
>
> Charles Caleb Colton
>
> そして時間は止まることはない．
>
> ヘンリー四世，第1部

　これまでの6つの章では，数値モデルの設計について解説し，定常・非定常（時間依存性）の条件があることを示唆してきた．ほぼすべてのモデルは定常シミュレーションから始まるが，目的によっては非定常シミュレーションも求められる．この章では，まず定常シミュレーションの特性について検討するが，その特性のいくつかはすでにこれまでの章で紹介しているので（第4〜6章の問題は，すべて定常問題として定式化されていた），章の大部分は非定常シミュレーションについて触れることにする．

7.1　定常シミュレーション

　定常モデルでは，支配方程式（3.12）の $\partial h/\partial t$ はゼロであり，水文学的パラメータ（5.4節）や計算水頭・フラックスは時間軸上で一定（時間に対して不変）である．定常解だけでも，たとえば次のような多くの目的に十分対処できることもよくある；平均的な地下水流の流動パターンやその流動量の解析，失水河川からの年間漏水量の評価，地域的な地下水面勾配の計算，長期間の揚水に左右される流動方向のシミュレートなど．定常モデルはまた，長期の干ばつあるいは計画的揚水のような時間的に平均化されたストレスの影響を予測することにも利用できる．さらに，ほとんどの非定常モデルが初期条件として定常解を利用するため（7.4節），非定常モデリングの第1段階として，定常モデルがあることは珍しくない．定常シミュレーションは，通常，地下水流動コードを実行する際のGUI（3.6節）入力時の既定オプションであったりもする．

7.1.1 始動時の水頭（開始水頭）

反復的に解く数値モデルは（3.5節および3.7節），定常シミュレーションの開始時にすべての節点で開始水頭を必要とする．（3.5節で述べたような直接的数値解法では，通常この開始水頭は必要としない．）開始水頭は解の収束に要する反復回数を左右するが，たいていの場合，解が十分な精度で収束したのであれば（3.5節参照）最終的な定常解は開始水頭の値には依存しない．

開始水頭は格子/メッシュ上にわたって一定であってもよいし，適当な（任意の）値が指定されることもありうる．任意の開始水頭は，通常，地表面の標高や規定内部境界条件，周囲境界条件をもとに決められる．開始水頭が最終的な水頭の解に比較的近ければ，収束に要する反復回数はより少なくてすむ．開始水頭の選択が不適切であれば，初期の反復時に反復解法が解の逸脱を繰り返し，結果的に収束や最終水頭解に影響する乾燥節点（4.5節参照）に帰着することもある．したがって，開始水頭は常に想定解の範囲内で指定されるべきであり，通常，割り当てられた規定水頭境界条件をもとに考慮される．また，ほとんどの場合，モデルの基盤より高い標高が設定され，たいていは3次元モデルでは最上層の底部よりも高く設定される．GUIの中には開始水頭を自動的に初期設定するものもあり，その際には，内部や周囲境界の規定水頭値，あるいは最上層の上端の高さが通常利用される．

7.1.2 境界条件

定常モデルにおける内部境界・周囲境界条件は（4.2節，4.3節参照），材質特性や水文学的パラメータ（5.4節参照）のように，時間的に不変である．定常解はその境界条件に強く左右されるため，境界条件を割り当てるときには注意しなければならない．これは，定常解が水の貯留効果を受けることはなく，内部や周囲境界（さらには面的に分布するソース項）から引き出される水量に全面的に依存するからである．いい換えれば，定常状態は無限時間経過時の水頭を表しており，水文学的ストレスが周囲境界にまで及び，境界での状態がモデル中に完全に伝搬していることを意味する．

7.1.3 定常条件の特徴化

概要的なあるいは単純な予備選別モデルとして設計された反復定常モデルではキャリブレーション（1.3節参照）は必要ないこともあるが，たいていの定常モデルは水頭や流動量といった現地地下水系の観測値と適合するようキャリブレート（第9章参照）される．キャリブレーションが必要となるときは，一連の観測値を組み込み，シミュレートされた定常水頭（図9.3参照）や流動量と比較できるようにしなければならない．しかしながら，地下水系での現地観測値が真に定常状態のものであることはまれであり，むしろ自然的あるいは人為的に誘発された涵養や排出（図7.1参照）の変化に応じて水頭や流動量が連続的に変化していることもあるため，別途判断が必要となる．したがって，多くの場合，本質的には非定常である現場データから，定常状態キャリブレーシ

7.1 定常シミュレーション   279

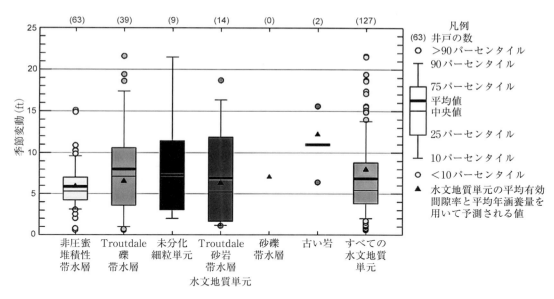

図 7.1　アメリカ合衆国オレゴン州の温帯気候下で水文地質単元における観測井中の水頭値（平均値，中央値，範囲）を示す箱ひげ図．

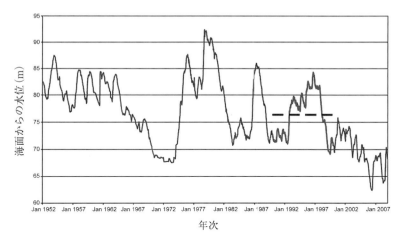

図 7.2　ニュージーランドにおけるある観測井の水位変化．1990-2000年の期間は定常モデルのための目標となる平均水頭（図中の破線）を導くために使われた（Scott and Thorley, 2009）．

ョンのための代表的目標値を見出さなければならない．定常状態キャリブレーション用のデータセットをまとめるには次の2つの選択肢がある．

1. 年，季節，月，あるいはモデルの目的上重要となる他の特定期間における平均を表す水頭の時

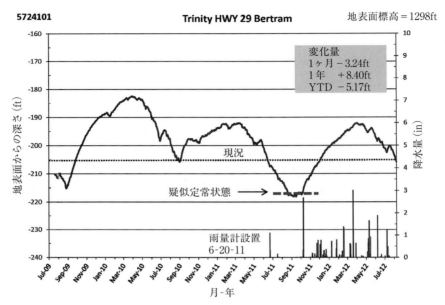

図 7.3 テキサス州の Trinity 帯水層におけるある観測井の水位変化（2009 年 7 月－2012 年 7 月）．揚水量が低下し秋雨が生じる前の 2011 年の夏の終わり頃に準定常状態を示している．（Central Texas Groundwater Conservation District, The Hydro Blog, 2012 年 8 月, http://www.centraltexasgcd.org/the-hydro-blog/ より修正）．

間平均値は，観測井での水頭測定値（図7.2）から計算されることもある．一方，平均的な基底流は河川の流量観測（図9.4(b)参照）から求められる．ある期間が定常状態を表すか否かを判断する1つの基準は，その期間のはじめの現地観測値が同期間の終わりの観測値と類似しているかどうかを評価することである．ある期間の最初と最後で水頭値が類似していれば，その期間の貯留変化は無視でき期間中の平均水頭を用いうることが示唆される（たとえば，Drippsら（2006））．

2. 時間に伴う水頭の変化が小さければ，代表的な期間での現地観測値を定常状態のキャリブレーションデータとして直接用いることができる．理想的には，地下水位や流動量がおよそ一定である期間，すなわち準定常あるいは擬似定常状態である期間を測定値が反映しているとする．たとえば，ある代表期間での水頭測定値は長期的に平均的な状態を示すものと判断されうる．また，季節的な準定常状態水頭が用いられることもある．たとえば，北方の山地渓谷域の地下水系では融雪による涵養を強く受け，逆に春の涵養が生じる前の冬の終わり頃である3月の中旬～下旬は，ハイドログラフが横ばいになる準定常期間となる．他の温暖気候下では中秋が準定常期間であることもある（図7.3参照）．境界定常・逐次定常シミュレーション（7.2節参照）では，準定常状態での水頭によりキャリブレートされる．

定常状態モデルの出力は水頭の空間的配列であり，通常は各層における水頭や内部および周囲境界での流動量の2次元配列としてコード出力される．GUIや可視化ソフトは，地層の水平面的な（図2.5，図9.3参照）あるいは断面的な（図4.22(c)参照）視点で計算された水頭を描く．シミュレートされた定常状態での水収支（3.6節参照）はパラメータ値の入力値と整合性のとれた単位で報告される（たとえば，m^3/d, ft^3/d, m^3/sなどの体積流出割合）．

7.2 定常なのか非定常なのか

Box 4.1でモデル設計の基本的な決定—3次元モデルが必要か否か—について取り扱った．この節では，また別の判断—非定常モデルが必要か否か—について検討しよう．定常モデルは非定常モデルよりも構築，実行，後処理が簡単であり，この理由からだけでも，定常モデルで目的に十分対処できるのであれば普通同モデルが好まれる．定常モデルはキャリブレーション用データセットが1つあればよく，結果も1つだけ生み出す．これに対し，非定常モデルは多数のキャリブレーション用データセットを必要とするが，定常モデルよりも多くの結果をもたらしてくれる．非定常モデルはまた付加的な入力，すなわち貯留パラメータ（5.4節参照）の値や初期条件（7.4節参照）も必要とする．

しかしながら，多くの場合明らかに非定常モデルが必要とされる．たとえば，日単位のあるいは季節的な揚水量変化，涵養量の日あるいは季節変動，地下水植物（根深植物）による季節的な地下水の吸収などに応じた地下水位の変動を計算したり，あるいは，発生源からの汚染物質の輸送に関わる過渡的な影響を評価したりする場合には．また，定常か非定常かの決定は，モデル化の目的に関連する時間枠にも左右される．たとえば，非定常モデルは灌漑用井戸の短時間揚水が基底流や家庭用井戸の水位にどう影響するかを評価するために必要とされるであろうが，長期的あるいは年平均的な揚水の影響についての情報だけが目的ならば，定常モデルで十分かもしれない．

非定常モデルが必要かどうかを決める手助けとなる2種の簡単な計算について以下で議論してみよう．この両指標は（定常形状条件に対する時間推定のパラメータと同様），L^2の水頭拡散率Kb/S（$=T/S$）に対する比で表現される．ここでLは系の特性長であり，Kは透水係数，bは飽和層の厚さ，Sは貯留係数（不圧帯水層の場合は比産出率S_y），Tは透水量係数である．水頭拡散率は，帯水層からの揚水の河川流への影響（Barlow and Leake, 2012, p. 8）を含む，多くの異なる種類のストレスに対する過渡的な反応の軽重を評価する上で重要なパラメータである．水理的なストレスは水頭拡散率が高いほど帯水層を速やかに伝搬する．被圧層の貯留係数は比産出率よりはるかに小さいため（5.4節参照），水頭拡散率は通常不圧帯水層より被圧帯水層で大きくなる．ある所定のKに対し，貯留係数が小さいほど速やかに定常に近づく（図7.4参照）．

地下水系の時定数T^*は支配方程式（3.12）の無次元解析から導かれ次式で表される（Domenico and Schwartz, 1998, p. 173）．

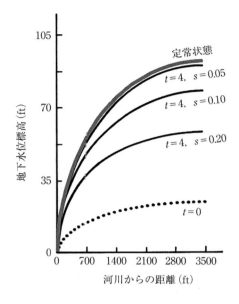

図7.4 不圧帯水層の1次元モデルで異なる貯留係数（ここでは比産出率と同じ）を用いたときの定常状態への到達に及ぼす影響を示す地下水面の断面．帯水層は一定の割合で涵養を受け，地下水は距離0に位置する河川に流出する．非定常の応答は涵養量の増加時から始まり，$t=0$ の水頭が初期状態を表す．t の時間単位は月である．定常状態では，解は貯留係数には依存しない．（Zucker ら，1973）

$$T^* = \frac{SL^2}{Kb} \tag{7.1}$$

ここで，L は系の境界間の距離が普通採用され，T^* は時間の単位をもつ．系を観察したいとする時間が十分に T^* より大きいなら，その系は定常であるかのように見え，定常モデルを用いてシミュレートできる．別のいい方をすれば，時刻 $t=0$ で開始される非定常効果は，T^* より短い時間（$t<T^*$）で系を観察する場合に限り容易に見えてくる．貯留係数が小さいため水頭拡散率が比較的大きくなる被圧帯水層は，一般に不圧帯水層より時定数は小さくなる．

関連する（無次元）パラメータに帯水層応答時間（Haitjema, 2006, p. 789；Haitjema, 1995, pp. 280-292；Townley, 1995）がある．これは，面的な涵養の周期変動や境界水頭の周期変動を受ける帯水層の1次元放射状流に対する解析解から導かれ次式となる．

$$\tau = \frac{1}{4P}\frac{SL^2}{Kb} = \frac{T^*}{4P} \tag{7.2}$$

ここで，L は主となる表面水体間の距離であり，P は強制関数の期間（季節的変動の場合は365日）である．式（7.2）は，定常状態条件がいつ周期的なストレスに応答する非定常の系を近似できるかを評価できる．以下にこれについて述べる．

地下水系はほとんど定常状態ではあり得ないが，多くの問題において，定常状態条件を解析することでモデルの目的に効率的に対処しうる．時間平均定常状態条件は，年平均地下水面のようなある指定された期間（図7.2参照）の平均水頭を表現する．現地で観測された状況の範囲を表す端の2つの定常状態は境界定常状態と呼ばれる．たとえば，季節的な地下水状況（季節的に地下水位が高い期間，低い期間のような）あるいは湿潤年と乾燥年を象徴する状況を評価するために，2つの

別個の定常モデルが開発されうる．境界定常状態条件のための現地データは，擬似定常状態での水頭観測値である（7.1節；図7.3参照）．逐次的な定常状態は，異なる擬似定常の現地状況を表す2つあるいはそれ以上の定常解から成る．

地下水系は涵養あるいは境界条件の周期変化に対し，τが大きい（すなわち水頭拡散率 Kb/S が小さい）ときにはゆっくりと，τ が小さい（Kb/S が大きい）ときには素早く反応する．Haitjema (1995, pp. 292-293) は，境界定常状態の解と，$P=365$ 日で境界での水頭と流出量が変化するときの非定常解を比較した．そのときの知見をもとに，Haitjema (2006) は（$P=365$ 日で導かれた）次のようなガイドラインを提供した：

1. $\tau>1.0$ のとき，時間平均条件の定常状態モデルは適切である．
2. $0.1<\tau<1.0$ のとき，非定常モデルが必要となる．
3. $\tau<0.1$ のとき，境界あるいは逐次定常状態の解が用いられてもよい．

一般に，透水性の高い不圧帯水層やほとんどの被圧帯水層で τ の値は小さい．したがって，境界あるいは逐次定常状態の解法は毎年の周期性を表すのに適用可能である．中程度から低い透水性の不圧帯水層は逐次定常状態解法では捕捉されない局所的な非定常効果をおそらく示し，そのため通常は非定常解法が必要となる．これらのガイドラインの正当性については Haitjema (1995, pp. 280-292) によって詳しく提示されている．

7.3 非定常シミュレーション

非定常シミュレーションは，あるストレス（たとえば，揚水あるいは涵養強度の変化；**図7.5**(a)参照），あるいはストレスの組み合わせ（揚水と涵養）を開始水頭の分布（すなわち，初期条件）に導入することで開始される．周囲境界条件は常に定常解に影響を与えるが（7.1節参照），非定常解に対しては，シミュレーション開始時に導入されたストレスが周囲境界に到達した（7.5節参照）場合に限り影響する．もし新しいストレス条件が十分長く続けば，通常地下水系は新しい定常状態に到達するだろう（図7.4参照）．非定常シミュレーションには次のような要因についての考慮が求められる．

1. 透水係数に加え，貯留パラメータ（5.4節参照）の値をモデル中のすべての水文地質単元に割り当てなければならない．
2. 代表的な初期条件が定式化されなければならない．
3. 水文的ストレスの影響がモデルの周囲境界外にまで伝搬することがあり，この場合は，シミュレートされる現場の条件として適切とはいえなくなる（7.5節）．
4. 空間と同様，時間も適切に離散化しなければならない（7.6節参照）．
5. モデルのキャリブレーションに用いられる現地観測値はシミュレート期間に対応していなけれ

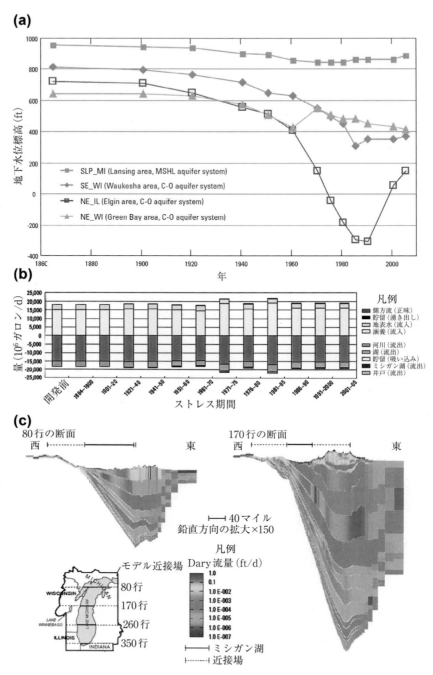

図7.5 アメリカ合衆国ミシガン湖流域の非定常モデルによる出力例．(a) いくつかの揚水施設における計算地下水位を開発前から最近まで表示．(b) 所定の期間における計算水収支．(c) 所定の断面における流動量のシミュレーション結果（Feinstein ら，2010）．

ばならない（7.7節参照）．

6. 非定常モデルは，通常，定常シミュレーションよりも長い計算時間を必要とする．なぜなら各時間ステップでモデルを解かねばならないし（さらに反復解法では時間ステップごとにいくつもの試行解を要する），ほとんどの非定常モデルは多数の時間ステップを必要とするからである．

7. 定常シミュレーションは一組の水頭を生成するだけであるが，非定常シミュレーションは各時間ステップで水頭を計算し，たいてい多くの出力を生み出すことになる（図7.5；7.7節参照）．

貯留パラメータについては5.4節で，実行時間については3.7節で議論した．上で示した他の要因については7.4〜7.7節で説明する．

7.4 初 期 条 件

非定常モデルでは初期条件，すなわちシミュレーション開始時の各節点の水頭を指定する必要がある．初期条件は定常モデルにおける開始水頭（7.1節参照）とは概念的に異なる．定常解は理論的には開始水頭の値とは無関係であるが，一方，非定常での初期の結果は初期条件の入力値に強く左右されるからである．このように，初期条件は時間領域での境界条件と考えることができる．定常モデルで得られた水頭を非定常モデルの初期条件として用いることは標準的な方法である．慣れない人はよく現地の観測水頭を初期条件としたがるが，これはFrankeら（1987）が以下に説明するように不適切である．

モデルから得られた水頭値を用いることにより，初期水頭データとモデルの水文的入力やパラメータとの整合性が保たれる．観測水頭が初期条件として用いられると，計算時間ステップの初期段階でのモデルの応答は，調べようとしているモデルのストレスを反映するだけでなく，モデルの水文データ入力値やパラメータと初期水頭との間の相応性の欠如を埋め合わせるようにモデルの水頭が調整されてしまう．

2つのタイプの定常条件により初期条件を形作ることができる．1つは静的定常型条件であり，水頭は対象領域全体にわたって一定とし，系内のどこにも流動は生じないとする（図7.6(a)参照）．このような初期条件は，水頭の絶対値よりも相対的な低下量が注目される揚水低下（たとえば，Prickett and Lonnquist, 1971）を計算するシミュレーションでよく用いられる．最もよく用いられる初期条件は，もう1つの動的定常型条件であり，水頭は空間的には変化するが時間的には不変とする（図7.6(b)参照）．この条件は，静的定常型では水の流れがないのに対し系内に流動が存在する点で動的である．動的定常型条件は定常シミュレーションから求められる．（たとえば，問題4.3の解は問題7.2の初期条件となる．）

上で述べた2つの定常型初期条件に加え，動的周期型平衡条件として知られる非定常初期条件もある．この条件では，水頭は周期的に変動するが，その周期性は全時間領域にわたって類似してい

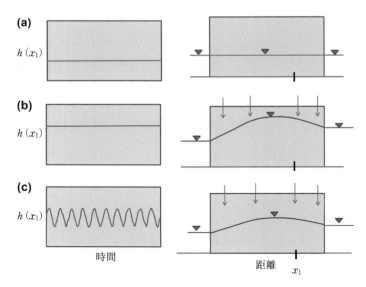

図7.6 2つの河川間の不圧帯水層において，1次元水平流について例示される3種の初期条件概要．右図は水頭の空間変動 $h(x)$ を表し，左図は x_1 の位置における水位の時間変動を表す．(a) 静的定常型；水頭は時空間上で一定．(b) 動的定常型；水頭は空間軸では変動するが，時間軸では一定．(c) 動的周期型平衡条件；水頭は時間的，空間的に変動．右図の地下水面形状はある時刻でのもの．

るとする．各周期は平均的な年における月単位の水頭変動を表すかもしれない．月ごとの平均涵養量がすべての年で同じであれば，水頭の各周期は同一となる（問題7.2参照）．この初期条件は水頭が月ごとに変化するため動的ではあるが，周期自体は時間に伴い変化しないため平衡状態であるともいえる．すなわち，周期が1年の月単位の変動を示すときには，各周期での1月の水頭は同じであり，2月から12月も同様である．動的周期型平衡の初期条件は，任意の初期開始水頭を割り当て，計算水頭が周期的平衡状態に達するまで一組の周期的負荷（たとえば，月平均涵養量）で非定常モデルを動かすことで得られる．狙いとする非定常シミュレーションは平衡的周期のいかなる時点からでも開始できる．たとえば，Maddock and Vionnet（1998）はこのタイプの初期条件を用いて，揚水の河川流量への影響をみるために非定常シミュレーションで四季をもつ年周期の地下水位変動を説明している．また，Ataie-Ashtianiら（2001）は周期的初期条件により海岸域の不圧帯水層における潮汐変動を解説している．

動的周期型平衡条件が進展すると，非定常モデルは本来の対象期間に先んじてシミュレーションの初期段階で助走期間を含むようになった（図7.7参照）．たとえば，Maddock and Vionnet（1998）のモデルでは，動的周期型平衡条件が得られるまでに助走期間として100周期分が必要とされた．「助走」は地表水のモデル化や水文現象の統合的モデル化（たとえば，Ajamiら，2014）において，時には周期的平衡条件を生み出す目的を伴ってよく用いられるが，地下水のモデル化においてはそれほど一般的ではない．

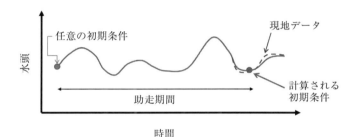

図7.7 初期条件を得るための非定常モデルでの助走期間を示す模式的水位変動．開発前の過去の水位情報をもとに，任意の初期条件を助走の開始時に設定してもよい．シミュレーション結果は実線で示されている．助走期間の結果は用いられるわけではないが，同期間終了時の水頭は観測値（破線）に一致している．助走期間最後の計算水頭は，残りの期間の非定常シミュレーションに対する有効な初期条件を与えることになる．

助走終了時の結果は動的な周期型平衡条件である必要はない．たとえば，ある研究上の適用において，Lemieuxら（2008）は助走を用いて，最終氷河期の非定常地下水流モデルの初期条件として機能する最終間氷期の終わりの水頭を得た．地下水モデルの応用的利用において，助走シミュレーションの開始水頭は開発前の水頭をもとに割り振られることが多い（図7.5(a)参照）．助走期間に割り当てられたストレス（揚水量や涵養量など）の推定値を用いて非定常モデルが実行されるが，助走の間は水頭への適合の試みはなされない．シミュレートされた水頭は助走期間終了時の最近の水頭と調和され，その計算水頭はシミュレーションの残りの期間に対する有効な初期条件となる（図7.7参照）．助走を行う論拠は，潜在的に誤りが避けられない開始水頭の影響が，シミュレーションの進行とともに減少し助走の終わりには許容レベルに達するという点にある．いい換えれば，助走期間の最後に得られる初期条件中の誤差は，同期間が十分長ければ最小化されるということである．水頭拡散率の低い地下水系はストレスの伝搬に長い時間を要することから，水頭拡散率の高い地下水系より長い助走期間が必要となる．Reilly and Harbaugh（2004, p. 18-19）は，初期条件がいつ非定常解に影響しなくなるかを推定するのに式（7.1）の利用を提案した．すなわち，助走期間が T^* より大きくなれば解は初期条件に影響されない．それでも助走期間の長さが結果に与える影響は検証すべきであり，非定常シミュレーションの初期の（すなわち，助走期間終了後すぐの）結果がモデルの目的にとって重要な場合は特にそうである．

7.5　非定常シミュレーションのための周囲境界条件

非定常モデルの周囲境界条件（4.2節）は，通常は初期条件を生み出す境界条件と同じである．系に対する重要な非定常変化は，一般に内部のストレスの変更や内部境界条件の変更あるいは新規内部条件の導入によりシミュレートされる．しかしながら，周囲境界に沿って生じる変化がわかっていたり予想されたりすると，非定常シミュレーション中でその変化に反応するよう境界条件を更

新した方がよい場合もある．
　周囲境界条件は常に定常解を左右する（7.1節）．したがって，動的定常型や動的周期型平衡の条件を得るために用いられる境界条件の影響は，暗に非定常シミュレーションにも含まれる．しかし，非定常であるストレスが境界に届かない限り，周囲境界条件が非定常解に直接影響することはない．ストレスが物理的境界（4.2節）に達しても，シミュレートされる反応は現実的で妥当かもしれない．たとえば，相対的に不透水性の断層帯あるいは不透水性の岩帯は，モデル中で非流動境界によって一般に表現されるが，これにより境界を横切る円錐低下（たとえば，図3.2参照）の影響は適切にシミュレートされるであろう．同様に，揚水による円錐低下が水頭依存境界（HDB）条件（4.3節参照）で表される地表水体と交わるとき，モデルは地表水から地下水系への流れをシミュレートするであろう．このとき，現地の条件下で地表水の水位が揚水の影響を受けなければ，その流れは妥当である．
　しかしながら，境界で指定された条件が現地での非定常状況を現実的にあるいは適切に特徴付けられていない場合には問題が生じる．たとえば，現地では，上に例示したHDB条件による地表水の水位が揚水に伴い低下するかもしれない．にもかかわらず，標準的なHDB条件で規定された境界水頭はシミュレーション期間中一定のままとなり，結果的に過剰な水が境界から抽出されてしまうだろう．揚水に応じた境界水頭の変化が事前にわかれば，全期間を通じ更新していけるのであるが（それはかなわない）．境界での条件の変化は通常既知ではなく，地表水の水位変動の計算を可能とする，より複雑なオプションが必要となるだろう（6.5，6.6節）．
　一般には，水頭が指定される（HDB含む）境界では，潜在的に出入りの水量に限界はない．既知流量や非流動の周囲境界条件では，境界で生じる水の交換量が限定されるだけでなく，時間的に流量不変の境界条件はまた，モデル領域に課されたストレスの影響を偏らせることもある．さらに，既知流量境界ばかり用いることは，水文地質学的に正当かもしれないが避けるべきである．初期水頭に含まれる誤差が解の誤差を引き起こしうるからである（4.3節参照）．もし周囲境界がすべて既知流量境界であるなら，解を水頭の絶対値と結び付けるために内部境界として水頭値を指定することが賢明である．
　理想的には，時間的変遷の影響が外周での条件よりも内部境界条件（通常，内部境界条件の方が制約が緩い）に主に依存するよう十分遠くに周囲境界を設定する柔軟性があるとよい．しかし，このようなことはありそうにない．潜在的に不適切な境界の影響を検出するには，境界が解に与える影響を解の進行に合わせモニタリングするべきでる．シミュレーションの進行に伴う既知水頭・水頭依存性境界を横切る流量の変化や既知流量境界での水頭の変化をチェックすることで，境界の影響が評価できる．もし変化が大きければ，解は境界条件に影響されていることになる．また，境界条件の影響は，既知水頭・水頭依存性境界を既知流量境界に変えたり，その逆を行ったりして非定常モデルを再実行することでも評価できる．もし解の差が許容できるほど小さければ，境界は解にそれほど影響していないことになる．境界条件が不適切に解を左右するようであれば，外周がシミュレートされるストレスからより遠方となるよう格子/メッシュを拡張するか，あるいは境界条件

を正当に表すより複雑なオプション（6.5, 6.6節参照）を考案することになろう.

　非定常シミュレーションのための周囲境界条件に関して，最後に，任意の遠方境界が妥当となる比較的まれな場合にも触れておく．非定常シミュレーションの期間が，ストレスの影響が境界まで及ばないような長さであれば，非定常問題は任意の周囲境界で通常非流動境界条件を用いて定式化できる．シミュレーションが外周に沿った条件に影響されないよう検討対象地域から十分遠くに境界が設定されるため，その外周の配置や条件は任意でよい．もちろん，遠方境界の使用には，モデル領域の縁辺部での計算水頭にほとんどあるいはまったく関心がないほど遠くまで格子/メッシュを拡張することが求められる．外周付近には大きな節点間隔の規則的な格子/メッシュを設定することで，必要な節点の総数を最小化できる．このようにしたとしても，十分長くシミュレーションを続けるとストレスは境界まで達してしまうかもしれない.

　非定常モデルの設定が脆弱であれば，いくらシミュレーションを継続しても定常状態には到達しないこともある．たとえば，ある帯水層から一定の強度で揚水が行われているとしよう．定常状態では，井戸への供給水はもっぱら周辺境界や検討領域内部の水源（たとえば，涵養，漏出，地表水）からやってくる．このような水源を含んでいなければ，定常状態にはけっして到達することはなく水は貯留から排他的に補給される．場合によっては，このような事態は正しいかもしれない．たとえば，無限に広がる被圧帯水層中の揚水井に流れ込む放射状流のタイス解析解では，貯留からの揚水は根本的な仮定となっている．しかしながら，内部水源のない非流動境界の数値モデルでは，シミュレーション時間を十分長くすると，揚水井は帯水層が完全に枯渇するまで貯留から水を抜き続けるであろう.

7.6　時間の離散化

7.6.1　時間ステップとストレス期間

　定常シミュレーションも非定常のそれも格子/メッシュにより空間的な離散化が必要となるが，非定常シミュレーションではさらに時間も離散化されなければならない．非定常シミュレーションで表される総時間は時間ステップと呼ばれる小時間単位に分割される．非定常問題の中には，ストレスがシミュレーションの開始時に導入され，シミュレーション期間中ずっと一定に保たれるものもある．たとえば，モデルの目的が単一井からの一定強度の揚水に対する反応をシミュレートすることや，あるいは長期間の干ばつに対する応答をシミュレートすることであったりすることもある．しかし，多くの場合，シミュレーション期間中に揚水や涵養のようなストレスは（たとえば，季節的な揚水や涵養を考慮すると）変化し，したがって，全計算期間は通常（MODFLOWの用語に従うと）ストレス期間として知られるいくつかの時間ブロックに分割される．定義によれば，1つのストレス期間内ではストレスは一定のまま（**図7.8**参照）であるが，タイミングや場所，ストレスの強度は境界条件と同様求めに応じストレス期間ごとに変えることができる．各ストレス期

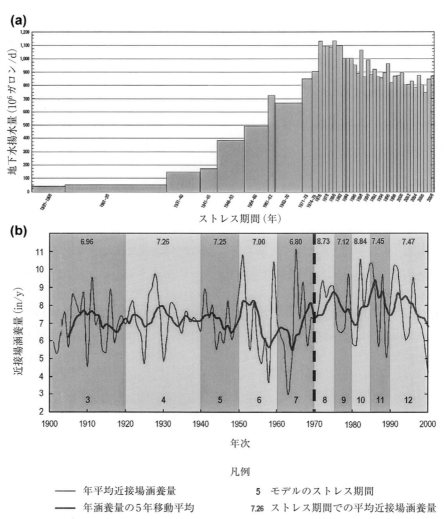

図7.8 ストレス期間．(a) ポンプによる地下水の汲み上げ：1891年-2009年の間に長さの異なる78のストレス期間を用いてシミュレーション（Kasmarek, 2012）．(b) 涵養；涵養量は土壌水収支モデル（Box5.4参照）の残差から推定された．ストレス期間3-12の涵養量が示されている（Feinsteinら，2010；Reeves, 2010）．

間は，その期間内の水頭変化を計算したり数値解の安定を促進したりするために，時間ステップに細分化される．MODFLOWでは，ストレスがシミュレーション期間中ずっと一定であれば，1つのストレス期間が指定される．

最初のストレス期間で第1時間ステップ経過後のストレスに対する初期水頭（7.4節参照）の反応を計算することで非定常シミュレーションは始まる．2番目の時間ステップでは，初期水頭は最初の時間ステップ終了時の水頭解と置き換えられ，第2時間ステップ終わりの水頭が計算される．

この水頭値がまた第3時間ステップでの開始水頭となる．こうしたプロセスが（1つのストレス期間が長いときには）シミュレーションの最後まで続く．あるいは，その（第1）ストレス期間の最後まで続き，最後の時間ステップからの水頭が，第2ストレス期間の最初の時間ステップにおける開始水頭になる．この繰り返しはすべてのストレス期間がシミュレートされるまで継続される．

7.6.2 時間ステップの選定

時間ステップの大きさは解の安定性と同時にモデルによる水収支の計算誤差にも影響するため，その選定はモデル設計上重要となる．時間ステップの選定はモデルの種類やそのコードによって決められるだろう．たとえば，不飽和流モデルと連結した地下水モデルでは，時間ステップの大きさに起因する数値的な不安定性がよくみられる（Box 6.2参照）．時間ステップが大きすぎると，数値解は非現実的な圧力水頭値の振動を示す．同様に，時間ステップが大きいと，溶質輸送の移流分散方程式において振動が数値解に影響を与える．通常，数値的な振動は時間ステップを小さくしていくと解消することができる．溶質輸送のコードの中には（たとえば，MT3DMS：Zheng and Wang, 1999），振動を制御し続けるのに必要な時間ステップを計算し，自動的にその時間ステップを設定してくれるものもある．ところが，地下水流動コードは数値的に不安定となることは少なく，次に説明するように，ほとんどのコードは時間ステップあるいは時間刻みパラメータを利用者が指定するようになっている．

理論的には，数値モデルが偏微分方程式（3.12）をより正確に近似するよう時間ステップを小さくすることが望ましい．しかし，全シミュレーション期間が何年にも何十年にもわたると，均等で小さな時間ステップは計算労力からして現実的ではない．そこで代わりに，可変長の時間ステップが通常用いられ，ストレスに対する初期応答を見るためにストレス期間の初めの頃は小さな時間ステップが，初期のストレス応答が系によって緩和された後は長めの時間ステップが利用される．可変長の時間ステップは，それ以降は一定とする指定最大値まで，シミュレーションの進行に伴い時間ステップを大きくする時間刻み乗算機能を用いて計算される．Torak（1993）は非線形問題やストレスが急変する問題に対しては，時間ステップを1.1-1.5以下の倍率で大きくすべきであると提言した．また，Marsily（1986, p. 399）は1.2-1.5の倍率を推奨し，中でも1.414（$=\sqrt{2}$）が最初の選択としてよい場合が多いとしている．

コードによっては，シミュレーション開始時や各ストレス期間のはじめに最初の時間ステップΔt_iを指定する必要がある．2次元の均質等方性（帯水層の）支配方程式の数値近似陽解法で許容される最大の時間ステップが，合理的な時間ステップの初期値としてよいオーダー的目安となる（（Marsily, 1986, p. 399；Wang and Anderson, 1982, p. 70））．これは$\Delta x=\Delta y=a$のとき，次式で表せる．

$$\Delta t_i = \frac{Sa^2}{4Kb} \tag{7.3}$$

ここで，Kは透水係数，bは帯水層厚さ，Sは貯留係数である．格子/メッシュが不規則な場合に

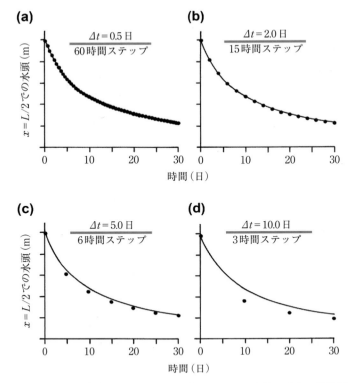

図7.9 時間ステップ（Δt）の大きさが地下水マウンドの衰退に対する数値解（ドット）に及ぼす影響を解析解（実線）と比較して表示．(a) や (b) の小さな時間ステップでは解析解と非常によく一致した結果となっている．やや大きい (c) の場合でも，許容内の一致がみられる．(d) の時間ステップでは，はじめの 30 日内で解の一致がみられない（Townley and Wilson (1980) より修正）．

は，Δt_i は代表的な節点間隔や代表的なセルあるいは要素特性を用いて近似される．ストレス期間初期に Δt_i と同程度の時間ステップを用いれば，ストレスの変化や新しいストレスの導入による水頭の急激な変化を捉えられる（**図7.9**参照）．こうした水頭の急変がモデルの目的上重要でない場合は，より大きな時間ステップを用いて計算し最初の数回の結果を無視すればよいこともある．

MODFLOW は，ユーザーの指定する時間刻み乗数（M），ストレス期間内の時間ステップ数（N），ストレス期間の長さ（T_{SP}）から同期間の初期時間ステップを次のように計算する．

$$\Delta t_i = T_{SP} \frac{(1-M)}{(1-M)^N} \tag{7.4}$$

どのストレス期間でも小さな Δt_i から始まり，期間の進行とともに時間刻み乗数によって時間ステップは増加していく．次のストレス期間が始まると，時間ステップは再び Δt_i まで小さくなる．一般的なガイドラインでは，Prickett and Lonnquist (1971) が提案したように，1 ストレス期間につき少なくとも 6 つの時間ステップを設定すべきとしている．彼らは 6 時間ステップ経過後にタイ

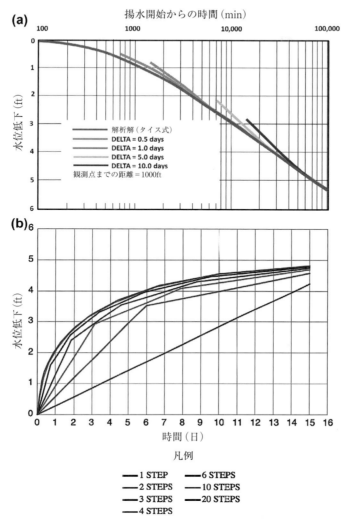

図7.10 時間ステップの数が揚水時の水位低下に対する数値解に与える影響．(a) 4種の異なる時間ステップ（DELTA）での数値解をタイスの解析解と比較している．水位低下は揚水井から1000 ft離れた観測点でのものである（Prickett and Lonnquist (1971) を修正：*Comparison of theoretical and digital computer solutions near a pumped well with DELTA as a variable, by Thomas A. Prickett and Carl G. Lonnquist, Bulletin 55, Illinois State Water Survey, Champaign, IL*)).
(b) 時間ステップを1から20まで変化させたときの揚水井の水位低下に対する数値解．1時間ステップでの場合を除き，どのステップ数のシミュレーションでも時間ステップを1つ前の時間刻みより1.5倍ずつ長い．10と20時間ステップの解は，この図のスケールでは区別できなくなっており，6時間ステップの結果はこの10および20時間ステップでの解とよく一致している（Reilly and Harbaugh, 2004）．

スの解析解と数値解が一致することを示している（図7.10(a)参照）．1ストレス期間に6時間ステップというルールは最近Reilly and Harbaugh（2004）によっても解説されている（図7.10(b)参照；先の図7.9(c)も参照）．

FEFLOW（Diersch, 2014, pp. 304-308）では，次の時間ステップ調整も適用されている．

$$\Delta t_{n+1} = \Delta t_n \left(\frac{\varepsilon}{\|d_{n+1}\|} \right)^B \tag{7.5}$$

ここで，Δt_nは現在の時間ステップ，Δt_{n+1}は次の時間ステップ，εは閉合基準（誤差の許容範囲；3.5.4項，3.7.3項参照）である．d_{n+1}は局所的な打ち切り誤差で，二重線の括弧はノルム（平均値）を意味する．また，Bは解法に応じて1/3または1/2となる（Diersch（2014）の表8.7, p. 306参照）．ユーザーはある小さな初期時間ステップを指定し，εを10^{-3}-10^{-4}の間で設定する．εを調整することにより，時間ステップの加減調整ができる．εが大きすぎると解は振動するだろう．一方，小さすぎると計算労力が受け入れがたいほど増加する．

時間ステップ数や時間刻み乗数をいろいろ変えたり，ソルバー設定を変えたりしてモデルを何回か試行することが大事である．このとき，モデルの目的にとって重要な時期ごとに水頭と水収支への影響を評価すべきで，その結果から最終的な時間の離散化パラメータを選定する．

7.7　非定常条件の特徴付け

非定常シミュレーションのキャリブレーションデータには，長期の地下水位データ（たとえば，図7.2やTaylor and Alley（2001）参照）やモデル化する地域の至る所に分布する流れの非定常応答情報が含まれるべきである．長期間の観測データは，シミュレーションする期間が観測記録より短いとしても，非定常のパターンや傾向を同定する上で有用である．キャリブレーション中は，シミュレート期間内での観測記録の長さがどうであろうと計算水頭は測定値と比較される（図7.11

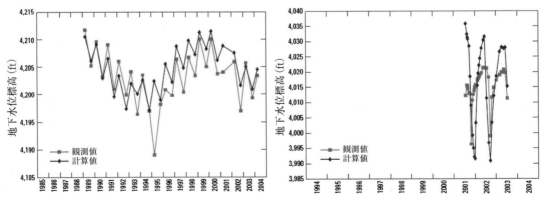

図7.11　カリフォルニア州の2つのモニタリング井戸における計算水頭と観測水頭（Gannettら，2012）．観測記録の期間は異なる．

参照).各観測井の水頭の平均値や範囲を示す棒グラフもまた役に立つ(図9.4(c), (d)参照).地下水流動量(たとえば,基底流量,図9.4(a);表7.1参照)の測定値も同様にキャリブレーションデータ集合の一角を担う.実際に,キャリブレーションデータは利用可能ないかなる水位や流量情報からも整理される(表7.1参照).さらに,一連の過去の水頭(水位)データは,初期条件が

表7.1 ミシガン湖流域モデルにおける被圧帯水層用の非定常キャリブレーションデータの種類(Feinsteinら(2010)を修正).観測の重みが高いほどモデルキャリブレーションにおける観測の重要度が大きいことを意味する(9.5節参照).

キャリブレーション目標となるデータ集	観測数	観測の重み
「開発前」― 1940年以前		
USGS(合衆国地質調査所)のネットワーク地下水位	11	1
掘削業者記録による地下水位	51	0.25
ウィスコンシン州のカンブリア ― オルドビス紀層の水頭等高線	233	0.04
ミシガン州のペンシルバニア紀層の水頭等高線	115	0.04
ミシガン州 Marshall の水頭等高線	103	0.04
インディアナ州のさまざまな地下水位	19	0.16
イリノイ州のカンブリア ― オルドビス紀層の水頭等高線	231	0.04
USGS ネットワーク井戸 ― 「歴史的」地下水位		
ミシガン州ロウアー半島南部	1761	0.01−0.04
ミシガン州ロウアー半島北部	272	0.01
ミシガン州アッパー半島	426	0.01−0.04
ウィスコンシン州北東部	1964	0.01−0.04
ウィスコンシン州南東部	1149	0.01−0.04
インディアナ州北部	294	0.01
周辺遠方域	2422	0.0025−0.01
イリノイ州北東部カンブリア ― オルドビス紀層		
2000年地下水位等高線	248	0.01
1864−2000年,地下水位低下コンター	248	0.01
1980−2000年,地下水位回復コンター	267	0.0025−0.01
USGS 井戸ネットワーク中における水頭の10年変化		
ミシガン州ロウアー半島南部	1	49
ウィスコンシン州北東部	22	1−4
ウィスコンシン州南東部	40	1
鉛直方向の水頭差		
USGS ネットワーク井戸	41	0.25−4
USGS による1980年代初期の RASA パッカー試験	31	4
2000年の UGSG 流量観測点における基底流		
ミシガン州ロウアー半島南部	17	3.60E-11
ミシガン州ロウアー半島北部	11	3.60E-11
ミシガン州アッパー半島	9	3.60E-11
ウィスコンシン州北東部	12	3.60E-11
ウィスコンシン州南東部	4	3.60E-11
インディアナ州北部	3	3.60E-11
イリノイ州北東部	6	3.60E-11
合　計	10,011	

開発前の状態に基づく場合，有効となることもある（7.4 節参照）．

　観測データが整理されると，次に，モデル出力のどれほどをキャリブレーション（第9章）用にあるいは予測（第10章）用に蓄積，処理，分析するべきか決めなければならない．通常，所定の時期の等高線図や，所定の場所の水頭経時変化を示すハイドログラフを表示するために，非定常の水頭データは後処理される（図7.5(a)，図9.4(a)参照）．時系列処理コード（たとえば，TSPROC, Westenbroekら，2012）は非定常モデルの入出力の処理や評価を自動化する．非定常シミュレーション中に生成される出力の量がわかれば，通常，水頭，流量（図7.5(c)），水収支の検討がモデルの目的上重要となる時期に診断は限定される．シミュレートされた水収支（図7.5(b)，図3.12参照）では，検討対象の時間ステップ（3.7節参照）で解が収束したことが間違いないか確かめるべきである．水収支で報告される貯留量変化は定常状態に向かい，その変化量は解が定常に状態に近づくにつれ減少して定常状態ではゼロになる（図3.12参照）．

7.8　よくあるモデリングの誤り

- モデルの目的に満足のいく対処がなされる境界定常解が比較的安価であっても，高価な非定常モデルが構築される．
- 非定常シミュレーションの初期条件が，モデルで生成されたものよりむしろ現地観測水頭によって指定される．
- 非定常シミュレーションのための助走期間が開始初期条件の不具合を乗り越えるほど十分長くない．
- モデルの目的上，ストレスの平均的な影響あるいはストレス期間最後の状況を検討することが求められるとき，ストレス期間の第1時間ステップの計算結果が意思決定に用いられてしまう．
- 非定常の影響が水理学的境界条件で示されたモデル境界を越えて広がり，計算された水頭や流量がシミュレートされる現地の状況からみて不自然であることに気づかない．
- モデルの目的上，ストレス期間初期において精細な水頭変化を必要としているのに，そのストレス期間に6回より少ない時間ステップを設定してしまう．

問　題

　この章の問題は，非定常シミュレーションの時間ステップの影響を調べるものとなっている．また，第4章のHubbertvilleの問題4.3, 4.4を振り返り，帯水層から1年間揚水することが沼地保護区への流出量に及ぼす影響についても評価する．

7.1　問題6.1bに戻り，動的定常型の初期水頭を見出すために節点間隔が100 mで一様なモデルを用いて，$S=3\times10^{-5}$とした非定常モデルを動かそう．そこで揚水が1日続いた後の水頭および水位低下を

計算しなさい．
- a. 1, 5, 10回の決まった長さの3種の時間ステップで別々に動かしなさい．このとき，各時間ステップ終了時の水頭は保存すること．各シミュレーションに対し，水位低下や井戸を通るある断面での水頭を描きなさい．ただし，1つのグラフにすべての断面分布を入れること．
- b. 時間ステップを10回分の可変長とし，1日のストレス期間の初期には時間ステップを細かくした上でモデルを動かしなさい．前のように同じグラフ内に結果の断面図を描きなさい．時間ステップの長さを変えることによる影響はどうなっているであろうか．

7.2 第4章の問題4.3，4.4に戻ろう．町は今，井戸を完成し緊急の水需要を賄うため1年間の揚水を行おうとしている．井戸の運用が長期にわたることから，揚水が沼地への流出に与える影響を評価することが問題となっている．すなわち，町が揚水開始の許可を得る前に，こうした沼地への流出や地下水面への影響を予測することが求められている．
- a. $S_y=0.1$とし，揚水井がない場合の定常解を初期水頭として，問題4.3の揚水の定常モデルを非定常モデルに変換し，図4.3で与えられた平均日涵養量の下，1年間の連続揚水後における水頭分布や沼地への流出量の減少を予測しなさい．観測井は地下水分水嶺近傍に位置しており，その観測水頭は2月から始まり1月で終わる各月の末で計算するものとする．それぞれの月がストレス期間であり，おのおのの時間ステップ10回に分割する．まず，観測井や揚水井に対して，各月の水頭断面分布および水頭経時変化のグラフを用意しなさい．断面は南北方向とし，揚水節点や観測井を通るようにする．問題4.3で求められた沼地保護区への流出に対し，ここでの条件下での流出は相対的にどう変化しているか．
- b. 問題7.2aのモデルや解が見直され，年を通じ平均涵養量を一定としたことからモデルが不適切と示唆された．この渓谷の地下水面変動に関する過去の記録によれば，毎年春先に地下水面は2m上昇し，その後徐々に低下して翌1月に低い値をとるようである．推定された月平均涵養量は**表P7.1**で与えられる．1月1日に始まる非定常シミュレーションの初期条件として，揚水のないときの動的定常型水頭を用いることにする．この非定常モデルにより，井戸から連続的に揚水がなされ，表P7.1に従って涵養量が毎月変化するとしたときの各月末時の水頭を計算しなさい．

表P7.1 Hubbertville帯水層について推定された月平均涵養量．

月	涵養量 (m/day)
1月	0.001
2月	0.003
3月	0.004
4月	0.003
5月	0.001
6月	0.0005
7月	0.00005
8月	0.00005
9月	0.00005
10月	0.00005
11月	0.00005
12月	0.0005

次に，観測井や揚水井での地下水位変動を表すハイドログラフを整理し，月ごとに計算された水頭断面図を描きなさい．ただし，各断面は沼地や観測井，揚水井，河川を通るようにすること．

c. 問題4.3（揚水なし定常状態），4.4（定常状態の揚水井），7.2a（涵養量が年平均で一定としたときの1年間揚水），7.2b（涵養量が変化する中での1年間揚水）で計算された沼地保護区への流出に対する影響を比較対照しなさい．また，問題7.2a, 7.2b で求められたハイドログラフを比較しなさい．モデルの結果は直感的な説得力があるか．なぜそうなのか，あるいはそうでないのか．

〈参考文献〉

Ajami, H., McCabe, M. F., Evans, J. P., Stisen, S., 2014. Assessing the impact of model spin-up on surface water-groundwater interactions using an integrated hydrologic model. Water Resources Research 50 (3), 2636e2656. http://dx.doi.org/10.1002/2013WR014258.

Ataie-Ashtiani, B., Volker, R.E., Lockington, D.A., 2001. Tidal effects on groundwater dynamics in unconfined aquifers. Hydrological Processes 12, 655e669. http://dx.doi.org/10.1002/hyp.183.

Barlow, P. M., Leake, S. A., 2012. Streamflow depletion by wellsdunderstanding and managing the effects of groundwater pumping on streamflow. U.S. Geological Survey Circular 1376, 84 p. http://pubs.usgs.gov/circ/1376/.

Central Texas Groundwater Conservation District, August 2012. The Hydro Blog. http://www.centraltexasgcd.org/the-hydro-blog/.

Diersch, H.-J.G., 2014. FEFLOW: Finite Element Modeling of Flow, Mass and Heat Transport in Porous and Fractured Media. Springer, 996 p.

Domenico, P.A., Schwartz, F.W., 1998. Physical and Chemical Hydrogeology, second ed. John Wiley & Sons, Inc. 506 p.

Dripps, W.R., Hunt, R.J., Anderson, M.P., 2006. Estimating recharge rates with analytic element models and parameter estimation. Groundwater 44(1), 47e55. http://dx.doi.org/10.1111/j.1745-6584.2005.00115.x.

Feinstein, D.T., Hunt, R.J., Reeves, H.W., 2010. Regional Groundwater-Flow Model of the Lake Michigan Basin in Support of Great Lakes Basin Water Availability and Use Studies. U.S. Geological Survey Scientific Investigations Report 2010e5109, 379 p. http://pubs.usgs.gov/sir/2010/5109/.

Franke, O.L., Reilly, T.E., Bennett, G.D., 1987. Definition of Boundary and Initial Conditions in the Analysis of Saturated Ground-Water Flow Systems-An Introduction. U. S. Geological Survey Techniques of Water-Resources Investigation 03eB5, 15 p. http://pubs.usgs.gov/twri/twri3-b5/.

Gannett, M.W., Wagner, B.J., Lite Jr., K.E., 2012. Groundwater Simulation and Management Models for the Upper Klamath Basin, Oregon and California. U.S. Geological Survey Scientific Investigations, Report 2012-5062, 92 p. http://pubs.usgs.gov/sir/2012/5062/.

Haitjema, H.M., 1995. Analytic Element Modeling of Groundwater Flow. Academic Press, Inc., San Diego, CA, 394 p.

Haitjema, H., 2006. The role of hand calculations in ground water flow modeling. Groundwater 44(6), 786e791. http://dx.doi.org/10.1111/j.1745-6584.2006.00189.x.

Kasmarek, M.C., 2012. Hydrogeology and Simulation of Groundwater Flow and Land-Surface Subsidence in the Northern Part of the Gulf Coast Aquifer System, Texas, 1891e2009 (ver. 1.1, December 2013).
  U.S. Geological Survey Scientific Investigations Report 2012e5154, 55 p. http://dx.doi.org/sir20125154.

Lemieux, J.-M., Sudicky, E.A., Peltier, W.R., Tarasov, L., 2008. Simulating the impact of glaciations on continental groundwater flow systems: 2. Model application to the Wisconsinian glaciation over the Canadian landscape. Journal of Geophysical Research 113, F03018. http://dx.doi.org/10.1029/2007JF000929.

Maddock III, T., Vionnet, L.B., 1998. Groundwater capture processes under a seasonal variation in natural recharge and discharge. Hydrogeology Journal 6(1), 24e32. http://dx.doi.org/10.1007/s100400050131.

Marsily, G. de, 1986. Quantitative Hydrogeology. Academic Press, 440 p.

参 考 文 献

Prickett, T.A., Lonnquist, C.G., 1971. Selected Digital Computer Techniques for Groundwater Resource Evaluation. Illinois Water Survey Bulletin 55, Champaign, IL, 62 p.

Reeves, H.W., 2010. Water Availability and Use PilotdA Multiscale Assessment in the U.S. Great Lakes Basin. U.S. Geological Survey Professional Paper 1778, 105 p. http://pubs.usgs.gov/pp/1778/.

Reilly, T.E., Harbaugh, A.W., 2004. Guidelines for Evaluation Ground-Water Flow Models. U.S. Geological Survey Scientific Investigations Report 2004e5038, 30 p. http://pubs.usgs.gov/sir/2004/5038/.

Scott, D., Thorley, M., 2009. Steady-State Groundwater Models of the Area Between the Rakaia and Waimakariri Rivers. Environment Canterbury, New Zealand, ISBN 978-1-86937-940-7. Report R09/20, 37 p.

Snyder, D.T., 2008. Estimated Depth to Ground Water and Configuration of the Water Table in the Portland, Oregon Area. U.S. Geological Survey Scientific Investigations Report 2008e5059, 40 p. http://pubs.usgs.gov/sir/2008/5059/.

Taylor, C.J., Alley, W.M., 2001. Ground-water-level monitoring and the importance of long-term waterlevel data. U.S. Geological Survey Circular 1217, 68 p. http://pubs.usgs.gov/circ/circ1217/.

Torak, L.J., 1993. A Modular Finite-Element Model (MODFE) for Areal and Axisymmetric Ground-Water-Flow Problems: 3. Design and Philosophy and Programming Details. U.S. Geological Survey Techniques of Water Resources Investigations. Chapter A5 Book 6, 243 p. http://pubs.usgs.gov/twri/twri6a5/.

Townley, L.R., 1995. The response of aquifers to periodic forcing. Advances in Water Resources 18(3), 125e146. http://dx.doi.org/10.1016/0309-1708(95)00008-7.

Townley, L.R., Wilson, J.L., 1980. Description of an User's Manual for a Finite Element Aquifer Flow Model AQUIFEM-1. MIT Ralph M. Parsons Laboratory for Water Resources and Hydrodynamics, Technology Adaptation Program Report No. 79e3, 294 p.

Wang, H.F., Anderson, M.P., 1982. Introduction to Groundwater Modeling: Finite Difference and Finite Element Methods. Academic Press, San Diego, CA, 237 p.

Westenbroek, S.M., Doherty, J.E., Walker, J.F., Kelson, V.A., Hunt, R.J., Cera, T.B., 2012. Approaches in highly parameterized inversion: TSPROC, a general time-series processor to assist in model calibration and result summarization. U.S. Geological Survey Techniques and Methods, 7eC7, 73 p. http://pubs.usgs.gov/tm/tm7c7/.

Zheng, C., Wang, P.P., 1999. MT3DMS: A Modular 3-D Multi-species Transport Model for Simulation of Advection, Dispersion and Chemical Reactions of Contaminants in Groundwater Systems; Documentation and User's Guide. Contract Report SERDP-99e1. U.S. Army Engineer Researchand Development Center, Vicksburg, MS, 169 pp.

Zucker, M.B., Remson, I., Ebert, J., Aguado, E., 1973. Hydrologic studies using the Boussinesq equation with a recharge term. Water Resources Research 9(3), 586e592. http://dx.doi.org/10.1029/WR009i003p00586.

第3部

粒子追跡，キャリブレーション，予報と不確実性分析

> 判断とは事実の選択である．ある意味，自然には事実はなく，自然の中にある無限の潜在的事実の中から，いくつかを判断により選択し，まさにその判断という行為によって真に事実になるのである．
>
> Immanuel Kant，判断力批判

> 私は不確実性が本当に好きではありません．私はもっと知りたいが，やはり，知らないことはすべての可能性を広げます．
>
> Ruth Ozeki，ある時の物語

　第3部（第8章〜第10章）では，第2部で説明した概念と方法に基づいた初期モデルが，予測シミュレーションのためにどのように検証され，改善されるかを述べる．粒子追跡（第8章）は，モデルキャリブレーション（第9章）の前に地下水の流動経路を確認するために用いられる．モデルキャリブレーションは，シミュレーションの値が現地での測定値とほぼ一致するように，パラメータ値が形式的なパラメータ推定過程で調整される．第10章では，キャリブレーションされたモデルを使用して将来の状態を予測する方法と不確実性解析の方法について説明する．

第8章

粒子追跡

> 多くの河川が1つの海で会うように；多くの線が日時計の中心に集まるように；無数の行動が，一旦動き出せば，1つの目的に帰着し，すべてうまくいく，失敗することはなく．
>
> ヘンリー五世，第1幕

粒子追跡は，流動経路および移動時間を計算するための後処理ツールであり，これらの両方をキャリブレーションターゲットとして使用することができる（9.3節）．また，粒子追跡は汚染物質を含む溶質の移流を表すためにも使用される．

8.1 はじめに

粒子追跡コードは，地下水流動モデルのポストプロセッサであり，速度場とモデル領域を通る仮想粒子の動きを追跡する．粒子追跡コードは，地下水流動モデルから計算された水頭分布と透水係

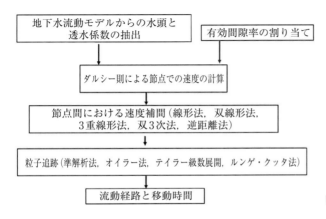

図8.1 粒子追跡過程の作業工程．

数を受け取り，そしてユーザー指定の有効間隙率を加えることによって，格子/メッシュの節点での速度を計算する（図8.1）．

Box 8.1 有効間隙率

粒子追跡は，地下水の速さを計算するために，有効間隙率 n の値を必要とする（式(8.1)）．有効間隙率は比較的単純な概念であるが，定量的に定義することは難しい．このBoxでは，粒子追跡に関連する有効間隙率の一面のみを説明する．追加情報については，Zheng and Bennett（2002, pp. 56-57；pp. 16-17）およびStephensら（1998）を参照されたい．

有効間隙率は，流れに有効な相互接続された体積と多孔質体全体の体積の比として定性的に定義することができる．

表 B8.1.1 Gelharら（1992）によってまとめられた現地トレーサ試験からの有効間隙率の値

非圧密材料	有効間隙率
玉石を含む礫	0.22
礫	0.17
礫，砂，シルト	0.38
非常に不均質な砂と礫	0.35
氷河砂と礫（2つの異なる試験）	0.10；0.07-0.40
氷河砂（3つの異なる試験）	0.38
氷河流出土砂	0.35
砂と礫	0.32
砂，砂利，シルト（2種類の試験）	0.25
粘土レンズを含む砂と礫	0.30
細砂と氷礫土礫を含む中～粗砂	0.39
砂，シルト，粘土	0.25
粘土とシルトを含む中～細かい砂	0.25
層状の中砂	0.004
砂（3つの異なる場所）	0.24；0.35；0.38
シルトと粘土のある砂と砂岩	0.23
沖積層（2つの異なるサイト）	0.30；0.40
沖積層（礫）	0.22
沖積層（粘土，シルト，砂，礫）	0.20
粘土，砂，砂利（4種類の試験）	0.021-0.24
岩	
砂岩	0.32-0.48
石灰岩（3つの異なるサイト）	0.12；0.23；0.35
ドロマイト	0.034
白亜	0.023
断層のある石灰岩	0.01
断層のある石灰岩と石灰質砂岩	0.25
断層のあるドロマイト（4つの異なるサイト）	0.007；0.11；0.024；0.12；0.18
断層のあると石灰岩	0.06-0.60
断層のある白亜	0.005
断層のある花崗岩	0.02-0.08
玄武岩溶岩と堆積物（2つの異なる試験）	0.10

8.1 はじめに

そして，定義上，有効間隙率は，間隙体積と多孔質体の体積の比である間隙率よりも小さい．間隙率は，実験室で測定するか，または粒径分析から推定できる（たとえば，Fringsら，2011）．また，多くの表が利用可能である（たとえば，Kresic, 2007, 付録C, p.767-775）．有効間隙率は，実験室でカラムを使用して測定することもできるが，実験結果に基づく結果は矛盾し，曖昧である．たとえば，van der Kampら（1996）による実験では，有効間隙率の値はトレーサーの種類に依存し，測定値の違いは「イオン排除，封入間隙，結合水などの現象」（p.1821）に起因するとした．また，いくつかの実験では，有効間隙率が間隙率の測定値よりも大きいことも見出した．実際には，2つの異なる間隙率の値を定義するのではなく，すべての種類の多孔質材料の間隙率と有効間隙率の両方を表すために，有効間隙率を使用することが一般的である（Zheng and Bennett, p.57）．この仮定は，砂質帯水層に有効である可能性が最も高い．

有効間隙率（n）は，モデル化される現地で実施される現地トレーサー試験から決定されるのが理想的である．そして，n は次式から計算される．

$$n = \frac{q}{v} = \frac{Kl}{v} \tag{B8.1.1}$$

ここで，q は比流出量，K は透水係数，l は動水勾配，v はトレーサーの移動時間に対する距離の比である．Gelharら（1992）は，さまざまな帯水層の現地トレーサー試験から推定される有効間隙率の値を表にした（**表B8.1.1**）．非圧密堆積物に対する値は，約0.40（沖積堆積物，細砂，氷河）から0.004（層状中砂），岩については，0.60（断層のあるドロマイトと石灰岩）から0.005（砕石）の範囲にある．

しかし，実際にはトレーサー試験はほとんど行われない．むしろ，有効間隙率は，全間隙率の一部として推定され，表B8.1.1のような文献値から得るか，またはモデルキャリブレーション中に推定される．応用地下水モデリングでは，有効間隙率は，通常，移動時間の観測値と一致させるために必要な数として最もよく記述される（Zheng and Bennett, 2002, p.17）．

節点速度は流れ場内の他の点へ補間され，流動経路を描写するために仮想粒子が導入されて，連続した空間内で追跡される．粒子追跡コードはすべての粒子の位置を追跡し，内部の吸い込み（たとえば，井戸）に入る粒子や周囲境界を通って外に出る粒子を除去する．面的な涵養がない2次元の定常状態では，流動経路は流線（3.4節）となり，等ポテンシャル線の上に重ね合わせて流線網を形成するが，それはある条件（Box 8.2）下のときだけである．実際には，流線網だけでは大きな制限があるため地下水のモデル化に適用することはできない．流線網と粒子追跡によって生じた流動経路の違いに注意する必要がある．流線網は限られた条件（Box 8.2および5.2参照）下でのみ有効であるが，流動経路は最も複雑な条件のときでさえ地下水モデルの出力から計算することができる．

粒子追跡では，粒子は地下水の平均線形速度（v）に従って移動する．

$$\boldsymbol{v} = -\frac{\boldsymbol{K}}{n}(\mathbf{grad}\ h) \tag{8.1}$$

第 8 章 粒子追跡

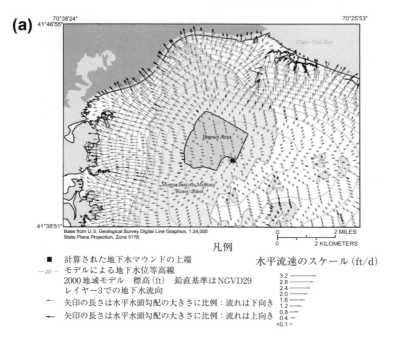

凡例
- ■ 計算された地下水マウンドの上端
- —20— モデルによる地下水位等高線
  2000地域モデル 標高（ft） 鉛直基準はNGVD29
  レイヤー3での地下水流向
- → 矢印の長さは水平水頭勾配の大きさに比例：流れは下向き
- → 矢印の長さは水平水頭勾配の大きさに比例：流れは上向き

水平流速のスケール（ft/d）
3.2 / 2.8 / 2.4 / 2.0 / 1.6 / 1.2 / 0.8 / 0.4 / <0.1

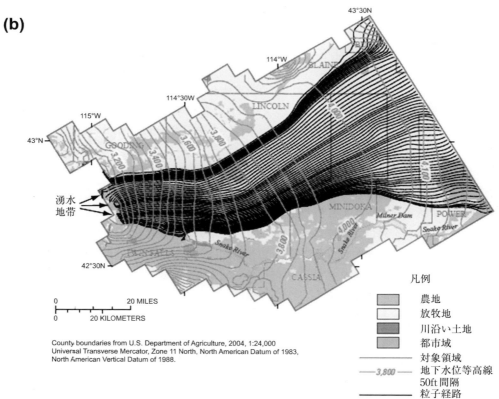

凡例
- 農地
- 放牧地
- 川沿い土地
- 都市域
- 対象領域
- —3,800— 地下水位等高線 50ft間隔
- 粒子経路

図 8.2 速度と流動経路．(a) 地下水マウンド周辺のシミュレーションされた水平方向の地下水速度ベクトル（Walter and Masterson, 2003）；(b) 粒子追跡コードによって生成された流動経路は境界から発達し，アメリカ合衆国アイダホ州サウス・セントラルのスネーク川で多数の湧水に流出する（Skinner and Rupert, 2012）．（口絵参照）

ここで，v はベクトル，K は透水係数テンソル（3.2節，Box 3.2），$\text{grad}\,h$ は h の勾配ベクトル，n は有効間隙率である（Box 8.1）．

GUI の多くは，地下水流動モデルの結果を後処理するためのオプションをもち，それによって平面図（図 8.2(a)）と断面図の両方に速度ベクトルを表示させる．一般的な流れの方向は，これらの図から推測することができるが，それらは流動経路を表してはいない．速度ベクトルの平面図を調べるべきであるが，地下水流動を視覚化するために粒子追跡も実行する必要がある．境界セルまたは要素からの粒子追跡は，初期の出発点から流出場所までの流動経路の画像を生成する（図 8.2(b)）．流動経路は，概念モデル（2.3節）のために生成された流線と比較する必要がある．いかなる不一致も，モデルがキャリブレーションされる前に解決されなければならない．流動経路の可視化は，水頭分布からは明らかにできない地下水流動モデルの概念的な誤りを同定するのに役立つこともある．粒子追跡は涵養域と流出域（河川，湖，湧水への寄与域や揚水井の捕捉帯）を同定し，部分貫入井および河川の影響を評価することに役立つ．粒子追跡コードはまた，各粒子の移動時間を計算する．移動時間は，地下水の年代の大まかな近似（すなわち，流動システム内の地下水の滞留時間）を与え，サンプリングされた水が地下水流動システムに流入してからの時間を反映する．粒子追跡は，流動経路がキャリブレーションの基準として使用される場合に，モデルキャリブレーションにも役立つ（たとえば，Reynolds and Marimuthu，2007；Hunt ら，2005）．

粒子追跡は溶質（汚染物質を含む）の移流を表す．移流は地下水の平均線形流速から計算される溶質の移動である．粒子追跡では，粒子は溶質を表す．溶質が化学的に非反応性である場合は，粒子は平均線形流速に従って移動する．線形化学物質吸着は，シミュレートされる特定の溶質に適した遅延係数（R_d）を用い，粒子速度を減少させることによって表すことができる．R_d については 8.5節で詳細に議論する．標準的な粒子追跡コードは線形化学物質吸着をシミュレートできるが，より複雑な化学反応や溶質の分散をシミュレートすることはできない．分散が表されていないため，粒子追跡で計算された移動時間は受容体での溶質の最初の到達を表さない．その代わりに，溶質プルームの質量中心の移動時間を近似する．分散や複雑な化学反応が重要な場合は，移流分散方程式に基づく溶質輸送モデルが必要となる（12.3節）．しかし，多くの問題では，粒子追跡による移流は溶質移動の適切な近似を与える．

粒子追跡には，速度補間と粒子追跡による流動経路の追跡という2つの部分がある．粒子追跡コード間の違いは，補間と追跡に使用される手順の違いに関連する．速度補間と追跡方法の簡単な概要は 8.2節と 8.3節に示す．この章では，粒子追跡の基礎のみが示される．粒子追跡理論のより詳細については，Zheng and Bennett（2002）の第6章を参照すること．

Box 8.2　流線網

入門的な水文地質学の授業では，地下水の流れは流線網（たとえば，図 B8.2.1；Box 5.2 の図 B5.2.1）で可視化され，学生は演習問題として流線網を作成することが要求される．し

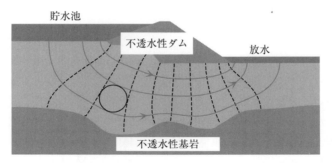

図 B8.2.1 定水頭の等ポテンシャル線（破線）と流線（矢印）による流線網の概略．流線は流れ関数 ϕ の一定値を表す．ϕ の等高線間隔が一定である場合，流管を通る流量 $\Delta Q(L^3/T)$ は一定となり，計算で求めることができる（3.4節，式（3.21）参照）（Fitts, 2013）．

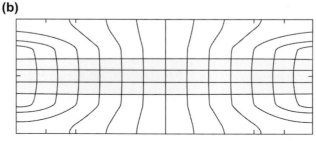

図 B8.2.2 数値解を用いて生成された流線網．(a) 系は異方性で不均質であるが，図に示された水平透水係数 (K_x, K_y) をもつ区分的に一定の領域から成る．境界条件は帯水層の両端（中間層）を除いて非流動で，水頭 h の値は図に示すとおりである．(b) (a) に示す系の流線網．流線は図の中央の水平線であり，他の線は等ポテンシャル線である（Bramlett and Borden 1990 より修正）．

かし，流線網は，制約の多い単純化仮定を必要とするので，応用地下水モデルではほとんど使用されない．流線網の制約的概念と粒子追跡における流動経路の一般的な性質の違いに注意を促すため，この Box では流線網を解説する．

　流線と等ポテンシャル線のプロットが流線網を形成する（図 B8.2.1）が，これらのプロットは，涵養がない帯水層の2次元定常状態の流れの場合に限定される．流れ関数 ϕ（3.4節）

は，水頭の解が等ポテンシャルを定義するように，流線を定義する．均質および等方性条件下では，流線と等ポテンシャル線は直角に交差し，曲線の四角形を形成する（図B8.2.1）．異方性媒体の場合，座標変換（Box 5.2）によって流線は変換された断面内で等ポテンシャル線に直交し，次に流線網を真の座標（Box 5.2の図B5.2.1を参照）に逆に変換することができる．流線網は，透水係数が区分的に一定である不均質な帯水層に対しても構築できる（たとえば，図B8.2.2）．

流線網は，現地で測定された水頭の等高線を描写し，等ポテンシャル線に直角に流線を引くことにより，手書きで作成することができる．しかし，現地に基づいた流線網は，上記で述べたように，すべての流線網に適用される制約条件下においてのみ有効である．また，流線網は，解析解（たとえば，Newsom and Wilson, 1988）や数値解（たとえば，Bramlett and Borden, 1990）を用いて作成することもできる．ϕの等高線を描くことによって一連の流線が生成され，これを一連の等ポテンシャル線に重ね合わせることで流線網を作成する．解析モデルによる流線網の生成は簡単な問題に限られる．数値モデルによって，不均質な（区分的に一定のKの領域を有する）異方性帯水層（図B8.2.2）を含む，より複雑な問題に対して流線網を作成できる．しかし，すべての流線網は，涵養のない2次元定常流に限定される．

8.2 速度の補間

8.2.1 空間離散化の効果

粒子追跡では，地下水モデルにおける離散化，透水係数，シミュレートされた水頭を使用する（図8.1）．したがって，計算された流動経路の精度は，流動モデルによって計算された水頭分布の精度の関数となる．速度が空間において大きく変化する場合，より細かく節点間隔を設定することによって粒子追跡におけるより正確な速度分布を得ることができる（図8.3）．速度の空間的変動は，湧き出し/吸い込み周辺，透水係数の空間変動（図8.4，Box 4.1の図B4.1.3），有効間隙率の空間変動によって生じる水頭勾配の空間的変動に起因する．細かい節点間隔は，地下水流動モデルそのものの目的には必要ではないかもしれないが，粒子追跡によって流動経路（Haitjemaら，2001）や寄与域，井戸集水域（図8.4，Box 4.1の図B4.1.3）を正確に描写したり移動時間を計算するためには必要とされることがある．正確な粒子追跡のための水平方向の節点間隔の指針は5.2節とBox 6.1に示されており，また5.3節にはモデル層に関する指針が述べられている．

空間的離散化において粒子追跡において問題を引き起こす他の場面は，歪曲したレイヤーを使用する準3次元および3次元モデルである．粒子追跡は準3次元モデルに対しては行うべきではない（4.1.2項，図4.6）．これは，地下水流動モデルの格子/メッシュから加圧層を表現する物理空間の省略が速度補間と粒子追跡における問題を引き起こすからである．水頭は準3次元モデルの加圧層内で計算されないため，流動モデルの出力から計算される速度は，地下水流動系における速度を表

310　　　　　　　　　　　　　第 8 章　粒 子 追 跡

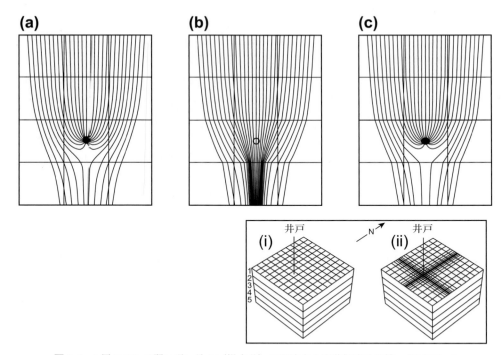

図 8.3　5 層モデルの弱い吸い込み（揚水井）に関連する流動経路の比較．井戸はレイヤー 3 にある．粒子の前進追跡から流れは図の上から下に流れる．図の下にある挿入図は，(i) 粗いグリッドは，水平距離が 500 ft × 500 ft であり，垂直距離は 10 ft の間隔をもつ．(ii) 細かいグリッドは，井戸を含むセル内に 10 ft の間隔をもつ．(a) 細かく離散化されたグリッド内の流動経路（挿入図の (ii)）．(b) 粗い流動経路．すべての流れが井戸を迂回する（すなわち，粒子が井戸に集水されない）ことを示している（挿入図の (i)）．(c) 粗いグリッド内の流動経路ではあるが，速度精密化手法（Zheng, 1994）を用いている．

さない．さらに格子/メッシュは加圧層によって占められた物理空間を含まないので準 3 次元モデルでは流動経路が正しく表現されないことから，移動時間を正確に計算することができない．

　歪曲したレイヤーは，3 次元モデルでよく使用されるが（5.3 節，図 5.20），問題を引き起こす可能性もある（Zheng, 1994）．歪曲したレイヤーの厚さが空間で変化するため，層の上面と下面の高さが，粒子追跡で仮定されている直交座標系と一致せず，速度補間と粒子追跡における誤差を引き起こす（地下水流動方程式の解，5.3 節も参照のこと）．したがって，粒子追跡がモデリングの目的にとって重要な場合には，可能な限りレイヤーは均一な厚さにすべきである（すなわち，各レイヤーは一定の Δz をもつ）．歪曲レイヤーの設定がやむを得ない場合は，オイラー積分とルンゲ・クッタ法（8.3 節）を用いた追跡のための補正手順が利用可能であり（Zheng, 1994），いくつかの粒子追跡コードで実行される（たとえば，Phen3D, Zheng, 1989；8.6 節）．

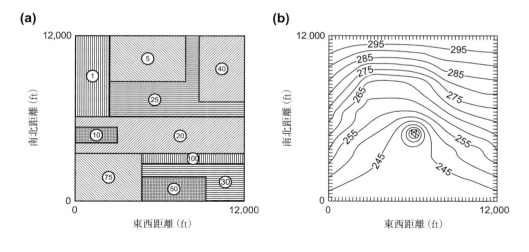
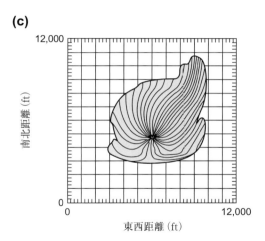

図 8.4 不均質な帯水層から揚水する井戸の捕捉帯．(a) 区分化された透水係数 (K) の分布．ここで丸数字は K の値を ft/d で表したものである．(b) ポテンシャル面．(c) 20 年間の捕捉帯 (Shafer, 1987 から修正).

8.2.2 時間離散化の効果

　定常流では，速度は 1 回だけ計算され，粒子追跡全体にわたって一定である．非定常の粒子追跡では，指定された時刻で速度が計算される．時間ステップの終わりに計算された水頭は，その時間ステップ中の速度を計算するために使用される (**図 8.5**)．Zheng and Bennett (2002, p. 135) は，この方法は，各時間ステップにおいて定常状態の速度条件が成り立つと仮定しており，「連続した時間ステップ間の水頭変化が劇的でない限り一般的に適用可能である」と述べている．地下水システムの時定数 T^* と帯水層応答時間 τ (式 (7.1) および (7.2)) は，定常または非定常モデルの

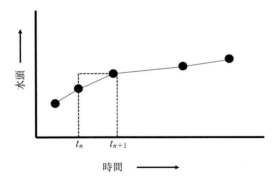

図 8.5 非定常シミュレーションの速度補間では，時間ステップの最後の水頭分布を用いて粒子追跡のための速度場を計算し，時間ステップ内の状態を表現する．いい換えれば，t_{n+1} における水頭分布は t_n と t_{n+1} の間の水頭（および関連する速度）を表す．

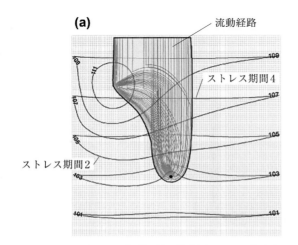
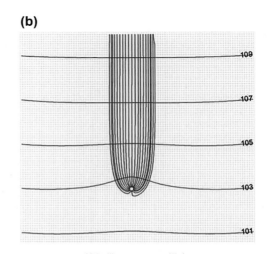

図 8.6 均質な被圧帯水層における非定常シミュレーションでの捕捉帯．ここでは揚水速度は一定であるが，涵養は空間と時間で変化する．それぞれ 4 つの時間ステップの 4 つのストレス期間がある．(a) 揚水井（黒丸）の正しい捕捉帯．すべての時間ステップで放出された後方追跡粒子によって生成された流動経路から求めた．流動経路は，各ストレス期間の最後の時間ステップについてのみ示されている．水頭等高線が，ストレス期間 4 とストレス期間 2 について示されている．(b) 誤った捕捉帯．粒子追跡シミュレーションの開始時（すなわち，地下水流動モデルの最後のストレス期間の最後の時間ステップ）にのみ放出された粒子の逆追跡によって求めた（Rayne ら，2013）．

どちらを使用するかを決定するのに役立つ（7.2 節）．非定常条件下では，速度は現地条件の下で変動し，正確な粒子追跡は地下水流動モデルにおける時間の離散化に依存する（7.6 節）．地下水流動モデルにおける時間ステップがあまりにも長い場合，計算された水頭とその結果得られる速度は，時間ステップの間の水頭と速度を十分に表さないであろう．その場合，1 つのアプローチは，時間に関して水頭を補間することによって粒子追跡に使用するための時間ステップの間に中間の速度を計算することである．中間の速度は，時間ステップの始めと終わりの水頭から計算され，速度場を粒子追跡のための時間ステップの間で変化させる．時間ステップ内の速度を補間して得られた

粒子追跡の結果は，より短い時間ステップ内の一定速度を用いて得られた結果にとても近くなる（Zheng and Bennett, 2002）．しかし，いずれの手順（時間ステップ内の速度の補間または地下水流動モデルにおけるより小さい時間ステップ）を使用しても計算量は増加する．

Rayne ら（2013）は，非定常粒子追跡シミュレーションにおける粒子をシミュレーションの開始時点でのみ放出するのではなく，全ストレス期間のすべての時間ステップで連続的に放出することを推奨した．結果として得られた捕捉帯は，粒子が1つの期間だけに導入されたときに生成される捕捉帯とはまったく異なる（図8.6(b)）．粒子の連続放出から生成された捕捉帯（たとえば，図8.6(a)）は，現地条件により近い表現を与えるようである．したがって，非定常粒子追跡の一般的な推奨事項は，全ストレス期間のすべての時間ステップで粒子を放出することである．

8.2.3 補 間 法

節点での水頭は，地下水流動モデルによって計算され，各節点における速度を計算するために式(8.1)に代入される（図8.7）．粒子追跡コードでは，粒子は連続した空間内で移動するので，節点だけでなく，モデル領域全体にわたる位置での速度が必要になる．補間スキームを使用して粒子位置における速度ベクトルの成分 v_x, v_y, v_z を計算するが，粒子位置は節点の位置とはほとんど一致しない．

一般的には，線形，双線形，または3重線形補間スキームが長方形差分（FD）セルおよび四辺形要素（長方形要素に変換されたもの）に対して使用されるが，双3次補間のような他のスキームが用いられることもある（Shafer, 1990；Zheng and Bennett, 2002）．三角形の有限要素（FE）は，本節の最後で議論するように，若干異なる補間手法を使用する．Painter ら（2012, 2013），Muffels ら（2014）および Poollock（2015）は，非構造化格子での速度場を表現する補間法の開発

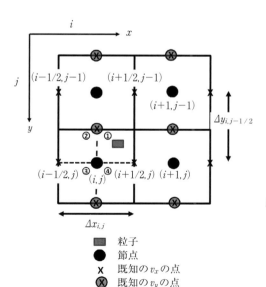

図8.7 速度成分 v_x および v_y が計算される節点および中間節点の位置（×で示される）を示す差分グリッドの一部．節点 (i,j) に関連付けられた象限（丸に番号が付けられている）は，速度の双線形補間に用いられる．

を試みた．

たとえば，v_x の線形補間式は，x 方向における v_x の変化の関数となる．

$$v_x = (1-f_x)v_{x(i-1/2,j)} + f_x v_{x(i+1/2,j)} \tag{8.2}$$

ここで，$f_x = (x_p - x_{i-1/2,j})/\Delta x_{i,j}$，$x_p$ は粒子の x 座標である（図8.7）．v_y と v_z についても同様の式を書くことができる．

2次元粒子追跡では，双線形補間は，各速度成分に対して2方向の速度の線形変化を考慮する．各セル/要素は，4つの象限に分割される（図8.7）．象限1の点に対する v_x の通常の双線形補間公式は，次式のとおりである．

$$v_x = (1-F_\gamma)[(1-f_x)v_{x(i-1/2,j-1)} + f_x v_{x(i+1/2,j-1)}] + F_\gamma[(1-f_x)v_{x(i-1/2,j)} + f_x v_{x(i+1/2,j)}] \tag{8.3}$$

ここで，$F_\gamma = (\gamma_p - \gamma_{i,j-1})/\Delta \gamma_{i,j-1/2}$．

計算が以下の3つのステップで行われると，式（8.3）を理解しやすい．

ステップ1．速度の中間値は，粒子に最も近い2つの v_x の値を用いて計算される（図8.7）．

$$(v_x)_1 = (1-f_x)v_{x(i-1/2,j)} + f_x v_{x(i+1/2,j)}$$

ステップ2．速度のもう1つの中間値は，粒子に次に近い2つの v_x の値を用いて計算される．

$$(v_x)_2 = (1-f_x)v_{x(i-1/2,j-1)} + f_x v_{x(i+1/2,j-1)}$$

ステップ3．v_x の最終的な値は，ステップ1および2の値を用いて計算される．

$$v_x = F_\gamma (v_x)_1 + (1-F_\gamma)(v_x)_2$$

v_y については式（8.3）と同様の式となる．他の3つの象限に対する式は類似している．3次元では三重線形スキームが使用され，v_x，v_y および v_z は2つの隣接するレイヤー間で補間される．

線形補間スキームでは，v_x は x 軸に沿って連続しているが，他の軸に沿っては不連続である．同様に，v_y および v_z はそれぞれの軸に沿って連続している．線形補間は連続式（式（3.2））を満たす．双線形および3重線形補間は，連続的な速度場を生成するが，異なる透水係数の単元間の境界における速度の不連続性を保持せず，セル/要素内の質量を保存しない．Goode（1996）は，理想的な補間スキームは，水理特性が滑らかに変化する場所では滑らかに変化する速度を与えるが，媒体境界では不連続な速度を与えることを示した．彼は，線形補間と双線形補間を組み合わせた補間スキームを提案した．

逆距離補間（図8.8）は別のタイプの双線形補間であり，標準的な双線形補間（式（8.3））と同様に，2次元問題領域の両方向の線形変化が組み込まれる．

$$v_x = \left(\sum_{m=1}^{4} (v_x)_m / (r_x)_m\right) / \sum_{m=1}^{4} (1/r_x)_m \tag{8.4a}$$

$$v_y = \left(\sum_{m=1}^{4} (v_y)_m / (r_y)_m\right) / \sum_{m=1}^{4} (1/r_y)_m \tag{8.4b}$$

ここで，$(r_x)_m$ と $(r_y)_m$ は，既知の速度の4つの最も近い位置（すなわち，節点）からの粒子の距離である（図8.8）．

FEコードでしばしば使用される三角要素は，異なる補間手法を必要とする（図8.9）．FE流動

8.2 速度の補間

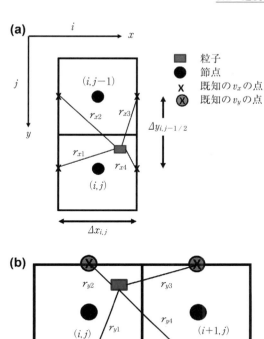

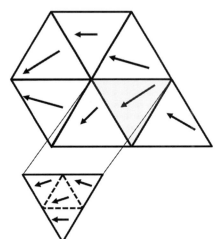

図 8.8 逆距離補間のための定義図：(a) v_x の計算に使用される点；(b) v_y の計算に使用される点（Franz and Guiguer, 1990 から修正）.

図 8.9 三角形有限要素を 4 つの小三角形に細分化することによる速度補間の改良．小三角形では異なる速度ベクトルが計算される（Cordes and Kinzelbach, 1992 から修正）.

モデルによって生成される節点水頭と定義された要素基底関数または重み付き関数（補間関数）を用いて，要素内の任意の位置の水頭が計算できる．要素の水頭の導関数によって局所勾配が定義され，速度成分は，局所勾配と要素の透水係数および割り当てられた有効間隙率から計算される．

$$v_x^e(x,y) = -K_x^e \partial h^e(x,y)/(n^e \partial x) \tag{8.5a}$$

$$v_y^e(x,y) = -K_y^e \partial h^e(x,y)/(n^e \partial y) \tag{8.5b}$$

ここで，$v_x^e(x,y)$ と $v_y^e(x,y)$ は点 (x,y) における速度成分，K_x^e および K_y^e は要素の透水係数の成分，h^e は要素内の点 (x,y) の水頭，n^e は要素内の材質の有効間隙率である（Zheng and Bennett, 2002）．

このアプローチは，要素境界で不連続な速度をもたらし，境界での質量保存を満足しない（Zheng and Bennett, 2002；Cordes and Kinzelbach, 1992）．その代わり，要素をより小さな領域に細分化し，速度ベクトルは三角形要素内の4つの小三角形に対して計算される（図8.9）．Cordes and Kinzelbach（1992）は，このアプローチによって質量保存と速度場の表現が改善すると報告している．結果として生じる区分的速度場から粒子追跡の連続場を生成するためには平滑化が必要となる（Diersch, 2014）．

非構造化格子（5.1節）における速度補間は，さらなる課題を提起し（Painter ら, 2012；Muffels ら, 2014；Pollock, 2015），活発な研究分野となっている．非構造化格子/メッシュにおける速度補間についての議論は，この章の範囲外である．しかし，非構造化格子やメッシュの粒子追跡コードについては，8.6節で簡単に説明する．

8.3 追跡スキーム

流動経路は，補間された速度場の連続空間における粒子を追跡することによって決定される．標準粒子追跡コードでは，粒子の位置を参照するために直交座標系が用いられる．追跡過程の第1ステップは，指定された時間間隔 dt 中に各座標方向 (dx, dy, dz) に粒子が移動する距離を計算することである．距離は次のように計算される．

$$dx = v_x dt \tag{8.6a}$$
$$dy = v_y dt \tag{8.6b}$$
$$dz = v_z dt \tag{8.6c}$$

一般的に，1つの準解析的手法と3つの数値的手法を用いて，式（8.6）を解くことができる．3つの数値的手法は，オイラー積分法，テイラー級数展開法およびルンゲ・クッタ法である．構造化および非構造化差分格子およびFEメッシュ（8.6節）とのインターフェースとなる粒子追跡コードには，準解析的アプローチと数値的アプローチの両方が組み込まれている．準解析的手法とルンゲ・クッタ法は，粒子追跡で最も広く使用されている方法である．

8.3.1 準解析的方法

線形速度補間スキームが用いられる場合，式（8.6）の解析解，またはより一般的には準解析解が可能となる．準解析解の式の提示はかなり複雑であるので，詳細については Zheng and Bennett（2002, 第6章）を参照して欲しい．この方法に含まれる式のいくつかを説明するために，x軸に沿った移動を考慮する．式（8.6a）の準解析解は次式のようになる．

8.3 追跡スキーム

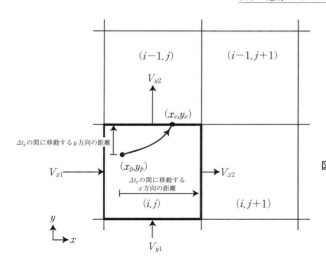

図 8.10 差分セル内の準解析的粒子追跡. 粒子位置 (x_p, y_p) から出口点 (x_e, y_e) までの移動時間および流動経路の計算を示す (Pollock, 2012 から修正). この図では, MODFLOW での番号付け規則 (i = 行, j = 列) が用いられている (図 5.5).

$$x_e = x_p + \frac{1}{A_x}[(v_x)_p \exp(A_x \Delta t) - (v_x)_1] \tag{8.7}$$

ここで, $A_x = [(v_x)_2 - (v_x)_1]/\Delta x_{i,j}$, $(v_x)_1$ および $(v_x)_2$ はセル/要素の x 方向の両端の速度, x_p は粒子の最初の x 座標であり, x_e は x 軸に沿った粒子の出口座標である (**図 8.10**). 式 (8.7) の Δt は粒子追跡で用いられる時間刻みであり, 通常は地下水流動モデルの時間ステップとは異なることに注意が必要である. 実際に, 式 (8.7) の Δt は, 粒子が単一の追跡ステップ内でセル/要素境界を横切らないように選択されなければならない. これが必要な理由は, 式 (8.7) (および y 方向と z 方向の同様の式) に基づく追跡においては, A_x, A_y および A_z が一定でかつセル固有であると仮定しているためである. x 方向の新しい粒子の位置 (x_e) は, 式 (8.7) から直接計算される. y_e と z_e についても同様の式となる. 粒子は, 最初の位置からセル/要素境界の出口位置まで 1 つの追跡ステップで移動する. 準解析的近似は定常問題に適している. なぜなら, セル/要素境界における速度およびそれに関連する A の値は定常条件において一定であり, 1 回だけ計算されるためである. 非定常シミュレーションでは, 速度は時間とともに変化し, A の値は追跡過程中に更新されなければならないため, 計算負荷がかなり増大する.

上記のような準解析手法は, 粒子がセルまたは要素に入ると, セル/要素境界を通って出ることを仮定している. もしこの仮定が当てはまらない場合, たとえばセル/要素が吸い込みである場合には, 複雑な問題が生じる. Zheng and Bennett (2002, 第 6 章) は, このような状況に対処するための手順の変更について議論している.

8.3.2 数値的方法

数値的方法は, さまざまな水文地質学的問題に適している. オイラー積分は最も簡単な追跡手法である. 数学的な処理を示すために, 例として再び x 方向の粒子移動を用いる. ここで,

$dx=\Delta x=x_p-x_0$：

$$x_p=x_0+(v_x)_0\Delta t \tag{8.8}$$

ここで，x_0 は粒子の初期位置，x_p は時間間隔 Δt の追跡後の位置である．y 座標と z 座標についても同様の式となる．小さな追跡ステップ（Δt）を使用しない限り，数値誤差は大きくなる傾向がある．

テイラー級数展開では，粒子の新しい位置 x_p は次式から計算される．

$$x_p=x_0+(dx/dt)\Delta t+(d^2x/dt^2)(\Delta t^2/2) \tag{8.9}$$

y 座標および z 座標についても同様の式となる．式（8.9）は，速度の時間変化率，つまり加速度を表す付加的な高次項をもつオイラー式（式（8.8））である．より詳細な説明は，Kincaid（1988）および Zheng and Bennett（2002）によって与えられている．

4次のルンゲ・クッタ法は粒子追跡で広く用いられる．この方法では，追跡ステップごとに，粒子の初期位置（p_1），2つの中間点（p_2 と p_3），試行終了点（p_4）の4点における粒子の速度を計算する（図8.11）．ここで

$$x_{p2}=x_{p1}+v_{xp1}\frac{\Delta t}{2} \tag{8.10a}$$

$$x_{p3}=x_{p1}+v_{xp2}\frac{\Delta t}{2} \tag{8.10b}$$

$$x_{p4}=x_{p1}+v_{xp3}\Delta t \tag{8.10c}$$

y 座標と z 座標についても同様の式となる．詳細については，Zheng and Bennett（2002，第6章）を参照のこと．粒子の最終的な位置の x 座標（x_{n+1}）は，4点すべてにおける速度の平均を用いて計算される．

$$x_{n+1}=x_n+\frac{\Delta t}{6}(v_{xp1}+2v_{xp2}+2v_{xp3}+v_{xp4}) \tag{8.11}$$

ルンゲ・クッタ法とオイラー法の結果の精度は，追跡ステップの大きさに依存する（Zheng and Bennett, 2002）．ステップが小さくなれば精度は向上するが，より多くの計算時間が必要となる．Zheng and Bennett（2002）は，二重ステップ法または逆距離法（Franz and Guiguer, 1990）（図

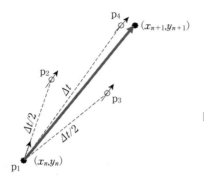

図8.11 4次ルンゲ・クッタ法の模式図．これは，1つの1ステップ（p_4）と2つの半ステップ（p_2, p_3）を動かした後の粒子 p_1 の試行位置を示す．粒子の最終位置は（x_{n+1}, y_{n+1}）である（Zheng and Bennett, 2002 から修正）．

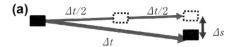

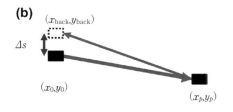

図8.12 粒子追跡における追跡ステップを制御する方法．Δs は誤差．これらの方法の詳細については，8.6節を参照のこと．(a) PATH3D における2つの半追跡ステップ（$\Delta t/2$）の使用（Zheng, 1989 から修正）；(b) FLOWPATH で使用される逆追跡（Franz and Guiguer, 1990 から修正）．

8.12）を用いて粒子追跡中の時間ステップのサイズを調整する方法を説明している（図8.12）．二重ステップ法では，指定された追跡ステップを用いて粒子を進め，次に2つの半追跡ステップを使用して追跡を繰り返す（図8.12(a)）．あるいは，計算された粒子の位置からの逆追跡を実行する（図8.12(b)）．粒子の位置の差が決まり，その差（すなわち誤差 Δs）が許容できないと考えられる場合，追跡ステップサイズを小さくし，許容誤差が得られるまでプロセスが繰り返される（詳細については，Zheng and Bennett, 2002, 第6章）．

8.4 弱い吸い込み

弱い吸い込みの周りでは粒子追跡に特別な注意が必要である（たとえば，低流量での井戸の揚水）．粒子は吸い込みによって補捉されたり，吸い込みを通過する（図8.13；図8.3(a)，(b)）．強い吸い込みは，吸い込みがあるセル/要素のすべての面を通る流れが中心に向かうため，常に粒子を捕捉する（図8.13(b)）．粒子追跡コードでは，強い吸い込みを含むセル/要素に入る粒子は除去される．しかし，弱い吸い込みを含むセル/要素の面におけるフラックスおよび勾配は，一様に内向きとはならない（図8.13(a)）．弱い吸い込みは，セルまたは要素に入る粒子の振る舞いがセル/要素に入る場所に依存するため，問題を含む．いくつかの粒子は吸い込みによって捕捉され，他の粒子はセル/要素を通過してそこから出る．

吸い込みの強さは S_{snk} によって定義される．

$$S_{snk} = \frac{Q_{snk}}{Q_{in}} \tag{8.12}$$

ここで，Q_{snk} は吸い込みにおける流量（L^3/T），$Q_{in}(L^3/T)$ は吸い込みセル/要素への全体積流入流量である．強い吸い込みの場合，S_{snk} は1になり，弱いシンクの場合は1未満になる．粒子追跡コードでは，S_{snk} の値に基づいた閾値を設定することによって弱いシンクへの粒子の捕捉を制御することができる．たとえば，MODPATH（Pollock, 1989, 2012）では，弱い吸い込みに入る粒子に対して3つのオプションの1つを選択できる：(1) 粒子は常に捕捉される．(2) 粒子はけっして捕捉

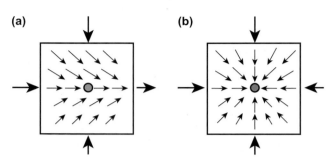

図 8.13 (a) 弱い吸い込みと (b) 強い吸い込みでのモデルセル内における流れ．流速は矢印の長さに比例する (Spitz ら，2001 から修正)．

されない．(3) 補捉は S_{snk} の値に依存する．3番目のオプションが選択された場合，ユーザーは補捉に必要とされる S_{snk} の値を指定する．たとえば，$S_{snk}=0.4$ の値を選択することによって，S_{snk} が 0.4 以上のときに粒子は捕捉され，0.4 未満のときに吸い込みを迂回することが可能になる．しかし，Visser ら (2009) は，捕捉に必要な S_{snk} の値を指定することは，粒子追跡解析へ望ましくない主観を持ち込むことを指摘した (Shoemaker ら，2004 も参照)．

弱い吸い込みを取り除く1つの方法は，吸い込みの近くで細かい節点間隔を用いることである (図 8.3(c))．たとえば，井戸節点周辺の節点間隔に対して Box 6.1 の指針に従えば，たいていの揚水速度の対して強い吸い込みが生じる (Spitz ら，2001)．第2の方法は，吸い込み近傍の局所的な速度の分解能を良くするために速度細分化法を使うことである．Zheng (1994) は，解析解を用いて，粗い差分格子を用いながら吸い込みセルの速度を細分化した (図 8.3(c))．Spitz ら (2001) は弱い吸い込みを表すセルの周りに精密な節点間隔をもつサブモデルを作成した．元のモデルから得られる流れは，サブモデルのための一定フラックス境界条件として用いられた．この方法では，サブモデルは元のモデルと結合され，結合されたモデルはシミュレートされる井戸が強い吸い込みになるまでサブモデル内で連続的に細かく離散化されて実行される．弱い吸い込み付近の速度計算を改善するための他の方法は，Charbeneau and Street (1979) および Paschke ら (2007) によって述べられている．

ここでの議論は弱い吸い込みの井戸に焦点を当てたが，概念とアプローチは弱い吸い込みの地表水体にも適用できる．Visser ら (2009)，Abrams (2013)，Abrams ら (2013) は，弱い吸い込みの河川用に特別に設計された方法を提案した．

8.5 応 用

粒子追跡コードは，時間的に前方（前方粒子追跡）および後方（後方または逆粒子追跡）の両方の粒子を追跡できる．前方追跡では，粒子はモデル領域（地下水面，涵養域，または流入境界など）に置かれ，時間的に前方に追跡される（図 8.2(b) および図 8.14(a)）．逆追跡では，粒子は，

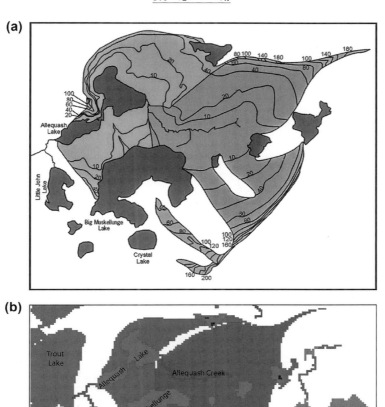

図 8.14 寄与域．(a) アメリカ合衆国ウィスコンシン州北部の温帯湿潤気候下での Allequash Lake（薄網の部分）と Allequash Creek（中濃度の網部分）への寄与域を描く前方粒子追跡．等高線は移動時間を年数で示している．粒子はモデル内の各アクティブセルの地下水面に置かれ，時間的に前方追跡されている．すべての弱い吸い込みは，強い吸い込みに変換されている（Pint ら，2003）．(b) すべての粒子が弱い吸い込みを通過するようにした寄与域（Masbruch, 2005）．

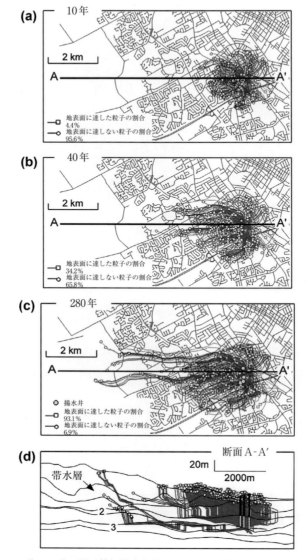

図 8.15 5つの井戸の井戸場の捕捉帯の投影を示す逆粒子追跡．捕捉帯の配置は，非常に不均質な帯水層と3次元流れ場のために不規則である．(a), (b), (c) はそれぞれ10年，40年，280年における水平面への投影を示す．四角は，地表面に達した粒子の位置を示す．たとえば，粒子の 93.1% が 280 年後に表面に達している．白丸は表面に達していない粒子の最終的な位置を示す．たとえば，粒子の 6.9% が 280 年後に表面に到達していない．(d) 280 年の鉛道断面への投影（Frind and Molson, 2004；Frind ら, 2002 から修正）．

8.5 応 用

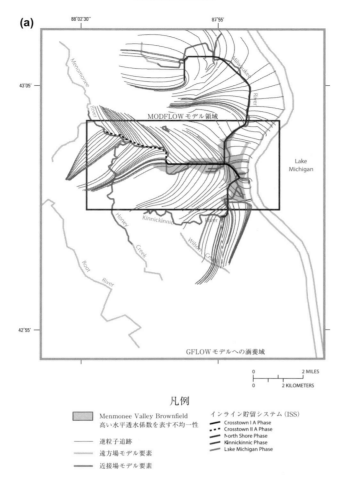

図 8.16 深層下水道トンネルシステムへの水源を同定するための逆粒子追跡．(a) 地域的な解析要素（GFLOW）モデルの中に設定された MODFLOW モデルの範囲を示す平面図．トンネルは，インライン貯留システム（ISS）を表す線分として表示されている（凡例を参照）．

河川や揚水井のような流出場所に置かれ，寄与域，捕捉帯（図 8.15），または水源（図 8.16）を決定するために後方追跡される．汚染物質を表す粒子は，潜在的な発生源を同定するのに役立つように，発生域（図 8.17）から時間的に前方に，または時間的に後方に追跡することもできる（図 8.16）．前方および後方の追跡は，局所的かつ地域的設定の両方において地下水の流れを視覚化するのに役立つ．通常，流動経路は 2 次元平面図または断面図（図 8.15 および図 8.16）で表示される．3 次元粒子追跡では，水平面または鉛直面への投影となる．流動経路は 3 次元でも示すことができる（図 8.18）．粒子追跡で表される流動経路は収束はするが交差することはけっしてない．3 次元モデルでは，粒子追跡は，平面に投影されると交差するように見えるかもしれない．移動時間

324　第8章　粒子追跡

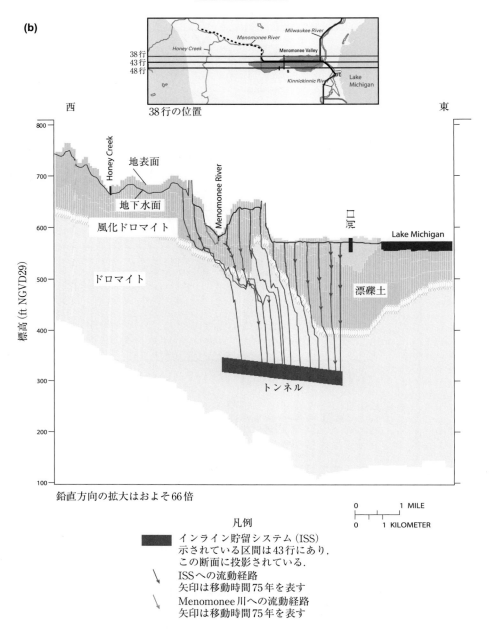

図 8.16　(b) 西-東断面．トンネル（インライン貯留システム（ISS））が灰色で示される．移動時間は矢印で示される．各矢印は75年の移動時間を表す（Dunningら，2004）．

8.5 応　用

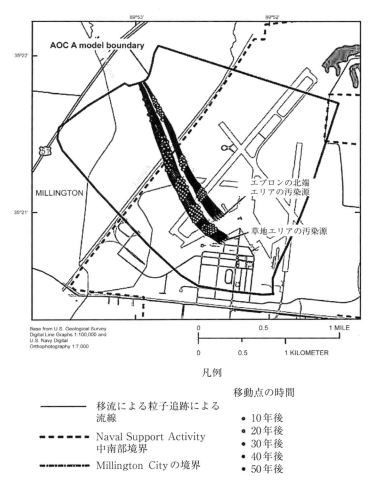

図 8.17　以前飛行場だった汚染域（草地エリアの汚染源とエプロンの北端エリアの汚染源）からの移流による粒子追跡（Haugh ら，2004）．流動経路と移動時間を示す．

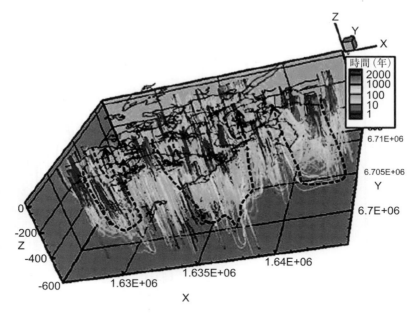

図 8.18 3 次元流動経路．地表面で放出された粒子は，岩盤を下に移動し，地表面で第四紀堆積物に戻る．移動時間は濃淡で示される．主な流動経路は黒色の点線の矢印で示されている．地表面の河川や湖沼の輪郭が描かれている（Bosson ら，2013）．

は，矢印（図 8.16(b)），点（図 8.17），または色（**図 8.18**）で表すことができる．涵養速度などのパラメータ値の変化が流動経路の配置に及ぼす影響も調べることができる（図 B4.1.3，図 10.15）．

8.5.1 流動系解析

粒子追跡を用いると，流域スケールの流路（図 8.2(b) および 8.18）や河川，湖沼（図 8.14，Box 8.3），および湧水（BOX 10.2 の図 B10.2.2）への寄与域を描くことができ，水源（図 8.16）と移動時間を推定できる（図 8.18）．

粒子追跡で計算された移動時間は，流動経路に沿った水に対して地下水のおよその年代を与えることができる．異なる年代の水の混合は，現地で採取された地下水サンプルの平均（見かけの）地下水年代に影響を与える（たとえば，Bethke and Johnson, 2002a, b, 2008；Weissmann, 2002；Goode, 1996）が，流動経路の混合を表すものではない．むしろ，粒子追跡は，（粒子追跡コードの粒子によって表される）水が流動経路に沿った離散化した塊（すなわち，「ピストン流」または「プラグ流」）として移動すると仮定する．したがって，粒子追跡で計算された移流地下水の年代は，混合した地下水サンプルのトレーサ分析によって得られた平均的な地下水年代とは異なる（McCallum ら，2014）．それにもかかわらず，粒子追跡からの年代推定は，多くの問題にとって十

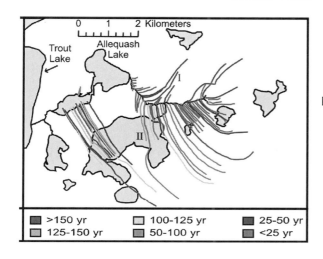

図8.19 異なる流動経路に沿った粒子の移流年代．大きく異なる年代の流動経路は近接して流出し，異なる年代の水の混合は流出場所で生じることを示唆している（たとえば，流動経路Iは流動経路II付近で流出する）．流出域で採取された地下水は，個々の流動経路の移流年代とは異なる平均的または見かけの年代をもつであろう（Pintら，2003）．（口絵参照）

分である場合が多い．さらに，異なる年代の水の混合は，粒子追跡から推定できる（図8.19）．異なる年代の流動経路の混合が考えられる場合，地下水の年代は，移流分散方程式に基づく溶質輸送モデルを用いて最も精度よく推定される（12.3節；Molson and Frind, 2012；DHI-WASY, 2012）．

8.5.2 捕捉帯と寄与域

粒子追跡は，井戸の捕捉帯と河川，湖沼，および湧水への寄与域を描写するためによく用いられる．最も一般的には，定常状態の流れに対して行われる．捕捉帯と寄与域に関するいくつかの基本的な情報を以下に示す．より詳細は Box 8.3 に記載する．

我々の目的としては，捕捉帯は揚水井によって捕捉される地下水流の部分を表し（図8.3，8.4，8.6；図B8.3.1；図B4.1.3），寄与域は地下水が湧水や地表面水体へ流れ込む領域を表す（図8.14；図B8.3.3；図B10.2.2）．規制の目的としては，捕捉帯はたいてい特定の時間の捕捉に対して計算される．たとえば，20年の捕捉帯は，揚水開始から20年後の捕捉範囲を示している（図8.4(c)；図8.15と図B8.3.1(b)も参照）．捕捉帯は通常，平面図に水平投影として表される（図8.15(a)，(b)，(c)，図B8.3.1(b)）が，井戸の捕捉に関連する流動経路は断面図でも表示される（図8.15(d)）．

捕捉帯と寄与域は逆粒子追跡によって描くことができるが，その際，粒子は流出場所（たとえば，井戸，湧水，排水，または地表水体）に導入され，所定の期間またはすべての粒子が湧き出し源に到達するまで後方追跡される．しかし，逆粒子追跡の結果は，揚水井（図8.20）や得水河川のように流動経路が収束する位置で粒子が発生した場合に，粒子の配置（および粒子追跡コードの設定）に敏感な可能性がある．捕捉帯は，湧き出し源から多数の粒子を前方方向に追跡することによって描かれる（図8.14）が，逆粒子追跡を実行する方が簡単な場合も多い．妥協点は，後方追跡を用いたのち，前方追跡を用いてシミュレートされた捕捉帯または寄与域を検証するか，あるいは，より多くの粒子や収束する流動経路の領域内のわずかに異なる位置から生じる粒子を用いて，

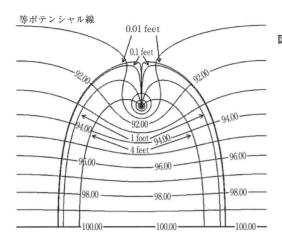

図 8.20 粒子が井戸節点周辺のわずかに異なる場所から放出されるとき，異なる捕捉帯が逆粒子追跡によって計算される．粒子は，井戸の中心から 0.01, 0.1, 1, 4 ft 離して放出された．4 ft と 1 ft 離して放出された粒子は，捕捉帯の幅と降下勾配の範囲を過小評価する．放出された粒子の中心からの距離が 0.1 と 0.01 ft の場合，捕捉帯の幅はほぼ同じであるが，0.01 ft の放出点では，降下勾配の捕捉がわずかに大きくなる（Kurt Zeiler, Brown and Caldwell の好意による）．

別の後方追跡を実行することである（図 8.20）．

捕捉帯と寄与域を描くための粒子追跡は，弱い吸い込み周辺では複雑である（8.4 節）．捕捉帯または寄与域の形状および範囲は，捕捉の閾値として選択される S_{snk}（式（8.12））の値に敏感である（たとえば，図 8.14(a) および (b) を比較せよ）．このような捕捉の変化は，地下水の滞留時間にも影響する可能性がある（Visser ら，2009；Abrams ら，2013）．Abrams ら（2013）は，弱い地表水の吸い込みが捕捉帯と滞留時間の計算に及ぼす深刻な影響を減少させるために，粒子追跡コード MODPATH の設定を提案した．

> **Box 8.3　捕捉帯と寄与域の詳細**
>
> 　8.5 節では，揚水井に対して「捕捉帯」という用語を使用し，湖，河川，および湧水に対して「寄与域」を用いた．しかし，捕捉帯は，井戸，湖，河川，または湧水などの吸い込みに水が流出する地下水流動場の部分を指すために一般に使用されることが多い．ではあるが，わかりやすさのために 8.5 節の区別を引き続き用いる．
>
> 　モデリングでは，現存し，かつ潜在的な将来の捕捉帯の範囲を計算することが共通した仕事である．捕捉帯を用いると，井戸が汚染プリュームを集水して処理するために揚水されるときに，井戸水頭の保護や水管理，帯水層浄化などの規制の遵守状況を調べることができる．捕捉帯は 3 次元的であり（**図 B8.3.1**(a)），通常は平面図（**図 B8.3.1**(b)）に示される．さらに，捕捉パターンは，非定常流条件下で時間とともに変化する可能性がある（図 8.6）．定常流条件下では，捕捉帯は一般的に，特定の捕捉時間（すなわち，揚水の開始からの経過時間）について表される（図 8.4(c) および 8.15）．定常条件下での捕捉帯の合成は，揚水開始後の特定の時間に対する捕捉範囲を表す捕捉帯の移動時間（TOT）の描写で表すことができる（図 B8.3.1(b)）．
>
> 　Haitjema（1995, 2006）は，面的涵養がゼロのとき（すなわち，図 B8.3.1(b) に示されるような条件），2 次元の一様な流れ場において一定揚水量の井戸に対する捕捉帯の場所を記述す

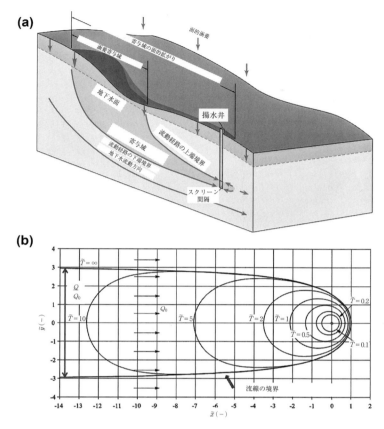

図 B8.3.1 捕捉帯．(a) 境界流動経路をもつ3次元で示される捕捉帯（寄与域と表示されている）(Paschke ら, 2007). (b) Q_0 (L^2/T：単位厚さ当たりの流量) の周囲流れおよび揚水流量 Q (L^3/T) を有する2次元定常状態の均質な流れ場に対する移動時間ごとの（TOT）捕捉帯および境界流線平面図．涵養速度はゼロである．$\tilde{T}$ は，無次元の時間パラメータ（$= 2\pi t Q_0^2/nbQ$）である（t は TOT の線に沿った粒子が井戸に到達する時間，n は有効間隙率，b は揚水前の帯水層の平均飽和厚である）(Ceric and Haitjema, 2004 から修正).

ることを含む捕捉帯シミュレーションを評価するための指針を提示した．たとえば，定常状態での捕捉帯の幅は Q/Q_0 であり，$Q(L^3/T)$ は揚水流量であり，Q_0 は井戸周囲の流量（L^2/T，単位厚さ当たりの流量を表す）である．しかし，面的涵養が解析に含まれる場合，捕捉帯は小さく，ゼロ涵養を仮定した式では捕捉帯の計算が過大評価される．Zhou and Haitjema (2012) は，5年を超えた TOT の捕捉帯に対してゼロ涵養を仮定した式を用いることに反対した．それにもかかわらず，このような解析ツールは，捕捉帯の第1次近似を得るのに役に立ち，帯水層の不均質性や複雑な湧き出しや吸い込みなどのより複雑な条件を含む数値モデルの設計と評価を支援しうる．

　河川と連結している帯水層から地下水を井戸が汲み出すとき，地上からの涵養を捕捉する

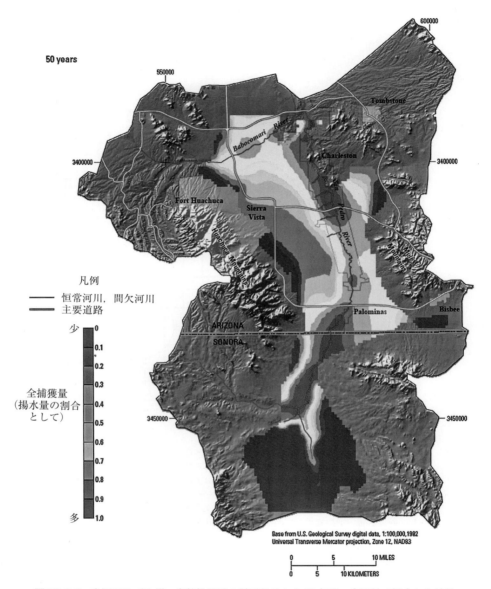

図 B8.3.2 米国アリゾナ州，半乾燥流域の低平盆地から 50 年間一定流量で揚水した結果得られる河川捕捉帯．任意の位置での色は，その場所での河川消失によってもたらされた井戸による揚水量の割合を表す（Barlow and Leake, 2012）．（口絵参照）

ことに加えて河川流が損失（河川消失として知られている）する可能性がある．汲み上げられた井戸水の内，河川流に由来する水の割合を表すために河川の捕捉帯を描くことができる（図 B8.3.2）．河川の捕捉は，井戸の捕捉と同様，揚水開始後の特定の時間に対して計算される．

8.5 応　　用

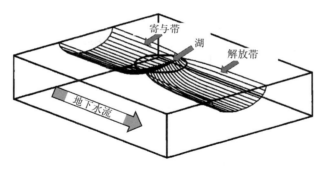

図 B8.3.3　境界付けされた流動経路によって描かれた円形の湖周辺の寄与域と解放帯．解放帯は，地下水系を通って湖から流出する流れを描いている（Townley and Trefry, 2000 から修正）．

定義によれば，寄与域は地表面に投影される2次元的なものであるが，3次元の寄与帯も定義できる（**図 B8.3.3**）．寄与域および寄与帯は一般的に，定常条件に対して表され，流動経路（流線）を分割または境界付けすることによって描くことができる．つまり，流れ場から吸い込みへ流出する流れを分離する（図 B8.3.3）．同じ概念は捕捉帯にも関係する（図 B8.3.1(a)）．

8.5.3　汚染物質の移流輸送

粒子追跡のもう1つの応用は，汚染物質の移流輸送をシミュレートすることである（8.1節）．汚染物質を表す粒子は，平均線形速度（式 (8.1)）に従って移動する．したがって，受容体（たとえば，井戸または地表水体）での粒子到着時間は，汚染プリュームの前縁ではなく質量中心の到着で近似する（**図 8.21**）．汚染物質は流動経路（図 8.17）に沿って時間的に前方または後方追跡され

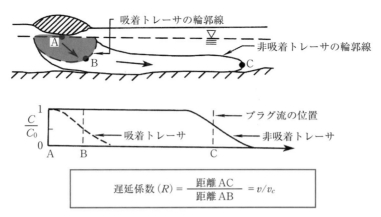

図 8.21　線形吸着の遅延効果および遅延係数の定義を示す．粒子追跡では，溶質はプラグ流によって輸送される（Zheng and Bennett, 2002 から修正）．

（図 8.16），潜在的な発生源の同定の助けとなる．

　標準粒子追跡コードは，一般的には線形吸着以外の分散または化学反応を含まない．線形吸着は，汚染物質の速度を遅らせ（図 8.21），無次元遅延係数 R_d を用いてシミュレートされる．遅延速度 v_c は v/R_d に等しく，v は式（8.1）の平均線形速度である．R_d は 1 より大きい．R_d は分配係数 K_d から推定することができ，この単位は通常 ml/gm である．

$$R_d = 1 + \frac{\rho_b}{\theta} K_d \tag{8.13}$$

ここで，ρ_b は多孔質材料の乾燥密度（M/L³）であり，θ は全間隙率である．輸送問題には 2 種類の間隙率，すなわち，全間隙率と有効間隙率がある（Zheng and Bennett, 2002, pp.56-57；Box 8.1）．全間隙率には，系内の全質量を決定する際に考慮すべき，溶質を含む不動間隙水が含まれる．しかし，実際には，厳密には正確ではないが，輸送モデリングの目的で式（8.13）の全間隙率を表すために有効間隙率を用いることが慣例となっている（Zheng and Bennett, 2002, p.621）．

　K_d は，一般的には実験室のバッチ実験で測定され，溶液濃度は吸着濃度に対して異なるサンプリング間隔でプロットされる．K_d はデータ点を通る回帰直線の傾きに等しい．遅延係数の概念は，イオン交換のような汚染物質の輸送を遅らせる他の化学過程や，順反応と逆反応を含むいくつかの化学反応を表すためにも用いることができる．

8.6　粒子追跡コード

　多くの粒子追跡コードは，特定の地下水流動コードからの結果を後処理するように設計されている．MODPATH（Pollock, 1989, 2012）と PATH3D（Zheng, 1989）は MODFLOW の水頭を用いる 3 次元粒子追跡コードであるが，ブロック中心型差分コードから水頭の解を受け取るように修正することができた．MODPATH と PATH3D は線形補間を用いている．MODPATH は準解析解追跡スキームを用いているが，数値積分に関連するエラーは回避するが，非定常シミュレーション向きではない．これは MODPATH ver.6（Pollock, 2012）は，さまざまなグリッドでの粒子追跡を可能にし，局所的な格子の細分化ができる（LGR，4.4 節）．PATH3D は，追跡に 4 次ルンゲ・クッタ近似を使用している．数値誤差は，ユーザーによって設定された誤差基準に従って追跡ステップを自動調整することによって最小化される．粒子位置は，1 つの追跡 1 ステップと 2 つの半ステップを用いて計算される（図 8.12(a)）．粒子位置の不一致（Δs）が誤差基準（Δs_0）より大きい場合，時間ステップが短縮され，追跡ステップが繰り返される．PATH3D は定常・非定常問題の両方に有効である．Anderman and Hill（2001）は，汚染物質の移流輸送を表すために，MODFLOW-2000 において Advective Transport-Observation Package（移流輸送-観測パッケージ）を開発した．このパッケージは，MODPATH と同じ手法を使用している．

　近年，2 つの粒子追跡コードが，MODFLOW-USG（Panday ら，2013）の非構造化差分格子用に開発された．ModPATH3DU（Muffels ら，2014）は，普遍クリギング（5.5 節）を使用して粒

子付近の水頭を補間し，速度を計算する．このコードには，オイラー補間だけでなく，準解析追跡（Pollock（1989, 2012）による MODPATH による）と 4 次ルンゲ・クッタ近似に基づく数値的な方法（Zheng（1989）による PATH3D による）の両方に対するオプションがある．追跡アルゴリズムはセルごとに指定することができ，格子全体で妥当となるように異なる追跡アルゴリズムを選択できる．MODPATH-USG（Pollock, 2015）は，MODPATH での準解析追跡手法を，MODFLOW-USG で利用可能な非構造化格子のサブセットに拡張している．Painter ら（2012, 2013）は完全非構造化格子における粒子追跡用に WALKABOUT を開発した．比較的簡単な流れ場の結果は，解析解の結果と同様の流動経路を生じさせる．

ZOOPT は，流動コード ZOOMQ3D（Jackson, 2002；Jackson and Spink, 2004）に対する定常 3 次元粒子追跡コードである．それは，線形補間と準解析追跡法を用いているが，弱い吸い込みや透水係数の鉛直変動を伴う節点といった規定されているモデル内の地物においてルンゲ・クッタ法を適用することによって修正されている．コードは FD LGR（4.4 節）と互換性があり，地下水流動コード ZOOMQ3D に組み込まれている．

FLOWPATH（Franz and Guiguer, 1990）には，2 次元定常条件のブロック中心型差分流動コードが含まれている．FLOWPATH は，オイラー積分を伴う逆距離補間（図 8.8）を用いる．追跡ステップの大きさ，誤差基準によって制御される．誤差をチェックする間は，粒子は追跡ステップの長さに対して新しい位置 (x_p, y_p) から後方に移動させられる（図 8.12(b)）．粒子の初期位置 (x_0, y_0) と後方追跡中に得られた位置 (x_{back}, y_{back}) との間の不一致 (Δs) は，次式から計算される．

$$\Delta s = [(x_0 - x_{back})^2 + (y_0 - y_{back})^2]^{1/2} \tag{8.14}$$

誤差許容値 (E) は

$$E = 0.05a \tag{8.15}$$

ここで，a は平均節点間隔である．Δs が誤差許容値より大きい場合は，追跡ステップを 50% 小さくして初期位置 (x_0, y_0) から粒子を再び移動させる．

GWPATH（Shafer, 1990）は，追跡のために解析的補間スキームとルンゲ・クッタ法を用いている．WHPA（Blandford and Huyakorn, 1990）は，井戸水頭の保護区域を描くためにアメリカ合衆国 EPA に対して開発されたプログラムの集まりであり，解析解を用いて流れ場を計算するために 3 つのオプションをもつ．これには 2 次元粒子追跡コード（GPTRAC）が含まれており，ユーザーが提供した流動コードの水頭解に対応可能である．コードはブロックまたは点中心型差分コードか長方形要素の FE コードのいずれかである．これは，速度の線形補間と移動粒子の解析解を用いている．

FE コード FEFLOW（Diersch, 2014）は，ユーザーインターフェース内の後処理として粒子追跡を組み込んでいる．速度は基底関数を用いて補間され，粒子は適応ステップ制御をもつ 4 次ルンゲ・クッタ近似を使用して追跡される．Suk and Yeh（2009, 2010）が開発した FE モデルの粒子追跡法は，サブ要素を作成することで速度場を生成する．彼らの方法は，時間ステップ中の速度変

化を考慮に入れている．Suk（2012）は，彼らの方法の結果を MODPATH の結果と比較した（Pollock, 1989, 2012）．

8.7 粒子追跡のよくある誤り

- 捕捉帯や寄与域が逆粒子追跡によって描かれるとき，粒子の数が非常に少ない．逆粒子追跡によって生成される流動経路は，収束する流れの領域（たとえば，揚水井または得水河川近傍）から粒子を発生させるとき特に，粒子の数および配置に影響を受けやすい．
- 粒子追跡で計算された移動時間は，現地で採取されたトレーサーからの地下水の年代の推定値に直接対応すると仮定してしまう．
- 粒子追跡によって計算された受容体における汚染物質の到着時間が最初の到着時間を正確に特徴付けていると仮定してしまう．最初の到着時間は分散によって影響を受けるが，これは粒子追跡コードに含まれていない．
- 捕捉帯と帯水層の滞留時間の計算への弱い吸い込みの影響を考慮しない．
- 歪曲したレイヤー粒子追跡によって計算される流動経路と移動時間に悪影響を与える可能性があることを認識していない．
- 粒子追跡は準3次元地下水流動モデルに対して実行される．準3次元モデルは，格子/メッシュ内に加圧層を陽的に含まず，省略された単元を通る移動は表現されないため，地下水の流動経路および移動時間は正確ではない．
- 地下水流動モデルにおける水平節点間隔が，湧き出しと吸い込みの周りで粗すぎると，粒子追跡によって計算された流動経路は現地条件を表さない．
- 水平節点間隔があまりにも粗すぎるため不均質な帯水層での透水係数の重要な変化を捉えることができず，粒子追跡で計算された流動経路が現地条件を表さない．
- 2次元流動モデルからの粒子追跡結果を処理し，交差する粒子追跡を描いてしまう．流動経路は収束するが，交差することはない．3次元モデルの粒子追跡が平面に投影されると，流動経路が交差するように見えるかもしれないが，2次元モデルの粒子追跡の描写は交差しない．
- 有効間隙率の値に対する粒子追跡移動時間の結果の感度をテストしていない．

問　題

地下水の流動経路を追跡するために Hubbertville の問題を再検討する．また，2次元および3次元の粒子追跡，移動時間の計算，および空間的離散化が弱い吸い込みと粒子追跡の結果に与える影響を探究する．

8.1　Hubbertville の町では，問題 4.3（第4章）に述べた予定給水井から上方勾配に埋立地を造成したい

と考えている．埋立地は，町が所有する数エーカーの敷地で，図 P4.3 に示されている井戸の南 5000 m，西 500 m に位置する．埋立地が漏水性の場合，漏水は埋立地の下を流れる地下水に流入する可能性がある．

   a. 井戸からの揚水を伴う定常地下水流モデルを実行し，粒子追跡プログラムを用いて，汚染地下水が従う可能性が最も高い流動経路を描きなさい．有効間隙率は 0.15 と仮定する．粒子を適当なセルまたは要素に置くことによって，埋立地の直下の地下水面から追跡を開始しなさい．埋立地が漏水性であるとき，給水井戸は影響を受けるか．

   b. 漏水が埋立地の下から下方勾配へ 1000 m を移動するには，何日かかるか．

8.2 Hubbertville の給水井周辺における定常状態の捕捉帯を定めるために，後方追跡が可能な粒子追跡プログラムを使用しなさい（問題 8.1 参照）．前方追跡を用いて後方追跡された捕捉帯を確認しなさい．5 日間，30 日間，および 1 年間の捕捉帯を示す平面図を作成しなさい．

8.3 横断面モデルにおける粒子追跡は，鉛直流動経路を示す助けとなる．問題 4.2（第 4 章）を再検討して，ダムの下の流動経路を調べる．

   a. 問題 4.2b の結果を用い，有効間隙率は 0.15 であると仮定する．ダムの池側の境界に等間隔の粒子を多数配置し，ダムの下の粒子をダムの河川側に前方追跡する．粒子追跡は等ポテンシャル線と直角に交わることを確かめなさい．

   b. 異方性の透水係数場を用いて粒子追跡を繰り返しなさい（問題 4.2(d)）．流動経路は直感で理解できるものであるか．それはなぜか，あるいは，なぜそうではないか．

8.4 粒子追跡を用いると，2 次元と 3 次元の地下水流動の表現を比較することもできる．問題 5.3 では，漏水性の池周辺の水文地質学的設定の 2 つの表現をシミュレートした．有効間隙率を以下のように仮定する：レイヤー 1＝0.20；レイヤー 2＝0.10；レイヤー 3＝0.15．粒子追跡は，複数のレイヤーと異方性がどのように流れ場に影響するかを視覚化するのに役立つ．池の位置に粒子を配置し，それらを境界まで前方追跡しなさい．2 次元と 3 次元の流れ場で流動経路がどのように異なるかを説明しなさい．その結果は，直感的にわかりやすいか．

8.5 図 P8.1 に示す 3 層モデル領域の 3 次元流動経路を調べなさい．この設定は，15,000 m×10,000 m の範囲をカバーし，定常条件下での断層のある深層異方性被圧帯水層を表す．地下水の流れは，図 P8.1 の左から右に向かっている．I1 または I2 のいずれかの場所で油田廃棄物を注入し，関連するエネルギー生産サイトで使用するために P1 から水を抽出する計画がある．廃棄物の注入が抽出される地下水の水質に悪影響を与えるという懸念がある．注入された水の揚水井による捕捉がないようなあるいは低減するような注入計画を設計するよう求められている．これは定常状態の問題であるため，規定水頭境界条件が解に影響を与えることに注意しなさい．しかし，問題は 3 次元粒子追跡を示すことを目的としているため，図 P8.1 に示すような境界を受け入れる．

   a. 流動モデルを作成し，揚水井 P1 および注入井 I1 をレイヤー 3 に設置しなさい．定常状態の水頭分布を生成しなさい．粒子追跡を実行せずに，シミュレートされた水頭を評価し，透水係数分布と境界条件についての知識を用いて，注入サイトと揚水井または右側のモデル境界の間にいくつかの流動経路を描きなさい．

   b. 図 P8.1 に示す有効間隙率の値を使い，粒子追跡コードを用いて，注入井の周りに粒子を円形に配置することによって流動経路を計算しなさい．その際，前方粒子追跡を使用すること．粒子の

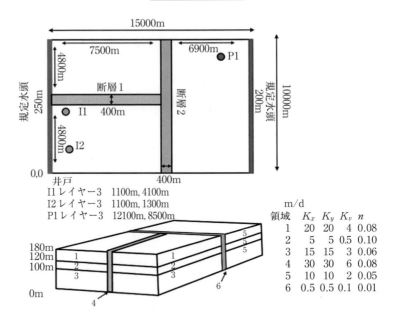

図 P8.1 石油やガスの開発が行われている場所の下にある飽和岩石の一部のモデル領域．領域は断層 2 の左側に同様の特性をもつ 3 つの層から構成される．断層 2 の右側の地質材料は，各層で同じであり，この位置で断層化された異なる岩石タイプを表す．断層はそれぞれ幅 400 m の区域を表し，各層を完全に貫通している．規定水頭境界は，左右にあり，領域内の各層に拡張されている．残りの境界は非流動である．注入井 I1 および I2 と揚水井 P1 の位置も示されている．

数と配置に対する結果の感度を調べなさい．これらの結果は，(a) の流路とどのように類似しているか，あるいはしていないか．粒子追跡結果は，注入された汚染水が揚水井に到達する可能性の高いことを示唆しているか．GUI または後処理機能を用いて流動経路を 3 次元でプロットし，粒子の経路を調べなさい．3 次元での流動経路の可視化と解釈の課題についてコメントしなさい．

c. 位置 I2 で廃棄物を注入することに対する流れのモデル化と粒子追跡過程を繰り返しなさい．結果を (b) の結果と比較し，対比しなさい．

d. 断層 2 の右側にある断層ブロック内の揚水井の配置が流動経路にどのように影響するかを調べなさい．レイヤー 3 の代わりにレイヤー 1 から水を揚水した場合，流動経路はどのように変化するか．P1 が断層 2 により近い場合，流動経路はどのように変化するだろうか．

e. 粒子追跡コードを使用して，(b) と (c) で用いた各粒子の移動時間を計算しなさい．定常状態では，I1 と I2 で注入された水が P1 または右側境界に到達するまでの最大および最小移動時間はどうなるか．

8.6 問題 6.1（第 6 章）で用いられている 900 m × 900 m の節点間隔を変更することで，弱い吸い込みが粒子追跡の結果に与える影響を調べる．南側に規定水頭境界を追加して，定常状態の流れ場を作成しなさい（図 P8.2）．問題 6.1 のファイルを修正して，120 m の南側境界に沿って水頭を設定し，有効

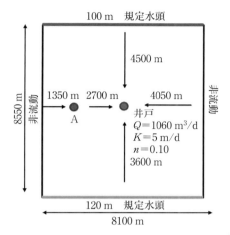

図 P8.2 厚さ 10 m の単一層から成る被圧帯水層のモデル領域．揚水井の位置が示されている．図中の A は観測井の場所を示す．

間隙率 0.08 を使用して，その境界に隣接するモデル領域のすぐ内側に一列に粒子を配置する．1060 m³/d の井戸の揚水があるときの定常状態の 1 層の被圧地下水流動モデルを実行しなさい．

a. すべての粒子が弱い吸い込みを通過できるように閾値を設定して粒子追跡コードを実行しなさい．流動経路をプロットし，揚水節点が強い吸い込みか弱い吸い込みかを決定しなさい．

b. 粒子が弱い吸い込みに入ったときにすべての粒子が捕捉されるように閾値を変更し，モデルを再実行しなさい．流動経路をプロットし，揚水節点が強い吸い込みとなるか弱い吸い込みとなるかを決定しなさい．

c. 問題 P6.1(a)，(b)，(c)，(d) の入力ファイルを変更することで，粒子の捕捉に対する離散化の影響を評価することができる．揚水井に対する捕捉帯を描きなさい．井戸節点を囲む領域を通過する十分な粒子を確保するために，南側境界に沿って粒子を追加する必要がある．流動および粒子追跡コードを実行し，井戸捕捉帯の大きさが空間離散化に伴いどのように変化するかを調べなさい．

〈参考文献〉

Abrams, D., 2013. Correcting transit time distributions in coarse MODFLOW-MODPATH models. Groundwater 51 (3), 474e478. http://dx.doi.org/10.1111/j.1745-6584.2012.00985.x.

Abrams, D., Haitjema, H., Kauffman, L., 2013. On modeling weak sinks inMODPATH. Groundwater 51(4), 597e602. http://dx.doi.org/10.1111/j.1745-6584.2012.00995.x.

Anderman, E. T., Hill, M. C., 2001. MODFLOW-2000, the U. S. Geological Survey Modular Groundwater Model Documentation of the Advective-Transport Observation (ADV2) Package, Version 2. U.S. Geological Survey Open-File Report 01-54, 68 p. http://pubs.er.usgs.gov/publication/cfr0154.

Barlow, P. M., Leake, S. A., 2012. Streamflow Depletion by WellsdUnderstanding and Managing the Effects of Groundwater Pumping on Streamflow. U.S. Geological Survey Circular 1376, 84 p. http://pubs.usgs.gov/circ/1376/.

Bethke, C.M., Johnson, T.M., 2002a. Paradox of groundwater age. Geology 30(2), 107e110. http://geology.gsapubs.org/content/30/2/107.abstract.

Bethke, C.M., Johnson, T.M., 2002b. Ground water age. Groundwater 40(4), 337e339.

http://dx.doi.org/10.1111/j.1745-6584.2002.tb02510.x.
Bethke, C., Johnson, T., 2008. Groundwater age and groundwater age dating. Annual Review of Earth and Planetary Science 36, 121e152. http://dx.doi.org/10.1146/annurev.earth.36.031207.124210.
Blandford, T.N., Huyakorn, P.S., 1990. WHPA: A Modular Semi-analytical Model for the Delineation of Wellhead Protection Areas. U.S. Environmental Protection Agency, Office of Ground-Water Protection, 247 p.
Bosson, E., Selroos, J.-O., Stigsson, M., Gustafsson, L.-G., Destouni, G., 2013. Exchange and pathways of deep and shallow groundwater in different climate and permafrost conditions using the Forsmark site, Sweden, as an example catchment. Hydrogeology Journal 21 (1), 225e237. http://dx.doi.org/10.1007/s10040-012-0906-7.
Bramlett, W., Borden, R.C., 1990. Numerical generation of flow nets e the FLOWNS model. Groundwater 28 (6), 946e950. http://dx.doi.org/10.1111/j.1745-6584.1990.tb01731.x.
Ceric, A., Haitjema, H.M., 2004. On using simple time of travel capture zone delineation methods. Groundwater 43 (3), 408e412. http://dx.doi.org/10.1111/j.1745-6584.2005.0035.x.
Charbeneau, R.J., Street, R.L., 1979. Modeling groundwater flow fields containing point singularities: Streamline, travel times, and breakthrough curves. Water Resources Research 15 (6), 1445e1450. http://dx.doi.org/10.1029/WR015i006p01445.
Cordes, C., Kinzelbach, W., 1992. Continuous groundwater velocity fields and path lines in linear, bilinear, and trilinear finite elements. Water Resources Research 28 (11), 2903e2911. http://dx.doi.org/10.1029/92WR01686.
DHI-WASY GmbH, 2012. FEFLOW 6.1 User Manual. DHI-WASH GmbH, Berlin, 116 p.
Diersch, H.-J.G., 2014. FEFLOW: Finite Element Modeling of Flow, Mass and Heat Transport in Porous and Fractured Media. Springer, 996 p.
Dunning, C.P., Feinstein, D.T., Hunt, R.J., Krohelski, J.T., 2004. Simulation of Ground-water Flow, Surfacewater Flow and a Deep Sewer Tunnel System in Menomonee Valley, Wisconsin, Milwaukee. U.S. Geological Survey Scientific Investigations Report 2004-5031, 39 p. http://pubs.usgs.gov/sir/2004/5031/.
Fitts, C.R., 2013. Groundwater Science, second ed. Academic Press, London, 672 p.
Franz, T., Guiguer, N., 1990. FLOWPATH, Two-dimensional Horizontal Aquifer Simulation Model. Waterloo Hydrogeologic Software, Waterloo, Ontario, 74 p.
Frind, E.O., Molson, J.W., 2004. A new particle tracking algorithm of finite element grids, Keynote Lecture. In: FEM MODFLOW: Finite-Element Models, MODFLOW and More. International Association of Hydrological Sciences and United States Geological Survey, Karlovy Vary (Carlsbad), Czech Republic, 4 p.
Frind, E.O., Muhammad, D.S., Molson, J.W., 2002. Delineation of three-dimensional well capture zones for complex multi-aquifer systems. Groundwater 40 (6), 586e598. http://dx.doi.org/10.1111/j.1745-6584.2002.tb02545.x.
Frings, R.M., Schüttrumpf, H., Vollmer, S., 2011. Verification of porosity predictors for fluvial sand-gravel deposits. Water Resources Research 47 (7), W07525. http://dx.doi.org/10.1029/2010WR009690.
Gelhar, L.W., Welty, C., Rehfeldt, K.R., 1992. A critical review of data on field-scale dispersion in aquifers. Water Resources Research 28 (7), 1955e1974. http://dx.doi.org/10.1029/92WR00607.
Goode, D.J., 1996. Direct simulation of groundwater age. Water Resources Research 32 (2), 289e296. http://dx.doi.org/10.1029/95WR03401.
Haitjema, H.M., 1995. Analytic Element Modeling of Groundwater Flow. Academic Press, Inc., San Diego, CA, 394 p.
Haitjema, H., 2006. The role of hand calculations in ground water flow modeling. Groundwater 44 (6), 786e791. http://dx.doi.org/10.1111/j.1745-6584.2006.00189.x.
Haitjema, H., Kelson, V., de Lange, W., 2001. Selecting MODFLOW cell sizes for accurate flow fields. Groundwater 39 (6), 931e938. http://dx.doi.org/10.1111/j.1745-6584.2001.tb02481.x.
Haugh, C.J., Carmichael, J.K., Ladd, D.E., 2004. Hydrogeology and Ground-Water-Flow Simulation in the Former Airfield Area of Naval Support Activity Mid-South, Millington, Tennessee. U.S. Geological Survey Scientific Investigations Report 2004-5040, 31 p. http://pubs.usgs.gov/sir/2004/5040/.
Hunt, R.J., Feinstein, D.T., Pint, C.D., Anderson, M.P., 2005. The importance of diverse data types to calibrate a watershed model of the Trout Lake Basin, northern Wisconsin, USA. Journal of Hydrology 321 (1e4), 286e296. http:

//dx.doi.org/10.1016/j.jhydrol.2005.08.005.

Jackson, C.R., 2002. Steady-State Particle Tracking in the Object-Oriented Regional Groundwater Model ZOOMQ3D. British Geological Survey Commissioned Report CR/02/201c, Environmental Agency National Groundwater Contaminated Land Centre, Technical Report NC/01/38/2, 32 p.

Jackson, C.R., Spink, A.E.F., 2004. User's Manual for the Groundwater Flow Model ZOOMQ3D. British Geological Survey, Nottingham, UK, 107 pp. (IR/04/140). http://nora.nerc.ac.uk/11829/.

van der Kamp, G., Van Stempvoort, D.R.,Wassenaar, L.I., 1996. The radial diffusion method: 1. Using intact cores to determine isotopic composition, chemistry, and effective porosities for groundwater in aquitards. Water Resources Research 32(6), 1815e1822. http://dx.doi.org/10.1029/95WR03719.

Kincaid, C.T., 1988. FASTCHEM_ Package, V.3: User's Guide to the ETUBE Pathline and Streamtube Database Code. EPRI EA-5870-CCM, Electric Power Research Institute.

Kresic, N., 2007. Hydrogeology and Groundwater Modeling, second ed. CRC Press, Boca Raton, FL, 807 p.

Masbruch, M.D., 2005. Delineation of Source Areas and Characterization of Chemical Variability Using Isotopes and Major Ion Chemistry, Allequash Basin, Wisconsin. M.S. thesis. Department of Geology and Geophysics, University of WisconsineMadison, 131 p.

McCallum, J.L., Cook, P.G., Simmons, C.T., 2014. Limitations of the use of environmental tracers to infer groundwater age. Groundwater, early view. http://dx.doi.org/10.1111/gwat.12237.

Molson, J.W., Frind, E.O., 2012. On the use of mean groundwater age, life expectancy and capture probability for defining aquifer vulnerability and time-of-travel zones for source water protection. Journal of Contaminant Hydrology 127, 76e87. http://dx.doi.org/10.1016/j.jconhyd.2011.06.001.

Muffels, C., Wang, X., Neville, C.J., Tonkin, M., 2014. User's Guide for Mod-PATH3DU, a Groundwater Path and Travel-time Simulator, Version 1.0.0. S.S. Papadopulos and Associates, Inc., Bethesda, Maryland. http://www.sspa.com/software/mod-path3du.

Newsom, J.M., Wilson, J.L., 1988. Flow of ground water to a well near a stream-effect of ambient groundwater flow direction. Groundwater 26(6), 703e711. http://dx.doi.org/10.1111/j.1745-6584.1988.tb00420.x.

Painter, S.L., Gable, C.W., Kelkar, S., 2012. Pathline tracing on fully unstructured control-volume grids. Computational Geosciences 16(4), 115e134. http://dx.doi.org/10.1007/s10596e012e9307e1.

Painter, S.L., Robinson, B.A., Dash, Z.V., 2013. Calculation of resident groundwater concentration by postprocessing particle-tracking results. Computational Geosciences 17(2), 189e196. http://dx.doi.org/10.1007/s10596-012-9325-z.

Panday, S., Langevin, C.D., Niswonger, R.G., Ibaraki, M., Hughes, J.D., 2013. MODFLOWeUSG Version 1: An Unstructured Grid Version of MODFLOW for Simulating Groundwater Flow and Tightly Coupled Processes Using a Control Volume Finite-Difference Formulation. U.S. Geological Survey Techniques and Methods, Book 6, Chapter A45, 66 p. http://pubs.usgs.gov/tm/06/a45.

Paschke, S.S., Kauffman, L.J., Eberts, S.M., Hinkle, S.R., 2007. Overview of regional studies of the transport of anthropogenic and natural contaminants to public-supply wells. In: Paschke, S.S. (Ed.), Hydrogeologic Settings and Ground-water Flow Simulations for Regional Studies of the Transport of Anthropogenic and Natural Contaminants to Public-Supply WellsdStudies Begun in 2001, pp. 1e1e1e18. U.S. Geological Survey Professional Paper 1737eA. http://pubs.usgs.gov/pp/2007/1737a/.

Pint, C.D., Hunt, R.J., Anderson, M.P., 2003. Flowpath delineation and ground water age, Allequash Basin, Wisconsin. Groundwater 41(7), 895e902. http://dx.doi.org/10.1111/j.1745-6584.2003.tb02432.x.

Pollock, D.W., 1989. Documentation of computer programs to compute and display pathlines using results from the U.S. Geological Survey modular three-dimensional finite-difference ground-water model. U.S. Geological Survey Open File Report 89-381, 81 p. http://pubs.er.usgs.gov/publication/ofr89381.

Pollock, D.W., 2012. User guide for MODPATH Version 6-A Particle-Tracking Model for MODFLOW. U.S. Geological Survey Techniques and Methods 6eA41, 59 pp. http://pubs.usgs.gov/tm/6a41/.

Pollock, D.W., 2015. Extending the MODPATH algorithm to rectangular unstructured grids. Groundwater, early view. http://dx.doi.org/10.1111/gwat.12328.

Rayne, T.W., Bradbury, K.R., Zheng, C., 2013. Correct delineation of capture zones using particle tracking under transient conditions. Groundwater 52(3), 332e334. http://dx.doi.org/10.1111/gwat.12141.

Reynolds, D.A., Marimuthu, S., 2007. Deuterium composition and flow path analysis as additional calibration targets to calibrate groundwater flow simulation in a coastal wetlands system. Hydrogeology Journal 15(3), 515e535. http://dx.doi.org/10.1007/s10040-006-0113-5.

Shafer, J.M., 1987. Reverse pathline calculation of time related capture zones in nonuniform flow. Groundwater 25(3), 283e289. http://dx.doi.org/10.1111/j.1745-6584.1987.tb02132.x.

Shafer, J.M., 1990. GWPATH. Version 4.0. J.M. Shafer, Champaign, IL. Shoemaker, W.B., O'Reilly, A.M., Sep_ulveda, N., Williams, S.A., Motz, L.H., Sun, Q., 2004. Comparison of Estimated Areas Contributing Recharge to Selected Springs in North-Central Florida by Using Multiple Ground-water Flow Models. U.S. Geological Survey Open-File Report 03e448, 31 p.
http://pubs.er.usgs.gov/publication/ofr03448.

Skinner, K.D., Rupert, M.G., 2012. Numerical Model Simulations of Nitrate Concentrations in Groundwater Using Various Nitrogen Input Scenarios, Mid-Snake Region, South-Central Idaho. U.S. Geological Survey Scientific Investigations Report 2012-5237, 30 p. http://pubs.usgs.gov/sir/2012/5237/.

Spitz, F.J., Nicholson, R.S., Pope, D.A., 2001. A nested rediscretization method to improve pathline resolution by eliminating weak sinks representing wells. Groundwater 39(5), 778e785. http://dx.doi.org/10.1111/j.1745-6584.2001.tb02369.x.

Stephens, D.B., Hsu, K.-C., Prieksat, M.A., Ankey, M.D., Blandford, N., Roth, T.L., Kelsey, J.A., Whitworth, J.R., 1998. A comparison of estimated and calculated effective porosity. Hydrogeology Journal 6(1), 156e165. http://dx.doi.org/10.1007/s100400050141.

Suk, H., 2012. Practical implementation of new particle tracking method to the real field of groundwater flow and transport. Environmental Engineering Science 29(1), 70e78. http://dx.doi.org/10.1089/ees.2011.0153.

Suk, H., Yeh, G.T., 2009. Multidimensional finite-element particle tracking method for solving complex transient flow problems. Journal of Hydrologic Engineering 14(7), 759e766. http://dx.doi.org/10.1061/(ASCE)HE.1943-5584.0000047.

Suk, H., Yeh, G.T., 2010. Development of particle tracking algorithms for various types of finite elements in multi-dimensions. Computers and Geosciences 36(4), 564e568. http://dx.doi.org/10.1016/j.cageo.2009.09.011.

Townley, L.R., Trefry, M.G., 2000. Surface water-groundwater interaction near shallow circular lakes: Flow geometry in three dimensions. Water Resources Research 36(4), 935e948. http://dx.doi.org/10.1029/1999WR900304.

Visser, A., Heerdink, R., Broers, H.P., Bierkens, M.F.P., 2009. Travel time distributions derived from particle tracking in models containing weak sinks. Groundwater 47(2), 237e245. http://dx.doi.org/10.1111/j.1745-6584.2008.00542.x.

Walter, D.A., Masterson, J.P., 2003. Simulation of Advective Flow Under Steady-State and Transient Recharge Conditions, Camp Edwards, Massachusetts Military Reservation, Cape Cod, Massachusetts. U.S. Geological Survey Water-Resources Investigations Report 03-4053, 51 p. http://pubs.usgs.gov/wri/wri034053/.

Weissmann, G.S., Zhang, Y., La Bolle, E.M., Fogg, G.E., 2002. Dispersion of groundwater age in an alluvial aquifer system. Water Resources Research 38(10), 16-1e16-8. http://dx.doi.org/10.1029/2001WR000907.

Zheng, C., 1989. PATH3D, A Ground-water Path and Travel-Time Simulator, Version 3.0 User's Manual. S.S. Papadopulos & Associates, Inc., Bethesda, MD. Zheng, C., 1994. Analysis of particle tracking errors associate with spatial discretization. Groundwater 32(5), 821e828. http://dx.doi.org/10.1111/j.1745-6584.1994.tb00923.x.

Zheng, C., Bennett, G.D., 2002. Applied Contaminant Transport Modeling, second ed. John Wiley & Sons, New York. 621 p.

Zhou, Y., Haitjema, H., 2012. Approximate solutions for radial travel time and capture zone in unconfined aquifers. Groundwater 50(5), 799e803. http://dx.doi.org/10.1111/j.1745-6584.2011.00883.x.

第 9 章

モデルキャリブレーション：性能評価

> 明らかに，科学の多くの分野は精巧な正確さと…無限小の桁数のキャリブレーションを必要とする．したがって，たとえば宇宙への打ち上げは閏秒の日には計画されない．しかし，社会は総じてそのような強迫観念にとらわれた…測定を必要としていないし，そのことが役に立つこともない．
>
> Jay Griffith, A Sideways Look at Time

9.1 はじめに

　もし自然界の特性を完璧に記述することができれば，地下水モデリングはたやすい．そのときは，境界とパラメータの割り当てにより，すべての関連する時空間情報を組み込むことになり，モデルは現実の地下水システムを正確に計算することができるであろう．しかし，地下水システムはけっして正確に知ることはできず，環境システム自身を反映させるというよりはむしろ，このシステムをモデル空間に写像しなければならない (Beven, 2009, p. 11)．実行可能なモデルの範囲および現地で発生しうるモデルの入力値を定義するために，モデル空間が用いられることになる．モデル空間への写像に伴い生じる変換の間に，すでに概念モデルにより単純化された自然界の表現はさらに単純化され，数値モデルは計算上扱いやすいものとなる．環境システムのモデル空間への写像がどの程度うまくいったかを判断するためには，モデルの出力値（定量データ）のみならずシステムについて我々が知っている他のすべて（経験データ）と比較できる現地観測値を用いて，モデル性能を評価すべきである．

　順問題では，透水係数，比貯留率，貯留係数/比産出率，涵養速度といったパラメータが与えられ，水頭とフラックスが計算される．しかし実際は，比較的高い信頼性をもって知ることができる

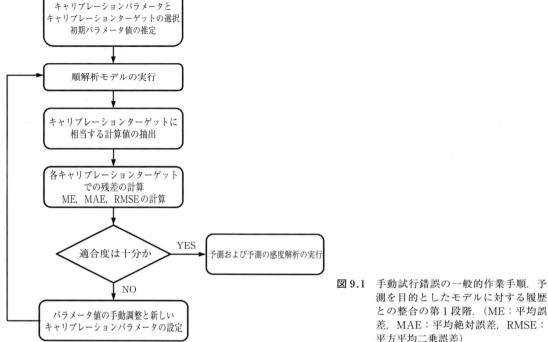

図9.1 手動試行錯誤の一般的作業手順．予測を目的としたモデルに対する履歴との整合の第1段階．（ME：平均誤差，MAE：平均絶対誤差，RMSE：平方平均二乗誤差）

のは，通常，水頭とフラックスの現地測定値であり，パラメータ値の方がわからない．したがって，地下水モデルは逆問題に直面する．逆問題では，水頭の観測値が支配方程式の従属変数であり，これを用いてパラメータ値が求められる．逆問題は通常，履歴との整合（history matching）によって解析される．この用語は石油産業に由来し，モデルの入力値を調整することによって，時系列の測定値に出力値を適合させることをいう．我々の目的における履歴との整合は，定常計算と非定常計算（第7章）の両方で現地測定値（少なくとも水頭とフラックスを含む）に適合させることである．履歴との整合の目的は，現地観測値への十分な適合を生み出すパラメータセットを同定することである．合理的な範囲内でパラメータを調整しながら順解析を順次実行し，モデルが許容できる適合を生み出すまで行う．最も一般的な形式では，履歴との整合は以下のステップを含む（図9.1）．

1. 一連の現地観測値からキャリブレーションターゲットを選択する．
2. 入力パラメータ（地質特性パラメータと水文パラメータ；5.4節）の最も良い推定値を用いてモデルを実行する．
3. 計算された出力値とターゲットを比較する．
4. 計算値とターゲットがより適合するように，入力パラメータを調整する．

5. 時間と労力の制限下において，最適なモデルを選択する．

　履歴との整合は2つの段階に区別することができる．図9.1に示す手動の試行錯誤による履歴との整合段階と，それに続くソフトウェアを用いた履歴との整合段階である．モデルの目的に対する適合度を評価するために履歴との整合は重要である．もしモデルが十分な精度で水頭とフラックスの測定値を再現できないようであれば，キャリブレートされたモデルにより，適切に測定されていない水頭やフラックスを再現する，あるいは，将来の状態を予測する，ということへの信頼性はほとんどなくなる．

　履歴との整合はモデル性能の定量知（hard knowledge）評価と考えることができる．現地測定値が直接的に計算値と比較されるためである．計算値は時に，計算等価値（simulated equivalent value）とも呼ばれる．しかし，適合性が良いことが許容できる適合であることを意味するわけではない．つまり，適合する結果を与えるパラメータや仮定が合理的である場合のみ，その適合は受け入れられる．したがって，モデルの性能評価は経験知（soft knowledge）による水文地質学的妥当性の評価という面も有している．経験知はモデルの出力値と直接比較できない系に関する専門知識に基づいており，サイトの地質学的・水文学的情報と概念モデル（2.3節）に具象化した基礎的な水文地質学的理論を利用する．たとえば，帯水層が礫で構成されていることがわかっている場合，たとえモデルが現地観測値を満足がいく程度に再現したとしても，シルトと粘土の典型的な透水係数値を用いてキャリブレートされたモデルであれば，これは却下される．同様に，適合性が良くても涵養速度が降水強度よりも大きいモデルは，水文地質学的には不合理としてほとんどの場合却下される．効果的な経験知評価では，文献値，サイト条件の地質，水文地質学的原理，専門的な経験を利用する．このタイプの評価のための指針は「水文学的センス（hydrosense）」（Hung and Zheng, 2012）に基づいており，水文地質学的問題の解決，モデルの設計と実行の経験から養われる．

　実際には，履歴との整合と連携して経験知による水文地質学的合理性が評価される．定量知と経験知の両方を統合した評価がモデルキャリブレーションであり，最終的にキャリブレーションされたモデルは，観測値との適合が許容内にあり，かつ，モデルに含まれるパラメータと仮定は合理的なものである．両方の基準に合格しないモデルは，キャリブレートされたとは見なされない．通常，観測値に適合するモデルの能力（履歴との整合）にほとんどの努力が注がれ報告されるが，これは，定量知を用いた評価が要約統計量や可視化により容易に表現できるからである．モデルが経験知に忠実であるかの評価は容易に定量化できず，言葉で伝えられることが多い（たとえば，「キャリブレートされたパラメータ値はサイトで報告されている値と一貫性がある」）．実際には，モデルの適合を定量知により評価することは，2つの経験知による評価，つまり概念モデルの構築とキャリブレートされたパラメータ値の妥当性評価，の間に挟まれている．キャリブートされたパラメータ値の経験知評価は重要であるが，本章では，上に列挙した履歴との整合を構成する5つのステップに焦点を当てる．

9.2　履歴との整合の限界

　地下水モデルは複雑な自然界の一部を計算する．自然界の大部分は見ることもできなければ，特性もわかっていない（Freezeら，1990）．したがって，地下水モデル問題は本質的に開放系（open system）（Oreskesら，1994）と結び付いており，当然，開放系の特性を完全に記述することは不可能である．その結果，常に地下水モデルは真の水文地質学的システムの単純化となる．自然界は，その特性・過程の両面において複雑なため，モデルはほぼ常に，現地測定値より多くの未知パラメータ値を有する．こういったわけで，逆問題は観測値に対して劣決定（underdetermined）であるため，数学的には不良設定（ill-posed）であるといわれる（たとえば，Freeze and Cherry，1979；MacLaughlin and Townley，1996）．良設定問題はデータに連続的に依拠した解をもち，その解は唯一である（Hadamard，1902）．現実には，我々が知りうることは問題の解を1つに制約できるほど十分ではないのが常である．地下水モデルは基本的に非一意的なため，むしろ，考えられる妥当なモデルの集まりを考えなければならないのが通例である．最も広い意味では，モデリング問題とは，系の挙動に対する多様な作業仮説の表現と見なすことができ，モデル評価とはむしろ仮説検証の一形態であり，最適なモデルを見つけることではない（Beven，2009，p. 18）．しかし，政策決定者は政策決定のためにただ1つの「最良」モデルを求めることが多いのが現実である．そのため，選択される最良のキャリブレーションモデルは理想的に，(1) 最も強力な概念モデルに基づいていること，(2) 入手可能な観測値に含まれるすべての情報を利用していること，(3) 予測にとって重要な自然界の過程と構造を不適切に単純化することを避けていること，(4) 空間的，時間的に十分離散化されていること，(5) プロジェクトの予算的，時間的制約下で実施可能な計算時間であること，が必要である．

　地下水モデルが非一意的であることを十分に理解することは，適切なモデルの同定，正当なモデル族の作成のために重要である．現場に基づいた地下水モデリングでは，必ず不完全で誤差を含むデータセットを使用しなければならないため（**表 9.1**），唯一の最良モデルを客観的に定義することはできない．モデルが表現しようとする現実世界の系について我々が知っていることを合理的にシミュレートできる正当なモデルは常に複数存在する．したがって，たとえ予算や時間に際限がなくても，この現実の最良の表現と考えられるモデルを選択することは主観的となる（Doherty and Hunt，2009a, b）．

　このことは，すべてのモデルが潜在的には採択されうるということでもなければ，思いつきで「最良」モデルが選択されるということでもない．むしろ，多くの非合理的なモデルの中から結果としてあり得る合理的なモデルが複数得られるのである．熟練してくると，見込みのないモデルを素早く見分け，妥当なモデルが属する部分集合を絞り込むことができる．つまり，妥当なモデル族の範囲内では主観的に操作されるが，範囲外のモデルはより客観的に棄却される．十分な履歴との整合を達成できなかったり，不合理なパラメータ値を用いたり，概念モデルと一致しなかったりし

9.3 キャリブレーションターゲット

表 9.1 測定方法による水頭データの推定精度（Nielson, 1991 を修正）. 測定方法はターゲットとする水頭誤差の原因のひとつでもある.

測定方法	精度（feet）	主な障害要因と短所
流れのない井戸		
スチールテープとチョーク	0.01	水の滴下
導電性テープ	0.02-0.1	ケーブルの摩耗，水面の炭化水素
圧力変換器	0.01-0.1	温度変化，電子ドリフト，ブロック内の毛管
音響プローブ	0.02	水の滴下，水面の炭化水素の浮遊
超音波	0.02-0.01	温度変化，井戸の材質
浮き	0.02-0.05	浮きもしくはケーブルの抵抗，浮きの大きさと遅れ
ポッパー	0.1	井戸もしくは井戸周辺の背景雑音，井戸深さ
送気管	0.25-1.0	送気管もしくは取り付け部の漏れ，ゲージの不正確性
流れのある井戸		
変換器	0.02	温度変化，電子ドリフト
ケーシング拡張	0.1	範囲が限定されること，扱いにくさ
マノメータ，圧力ゲージ	0.1-0.5	ゲージの不正確性，キャリブレーションの必要性

て，キャリブレーションに失敗したモデルは棄却される．

Haitjema（2015）は，キャリブレーションの論理的な到達点は，「真のモデル（true model）」，つまり完全に正確な現場の特性値を含むモデル，を見つけることにはなりえないと指摘している．また，「最適モデル（optimal model）」，つまり，最も洗練された方法によりあらゆる観測から情報を残さず絞り出すようなモデルも到達点ではない．むしろ，実践的なモデリングの論理的な到達点は，「適正モデル（appropriate model）」であり，利用可能な予算と時間の中で，精巧さと現実的な表現がバランスしたモデルである．適正モデルの考え方は，以下の例によって示すことができる．資金源のわずか10%で作られたモデルによってプロジェクトの目的の80%が達成されたとき，残り20%の目的のためにさらに資金を費やさずとも，モデルに求められていた答えを決定することができるだろうか．未知の20%に関連する不確実性には，工学的な安全率といった他の方法によって対処しうるのか．またいい換えると，目的の残り20%に対応するために資金の残り90%を費やすことに価値はあるのか．適正モデルの考え方からすると，モデリングが必要となる多くの問題では80%の答えで十分である．しかし，適正な地下水流動モデルは少なくとも地下水系を妥当に表現しており，それは，観測された地下水流動方向と水頭の傾向を少なくとも大きなスケールでは近似してなければならない．

9.3 キャリブレーションターゲット

多くの（不完全な）観測値，典型的には水頭やフラックスの値が一般には存在しており，これらのデータは全体としてそのサイトにおける現地の真の状況の部分的なスナップショットを与えてくれる．すべての観測値が等しく確からしいというわけではなく，比較的精密で正確な観測値もあれば，明らかにおおよその値であることもある．これらの観測値のすべてあるいはいくつかを類似し

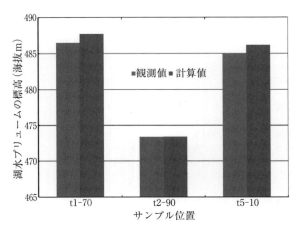

図9.2 3地点における湖水プリュームと陸域から涵養された地下水の界面深さに対する履歴との整合．界面は，現地では水の安定同位体の測定値（観測値），モデルでは移流粒子追跡（計算値）を用いて特定される（Hunt ら，2013 を修正）

た条件/期間から選択し，キャリブレーションターゲットとする．キャリブレーションターゲットと計算値とは履歴との整合により比較され，モデルの適合性が記述される．キャリブレーションターゲットは，系に関する定量知を含む．このように，計算値がキャリブレーションターゲットに適合させることで，少なくともシミュレーションで想定されている条件下では，現実の系と同じようにモデルが応答するようにできる．キャリブレーションターゲットに含まれる情報は，履歴との整合により調整されるモデルパラメータの拘束条件ともなる．

　複数の異なるタイプのキャリブレーションターゲットを含めることで，キャリブレーションで考慮できる情報量を最大化することができる．少なくとも，水頭とフラックスはともに履歴との整合に必ず用いるべきである．1種類の観測値（たとえば，水頭）だけでは，地下水流動方程式の逆解析解を数学的にひとつに制約できないからである（Box 3.2，Haitjema, 2006 も参照）．理想的には，モデルの出力値と比較できる可能な限り多数の種類の観測値を用いるべきである（Hunt ら，2006）．水頭とフラックスに加えて，履歴との整合のための観測値には，移流粒子追跡の結果（第8章），掘削孔の流れの測定値，同位体組成，温度，溶質濃度に基づいた間接的なフラックスの測定値，リモートセンシングによる観測値（たとえば，飽和土壌の存在），地球物理データ（たとえば，汚染プリュームの拡がり）が含まれる（図9.2）．キャリブレーションの目的は，あらゆる入手可能な観測値から最大の情報を抽出しつつ，異なる観測値からの矛盾しうる情報とバランスをとることである．多くの種類のターゲットが望ましいが，ここでは，最小限推奨され，一般に用いられる水頭とフラックスに焦点を当てる．

9.3.1 水頭ターゲット

　水頭は，ターゲットとしては唯一，地下水流動方程式の直接の出力値である．ほとんどの地下水調査では，少なくとも何かしらの水頭測定値が入手可能である．理想的には，比較的多くの時間的，空間的分布をもつ水頭観測値が得られるのが望ましい（図7.11）．ただし，たとえ多くの水頭

測定値が得られたとしても，水頭データには不確実性が伴うことへの注意が肝要である．測定誤差（measurement error）が含む不確実性には，水位計の精度（表9.1），観測者が起こしうるミス，井戸観測点標高の不正確な計測に起因する誤差が関係する．補間誤差（interpolation error）は，現地の水頭ターゲットが格子やメッシュの節点に位置していないときに生じる．水頭の計算値と観測値の比較は，後処理アルゴリズム（GUIに含まれていることもある）によってやりやすくなっており，水頭計算値を補間してターゲットの位置で比較ができる．水頭値はスクリーンを有する井戸で測定されるが，スクリーンはひとつのモデルレイヤーを部分的に貫通しているか，1つ以上のモデルレイヤーを貫通している（6.2節）．平面2次元モデルからの出力である鉛直方向の平均的な水頭値に対して履歴との整合をする際には，長いスクリーンを有する井戸の水頭測定値を用いるのが適切である．しかし，3次元モデリングに対しては，ある地点での鉛直方向の区分的な水頭測定値がより適切である．こうしたデータは，入れ子になった複数高さのピエゾメータから得られるものであり，多く異なる標高で離散的に測定される（たとえば，Meyerら，2014）．鉛直方向に離れた観測点間の水頭差は，水頭差ターゲット（head difference target）としても利用できる．水頭差ターゲットは水頭データの信号対雑音比を増加させ，鉛直方向の透水係数のキャリブレーションに特に有効であるが（Doherty and Hunt, 2010, p. 13），通常，未処理の水頭ターゲットとともに使われる．ある期間に複数測定をしたときに水頭が経時変化を示す場合（図7.1），単一の水頭値をターゲットとして使用すると非定常誤差（transient error）が生じる．定常状態モデルでは時間平均した水頭ターゲットによりキャリブレートされるが，ここでの測定値はモデリングの目的にとって意味のある期間にわたったものである（図7.2, 7.3）．しかし，選択された期間に水頭が数十m変動する地点が存在することもあり，この場合は定常状態モデルが不適切となる（7.2節）．非定常モデルでは，時間的水頭差ターゲットを時系列データから計算することができ（図7.11），これは2つの異なる時刻に測定された観測値の差であり，非定常モデルの絶対値を水頭ターゲットとするよりも優れていることが多い（Doherty and Hunt, 2010, p. 13）．

　水頭ターゲットの不確実性は，観測水頭値の標準偏差，もしくは分散で表されるのが通例である．また，報告値の95%信頼区間（ほぼ±2×標準偏差）として表すこともできる．明らかに，上述の誤差の大きさに関する情報は，水頭ターゲットに関する不確実性の定量化の助けとなる．調査の際の誤差は，井戸の測定点を調査するときに記録すべきであり，機器と観測者の誤差は井戸の水頭測定の際に評価し記録しなければならない．井戸建設時の詳細はスケーリング誤差を評価するために必要であり，水頭測定値の時系列は時間的誤差を評価するために必要である．水頭ターゲットの複合した全誤差を完全に知ることは不可能なため，すべての不確実性成分の詳細な区分はせずに水頭ターゲットの確実性評価を報告するのが一般的である．

9.3.2 フラックスターゲット

　フラックスの観測値には，基底流，湧水，失水河川からの浸透，湖沼への地下水流入，地下水面での蒸発散といったさまざまなタイプの流れが含まれ，そのすべてをキャリブレーションターゲッ

トに利用しうる．河川と地下水との間の地下水フラックスの空間的な積分値は，河川水位データや各種の河川流量測定から推定されることが多い．フラックスの点的推定値は，直接的な現地測定値からアップスケールされるか，現地データとダルシー則を用いて計算される．フラックスはトレーサーにより間接的に評価することもできる（たとえば，McCallum ら，2012；Gardner ら，2011；Cook ら，2008；Hunt ら，1996；Krabbenhoft ら，1994）．フラックスの観測値は通常，水頭測定値と比べてかなり少ない．しかし，問題領域中で異なる地点でのフラックス観測値があると，キャリブレーションにきわめて役立つ．モデルで表現されている異なった領域でのプロセスに深い洞察を与えてくれるからである．キャリブレーションにとって全地点のフラックスターゲットが等価値なわけではない．たとえば，モデル領域最下流点での基底流測定値は，大部分のモデル領域の積分であるために一般に重要性が高いのに対し，上流地点はモデル領域のごく狭い領域における地下水流動分布を表す（Hunt ら，2006）．

　非定常モデルに対しては，モデリングの目的に合った期間にわたって平均化したフラックスターゲットが最も有効である（たとえば，流量継続時間と累積確率曲線から定義できる平均月基底流量）．平均化の期間は，できれば水頭ターゲットの時間平均を求めた期間と一致するのがよい．空間的フラックス差ターゲット（同様の期間に異なる地点で計測されたフラックスの差）と時間的フラックス差ターゲット（同一地点で異なる時刻に計測されたフラックスの差）は，生の流量観測データに含まれる情報抽出を最大化する助けとなる．差のターゲットは標準的なフラックスターゲットと可能な限りともに用いるのがよい．

　水頭ターゲットと同様にフラックスターゲットには測定誤差が伴い，実際，水頭よりもその測定誤差は一般に大きい．現地で正確なフラックス測定を行うことがより難しいからである．河川流量ターゲットの非定常誤差は比較的大きいことが多い．これは地表水流量が地下水フラックスよりも時間的に変動する傾向があるためである．間接的なフラックス推定は多くの仮定を含むため，フラックスターゲットにはさらに誤差が付け加わる．そのため，フラックスターゲットごとに，ターゲットに関連した測定誤差が含まれることになる．

　フラックスターゲットの不確実性は，観測値に対する変動係数（標準偏差を期待値，あるいは平均値で除したもの）で表すのが一般的である（たとえば，±20％）．このタイプのデータを報告するときには，フラックスの大きさに対して不確実性を正規化する．これは大きさの異なるフラックスターゲットの不確実性を報告するのに有効である．定常状態モデルでは，ひとつのフラックスターゲット値に変動係数を付すことで，フラックスの時系列測定値の範囲に基づいて不確実性を表現することができる．水頭ターゲットと同様，報告値まわりの95％信頼区間（近似的に ±2×標準偏差）としてフラックスターゲットの不確実性を表すこともできる．たとえば，図9.7a では定常状態のフラックスターゲットの不確実性がエラーバーにより示されている．できれば，現地データを用いて不確実性の大きさを定量化するとよいが（たとえば，河川水位の時系列データ），多くの場合，不確実性は専門的な判断により割り当てられ，モデリングの目的に対するターゲットの重要性に基づき決定される．

9.3.3 ターゲットのランキング

ターゲットすべてが同じ確実性を有しているわけでもなければ，モデリングの目的に対する重要度が同じというわけでもない（たとえば，Townley, 2012）．また，すべてのキャリブレーションターゲットに等しく適合するモデルは存在しない．したがって，最も重要なターゲットを決定する必要がある．これはターゲットのランキング（順位付け）によって行われ，ランク（順位）は，履歴との整合期間において特定のターゲットを計算する重要度に対する判断による．より高いランクにあるターゲットへの良い適合を求め，ランクの低いターゲットへの適合が低いモデルでも許容することができる．ターゲットの一連のランキングは，キャリブレーション，より広義にはモデリングの目的において重要視したい点を端的で的確に表している．ランキングされたターゲットは，適切なモデルの同定とキャリブレートされた最終的なモデルによる予測（第10章）の両方に影響する．

統計理論の観点からは，最初に考慮するべきは測定誤差に基づくターゲットのランキングであり（たとえば，Hill and Tiedeman, 2007），ターゲットの重要性決定のためにもターゲットの測定誤差はその第1近似として推奨される．しかし，最初に行ったランキングは，ターゲットのタイプや地点に関する実際的な考慮を反映させて調整されるのが通例である（Doherty and Hunt, 2010, p. 12）．たとえば，あるタイプのターゲットが数百あり（一般的には水頭），もうひとつのタイプのターゲットは1つか数個しかない（一般にフラックスや水頭差ターゲット）という場合がある．もし測定誤差をランキングのための唯一の基準に用いると，モデルの適合は多数の水頭値が圧倒的に支配することになり，数少ないフラックスターゲットへの適合よりも，すべての水頭ターゲットに適合させることがより重要であることを意味する．同様に，モデリングの主要対象領域（近距離場）での水頭・フラックス測定値がモデリングの目的と予測に最も関連するであろう．対象領域外のモデル領域（遠距離場）に分布するターゲットは，単に位置ゆえに相対的な重要性が低くなる．したがって，近距離場と遠距離場のターゲットの測定誤差が同じであっても，最適なモデル探索にとっては，それらの価値が等しいとは見なされない．結果として，遠距離場のターゲットは低くランクづけされる．ランキングではターゲットのタイプも考慮する．つまり，たとえばモデリングの目的が近距離場のフラックスターゲットにおける将来のフラックス予測であるならば，遠距離場のターゲットでの水頭計算値の適合性低下と引き換えに，対象とするフラックスターゲットでより良い計算値を得ようとするだろう．

行き着くところ，対象とする系における最良の予測を与えてくれるのが最も適正なモデルである．そのためには，予測シミュレーションの必要性を見越してターゲットのランキングを行う必要がある（第10章）．モデルは目的によりそれぞれ固有の特性をもつため，結局ターゲットをランキングする普遍的に妥当な方法はない．むしろ，専門的な経験とモデリングの目的に依存する主観的要素がランキングには常に含まれるとされている（Doherty and Hunt, 2010, p. 12）．履歴との整合の第1段階（手動試行錯誤によるキャリブレーション，9.4節）では明らかに主観的である．なぜなら重要性に応じて定性的にターゲットがランキングされているためである．履歴との整合の第2

段階（自動化された試行錯誤によるキャリブレーション，9.5節）では数値的な重みにより定量的にターゲットはランキングされるが（たとえば，表7.1），それでもなお主観的判断に依存している．

9.4 手動の履歴との整合

一度キャリブレーションターゲットが選択されランキングされれば，概念モデルに基づいた一連の初期パラメータ値を用いて地下水流動モデルが実行される．観測値が存在しないようなある種のスクリーニングモデルや発見的（heuristic）モデリングでは（Beven, 2009, p. 49），1回の順解析でモデリングの目的にとって十分な結果が生み出されるだろう．この場合には，続くすべての作業を予測と予測値の不確実性推定に集中させることになる（第10章）．しかし，許容可能な履歴との整合を得るためには，多数のモデルの実行が必要となるのが通例である．履歴との整合の第1段階は，手動の試行錯誤を用いてモデルの適合性を計測・評価することであり，手動で変化させたすべてのパラメータ値で順解析を行い，その出力値を評価する．第2段階ではコンピュータコードにより試行錯誤による履歴との整合を自動化する（9.5節，9.6節）．どちらの段階においても，適合性の評価は定性的・定量的な方法を用いて行われる．履歴との整合はすべての局面が重要なため，モデルの適合性を評価する方法の議論から始める．

9.4.1 モデル出力値と観測値との比較

要約統計量の計算と組み合わせて計算値とターゲットを視覚的に比較する方法は，モデルの適合性評価に効果的である．手動および自動の試行錯誤による履歴との整合から得られた結果をまとめるのにこうした方法が利用される．最も直接的には，地下水面の観測値と計算値をプロット（たとえば，図9.3）したり，モデルの各レイヤーでポテンシャル面の観測値と計算値をプロットしたりする．しかし，観測値から得られる面は点的測定値そのものが表す定量データと等価ではない．面の作成において主観的決定が必要なためである．非定常計算では，観測値と計算値のハイドログラフ（図7.11）によって，地下水流動系の動態をモデルが捉える能力を表すことができる（図9.4）．散布図（図9.5(a)）はキャリブレーションターゲットと計算値を対比するので，モデルの適合性を迅速に評価できる．類型化散布図（図9.5(b)）はソースの異なるデータを分類するのに有効である．散布図は，適合性に加えて，キャリブレーションにおけるバイアスも可視化する．散布図の点が多かれ少なかれ図に示された中央線の周辺に等しく分布しているときバイアスはなく，計算値と観測値の間に1：1の関係があることを示す（中央線はデータセットに適合した回帰直線ではない）．たとえば，散布図の計算水頭値が高い方に偏っているときは，涵養速度が速すぎるか，透水係数が低すぎるかといったことを意味する．

残差誤差（残差）のプロットもキャリブレーション結果の可視化に有効である．残差誤差はターゲットになる観測値とその計算値の差であり，たとえば，水頭の残差は $(h_m - h_s)$ となり，h_m は

9.4 手動の履歴との整合

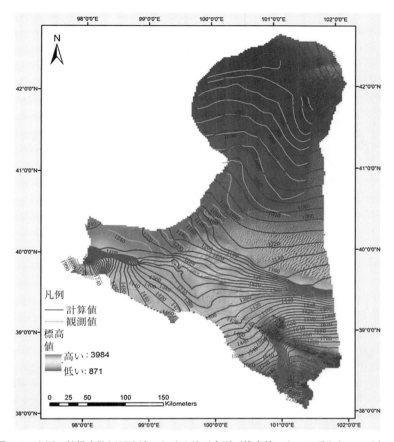

図 9.3 中国の乾燥内陸河川流域における地下水面（等高線によって示されている）の観測値（緑色）と計算値（赤色）の地図．地形標高は色のグラデーションによって示されている（Yao ら，2014）．（**口絵参照**）

観測水頭値，h_s は計算水頭値である．残差は地図上あるいは断面図上で空間的にプロット（たとえば，水頭値では**図 9.6**(a)，フラックス値では図 9.6(b)）することができ，残差の大きさと空間分布を示すことができる．残差は図を用いて示すこともできる（**図 9.7**）．非定常計算では，ターゲットごとのハイドログラフ（地下水位経時変化図）（図 7.11）や，水文地質学的単元といったグループごとのターゲットの要約図（図 7.1）に残差を示すことができる．

結果の視覚的な表現は有益ではあるが，どうしても主観的になる．したがって，適合度を測るために定量的な要約統計量も計算される．最良の適正モデル探索では，これらの統計量を最小化するモデルを見つけ出すことに集中する．

まとめて報告されることが多い要約統計量の例を以下に示す．観測値の例として水頭データを用いるが，いかなるタイプの観測値でも計算することができる．

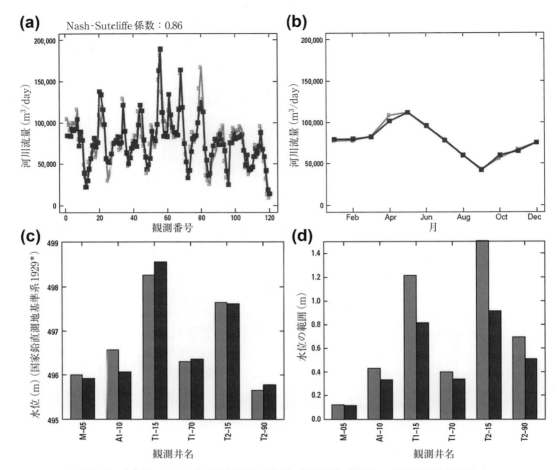

図 9.4 非定常モデルにおける観測値（薄色）と計算値（濃色）の比較を可視化する 4 つの方法．(a) 河川流量ハイドログラフの観測値と計算値，Nash-Sutcliffe 係数（式（9.4））が付されている．図 7.11 はこのタイプの観測・計算水頭値を用いたプロットの例を示している．(b) (a) に示したデータを用いた異なる年の月ごとの平均河川流量の観測値と計算値の月別プロット．(c) 平均水頭値の観測値と計算値の比較．(d) (c) に示した平均水頭値の範囲を観測値と計算値で比較したもの（Hunt ら，2013 を修正）．
*訳者注：地図製作の規格を示しており，National Geodetic Vertical Datum of 1929（NGVD29）のことを指す．アメリカ国内の地図製作上の規格のひとつ．

1. 平均誤差（mean error, ME）は残差（水頭測定値 h_m − 水頭計算値 h_s）の平均値である．

$$ME = \frac{1}{n}\sum_{i=1}^{n}(h_m - h_s)_i \tag{9.1}$$

ここで，n はターゲットの数である．ME は計算が単純であるが理想的な統計量ではない．モデルのバイアスに関する一般的な記述を与えてくれるが，正負両方の差が平均に含まれるため

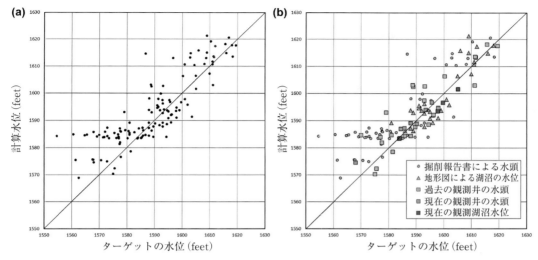

図 9.5 水位の計算値と観測値の適合性を表す散布図（a）と類型化散布図（b）．（b）の類型化分布図では，ターゲットの質に対する評価も伝えることができる．ここでは，大雑把に見積もられた観測値（小さく灰色の点）からより正確な観測値（大きい記号）にまでわたる．バイアスを可視化するための基準として1:1の完全一致直線も示している（Juckemら，2014を修正）．

誤差が互いに相殺し，報告される全体誤差が小さくなることがある．ME の値が小さければ，全体としてモデルの適合性にバイアスがない（計算値は平均して高すぎることもなければ低すぎることもない）ことを示すが，これ自身がモデルの適合度の指標となるには弱い．

2. 平均絶対誤差（mean absolute error, MAE）は残差の絶対値の平均値である．例として水頭を用いると

$$MAE = \frac{1}{n}\sum_{i=1}^{n}|h_m - h_s|_i \qquad (9.2)$$

残差の絶対値をとることで，正と負の残差が相殺しないことが保証される．結果として，たいてい MAE は ME より大きく，一般に ME よりもよい適合性指標である．

3. 平方平均二乗誤差（root mean squared error, $RMSE$）は残差の二乗の平均値の平方根である．$RMSE$ は異常値の残差の効果にはロバストでないので，$RMSE$ は MAE より大きくなるのが通例である．

$$RMSE = \left[\frac{1}{n}\sum_{i=2}^{n}(h_m - h_s)_i^2\right]^{0.5} \qquad (9.3)$$

非定常モデルでは，観測値と計算値のハイドログラフを比較するために他の要約統計量を用いることができる．たとえば，Nash-Sutcliffe の効率係数（NS）がある．

$$NS = 1 - \frac{\sum_{i=1}^{n}|(h_m - h_s)|_i^2}{\sum_{i=1}^{n}|(h_m - \bar{h}_m)|_i^2} \qquad (9.4)$$

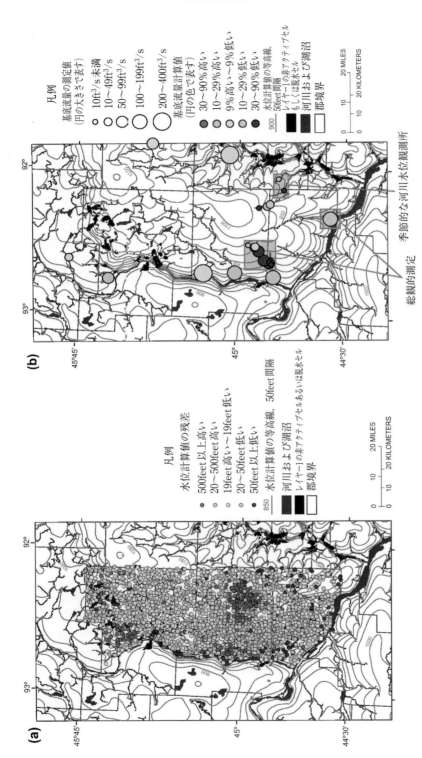

図9.6 残差誤差を示す2つの例。(a) 同じサイズで色の異なる記号は、大スケールの地下水モデルから得られる水頭データのように多くのデータが示されていると きに有効である。このような表現方法により、計算水頭値の空間的なバイアス を効果的に伝えることができる。(b) データが少ないときには大きさと色が違う記号を使うことができる。この場合の(a)と同じモデル領域でのフラックス クラスターゲット。色が適合度と対応し、大きさが測定されたフラックスターゲットの大きさに対応する。これらは地域モデルの適合性判断の際に重要な情報 となる。より精度の高い長期河川流量測定値から区別するために、総観的な測 定および季節的な河川水位観測による精度が低く少ないデータセットを強調して ある (Juckem, 2009 を修正)。

9.4 手動の履歴との整合

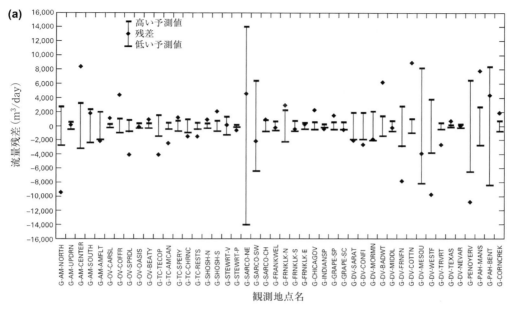

図9.7 フラックスターゲットの履歴との整合：(a) 測定値の不確実性に関係するフラックスターゲットの残差誤差（D'Agneseら，2002）．

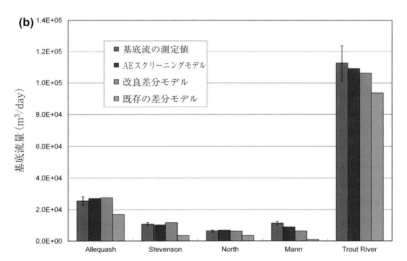

図9.7 (b) 5河川の基底流量ターゲットと3つの異なるモデルとの空間的なフラックス差．測定値の不確実性も示している（Huntら，1998を修正）．

ここで，$\bar{h}_m$ は水頭観測値の平均値である．NS は $-\infty \sim 1$ の範囲にあり，値が 1 に近いことが良い適合性を示す．値が 0 のときは，観測値の平均値と計算値の時系列が同程度の予測量であることを示す．値が 0 未満のときは，観測値の平均値の方が良い予測量である．実際には，問題の難しさによっては 0.5 といった低い値でも許容可能と見なされることもあり，一番の関心は値自身よりもむしろ繰り返し行う履歴との整合によって NS の結果が改良されているかどうかである．

たとえ定量的な要約統計量を用いても，モデリングの目的に対して履歴との整合が十分良いかどうかを決めることはたやすくない．なぜなら，「十分良い」はなお主観的だからである．適合度の基準に要約統計量を用いているガイドラインもある（たとえば，Murray-Darling Basin Commission, 2001；ASTM, 2008）．たとえば，$RMSE$ が，キャリブレーションターゲットがとる値の範囲のあるパーセント以下であれば十分キャリブレートされたと見なすわけである．つまり，水頭ターゲットの範囲が 50～150 m であるときに基準を 10% とすれば，許容可能な $RMSE$ は 10 m のオーダーとなる．しかし，こうした基準を満たすことが単純に適切にキャリブレートされたモデルを決める，との断定を支持するいかなる合理性もない．また，ME, MAE, $RMSE$ の値を最小にするのが望ましいという以上には，許容可能な大きさに関して業界の指針が確立しているわけではない．標準的な基準の利便性は認識されているが，これまで統一的なキャリブレーション基準がモデリングコミュニティで採用されたことはない．すべてのモデリングには主観的な判断が求められるとの自覚の現れが理由のひとつだろう（たとえば，Silver, 2012；Fienen, 2013）．それ以上に，あまねく適切な方法論は定式化されそうにない．なぜなら，キャリブレーション結果を採択するかどうかはモデリングの目的に直接依存し，モデリングには多くの目的がありうるからである．

9.4.2　調整するパラメータの選択

上述のように，モデルパラメータ値の最良推定値を用いた最初の順解析では，モデルの目的を満たす適合性は得られないであろう．したがって，初期のパラメータ推定値から値を調整して，より良い適合性を得なければならない．現実世界の特性をモデルに翻訳するためには，格子/メッシュの全節点にパラメータ値を割り当てる必要がある（5.5 節）．キャリブレーションのためには，あり得るすべてのパラメータセット（5.4 節）から，履歴との整合において変化させるキャリブレーションパラメータに減らさなければならない．キャリブレーションパラメータには任意のモデル入力値が含まれる．鉛直・水平透水係数，境界条件，涵養速度，その他の湧き出し・吸い込みなどである．モデルの適合性向上にとって各キャリブレーションパラメータが同価値なわけではない．そのため，手動の試行錯誤を通して，ターゲットのモデル出力値への影響が最小である感度の低いパラメータと，影響が大きい敏感なパラメータを同定する．十分に良い履歴との整合を見出すことがパラメータ値を調整する目的であるため，敏感なパラメータの調整に焦点を当てる．最終的に得られる最適キャリブレーションパラメータのセットは逆問題の解を反映しており，定量知に裏付けられている（図 9.1）．それでもなお，これは条件付き最適パラメータと心得る必要がある．キャリブレーションデータ（とその誤差）およびモデル作成者の選択になる最適とみなす判断基準に依存

9.4 手動の履歴との整合

しているためである（Beven, 2009, p. 106）．

なぜすべてのパラメータをキャリブレーションパラメータにしないのかと疑問に思うかもしれない．キャリブレーションパラメータ（未知）の数が観測値（既知）の数より多くなると，逆問題は数学的に不良設定，劣決定となる（9.2節）．問題を優決定，願わくは数学的に扱いやすくする一般的な手法は，キャリブレーションパラメータの数をキャリブレーションターゲットの数よりも少なくすることである．扱いやすい逆問題を得るこの方法は広く発展してきた（たとえば，Hill and Tiedeman, 2007）．

先験的にキャリブレーションパラメータの数を減らしモデルを単純化することの利点は，キャリブレーションパラメータを十分に取り除いておくと，いつか必ず扱いやすい逆問題に帰着する点にある．また，履歴との整合を通したパラメータの除外は概念的にわかりやすい．しかし，パラメータ化の際の単純化が不十分な場合，認識できなかったり，容易に修正できないような形で出力値に悪影響が及ぶ（Doherty and Welter, 2010）．これは，主観的な選択が単純化の程度を決め，一度決めるとモデル誤差のさらなる解析が困難になるためである．その結果，大きな残差が，パラメータ値の選択の不備によるのか，「不正確な仮説，モデル化されていない過程，もしくは未知の過程間の相関」（Gaganis and Smith, 2001）から生じたモデルの欠陥によるのかを評価することが困難となる．後者のモデル不一致の原因は構造的誤差（モデル誤差と呼ぶこともある）と呼ばれる．構造的誤差は明白にわかりそうでもあるが，実際には，モデルの定義に際して置き去りにされた複雑さが「静かに忘れ去られる」ことがしばしばある（Beven, 2009, p. 6）．

キャリブレーションパラメータの数を減らす単純な方法に領域区分（5.5節）がある．この方法では，モデル領域内で区分領域ごとに同じパラメータ値が割り当てられる．各領域のキャリブレーションパラメータを調整すると，領域内の全節点のパラメータが同時に調整される．このように，領域区分は区分的に一定のパラメータをもつ領域を形成し，パラメータが変化すると領域内の全節点のモデル入力値に影響する．領域区分に内在する区分的に一定値をもつ構造はモデリング上の作り事であり，モデルが複雑な現実世界を処理できるようにする単純化操作である．現実に存在するとしても，領域は近似的に存在するのみである．領域区分に起因してモデルの結果における構造的誤差が大きくなりうることが1つの懸案である（たとえば，Moore and Doherty, 2005）．しかし，領域区分はキャリブレーションパラメータの数を減らすためによく用いられ，良設定の逆問題を導く助けとなる．

モデルに関する構造的誤差を完全に定量化することは不可能であるが，ランダムではないことは明白である．その大きさは，モデルの単純化の仕方と程度の直接的な関数である（たとえば，Beven, 2005）．たとえば，ただ1つの領域から成るモデルの構造的誤差は相対的に大きく，複数の領域から成るモデルよりもターゲットへの適合がうまくいかないだろう．パラメータの数と構造的誤差の関係，そして，その関係がモデルキャリブレーションと予測に与える影響を認識することは重要である．なぜなら，構造的誤差は粗にパラメータ化された地下水モデルのモデル誤差の最も大きな成分だからである（Sun ら，1998；Gaganis and Smith, 2001；Moore and Doherty, 2005）．モ

デルの単純化のレベルが許容を超えてモデル性能を劣化させる場合，モデルは過度に単純化されたと見なされる．過度の単純化の問題は地下水モデルにおいて新しいことではない．つまり，典型的に解析解に見られる限定的仮定に内在する過度の単純化を克服しようとして，数値モデルが発達してきたからである（たとえば，Freeze and Witherspoon, 1966）．履歴との整合のためのキャリブレーションパラメータの選択と類型化をパラメータ化と呼ぶ．パラメータ化に関する話題とモデル性能に及ぼすその影響は，9.6節で再度述べる．

9.4.3 手動の試行錯誤による履歴との整合

1回目の順解析モデルの実行と同様，異なるキャリブレーションパラメータによる2回目の順解析モデルの実行によっても十分な履歴との整合は得られないだろう．順次，別のパラメータセットを試す過程は，反復的な手動の試行錯誤による履歴との整合の手続きとなり，手動のパラメータ値の調整と，順解析計算の連続的な実行による出力値とターゲットの比較から成る．パラメータ調整を手動で行い，キャリブレーションパラメータの数，大きさ，位置の変化が計算値とターゲットの適合性に及ぼす影響を探索する．この過程で，手動の試行錯誤による履歴との整合は適合度を改善するだけでなく，計算している地下水系の挙動についての重要な洞察を提供してくれる．

既知のパラメータと境界条件には確実性の高いものもあるかもしれない．その場合，履歴との整合のこの段階では，たとえ行うにしても初期値からの修正はわずかにするべきである．あらかじめ設定した妥当な範囲内でのパラメータ変化がモデル出力値にほとんど変化を及ぼさないことを観察し，感度の低いパラメータを同定できれば，引き続き行う試行的な計算では，感度の低いパラメータは，現地データ，文献値，専門的な判断，他の経験知に基づいて，不変値あるいは固定値として設定する．ところが履歴との整合過程において感度が低かったパラメータが，予測シミュレーションにおいては敏感になる可能性がある．よって，履歴との整合段階で固定化されたパラメータは，モデルの予測段階では固定を解除する必要があるかもしれない（第10章）．

同一の順解析計算の実行で複数のパラメータを変化させるとき，互いに関連し合うパラメータを同定することもある．あるパラメータの変化の影響が他のパラメータの変化により相殺され，モデルの出力値が目に見えて変化しないとき，2つもしくはそれ以上のパラメータは相関があるという．たとえば，地下水流動方程式（たとえば，式 (3.12), (3.13(a, b))）の検討（と水文地質学的な直観）から，透水係数の低下と涵養量の増加はともに水頭値を上昇させることが示唆される．したがって，両者が独立と見なすと両方が敏感なパラメータとなる．しかし，透水係数の低下はそれに応じた涵養速度の低下によって相殺されうるもので，結果として水頭計算値に正味の影響を与えない．これはモデルキャリブレーションにとって重要な洞察である．なぜなら，水頭データのみでの履歴との整合では，本質的に一意に解が得られないことを意味するからである．水頭データだけでは涵養量と透水係数の比を制約することしかできない（Box 3.2, Haitjema, 2006）．よって，涵養量と透水係数両方の個別値を得ることができない．しかし，もしフラックスターゲット（たとえば，基底流量観測値）が水頭データとともに考慮されれば，パラメータの相関性は低下し，透水係

数と涵養量の両方の推定値をそれぞれ得ることができる．パラメータの相関性をなくす追加的な観測値が入手できない場合，相関するパラメータに対する最良の推定値を手動で決定することを試みる．実際にはこのような手動での介入は困難なことがある．特に多くのパラメータや過程が計算されている場合，パラメータの相関性を同定することは，非感受性を同定するよりも難しくなる．

9.4.4 手動によるアプローチの限界

手動の試行錯誤によるキャリブレーションは，依然として履歴との整合の基本的な第1段階である．モデル化するサイトに関する多くの洞察を与え，パラメータの変化がモデルの異なる領域や異なるタイプの観測にどのように影響するかがわかるからである．このようにして，手動の試行錯誤は「水文学的センス」を会得する助けとなる．手動の試行錯誤は概念モデルの最初の効果的な検証にもなる．ある概念モデルが現地観測値への適合に不向きであり，妥当なモデル族には属さないことを迅速に示すことができるためである．こうした利点にも関わらず，手動の試行錯誤による履歴との整合は不完全な手法である．たとえいくらかの知見が得られるとしても，ほとんどの地下水流動系は，湧き出し・吸い込みと他の相関のあるパラメータ・過程との間のフィードバックが複雑だからである．結果として，キャリブレーションパラメータの全変化がシステム全体にわたって全観測値に及ぼす影響を追跡することは不可能である．手動の試行錯誤によるキャリブレーションに内在する主観性と欠陥をCarrera and Neuman（1986）が要約している．

> 現実の状況で用いられるキャリブレーションの方法は，ほとんどの場合，手動の試行錯誤である．しかし，この方法は労力集約的であり（つまりコストが高い），フラストレーションがたまり（よってしばしば不完全なものとなる），主観的（よって偏りがあり，得られる結果の質の評価が難しい）である．

最後の点は非常に重要である．手動の試行錯誤はその場しのぎ的性質が強いため，すべての非感受的で相関のあるパラメータを包括的に検討したり，同定したりすることが難しい．そのため，手動の試行錯誤のみでのキャリブレーションは問題である．任意の概念モデルにおいて定量化可能な最良の適合を見出したことを保証できない．最も厳密に手動の試行錯誤を進めて最終段階に至ってもなお検証していないパラメータセットがより良い結果を生み出すかもしれない．モデリングの目的によっては，最良の適合性が得られたことが保証されていないことが望ましくはないが，問題にはならないことがある．かたや正当化できる最良モデルを示せないことが深刻な反響をもたらすこともある．特に地下水モデルが規制分野や法律分野において用いられるときがそうである（たとえば，Bair, 2001；Bair and Metheny, 2011）．こうした事実認識のもと，数学的に厳密な自動化試行錯誤手法が開発された（Box 9.1，9.5節，9.6節）．ただし，たとえこれらの高度な手法であっても，手動の試行錯誤過程から得られた洞察や水文学的センスに完全に取って代わるわけではないことを認識しておかなければならない．その代わり，手動の試行錯誤によるアプローチを用いて少なくとも大まかにモデルをキャリブレートした後に，高度な手法を適用するのが最もよい．

9.5　パラメータ推定：自動化試行錯誤による履歴との整合

　逆問題の間接的な解法がパラメータ推定であり，試行錯誤のキャリブレーションを効率的に自動化したものである．コンピュータのアルゴリズムが9.4節および図9.1に示した一般的な手順を実行するわけである．パラメータ推定では，手動による履歴との整合から導かれた一連の妥当な初期パラメータから開始し，コンピュータプログラム（逆解析コード）と統計学的手法を用いて，手動によるその場しのぎで主観的な結果を完全なものにする．パラメータ推定コードでは，履歴との整合過程を定式化するため，手動での試行錯誤過程では大まかに扱われていた要素を明示的に取り扱わなくてはならない．その要素は以下のとおりである．

1. 順解析のためのコンピュータコード
2. キャリブレーションパラメータ
3. キャリブレーションターゲットと重み
4. 適合の探索を停止する基準

　たとえば，パラメータ推定では，観測値の主観的な重要性（つまりランク，9.3節）を数値的な重み（表7.1）に読み替えなければならない．また，キャリブレーションパラメータの合理的な範囲を定量化しなければならない．最も重要なことは，パラメータ推定では適合が十分良いときを定量的に決定することである．したがって，最新の計算手法の力を利用して手動による試行錯誤キャリブレーションの労力集約的側面を緩和するわけである（たとえば，**図9.8**および**図9.9**）．たとえば，典型的なパラメータ推定アルゴリズムが自動化するのは，（1）キャリブレーションパラメータの調整，（2）出力値の評価，（3）すべてのキャリブレーションパラメータの変化がキャリブレーションターゲットに及ぼす影響の追跡，（4）より良いキャリブレーションパラメータ値の推定，である．図9.9に示したキャリブレーションの手順は，パラメータ推定コードの入力に定式化されるため，定量的なキャリブレーションの記述は，透明性があり文書化が容易な方法で表すことができる．

　パラメータ推定の一般的な手順（図9.9）はコード内部に定式化されるが，キャリブレーションの規定に関わるあらゆる局面でモデル作成者が深く関与するため，自動化過程を自動キャリブレーションと見なすことはできない．許容できない適合の場合には，ターゲットのタイプ，重み，キャリブレーションパラメータを修正した後に，パラメータ推定過程を繰り返す．経験知によるキャリブレーションの評価も実行し，キャリブレーションパラメータ値が水文地質学的に合理的であり，概念モデルと一致しているかどうかを決定する．それでもなお最良モデルを許容できない場合，新たな概念モデルと新たな数値モデルを定式化しなければならず，手動の試行錯誤による履歴との整合から始めて，キャリブレーション過程を繰り返す．

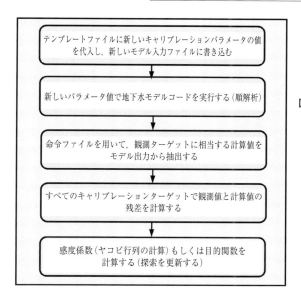

図 9.8 普遍的非線形回帰パラメータ推定コードにより自動化された順解析の作業手順ダイアグラム．ユーザーの介在なしに作業手順がコード内部で実行される．パラメータ推定コードを実行する前に，2 種類の ASCII（American Standard Code for Information Interchange：情報交換用米国標準コード）ファイルが必要である：(1) 新しいキャリブレーションパラメータをモデルの入力ファイル中のどこに置くかを指定するテンプレートファイル，(2) 観測されたキャリブレーションターゲットとの比較のために，モデルから関連する出力値を抽出する命令ファイル．両ファイルともに通常 GUI によって作成される．

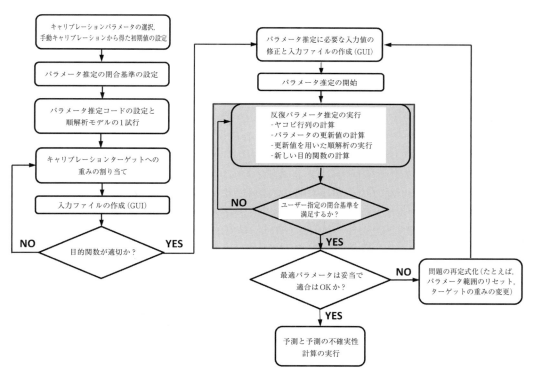

図 9.9 パラメータ推定の一般的な作業手順ダイアグラム．予測のために設計されたモデルの履歴との整合の第 2 段階に相当する．陰影部にはパラメータ推定コードによって自動化された手順が含まれている．陰影のない部分の手順は作業が必要である．適切な目的関数のためには全ターゲットが含まれる必要があるが，モデリングの目的にとって重要なターゲットには大きな重みが付けられる．

Box 9.1　パラメータ推定の歴史的背景

　逆問題が「逆」と呼ばれるのは，未知（たとえば，帯水層材質特性）を見つけるために既知（水頭）を逆にしなければならないからである．いい換えると，地下水流動の逆問題を解くとき，水頭を既知と仮定することでパラメータ値を求めることができる．Stallman（1956a, b）の先駆的な論文では，逆問題の直接的な解が提案されている．直接的な解法は Nelson（1960, 1961, 1962）やその他の研究者（たとえば，Emsellem and de Marsily, 1971；Neuman, 1973）によって探究された．直接的手法では，透水係数を従属変数として地下水流動の偏微分方程式が記述され，水頭値は空間的，時間的に完全に特定されなければならない．しかし，水頭を完全に既知とすることはできないため，水頭の現地測定値を補間する必要がある．補間は水頭分布に小さな誤差を生じさせ，透水係数に関する逆問題を解いたときには大きな誤差を引き起こしうる．したがって，たとえ直接的手法が数学的な美しさと計算効率ゆえに魅力的であっても，たいていの現実的な問題で不安定であることがわかった．

　しかし，逆問題は間接的にも解くことができる．間接的方法の本質は手動による試行錯誤過程の自動化であり，統計学的回帰と計算アルゴリズムを用いた繰り返し計算により，特性値が推定される．Yeh and Tauxe（1971），Cooley and Sinclair（1976），Cooley（1977, 1979）が間接的方法による地下水パラメータの求解を提唱し，今ではこれがパラメータ推定と呼ばれている．Richard Cooley（Cooley, 1977, 1979；Cooley・Naff, 1990）は非線形回帰を用いた先駆的な逆解析コードを開発し，その後，パラメータ推定コード MODINV（Doherty, 1990），MODFLOWP（Hill, 1992），UCODE（Poeter ら，2005）に拡張された．PEST（Parameter ESTimation, Doherty, 2014a, b）が 1994 年に MODINV に取って代わり，現在では PEST ソフトウェア一式が広く地下水モデリングに使用されている．20 世紀後半，粗にパラメータ化された問題への逆解析コードの適用が日常的になされ始め，さらにパラメータ推定を広く利用することが推奨された（たとえば，Yeh, 1986；Carrera, 1988；Poeter and Hill, 1997）．同時期に，地球物理学といった他分野の研究者も逆問題に取り組み，高度な統計理論と数学を適用して（たとえば，Aster ら，2013），密にパラメータ化された問題を解くようになった．これらの多くの高度な手法（たとえば，特異値分解，チホノフの正則化）は現在，PEST ソフトウェア一式で利用することができる．

　明確なのは，逆問題を解く間接的手法が地下水モデリングにとって有益で不可欠なツールであるということである．主として粗にパラメータ化された問題のキャリブレーションに焦点を当てた教科書がある（Hill and Tiedeman, 2007）．また，密にパラメータ化された地下水モデリングのガイドラインが利用可能となっている（Doherty and Hunt, 2010）．コンピュータ能力の向上と並列化処理へのアクセスによって，パラメータ推定は数千のキャリブレーションパラメータを有する複雑なモデル（たとえば，BeoPEST：Schreuder, 2009；GENIE：Muffels ら，2012；PEST++：Welter ら，2012）やクラウドコンピューティング（たとえば，Hunt ら，2010）に拡張されるようになった．逆解析コードには最新のプログラミング技術が含まれており，高度な手法（たとえば，PEST++, Welter ら，2012）へ容易にアクセスで

き，ベイズの地質統計学的アプローチ（bgaPEST, Fienen ら，2013）や零空間モンテカルロアプローチ（Tonkin and Doherty, 2009；Doherty ら，2010b）がソフトの更新とともに組み込まれてきた．逆解析手法はなお進化しており，逆問題のより良い解法の発見は活発な研究分野であり続けている（たとえば，Zhou ら，2014）．

　上述の概説からはパラメータ推定は単純そうに見え，一般的なガイドラインもよく開発されている（Box 9.2）．しかし逆問題の自動化は難しく多くのアプローチが開発されてきた．Zhou ら（2014）は，逆解析手法を決定論的アプローチと確率論的アプローチに大別した．決定論的逆解析手法は，キャリブレーションターゲットに最も適合するひとつのパラメータセットを求める．確率論的逆解析手法では複数の実現値として分布をもつパラメータを生成する．生成されたパラメータによるキャリブレーションターゲットとの適合は必ず許容可能である．パラメータの実現値のアンサンブルを用いて予測が行われ（第 10 章），パラメータの不確実性が議論される．ここでは，「普遍的な」パラメータ推定コードにプログラム化されている決定論的逆解析手法に主として焦点を当てる．普遍的パラメータ推定コードは広く応用モデリングで用いられている．なぜなら任意のコンピュータコードと接続可能だからである．なおここでのコンピュータコードは，(1) バッチモードでの実行（ユーザーを介さずに計算の実行，出力の書き出しを行う）が可能であり，(2) 入出力ファイルの読み込み・書き出しができる．必要とされる入力／出力ファイルのフォーマットは通常 ASCII ファイルであり，これは単純なテキストエディタで読めるファイル形式である．ほとんどの地下水流動コードの GUI では，入力値を準備して普遍的パラメータ推定コードを実行することができる．以下および 9.6 節では，普遍的パラメータ推定コード向けにキャリブレーション問題を定式化する際に不可欠な要素を詳細に考察する．Box 9.2 にはコード実行のこつを示す．

　パラメータ推定理論は高度な数学的・統計学的手法を用いており，きわめて洗練されている．幸いにも，応用を目指す場合，広く入手可能なソフトウェアを通して高度なパラメータ推定技術の利用が可能である．適切な利用に当たっても基礎理論の詳細な知識は要求されない．この節では，あらゆる決定論的逆解析手法に関連する一般概念をいくつか議論するが，9.6 節では，PEST（Parameter ESTimation）コード一式（Doherty, 2014a, b；Welter ら，2012；Fienen ら，2013）に組み込まれている特定の手法を強調する．本書では MODFLOW と FEFLOW を例に地下水モデリングの概念を説明しているように，PEST を例にキャリブレーションの概念を説明する．PESTソフトウェア一式は，現在，応用地下水モデルのパラメータ推定に広く使われており，多くの高度な機能（そのいくつかを 9.6 節で説明する）をもっている．Zhou ら（2014）の議論が意味する確率論的逆解析コードではないものの，PEST はモンテカルロ法の枠組みのもとでパラメータの複数実現値を生成するオプションを備えている（10.5 節）．

　パラメータ推定理論の詳細をさらに掘り下げたい場合，本章末尾の参考文献やその中に引用されている関連文献に当たる必要がある．Zhou ら（2014）は地下水系に適用される逆解析モデリングのレビューと多くの参考文献を提供している．特定コードのユーザーマニュアルやガイドライン

(たとえば，PEST では Doherty, 2014a, b；Doherty and Hunt, 2010) には，理論的背景とともに，入力値の作成やコードの実行に関する説明や例が含まれているのが通例である．

9.5.1 ターゲットの重み付け

9.3 節では，誤差，不確実性，モデリングの目的に対するターゲットの重要性を考慮して定性的にターゲットをランキングした．同様の手法により，パラメータ推定のためにターゲットをランキングできる．ただし今回はターゲットに数値的な重み付けがなされる（表7.1）．理想的な統計的世界では，割り当てられた個々のターゲットの重みは，観測に付随する測定誤差を直接的に表現したものある．しかし，9.3 節で述べたように，モデルが実際に適用されるとき，この理想はほとんど成立しない．したがって，モデリングにおける他の考慮事項，つまり，種類ごとのターゲットの数のバランスをとる必要性，空間的な分布（たとえば，クラスタ分離，Bourgault, 1997），モデリングの目的に対するターゲットの重要性（近距離場に位置しているか，遠距離場に位置しているか）などが反映されるように，測定値に基づいた初期の重みは調整されることが多い．

数学的には，重みを用いることによって，目的関数と呼ばれるモデル誤差の合計値（しばしば Φ で表される）に対する個々の残差の寄与を増加あるいは減少させることができる．ほとんどの普遍的パラメータ推定コードでは，重み付き残差の二乗和として目的関数を計算する．つまり，各ターゲットで計算される残差に重みを乗じ二乗して（すべての残差を正にする）足し合わされる．定量的な最良適合モデルでは目的関数が最小値をとる．もしターゲットが水頭観測値だけであれば，目的関数 Φ は

$$\Phi = \sum_{i=1}^{n} [w_{hi}(h_m - h_s)_i]^2 \tag{9.5}$$

である．ここで，w_{hi} は i 番目の水頭観測値の重み，h_m は水頭ターゲットの測定（観測）値，h_s は水頭計算値である．良設定の履歴との整合においては，水頭観測値とフラックス観測値の両方をターゲットとして用い，目的関数は

$$\Phi = \left\{ \sum_{i=1}^{n} [w_{hi}(h_m - h_s)_i]^2 + \sum_{i=1}^{n} [w_{fi}(f_m - f_s)_i]^2 \right\} \tag{9.6}$$

である．ここで，w_{hi} は i 番目の水頭観測値の重み，h_m は水頭ターゲットの測定（観測）値，h_s は水頭計算値，w_{fi} は i 番目のフラックス観測値の重み，f_m はフラックスターゲットの測定（観測）値，f_s はフラックス計算値である．

式 (9.5)，(9.6) から，等価な計算値がある観測値であれば，目的関数にはいかなる種類の観測値も含み込むことができるのは明かである．実際，可能な限り多くの種類の観測値を目的関数に含めることでパラメータ推定過程を制約でき，計算値と現実世界のよりよい一致が保証される（Hunt ら，2006）．さらに，図9.4(a)のような生の観測値を処理して（図9.4(b)-(d)），これを目的関数に含めることで，重要と判断される系の特徴を強調することができる．式 (9.5)，(9.6) からは，割り当てられた重みが直接的に目的関数に影響することがわかる．つまり，より大きな重み

は残差の重要性を増加させ，それは目的関数へのより大きな寄与をもたらす．

最良の適合モデルでは目的関数が最小値をとり，目的関数は各ターゲットに割り当てられた重みに直接的に依存する．そのため，比較的測定誤差が小さく予測のために重要なターゲットには比較的大きな重みを割り当てるべきである．また他の種類のターゲットよりこの種類のターゲットが重要である（たとえば，水頭 vs. フラックス，遠距離場 vs. 近距離場，基底流ターゲット vs. 雑多な河川流量測定値）という判断を定量的に表す．ターゲットに重み付けする目的は，すべてのターゲットが存在する領域においてバランスがとれた初期の目的関数（Box 9.2 の図 B9.2.1）を得ることである．しかし，目的関数のバランスが完全にとれている必要もない．むしろ，モデリングの目的が反映されているべきであり，モデリングの目的にとって重要なターゲットが目立つことが大切である．モデリングの目的にとって何が重要かを表現することはモデリング技術の一部であるため，重みに対する明確なルール一式があるわけではない．Doherty and Hunt（2010）と Hill and Tiedeman（2007）は，異なった視点から重み付けを探究している．

9.5.2 最良の適合の探索

目的関数はひとつの数値を与える．この数値には全ターゲットへのモデルの適合性，および各ターゲットに割り当てた重要度が要約されている．最良の適合は目的関数の最小値に対応するため，最良の適合を見つけることは，多次元目的関数面（**図 9.10**）の最小値を探索することになる．図 9.10 に示す単純な 2 つのパラメータモデルでは，目的関数の等高線として目的関数面を容易に可視化できる．しかし，ほとんどの履歴との整合では 2 つ以上のパラメータのため，多次元表面の可視化が難しくなる．以下では，単純化した 2 つのパラメータモデルの概念を議論するが，多次元表面でも同様である．目的関数の最小値を見つけるため，パラメータ推定コードは，異なるセットのキャリブレーションパラメータを用いた一連の順解析モデルを実行する．アルゴリズムは，式（9.6）のような式を用いた目的関数の計算である．通常ランダムに最適パラメータを探索するわけではなく，ほとんどのモデリングで用いられるのは非線形勾配探索法である．目的関数面の勾配を評価し，パラメータを調節して順解析モデルが目的関数の大域的最小値に向かって進んでいくようにする．パラメータの変化に対する水頭と流れの応答がたいてい非線形なため（たとえば，式(3.12)），探索法は非線形性に対応可能でなければならない．

目的関数面の最小値探索に広く用いられる方法のひとつは，ガウス・マルカート・レーベンベルグ（GML）法に基づく方法で減衰最小二乗法としても知られている（Levenberg, 1944；Marquardt, 1963；Hill and Tiedeman, 2007；Doherty, 2014a）．GML のような勾配法が仮定しているのは，キャリブレーションパラメータの変化に応じてターゲットの計算値は連続的な関数として変化するということである．つまり，GML 法は，モデルの入力値（パラメータ）と出力値（ターゲットの計算値）が連続的に微分可能であることを仮定している．一般に，地下水流動方程式はこの仮定に従う．しかし前述のように，地下水モデルに内在する非一意性は，複数のパラメータの組み合わせが似たようなターゲットへの適合性を示すことを意味する．2 つのパラメータの場合，非一意性は目

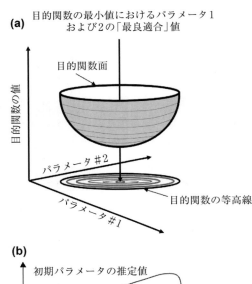

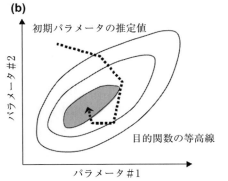

図9.10 (a) 2つのパラメータ問題に対する理想化された目的関数面（Himmelblau, 1972, Applied Nonlinear Programming, McGraw-Hill, New York を修正，McGraw-Hill Education の許諾により複製）

図9.10 (b) 逐次反復パラメータ推定によるパラメータ更新による解の改良．目的関数の最小値へと到達する（破線に示す）．

的関数面の「底面」に広がる一連の最適値として可視化される（**図9.11**(a)）．たとえ逆問題が良設定であっても（たとえば，図9.11(b)では最良の適合が一意に与えられている），多次元目的関数面は，最良のモデル適合性を表す大域的最小値に加えて，複数の局所的最小値をもち得てしまう（**図9.12**）．目的関数の最小値が大域的最小値であることを保証することが難しいモデルもある．特に，微分にノイズがあるとき（つまり，コンピュータやコードの精度，選択したソルバーの閉合性に起因して，完全に連続的な微分可能性が得られない．図9.13(a), (b)を比較すること）は困難である．大域的方法は，目的関数面を探索する際に微分に依存しないが，計算コストが勾配法よりもかなり高くなる．よって，比較的少数のキャリブレーションパラメータ（たいてい <100）を考慮するのが通例である．そのため，ほとんどの応用モデリングでは大域的方法よりも勾配法が一般的に使われる．

　普遍的パラメータ推定コードは，モデルの入力ファイルを操作でき，いかなる地下水流動コードからのモデル出力値も処理できる．したがって勾配法で求められる目的関数の勾配を計算できる．なおこういった機能を内部に含んでいるサブセットではなく，たいていコード自体を用いて計算す

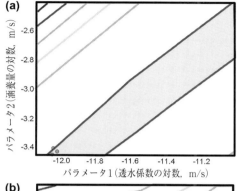

図9.11 2つのパラメータをもつ現地を対象としたモデルの目的関数面．右下の等高線ほど低い目的関数値を示す．
(a) 収束しなかった解の例．つまり，目的関数面が唯一の最小値をもたない（灰色の底面部）．キャリブレーションターゲットに水頭データのみを用いたことが非収束の要因．

図9.11 (b) 収束した解での目的関数面．水頭値と地下水温を観測ターゲットに含んで得られた解である．破線が面の最小値への経路，丸はパラメータの更新値を示す（Bravoら，2002を修正）．

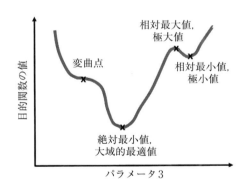

図9.12 局所的・大域的最小値を示す目的関数面の断面（Zheng and Bennett, 2002）．

る．計算値のパラメータに関する導関数は，キャリブレーションパラメータの変化（Δ パラメータ）に対するターゲットの計算値の変化（Δ 計算値）と関係しており，感度係数（パラメータ感度とも呼ばれる）として知られている．

$$\text{感度係数}_{ij} = \frac{\Delta\ \text{計算値}_i}{\Delta \text{パラメータ}_j} \tag{9.7}$$

ここで，Δ 計算値$_i$ は i 番目のターゲットの計算値の変化，Δ パラメータ$_j$ は j 番目のキャリブレー

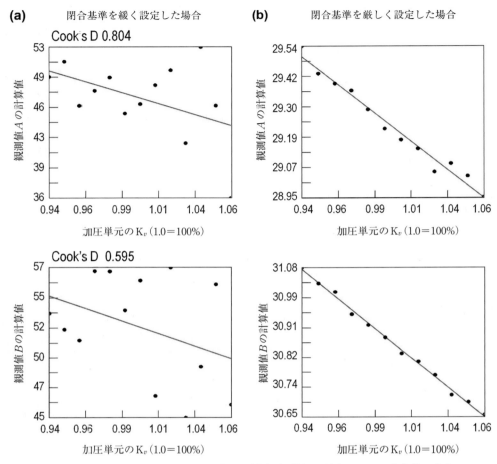

図9.13 1つのモデルパラメータの小さな増分（x軸）に対するモデル出力値の変化（y軸）のプロット．2種の観測値に対するプロットを示している．各点は1回のモデル実行を表す．直線は点に対する回帰直線である．パラメータ感度の真の導関数が1%のパラメータ摂動により近似されているため，連続する1%刻みの一貫した変化が得られる（たとえば，(b)に示される単調に変化する直線）．摂動から導関数が得にくい場合(a)は，勾配法によるパラメータ推定は不向きである．(b)に示すようなソルバーの閉合条件が厳しい場合には，より一貫性のある導関数が得られる．2つの観測値に対する影響統計量（クックのD値，Box 9.6）も示している．値が大きいほど回帰への影響が強いことを示す（Feisteinら，2008）．

ションパラメータの値の変化である．一連の感度係数はi行j列の2次元配列となり，一般にヤコビ行列もしくは感度行列として知られている（図9.14）．パラメータ推定過程の始めに初期パラメータ値を用いて計算される水頭は比較のための基礎となり，初期値からパラメータを変化させることにより出力値の変化が計算される．1回目の順解析の後，一連の順解析が実行される．そこでは，わずかな量（たいてい1%）だけ個々のキャリブレーションパラメータを変化させ，他のすべ

9.5 パラメータ推定:自動化試行錯誤による履歴との整合

パラメータ(列)

観測値(行)

	k_unconsol	k_bedrock	recharge	c_drainagelakes	c_seepagelakes	c_stream
Head_11_poor	-1.15129	0.00000	0.308674	-6.864546E-06	3.222347E-04	-7.712651E-07
Head_12_poor	-2.87823	-5.756463E-02	1.80995	-0.172709	-5.642061E-02	2.47528
Head_13_fair	-12.9520	-0.402952	8.10971	-4.250797E-04	2.104297E-02	11.8007
Head_16_fair	7.59851	-0.230259	2.94640	5.831008E-02	2.083643E-02	10.5920
Head_18_fair	-33.3875	2.300745E-14	8.67094	-5.791823E-02	1.759003E-02	0.518045
Head_23_fair	-8.00148	-1.533830E-14	2.20281	0.172619	3.733688E-03	0.575639
Head_36_fair	0.633211	0.00000	-0.182398	6.825390E-06	-3.094240E-04	-0.115128
Head_39_fair	-21.0687	-5.756463E-02	11.6735	-0.114699	3.664815E-02	11.3978
Head_46_fair	1.26643	-1.533830E-14	2.14669	-5.775567E-02	9.476421E-03	5.06567
Head_50_fair	-1.72694	-5.756463E-02	4.86862	-0.172693	3.120432E-04	9.95868
Head_52_fair	-39.6620	-5.756463E-02	15.6582	-0.115823	3.457457E-02	10.0162
Head_55_best	-52.9019	-5.756463E-02	20.1199	-0.171774	1.216745E-02	20.7809
Head_56_best	-80.7632	0.00000	24.6799	5.718392E-02	1.862524E-02	16.5210
Head_57_poor	-44.6701	7.669149E-15	12.0242	-1.301467E-04	6.561156E-03	2.01475

図9.14 ヤコビ行列の例.パラメータの6列と観測値の14行から成る.行列の各成分は式(9.7)から計算されるパラメータ感度(感度係数)である.左端の列中の数は水頭ターゲットのラベル,best, fair, poor はターゲットの精度を示している.

てのパラメータは初期値に固定したままでモデルが実行される.

各ターゲットの計算値の変化(Δ 計算値$_i$)は,摂動させたパラメータによるモデルの出力値を摂動させていないパラメータによる初期モデルの出力値から差し引いたものである.摂動させたパラメータの感度は式(9.7)から計算されヤコビ行列に格納される.ヤコビ行列の計算に必要な順解析の最小実行回数は,キャリブレーションパラメータの数 +1(摂動なしの最初の実行)である.ヤコビ行列に格納される摂動に基づいた感度情報は,各パラメータ変化に対する実際の観測値の導関数を近似しているだけであるが,応用モデルでは十分正確であることがわかっている(Yager, 2004).

一度ヤコビ行列が計算されると,導関数の情報が表す目的関数面の勾配から,目的関数を最小値へと動かしていくキャリブレーションパラメータの変化が特定される.つまり,勾配に基づき,キャリブレーションパラメータの改良された推定値が選択され,新しい順解析が実行され,新しい目的関数が計算される.実際には,複雑な目的関数面と線形性からのずれにより,新たな最良キャリブレーションパラメータのセットを1つに決定することは単純ではない.そのため,候補となる少数(たいてい <10)のパラメータセットが計算され,順解析モデルで実行される.候補となる各パラメータセットから目的関数が計算され,最小値となるパラメータセットを用いてキャリブレーションパラメータが更新される.初期パラメータ値の1回の更新ではパラメータの推定過程は完成しない.地下水の逆問題が非線形であり,初期のヤコビ行列に含まれる感度では,新たなパラメータ値を用いた解の感度を正確に表せないためである.したがって,最小の目的関数を与えるパラメータを用いて新しいヤコビ行列が計算される.そしてこれを摂動のない新たな基準とし,勾配を用いて新しいキャリブレーションパラメータセットを求める.新しいヤコビ行列の計算から始まり,対応する新しいパラメータ推定値による一連の順解析計算までを含めた一連の計算を,反復パラメ

ータ推定という．それまでのパラメータセットを目的関数の値を小さくする新たなパラメータセットで置き換えることがパラメータ更新の手続きであり，単なる更新ではなく改良されていることを示す．

　パラメータの更新値探索は，指定する3つのパラメータ推定の閉合基準の1つが満たされるまで継続する．(1) モデルの適合がさらに改良されない；(2) 更新パラメータの変化量が十分小さく実質的に変わらない；(3) 指定したパラメータ推定の反復回数の最大値に達した．指定した初期パラメータ値は最終最適値に近い場合もそうでない場合もあるため，目的関数の初期値がどの程度減少すべきかの一般的な目安はない．むしろ，目的関数の最終的な許容値を決定するのが実際である．したがって，たとえ試行錯誤の過程が自動化されても，パラメータ推定をいつ終わらせるかを決めるのは自動ではなく，何を選択するかに依存する．

Box 9.2　パラメータ推定コード実行のためのこつ

　本章や他書（たとえば，粗にパラメータ化されたモデルについては Hill and Tiedeman, 2007）に示されているキャリブレーションのガイドラインは，主としてモデリングの概念的側面に関連している．パラメータ推定を成功させるには，よりメカニズム的側面も必要である．なぜならパラメータ推定コードへの入力作業は手間がかかり，複雑な統計的概念も関係するからである．幸いにも，ほとんどのコードでデフォルトの設定を用いれば，多くの地下水モデルの問題に適用でき，ユーティリティソフトウェアと GUI がコードへのアクセスをしてくれる．しかし，パラメータ推定コードを適切に適用するには，コードに付随しているユーザーマニュアルやガイドラインに注意を払う必要がある．コードに付いている例題やチュートリアルを実行することは，ユーザーにとってその操作やトラブルシューティングのオプションに慣れる機会となる．選択するコードが何であれ，以下を実践することでパラメータ推定過程の効率的な実行が可能となる．

- パラメータ推定計算の開始前に，すべての入力確認ユーティリティ（たとえば，PEST では PESTCHK.exe）を実行する．こうしたユーティリティは，パラメータ推定の失敗を引き起こす一般的な誤りを同定し記述することができる．
- モデル出力値から値を抽出して観測ターゲットと比較する際，出力値の数値精度がそれに相当する現地観測値の妥当な精度より高くても，可能な限り高い数値精度で抽出する．これは，ヤコビ行列構築に際してより正確な勾配計算を保証し，勾配法によるパラメータ更新がより良くなる．
- パラメータ推定コードのオプションを用いて，負にならないすべてのキャリブレーションパラメータ（たとえば，透水係数）を対数変換する．これによって極端に感度の高いパラメータの変化が緩和され，パラメータ推定性能が向上する．
- 順解析の地下水コードソルバーの閉合基準を厳しくすることで，計算の実行時間が増加してもパラメータ推定過程が明らかに加速・改善することを認識する．ガウス・マルカート・レーベンベルグのような勾配法は一貫性のある線形導関数に依拠しているが，たとえ全体

9.5 パラメータ推定：自動化試行錯誤による履歴との整合

的な水収支計算値が許容内であっても，緩い閉合基準は導関数の質に影響を与えうる（図 9.13）．
- 最初に点検のためのモデル実行を行い，パラメータ推定の手順を経験する．入力ファイルの作成，順解析の実行，モデル出力値の抽出，残差の計算などが手順には含まれる．これにより，手順が正しく実行されるかを確認できる．さらに，この最初の経験を通して開始時の目的関数の値が得られ，種類の異なるターゲット間のバランスのためにこの値を評価しなければならない（図 B9.2.1）．また初期の目的関数には，異なる観測ターゲットの重要度に対する視点が反映されていることを確認する．
- 最初のヤコビ行列計算後，ゼロと報告されたパラメータ感度は，いかなるものでも見直さなければならない．予期せぬゼロ感度があった場合，入力ファイルが作られてもモデルの実行ファイルによって呼び出されなかった，といったパラメータ推定ファイルの取り扱いにおける誤りの可能性がある．
- 順解析モデルを実行するための連続したプログラムの中に，地下水モデルの入力値の前処理を行う中間的なユーティリティコードが含まれる場合，順解析モデルの実行を呼び出すバッチファイル/スクリプトの冒頭でユーティリティコードの出力値を削除するようにするのがよい．これにより，パラメータの推定過程はユーティリティからの古い出力値は利用していないことが保証される．このミスは，パラメータの推定計算を完了し思わしくない結果が得られるまで発見できない．
- パラメータ値の取り得る範囲を設定する．初期の範囲は上限と下限によって定義され現実的な範囲よりも大きくとる．概念モデルに含まれうる問題やモデルから取り除かれた過程の影響を考慮するためである．パラメータ推定の終わりに近づいたときには，予測される現実的な範囲（たとえば，95％信頼区間）に上限値と下限値を設定する．これによって現実的なパラメータ値が保証され，予測の不確実性評価（第10章）に必要となるパラメータの不確実性に関する初期の推定値が得られる．
- パラメータ推定過程の最終段階においても，必ずしも手動の試行錯誤によるキャリブレー

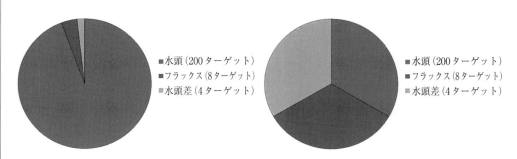

図 B9.2.1 初期の目的関数の円グラフ：(a) 水頭ターゲットの数が他のターゲットよりもかなり多いためバランスがとれていない．(b) あるターゲットが卓越していない（別のターゲットに卓越されていない）ためバランスがとれている．よりバランスがとれた目的関数は，各グループのターゲット数で観測の重みを正規化するだけで得られた．

> ションより良い結果が得られるわけではなく，時には悪い場合もあることを認識する．た
> とえば，パラメータ推定過程では非合理的なパラメータ値が最良の適合性を示すことがあ
> り，一方で，手動の試行錯誤によるキャリブレーションでは，開始段階において非合理的
> なパラメータ値が除去されているという場合もある．水文学的センスがパラメータ推定で
> 最良と判断された結果と違うのであれば，パラメータ推定の結果に従ってはならない．提
> 供される情報の規定のもとでの履歴との整合が単にパラメータ推定に反映されているにす
> ぎない．初期のパラメータ推定結果が得られ検証された後には，提供される情報が改善さ
> れうることが多い．

9.5.3 統計解析

　パラメータ推定手法が広く利用される前は，地下水モデルはもっぱら手動の試行錯誤によってキャリブレートされていた．よって，パラメータ感度は手動の感度解析によって評価されていた．任意のパラメータの感度は，そのパラメータ以外のすべてのキャリブレーションパラメータをキャリブレートされた値で固定し，そのパラメータをキャリブレートされた値からあるパーセント（たとえば，±25％）だけ徐々に増加させたり減少させたりして，連続的にモデルの順解析を行って決定された．このタイプの感度解析は，選択したキャリブレーションパラメータの変化によってモデルがどの程度キャリブレーション結果から外れて動くのかを示すものであった．なお，選択されたパラメータはあり得るすべてのキャリブレーションパラメータの部分集合であり，主観的な選択による．しかしこの手法には限界があった．手動で調整されるパラメータは全体の一部に限定されるという限界のみならず，モデリングの目的に対するパラメータの重要度と関係なく，変化を報告するためにすべてのキャリブレーションターゲットの残差の要約を使用しているという点にも限界があった．Hill and Tiedeman（2007, p.184-185）はこの伝統的な感度解析におけるその他の限界も議論している．最新のパラメータ推定コードではこのような感度解析は不必要である．すべてのキャリブレーションターゲットに対するパラメータの感度係数が自動的に計算されヤコビ行列となる．したがって，パラメータの感度をより包括的に評価できる．

　パラメータ感度解析では，ヤコビ行列を用いてモデルに関して定量的な統計学的考察を進めることができる．ここでは，感度の低いパラメータ（9.4節）は指定した閾値以下の感度係数を有するパラメータと定義される．実用目的であれば，最も感度の高いパラメータよりも2オーダー以上小さい感度係数をもつパラメータが感度の低いパラメータと定義される（Hill and Tiedeman, 2007, p.50）．加えて，ヤコビ行列に含まれる情報によってキャリブレーションパラメータ間のパラメータ相関係数を計算することができる．単純なパラメータ感度解析では，感度によってキャリブレーションパラメータをランキングし，感度の低いパラメータおよび相関関係のあるパラメータ（たとえば，相関係数＞0.95）を同定する．パラメータの同定可能性（Doherty and Hunt, 2009a；図10.10）とは，パラメータの非感受性と相関情報を組み合わせて「特定のパラメータ値のキャリブレートしやすさ」を反映したものである（Beven, 2009, p.273）．同定しやすいパラメータは感度が

高く比較的相関関係もないため，非感受性で相関関係のあるパラメータよりも推定（同定）しやすい．パラメータ感度解析には統計的影響度の評価も含まれる．統計的影響度はキャリブレーションパラメータに対する観測値の重要性を定量的に関係づけ，最良の適合の決定にも関連している（たとえば，Yager, 1998；Hunt ら，2006；Hill and Tiedeman, 2007）．

パラメータ推定は感度解析に要する労力を大きく軽減し，同定可能性と影響度といった新しい定量的尺度を導入した．パラメータ感度解析の実行のための一般的なガイドライン（たとえば，Hill and Tiedeman, 2007）と洗練されたソフトウェアツールが入手可能である．しかし，どの程度の労力をパラメータ感度解析に費やすべきかについては議論がある．なぜなら，感度解析によりキャリブレーションにおける問題が同定されはするが解決はできないからである．キャリブレーションでは，パラメータの非感受性と相関性の問題を解決するためにモデル作成者による介入がなお必要である．9.6節に示すように，高度なパラメータ推定手法は，その介入なしに非感受性と相関性を自動的に解決することができる．ヤコビ行列の計算が更新パラメータ同定のための中間段階であるのとまったく同様に，パラメータ感度解析は予測のための最適モデル探索の中間段階である．したがって，多くの場合，パラメータ感度解析でのみ同定された問題は，この問題を解決できる他のパラメータ推定手法にモデリング資源を投じて解決する方がよい．そうすれば，予測（第10章）のための不確実性解析にもさらなる資源を費やすことができる．

9.6 正規化インバージョンによる密にパラメータ化されたモデルキャリブレーション

概念モデルの定式化，数値モデルの設計，パラメータの節点網への割り当てができると，モデルの目的に対して自然界をどのように単純化するかを決定しなければならない．本章のここまでは，逆問題を扱いやすくするための従来のアプローチを記述してきた．自然界の複雑性を少数のキャリブレーションパラメータにまで還元することで，問題を粗にパラメータ化されたモデル（たとえば，Hill（2006）によって推奨されているような）に単純化する．ひとたび粗にパラメータ化されたモデルで履歴との整合が完成すると，パラメータの感度，相関性，概念化により生じる残差の分布を評価することで，単純化の適切性を判断しなければならない．計算値とターゲットの適合性が不十分と判断される場合には，さらにキャリブレーションパラメータを追加するかもしれない．キャリブレーションパラメータの数が多すぎて最良の適合を同定することできない場合，感受性が低く相関のあるパラメータを固定値に設定しキャリブレーションパラメータの数を減らす．粗にパラメータ化する手法では，最初に時間と労力を費やしていかに上手にモデルを単純化するかを決めることが求められる．最初の単純化の試みが失敗して許容可能なキャリブレーションが生み出せない場合，さらに時間と労力を費やしてキャリブレーションパラメータを再定式化し，さらなる履歴との整合を試みなければならない．引き続き単純化した（もしくはより複雑化した）モデルでのキャリブレートに失敗し概念モデル自体に欠陥があることがわかった場合，新しい概念モデルの開発から全過程をやり直さなければならない．

他の科学分野において粗なパラメータ化手法の短所が認識され，代替手法の開発につながった．数ある手法の一分野が正規化インバージョン（Engl ら，1996）であり，恣意的に単純化された地下水モデル（Hunt ら，2007）の多くの課題に対処することができるため魅力的である．「インバージョン」とは逆解析問題を解くことをいう．「正規化」は数学的関数（図 9.11(b) の目的関数面など）をより安定もしくは滑らかにする一般的な過程のことをいう．正規化とは，不良設定問題に対して近似的で意味ある解答を与える助けとなると広義には解釈できる．この定義によれば，相対的に少数のパラメータを特定する従来の手法は，非公式で主観的ではあるがある種の正規化戦略のように機能するということになる．地下水モデリングで最も一般的に使用される形式として，正規化インバージョンは次の 2 つから構成される．

1. 多数のパラメータをモデル領域に割り当てる．これは，従来の粗なパラメータ化手法で用いられるよりもかなり多い．このモデルは密にパラメータ化されているといわれ，すべてのパラメータがキャリブレーションパラメータとして選択される．
2. 大きなパラメータセットを数学的正則化によって制約し，パラメータ推定問題を解くことができるようにする．

正規化インバージョンを適切に実行すれば，パラメータの単純化を達成するための体系的，定量的な枠組みを提供してくれる．そこでは，単純化のための数学的論拠が正式な手続きとして記述され，透明性があり，他者へ容易に伝えることができる．さらに，正規化インバージョンは唯一の最適モデルを生み出す．これは意思決定で利用される多くのモデルに要求されることである．また，領域区分やその他のその場しのぎ的な単純化手法よりも厳密な方法でより簡潔なパラメータの推定を達成するため，この点も魅力的である．

重要なのは，前世代が正規化インバージョンを単に見過ごしていたというわけではなく，考慮すべきパラメータの数が多いために計算上の挑戦と認識されていたということである．コンピュータの性能と数値解法技術の大きな進展，パラメータ推定問題を定式化する技術の大きな進歩が正規化インバージョンを可能にした．Doherty and Hunt（2010）は，地下水流動モデルへ正規化インバージョンを適用するための詳細な方法論を議論している．多くの GUI には正規化インバージョンの機能がある．以下に主たる原則と手法を述べる．

9.6.1 キャリブレーションパラメータの数の増加

従来からの場当たり的なパラメータの単純化には主観性が内在するため，定量化できない構造的誤差（9.4 節）を生み出す．たとえば，領域区分では，区分的に一定値をとる定数の領域が定義されるため，特性が急激に変化する境界が生み出される．境界をまたいだ急激な変化には地質学的なリアリティーがないことが多く，地理学的な領域境界区分を裏付ける十分な現地データがないのが通例である．その結果，領域が適切に構築されているかどうかについて不確実性がつきまとうことになる．指定した領域があまりに少ないと，観測値がパラメータ推定過程に対して情報を与える能

9.6 正規化インバージョンによる密にパラメータ化されたモデルキャリブレーション

力が低下する．粗なモデル構造には情報の受け皿がなく，そのためキャリブートしたモデルによる予測を偏らせてしまう可能性があるからである．粗なパラメータ化をしたモデルは許容可能な履歴との整合を生み出すかもしれないが，自然界の真の複雑性をパラメータが代理しているというのが実質である．代理パラメータには，その物理的重要性の反映を意図した名前が付けられているが，モデルが良い性能を得るために必要なパラメータの値は使うモデル構造に依存する（Beven, 2009, p. 9）．こうした代理はたとえば，履歴との整合に使用する観測値が予測と同じ種類，同じ期間であるとき，許容可能な予測を生み出しうる．しかしそうではないとき，単純化過程における不自然さが予測精度を低下させ，どの程度低下するかさえわからない．これは，単純化の効果を完全に特徴づけることができないためである（Doherty and Welter, 2010）．密なパラメータ化をするアプローチは，パラメータの過剰な単純化がモデル性能へ及ぼす影響の測定が困難という問題を避ける努力の過程において開発された．先験的にモデルパラメータの数を減らすよりもむしろ，キャリブレーションや予測に使用しうるすべてのパラメータをキャリブレーションパラメータとして保持するわけである．したがって，多くのパラメータを用いることで得られるモデルの柔軟性を維持することに力点が置かれているわけである．柔軟性の考え方によると，より多くの手段でモデルの適合を追求することができる．さらに，観測値に含まれるより多くの情報を抽出することができる．なぜなら，同じキャリブレーションパラメータの制約をめぐって観測値どうしが競合することが少なくなるためである．さらに，より包括的な予測の不確実性（第10章）解析も行いやすくなる．

　密なパラメータ化手法は，時としてモデルの複雑性を追求していると捉えられることがある（たとえば，Hill, 2006）．しかし，モデルの複雑性の定義は簡単ではなく（Gomez-Hernandez, 2006），パラメータの数以上のことを意味する．たとえば，密にパラメータ化したモデルには高い柔軟性があるが，各パラメータが個別の値をもつということとは同義ではなく，結果的に透水係数の場が密に不均質になる．Fienen ら（2009a）のモデルでは，各節点にキャリブレーションパラメータが割り当てられたが，密なパラメータ化によるキャリブレーション後には，比較的単純な3つの領域による概念化に落ち着いた．密なパラメータ化手法が従来の領域区分法に対してもつ利点は，事前に単純な概念化をすることなく，キャリブレーション中に観測値に含まれる情報が考慮されて同定される点にある．しかし，密なパラメータ化手法を適用するには，各パラメータのモデル出力値への影響を評価するために多くのモデル実行が必要となる．したがって目標は，キャリブレーションパラメータが十分な柔軟性を与えることで，最大の情報量がキャリブレーションターゲットから抽出され，かつ構造的誤差が減少することと，キャリブレーションが進まなかったり阻害されたりしない程度にパラメータ数が多いこととの中間地点を見つけることである．この中間点を見つけることはモデル作成の技法の一部であり，現在でも活発に議論されている（たとえば，Hunt and Zheng, 1999；Hill, 2006；Gomez-Hernandez, 2006；Hunt ら，2007；Voss, 2011；Doherty and Christensen, 2011；Doherty, 2011；Simmons and Hunt, 2012；Doherty and Simmons, 2013）．

　密なパラメータ化をするモデルは，モデルの目的に対処するのに見合った詳細さをもっている．たとえば，水理特性の不均一性は予測にとって重要となるレベルの細かさでパラメータ化される．

(a)

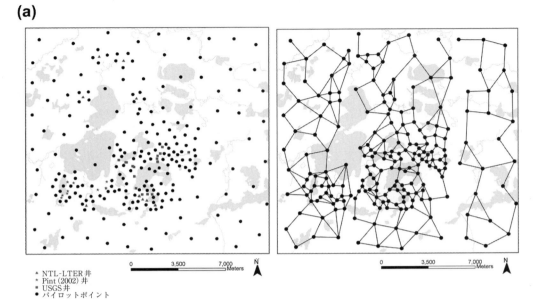

▲ NTL-LTER 井
＊ Pint (2002) 井
■ USGS 井
● パイロットポイント

(b)

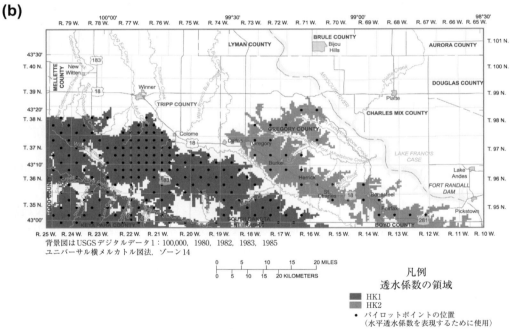

背景図はUSGSデジタルデータ1：100,000，1980，1982，1983，1985
ユニバーサル横メルカトル図法，ゾーン14

凡例
透水係数の領域
■ HK1
■ HK2
● パイロットポイントの位置
（水平透水係数を表現するために使用）

図9.15 パイロットポイント．(a) 流域スケールの地下水流モデルのパイロットポイント（左図）．とり得る均質性にTikhonovの正規化を適用する際の制約条件を計算するために使用したパイロットポイント間の連結（右図）（Muffels, 2008を参照）．(b) 2つの透水係数領域を表すために用いられたパイロットポイントの網．Tikhonovの正規化が同じ領域内のパイロットポイントに適用される（Davis and Putnam, 2013を修正）

それは，高い透水係数をもつ選択流の経路を表現するといったことであり，この場合，輸送シミュレーションにおいて重要となる．ある場合には，対象領域のモデルセル/要素のすべての特性がキャリブレーションパラメータになる（たとえば，Fienenら，2009a）．実際には，逆問題に含むことのできるキャリブレーションパラメータの数には現実的な限界が存在する．したがって，パイロットポイント（Marsilyら，1984；Certes and Marsily，1991；Ramaraoら，1995；McLaughlin and Townley，1996；Doherty，2003；Alcoleaら，2006；Dohertyら，2010a）により計算負荷を減らすのが通例である．この手法では，モデル領域全体にわたって配置された離散地点（パイロットポイント）においてパラメータ値が推定される．パイロットポイントの位置とパラメータ値が割り当てられると，クリッギングといった空間補間（5.5節）を用いて，残りすべての節点もしくは要素にパラメータが割り当てられる．パイロットポイントの数と位置は，計算負荷の低減とモデルの目的達成を勘案しつつ，パラメータの柔軟性と見合うように選択される（図9.15；Box 9.3）．既知の地質境界を表現するためにその領域にパイロットポイントを割り当てることもできる．パイロットポイントを用いた手法は，極端に多数あり得るパラメータ（数十万）と恣意的に少数にしたパラメータ（通常100未満）を用いる従来からの粗なパラメータ化手法との妥協点である．

9.6.2 パラメータ推定の安定化

正規化とは，最も広い意味では，不良設定逆問題を安定化する何らかの仕組みのことである．たとえば，パイロットポイントを用いてキャリブレーションパラメータの数を減らすことは，正規化の1つの形態である．パラメータの数が少ないほどパラメータの推定過程は扱いやすくなるからである．地下水モデルでは主として2つのタイプの正規化が使われる．経験知の追加と問題の低次元化である．これらの方法は単独での使用も可能であるが，組み合わせて用いられることがほとんどである．

9.6.2.1 経験知の追加：Tikhonovの正規化

9.1節において，モデルのキャリブレーションは定量知と経験知の双方からの評価で構成されることを強調した．手動の試行錯誤キャリブレーションと単純なパラメータ推定（9.5節）では，経験知評価が定量知評価とは独立して行われる．つまり，初めに定量知を用いた履歴との整合によってモデルのキャリブレーションが行われ，その後，経験知である水文地質学的合理性から得られたパラメータを評価する．別の見方をすれば，キャリブレーションされたモデルとは，定量知に最も適合し，かつモデル領域で得られる経験知とのずれが最も小さいパラメータをもつモデルである．非公式な表現ではあるが，経験知の「ペナルティ」は，式（9.6）に表される適合度に組み込んだ数式で表すことができる．

$$\Phi_{\text{total}} = \Phi_{\text{hard data misfit}} + \Phi_{\text{soft knowledge deviation}} \tag{9.8}$$

また，以下のようにも表される．

$$\Phi_{\text{total}} = \sum_{i=1}^{n}(w_i r_i)^2 + \sum_{j=1}^{q}(f_j(p)) \tag{9.9}$$

等式の右辺第1項は式 (9.6) から得られる測定値の目的関数であり，重み付き残差の二乗和で計算される．ここで，n 個の残差 r_i は定量知から計算され，w_i はそれぞれに対する重みである．第2項は，経験知からのずれによって生じるペナルティを定量化したもので，j 番目の経験知条件 f_j の q 個の偏差の和で計算される．f_j はモデルパラメータ p の関数である．したがって，キャリブレーションされたモデルは，測定値（定量知）目的関数と経験知のペナルティの両方を最小化することによって見出される．

ロシアの数学者 Andrey Tiknonov は，キャリブレーション過程の初めに経験知を数学的に組み込む手法を開発した（Tikhonov, 1963a, b；Tikhonov and Arsenin, 1977）．これは，Tikhonov の正規化として知られ，パラメータ推定において経験知を定量知と一緒に用いることができる．経験知には，直感的知識，専門的判断，地域の文献値，地質の専門知識といった定性的で，モデル化するサイトに少しでも関わる情報が含まれる．こうした情報は定性的であっても不良設定パラメータ推定問題を安定化させることができるため，特に経験知からの情報タイプがターゲットに含まれないときに，この手法が広く使われる．

Tikhonov の正規化では，測定値目的関数（式 (9.6)）と呼ばれる目的関数を拡張することでキャリブレーション過程の中に経験知を形式的に組み込む．それは，経験知のペナルティ（つまり，式 (9.9) の右辺第2項）を表す正規化目的関数を加えることによってなされる．正規化目的関数は，系に対する経験的な理解を表す取りうるパラメータ条件（たとえば，Doherty, 2003, pp. 171-173）からのずれを表している．したがって，これを最小にすることで経験知のペナルティを小さくすることができる．取りうる条件は，取りうるパラメータ値（たとえば，「この地域は透水係数が 4 m/d と考えられる」）や取りうる差（差がゼロであることはたいてい均質条件を示す）（たとえば，「この2つの地域は同じ特性値と考えられる」）によって表される．推定パラメータが取りうる条件からずれるほど，正規化目的関数は大きくなる．モデルキャリブレーションは，測定値目的関数と正規化目的関数の両方（式 (9.9) の Φ_{total}）を最小化することによって行われ，両目的関数の最小値が得られたとき，逆解析の唯一解が得られる（De Groot-Hedlin and Constable, 1990 を参照のこと）．

唯一解が得られるかどうかは，問題の定式化に直接依存する．よって，観測値の重みや正規化における取りうるパラメータ条件を変化させた場合には，測定値目的関数と正規化目的関数の最小化を再度実行しなければならない．数学的には，正規化目的関数はターゲットとそれに関係する測定値目的関数とは切り離して取り扱われる．よって，Tikhonov の正規化を用いたパラメータ推定は「二重制約最小化」過程である．機能的には，指定される取りうるパラメータ条件は予備的なパラメータ（もしくは，パラメータ間の関係）の値一式であり，観測値に含まれる情報が一意的なパラメータ推定には不十分なとき（たとえば，感度の低いパラメータ），これらの値が適用される．観測値から得られる定量知がパラメータ値の情報を与えてくれるときは，取りうるパラメータ条件からずれても構わない．しかし，こうしたずれは，正規化目的関数の値を増加させるため全体としての目的関数のペナルティが大きくなる．したがって経験知からのずれは，測定値目的関数の大きな

9.6 正規化インバージョンによる密にパラメータ化されたモデルキャリブレーション

減少（ターゲットへの適合度の増加）によって，全体としての目的関数の増加を相殺できる場合に限り許容される．

さらに Tikhonov の正規化では，経験知の制約をどの程度強くするかを決めることができる．これはターゲット測定値目的関数を通じて行われる．この追加的入力（たとえば，PEST では変数 PHIMLIM）により，キャリブレーションで達成すべき適合レベルを制限できる（Doherty, 2003；

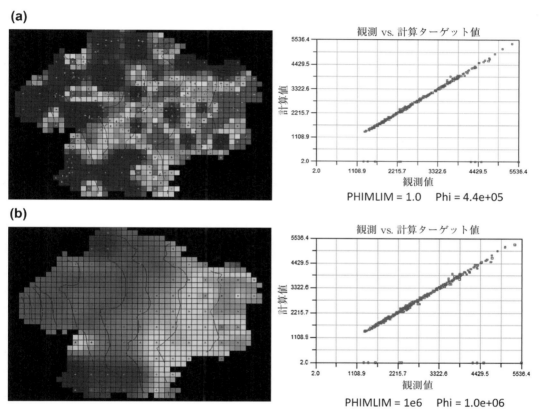

図9.16 Tikhonov の正規化を用いたパラメータ推定の可視化．同じパラメータ推定問題を2つの異なるターゲット目的関数の値（PEST の PHIMLIM 変数）を用いて解析している．(a) ターゲット目的関数が非現実的に低いとき（PHIMLIM=1），経験知が無視され，逆解析の最適性はキャリブレーションターゲットに対するモデルの適合によってのみ決まる（つまり，測定値目的関数 Φ の最小化）．得られるパラメータ場は極端なコントラスト（パラメータの「ブルズアイ」）を示し，これは最適値の探索がチェックされていなことを反映している．(b) ターゲット目的関数が最適な Φ よりも 10% 程度高く設定されると（PHIMLIM=1×10^6），適合の結果はわずかに低下する（水頭の散布図上の1：1線のまわりにわずかに大きく広がることによって示される）．しかし，最適なパラメータ場の不均質性は低下する．不均質性が合理的かどうかは自身が決定しなければならない．両モデルは図9.17のパレート前線の一部と考えることができる（USGS 未公開データを修正）．

Fienen ら，2009b）．ありうる測定値目的関数の最低値よりもターゲット測定値目的関数が非現実的に低い場合（図 9.16(a)），経験知への制約の強化は弱い．このとき途方もなく極端なパラメータ値を与えうる．ターゲット測定値目的関数を大きくすると，経験知への強化が強くなり，結果として得られるパラメータ場は滑らかになる（図 9.16(b)）．実際は，最初の計算においてターゲット測定値目的関数を非常に小さい値に指定することで経験知の影響を最小にし，定量データへの最良適合を得る（たとえば，図 9.16(a)）．次に，測定値目的関数の最適値を用いてターゲット測定値目的関数を推定し，その値は最適値よりもいくぶん大きくなる（たとえば，およそ 10％大きい，図 9.16(b)）．

9.1 節で記述した話題からわかるように，経験知に寄せる信頼度によっては，キャリブレートされたと見なすことのできるモデルは多数ある．経験知と定量知のトレードオフをパレート前線によって図示できる（図 9.17）．パレート前線は経済学分野でよく用いられ 2 つの目的を同時に達成できないときのトレードオフを表現する．図 9.17 では，経験知を優先した条件でのキャリブレーション（y 軸上の最小値）では最悪の適合性を示し（つまり，x 軸上の最大値），一方，定量知を優先して履歴との整合が最適となるキャリブレーション（x 軸上の最小値）では経験知のずれが最大となる．パレート前線から選択される最適モデルには，定量知と経験知との最適なトレードオフについての主観的判断が反映されており，これがモデリングの技法的側面の本質である．ほとんどの地下水モデルでは，パレート前線の両極値はともに最適ではないと見なされる．あまりにも良すぎる履歴との整合は，自然系の特性というよりも現地測定値のノイズやモデルの不備を反映しており，過剰適合であるという．パレート前線のもうひとつの極値では，ターゲットから得られる定量知が許容できないほどに減少し，モデル作成者の系に対する事前のイメージに支配される．こうしたモデルは過小適合であるという．適切にこれらがつり合った状態にあるとき，経験知による制約によって最適パラメータ場が規定され，キャリブレーションターゲットによって裏付けられるよう

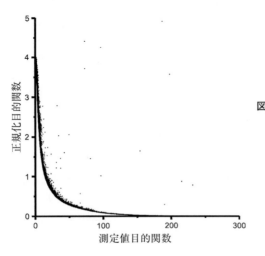

図 9.17　パレート前線．同じモデルに対する Tikhonov の正規化逆解析による複数のキャリブレーション結果を点に示す．点が集まって「前線」に沿った黒太線となる．キャリブレーション間の違いは，パラメータ推定における経験知による制約の強さのみである．パレート前線は完全なモデル適合（x 軸上のゼロ）と経験知の完全な順守（y 軸上のゼロ）との間にある固有のトレードオフを示す．「最適」モデルは，パレート前線に沿った多くのキャリブレーション結果から 1 つを主観的に選択したものである．

9.6 正規化インバージョンによる密にパラメータ化されたモデルキャリブレーション

な不均質性が反映される．したがって，ターゲット測定値目的関数の変化により次のことを評価できる．すなわち，概念モデル構築のために活用した経験知に基づくパラメータの初期設定値からのずれが，観測値により裏付けられるのか，水文地質学的に現実的なのかということである（たとえば，Fienenら，2009b）．いい換えると，自然界の複雑性はけっして知ることができないが，Tikhonovの正規化により，数学的な正当性をもって，観測値の裏付けが得られる限りにおいてパラメータに複雑性をもたせることができる．

Box 9.3　パイロットポイントによる効果的なパラメータ化のこつ

パラメータ化に用いるパイロットポイントの配置を決める普遍的規則はない．しかし，Dohertyら（2010a）は，パイロットポイントによるパラメータ化の数学的分析に基づいて以下を提案している．

1. 一般にパイロットポイントを均質に配置することで，モデル領域全体が最小限覆われていることを保証する．その後，対象領域にパイロットポイントを追加配置する．単一のパイロットポイントは大きな領域を表すことができないため，パイロットポイント間が大きく離れないようにする．間隔は問題領域の水理特性の不均質性に関する特性長と同等，あるいはそれ以上にする．
2. 水平方向の透水係数推定のためのパイロットポイントは，地下水勾配の方向に沿って観測ターゲット間に配置しなければならない．
3. 帯水層試験データが利用可能な井戸にパイロットポイントを配置する．帯水層試験結果から得られた水理特性の推定値は，初期値や取りうるパラメータ値として利用できる．
4. 貯留パラメータを推定するためのパイロットポイントは水頭変動が測定されてきた地点に配置する．
5. 透水係数を推定するためのパイロットポイントは流出境界と上流の観測井の間に配置する．
6. キャリブレーションターゲットの密度が高い場所では，パイロットポイントの密度を増加させる．しかし，透水係数の「ブルズアイ（bulls eye）」を最小にするために，水頭観測値のある地点には配置しない．（訳注：透水係数の推定値が局所的に特異な値をとる様子をその見た目から「ブルズアイ」と呼んでいる）
7. パイロットポイントの数が計算資源によって制限されるとき（たとえば，順計算時間が長い，計算資源が乏しい），加圧もしくは半加圧単元の鉛直透水係数を表現するためのパイロットポイント数は減らし，水平透水係数のための数を増やすことを考える．

パイロットポイントは区分領域（5.5節）に配置できる．多くのパイロットポイントを置くことができる区分領域もあれば，1つのみの場合もある．単一のパイロットポイントが区分領域に割り当てられるとき，その領域内の各節点に1つの値が割り当てられるため，パイロットポイントのパラメータは区分的に一定値をとり，パイロットポイントの位置には依らなく

なる．1つ以上のパイロットポイントが1つの区分領域内に配置されるとき，パイロットポイントから節点位置への空間補間および関連した正規化（9.6節）は区分領域の境界を越えては行われない．

9.6.2.2　次元を下げる：部分空間の正則化

Tikhonovの正則化では数値的安定性のためにキャリブレーション過程に情報を追加するが，これとは対照的に，部分空間法ではパラメータを差し引いたりまとめたりすることでヤコビ行列の次元を下げて数値的安定性を実現する（Asterら，2013）．ターゲットにより十分制約されるパラメータおよびそのパラメータの線形結合のみが推定される．どのパラメータを推定するかは，ヤコビ行列の特異値分解（SVD：singular value decomposition，Box 9.4）によって自動的に決定される（たとえば，Moore and Doherty, 2005：Tonkin and Doherty, 2005）．

SVDをモデルキャリブレーションに用いる上では，理論的基礎の理解は不可欠ではないが，SVDに関連する用語に慣れるためにここで若干説明する．SVDでは線形代数による行列分解を行う．最大の信号エネルギー（観測値からの情報）をなるべく少ない係数（キャリブレーションパラメータ）に伝えるので，工学，信号処理，統計での適用に広く用いられている．9.5節を思い出そう．ヤコビ行列は感度係数（式（9.7））から成り，これがすべてのパラメータ（つまり，基底パラメータ）をすべての観測値と関連づけていた．SVDはヤコビ行列上で作用し，パラメータ空間をパラメータの線形独立結合に分割する．これらの結合のそれぞれに特異値と呼ばれる因子を乗じて足し合わせ，全体のパラメータ場を再現する．このように，特異値は，すべてのキャリブレーションパラメータ一式からの線形結合（ここではこれを基底パラメータと呼ぶ）により数を減らして作られる線形結合のセットを構成する．

通常，特異値は降順に示される（つまり，添字1の特異値の方が添字2の特異値よりも観測値に含まれる情報により強く拘束されている）．実際，小さな値の添字の特異値に関連するパラメータは空間的に平均化されたパラメータを表す傾向にあり，大きな値の添字の特異値に関連するパラメータは局所の詳細を表すことが多い．SVDの後には特異値の打ち切りが行われる．指定した閾値（つまり，小さな値の添字）より大きな特異値に関連するパラメータ結合は観測値による裏付けがあると見なされ解空間に割り当てられる．ターゲットから推定することができない（つまり，感度の低い）パラメータとパラメータ結合は解空間には含めず零空間に割り当てられる（**図9.18**）．零空間に存在するパラメータあるいはパラメータ結合は観測からの情報が与えられていないと見なされ，キャリブレーション中は指定した初期値が維持される．したがってSVDを用いるときには，水文地質学的に妥当な初期パラメータ値であることが重要である．個々のパラメータよりもパラメータの線形結合を用いると，相関性のあるパラメータと組み合わせることを通して，個々には推定ができない相関性のあるパラメータを推定できる．このように，SVDは自動的に感度の低いパラメータと相関性のあるパラメータを考慮することができる．SVDでなければ，9.4節，9.5節で述べた方法により手動で行わなければならない．

9.6 正規化インバージョンによる密にパラメータ化されたモデルキャリブレーション

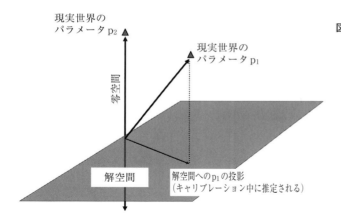

図 9.18 一連のキャリブレーションターゲットによって定義される 2 つのパラメータ（p_1 と p_2）と解空間，零空間の関係の模式図．どちらのパラメータも解空間平面上にないため，パラメータは観測値によって完全に拘束されていない．パラメータ p_1 は部分的に観測値によって情報を与えられている．したがって解空間への投影が可能でパラメータ推定を用いて推定することができる．しかし，パラメータ p_2 は解空間に投影できないため，キャリブレーションターゲットを与えても推定することができない（Doherty ら，2010b）．

パラメータの組み合わせがあまりにも多い（特異値が多すぎる）場合は，問題は不良設定のままであり数値的に不安定となる．推定パラメータ数が少なすぎる場合は，モデルの適合性は不必要に悪くなり，予測誤差は最適パラメータモデルの場合よりも大きくなる．たとえ特異値の数が適切な場合でも，SVDはかまわず最適な適合の探索を行う（Doherty and Hunt, 2010）．したがって，SVDを単独で用いると結果は過剰適合となり，地質学的な現実性を欠いたキャリブレーションパラメータ場を生み出してしまう．そのため，SVDはTikhonovの正規化と併せて用いられることが多く，経験知の制約により地質学的に現実的なパラメータ分布を生み出せる．2つの手法が組み合わされると，Tikhonovの正規化の下で経験知により適合度が制御され，無条件に安定な逆解析問題として適合計算が行われることになる（Box 9.4）．

Box 9.4 「非常に価値のある分解」[*1] — 地下水モデルでの利点

多数のパラメータがモデルに追加されるとき，感度の低いパラメータや他のパラメータと高い相関性を有するパラメータがある．そのため，モデルの目的のために重要なパラメータであっても，それが同定可能（利用可能なキャリブレーションターゲットが与えられたときに推定できる）であることを意味するわけではない．Doherty and Hunt（2010）は，キャリブレーションターゲットから何が推定でき，何が推定できないのかを検出する優れたキャリブレーションツールが必要であると述べている．このツールは，何が除外できて，何が除外できないのかをユーザーの介入なしにすべて自動で推定できなければならない．特異値分解（singular value decomposition, SVD）はこうしたツールであり，Kalman（1996）は「非常に価値のある分解（singularly valuable decomposition）」と好意的に呼んでいる．

SVDは行列を小規模な独立線形近似のセットに分解し行列の背後にある構造を表現する方法である．そのため部分空間法と呼ばれる．この方法は画像処理といった作業に広く利用され，たとえば，日常的な経験としては，インターネットブラウザーで画像の解像度が逐次更新されるのに利用されている（図 B9.4.1）．このようにSVDは，全画像のダウンロードを待

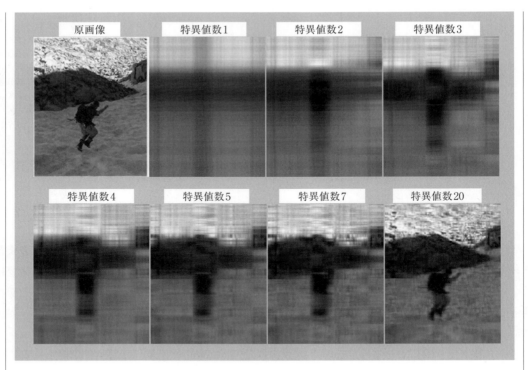

図 B9.4.1 写真画像の特異値分解．行列が完全に既知のとき（240 ピクセル/画像の特異値），行列には最高の解像度が反映され，最大数の特異値が視覚的に示される．参考までに，20 個の特異値をもつ画像は，上段左側のオリジナル画像に含まれる情報の 10% 以下の表現であるが，十分な情報を含んでおり主題を簡単に同定できる．同様の考え方を地下水問題に適用できる．特異値の数が少なすぎると不必要に粗くぼやけた地下水系の表現となってしまう．キャリブレーションデータセットの情報量が増加すると，データの裏付けがある多数の特異値を含ませることができるため，鮮明な「絵」で地下水系を表すことができる．実際には，ほとんどの現地観測は，地下特性の比較的ぼやけた描写を手助けする程度である（Doherty and Hunt, 2010 より，画像と SVD 過程は Michael N. Fienen, USGS による）．

つよりも早くに，むしろぼやけた画像からでも素早く有用な情報を逐次提供する．

　地下水モデルのキャリブレーションという文脈では，SVD は逆問題を詳細に解く（すべてのキャリブレーションパラメータで表す）というよりもむしろ，問題の簡単化した表現を活用する．観測値の特定の組み合わせが固有の情報を提供し，パラメータの線形結合も生み出すことができることがわかっている．画像処理の例と同様，部分空間は地下のぼやけた見え方を表しているが，同時に情報をもつ観測値の組み合わせ（解空間）が出尽くすところも定義し，したがって推定できないパラメータの組み合わせ（零空間）も定義する．SVD に基づくパラメータ推定では，感度の低いパラメータはその初期値を固定しパラメータ推定にこれらを用いない．したがって，解空間のパラメータの組み合わせがキャリブレーション過程の核心となる．推定できるパラメータの組み合わせのみがパラメータ推定において用いられる

ため，逆問題の解は一意的となり無条件に安定である．SVD-Assist（9.6 節）などにある超パラメータとして知られるパラメータの組み合わせを用いることによって，ヤコビ行列のサイズを小さくすることで処理時間を短くできる．

＊1　Kalman, D., 1996. A singularly valuable decomposition: The SVD of a matrix. College Mathematics Journal 27（1），2e23.

9.6.3　パラメータ推定過程の高速化

SVD は，キャリブレーションにおいて無条件に安定で一意な解を与えてくれるが，パラメータ推定の反復計算ごとに完全ヤコビ行列が計算されるため，高い計算負荷を必要とする密にパラメータ化した手法の計算負荷は緩和されない．完全ヤコビ行列の計算に必要なモデルの最小実行回数はキャリブレーションパラメータの数+1 に等しい（9.5 節）ということを思い出そう．幸運なことに，パラメータ推定は「厄介なほどに同時並行な」問題である（Foster, 1995）．つまり，ヤコビ行列構築のためには，他のすべてのパラメータから独立して各パラメータを摂動させるため，その計算を始めるにも終わるにも，他の計算からの情報を必要としない．複数のプロセッサに計算を配分し，ヤコビ行列とパラメータの更新探索を同時に計算させることによって（たとえば，Schreuder, 2009；Doherty, 2014a），全計算時間を大きく高速化させることができる．計算管理と計算のネットワーク化の進歩により，単一パソコン上の複数のプロセッサコアや，より大きな問題に対しては，インターネット上（たとえば，Muffels ら，2012）やクラウド計算環境（Hunt ら，2010）に計算を配分させることができる．

単純にコンピュータの数を増やしてパラメータ推定を行う力ずくの方法に加えて，SVD-Assist（SVDA）を用いて SVD 自身を高速化することができる（Tonkin and Doherty, 2005）．この場合，初期パラメータ値から計算されるヤコビ行列により一度だけ解空間と零空間が定義される．パラメータ推定の開始前に，超パラメータ（superparameter）のセットを感度により定義する．この感度は，SVD を用いて完全なキャリブレーション（基底）パラメータ値から計算される．これにより，全パラメータ空間を基底パラメータの全セットと関連する解空間の部分集合に縮小することができる．SVD からの導出では，観測値ターゲットによって情報を与えられたパラメータの線形結合から超パラメータが構成される．これによりパラメータ推定を顕著に高速化できる．一度 SVD によって超パラメータが定義されると，その数は基底パラメータより少ないものの，あたかも通常の基底パラメータのように推定することができるためである．ヤコビ行列の微分係数が基底パラメータよりも少ない数の超パラメータを用いて計算されるわけである．しかし非線形性のために，最終的な最適パラメータから計算されるヤコビ行列は初期値からのそれとは明らかに異なる．両者に十分差があるときは SVDA の根底にある仮定が成立しないことになる．つまり，初期値から定義される超パラメータが最適値からのそれを近似していないためである．その場合，初期の SVDA 実行に続き，キャリブレートされたパラメータ値からヤコビ行列を再計算，超パラメータを再定義し，新しく定義した超パラメータによりもう一度 SVDA パラメータ推定を実行する．パラメータ

推定コード（PEST++，Welter ら，2012）は再線形化と特異値の再定義を自動化しており，こうした確認をしなくてもよい．

　超パラメータの数は十分に少なくすることができるため，良設定の逆問題（9.5 節）に対する従来のキャリブレーションを用いて推定できる．しかし，ほとんどの場合，Tikhonov の正規化（基底キャリブレーションパラメータに適用されるデフォルトの条件下において）は，SVDA と Tikhonov を組み合わせたパラメータ推定（図 9.19）に含まれる．Doherty and Hunt（2010）はこれを望ましい方法としている．理由は，(1) 大部分のパラメータ推定のための反復計算回数は超パラメータの数と関連があるため，計算時間が大幅に削減される；(2) Tikhonov の正規化の制約を同時に適用することによって，パラメータ推定過程に経験知を差し挟むことができ，キャリブレーションターゲットに対する最適値探索を制御することができるからである．SVD と SVDA はいくつかの GUI やコード（PEST++，Welter ら，2012）に組み込まれており，ユーティリティソフトウェアも入手可能である（たとえば，SVDAPREP, Doherty, 2014a）．地質学的に現実的なパラメータ場を得るのに要する速度と得やすさとは補完的に増加する．そのため水文地質学的に妥当な密

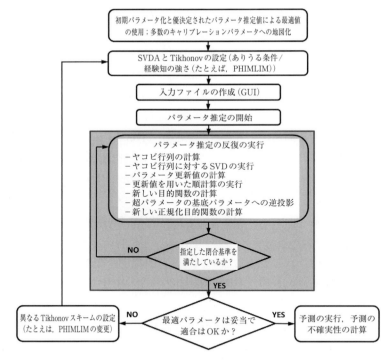

図 9.19　SVD-Assist（SVDA）/Tikhonov の正規化のハイブリッド法によるパラメータ推定の一般的な作業手順．陰影部は，ユーザーの介在なしにパラメータ推定コードにより内部的に実行されるステップ．非陰影部のステップはユーザーの作業が必要である．経験知と定量知へのモデル適合の間のトレードオフは，Tikhonov の正規化における目的関数を変化させることで調整する（PEST での PHIMLIM パラメータ）．（SVD，特異値分解）

にパラメータ化した地下水モデルを得る方法としては，SVDA/Tikhonov のハイブリッド的方法が現時点では最も効率的で数値的に安定した方法である．しかし，水文地質学的な妥当性を構成する要素を決定するのは主観であり（たとえば，図 9.17），図 9.19 に示すようなループで反復計算を行い，交互に Tikhonov の正規化を施して経験知と定量知のトレードオフが改善される（たとえば，図 9.16）．

9.7　キャリブレーションとモデル性能評価の作業フロー

　モデルキャリブレーションは，履歴との整合とパラメータの合理性評価から成るが，本質はモデル性能の評価である．地下水モデルはけっしてその妥当性が証明されることがない，というのは大方が受け入れるところである（Box 9.5）．したがって，キャリブレーションはモデルの性能評価の基本的な方法である．地下水モデルのキャリブレーションは手動の試行錯誤による履歴との整合から始まる（図 9.1）．続いて，自動の試行錯誤による履歴との整合（パラメータ推定，図 9.9）を行う．キャリブレーションの一般的な作業手順では，まず初めに，透水係数，涵養量，漏水性/抵抗性パラメータに焦点を当てて定常状態のキャリブレーションを行う．非定常モデルが必要な場合は，定常状態のキャリブレーションの後に，別途非定常モデルをキャリブレートするのが一般的で，履歴との整合は貯留パラメータのみを調整することによって行われる．非定常の履歴との整合で主に着目するのは，ターゲットの時間差（9.3 節）である．適合度は，系の動態（図 7.11；図 9.4(a)，(d)）を表現できているかにより判断される．そのため，履歴との整合において，定常状態のキャリブレーションから継承した系統的なモデル出力の不適合性を改善する必要性はない．定常状態と非定常状態を別々にキャリブレーションすることによって，貯留パラメータのみの調整で非定常の観測値ターゲットに適合させられる場合，非定常キャリブレーション中に定常状態の最適状態が劣化することを防ぐことができる．さらに，非定常モデルで推定されるキャリブレーションパラメータの数は貯留パラメータに限定される．定常モデルよりも非定常モデルの順計算にかなり長い計算時間を要することから，非定常キャリブレーションパラメータの数は少ないことが望ましい．キャリブレーションを別々に行う手法が満足いく非定常の履歴との整合を生み出さない場合もあるが，このような場合は定常状態と非定常状態のモデルを同時に実行し，定常・非定常の観測値の両方を含む合成目的関数を用いて出力値を評価する．

> **Box 9.5　コード/モデルの検証と妥当性評価**
>
> 　モデルのキャリブレーションを議論するとき，検証（verification）と妥当性評価（validation）という用語がよく使用される（1.5 節）．21 世紀のモデリング事情とキャリブレーションに利用できる新しい方法（9.5 節と 9.6 節）を考慮すると，ほぼ不必要な概念区分となりつつある．そうではあるものの，引き続きこれらの用語は使用されているため（たとえば，

Moriasiら，2012；Anderson and Bates, 2001；Beven and Young, 2013）．ここでは応用地下水モデリングの文脈の中でどのようにこれらの用語が使用されるのかがわかるように議論する．

コードの検証は，コンピュータプログラム（コード）が偏微分方程式の解を正確に求めることができるように正しく記述されているかを立証することを指す．現在利用されている地下水モデリングのコードのほとんどは，開発者によってコードの検証がされているので，ユーザーがコードの検証をする必要はない．普通はユーザーマニュアルにコードの検証結果が記載されている．

モデルの検証への関心（コードの検証とは対照的に）は，河川流のモデリングにおいて慣習的に実施していたサンプル分割法（split sample method）を用いた現場観測値のグループ分割に端を発している．観測値のある部分は特定期間のモデルキャリブレーションに利用され，別の部分がキャリブレートされたモデルの検証に利用される．地下水モデルもある期間でキャリブレーションを行い，別の期間で「検証」することが推奨されることがある．あるいは，期間の長さを変えて異なる水理条件（たとえば年平均水頭と短期間の帯水層テストの水頭）での検証や，キャリブレーションされた水頭やフラックスが，別の独立変数である濃度（溶質移動モデルを用いて）や温度（熱移動モデルを用いて）などを妥当に再現できるのかを検証することが推奨されることがある．しかし，Doherty and Hunt（2010）は，こういった検証により，キャリブレートされたモデルが現場条件におけるシステムの応答をある面では再現できることを示すことができる一方で，検証に使用するよりもキャリブレーションに使用する方が，価値が高いことを指摘している．たいていの場合，留保していたデータから引き出せる確信は，残る不確実性に圧倒されてしまうのである．非一意性と不確実性は，より多くそして多様なターゲットをキャリブレーションに含むことにより，小さくすることができる．したがって，データを使用しないことで履歴との整合（および最終的にキャリブレーションされたモデル）の性能は低下する．9.6節で議論した考え方を利用すれば，検証のために留保していたデータを含むことにより，パラメータの解空間に次元を追加することになり，その結果，零空間の次元を減らすことになる．データが乏しいときには不確実性の幅が広くなり，これはデータがないことの不可避的な帰結である．したがって，ほとんどの地下水モデリングプロジェクトでは，検証がモデル性能の信頼性を増すことにつながらない．むしろ，すべての観測値を用いたパラメータ推定に時間と資源を費やし，それに次いで予測の不確実性解析をした方がよい．

モデルの妥当性評価は，モデルはある意味では「正しく」，正確（妥当）な予測をすることができるかどうかを検討することである．20世紀には，特に，高レベルの放射性廃棄物の地層処分サイトの選定において，妥当性評価のプロトコルを確立しようとする試みがあった．しかし，非一意性と不確実性への懸念から，モデルの妥当性は評価できないという現在の見方に至っており，妥当ではないことがいえるだけである（たとえば，Konikow and Bredehoeft, 1992）．さらに，あるレベルの確信度で妥当ではないことがいえるだけである（Oreskesら, 1994；Oreskes and Belitz, 2001）．要するに，妥当性評価はパラメータの推定と予測の不確実

性といった他のタイプのモデル性能評価に取って代わられつつあるということである．こういった性能評価によりモデルの確信度を強化することができる一方で100％モデルが正確であることを保証することはできないと認識されている．むしろ，目的に対するモデルの適合度の評価が目標であり，適用先に条件付きでの利用に適しているかどうかを評価することになる（Beven and Young, 2013）．Doherty（2011）に状況がよくまとめられている．「予測をするとき，モデルは正解さを約束できない．しかし適切に構築されたモデルであれば，正解さが不確実性の範囲内にあることは約束でき，不確実性の範囲を構築することがモデルの責務である.」

　単純な方法のみでパラメータ推定をした場合（9.5節），手動の経験知を用いて最終的にキャリブレートされたパラメータの合理性を評価しなければならない．ほとんどの応用モデリングで好まれる手法は，パラメータ推定法に形式的に経験知を含むTikhonovの正規化とともにPESTを用いる方法である．SVDは解の安定化を助け（9.6節），キャリブレーションを高速化する．さらに，最新のコンピュータには複数のプロセッサがあるため，1つのコンピュータで並列処理（複数の作業者を動かすことに相当）が可能である．ほとんどのパラメータ推定コードには並列処理能力があるので，パラメータ推定の並列的処理過程を大いに利用することができる．複数のネットワーク化されたコンピュータを専売権付きソフトウェアの並列処理に利用するとき，コンピュータの追加のたびに適切なソフトウェアライセンスを確保しなければならない．オープンソースソフトウェアではそういったライセンス上の心配なしに，複数のコンピュータにコピーできる．

　キャリブレーションの結果は文書化する必要があり，要約統計量（定常状態モデルではME，MAE，$RMSE$，式（9.1）-（9.3）；非定常モデルではNS，式（9.4），図9.4(a)），観測値と計算値のプロット（図9.5，図7.11），位置と残差の大きさを示す地図と空間プロット（図9.6），水収支計算値の評価（図7.58(b)））を報告する．要約統計量と残差プロットは重みなしの残差を用いて表現する．観測値からの真のずれを表すことができ，主観で選択される重みによって曖昧にならないためである．観測値ターゲットのランキング（重み，たとえば表7.1）とキャリブレーションパラメータの選択の両方を報告し議論する必要がある．また，経験知をどのようにキャリブレーションに含めたかも議論すべきである．Tikhonovの正規化を使用したときはパレート前線図が助けとなる（図9.17）．

　モデルの性能評価では，概念モデルにおけるデータとのずれと不確実性，および数値モデルの限界も同定しなければならない．観測値と計算値の散布図（図9.5）と残差の空間分布（図9.6）を検討することによって，どうしても生じるターゲットと不適合と残差の空間的時間的分布を評価する．選択した概念モデルの性能評価ができる統計ツールも利用可能である（**Box 9.6**）．こういった検討から最適モデルが不適当と結論される場合，根底の仮定や概念モデルが不適切か，キャリブレーションターゲットがサイトの水文地質学的条件を代表していないと考えられる．不十分なキャリブレーションモデルに基づいた予測の有効性は疑わしい．概念モデルの重大な欠点が疑われる場

合には，代替の概念モデル（1.6節）の検討を決断するかもしれない．代替の概念モデルでは，利用可能なデータと系についてわかっていることという制約のもと，系の他の妥当な表現に評価を拡張することができる．1つまたは複数の新しい概念モデルが，新しい，あるいは改良された数値モデルの基礎になりうる．それぞれの新しいモデルでキャリブレーションを含めたモデルの評価過程を再開する．パラメータ推定の利点は，効率的かつ数学的に厳密な形で任意の概念モデルの定量的な最適適合を同定できる点にあり，概念モデルの欠点が明白になることである．したがって，パラメータ推定は1つ以上の概念モデルの検討を容易にしてくれる．代替の概念モデルは，元の概念モデルに取って代わり，より望ましい予報シミュレーションの基礎となるかもしれない．あるいは第10章に示すように，予報の不確実性を示すために複数の概念モデルを持ち越すこともある．応用モデリングにおいて不確実性評価は重要な要素となりつつある．

　過去にはキャリブレーションされた1つのモデルの結果報告が標準的であったが，今では，概念モデル，キャリブレートされた数値モデル，予報条件について何らかの不確実性の表現も含めるべきことが広く認識されている．不確実性解析は第10章において詳述する．

Box 9.6　さらなるパラメータ推定ツール

　パラメータ推定に備わった定量的枠組みは，9.4節〜9.6節でみてきた手法を越えたモデル評価を可能とする．ここでは，さらに2つの統計的計量法，(1) パラメータと観測値の影響，(2) 大域的感度，を簡潔に説明する．両者とも現在入手可能なソフトウェアに含まれているが，本章に示した方法と比べると広くは利用されていない．パラメータ推定は研究活動が活発な領域であり，こうした多くのツールは，最終的に標準的なモデルソフトウェアのツールキットの中に組み込まれるだろう．

　パラメータ推定の目的は，手動の試行錯誤キャリブレーションで観測値に付した重要度（ランキング）を維持することである（9.5節）．キャリブレーションを始める前に，観測値がパラメータに作用する影響力を計算することができる（たとえば，Hill and Tiedeman, 2007, p. 134；PEST の INFSTAT ユーティリティー Doherty, 2014b）．この情報により，パラメータ推定過程を支配しうる観測値を同定することができ，その影響がモデルの目的と一貫性があるかを評価できる．観測値があまりにも大きな影響力をもつ場合には，重み（9.5節）を減らして影響を小さくすることができる．キャリブレーション後に，パラメータ値が現地の代表値と考えられる値の範囲外にある場合，結果を疑うことができる．どのパラメータが妥当な範囲外の値を用いると観測値によく適合したのか，という情報はキャリブレーション評価の助けとなりうる．Yager (1998) は統計手法 DFBETAS (Belsley ら, 1980) の使用を記述している．これは観測値が1つのパラメータに及ぼす影響を統計的に測る．この情報により，推定パラメータへの影響度の順に観測値をランキングできる（たとえば，Hunt ら, 2006）．PEST ソフトウェア一式 (Doherty, 2014b) に組み込まれている SSSTAT ツール（9.6節で述べた部分空間法を用いている）は，劣決定の逆問題で観測値がパラメータへ及ぼす影響を

追跡するために設計されている．

　感度係数（式（9.7））は局所的な感度を計測する．任意のパラメータ値の周りの小さなゆらぎ（摂動）に基づいているためである．局所的感度は，計算効率がよい一方で，線形性も仮定している．これは，1つのパラメータセットに対して計算された感度係数が入力と出力のありうる全範囲に対して適用されることを意味する．しかし，これが良い仮定でないこともある．大域感度解析（たとえば，Saltelli ら，2008）は広範囲にわたるパラメータ値の非線形な感度を取り扱う．Mishra ら（2009）によると，大域感度解析は，全体的な不確実性および極端な予報を引き起こす要因に影響を及ぼすパラメータを決定するのに最適である．

　Mishra ら（2009）は，大域感度解析と局所感度解析，および，これらを"橋渡し"するような Morris の方法（Morris, 1991）の結果を比較した．大域感度解析はより計算強度が強く，事前には必要計算回数がわからない．非線形性の程度やパラメータの数といった問題ごとに決まる要因に依存するためである．実際的な代替法は，「空間次元の低次化，過程の単純化，専門的判断に基づく鍵となるパラメータの選別などにより，モデルを単純化」して次に続く作業につなげることである．もう1つの橋渡し的方法は，局所感度解析の分布型評価の統計である（Rakovec ら，2014）．このような手法から得られる洞察により，モンテカルロ法といった直接サンプリングに基づいた不確実性解析がより効率的になる．

9.8　よくあるモデリングの誤り

- モデルの設計と構築に時間と労力をかけすぎ，キャリブレーションの開始が遅すぎて，プロジェクトの時間も予算も尽きかけてしまうこと．結果として，最終モデルでは許容できる履歴との整合が得られず，非合理的なパラメータのままである．
- 要約統計量（たとえば，MAE の限界値）が満たされただけでキャリブレーションが完了したと見なしてしまうこと．あるいはその逆に，要約統計量が満たされないという理由で適切なモデルを破棄してしまうこと．
- 履歴との整合を実施してキャリブレーションが完了したと見なしても，最適化されたキャリブレーションパラメータに非合理な値が含まれていること．
- モデル化の目的から定量的な最適適合が要請されているにもかかわらず，履歴との整合が手動の試行錯誤のみでなされていること．モデルのキャリブレーションにパラメータ推定を含まなければならない．
- パラメータ推定でキャリブレーションターゲットに割り当てられる重みが，手動の試行錯誤による履歴との整合において用いた重みを反映していないこと．その結果，判断した観測値の重要度がパラメータ推定の結果に反映されない．
- 過度に単純化されたモデルが生み出す履歴との整合を許容することで，観測値に含まれる情報を十分活用できず，モデルの予報能力を低下させること．

- パラメータ推定に使用された初期のモデルが非常に複雑で，手動の試行錯誤によるキャリブレーションによって検討されていないこと．モデルは系の複雑性の理解を容易にすべきものであって，それを作り出してはいけない（Saltelli and Funtowicz, 2014）．
- 計算アルゴリズムから得られたという理由のみでパラメータの結果を受け入れ，評価していないこと．パラメータ推定の結果は水文地質学的合理性に照らして検証しなければならない．
- パラメータ推定の統計解析に時間と労力をかけすぎて，予報とそれに関連した不確実性解析といったモデルの主目的に費やす時間がまったくあるいはほとんど残されていないこと．
- 不良設定問題に対してSVDが使用されておらず，パラメータ推定によって最適適合が見つけられていないこと．
- 何らかの形式での正規化（たとえば，Tikhonovの正規化）を付け加えることなくSVDが使用されること．これによって，合理的な範囲内の値では無視してよいほど悪い適合しか生み出さないモデルで，合理的な範囲外のキャリブレーションパラメータを最適適合として報告してしまう．

問　　題

第9章の問題は，試行錯誤と自動化された履歴との整合を利用してモデルのキャリブレーションを行う経験ができるように設計した．これらの問題で得られた最適モデルは予報と予報の不確実性解析のために第10章の問題で用いられる．

9.1 砂礫不圧帯水層の平面2次元モデルを設定しなさい．問題領域の大きさは1500 m×1500 mである（**図 P9.1**）．一律に100 mの節点間隔としなさい．モデルの目的は井戸M（図P9.1）の計画揚水による水頭と河川流量への影響を予測することである．下流農地は河川水灌漑に依存しているため，河川流量に及ぼす揚水の影響が最小になることが望ましい．

　問題領域の北，東，西側境界は不透水性基岩を表現するために非流動境界となっている．南側境界は底面が礫，東に向かって傾斜した100 m幅の水路であり，流域外へ水を運ぶ．大量の漏水が連続的に水路から生じている．漏水は，モデル領域南側の水路の多くの点から問題領域に流入する（図P9.1参照）．モデルの北側境界のちょうど南側にある東向きに流れる河川は幅100 mである．図P9.1中の点で平均水位（海抜 m）が与えられている．河川の平均水深は2 m，2 mの砂と細礫から成る底部の鉛直方向透水係数は30 m/dである．河川は，「地下水に寄与しない領域」（図P9.1）と示した領域の不透水性基岩の露頭に隣接して流れている．領域全体は平均日0.0001 m/dの涵養を受けている．

　図P9.1に示す井戸の掘削記録には，地表から帯水層底部まではシルトと粘土の孤立したレンズを伴う沖積性の砂と礫から成ることが示されている．井戸NとE（図P9.1）の地質学的検層は50%以上のシルトと粘土を示し，氾濫原堆積物および河跡堆積物と解釈される．砂礫に埋設した井戸の帯水層試験から透水係数は30～120 m/d，平均75 m/d±40%である．河川への定常状態での地下水流出

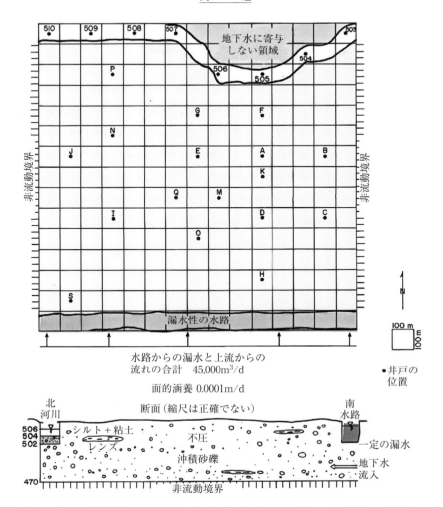

図 P9.1 不圧砂礫帯水層の平面図と断面図．問題領域の面積は 1500 m × 1500 m，節点間隔は 100 m の等間隔である．問題領域の北側境界に沿った不透水性基岩と河川の北側は河川に水を供給しない．数値は河川水位の海抜（m）を表す．アルファベットの文字は揚水井と観測井（表 P9.1）を示す．断面図は 9 列目の南北方向に沿ったものである．標高は海抜（m）で示されている．

量は 45,550 m³/d ± 10%，河川から帯水層への流入量は 350 m³/d ± 10% である．キャリブレーションターゲットに使用される水頭の全測定値（**表 P9.1**）は，約 ±0.002 m の測定誤差と ±0.02 m の測量誤差を含む．

a. 地質学的検層（上記）の情報を用いて，透水係数の領域区分を描きなさい．そして，平面 2 次元モデルについて，手動の試行錯誤による履歴との整合により，表 P9.1 の定常状態の水頭と上記の河川フラックスに対してキャリブレーションを行いなさい．領域数と領域に割り当てた透水係数の値は変化させることができる．得られた値の妥当性を説明しなさい．計算記録を残し（3.7

表 P9.1 図 P9.1 に示された帯水層の水頭のターゲット値

井戸	行番号	列番号	水頭(m) I[a]	水頭(m) II[b]
P	3	4	509.12	509.11
G	5	8	508.19	507.99
F	5	11	508.17	507.79
N	6	4	512.83	512.83
J	7	2	515.71	515.71
E	7	8	513.17	513.04
A	7	11	512.22	508.8
B	7	14	511.95	511.29
K	8	11	513.88	512.21
Q	9	7	518.32	518.18
M	9	9	517.12	516.68
I	10	4	519.28	518.86
D	10	11	516.71	516.17
C	10	14	516.03	515.66
O	11	8	519.02	518.86
H	13	11	519.70	519.55
S	14	2	521.96	521.95

I[a]：定常状態での水頭
II[b]：井戸 A での揚水 3 日後の水頭；井戸を中心とした 100 m×100 m の範囲での平均値

節，表 3.1)，各キャリブレーション計算の試行とパラメータ値の変化が履歴との整合に及ぼす影響を記録しなさい．キャリブレーションでは主に透水係数の値を調整することが必要になるだろう．要約統計量（式 (9.1)〜(9.3)）を計算して，キャリブレーション結果を判断しなさい．また，計算値と測定値の散布図を作成し，残差を地図に示しなさい．得られた最適モデルによる水頭を用いて地下水位等高線図を作成し，測定値と計算値両方の等ポテンシャル線を示しなさい．最適なキャリブレーションモデルのパラメータ値をリストにしなさい．キャリブレーション結果を考察しなさい．得られたパラメータは水文地質学的に合理的か．最適モデルの選択について自身の選択の妥当性を説明しなさい．

b. 手動の試行錯誤によるキャリブレーションで得られた領域配置を用いてパラメータ推定（つまり，自動化された試行錯誤）過程を繰り返しなさい．どのように目的関数を定式化したか記述し，用いた重みの正当性を説明しなさい．(a) で行った手動の試行錯誤キャリブレーションによって得られた水頭と河川流量の RMSE とパラメータ推定の結果を比較対照しなさい．また，最終的に同定された透水係数の値を比較対照し，相違点と類似点についてコメントしなさい．

9.2 履歴との整合には，非定常条件に対するキャリブレーションが含まれることがある．非定常データは 2 番目のキャリブレーションデータセットを構成する．

砂礫層の比産出率は約 0.10 と推定されている．井戸 A（図 P9.1）が 20,000 m³/d の一定速度で連続的に揚水された 3 日間の帯水層試験の結果を計算する非定常モデルを設計しなさい．試験期間中の 3 日間での河川への積算流出量は約 125,700 m³±10%，帯水層への積算河川流入量は 1030 m³±10% であった．

a. 問題 P9.1(b) の定常状態でのキャリブレーションから得られたパラメータ値と領域を用い，初期

条件として最終水頭値を用いなさい．非定常モデルを実行し，3 日の揚水シミュレーション後の水頭値と河川への積算フラックス，河川からの積算フラックスを調べなさい．比産出率と河川フラックスのみを用いて観測値とのキャリブレーションを試みなさい．計算水頭値は，非定常キャリブレーションの水頭ターゲット値（表 P9.1）および帯水層試験中に観測された河川への流量と河川からの流量と適合するか．

b. (a) において，水頭とフラックスの適合性が許容できないようであれば，領域区分を変更して再度定常状態モデルのキャリブレーションを行いなさい．必要に応じて自動化された試行錯誤を用いてもよい．次に，新しい定常状態モデルから得られた領域と透水係数を用いて非定常キャリブレーションを行い，比産出率を調整しなさい．目的関数の設計と得られた帯水層パラメータの値の妥当性を説明しなさい．

c. 用いた手法とキャリブレーション結果についてコメントしなさい．地点 M の新しい井戸の揚水に対する帯水層の反応を適切に予測するためにモデルがキャリブレートされたと，どの程度自信をもっていえるだろうか．

9.3 前のキャリブレーションでは透水係数の領域区分を用いた．この問題では，パラメータ推定にパイロットポイントを用いる．問題 P9.2(a), (b) で得た定常状態モデルの最良のパラメータ値を初期値として用いなさい．

a. すべての領域を取り除き，規則格子になったパイロットポイントを用いて，定常状態モデルのキャリブレーションを再度行いなさい．問題 9.2(b) の結果からパイロットポイントにおける初期透水係数を導きなさい．この結果と問題 9.1(a), (b) の結果を比較対照しなさい．

b. 問題 9.3(a) から得たパラメータ推定値と水頭値を初期値とし，井戸 A における 3 日間の揚水試験を計算しなさい．比産出率を用いて，河川フラックスに対する非定常モデルをキャリブレートしなさい．この結果と問題 9.2(b) の結果を比較対照しなさい．

c. 最良のモデル（基礎モデル）を選択し，その選択の理由を述べなさい．このモデルは予報と不確実性解析のために第 10 章で用いられる．

9.4 密にパラメータ化されたモデルを推奨している Doherty and Hunt（2010）のレポート（参考文献リストを参照）を読んで，彼らが主張するパラメータ推定過程のフローチャートを作成しなさい．

〈参考文献〉

Alcolea, A., Carrera, J., Medina, A., 2006. Pilot points method incorporating prior information for solving the groundwater flow inverse problem. Advances in Water Resources 29 (11), 1678e1689. http://dx.doi.org/10.1016/j.advwatres.2005.12.009.

Anderson, M.G., Bates, P.D. (Eds.), 2001. Model Validation: Perspectives in Hydrological Science. John Wiley & Sons Ltd., London, UK, 512 pp.

Aster, R.C., Borchers, B., Thurber, C.H., 2013. Parameter Estimation and Inverse Problems, second ed. Elsevier Academic Press. 301 p.

ASTM (International), 2008. Standard guide for calibrating a groundwater flow model application D5981 e 96 (2008). American Society of Testing and Materials, ASTM International, 6 p.

Bair, E.S., 2001. Models in the courtroom. In: Anderson, M.G., Bates, P.D. (Eds.), Model Validation: Perspectives in Hydrological Science. John Wiley & Sons Ltd., London, pp. 55e77.

Bair, E.S., Metheny, M.A., 2011. Lessons learned from the landmark "A Civil Action" trial. Groundwater 49 (5),

764e769. http://dx.doi.org/10.1111/j.1745-6584.2008.00506.x.

Belsley, D. A., Kuh, E., Welsch, R. E., 1980. Regression Diagnostics: Identifying Influential Data and Source of Collinearity. John Wiley, New York, 292 p.

Beven, K.J., 2005. On the concept of model structural error. Water Science & Technology 52(6), 167e175. http://www.iwaponline.com/wst/05206/wst052060167.htm.

Beven, K.J., 2009. Environmental Modelling: An Uncertain Future? An Introduction to Techniques for Uncertainty Estimation in Environmental Prediction. Routledge, 310 p.

Beven, K., Young, P., 2013. A guide to good practice in modeling semantics for authors and referees. Water Resources Research 49(8), 5092e5098. http://dx.doi.org/10.1002/wrcr.20393.

Bourgault, G., 1997. Spatial declustering weights. Mathematical Geology 29(2), 277e290. http://dx.doi.org/10.1007/BF02769633.

Bravo, H.R., Jiang, F., Hunt, R.J., 2002. Using groundwater temperature data to constrain parameter estimation in a groundwater flow model of a wetland system. Water Resources Research 38(8), 28-1e28-14. http://dx.doi.org/10.1029/2000WR000172.

Carrera, J., 1988. State of the art of the inverse problem applied to flow and solute transport equations. In: Custodio, E., et al. (Eds.), Groundwater Flow and Quality Modelling. D. Reidel Publication Company, pp. 549e583.

Carrera, J., Neuman, S.P., 1986. Estimation of aquifer parameters under transient and steady state conditions: 1. Maximum likelihood method incorporating prior information. Water Resources Research 22(2), 199e210. http://dx.doi.org/10.1029/WR022i002p00199.

Certes, C., Marsily, G. de, 1991. Application of the pilot points method to the identification of aquifer transmissivities. Advances in Water Resources 14(5), 284e300. http://dx.doi.org/10.1016/0309-1708(91)90040-U.

Cook, P.G., Wood, C., White, T., Simmons, C.T., Fass, T., Brunner, P.A., 2008. Groundwater inflow to a shallow, poorly-mixed wetland estimated from a mass balance of radon. Journal of Hydrology 354 (1e4), 213e226. http://dx.doi.org/10.1016/j.jhydrol.2008.03.016.

Cooley, R.L., 1977. A method of estimating parameters and assessing reliability for models of steady state groundwater flow, 1. Theory and numerical properties. Water Resources Research 13(2), 318e324. http://dx.doi.org/10.1029/WR013i002p00318.

Cooley, R.L., 1979. A method of estimating parameters and assessing reliability for models of steady state groundwater flow, 2. Application of statistical analysis. Water Resources Research 15(3), 603e617. http://dx.doi.org/10.1029/WR015i003p00603.

Cooley, R.L., Sinclair, P.J., 1976. Uniqueness of a model of steady-state groundwater flow. Journal of Hydrology 31 (3e4), 245e269. http://dx.doi.org/10.1016/0022-1694(76)90127-X.

Cooley, R.L., Naff, R.L., 1990. Regression Modeling of Ground-water Flow. U.S. Geological Survey Techniques of Water-Resources Investigations, 03eB4, 232 p. http://pubs.usgs.gov/twri/twri3-b4/.

D'Agnese, F.A., O'Brien, G.M., Faunt, C.C., Belcher, W.R., San Juan, C., 2002. A Three-dimensional Numerical Model of Predevelopment Conditions in the Death Valley Regional Ground-water Flow System, Nevada and California. U.S. Geological Survey Water-Resources Investigations Report, 02-4102, 114 p. http://pubs.usgs.gov/wri/wri024102/.

Davis, K.W., Putnam, L.D., 2013. Conceptual and Numerical Models of Groundwater Flow in the Ogallala Aquifer in Gregory and Tripp Counties, South Dakota, Water Years 1985e2009. U.S. Geological Survey Scientific Investigations Report 2013-5069, 82 p. http://pubs.usgs.gov/sir/2013/5069/.

De Groot-Hedlin, C., Constable, S., 1990. Occam's inversion to generate smooth, two-dimensional models from magnetotelluric data. Geophysics 55(12), 1613e1624. http://dx.doi.org/10.1190/1.1442813.

Doherty, J., 1990. MODINV e Suite of Software for MODFLOW Preprocessing, Postprocessing, and Parameter Optimization. User's Manual: Australian Centre for Tropical Freshwater Research (various pagings).

Doherty, J., 2003. Ground water model calibration using pilot points and regularization. Groundwater 41(2), 170e177. http://dx.doi.org/10.1111/j.1745-6584.2003.tb02580.x.

Doherty, J., 2011. Modeling: Picture perfect or abstract art? Groundwater 49(4), 455. http://dx.doi.org/10.1111/j.

参 考 文 献

1745-6584.2011.00812.x.

Doherty, J., 2014a. PEST, Model-independent Parameter EstimationdUser Manual (fifth ed., with slight additions). Watermark Numerical Computing, Brisbane, Australia. Doherty, J., 2014b. Addendum to the PEST Manual. Watermark Numerical Computing, Brisbane, Australia. Doherty, J., Christensen, S., 2011. Use of paired simple and complex models to reduce predictive bias and quantify uncertainty. Water Resources Research 47(12), W12534(21). http://dx.doi.org/10.1029/2011WR010763.

Doherty, J., Hunt, R.J., 2009a. Two statistics for evaluating parameter identifiability and error reduction. Journal of Hydrology 366 (1e4), 119e127. http://dx.doi.org/10.1016/j.jhydrol.2008.12.018.

Doherty, J., Hunt, R.J., 2009b. Response to comment on: Two statistics for evaluating parameter identifiability and error reduction. Journal of Hydrology 380 (3e4), 489e496. http://dx.doi.org/10.1016/j.jhydrol.2009.10.012.

Doherty, J., Hunt, R.J., 2010. Approaches to Highly Parameterized Inversion: A Guide to Using PEST for Groundwater-model Calibration. U.S. Geological Survey Scientific Investigations Report 2010-5169,60 p. http://pubs.usgs.gov/sir/2010/5169/.

Doherty, J., Simmons, C.T., 2013. Groundwater modeling in decision support: Reflections on a unified conceptual framework. Hydrogeology Journal 21(7), 1531e1537. http://dx.doi.org/10.1007/s10040-013-1027-7.

Doherty, J., Welter, D.E., 2010. A short exploration of structural noise. Water Resources Research 46(5), W05525. http://dx.doi.org/10.1029/2009WR008377.

Doherty, J.E., Fienen, M.N., Hunt, R.J., 2010a. Approaches to Highly Parameterized Inversion: Pilot-point Theory, Guidelines, and Research Directions. U.S. Geological Survey Scientific Investigations Report 2010-5168, 36 p. http://pubs.usgs.gov/sir/2010/5168/.

Doherty, J.E., Hunt, R.J., Tonkin, M.J., 2010b. Approaches to Highly Parameterized Inversion: A Guide to Using PEST for Model-parameter and Predictive-uncertainty Analysis. U.S. Geological Survey Scientific Investigations Report 2010e5211, 71 p. http://pubs.usgs.gov/sir/2010/5211/.

Emsellem, Y., Marsily, G. de, 1971. An automatic solution for the inverse problem. Water Resources Research 7(5), 1264e1283. http://dx.doi.org/10.1029/WR007i005p01264.

Engl, H.W., Hanke, M., Neubauer, A., 1996. Regularization of Inverse Problems. Kluwer Academic, Dordrecht, The Netherlands, 321 p. ISBN 978-0-7923-4157-4.

Feinstein, D.T., Hunt, R.J., Reeves, H.W., 2008. Calibrating a big model: Strategies and limitations. In: MODFLOW and More 2008: Ground Water and Public Policy, Proceedings of the 9th International Conference of the International Ground Water Modeling Center. Colorado School of Mines, Golden, CO, pp. 430e434.

Fienen, M.N., 2013. We speak for the data. Groundwater 51(2), 157. http://dx.doi.org/10.1111/gwat.12018.

Fienen, M., Hunt, R., Krabbenhoft, D., Clemo, T., 2009a. Obtaining parsimonious hydraulic conductivity fields using head and transport observationsdA Bayesian geostatistical parameter estimation approach. Water Resources Research 45(8), W08405(23). http://dx.doi.org/10.1029/2008WR007431.

Fienen, M.N., Muffels, C.T., Hunt, R.J., 2009b. On constraining pilot point calibration with regularization in PEST. Groundwater 47(6), 835e844. http://dx.doi.org/10.1111/j.1745-6584.2009.00579.x.

Fienen, M.N., D'Oria, M., Doherty, J.E., Hunt, R.J., 2013. Approaches in Highly Parameterized Inversion: bgaPEST, A Bayesian Geostatistical Approach Implementation with PEST. U.S. Geological Survey Techniques and Methods. Book 7, Section C, (Chapter 9), 86 p. http://pubs.usgs.gov/tm/07/c09/.

Foster, I., 1995. Designing and Building Parallel Programs. Addison-Wesley Pearson Education, Upper Saddle River, New Jersey, 430 p. ISBN 9780201575941.

Freeze, R.A., Cherry, J.A., 1979. Groundwater. Prentice-Hall, 604 p.

Freeze, R.A., Witherspoon, P.A., 1966. Theoretical analysis of regional groundwater flow, 1. Analytical and numerical solutions to the mathematical model. Water Resources Research 2(4), 641e656. http://dx.doi.org/10.1029/WR002i004p00641.

Freeze, R.A., Massmann, J., Smith, L., Sperling, T., James, B., 1990. Hydrogeological decision analysis: 1. A framework. Groundwater 28(5), 738e766. http://dx.doi.org/10.1111/j.1745-6584.1990.tb01989.x.

Gaganis, P., Smith, L., 2001. A Bayesian approach to the quantification of the effect of model error on the predictions of groundwater models. Water Resources Research 37(9), 2309e2322. http://dx.doi.org/10.1029/2000WR000001.

Gardner, W.P., Harrington, G., Solomon, D.K., Cook, P., 2011. Using terrigenic 4He to identify and quantify regional groundwater discharge to streams. Water Resources Research 47(6), W06523(13). http://dx.doi.org/10.1029/2010WR010276.

Gómez-Hernández, J.J., 2006. Complexity. Groundwater 44(6), 782e785. http://dx.doi.org/10.1111/j.1745-6584.2006.00222.x.

Hadamard, J., 1902. Sur les problémes aux dérivées partielles et leur signification physique. Princeton University Bulletin, 49e52.

Haitjema, H., 2006. The role of hand calculations in ground water flow modeling. Groundwater 44(6), 786e791. http://dx.doi.org/10.1111/j.1745-6584.2006.00189.x.

Haitjema, H.M., 2015. The cost of modeling. Groundwater 53(2), 179. http://dx.doi.org/10.1111/gwat.12321.

Hill, M.C., 1992. A Computer Program (MODFLOWP) for Estimating Parameters of a Transient, Threedimensional, Ground-water Flow Model Using Nonlinear Regression. U.S. Geological Survey Open-File Report 91-484, 358 p. http://pubs.er.usgs.gov/publication/ofr91484.

Hill, M.C., 2006. The practical use of simplicity in developing ground water models. Groundwater 44(6), 775e781. http://dx.doi.org/10.1111/j.1745-6584.2006.00227.x.

Hill, M.C., Tiedeman, C.R., 2007. Effective Groundwater Model Calibrationwith Analysis of Data, Sensitivities, Predictions, and Uncertainty. Wiley-Interscience, Hoboken, NJ, 455 p. Himmelblau, D.M., 1972. Applied Nonlinear Programming. McGraw-Hill, New York, 477 p.

Hunt, R.J., Anderson, M.P., Kelson, V.A., 1998. Improving a complex finite difference ground water flow model through the use of an analytic element screening model. Groundwater 36(6), 1011e1017. http://dx.doi.org/10.1111/j.1745-6584.1998.tb02108.x.

Hunt, R.J., Zheng, C., 1999. Debating complexity in modeling. Eos (Transactions, American Geophysical Union) 80(3), 29. http://dx.doi.org/10.1029/99EO00025.

Hunt, R.J., Krabbenhoft, D.P., Anderson, M.P., 1996. Groundwater inflow measurements in wetland systems. Water Resources Research 32(3), 495e507. http://dx.doi.org/10.1029/95WR03724.

Hunt, R.J., Feinstein, D.T., Pint, C.D., Anderson, M.P., 2006. The importance of diverse data types to calibrate a watershed model of the Trout Lake Basin, northernWisconsin, USA. Journal of Hydrology 321(1e4), 286e296. http://dx.doi.org/10.1016/j.jhydrol.2005.08.005.

Hunt, R.J., Doherty, J., Tonkin, M.J., 2007. Are models too simple? Arguments for increased parameterization. Groundwater 45(3), 254e261. http://dx.doi.org/10.1111/j.1745-6584.2007.00316.x.

Hunt, R.J., Luchette, J., Schre€uder, W.A., Rumbaugh, J.O., Doherty, J., Tonkin, M.J., Rumbaugh, D.B., 2010. Using a cloud to replenish parched groundwater modeling efforts. Rapid Communication for Groundwater 48(3), 360e365. http://dx.doi.org/10.1111/j.1745-6584.2010.00699.x.

Hunt, R.J., Zheng, C., 2012. The current state of modeling. Groundwater 50(3), 329e333. http://dx.doi.org/10.1111/j.1745-6584.2012.00936.x.

Hunt, R.J., Walker, J.F., Selbig, W.R., Westenbroek, S.M., Regan, R.S., 2013. Simulation of Climatechange Effects on Streamflow, Lake Water Budgets, and Stream Temperature Using GSFLOW and SNTEMP, Trout Lake Watershed, Wisconsin. U.S. Geological Survey Scientific Investigations Report 2013-5159, 118 p. http://pubs.usgs.gov/sir/2013/5159/.

Juckem, P.F., 2009. Simulation of the Groundwater-flow System in Pierce, Polk, and St. Croix Counties, Wisconsin. U.S. Geological Survey Scientific Investigations Report 2009-5056, 53 p. http://pubs.usgs.gov/sir/2009/5056/.

Juckem, P.F., Fienen, M.N., Hunt, R.J., 2014. Simulation of Groundwater Flow and Interaction of Groundwater and Surface Water on the Lac du Flambeau Reservation, Wisconsin. U.S. Geological Survey Scientific Investigations Report 2014-5020, 34 p. http://dx.doi.org/10.3133/sir20145020.

Kalman, D., 1996. A singularly valuable decomposition: The SVD of a matrix. College Mathematics Journal 27(1),

参 考 文 献

2e23. http://dx.doi.org/10.2307/2687269.

Konikow, L.F., Bredehoeft, J.D., 1992. Ground-water models cannot be validated. Advances in Water Resources 15(1), 75e83. http://dx.doi.org/10.1016/0309-1708(92)90033-X.

Krabbenhoft, D.P., Bowser, C.J., Kendall, C., Gat, J.R., 1994. Use of oxygen-18 to assess the hydrology of groundwater-lake systems. In: Baker, L.A. (Ed.), Environmental Chemistry of Lakes and Reservoirs, American Chemical Society Advances in Chemistry Series, vol. 237, pp. 67e90.

Levenberg, K., 1944. A method for the solution of certain non-linear problems in least squares. Quarterly of Applied Mathematics 2, 164e168.

Marquardt, D., 1963. An algorithm for least-squares estimation of nonlinear parameters, SIAM. Journal on Applied Mathematics 11(2), 431e441. http://dx.doi.org/10.1137/0111030.

Marsily, G. de, Lavendan, C., Boucher, M., Fasanino, G., 1984. Interpretation of interference tests in a well field using geostatistical techniques to fit the permeability distribution in a reservoir model. In: Verly, G., David, M., Journel, A.G., Marechal, A. (Eds.), Geostatistics for Natural Resources Characterization. NATO, C 182, Boston, Massachusetts, pp. 831e849.

McCallum, J., Cook, P., Berhane, D., Rumpf, C., McMahon, G., 2012. Quantifying groundwater flows to streams using differential flow gaugings and water chemistry. Journal of Hydrology 416e417, 118e132. http://dx.doi.org/10.1016/j.jhydrol.2011.11.040.

McLaughlin, D., Townley, L.R., 1996. A reassessment of the groundwater inverse problem. Water Resources Research 32(5), 1131e1161. http://dx.doi.org/10.1029/96WR00160.

Meyer, J.R., Parker, B.L., Cherry, J.A., 2014. Characteristics of high resolution hydraulic head profiles and vertical gradients in fractured sedimentary rocks. Journal of Hydrology 517, 493e507. http://dx.doi.org/10.1016/j.jhydrol.2014.05.050.

Mishra, S., Deeds, N., Ruskauff, G., 2009. Global sensitivity analysis techniques for probabilistic ground water modeling. Groundwater 47(5), 727e744. http://dx.doi.org/10.1111/j.1745-6584.2009.00604.x.

Moore, C., Doherty, J., 2005. Role of the calibration process in reducing model predictive error. Water Resources Research 41(5), 1e14. http://dx.doi.org/10.1029/2004WR003501.

Moore, C., W€ohling, T., Doherty, J., 2010. Efficient regularization and uncertainty analysis using a global optimization methodology. Water Resources Research 46(8), W08527. http://dx.doi.org/10.1029/2009WR008627.

Moriasi, D.N., Wilson, B.N., Douglas-Mankin, K.R., Arnold, J.G., Gowda, P.H., 2012. Hydrologic and water quality models: Use, calibration and validation. Transactions American Society of Agricultural and Biological Engineers 55(4), 1241e1247. http://dx.doi.org/10.13031/2013.42265.

Morris, M.D., 1991. Factorial sampling plans for preliminary computational experiments. Technometrics 33(2), 161e174. http://www.jstor.org/stable/1269043.

Muffels, C.T., 2008. Application of the LSQR Algorithm to the Calibration of a Regional Groundwater Flow ModeldTrout Lake Basin, Vilas County, Wisconsin (M.S thesis). University of Wisconsin-Madison, 106 p.

Muffels, C.T., Schre€uder, W.A., Doherty, J.E., Karanovic, M., Tonkin, M.J., Hunt, R.J., Welter, D.E., 2012. Approaches in Highly Parameterized InversiondGENIE, A General Model-independent TCP/IP Run Manager. U.S. Geological Survey Techniques and Methods. Book 7, Chapter C6, 26 p. http://pubs.usgs.gov/tm/tm7c6/.

MurrayeDarling Basin Commission (MDBC), January 2001. Groundwater Flow Modelling Guideline. Report prepared by Aquaterra. Nelson, R.W., 1960. In place measurement of permeability in heterogeneous media, 1. Theory of a proposed method. Journal of Geophysical Research 65(6), 1753e1760. http://dx.doi.org/10.1029/JZ065i006p01753.

Nelson, R.W., 1961. In place measurement of permeability in heterogeneous media, 2. Experimental and computational considerations. Journal of Geophysical Research 66(6), 2469e2478. http://dx.doi.org/10.1029/JZ066i008p02469.

Nelson, R.W., 1962. Conditions for determining areal permeability distributions by calculation. Society of Petroleum Engineers Journal 2(3), 223e224. http://dx.doi.org/10.2118/371-PA.

Neuman, S.P., 1973. Calibration of distributed parameter groundwater flow models viewed as a multipleobjective decision process under uncertainty. Water Resources Research 9(4), 1006e1021. http://dx.doi.org/10.1029/WR009 i004p01006.

Nielson, D.M., 1991. Practical Handbook of Ground-Water Monitoring. Lewis, Chelsea, MI, 717 p. Oreskes, N., Belitz, K., 2001. Philosophical issues in model assessment. In: Anderson, M.G., Bates, P.D. (Eds.), Model Validation: Perspectives in Hydrological Science. John Wiley & Sons Ltd., London, UK, pp. 24e41.

Oreskes, N., Shrader-Frechette, K., Belitz, K., 1994. Verification, validation, and confirmation of numerical models in the earth sciences. Science 263(5147), 641e646. http://dx.doi.org/10.1126/science.263.5147.641.

Poeter, E.P., Hill, M.C., 1997. Inverse modelsda necessary next step in ground-water modeling. Groundwater 35(2), 250e260. http://dx.doi.org/10.1111/j.1745-6584.1997.tb00082.x.

Poeter, E.P., Hill, M.C., Banta, E.R., Mehl, S., Christensen, S., 2005. UCODE_2005 and Six Other Computer Codes for Universal Sensitivity Analysis, Calibration, and Uncertainty Evaluation. U.S. Geological Survey Techniques and Methods, 6 A11, 47 p. 283 p. http://pubs.usgs.gov/tm/2006/tm6a11/.

Rakovec, O., Hill, M.C., Clark, M.P., Weerts, A.H., Teuling, A.J., Uijlehoet, R., 2014. Distributed Evaluation of Local Sensitivity Analysis (DELSA), with application to hydrologic models. Water Resources Research 50(1), 409e426. http://dx.doi.org/10.1002/2013WR014063.

Ramarao, B.S., Lavenue, A.M., Marsily, G. de, Marietta, M.G., 1995. Pilot point methodology for automated calibration of an ensemble of conditionally simulated transmissivity fields, 1. Theory and computational experiments. Water Resources Research 31(3), 475e493. http://dx.doi.org/10.1029/94WR02258.

Saltelli, A., Ratto, M., Andres, T., Campolongo, F., Cariboin, J., Gatelli, D., Saisana, M., Tarantola, S., 2008. Global Sensitivity Analysis: The Primer. Wiley-Interscience, Hoboken NJ, 302 p.

Saltelli, A., Funtowicz, S., 2014. When all models are wrong. Issues in Science and Technology 79e85. Winter 30. http://www.issues.org/30.2/.

Schre€uder, W.A., 2009. Running BeoPEST. In: Conference Proceedings from the 1st PEST Conference, November 1e3, 2009, Potomac, MD. Lulu Press, Inc., Raleigh, NC, USA, 7 p.

Silver, N., 2012. The Signal and the Noise: Why Most Predictions Fail but Some Don't. Penguin Press, New York, NY, 534 p.

Simmons, C.T., Hunt, R.J., 2012. Updating the debate on model complexity. GSA Today 22(8), 28e29. http://dx.doi.org/10.1130/GSATG150GW.1.

Stallman, R.W., 1956a. Numerical analysis of regional water levels to define aquifer hydrology. Eos, Transactions American Geophysical Union 37(4), 451e460. http://dx.doi.org/10.1029/TR037i004p00451.

Stallman, R.W., 1956b. Use of Numerical Methods for Analyzing Data on Ground-water Levels. International Association of Scientific Hydrology Pub. 41, Tome II, pp. 227e331. (Reproduced in Freeze, R. A. and Back, W., editors, 1983: Physical Hydrogeology, Benchmark Papers in Geology, v. 72, Hutchinson Ross Publishing Company, Stroudsburg, Pennsylvania, pp. 193e197).

Sun, N.Z., Yang, S.L., Yeh, W.W-G., 1998. A proposed stepwise regression method for model structure identification. Water Resources Research 34(10), 2561e2572. http://dx.doi.org/10.1029/98WR01860.

Tikhonov, A.N., 1963a. Solution of incorrectly formulated problems and the regularization method. Soviet Mathematics Doklady 4, 1035e1038.

Tikhonov, A.N., 1963b. Regularization of incorrectly posed problems. Soviet Mathematics Doklady 4, 1624e1637.

Tikhonov, A.N., Arsenin, V.Y., 1977. Solutions of Ill-Posed Problems. Halstead Press-Wiley, New York, 258 p.

Tonkin, M.J., Doherty, J., 2005. A hybrid regularized inversion methodology for highly parameterized models. Water Resources Research 41(10), W10412. http://dx.doi.org/10.1029/2005WR003995.

Tonkin, M.J., Doherty, J., 2009. Calibration-constrained Monte-Carlo analysis of highly parameterised models using subspace techniques. Water Resources Research 45(12), W00B10. http://dx.doi.org/10.1029/2007WR006678.

Townley, L.R., 2012. Calibration and sensitivity analysis. In: Barnett, B., Townley, L.R., Post, V., Evans, R.E., Hunt, R.J., Peeters, L., Richardson, S., Werner, A.D., Knapton, A., Boronkay, A. (Eds.), Australian Groundwater Modelling Guidelines, Waterlines Report 82. National Water Commission, Canberra, pp. 57e78, 191 p. ISBN 978-1-921853-91-

3.

Voss, C.I., 2011. Editor's message: Groundwater modeling fantasiesdPart 1, adrift in the details. Hydrogeology Journal 19(7), 1281e1284. http://dx.doi.org/10.1007/s10040-011-0789-z.

Welter, D.E., Doherty, J.E., Hunt, R.J., Muffels, C.T., Tonkin, M.J., Schreüder, W.A., 2012. Approaches in Highly Parameterized Inversion: PESTtt, A Parameter ESTimation Code Optimized for Large Environmental Models. U.S. Geological Survey Techniques and Methods, 7(C5), 47 p. http://pubs.usgs.gov/tm/tm7c5/.

Yager, R.M., 1998. Detecting influential observations in nonlinear regression modeling of groundwater flow. Water Resources Research 34(7), 1623e1633. http://dx.doi.org/10.1029/98WR01010.

Yager, R.M., 2004. Effects of model sensitivity and nonlinearity on nonlinear regression of ground water flow. Groundwater 42(2), 390e400. http://dx.doi.org/10.1111/j.1745-6584.2004.tb02687.x.

Yeh, W., 1986. Review of parameter identification procedures in groundwater hydrology: The inverse problem. Water Resources Research 22(2), 95e108. http://dx.doi.org/10.1029/WR022i002p00095.

Yeh, W.W-G., Tauxe, G.W., 1971. Optimal identification of aquifer diffusivity using quasilinearization. Water Resources Research 7(4), 955e962. http://dx.doi.org/10.1029/WR007i004p00955.

Yao, Y., Zheng, C., Liu, J., Cao, G., Xiao, H., Li, H., Li, W., 2014. Conceptual and numerical models for groundwater flow in an arid inland river basin. Hydrological Processes 29(6), 1480e1492. http://dx.doi.org/10.1002/hyp.10276.

Zheng, C., Bennett, G.D., 2002. Applied Contaminant Transport Modeling, second ed. John Wiley & Sons, New York, 621 p.

Zhou, H., Gómez-Hernández, J.J., Liangping, L., 2014. Inverse methods in hydrogeology: Evolution and recent trends. Advances in Water Resources 63, 22e37. http://dx.doi.org/10.1016/j.advwatres.2013.10.014.

第 10 章

予報と不確実性解析

> 優れた予報官がとりたてて賢いわけではない．ただ系統立てて切り捨てるのに長けているだけだ．
>
> 不　詳
>
> 既知であることがわかっていることがある．私たちが知っていることを知っているという事柄である．未知であることがわかっていることもある．これは，現時点では未知であることがわかっている事柄である．しかし，もうひとつ，わかっていない未知がある．これは，私たちが知らないということを知らない事柄である．
>
> Donald Rumsfeld

10.1 はじめに

　地下水モデリングの応用問題では，将来の状態に対するシステムの応答を予報（forecast）することが目的となるか，あまり頻繁ではないが，過去の状態をバックキャスト（追算）(backcast) あるいはヒンドキャスト（hindcast）することが目的となる（図10.1）．将来の状態を推定するときには必ず不確実性が伴うという事実を反映させるために，予測（prediction）よりも予報という用語を用いる．予報という用語は，不確実性が内在していることを正確に表現しているからである．また，科学者や一般人の間では，予報の確率（たとえば降水確率70％など）という考え方は普及しているのに対して，予測という用語には確実性の方が含意される．予報の場合には，予報した時点で知りうることを余すところなく十分に表現していれば，その時点で知りえなかった要因により，たとえ予報が外れたとしても，許容されるのである．

404　第10章　予報と不確実性解析

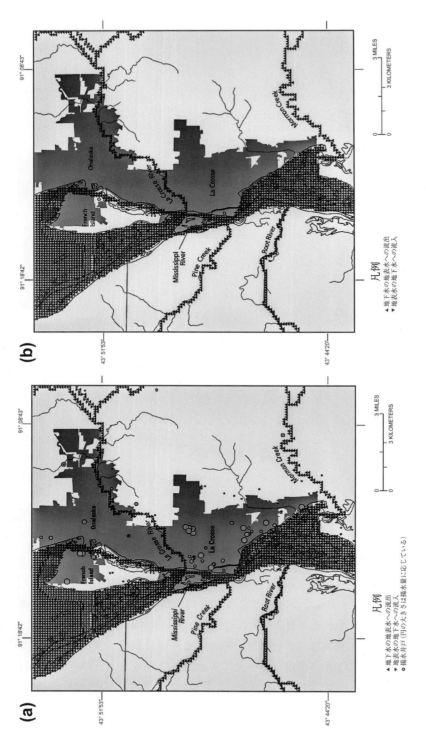

図10.1　地下水-地表水の相互作用をhindcastingした簡単な例．対象地は温帯湿潤気候に位置する（アメリカWisconsin州）．揚水をしている現在の状態（a）に対してキャリブレートしたモデルを再実行して，揚水前（b）の地下水と地表水の相互作用をシミュレートしている．赤い記号が地表水からの流入がある領域を示しており，高い透水係数をもつ河谷の河成堆積物に対応している．青い記号は，地表水に地下水からの流出がある領域を示している．(a)と(b)を比較すると，地表水に揚水により河川流量の減少領域が拡大していることがわかる．また，ダムの効果は両期間ともに明瞭である（図の上端近くの水平方向の赤い帯）(Huntら，2003を修正)．（口絵参照）

10.1 はじめに

　予報シミュレーションでは，地下水系の将来変化は，基本モデルと呼ばれるキャリブレートされたモデルを用いてなされる．基本モデルは，現地データによる裏づけのある概念モデルを基盤としており，履歴との整合によりキャリブレーションの対象や経験知に適合するように，主観的な（重み付けをして）キャリブレーションを施したモデルである．しかし，現実の地下水状態を，真に忠実に表現したモデルと見なされるわけではない．むしろ，観測に伴う誤差とパラメータの単純化による誤差，双方に起因する誤差を伴うため，システムの詳細をあまねく捉えることはできていないモデルと見なされている（第9章）．しかし，予報モデルでは，必ずキャリブレートが必要なわけではない．キャリブレートされていない解釈モデル（1.3節）もまた，モデル特性や仮定の変化がどのように知りたい結果に影響を及ぼすのかを検討するためや，最良，最悪のシナリオを検討するために用いることができる（たとえば，Doherty and Simmons, 2013）．しかし，本章では，基本モデルを用いた予報に焦点を当てる．

　地下水モデルによる予報は，将来の行動計画を立てるために用いられることが多い．何かしら「悪い」こと，つまり，生態学的に脆弱な河川の断水や持続可能な範囲を超えた取水などの起こりやすさを特徴づける一助となるからである（Freezeら，1990；Tartakovsky, 2013）．この文脈における予報の役割は，イベントの起こりやすさを評価することにあり，将来に何が起こるのかを予測するということとはまったく異なる考え方になる（Doherty, 2011）．モデリングをすることで我々の知識が不足していることがわかる．つまり，完璧なキャリブレーションをしたモデルでさえ，予報が正確であるということを保証してくれるわけではないからである．しかし，正しいモデルを使用することにより，不確実性の定量化を伴う費用 - 便益解析やリスク評価解析を実施することができるようになる．このとき，モデルが妥当であることが死活的になる．Silver（2012）が次のように記している．

> 　予報には原罪がある．つまり，予報が真実かどうかわかる前に，政治，個人の栄誉，経済的な利益が生じるのである．時には，良心的な目的のために予報が行われるが，こういった利益は常に予報を悪いものにしてしまう．

　ここで真実とは，予報に偏りがなく，何が起こり得るのかということの公平な描写がなされている，ということを指す．モデリングを行う際には次のような責務がある．可能な限り最良の予報を提供し，予報値周辺の不確実性の範囲を報告し，他のモデル作成者，顧客，管理者，行政に対して，彼らが理解できるようにこの不確実性の範囲を伝えるということである．実際，不確実性の推定なしに提出されたモデルの予報値は信用できないものとして却下すべきであるという議論がなされている（Beven and Young, 2013）．

　ずっと以前から不確実性を特徴づけることが重要であることは認識されてきた（たとえば，Knight, 1921）．しかし，「環境モデリングでは，不確実性評価に関して不確実な点が残されている」（Beven, 2005）．地下水モデリングにおける不確実性を定量化する多くのツールは，他の科学分野で開発されたものである．たとえば，洪水位の実時間予報，大気 CO_2 濃度の変化予測，天気

予報，株式市場の値の変化予測などは，すべて不確実性解析を含んでいる．Box 10.1 では，地下水モデリングにおける不確実性解析の歴史を簡単に概観した．断片的な歴史は不完全にならざるをえない．しかし，主題が膨らみ発展を遂げていくにつれて，設定されるモデリングの目的が幅広くなり，これらに適用可能な基礎的方法論に意見の一致を見出すことが難しくなっている．なお，本章では，便宜的に「不確実性」と「誤差」を区別なく使用しているが，概念的に区別することが有効であることが指摘されていることを書き添えておく（たとえば，White ら，2014）．

Box 10.1　地下水モデリングにおける不確実性解析の歴史的概観

長らく不確実性は，地下水モデリングで得られた結果の適用範囲を限定するものと認識されてきた．たとえば，地下水問題に解析解を適用する初期の試みは，複雑な自然界をリアルに表現するというよりも，特定の工学的問題に答えるための便利な構築物であるとの認識が主であった．Freeze（1975）は，地中流特性の不確実性は厳密で正式な方法により定量化可能であることを示し，地下水モデルの不確実性に新たな地平をもたらしうることを気づかせたくれた．彼の仕事は，地下水水文学の新たな一分野，つまり，確率（stochastic）解析を立ち上げる一助となった（たとえば，Dagan, 1986 の図 3 を参照のこと）．モデルのパラメータが確率的な分布をもっていれば，そのモデルは確率論的モデルとなり，そうでなければ，決定論的モデルとなる．たとえば，確率論的モデルは，地下水流動を表す偏微分方程式に対して，形式的な確率論的定式化を施したものである（12.5 節）．しかし，地下水問題を確率論的に解くためにより広く用いられている方法として，モンテカルロ法（10.5 節，12.5 節）の直接的な利用がある．多くの研究者が，地下水系の不確実性を評価するための地質統計学的，確率論的概念の理論と応用を開発してきた（たとえば，Dagan, 1989；Gelhar, 1993；Kitanidis, 1997；Zhang, 2002；Rubin, 2003）．

確率論的モデルが探求されるのと軌を一にして，地下水系の不確実性を記述する別の方法も開発された．その方法は，定量的な確率概念を活用して発展した手法であり，Cooley（1977, 1979）が提唱した間接的な逆解析アプローチ（あるいは，パラメータ推定—Box 9.1）からこの確率概念は生まれた．初期の研究では，逆問題の過剰決定系（たとえば，キャリブレーションの対象の数よりも，パラメータ数が少ないモデルのことを指す）に焦点が当てられた．過剰決定系問題は集中的に研究され，非線形信頼区間とモンテカルロ法（たとえば，Vecchia and Cooley, 1987），線形法を用いた予報におけるデータの重要性に関する評価（たとえば，Tonkin ら，2007a）などの研究がなされた．過剰決定アプローチによりモデルの不確実性を探求した内容は Hill and Tiedeman（2007）に詳しい．また，不確実性解析はベイズ理論（10.2 節）といった確率論的定式化からも言及されている（たとえば，Carrera and Neuman, 1986a, b, c；Kitanidis, 1986, 1995；Woodbury and Ulrych, 1993, 2000；Yeh and Liu, 2000；Gaganis and Smith, 2001；Fienen ら，2010 付録 1，その他多数）．

しかし，社会的な意思決定のためには，不確実性を定量化するための道具立てがさらに必要であることは明白だった．モデル誤差から生じる不確実性の特性を明らかにするだけでな

く，より一般的な不確実性の概念が開発された．これは，モデルの単純化（Cooley，2004；Moore and Doherty，2005）とリスク評価（Freezeら，1990，1992；Massmannら，1991；Tartakovsky，2013）に起因する構造的な誤差も考慮している．不確実性という文脈のもとでの意思決定に関する情報は，Zheng and Bennett（2002），Staufferら（1999），Sperlingら（1992），Morganら（1992）に詳しい．また，複雑な地下水系の多くは，多数のパラメータを用いたモデルにより表現する方がよい，ということが次第に明らかになってきた．多数のパラメータを用いた問題は過小決定問題となり，数学的には「不良設定問題」となるため，過剰決定問題に使用された方法とは異なるアプローチが必要となる．地球物理や環境モデリングといった他の科学分野（地球物理はAsterら，2013，環境モデリングはBeven，2009を参照のこと）でも同様の問題に直面し，これらから多くの方法が導入された．

現時点では，地下水モデルにおける不確実性の理論的探究の多くは，地下水モデリングの応用には適していない．リアルなモデルに適用するには単純すぎる理論であったり，実際的な利用をするには十分に発展していない理論であったりする．複数の地下水系のモデルが必要となる方法（10.5節）もあるが，意思決定の際には欠点となる．なぜなら，唯一の「最良」なモデルが好まれることが多いからである．しかし，Parameter ESTimation（PEST）というソフトウェア集（www.pesthomepage.org）がリリースされ継続して改良されてきており，地球物理の問題で使用されているアプローチ（Menke，1989；Tarantola，2004；Asterら，2013）に基づいて，地下水モデリングで利用される実践的な方法論の一部が利用可能になってきた．したがって，この広く利用されているソフトウェアの利用に焦点を当てることにする．PESTの理論的な考察と数学的な定式化は，集中的に論文化されている（Doherty，2015；Moore and Doherty，2005；Christensen and Doherty，2008；Tonkinら，2007b；Tonkin and Doherty，2009；Doherty and Hunt，2009a，b，2010；Doherty and Welter，2010；Mooreら，2010；Fienenら，2010；Dohertyら，2010，付録4；Whiteら，2014，に加えて，これらの文献に掲載された引用文献）．PESTを地下水の不確実性解析に適用するに当たっての詳細な手引きは，Dohertyら（2010）を参照のこと．

この他にも多くのアプローチがあり，たとえば，地質統計学的なアプローチはキャリブレーションを行う必要がなく，油井のモデリングで広く利用されている．なお，このBoxで扱った内容は，現時点でのスナップショットを与えるものに過ぎない．「科学史からの教訓は，20年という時間の間にも，現在利用している方法論と理論は変化するということである．」（Beven，2009）．

10.2　不確実性の特徴

どのような予報であれ，不確実性の起源は大きく2つ考えることができる．(1) モデル自身に起因する不確実性，(2) 将来を特定するときの精度に起因する不確実性，である．1つ目の不確実性は次のような要因に起因する．概念モデルに使用されている仮定，モデルのキャリブレーションに

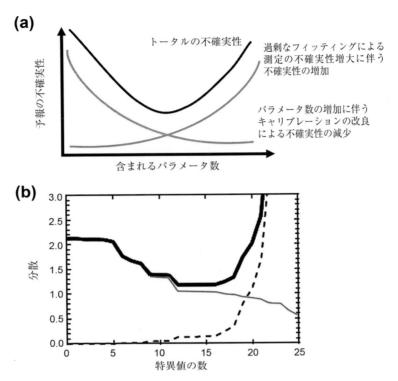

図 10.2 Wallace and Boulton（1968）と Moore and Doherty（2005）が記述した最小メッセージ長（MML）曲線．(a) 典型的な MML 概念を示しており，基本モデルにおける不確実性の要因を，測定誤差と構造的誤差により表し，モデルの複雑性と予報の不確実性と関連づけて示している．モデルの複雑性が増すと不確実性のうち測定誤差が大きくなる．測定に含まれるノイズ成分が増幅されるからである（図の右側の部分）．これに対して，非常に単純なモデルの場合（図の左側の部分），やはり予報の不確実性は相対的に大きくなる．今度はモデルの予報能力が，パラメータの単純化に起因する誤差に影響を受けるからである．予報の不確実性が最小になるのは，基本モデルのトータルの不確実性（太い黒線：測定誤差と構造的誤差の和）が最小化されるときである（Hunt, 2012 を修正）．(b) 乾燥地条件下での地下水モデルの MML 曲線（太い黒線）（アメリカ Nevada 州，Yucca Mountain）．モデルの複雑性を，誤差解析に含まれる特異値の数（パラメータあるいはパラメータの組み合わせ）により表している（x 軸）．基本モデルの誤差に起因する予報誤差の分散（太い黒線）は構造的誤差（細い実線）と測定誤差（破線）の和となる．予報誤差は，過剰に単純化されたモデルの場合（0～10 個の特異値）に大きくなり，また過剰に複雑になった場合（18 個以上の特異値）にも大きくなる．トータルの誤差が最小になるのは，特異値の数が 11～16 のときである（James ら，2009）．

用いる観測値の誤差，キャリブレーション時に必要となる単純化，モデルのパラメータ化の成否に起因する誤差である．測定誤差とパラメータ化による単純化に伴う誤差は，加算的であることを示すことができる（たとえば，Moore and Doherty, 2005）．また一方の誤差が減ると他方の誤差が増えるということが重要である．情報理論の分野（たとえば，Wallace and Boulton, 1968）では，こ

のトレードオフは，最小メッセージ長（Minimum Message Length：MML）曲線により表現され，メッセージは短すぎても（不十分な情報）長すぎても（ノイズや無関係で重要でない情報による劣化），情報の核心部の伝達を阻害することを示している．地下水モデリングの文脈でいえば，この曲線は，モデルが単純であるほどパラメータの単純化による誤差が大きくなり（9.6節），逆に，過剰に複雑なモデルは測定の不確実性に起因するノイズが支配的になる（**図 10.2**(a)）．したがって，必要以上に単純なモデルを利用すると，パラメータ化による誤差が大きくなり（図10.2(b)の「分散」），これに起因する不確実性が大きくなる．また必要以上に複雑なモデルでは，過剰なフィッティングに起因する誤差が大きくなる．したがって，両極端の間にあるトータルの誤差が最小になる点を見つけることにより，予報の不確実性を最小化することが望ましい．このように考えると，最小メッセージ長曲線は，オッカムの剃刀を言い直したものと考えることもできる．つまり，最良のアプローチは，ものごとを単純化しつつも単純化しすぎない，ということである（Huntら，2007）．

　2つ目の不確実性の起源は，将来のストレスとその特性を推定しなければならないような予報の場合に問題となる．これには，わかっていること（既知の未知数）と，予測不可能なこと（未知の未知数）の両者が含まれる．将来の不確実なパラメータの例には，涵養量，揚水計画，湧き出しと吸い込みなどに加えて，水文地質学的要因以外で，水文地質学的条件に影響を及ぼす政治的，経済的，社会学的要因がある（Hunt and Welter, 2010）．時には，予報というよりも，「もしこうだったら」というシナリオ，あるいは，見積もり（projection）というのがふさわしい将来の状態に関する仮定に依拠した予報もある（Beven and Young, 2013）．

　予報の不確実性は，次に示す2つの大きなカテゴリーによっても区分されてきた．（1）固有の（aleatoric：偶然性の）不確実性，（2）認識論的（epistemic）不確実性である（Rubin, 2003, p. 4）．"alea" は，ラテン語で「サイコロ」という意味であり，減らせない不確実性という意味を反映している．つまり問題に内在する変動性を意味し，観測や知識を積み重ねても減らすことができない．たとえばサイコロを投げるときのランダムな目の出方があり，水文学的な例を**表 10.1**に示した．このような不確実性は，確率を用いて記述するのに適している．もう1つのカテゴリーである認識論的不確実性は，そのほかのすべての不確実性を表し，新たな観測，新たなモデル，新たな知見により，潜在的には減らすことのできる不確実性を意味する．ここで，epistemic は，ギリシャ語の知識あるいは科学に由来する．測定誤差（たとえば，表9.1）は，繰り返しサンプリングを行っても水文学的観測値が完全には一致しないことを反映しており，こういった意味では，固有誤差（表10.1）と見なすことができる．実際には，測定誤差が不確実性に及ぼす影響を，モデリングの目的の重要度を反映させたクラスタ分離や重み付けといった変形により（9.3節），認識論的な誤差として取り扱うことも多い．モデルの仮定や設計に関連した誤差は，構造的誤差，パラメータ化による単純化に伴う誤差などであり，これらも認識論的誤差と見なされる（表10.1）．同様に，将来の状態に対する不確実性（たとえば気候変動）といったランダムではない要因もまた認識論的誤差である．

表 10.1 水文モデリングにおける固有の不確実性と認識論的不確実性の例
(Beven and Young, 2013 を修正).

不確実性の形態	固有/偶然の不確実性の成分	認識論的不確実性の成分
降雨観測	・観測高，風速，柵等によるバイアスを取り除いた後の測定誤差 ・レーダーの反射率の残差，雨滴サイズ分布，減衰，ブライトバンド，その他の異常値	・雨量計やレーダーによる推定値の修正をしないこと，あるいは，誤った修正をすること ・空間的不均一性に対する知識不足に関連した誤差
リモートセンシングとセンサーのデータ	・センサーの値をデジタル数値に修正するときのランダムな誤差（センサーのドリフト，大気補正など） ・デジタル数値を水文学に関連した変数に変換するときのランダムな誤差	・パラメータの修正アルゴリズムが不適切だったり，前提条件が不適切だったりすること ・水文学に関連した変数に変換するときに不適切な変換アルゴリズムを使用すること
土壌水収支法による涵養量と蒸発散の推定値	・気象変数のランダムな測定誤差	・流域の平均的な蒸発散を推定する際に必要となる有効係数に関連した気象学的変数のバイアス ・過程を記述する際の前提の選択 ・シミュレーションや予報に用いる関数の選択 ・局所的な要因の無視
帯水層の特性	・点の観測/測定の誤差	・空間的不均一性，水平方向に連続した選択流の流路に対する知識不足に関連した誤差 ・スケール効果を無視したり，不適切な取り扱いをしたりすることによる誤差
水頭の観測	・点の観測/測定の誤差	・スケール効果の不適切な取り扱いにより，観測値に対して同程度によい一致度を示す結果が複数得られてしまうこと．
流出の観測	・水位観測の振動 ・水位流量曲線	・手法が不十分であることや，観測者の操作ミス ・植生繁茂や土砂輸送による河道断面の非定常な変化が記録されていないこと ・水位流量曲線の選択が不適切であること，特に，入手可能な流量の範囲を超えて外挿するとき

　認識論的不確実性は重要であるにも関わらず，定量化することが難しいと考えられている．たとえば，起こりうる将来の境界条件（たとえば，シナリオ）を推定することはできるが，「あるシナリオが他のシナリオよりも起こりやすいかどうかを評価することは簡単ではなく，また，知識や理解が不足しているために（Rumsfeld がいうところの未知の未知数），潜在的な将来の可能性を見落としているかどうかを評価することも簡単ではない」（Beven, 2009, p. 25）．よって，認識論的不確実性を固有の不確実性と見なしているとき—ある種の気候変動の問題など—でさえ，確率は不完全，不正確であり，あるいは時間とともに変化する．その結果，認識論的誤差を表すどのような確率でも，極言すれば，主観的な仮定が必要になる（Beven and Young, 2013）．

　第 9 章でみたキャリブレーション法と，これに関連した不確実性の説明では，上位にある統計学的な枠組みに言及することなく議論を進めた．しかしその特性からみて，予報の不確実性はきわめて統計学的である．したがって，統計学的枠組みとして有効なベイズ法を概観する．この他に広く

10.2 不確実性の特徴

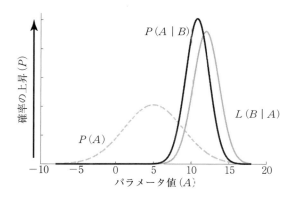

図 10.3 1つのパラメータの分布を用いたベイズ更新の模式図．パラメータの取りうる範囲は，-10～20の間としている．キャリブレーションパラメータの事前確率 $P(A)$ を表す確率密度関数は分散しており（灰色の破線），分散が相対的に大きく，それに応じてパラメータの不確実性が大きい．これに対して尤度関数 $L(B|A)$（灰色の実線）の分散は小さく，履歴との整合により，事前確率のみから与えられるパラメータの推定値に比べて，確実性の高いパラメータの推定値が得られることを意味している．得られる事後確率 $P(A|B)$（黒の実線）は，事後確率と尤度関数の畳み込みとなる．ピークはより高くなり，履歴との整合により確実性が増し，事後確率の分布から尤度関数の分布に向けて明瞭にシフトし，かつ狭くなっており，不確実性が小さくなっているといえる（Fienen ら，2009，2013 を改変）．

使用されている統計学的枠組みは，Hill and Tiedeman（2007），Beven（2009），Aster ら（2013）を参照されたい．

第9章で示したキャリブレーション法は，確率論的アプローチという観点から記述することができ，既知の事柄をもとに，最も確からしいモデルを適切に選択するというものである．地下水モデルの計算結果をキャリブレーションの情報で重み付けするという考え方は，正式にはベイズ理論と表現され広く利用されている（たとえば，Gaganis and Smith, 2001；Rojas ら，2008）．ベイズ則は

$$P(A|B) = \frac{P(B|A)P(A)}{P(B)} \tag{10.1}$$

と表され，与えられた情報 B のもとで仮説 A の確率を記述する．ベイズ理論の用語では，確率 $P(A|B)$ で表される事後確率が，事前確率 $P(A)$ と，A が真のときに B が発生する確率である尤度 $P(B|A)$ の関数となる．このように，$P(A|B)$ は B が与えられたときの A の条件付き確率，$P(B|A)$ は A が与えられたときの B の条件付き確率を表す．図 10.3 には，このベイズ更新を，第9章で記述したキャリブレーションという観点から可視化した．対象とする系の観測値（キャリブレーションの対象）を用いて尤度検定を行い，事前確率（キャリブレーションパラメータ A の初期の推定値，$P(A)$）から事後確率（キャリブレーションパラメータ A が最適である確率）が更新される．これは，与えられた A のもとで，観測値 B に完全に合致する確率はどの程度か，ということを意味する．キャリブレーションのための観測値が手に入れば入るほど，この事後確率は，一層情報を得ていく．ベイズ理論の重要な点は，世界は元来から不確実であるという考えを要求せず，む

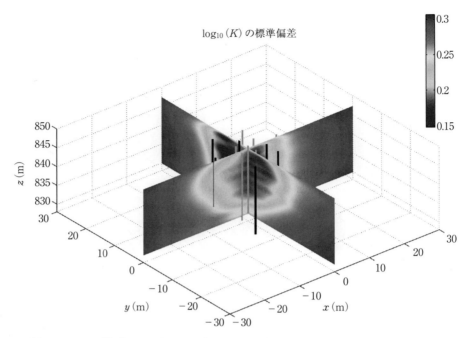

図 10.4 ベイズ推定により得られた事後の不確実性評価値.対数表示の透水係数の値がカラーで示されており,水理断層撮影試験による帯水層試験(揚水試験)を数回実施した後に得られた値である.複数回の帯水層試験の影響を受けた領域が不確実性の低い領域($\log(K)$ の標準偏差が小さく,青い領域で示されている)として特徴づけられている.揚水地点から離れた領域で不確実性が高くなっている(Cardiff ら,2013).(口絵参照)

しろ,我々の世界認識は不完全であり,ゆえに,現実の近似である,と見なしている点である.

確率論的表現の利点は,パラメータの推定値とともにキャリブレーション前の(事前の)不確実性に関する情報がエキスパートの知見から与えられている点にある.このように,ベイズのアプローチでは,履歴との整合により得られる情報に加えて,主観的な経験知の有用性を認めている.エキスパートの知見は,さまざまな形で表現することができる.時には,事前確率をまったく仮定しない,つまり,すべてのパラメータ値が等しくありうると仮定することもある.常識でさえ,事前確率として有効に機能する.たとえば,モデルの出力値を軽々しく採用することをチェックすることもできる(Silver, 2012).最初の定式化がどのようなものであれ,事前の不確実性は新しい情報を得る(たとえば,履歴との整合により)ごとに更新され,新しい(事後)パラメータ推定値とその不確実性の推定値が得られる(図 10.3).しかし,図 9.17 に示した複数のありうるモデルという概念に類似して,ベイズのアプローチでは,100 パーセントの確率でパラメータ同定をすることは期待せず,むしろ,最終的な結果は,ある不確実性を有した最もありうるパラメータのセットということになる.

しかしこのように定式化することで,ベイズのアプローチは不確実性の予報に拡張するのに適し

ている．たとえば，いかなるモデルでもその入力値の不確実性を確率分布として表現することができる．その結果，システムに関する新しい情報が入手されるたびに，予報の確率とキャリブレーションパラメータに関する確率（図10.4）の双方を更新することができる．この更新は，さまざまな方法で実行することができる．たとえば，文献のレビュー，新しい現地測定，追加のキャリブレーションなどである．実践的には，履歴との整合が，事前確率を更新するために最もよく利用される方法である．典型的なベイズ法では，推定の不確実性を表すために，多数の予報シミュレーションが必要となる．しかし，もし問題を適切に設定して，1つのパラメータセットを用いた後にキャリブレーション後の不確実性解析を行うと，より高い計算効率でベイズ解析に類似した結果を得ることができる（Doherty ら，2010；Aster ら，2013）．結果を求める方法によらず，報告される不確実性の根底には主観的な選択があり（たとえば，Fienen, 2013），主観的な選択がキャリブレーションに及ぼす影響の様子は，第9章で議論したものと多くの点で類似している．

10.3 不確実性の取り扱い

あらゆる局面に不確実性が表れるのが不確実性の特性であるが，不確実性は予報のタイプに影響を受けると考えられている．不確実性を減らす1つの方法は，比較的不確実性の小さな予報にモデルの目的を絞り込み，不必要な不確実性がモデルに付加されないようにすることである（Hunt, 2012）．次の例は，予報をどのように定義するかによる結果の不確実性が受ける影響を示したものである．

1. 基本モデルの構造的変化を必要としない予報は，変化を必要とする場合に比べて比較的不確実性が小さい．構造的変化には，解析領域の幾何形状，境界条件，湧き出し・吸い込み（たとえば，ダムの撤去，揚水井の追加，採石場，トンネル，スラリー壁，人工湖など）がある．たとえば，基本モデルでシミュレートされた井戸と同じ井戸の揚水量を変化させて影響を予報するモデル設計であれば，新たに（提案されて）加わった井戸が形成する流動場のシミュレーションよりも不確実性が小さい．構造的変化には，根底にある仮定の変化も含みうる．たとえば，予報では非定常なシミュレーションが必要となるのに対して，基本モデルが定常状態に対してキャリブレートされているといった場合が相当する．非定常シミュレーションを実施するために必要となる帯水層貯留パラメータは，定常状態を想定した場合には推定できないために，新たに不確実性が付加されることになる．
2. 移動時間といった帯水層の不均一性に関する詳細な知識が必要となる予報では，詳細な特性を得ることが難しいために，不均一性を統合した大きなスケールでの予報よりも大きな不確実性を有することになる．また，水頭の予報よりも，移動時間の予報の方が不確実である．移動時間の予報のためには，追加のパラメータ（有効間隙率，Box 8.1）と内挿補間および粒子追跡スキームの適用（第8章）が必要となるからである．流動経路の予報は，移動時間の予報より

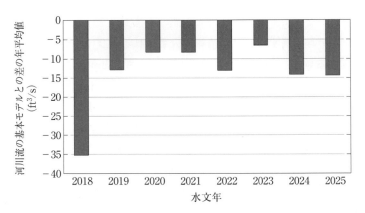

図 10.5 現状の揚水を続けた場合の将来の河川流量減少を予報した例．予報の不確実性は比較的小さい．全シミュレーション値が示す範囲ではなく，年平均値として予報値を示しているためである．加えて，予報値に含まれうる不確実性自体が小さいものと考えられる．モデル出力値の絶対値ではなく差で示されており，履歴との整合に含まれる量（揚水によるストレス）を対象としているためである（Ely ら，2011 を修正）．

も確実性が高い．流動経路を決める水理勾配はキャリブレーション中に確かめることができるが，移動時間を計算するために必要な有効間隙率は，特に確かめることが難しいからである．したがって，井戸の影響範囲を描くことは，粒子が井戸に到達するのに要する時間の予報よりも確実性が高い．同様に，観測地点や境界への汚染物質の到達を予報するには移動時間の推定を必要とするため，比較的大きな不確実性を有することになる（Box 10.2）．

3. モデルの出力値の差として予報をする（たとえば，将来の基底流量が 10% 減少すると予報する）方が，絶対値として予報する（たとえば，将来の基底流量が 1000 m³/day と予報する）よりも不確実性が小さい．
4. ある期間における平均的な代表値を予報する方が（図 10.5），状態の絶対値や極値を予報するよりも不確実性が小さい．
5. 基本モデルのキャリブレーションのために使用した履歴との整合のデータ期間と同程度の期間の予報は，より長い期間の予報と比べて不確実性が小さい．システムの駆動要因のレンジとダイナミクスが，よりモデルに反映されているからである．
6. 敏感なパラメータに依存した予報の方が，そうでないパラメータに依存した予報よりも，確実性が高い．9.6 節において，キャリブレーション期間中は，敏感でないパラメータ値は固定し推定しなかったことを思い起こそう．一方で，予報の不確実性解析では，予報にとって重要になると考えられるすべてのパラメータに解析対象が拡がり，キャリブレーション期間では敏感でないと見なされたパラメータも含まれうるからでる．

予報自体を適切に定式化することで不確実性を減少させることはできるが，より正式に不確実性

を取り扱うためには，予報を巡る不確実性を定量的に推定することが求められる．広い意味では，パラメータの感度（9.4節，9.5節）も，予報の不確実性と関係している．しかし，「不確実性解析」自体は，不確実性の特性そのものを追求したものであり，それは，簡単に分析可能な要因を超えて行うものである（Saltelli and Funtowicz, 2014）．同時に，「不確実なものに対して確信をもつことはできない（Knight, 1921）」ものでもある．したがって，実際には，不確実性解析の目的は，予報をめぐる不確実性の推定値の代表値を報告することであり，モデルの目的をどの程度よく表現しているのかを評価した結果を伝えることである．たとえば，予報結果のアンサンブルの結果を報告することで，妥当な予報の範囲を示すことができる．もし単一の予報結果を報告する場合には，予報結果のまわりの不確実性の推定値とともに報告しなければならない．

Box10.2　不均一な帯水層中の移動時間：正確な予報は不可能か

　Moore and Doherty（2005）は，比較的難しいタイプの予報—モデル境界のどこから粒子が流出するのか—を検討した．最初に，ランダム場ジェネレータを用いて2次元の合成帯水層を作り出したうえで，流動場に仮想的な粒子を置き，粒子追跡コードを用いて粒子を追跡した．粒子は，左下端から206.8 mの点に到達し（図 B10.2.1），これを比較のための「真」の値とした．次に，シミュレートされた「真」の水頭分布から12の水頭値を選択し，仮定した測定誤差を付加して，透水係数場を推定するための水頭の観測値として用いた．観測値に均一の重み付けをして，モデルを水頭値に対してキャリブレートした．その結果，得られた透水係数場の最適値は，キャリブレーションターゲットの水頭値に非常によく合う結果を与えた．しかし，粒子がたどり着く地点の予報値は，真の地点よりも4m以上離れていた．この誤差の要因は，真の透水係数場を平滑化してキャリブレーションしたことにある．また，透水係数の不均一性をより一層明確になるようにしても，水頭をキャリブレーションターゲッ

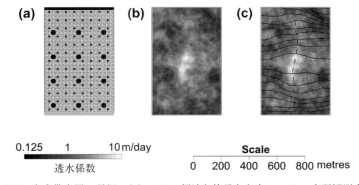

図 B10.2.1　合成帯水層の詳細．(a) モデル領域と格子とともに，12の水頭観測点（井戸を表現）を大きな円で示し，検証点を小さな円で示した．(b)「真」の透水係数場．(c) 真の透水係数場に対して計算された等水頭線（実線）と粒子追跡線（点線）（Moore and Doherty, 2005；Moore ら, 2010 を修正）．

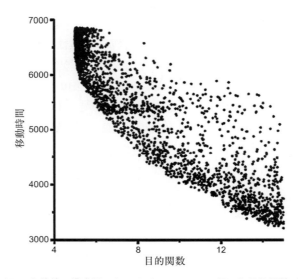

図 B10.2.2 パレート前線の模式図．キャリブレーションに用いた目的関数（横軸）に対する粒子の移動時間（縦軸）の予報値（単位は日）を示している．各点は，それぞれのキャリブレートされたモデルによる予測値．良くキャリブレートされたモデルは目的関数の値が小さく，良くキャリブレートされていないモデルは相対的に大きな値をもつ．この合成帯水層（図 B10.2.1）に対する真の移動時間は 3256 日であり，目的関数の値が許容可能値の上限値をとるときにのみ実現する（Moore ら，2010 を修正）．

トとしたときに含まれる情報の不足を補うことはできないと指摘している．不均一性を導入して，ほとんど完璧に水頭値を再現することができるような過剰最適化されたモデルでは，粒子の到達点が 50 m 以上離れてしまうのである．

　Moore ら（2010）は，粒子が境界に到達するのに要する時間を計算することで，この問題を再検討した．合成帯水層における真の移動時間は 3256 日である．キャリブレーションされたモデルでは透水係数場が平滑化されており，流出位置よりも移動時間の予報に大きな影響を及ぼす．計算された滞留時間は，6823 日であり，真の移動時間と比べて 2 倍以上大きいのである．そこで，彼らは，パレート効率により，次のような問題「移動時間の計算値が真の値に近い値をとるために，どの程度キャリブレーションの精度を落とさなければならないのか」にアプローチした．**図 B10.2.2** は，ある程度キャリブレーション精度を落とす（目的関数の値は大きいけれども，統計的には許容範囲内にあるキャリブレーション結果）ことでしか，真の粒子の移動時間の予報値は得られない，ということを示している．目的関数の値が大きな値（x 軸の右端に近い点）でのみ，移動時間の計算値は真の値 3256 日に近い値をとる．別の見方をすれば，履歴との整合の結果が向上すればするほど（x 軸の左方向に移動していく），移動時間の予報結果は悪くなり，過度に最適化した作為的なモデルになってしまう（9.6 節）．

　この例から，予報に関して重要な一般的考察が得られる．(1) 予報のタイプにより不確実性は相対的に決まり，移動時間の予報よりも流出位置の予報は相対的に不確実性が小さい．

10.3 不確実性の取り扱い

(2) 水頭は，一般的にキャリブレーションに利用されるが，流動経路や移動時間といった予報値を絞り込む能力は低い可能性がある．(3) 水平方向に連続した選択流の流動経路を正確に表現することはできないことが多いにも関わらず，時としてそのことに依存した予報がなされることがある．

この合成帯水層を用いた検討の場合には，節点総数に対する相対的な観測点数が，実際の帯水層を対象とした地下水モデルに比べて多い．このことは，実際の帯水層における境界や飲料水用の井戸に汚染物質が到達する時刻の予報は，より大きな不確実性を有しているであろうことを示唆する．したがって，たとえ洗練された不確実性解析を実施したとしても，現実の透水係数を平滑化することは避けられないために，このことに起因する誤差を把握することができないだろう．さらに，境界やある地点への到達時刻の予報は，モデルのパラメータ場を平滑化すること，そして，選択流の流動経路を不鮮明にしてしまいがちであることより，実際の到達時刻よりも長い方に偏ってしまうと考えられる．最後に，これまでの移動時間に関する議論は，粒子追跡コード（第8章）により計算される移流による移動時間であることに注意する必要がある．潜在的に重要過程を無視することに起因する単純化の誤差を含んでいる．つまり，汚染物質が早期に到達する最悪シナリオの場合，分散と完全な溶質輸送モデルを考慮する必要がある（12.3節）．したがって，移動時間の予報が難しいということのみならず，最悪シナリオのもとで，境界やある対象地点への到達時刻を安定して予報するためのさらなる考察が求められる．

不確実性解析には多くの研究労力が注がれてきた（たとえば，Box 10.1）．しかし，「不確実性の推定は目的のための手段にしかすぎない．その目的とは，つまり，よりより意思決定である」（Beven, 2009；p. 30）ということを覚えておかなければならない．ここでは，地下水モデリングによる予報を，規制や管理の意思決定に用いるときの不確実性解析に焦点を当てる．こういうケースでの多くの場合，予報のゴールは，リスクマネジメントに情報を提供し，あるイベントが発生する確率あるいは発生しやすさを推定することである．不確実性解析は，計算資源が節約できる基本的な不確実性解析（10.4節）か，計算量が必要となる先端的な不確実性解析（10.5節）から成る．2つの方法は，標準偏差や95％信頼区間といった，予報の不確実性を報告するという意味では同じであるが，解析に投じられる労力が異なる．しかし，投資する必要のある時間と資金は，他の要因によっても決まる（Barnettら，2012, p. 10）．社会的な対立を含む場合や予報の失敗が恐ろしい結果を招く場合には，先端的な方法が必要となる．システムの重要な細部を無視することが，モデルの目的にとって重要なリスク要因に影響しうることがある．こういうときには，先端的な不確実性解析であれば保証される．たとえば，移動時間やその他の輸送現象（たとえば，Bradburyら，2013；Huntら，2014）を予報するとき，基本的な解析では，予報で重要となる自然界の詳細を無視したことによる不確実性を十分には取り扱えない（Box 10.2）．こういった場合，より洗練されたアプローチの方が肝心なシステムの詳細をよりよく表現してくれるため，安全である．

10.4 基本的な不確実性解析

基本的な不確実性解析は，予報の不確実性に卓越して作用すると期待される少数の要因に焦点を絞り，近似的ではあるが計算効率がよい方法により，不確実性を表現する（図 10.6）．10.2 節で説明をした不確実性の 2 つの要因を用いて，シナリオモデリングにより将来状況の不確実性に言及し，線形不確実性解析により，基本モデルに起因する不確実性に言及する．

10.4.1 シナリオモデリング

シナリオモデリングでは，基本モデルのすべての初期パラメータと水文条件は保持して，予報に関わるパラメータや水文条件のみを変化させる．一群の将来状態に対して，基本モデルによって，修正された将来のシナリオあるいは見積もり（projection）が得られる．シナリオは比較的少ない試行回数（典型的には 20 回以下）で，順計算される．各試行は，将来条件のときに想定される値

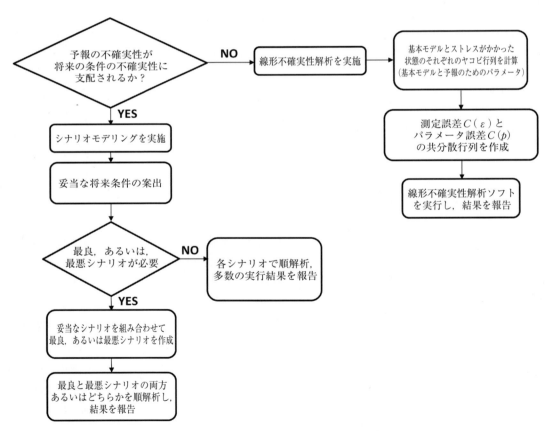

図 10.6　基本的な不確実性解析を実行するに当たってのありうる作業手順の模式図．

（モデル作成者が決定する）を与えて実行される．シナリオモデリングの目的の1つは，結果のアンサンブルを生成することにより，予報値の不確実性が収まる包絡線を確定することにある．たとえば，湿潤期と乾燥期において，揚水速度や涵養量をいくつか異なる値に設定して，シナリオを構成することができる．

シナリオでは，システムのダイナミクスが時間に関して不変と仮定することがある．たとえば，システムとその外力は，平均と分散が時間を通して変わらない，定常性と呼ばれる状態をもつとする．あるいは，基本モデルとは異なるダイナミクスをもつように条件を拡張するシナリオもありうる．異なる将来の気候条件を用いたシミュレーションは，非定常なシナリオの例である．将来シナリオは，将来の最大応答，最小応答をシミュレートするように設計することもでき，将来ありうるストレスのパターンを含んだシナリオにすることもできる．このような解析の目的は，妥当な最良シナリオと最悪シナリオの包絡線内に，基本モデルによる予報値を包摂することである．こういったシナリオの構成は直接的である場合が多い．つまり，「極端な干ばつが地下水涵養量に及ぼす影響は何か」といったシナリオである．このような場合ではなく，モデルが複雑で，複数のパラメータやストレスの変化に対して示す応答が明瞭でない場合，最大化不確実性解析，最小化不確実性解析（10.5節）といった，より進んだ方法が必要となるかもしれない．

シナリオモデリングの例を図10.7に示す．ここでは，将来のありうる気候変動が，河川基底流へ及ぼす影響を評価することが，モデルの目的となっている．将来の気候予測に内在する不確実性を表現するために，3種類のCO_2放出シナリオのもとでの5つの異なる大気大循環モデル（GCM）

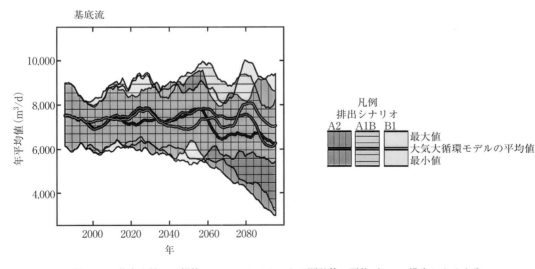

図10.7 基底流量の予報値．15のシナリオによる順計算の要約（3つの排出シナリオそれぞれに対しての最大，最小，平均）が示されている．予報の不確実性は，3つのシナリオの平均値まわりの包絡線により示される．排出シナリオごとの平均から求められる予報値は，5つの異なる大気大循環モデルの結果を平均した値に基づいている．時間とともに不確実性を示す包絡線の幅が大きくなっていることに注意すること（Huntら，2013）．

の降水と気温の出力値から得られた15種類の予報値が用いられている．これらの予報値の範囲は，図10.7に示された一番外側の包絡線であり，任意の放出シナリオに対する結果の平均値が示されている．この結果には，不確実性に関する重要な点が示されている．(1) 将来気候の不確実性のもとでは，唯一の「ベスト」な予報が得られるという期待はもてない．(2) 予報の不確実性は時間とともに増大する．(3) 同一の放出シナリオに対しても，GCMにより計算値には顕著な相違が見られる．(4) CO_2放出シナリオの基底流に対する影響は，21世紀後半で差が明瞭になると予報される．将来の気候外力の変動が大きいため，予報値に影響しうる基本モデルの不確実性は考慮されていない．この予報では，気候外力の不確実性に比べれば無視しうるということである．

10.4.2 線形不確実性解析

線形不確実性解析は，基本モデルの変更をほとんど要しない．感度解析のみ必要となるので，計算資源は節約的であり，逆問題における過剰決定問題，過小決定問題のどちらにも適用可能である．9.5節で述べたヤコビ行列がこの解析の基礎となる．ヤコビ行列は，パラメータの感度から構成されており，モデルのパラメータ変化と出力値の変化を関係づけるものである．線形法は，ヤコビ行列を1回だけ計算すればよいので，計算実装が容易である．しかし，予報値に対して毎回感度計算をする必要があり，パラメータと観測値の不確実性評価（「事前」確率）を行う必要がある．最も単純な場合では，測定誤差からキャリブレーションパラメータに不確実性が伝播し（たとえば，図10.8），翻って，モデルの予報値の不確実性と関連づけられる（たとえば，Hill and Tiedeman，

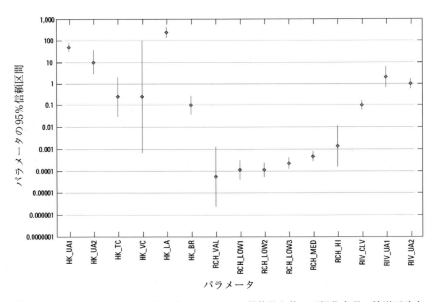

図10.8 キャリブレーションされたパラメータの最終的な値の可視化表現．線形不確実性解析により求めた95％信頼区間とともに示している．HKは透水係数（ft/d），RCHは涵養量（ft/d），RIVは透過係数（ft^2/d）を表す（Ely and Kahle，2004を修正）．

10.4 基本的な不確実性解析

2007, p. 159 を参照のこと）．しかし，図 10.2 に示すように，測定誤差は，モデルの不確実性のうちの一要素にしかすぎない．特に，モデルのパラメータ化が粗である場合，パラメータ化による単純化に起因する誤差が，予報の不確実性を大きく左右することになる．

このことが重要であるとの認識から，Cooley（2004）は，パラメータ化による単純化誤差を評価する方法を開発した．複雑な透水係数場の実現値を複数生成し，より単純な領域に変換する，というものである．しかし，この方法は計算時間を要するうえに，最終的には，単純化による誤差が許容可能かどうかを決定しないといけない．もし許容できない場合には，再度，パラメータ化，キャリブレーション，パラメータ化による単純化誤差の評価を，最初から実行しなければならない．Moore and Doherty（2005）は，より計算効率のよいアプローチを考え出した．これは，線形不確実性解析において，測定誤差による不確実性と単純化による不確実性の両方の取り扱いを含んだ方法である．応用モデリングのためのソフトウェアがすでに手に入るということもあり，ここでは測定誤差と単純化の両方に起因する予報の不確実性評価の一例として，Moore and Doherty（2005）による定式化を利用する．

不確実性が予報の誤差分散として報告されていると仮定する．ここで分散は，問題とする変数（たとえば，水頭）の真の値（$\underline{s}$）とモデルによる予報値（s）を比較することにより計算される．Moore and Doherty（2005）は，予報値 s の誤差分散を次のように計算した．

$$\sigma_{s-s}^2 = y^t(\mathbf{I}-\mathbf{R})C(\mathbf{p})(\mathbf{I}-\mathbf{R})^t y + y^t \mathbf{G} C(\boldsymbol{\varepsilon}) \mathbf{G}^t y \tag{10.2}$$

ここで

$\sigma_{s-s}^2 =$ 予報値 s の誤差分散

$y =$ 予報値 s に対するパラメータ感度のベクトル

$\mathbf{I} =$ 単位行列

$\mathbf{R} =$ 解行列

$C(\mathbf{p}) =$ 専門知識によるパラメータの不確実性を表す共分散行列

$\mathbf{G} =$ 最良の履歴との整合を与えるパラメータを計算するための行列

$C(\boldsymbol{\varepsilon}) =$ キャリブレーションターゲットの測定誤差の共分散行列

であり，t は転置行列操作を表す．

式（10.2）の導出は本書の範囲を超えている．数学的背景の要約は付録 4 の Doherty ら（2010）を参照されたい．本書の目的に沿って，式（10.2）の右辺は 2 つの項の和から成っていることに注意しよう．（1）足し算の右側はキャリブレーションターゲットの測定誤差に起因する予報の不確実性を表し，（2）左側はパラメータ化による単純化に起因する不確実性を表す（9.6 節）．式（10.2）を用いて 2 つの項の不確実性への寄与を計算し，図 10.2(b) に模式的に示した．

ベイズ式を用いて予報値 s の不確実性を表す式（10.2）と等価な式を書くと次式となる．

$$\sigma_s^2 = y^t C(\mathbf{p}) y - y^t C(\mathbf{p}) \mathbf{X}^t [\mathbf{X} C(\mathbf{p}) \mathbf{X}^t + C(\boldsymbol{\varepsilon})]^{-1} \mathbf{X} C(\mathbf{p}) y \tag{10.3}$$

ここで

$\sigma_s^2 =$ 予報値 s の不確実性の分散

$y=$ 予報値 s に対するパラメータ感度のベクトル

$C(\mathbf{p})=$ 専門知識によるパラメータの不確実性に対する共分散行列

$\mathbf{X}=$ パラメータ感度のヤコビ行列

$C(\varepsilon)=$ キャリブレーションターゲットの測定誤差の共分散行列

t は転置行列操作を表す.

-1 は逆行列操作を表す.

　式（10.3）は，シュールの補行列（Golub and Van Loan, 2012）と呼ばれて広く利用される行列の関係式を用いた形式であり，この式の数学的背景は，他の文献に報告されている（たとえば，付録 A の Christensen and Doherty, 2008 や付録 1 の Fienen ら，2010）．本書の目的に沿って，事後の予報の不確実性 σ_s^2 は，事前の予報の不確実性（第 1 項の $y^t C(\mathbf{p}) y$）から第 2 項，つまり，観測誤差 $C(\varepsilon)$ を考慮したパラメータの感度解析の情報が反映された項を差し引いたものであるということに注意しよう．

　実際には，式（10.2）と式（10.3）は，パラメータ推定のためのソフトウェアを使用して解くことができる（たとえば，PEST の GENeral LINear PREDiction（GENLINPRED）不確実性/誤差解析 —Doherty ら，2010, p. 26）．そこで，各式を解くに当たって，入力しなければならない重要な要素を理解することに焦点を当てる．観測における測定誤差を表すのに鍵となる要素は，共分散行列 $C(\varepsilon)$ であり，各キャリブレーションターゲットに対して行と列をもつ．行列は表であるため，共分散行列は行と列のラベルが同じになるという意味で，対称行列である．真の測定値を妨害するノイズ全体を表す測定の分散値が，各キャリブレーションターゲットに対して行列の対角成分に入り，測定誤差の相互作用（共分散）が非対角成分により表される．測定誤差どうしの相互作用がない場合には，対角成分は 0 となる．Moore and Doherty（2005）が注意しているように，「良かれ悪しかれ，通常 $C(\varepsilon)$ は対角行列であると仮定される」．つまり測定誤差は，測定値そのものに対して入力する対角成分により完全に表されると見なすわけである．このような意味では，$C(\varepsilon)$ は分散行列と見なした方がよい．

　実際の手順では，パラメータ推定に用いる観測値の重み（9.5 節）と予想される観測誤差を等しくおくことで，線形不確実性解析の入力値として $C(\varepsilon)$ 行列が用いられる．これは，我々の観測能力と，その観測値をモデルがシミュレーションする能力を反映している（たとえば，定常モデルが非定常な現地観測値をシミュレートしているなど）．ここで，$C(\varepsilon)$ 行列特定のための重みとキャリブレーションのための重みとは異なるということに注意しておくことが重要である．キャリブレーションの重みには，ターゲットの位置が近いのか遠いのか，モデルの目的にとっての重要性，といった要因も反映されているからである．

　パラメータ化による単純化誤差を表現するのに鍵となる要素は，式（10.2）では，解行列 $\mathbf{R}$ と $C(\mathbf{p})$ 行列であり，式（10.3）では $C(\mathbf{p})$ 行列である．解行列 $\mathbf{R}$ は，推定したパラメータ値と真のパラメータ値との対応を表現しており，パラメータ推定操作の一部として計算される．したがって，式（10.2）および式（10.3）では，入力しなければならないのは主として $C(\mathbf{p})$ 行列であり，これ

により，パラメータ化による単純化誤差を求めることができる．$C(\mathbf{p})$ 行列はパラメータ誤差の共分散行列であり，不均一な自然界をモデル化することに起因したもともとのパラメータの変動性（たとえば，95％信頼区間，標準偏差，あるいは分散）を表している．よって，モデルに表現されているシステム特性に対する専門家の知識が反映されている．モデルでは，複雑な世界を簡略化した世界として表現しなければならないため，パラメータ化の過程においてなされる選択が不確実性を付与する，ということを思い出してほしい（Gaganis and Smith, 2001；Beven, 2005）．したがって，いかなるモデルも，自然界の不完全なモデルである．パラメータ化による単純化誤差の定量的表現は，$C(\mathbf{p})$ 行列の特定にかかっている．

単純な例から，モデルの単純化がどのようにパラメータに内在する変動性に影響しうるのか，ということがわかる．不均一な帯水層から成るモデルの領域が，3種類の堆積物に区分されると仮定しよう．(1) 粒径の揃った風成砂，(2) 中程度に粒径の揃った沖積砂，(3) 氷河上堆積物に起因する粒径の揃わない砂と岩石である．経験知と直観によれば，任意の堆積物を表すパラメータに備わっている変動性は，堆積物ごとに異なる．風成（風が巻き上げた）砂は，粒径の幅が小さく，そのため，風成砂を表現するパラメータは比較的小さな変動性を有していると期待される．氷河上堆積物（氷塊から滑り落ちた堆積物）の粒径は広い範囲にわたっており，堆積過程で粒径を均一化する作用が働いていないために，パラメータは比較的大きな変動性を有していると期待される．沖積性堆積物のパラメータの変動性は，典型的にはこれら2つのエンドメンバーの中間にある．さらに，不均一性がただ1つのパラメータ（「未固結の堆積物」）で表現されている場合には，パラメータが有する変動性はさらに大きくなる．この簡単な例から明らかなように，パラメータの変動性を割り当てることには，ランダムではないにしても，主観的な要素が含まれている．

実際的な手順としては，地質統計学的なアプローチを用いて専門家の知識が定式化され，これをもとに $C(\mathbf{p})$ 行列は決められる．しかし，最も単純には $C(\mathbf{p})$ は対角行列となり，中央の対角成分に沿って不確実性に対する推定値が与えられる．推定値は，標準偏差の形で表現され，パラメータに内在すると考えられる変動性を表している．典型的には非対角成分が 0 となるため，パラメータ推定コードへの入力値は，最も単純に，2 列から成るパラメータの不確実性ファイルで表すことができる（たとえば，前の段落で示した簡単な例に対する $C(\mathbf{p})$ 行列を**表 10.2** に示した）．不確実性解析のソフトウェアには，履歴との整合の際のパラメータの上限値と下限値を利用して，パラメータの 95％信頼区間（Box 9.2 を参照のこと）を表現するオプションがついていることもある．これは，$C(\mathbf{p})$ 行列を自動的に生成することにも利用できる．応用地下水モデリングの多くの問題では，このような直接的な定式化が適切である．

しかし，$C(\mathbf{p})$ は共分散行列であり，パラメータ間の空間的な相関性を表現するために，非対角成分に 0 でない値を入力することを選択すれば，より洗練させることもできる．James ら（2009）は，$C(\mathbf{p})$ 行列を次のように説明している．

特に，「$C(\mathbf{p})$ 行列」は，調査地に対して現段階で得られている地質学的な知見と地質学的

表 10.2 3つのパラメータモデル（K は透水係数）に対する単純な $C(\mathbf{p})$ 行列の例．(a) 行列の入力値，(b) (a) の情報を用いて構成された $C(\mathbf{p})$ 行列．

(a) $C(\mathbf{p})$ 行列の入力		
パラメータ	$C(\mathbf{p})$ 行列における パラメータの配置位置	パラメータに内在する 変動性（標準偏差，m/d）
K 沖積砂	行1，列1	5
K 風成砂	行2，列2	0.2
K 氷河上砂＆礫	行3，列3	50
(b) 得られる $C(\mathbf{p})$ 行列		
5	0	0
0	0.2	0
0	0	50

な不確実性を特徴づける．地質学的な不確実性は，対角成分が0でないことを通して表現される．地質学的な知見は，非対角成分が0でないこと（水理学的特性の空間的相関性に関して何らかの知見があるということを示す），対角成分が有限の値をとること（地質学的な不確実性が有界であることを示す）により表現される．

表 10.2 に示したような対角行列を使用するにせよ，James ら（2009）により記述されたより洗練された式を利用するにせよ，$C(\mathbf{p})$ 行列を介してパラメータ化の単純化による誤差を表現する強みは，数学的に厳密であることであり，結果として不確実性を定量化できることである（Doherty and Hunt, 2009b）．たとえば，パラメータ化をより単純にしたり，あるいは複雑にしたりするのに応じて $C(\mathbf{p})$ 行列を更新して，パラメータに内在すると予想される変動性を反映させることができる．地下水モデリングにおける不確実性解析の多くでは，予報の不確実性に対してのパラメータ化による単純化誤差を定量化して表現（式（10.2）と式（10.3）では含まれている）することはない．しかし，通常，単純化誤差は，予報の不確実性を決める主要な要因である．特に，小スケールでの不均一性（たとえば，Box 10.2, Gaganis and Smith, 2001；Moore and Doherty, 2005；Ye ら，2010）といったシステムの詳細に対して予報値が敏感に応答する場合は顕著である．したがって，パラメータ化による単純化誤差を無視することは，不確実性を過小評価することにつながる．

10.4.2.1 線形不確実性解析の例

線形不確実性解析には，専門的な統計概念が含まれているものの，解析法は直接的であり，広く入手可能なソフトを利用して実行することができる．最も単純な解析結果では，予報モデルの出力値まわりに不確実性が示される．たとえば，標準偏差，分散，あるいは，95％信頼区間（採掘場への流入予測値の95％信頼区間など，Kelsonら，2002）として表される．線形性を仮定していることにより，不確実性は予報値のまわりに対称的となる．しかし，対称性の仮定が，予報値としては非現実的な値を与えることがある．たとえば，得られる不確実性の範囲をそのまま適用すると，不確実性解析の結果が揚水井の追加による地下水位の上昇を予報するということが起こり得る．よって，線形不確実性解析により計算された不確実性の推定値に対しては，厳しい精査により非現実的

10.4 基本的な不確実性解析

な結果を除去するか，より進んだ非線形解析が必要になるかもしれない．

最初に示す線形不確実性解析の方法は，基本モデルのパラメータと予報の不確実性との関係を評価する方法であり，また，基本モデルのキャリブレーションに用いた観測値の質を評価する方法である（たとえば，Gallagher and Doherty, 2007；Doherty and Hunt, 2009a；James ら，2009；Dausman ら，2010；Fienen ら，2010, 2011）．PEST GENLINPRED（Doherty ら，2010）を用いて生成された例を次に示す．既述のように，線形解析では予報値に対するパラメータの感度（式（10.2）と式（10.3）のy）と，観測値とパラメータの不確実性が必要となる．前者については，パラメータ推定に用いた観測値のリストに予報値を加えて，ヤコビ行列を再計算することにより得られる．以下に示す例では，各観測値に対してパラメータ推定の重みを特定し，これを$C(\varepsilon)$行列の値を埋めるために用いる．また，パラメータの上限値，下限値より$C(\mathbf{p})$行列が導出される．

図10.9では，地下水モデルにおける湖水位の予報値に含まれうる誤差を推定した結果を示して

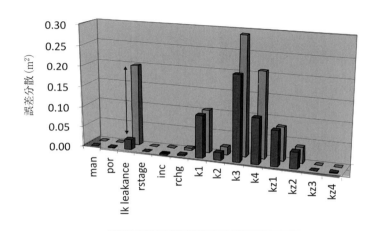

図10.9 乾燥条件下での湖水位推定値のトータルの誤差分散へのパラメータの寄与をキャリブレーション前とキャリブレーション後で比較した結果（MODFLOWの湖パッケージを利用，6.6節）．誤差分散（式（10.2）により計算）は，モデルの予測値まわりの不確実性を表す．バーは各パラメータのトータルの予測誤差（キャリブレーション前は$0.96\,\mathrm{m}^2$，キャリブレーション後は$0.60\,\mathrm{mm}^2$）への寄与を示す．キャリブレーションにより予測の不確実性は小さくなる．これは，予測のシミュレーションに用いるパラメータのバーの高さが低くなっていることからわかる．キャリブレーション後の予測の不確実性減少は，特に湖床の漏水（lk leakance）パラメータで顕著であることに注意すること．したがって，このパラメータのみをターゲットにしてさらにデータ収集をしても進展は期待できない．すでに存在するデータを用いた履歴との整合により十分に絞り込めているからである．つまり，このパラメータは十分な同定可能性をもっているということである（Hunt and Doherty, 2006 を修正）．各パラメータの意味は，man＝マニングの粗度係数，por＝有効間隙率，lk leakance＝湖床の漏水係数，rstage＝遠方の河川水位境界，inc＝河川標高が増加する境界条件，rchg＝涵養，k1～k4＝第1層から4層までの水平方向の透水係数，kz1～kz4＝第1層から4層までの鉛直方向の透水係数である．

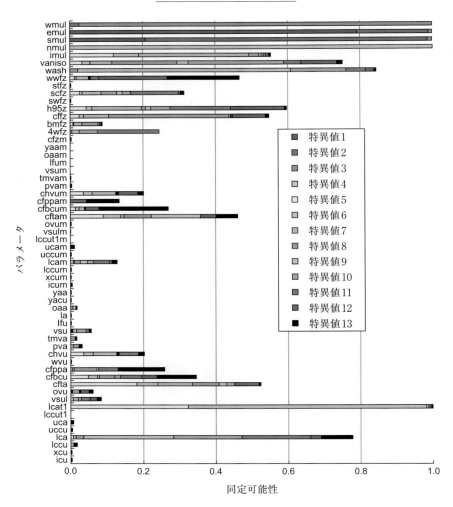

図 10.10 線形不確実性解析を乾燥地の水文条件における地下水流動モデルに適用した結果（アメリカ合衆国 Nevada 州，Yucca Mountain）．パラメータの同定可能性を用いて観測ターゲットが制約できないパラメータを判定している．1.0 は完全に同定可能なパラメータであることを示す．つまり，キャリブレーションターゲットによる制約が強く，履歴との整合により推定可能であるということを意味する．0.0 は，完全な同定不可能性を表す．それは，観測値がパラメータを制約する情報をまったくもたず，履歴との整合により推定できないということを意味する．両極端の値の中間にある値はより定性的になり，短いバーは同定可能性が低く，長いバーほど同定可能性が高くなる．色味は同定可能性の程度を表し，暖色が強くなるほど観測ターゲットによる制約がかかりやすく，寒色が強くなるほど観測ターゲットによる制約がかかりにくくなる（James ら，2009）．（**口絵参照**）

いる．推定値は，キャリブレーションパラメータの初期値（キャリブレーション前）と，キャリブショーン後のパラメータ値を用いて求めており，干ばつ時における湖水位のトータルの不確実性が図中のバーをすべて足し合わせた値に等しい．線形不確実性解析の結果を比較すると，干ばつ条件

での湖水位の誤差分散の値から，キャリブレーションにより予報の不確実性は減少するものの，その減少はモデルパラメータ（x 軸）により異なるということがわかる．さらに予報の不確実性を減らそうと思えば，湖底の漏水量（図 10.9 の lk）の特性を知るために労力を割くよりも，層 3, 4, 1 の透水係数（図 10.9 の k3, k4, k1）の特性を知るために，追加で現地観測をする方が効果的であることが示唆される．

　線形不確実性解析は，特定の観測対象に含まれる情報を可視化するためにも用いることができる．その際には，パラメータの同定可能性が用いられる（**図 10.10**）．Doherty and Hunt（2009a）が定義しているように，同定可能性が高いパラメータほど積み上げグラフのバーが長くなり，パラメータ同定のための情報がより多く観測データに含まれていることを表している．また暖色系の色は，観測データが高い信頼度をもって，パラメータ値を制約する力をもつことを示している．第9章の概念を用いれば，暖色系のパラメータは，観測データにより定義される解空間に強く根差していることを表している．反対に，短いバーはゼロ空間の要素が多く，観測データにより拘束されないことを示している．キャリブレーションにより拘束されるパラメータと，そうでないパラメータを可視化することの価値は，予報の不確実性の要因を評価すること，そして，今ある観測データの欠点を評価することにある．

　Box 10.3 では，もう 1 つの線形解析の適用例が議論されている．ここでは，将来の意味あるデータ収集の評価に線形解析が利用されている．仮想的に追加の観測を行ったときの予報の不確実性減少を評価している．その目的は，想定しているデータ収集スキームが，実際にその方法でデータ収集を行う労力を払わなかった場合に比べて，どの程度予報の不確実性を減少させることができるかを評価することにある（たとえば，Dausman ら，2010；Fienen ら，2010, 2011）．図 10.10 に示したようなプロットは，ありうるデータ収集活動に応じて更新することができる．ただし，この収集活動は，支払うことのできるコストと労力の範囲内で行われる．これにより，コスト・ベネフィット関係を得ることができる．追加で行う現地でのデータ収集と，予報の不確実性の減少との間にはトレードオフの関係が成立する．

Box 10.3　データ収集のコスト・ベネフィット解析

　水文学者は次のような質問をよく受ける．どのような観測ネットワークにしたら，科学に根差した水資源管理の意思決定を効果的に支援することができるだろうか．ありがちなのは，既存の観測ネットワークのギャップを埋めるために，あるいは，アクセスの便（たとえば，道路の近くなど）を基準に，観測点が選ばれる．しかし，こういったデータでキャリブレートしたモデルは，予報には不向きかもしれない．Fienen ら（2011）は，最も過小評価されているモデルの利用法に，将来のデータ収集による不確実性の減少を計算することがある，と指摘している．特定の予報をするために重要となるデータ収集地点，データ種の優先順位を決めるために，モデリングツールは有効である．別の見方をすれば，モデリングツールは，特定の予報における不確実性を最も減少させるデータは何かを決める手助けになる．このこ

とはまた，既存の観測ネットワークを拡張するときの方針も示してくれることになる．

　線形不確実性解析（10.4節）を用いると，ありうる将来の観測項目（たとえばフラックスと水頭）が実際の観測に値するかどうかを評価することができ，予報の不確実性に最も寄与する要因を同定することができる．これは，転じて，コスト・ベネフィット解析となり，これによりデータ収集とモデリングの戦略としてコスト効率の最大となる戦略を選択する指針となり，予報の不確実性を減少させることができる．これは「潜在的な観測」という概念に基づいた方法である．なお，「潜在的な観測」とは，将来の観測に含まれるかもしれない観測のことを指す．パラメータ推定の枠組み内では，単に潜在的な観測値を，現地の実際の観測に付け加えるだけで，重みを0にする．線形解析により潜在的な観測価値を評価するに当たっては，候補として挙げた観測点の観測値を実際に知らなくてもよく，恣意的に与えた値でよい．観測点の場所さえわかっていれば，感度を計算することができるのである．こういった感度は，パラメータ推定を用いて簡単に計算することができ，ヤコビ行列（9.5節）に埋め込まれることになる．さらには，キャリブレーションの前と後でヤコビ行列を計算することができるので，調査の初期段階で開発する初期モデルに対して適用可能である．

　コスト・ベネフィット解析の利点は，モニタリングのための限られた資源を予報の不確実性を減少させることに振り向けることができる点にあり，改良の程度と，現場データを収集するためにさらに必要となる経費を関係づけることができる．新たな情報を追加するか，あるいは，観測にかける労力を減らして今ある情報を縮小するかという観点から，価値あるデータ量を決定できる（Beven, 1993, 2009）．観測が減少することは問題を引き起こしうると考えられる．なぜなら，情報が失われることで，たとえ，現時点での予報に問題がなくても，将来起こりうる社会的問題を予報する力が減退するかもしれないからである．モデルを利用してデータ量を決定する詳細な例が，Fienenら（2010, 2011）によって示されている．

　線形不確実性解析は，たいていすぐに結果が得られ，計算量が少なく，かつ強力な方法であるが，ほとんどの地下水モデリング問題は，厳密には線形ではないということに注意する必要がある（たとえば，Vecchia and Cooley, 1987；Cooley, 1997）．つまり，地下水の支配方程式と得られる結果が線形になるのは，被圧地下水流の場合のみであり（式（3.13a）），不圧地下水流では非線形になる（式（3.12）および式（3.13b））．加えて，不確実性解析という流れの中では，逆問題における線形性を参照しているが，逆問題は線形の場合も非線形の場合もある．下敷きになっている地下水モデルが線形性を有していても，このことが逆問題における線形性の直接の尺度にはならないのである（Mehl, 2007）．というのは，対象とする関数は水頭値の解ではなく，パラメータ値に関する水頭の微分値（9.5節で議論したパラメータの感度）であるからである．厳密には線形の地下水モデリング問題はないものの，たとえ進んだ不確実性解析であっても，真の不確実性を計算することは不可能であることを思い出しておこう．なぜなら，モデルが地下水システムの真のモデルになることはないからである．したがって，定量的な不確実性解析と同じぐらい解析の定性的側面が重要になる（Gallagher and Doherty, 2007）．線形解析法を用いて近似的な推定を行うだけでも，工

学的な実践や意思決定を目的とする場合には十分であることが多く，理論的な基礎をもちながら計算にかかるコストを最小化することができる．

10.5 進んだ不確実性解析

進んだ不確実性解析法は，線形解析法と類似した不確実性に関する出力値（たとえば，分散や95％信頼区間など）を提供してくれる．しかし，一般に，より計算量を必要とし，ソフトウェアとユーザーとの間の高度なやり取りが必要となる．進んだ不確実性解析手法の多くはソフトウェアにより実行することができ，PESTソフトウェア集（Box 10.1）やそのほかのソフトウェアがある．先端の新しい手法が活発に研究されており，新しい市販のソフトウェア開発が進んでいる．この節では，すでにソフトウェアになっている手法に焦点を当てる．この手法は，単一の基本モデルにも適用でき，複数モデルによる概念化を用いた手法にも適用できる．

10.5.1 単一概念化による不確実性解析

進んだ方法を取り扱うソフトウェアも入手可能であり，線形不確実性解析の手法（10.4節）を非線形に拡張した方法が利用可能である．最良のシナリオ，あるいは，最悪のシナリオを厳密に解析することが求められる場合には，予報の不確実性解析を制限つきの最大化・最小化問題に帰着させることができる（図 10.11 と図 10.12）．この方法では，ある制約のもとに予報値の最小値と最大値が求められる．その制約とは，ユーザーが設定した値以上には目的関数（9.5節）を大きくしないという制約である（Vecchia and Cooley, 1987；Christensen and Cooley, 1999；Cooley and Christensen, 2006；Tonkin ら，2007b）．つまり，無限のありうる予報値の中から，観測データと整合性のあるパラメータのみを考慮すればよい，ということである．したがって，予報の不確実性を求めるシミュレーションでは，求める出力値の最大値と最小値を合理的な範囲内にとどめる（実際には，キャリブレーションにおける履歴との整合の段階で得られる目的関数の最小値より若干高い値を目的関数に課すことになる）．

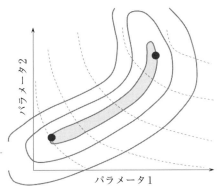

図 10.11 パラメータが2つの場合において，制約つきキャリブレーションによる非線形な予測値の最大値・最小値を求める方法の模式的な説明．

430　　第10章　予報と不確実性解析

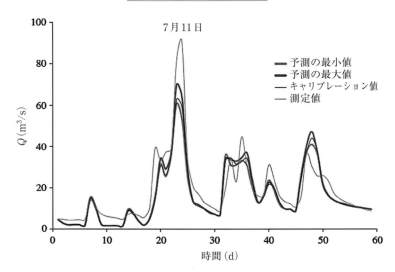

図10.12　河川流量の観測値と予測値の最大値・最小値との比較．予測値は，図10.10に示した制約下での最大化・最小化法により計算した（Bahremand and De Smedt, 2010 を修正）．

　図10.11には，2つのパラメータの最大化・最小化問題の一般的な模式図を示した．点線はパラメータ1（x軸）とパラメータ2（y軸）の値の範囲内における予報値を表している．あわせて目的関数面を実線で表している．モデルがキャリブレートされていると見なせるほど十分に小さな目的関数値を与えるパラメータ1とパラメータ2の組み合わせは複数存在し，網掛け領域となる．不確実性解析では，パラメータに制約を課したときに得られる予報値の最大値と最小値（図10.11中の2つの点）のみが妥当な値とされる．つまり，キャリブレートされたパラメータ値のみを，予報値の幅を評価するために使用するということである．しかし，多くの応用地下水問題では，特に，密にパラメータ化されたモデルでは，図10.11に示した2軸ではなく多数の軸となるため，最大化・最小化問題を解くことが難しい．James ら（2009）が述べているように，最大の困難が生じるのは，目的関数の表面が非常に複雑なとき，モデルが不安定なとき，ヤコビ行列の微分にノイズが含まれているとき，そして，計算負荷が高いときである．

　モンテカルロ（Monte Carlo）法（**Box 10.4**）は考え方が直接的であり，進んだ解析法の中で最もよく使用される．そのため，地下水関係の論文にも多くの適用例が報告されている（たとえば，Bair ら，1991；Varljen and Shafer, 1991；Cooley, 1997；Hunt ら，2001；Bogena ら，2005；Starn ら，2010；Yoon ら，2013；Juckem ら，2014）．この方法のパイオニアは New Mexico にあるロスアラモス国立研究所の物理学者であった Stanislaw Ulam であり，1946年に開発された（Eckhardt, 1987）．Ulam は，「ある微分方程式で記述された過程を，それと等価と見なせる連続したランダムな操作の形式に変換する」方法を探っていた．モナコにあるモンテカルロのカジノにちなんで「モンテカルロ」がコードネームとして選ばれた．ギャンブルにおける確率概念にこの方法のルーツがあるためである．

10.5 進んだ不確実性解析

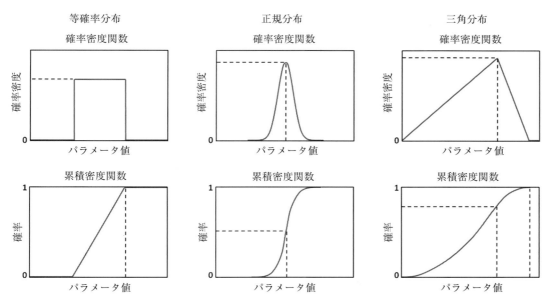

図 10.13 モンテカルロ法のパラメータサンプリングで用いられる3つの異なる確率密度関数（上の行）と累積密度関数（下の行）の模式的表現（NIST, 2012 による）．

私たちの利用目的に沿ってみると，モンテカルロ法は非線形な方法であると見なすことができる．モデルの入力値と予報値との間に，先験的に線形関係を仮定しないからである．むしろ，順計算により多量の予報値をシミュレーションし，線形仮定をすることなしに不確実性を評価していく．基本的な線形不確実性解析では，比較的少ない回数の試行のみ実行するのが通常である．しかし，モンテカルロ法では，数千から数百万回の順計算を行うのが普通であり，これにより予報値の不確実性範囲を確定し，結果の統計的な特性を明らかにする．さらに，パラメータは確率論的に定義されるものであり，指定されるパラメータ値の分布により与えられる．この分布は，確率密度関数（pdf）や累積密度関数（cdf）によって表現されることが多い（**図 10.13**）．地下水モデリングという文脈で見たときのモンテカルロ法によるデータセットの生成法は，Kitanidis（1997）と Zheng and Bennett（2002）に詳しい．

Box 10.4 モンテカルロ法による予報の不確実性表現

Hunt ら（2001）は，モンテカルロ法を用いた確率論的モデルにより，巨大湧水群の涵養域の予報を行った．3層の地下水流動モデルに粒子追跡を組み合わせ，推定した透水係数の不確実性に基づいて，湧水群の涵養域を確率的範囲として求めている．確率的 MODFLOW（Ruskauff ら，1998）を用いて 200 種類の透水係数場の実現値を生成した．なお，この透水係数場は，現地データに基づく水平方向の透水係数から一様にランダムサンプリングすること

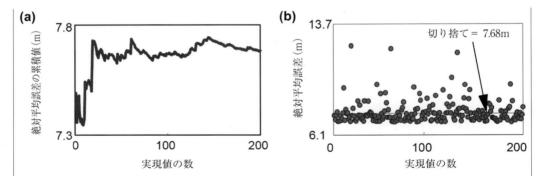

図 B10.4.1　モンテカルロシミュレーションの結果．(a) モンテカルロ法の収束は，25 回の試行の後に MAE の移動平均値が比較的一定になることから判断できる．(b) 大きな水頭誤差（大きな MAE）には，200 回の試行を行う中で，MAE の値が 7.68 より大きな値になったときに試行から取り除くことで対処した（Hunt and Steuer, 2000）．

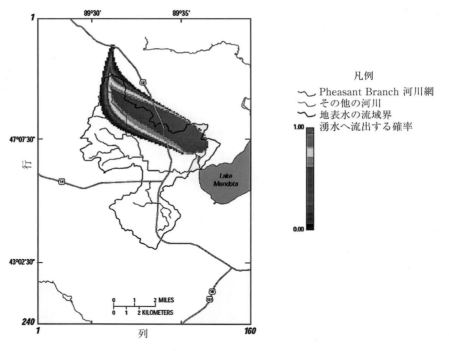

図 B10.4.2　湧水群への寄与を確率的に表すことによる不確実性の可視化．図は，136 個の条件付きシミュレーションに基づいており，寄与域の範囲を確率が低い（青）領域から高い（赤）領域で示している（Hunt ら，2001 を改変）．（口絵参照）

により生成されている．第 2 層では 1.5〜4.6 m/d の幅があり，第 3 層では 0.2〜3 m/d であった．25 個の実現値があれば収束するが（図 B10.4.1(a)），モデル出力値の確率分布の代表性を保障するためには，少なくとも 100 個の実現値が必要であると推奨している．

200 個の実現値のうち，水頭の平均絶対誤差（mean absolute error：MAE）で判断すると，よい出力値を与えない実現値もあるので，これらの計算値は取り除き，136 個の「条件付き」実現値を残している．ここで，（136 個の）実現値が「条件付き」であるとは，MAE の値が許容可能なキャリブレーションの範囲内にあるということであり，ここでは，$MAE \leq 7.68$ である．136 個の試行を順計算により行い，その結果は，水頭値の平均値と分散のプロットによりまとめた．次に，136 試行すべての結果を用いて，湧水群の上流域，第 2 層，第 3 層上部に粒子を置き，粒子追跡を行った．確率論的粒子追跡プログラム（確率的 MODPATH，Ruskauff ら，1998）により粒子が湧水に捉えられる確率を計算している．これは，あるセルからの粒子が湧水に到達した回数を数え上げ，これを全実現値の数である 136 で割ることで求められている．したがって，1.0（100％の確率）という結果は，そのセルが 136 すべての試行で湧水に寄与する場合を表している．

湧水群への流入確率を表した図（図 B10.4.2）を見ると，湧水群への寄与域は地表水の流域界を越えていることがわかる．湧水群の寄与域を保全することに関心がある意思決定者に対して，確率論的モデルは不確実性を示すことができるということが重要である．湧水への流出に寄与するのかどうかという確率を，見てすぐにわかる図（図 B10.4.2）を用いて表現することで，意思決定者は湧水群の寄与域のサイズと場所を知ることができる．それはまた，コスト・ベネフィット解析を容易なものとし，湧水群を保護することによるトレードオフを，寄与域内のゾーニングによる規制に関連付けることができる．

モンテカルロ法の一般的な手順を図 10.14 に模式的に示す．実際には，特別に設計されたソフトが使用されることが多い（たとえば，確率的 MODFLOW, Ruskauff ら，1998；FEFLOW で実行できる FePEST）．分布をもったパラメータをサンプリングしてパラメータ場の実現値を生成す

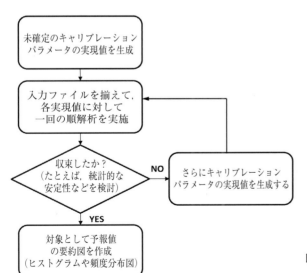

図 10.14　モンテカルロ法による不確実性解析の実行手順の模式図．

434　第10章　予報と不確実性解析

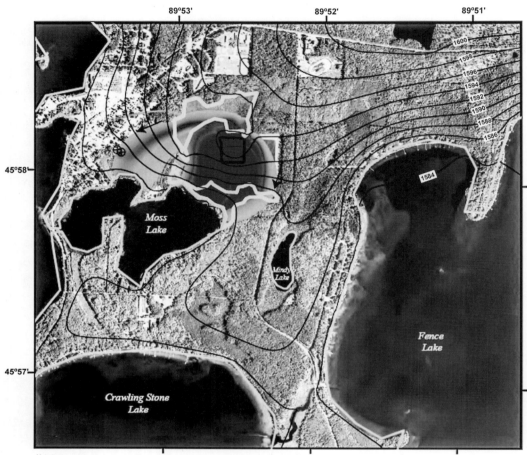

基図は，National Agricultural Imagery Program（NAIP），2010より．

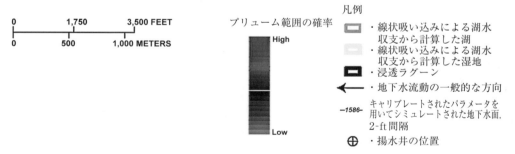

図10.15　処理ラグーンから発生するプリュームに影響する移流輸送パラメータの不確実性に起因する確率のシミュレーション．青色は高い確率の流動経路，オレンジ色は低い確率の流動経路を示す（Juckemら，2014）．（**口絵参照**）

10.5 進んだ不確実性解析

る．ここで，各パラメータ値がありうるパラメータセットを構成することになる．各実現値に対して1回だけ順計算が実行される．そして，それぞれの順計算の結果を数え上げていき，結果のアンサンブルが集計され，通常は図にまとめられる（たとえば，Box 10.4 の図 B10.4.1 や図 B10.4.2）．十分な数の実現値を考慮しているかどうかを決定するために，最初の計算よりも多い数の実現値を用いて2回目の計算を行うこともある．そして，両者の統計的特性を比べる．もし，得られたアンサンブルが統計的に類似しているならば（たとえば，Box 10.4 の図 B10.4.1(a)で平均絶対誤差が類似しているなど），モンテカルロ法において「収束」したとされる．モンテカルロ法を実行して求められるアンサンブルは，通常は，「条件付き」で計算される．つまり，指定された基準（たとえば，Box 10.4 の図 B10.4.1(b)に示すように，平均絶対誤差といったキャリブレーションに使用される統計値）に合致しない実現値は，結果を集計し予報の不確実性を報告する前に，あらかじめ取り除かれる．最小化・最大化問題の際にありうるパラメータの範囲を制限したのと同様に，「条件付き」にすることにより，観測値との合致程度を基準にして系についてわかっていることと整合性のある予報値のみを含んだ推定値を報告することができる．得られる確率を視覚化することにより，モデルの出力値を取り囲む不確実性の範囲を効果的に伝えることができる（たとえば，**図 10.15**）．

より高い計算効率でパラメータの組み合わせをサンプリングするには，キャリブレーションの目的関数に適合しやすいパラメータの組み合わせが選ばれるのがよい．そのために，たとえば，マルコフ連鎖モンテカルロ（Markov Chain Monte Carlo：MCMC）シミュレーションなどが用いられる．MCMC 法は，パラメータの確率関数を分析することにより，代表的な「望ましい」分布が得られるようにする．よって，パラメータ分布の中からすべてのありうる値をランダムにサンプリングしていたモンテカルロ法とは異なり，望ましい分布の範囲内にサンプリングが限定される．MCMC 法を適用すると，得られる結果から標準的な統計尺度を計算することができる．たとえば，予報値のまわりの95%信頼区間などである（**図 10.16**）．MCMC コードの使用例は，Lu ら（2004），Fienen ら（2006），Hassan ら（2009），Keating ら（2010），Mariethoz ら（2010），Laloy ら（2013）に記述されている．

もう1つの方法として，ゼロ空間モンテカルロ（null-space Monte Carlo：NSMC）法（Tonkin and Doherty, 2009）を用いることもできる．この方法では，先験的に，キャリブレーションに悪影響を及ぼさない計算のみに絞り込む（つまり，ゼロ空間に留まる，9.6節）．そのため，計算試

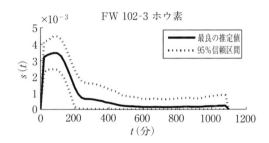

図 10.16 マルコフ連鎖モンテカルロ法による結果．最良の推定値（実線）と95%信頼区間（破線）が，仮想的に投入されたホウ素の移流による輸送に関して，示されている（Fienen ら，2006 を修正）．

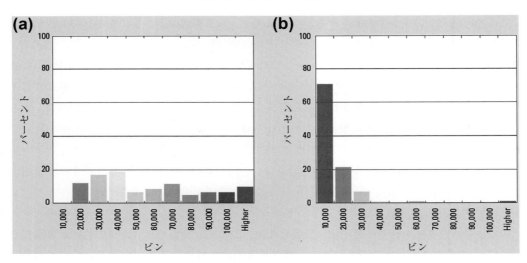

図 10.17 確率論的パラメータによる 100 個の実現値を用いたときの目的関数の分布．(a) ゼロ空間への投影なしで再計算もしない場合．(b) ゼロ空間への投影後の場合．(b) からサンプリングされた実現値は，制約条件に合致しやすい．その結果，ゼロ空間モンテカルロ法はモンテカルロ過程の収束に要する計算負荷を削減することができる（Doherty ら，2010）．

行のアンサンブルをすべて計算した後に，限定付きで計算結果を減少させるのではなく，モンテカルロ計算を始める前に，実現値の完全なセットから不要な試行を削除できる（**図 10.17**）．NSMC 法は，特に水文システムの詳細に依存して高解像度のパラメータ化（流路や移動時間など）が求められる予報を行うときに助けになる．NSMC は，GUI（たとえば GMS や GroundwaterVistas）に組み込まれており，Herckenrath ら（2011），Yoon ら（2013），Tavakoli ら（2013），Sepulveda and Doherty（2015）が実際の問題に適用している．NSMC 法の詳細と，PEST をベースにしたソフトウェアに NSMC 法を実装する上でのこつが，Doherty ら（2010）に詳しく記述されている．

10.5.2 複数の概念化による不確実性解析

ここまでは，不確実性を取り扱う方法として，1 つのモデル構造を仮定して，その上に異なるパラメータ化を行うという方法を議論してきた．しかし，予報の不確実性は概念化の相違にも含まれうる．これは，同じモデル構造の上に異なるパラメータ化を行う，ということには回収されない問題である．たとえば，断層を考慮したモデルとそうでないモデルでは，必要な節点間隔が異なり，モデル構造が結果として異なることになる．同様に，考慮されている物理プロセスと考慮されていない物理プロセスが異なるモデルでは，概念モデルが異なると見なされる．概念モデルが異なることに起因する不確実性を評価するためには，不確実性解析において複数の概念化を考慮する必要がある．方法論の詳細を記述することは本書の範囲を超えている．さらなる情報は，Pappenberger and Beven（2006），Poeter and Hill（2007），Vrugt ら（2008），Singh ら（2010），Keating ら（2010）や以下で参照する文献から得られる．

10.5 進んだ不確実性解析

　複数の概念化を取り扱うときには，モデルを残すかどうか重み付け（ランク付け）をすることが目的となり，もっともらしさという観点から許容可能なモデルであるかどうか，あるいは，「正しい挙動」を示すモデルであるかが判断され，正しい挙動を示さないモデルを却下する．正しい挙動を示すモデルとは，ある許容範囲内で時系列の観測データを再現することができ，概念モデルと整合性のある特性を示すということである．複数の概念化をランク付けするときの固有の難しさは，各モデルがどの程度もっともらしいのかを評価する適切な定義を与える点にあり，活発な研究がなされている話題でもある．基本モデルによりシミュレートされる状態には，必ずしも予報される状態が反映されているわけではないにも関わらず，もっともらしさを決定するときに未だにキャリブレーションターゲットを利用しており，研究課題の1つとなっている．したがって，キャリブレーションデータに基づいているもっともらしさの基準は，予報の真のもっともらしさに対する代替物でしかない．

　Singhら（2010）は，複数の概念化を用いた不確実性解析を大きく2つのカテゴリーに分類した．ただし，いずれのカテゴリーでも，予報の確率を求めることが目的である点には変わりない．1つめのカテゴリーには，モンテカルロ法を用いて，複数の概念モデルにまたがったサンプリングとパラメータ化を行う方法が含まれ，一般化最尤不確実性推定法（General Likelihood Uncertainty Estimation：GLUE）（Beven and Binley, 1992；Beven, 2009）が最も広く使用されている．GLUEは地表水モデリングのために開発されたが，地下水モデリングにも利用されてきた（たとえば，Christensen, 2004；Hassanら，2008；Singhら，2010；Yeら，2010）．広い意味では，1つのモデルをキャリブレートするときに用いるモンテカルロ法に類似した方法である．しかし，開放系においてGLUEを用いると，任意に設定した最終状態に到達する方法が多数存在しうることが認められている．したがって，複数の概念モデル（それらに関連したモデル構造）が，水文過程と水文応答を同程度によく表現しうることになる．同じ程度に許容可能なモデルは等結果性（equifinal）をもつといわれ，一般システム論（von Bertalanfy, 1968）からとった用語である．GLUEは単純なベイズ法を拡張した方法である．自然界に対する最初の仮定，つまり，選択するモデル構造，そのモデルの誤差構造，パラメータ化の方法などが，正しい挙動を示すモデルの命運に直接に影響を与え，その結果，予報の不確実性にも影響するという認識に基づいている．GLUEは，より柔軟に最尤関数を用いて正しい挙動を示すモデル群を作り出すことができるが，現地観測データとの履歴との整合に基づいて，等結果性をもつモデルによる出力値族を評価し，予報値に重み付けをするという方法が依然としてよく利用されている．モンテカルロ法を用いて，多くの順計算を実行することにより，それぞれの概念モデルによる予報値に確率を割り当てることができる．

　2つめのカテゴリーには，統計的な「情報量基準」を用いて，複数モデルによる概念化とパラメータ化による予報確率を求める方法が属する．統計的尺度には，赤池（Akaike, 1973），ベイズ（Schwarz, 1978），カシャプ（Kashyap, 1982）の情報量基準がある．それぞれ，AIC，BIC，KICと呼ばれる．これらの尺度は，モンテカルロ法に比べると計算量が少ない代わりに，あらかじめ誤差構造を仮定し，モデルの質を決めるパラメータの数や観測値の数といったモデル特性を利用す

る．たとえば，最尤ベイズモデル平均（Maximum Likelihood Bayesian Model Averaging：MLBMA, Neuman, 2003）は，モデルのフィッティングを行う際に BIC と KIC の統計量を用い，各概念モデルによる予報値の重み付けを行う．赤池の情報量基準に基づいたモデル平均（Akaike Information Criterion-based Model Averaging：AICMA, Poeter and Anderson, 2005）も MLBMA に類似した考え方であるが，異なる概念モデルによる予報値の重み付けを行うのに AIC を用いる．応用地下水モデリングにおける 1 つの課題は，情報量基準に基づいた方法の背後にある統計理論は，地下水モデリングのために開発された理論ではないという点である．たとえば，オリジナルの理論では，「パラメータ」の定義は，独立な新しいプロセス，あるいは，モデルの本質的な変化であるが，これは地下水モデルとは正反対である．地下水モデルでは，新たな点や領域を追加することがパラメータを追加することになる．したがって，パラメータ数により情報量基準のペナルティが評価されるため，過大な単純化をした地下水モデルを評価しがちになるかもしれない．

第 9 章や，本文のどこかで述べたことであるが，モデルにより自然界を表現するときに，単一の概念化に限定しない方が望ましいことを強調してきた．しかし現時点では，不確実性解析のために複数の概念化を行うことが，広く応用地下水モデリングで採用されているわけではない．これはいくつかの要因による．(1) 複数のモデルを評価するためには，それに応じた大きな計算負荷が必要となること．(2) 問題に応用するためのソフトウェアが未成熟であること．(3) 方法論間の一致が見られていないこと（たとえば，Singh ら，2010 の Table 3）がある．方法論間の一致が見られない原因の 1 つは，情報量基準に基づいてパラメータ数を評価するペナルティに関係しているようである．たとえば，GLUE にはペナルティの基準が不在である．地下水モデルのように多くのパラメータをもつモデルに，単一のパラメータにペナルティを課す方法を適用することは，情報量基準の統計理論と一貫性がない．特に，もともと複雑なシステムに対して高度なパラメータ化を行ったモデルはそうである．このことを認識して，Singh ら（2010）は，情報量基準により評価するパラメータ数を少なくし，観測値で制約したキャリブレーションパラメータの 15 個の線形な組み合わせに限定した（つまり，固有値分解により定義される解空間のパラメータに限定したということである．9.6 節を参照のこと）．しかし，統計的な理論に合うように地下水モデルのパラメータにこのような調整を施したとしても，GLUE と情報量基準に基づく方法との間には乖離がある．そのため，複数の概念モデルを考慮する必要が推奨される一方で，複数モデルを用いて不確実性解析を実施するための正式な方法は開発途上である．したがって，複数モデルを考慮するときには，水文学的センスと専門的な判断が必要となる．

10.6 予報の不確実性レポート

不確実性解析の方法がどのような方法であるにせよ，意思決定者に効果的に結果を伝えることが，モデリングプロジェクトを成功裏に終わらせる上で非常に重要である．合理的に考えると，現地の状態をあますところなくつぶさに表現できるモデルを期待することができないのと同じよう

に，不確実性解析により不確実性を正確に報告できると期待することもできない．よって，不確実性解析の結果を報告する目的は，ある条件のもとでの代表的な不確実性に対する推定値を明瞭に表現することにある．ここである条件とは，システムについて何がわかっているのか，予報のタイプはどのようなものか，モデルとそのモデルのキャリブレーションに対する経験はどの程度か，といったことである．

不確実性の概念は，一般書から科学書にまで広い範囲に及ぶ概念のため，曖昧でないコミュニケーションが重要である．気候変動に関する政府間パネル（Intergovernmental Panel on Climate Change, IPCC, 2014）により記述された用語が応用モデリングにおいて標準的になりつつあることを指摘しておこう．なぜなら，IPCC は，環境モデリングで使用される語彙を広く精査した上で使用しており，環境モデリングにおいては，結果に対する不確実性が専門家の判断と統計的解析により評価されているからである．IPCC は，予報確率の評価値を表すのに特定の用語を使用することを提案している（**表 10.3**）．また，モデルによる予報値とその不確実性を正確に報告するべきであり（たとえば，重要となる図などにより），あわせて，モデリングの際の仮定，入手可能な観測値の質を報告するべきである．結果を報告する際に正確性を欠くようであれば，キャリブレーション，予報，不確実性解析に関する信頼性を損なう可能性もある．

多くの場合，表 10.3 に示す用語は拡張して利用されるが，予報の不確実性を表すより包括的な統計的記述が，これらの用語で代用できるわけではない．こういった場合，意思決定者，規制者，モデルの結果を利用するユーザーなどは，不確実性解析の理論的な側面には馴染みがないということを認識しておくべきである．したがって，モデル作成時の責務として，行いたい意思決定に直接に適用可能な形式で不確実性を表現するべきであり，ステークホルダーが関心をもつ予報値に不確実性を翻訳する必要がある．対審手続きにモデルが利用される場合，殊に重要となる．「不確実性を正確に定量化することにより，反対側からの不確実性に関する要求を最小化することができる（Myers, 2007）．」

最大限に情報を伝えるには，視覚的なプレゼンテーション（たとえば，図-図 10.5，地図-図 10.1，図 10.15，Box 10.4 の図 B10.4.2）が，表や文章よりもよい．できれば，視覚的な描写の

表 10.3 不確実性に使用される用語と対応する予報確率 (IPCC, 2014)

使用される語句	対応する予報確率
ほぼ確実	>99%
可能性がきわめて高い	>95%
可能性が非常に高い	>90%
可能性が高い	>66%
どちらかといえば	>50%
どちらも同程度	33–66%
可能性が低い	<33%
可能性が非常に低い	<10%
可能性がきわめて低い	<5%
ほぼあり得ない	<1%

中に不確実性の範囲も単一の予報値とともに示す（エラーバー，箱ひげ図など）か，複数のモデルによる予報値のアンサンブルとして不確実性を表現する（図10.7，Box 10.4の図B10.4.2など）のがよい．予報の不確実性をモデルの要素と関連づける（図10.9）ことにより，実行したモデルにおいて何がわかっていて，何がわかっていないのかを明瞭にすることができる．予報値まわりに不確実性が大きすぎるときには，現行の予報（図10.10）や将来必要となりうる予報にとって重要なパラメータを制約する能力に応じて，追加で行うデータ収集量に重み付けすることができる．

たいていの予報では，確率が不確実性を表すのに最適である．たとえば，粒子が捕捉される確率マップは，湧水地点に地下水が流れ込む確率（Box 10.4の図B10.4.2）を効果的に要約することができる．意思決定をすることが行動を促す閾値になっている場合，最良，最悪のシナリオを合理的に決定することが有効である．なぜなら，そうすることにより，システムについてわかっていること，そして，将来どのようになると期待されるのかが与えられているときに，予報の包絡線を与えてくれるからである（図10.7）．これは，制約付きの最小化・最大化問題を解くことにより得られる．ここで，予報値の妥当な不確実性範囲は，キャリブレーション劣化の許容可能な範囲を特定して，決定される（図10.11）．あるいは，予報値の全範囲は，パレート前線図により示すこともできる（Box 10.2の図B10.2.2）．こうしたプレゼンテーションをすることにより，許容可能な劣化範囲を指定する必要がなくなり，その結果，意思決定者が直接に許容可能な範囲を超えてしまう見込みを決定できるようになる．どのような可視化をしようとも，異質な外挿や推論をすることなく，意思決定者が不確実性解析の結果を直接に利用できるという点が最良の点である．

10.7　予報の評価：事後監査

事後監査とは，シミュレーションで得られた予報と，実際に発生した状態を比較することである．そのため，予報がシミュレートされた将来のある時点において現地データを収集する必要がある．1980年代，90年代にいくつかの事後監査が実施された（たとえば，Konikow and Person, 1985, Konikow, 1995）．これは，1960年代から70年代に初期地下水モデルを用いてなされた予報から十分な時間が経過して実施された監査である．

しかし，1960年代以来，地下水モデルにより何万もの予報がなされてきたと思われるにも関わらず，文献には事後監査が報告されることはほとんどない．理由は，実際的な理由から哲学的な理由までさまざまである．実際的な理由を挙げると，モデルのほとんどは，管理のための意思決定ができるように直近の問題を解決するように設計される．そして，目的を達成した後には「お蔵入り」するのが通例である．また，モデルが更新されることも通常はない．これに代わって，「順応的管理」のための長期的ツールとして継続して更新するように設計されたモデルもないことはない．順応的管理とは，意思決定のための構造化された繰り返し過程であり，システムのモニタリングとモデルの改良により経時的に不確実性を減らしていくことを目的としている．より一般的ない回しをすれば，順応的管理とは，定期的なモニタリングと見直しを行っているシステムにおいて

将来の状態が変化したときに，戦略を変更することに備えるということを意味する（Beven, 2009, p. 239）．

　他の分野，たとえば，気象予報では，実時間情報（システムで現在何が起こっているのかに関する情報）を利用して予報シミュレーションを改良することができることがわかっている．これは，「順応的予報」のための「データ同化」により実施される（Beven, 2009, p. 22）．ここで，データ同化とは，新たなデータを入手し利用可能になり次第，モデルで利用するということである．こういったタイプのモデルでは，モデルは継続的に更新されることが期待されているので，事後監査は不必要である．同様に，長期管理のために利用されるモデルが増加している（地下水モデルを長期管理のために利用した初期の事例として Jorgensen, 1981 があり，De Lange, 2006 も参照のこと）．長期モデリングが法的要請により取り組まれている場合もある．たとえば，ヨーロッパでは，地下水管理モデルが法的に要請されている（たとえば，ヨーロッパ水枠組み指針：European Water Framework Directive-Hulme ら，2002, Shepley ら，2012）．モデルの更新が期待されるか求められているため，公式に事後監査をして得られるスナップショットはほとんど意味をなさない．

　他方，哲学的な理由としては，事後監査をすることにより，将来の状態を予報しようとしたときの陥穽をあぶり出してしまうということがある．初期になされた事後監査では（Konikow, 1995），モデルの予報は失敗することを示しており，モデル作成者の誤り，不適切な概念モデル，将来のストレスを正確に推定できていないこと，などが理由である．公式，非公式になされた事後監査の経験が蓄積して，しばしば予報がなされた後に発生する予期せぬ変化の影響が重要であることが広く今では理解されている．たとえば，一例として，予報の際に仮定された基底流が実際に発生した基底流を反映しておらず，結果として正しい予報が得られなかったということがある（Konikow and Person, 1985）．

　予期しない変化には，湧き出し・吸い込みの変化も含まれる．たとえば，大容量の井戸，暗渠排水，排水路を新規に設置することや，涵養量，揚水量，その他のストレスが予想しない変化をすることなどがある．こういった要因は地下水システムの変化を引き起こし，これらの要因を考慮していないいかなる予報も失敗することになる．基本モデルとそれに連動した不確実性解析をいくら洗練させても関係ない．このようにして，事後監査を行うことで，私たちがすでに知っていることが明らかになる．つまり，「驚きも科学の一部」である（Bredehoeft, 2005）．驚きは，モデリングに固有の風土病であり，あらゆるモデルの予報に定量化できない不確実性を付加することになる（たとえば，Hunt and Welter, 2010）．事後監査により，たとえば，現行の揚水と処理システムの性能を最適化し，順応的管理の概念に統合することができるかもしれない．しかし，究極的には，「わかっていない未知」が支配する世界の中にあって，予報に内在する不確実性を克服することはできない．

10.8 よくあるモデリングの誤り

- モデルの予報のみを示して，代表的な不確実性に関する議論や報告をしないこと．
- 予報値のうち比較的大きな不確実性を有するタイプの予報値（たとえば，予報値の絶対値，将来の極端な状態など）を選択し，同じぐらい効果的にモデルの目的を表すほかのタイプの予報値（たとえば，予報値の相対値，平均的な状態など，10.3節）を選択しないこと．
- 後からの思いつきで不確実性解析を行い，解析が最も容易な要因のみを考慮していること．たとえば，基本モデルに関連する不確実性のみの解析を行うと，将来発生するイベントの不確実性も全体の予報の不確実性に重要な寄与があるときに，不確実性を過小評価してしまう．
- パラメータ化による単純化に伴う誤差を，不確実性解析に含んでいないこと．単純化による誤差は，特に粗なパラメータ化をしたモデルでは重要であり，不確実性を構成する最大の要素となることが通例である．
- モデルによる予報値とその不確実性が過度な精度で報告され（たとえば，重要な図で），モデリングが基づいている仮定，観測が保証する精度を超えていること．過度に正確な結果を示すことは，モデリングの取り組みに対する信頼性を損なうものとなる．
- ステークホルダーが理解できないような形で不確実性解析の結果を報告すること．
- 不確実性解析の結果をモデル作成者にとって報告しやすい形で意思決定者に提供され，関心のある意思決定にとっては適用しにくい形であること．
- 予報値とその不確実性解析の報告結果が，過小評価，あるいは，過大評価になっており，そのため，ステークホルダーの志向を支援する結果となっていないこと．
- 意思決定にとっては，複数の要因に依存した最良，最悪シナリオが要求されるときに，ただ1つのパラメータを変化させた不確実性解析を実施すること．
- そうできるにも関わらず，予報値と不確実性が確率論的に議論されていないこと．不確実性の推定値を確率で表現することは，モデルの不確実性をコスト・ベネフィット解析に翻訳する最良の方法である．

問　題

第10章の問題では，第9章で構築した基本モデルを用いて，予報と予報の不確実性を求める．

10.1 第9章の問題で作成した基本モデルのパラメータ値と初期条件を用いて非定常モデルを実行し，地点M（図P9.1）の新しい井戸において30,000 m^3/dの一定速度で1年間継続して揚水したときの水頭分布を予報しなさい．非定常モデルはキャリブレートしなくてよい．シミュレートされた水頭と，表P10.1に報告されている観測された水頭を比較しなさい．予報したときにはこの観測値は得られ

表 P10.1 1年の揚水後に測定された水頭値.

井戸	行	列	水頭(m)[a]
P	3	4	508.53
G	5	8	506.84
F	5	11	506.25
N	6	4	509.78
J	7	2	511.62
E	7	8	507.68
A	7	11	507.27
B	7	14	507.63
K	8	11	507.76
Q	9	7	510.00
M	9	9	504.36
I	10	4	512.82
D	10	11	509.44
C	10	14	510.12
O	11	8	511.08
H	13	11	512.94
S	14	2	515.85

[a] 井戸 M における1年の揚水後の水頭.水頭値はすべて平均値

ていなかったが,問題に対して生成された値をここでは利用可能であるとする.計算値と観測値を比較しなさい.あなたの地下水モデルが対象地の水文条件を妥当に表現しているかを判断するとき,あなたならどのような基準を用いるかを議論しなさい.非定常キャリブレーションは必要だろうか.

10.2 問題10.1では,新たに揚水井を導入する以外は,水文条件に変化はないと仮定した.線形不確実性解析(図10.6)を実施し,構造的誤差,将来の不確実性を含んだ予報の不確実性を定量化しなさい(たとえば,将来の政治的,社会的,経済的状況により井戸Mの揚水量を減少,または,増加させる必要が生じるかもしれないし,季節的に揚水量に変化をもたせる必要があるかもしれない.加えて,面的な涵養量も変化するかもしれない).得られた結果を図に表示し,ステークホルダーに結果を伝えるための視覚的なプレゼンテーションを作成しなさい.ステークホルダーには,井戸下流の農家,地方の規制組織も含まれる.

10.3 10.3節で議論した進んだ不確実性解析のうち1つあるいは複数を用いて,不確実性解析を定量化し,問題10.2で述べたステークホルダーに適した視覚的形式で結果を示しなさい.

10.4 問題10.1,10.2,10.3の結果を比較対照しなさい.どの結果を,ステークホルダーに示すのがよいだろうか.

〈参考文献〉

Akaike, H., 1973. Information theory as an extension of the maximum likelihood principle. In: Petrov, B.N. (Ed.), Second International Symposium on Information Theory. Akademiai Kiado, Budapest, Hungary, pp. 267e281.

Aster, R.C., Borchers, B., Thurber, C.H., 2013. Parameter Estimation and Inverse Problems, second ed. Academic Press, Waltham, MA. 360 p.

Bair, E.S., Safreed, C.M., Stasny, E.A., 1991. A Monte Carlo-based approach for determining travel timerelated capture zones of wells using convex hulls as confidence regions. Groundwater 29(6), 849e855.

http://dx.doi.org/10.1111/j.1745-6584.1991.tb00571.x.

Barnett, B., Townley, L.R., Post, V., Evans, R.E., Hunt, R.J., Peeters, L., Richardson, S., Werner, A.D., Knapton, A., Boronkay, A., 2012. Australian Groundwater Modelling Guidelines. Waterlines Report, vol. 82. National Water Commission, Canberra, ISBN 978-1-921853-91-3, 191 p.

Bahremand, A., De Smedt, F., 2010. Predictive analysis and simulation uncertainty of a distributed hydrological model. Water Resources Management 24(12), 2869e2880. http://dx.doi.org/10.1007/s11269-010-9584-1.

Beven, K., Binley, A., 1992. The future of distributed models: Model calibration and uncertainty prediction. Hydrological Processes 6(3), 279e298. http://dx.doi.org/10.1002/hyp.3360060305.

Beven, K.J., 1993. Prophecy, reality and uncertainty in distributed hydrological modeling. Advances in Water Resources 16(1), 41e51. http://dx.doi.org/10.1016/0309-1708(93)90028-E.

Beven, K.J., 2005. On the concept of model structural error. Water Science and Technology 52(6), 167e175. http://www.iwaponline.com/wst/05206/wst052060167.htm.

Beven, K.J., 2009. Environmental Modelling: An Uncertain Future? An Introduction to Techniques for Uncertainty Estimation in Environmental Prediction. Routledge, 310 p.

Beven, K.J., Young, P., 2013. A guide to good practice in modeling semantics for authors and referees. Water Resources Research 49(8), 5092e5098. http://dx.doi.org/10.1002/wrcr.20393.

Bogena, H., Kunkel, R., Montzka, C., Wendland, F., 2005. Uncertainties in the simulation of groundwater recharge at different scales. Advances in Geosciences 5, 25e30. http://dx.doi.org/10.5194/adgeo-5-25-2005.

Bradbury, K.R., Borchardt, M.A., Gotkowitz, M., Spencer, S.K., Zhu, J., Hunt, R.J., 2013. Source and transport of human enteric viruses in deep municipal water supply wells. Environmental Science and Technology 47(9), 4096e4103. http://dx.doi.org/10.1021/es100698m.

Bredehoeft, J.D., 2005. The conceptual model problemdsurprise. Hydrogeology Journal 13(1), 37e46. http://dx.doi.org/10.1007/s10040-004-0430-5.

Cardiff, M., Barrash, W., Kitanidis, P.K., 2013. Hydraulic conductivity imaging from 3-D transient hydraulic tomography at several pumping/observation densities. Water Resources Research 49(11), 7311e7326. http://dx.doi.org/10.1002/wrcr.20519.

Carrera, J., Neuman, S.P., 1986a. Estimation of aquifer parameters under transient and steady state conditions: 1. Maximum likelihood method incorporating prior information. Water Resources Research 22(2), 199e210. http://dx.doi.org/10.1029/WR022i002p00199.

Carrera, J., Neuman, S.P., 1986b. Estimation of aquifer parameters under transient and steady state conditions: 2. Uniqueness, stability, and solution algorithms. Water Resources Research 22(2), 211e227. http://dx.doi.org/10.1029/WR022i002p00211.

Carrera, J., Neuman, S.P., 1986c. Estimation of aquifer parameters under transient and steady state conditions: 3. Application to synthetic and field data. Water Resources Research 22(2), 228e242. http://dx.doi.org/10.1029/WR022i002p00228.

Christensen, S., 2004. A synthetic groundwater modelling study of the accuracy of GLUE uncertainty intervals. Nordic Hydrology 35, 45e59. http://www.iwaponline.com/nh/035/nh0350045.htm.

Christensen, S., Cooley, R.L., 1999. Evaluation of prediction intervals for expressing uncertainties in groundwater flow model predictions. Water Resources Research 35(9), 2627e2639. http://dx.doi.org/10.1029/1999WR900163.

Christensen, S., Doherty, J., 2008. Predictive error dependencies when using pilot points and singular value decomposition in groundwater model calibration. Advances in Water Resources 31(4), 674e700. http://dx.doi.org/10.1016/j.advwatres.2008.01.003.

Cooley, R.L., 1977. A method of estimating parameters and assessing reliability for models of steady state groundwater flow, 1. Theory and numerical properties. Water Resources Research 13(2), 318e324. http://dx.doi.org/10.1029/WR013i002p00318.

Cooley, R.L., 1979. A method of estimating parameters and assessing reliability for models of steady state groundwater flow, 2. Application of statistical analysis. Water Resources Research 15(3), 603e617.

http://dx.doi.org/10.1029/WR015i003p00603.

Cooley, R. L., 1997. Confidence intervals for ground-water models using linearization, likelihood, and bootstrap methods. Groundwater 35(5), 869e880. http://dx.doi.org/10.1111/j.1745-6584.1997.tb00155.x.

Cooley, R. L., 2004. A theory for modeling ground-water flow in heterogeneous media. U.S. Geological Survey Professional Paper 1679, 220 p. http://pubs.er.usgs.gov/publication/pp1679.

Cooley, R.L., Christensen, S., 2006. Bias and uncertainty in regression-calibrated models of groundwater flow in heterogeneous media. Advances in Water Resources 29(5), 639e656. http://dx.doi.org/10.1016/j.advwatres.2005.07.012.

Dagan, G., 1986. Statistical theory of groundwater flow and transport: Pore to laboratory, laboratory to formation, and formation to regional scale. Water Resources Research 22 (9S), 120Se134S. http://dx.doi.org/10.1029/WR022i09Sp0120S.

Dagan, G., 1989. Flow and Transport in Porous Formations. Springer-Verlag, Heidelberg, Berlin, New York, 465 p.

Dausman, A.M., Doherty, J., Langevin, C.D., Sukop, M.C., 2010. Quantifying data worth toward reducing predictive uncertainty. Groundwater 48(5), 729e740. http://dx.doi.org/10.1111/j.1745-6584.2010.00679.x.

De Lange, W.J., 2006. Development of an analytic element ground water model of the Netherlands. Groundwater 44(1), 111e115. http://dx.doi.org/10.1111/j.1745-6584.2005.00142.x.

Doherty, J., 2011. Modeling: Picture perfect or abstract art? Groundwater 49(4), 455. http://dx.doi.org/10.1111/j.1745-6584.2011.00812.x.

Doherty, J., Hunt, R.J., 2009a. Two statistics for evaluating parameter identifiability and error reduction. Journal of Hydrology 366 (1e4), 119e127. http://dx.doi.org/10.1016/j.jhydrol.2008.12.018.

Doherty, J., Hunt, R.J., 2009b. Response to comment on: Two statistics for evaluating parameter identifiability and error reduction. Journal of Hydrology 380 (3e4), 481e488. http://dx.doi.org/10.1016/j.jhydrol.2009.10.012.

Doherty, J.E., 2015. Calibration and Uncertainty Analysis for Complex Environmental Models. Watermark Numerical Computing, Brisbane, Australia, 227 p.

Doherty, J. E., Hunt, R. J., 2010. Approaches to highly parameterized inversion: A guide to using PEST for groundwater-model calibration. U.S. Geological Survey Scientific Investigations Report 2010-5169, 60 p. http://pubs.usgs.gov/sir/2010/5169/.

Doherty, J.E., Hunt, R.J., Tonkin, M.J., 2010. Approaches to highly parameterized inversion: A guide to using PEST for model-parameter and predictive-uncertainty analysis. U.S. Geological Survey Scientific Investigations Report 2010-5211, 71 p. http://pubs.usgs.gov/sir/2010/5211/.

Doherty, J., Simmons, C.T., 2013. Groundwater modeling in decision support: Reflections on a unified conceptual framework. Hydrogeology Journal 21(7), 1531e1537. http://dx.doi.org/10.1007/s10040-013-1027-7.

Doherty, J., Welter, D.E., 2010. A short exploration of structural noise. Water Resources Research 46(5), W05525. http://dx.doi.org/10.1029/2009WR008377.

Eckhardt, R., 1987. Stan Ulam, John von Neumann, and the Monte Carlo method. Los Alamos Science 15, 131e137. http://la-science.lanl.gov/lascience15.shtml.

Ely, D.M., Kahle, S.C., 2004. Conceptual model and numerical simulation of the ground-water-flow system in the unconsolidated deposits of the Colville River Watershed, Stevens County, Washington. U.S. Geological Survey Scientific Investigations Report 2004-5237, 72 p. http://pubs.usgs.gov/sir/2004/5237/.

Ely, D.M., Bachmann, M.P., Vaccaro, J.J., 2011. Numerical simulation of groundwater flow for the Yakima River basin aquifer system, Washington. U.S. Geological Survey Scientific Investigations Report 2011-5155, 90 p. http://pubs.usgs.gov/sir/2011/5155/.

Fienen, M.N., 2013. We speak for the data. Groundwater 51(2), 157. http://dx.doi.org/10.1111/gwat.12018.

Fienen, M.N., Luo, J., Kitanidis, P.K., 2006. A Bayesian geostatistical transfer function approach to tracer test analysis. Water Resources Research 42(7), W07426. http://dx.doi.org/10.1029/2005WR004576.

Fienen, M., Hunt, R., Krabbenhoft, D., Clemo, T., 2009. Obtaining parsimonious hydraulic conductivity fields using head and transport observations: A Bayesian geostatistical parameter estimation approach. Water Resources

Research 45(8), W08405. http://dx.doi.org/10.1029/2008WR007431.

Fienen, M.N., Doherty, J.E., Hunt, R.J., Reeves, H.W., 2010. Using prediction uncertainty analysis to design hydrologic monitoring networksdExample applications from the Great Lakes Water Availability Pilot Project. U.S. Geological Survey Scientific Investigations Report 2010-5159, 44 p. http://pubs.usgs.gov/sir/2010/5159/.

Fienen, M.N., Hunt, R.J., Doherty, J.E., Reeves, H.W., 2011. Using models for the optimization of hydrologic monitoring. U.S. Geological Survey Fact Sheet 2011-3014, 6 p. http://pubs.usgs.gov/fs/2011/3014/.

Fienen, M.N., Doria, M., Doherty, J.E., Hunt, R.J., 2013. Approaches in highly parameterized inversion: bgaPEST, a Bayesian Geostatistical Approach Implementation with PEST. U.S. Geological Survey Techniques and Methods. Book 7, Section C, Chapter 9, 86 p. http://pubs.usgs.gov/tm/07/c09/.

Freeze, R. A., 1975. A stochastic-conceptual analysis of one-dimensional groundwater flow in nonuniform homogeneous media. Water Resources Research 11(5), 725e741. http://dx.doi.org/10.1029/WR011i005p00725.

Freeze, R.A., Massmann, J., Smith, L., Sperling, T., James, B., 1990. Hydrogeological decision analysis: 1. A framework. Groundwater 28(5), 738e766. http://dx.doi.org/10.1111/j.1745-6584.1990.tb01989.x.

Freeze, R.A., Massmann, J., Sperling, T., Smith, L., 1992. Hydrogeological decision analysis: 4. The concept of data worth and its use in the development of site investigation strategies. Groundwater 30(4), 574e588. http://dx.doi.org/10.1111/j.1745-6584.1992.tb01534.x.

Gaganis, P., Smith, L., 2001. A Bayesian approach to the quantification of the effect of model error on the predictions of groundwater models. Water Resources Research 37(9), 2309e2322. http://dx.doi.org/10.1029/2000WR000001.

Gallagher, M., Doherty, J., 2007. Predictive error analysis for a water resource management model. Journal of Hydrology 334 (3e4), 513e533. http://dx.doi.org/10.1016/j.jhydrol.2006.10.037.

Gelhar, L.W., 1993. Stochastic Subsurface Hydrology. Prentice Hall, 390 p.

Golub, G.H., Van Loan, C.F., 2012. Matrix Computations, fourth ed. Johns Hopkins University Press. 784 p.

Hassan, H.E., Bekhit, H.M., Chapman, J.B., 2008. Uncertainty assessment of a stochastic groundwater flow model using GLUE analysis. Journal of Hydrology 362 (1e2), 89e109. http://dx.doi.org/10.1016/j.jhydrol.2008.08.017.

Hassan, A.E., Bekhit, H.M., Chapman, J.B., 2009. Using Markov Chain Monte Carlo to quantify parameter uncertainty and its effect on predictions of a groundwater flow model. Environmental Modelling and Software 24(6), 749e763. http://dx.doi.org/10.1016/j.envsoft.2008.11.002.

Herckenrath, D., Langevin, C.D., Doherty, J., 2011. Predictive uncertainty analysis of a saltwater intrusion model using null-space Monte Carlo. Water Resources Research 47(5), W05504. http://dx.doi.org/10.1029/2010WR009342.

Hill, M.C., Tiedeman, C.R., 2007. Effective Groundwater Model Calibrationdwith Analysis of Data, Sensitivities, Predictions, and Uncertainty. Wiley-Interscience, Hoboken, N.J., 455 p.

Hulme, P., Fletcher, S., Brown, L., 2002. Incorporation of groundwater modeling in the sustainable management of groundwater resources. In: Hiscock, K. M., Rivett, M. O., M Davison, R. (Eds.), Sustainable Groundwater Development. Geological Society of London, pp. 83e90. Special Publication 193.

Hunt, R.J., 2012. Uncertainty. In: Australian Groundwater Modelling Guidelines. Waterlines Report Series No. 82. National Water Commission, Canberra, Australia, ISBN 978-1-921853-91-3, pp. 92e105.

Hunt, R.J., Steuer, J.J., 2000. Simulation of the recharge area for Frederick springs, Dane County, Wisconsin. U.S. Geological Survey Water-Resources Investigations Report 00-4172, 33 p. http://pubs.er.usgs.gov/publication/wri004172.

Hunt, R.J., Steuer, J.J., Mansor, M.T.C., Bullen, T.D., 2001. Delineating a recharge area for a spring using numerical modeling, Monte Carlo techniques, and geochemical investigation. Groundwater 39(5), 702e712. http://dx.doi.org/10.1111/j.1745-6584.2001.tb02360.x.

Hunt, R.J., Saad, D.A., Chapel, D.M., 2003. Numerical simulation of ground-water flow in La Crosse County, Wisconsin and into nearby pools of the Mississippi river. U.S. Geological Survey Water-Resources Investigations Report 03-4154, 36 p. http://pubs.usgs.gov/wri/wri034154/.

Hunt, R.J., Doherty, J., 2006. A strategy of constructing models to minimize prediction uncertainty. In: MODFLOW and More 2006-Managing Ground Water Systems, Proceedings of the 7th International Conference of the

International Ground Water Modeling Center. Colorado School of Mines, Golden, CO, pp. 56e60.

Hunt, R.J., Doherty, J., Tonkin, M.J., 2007. Are models too simple? Arguments for increased parameterization. Groundwater 45(3), 254e262. http://dx.doi.org/10.1111/j.1745-6584.2007.00316.x.

Hunt, R.J., Welter, D.E., 2010. Taking account of "unknown unknowns". Groundwater 48(4), 477. http://dx.doi.org/10.1111/j.1745-6584.2010.00681.x.

Hunt, R.J., Walker, J.F., Selbig, W.R., Westenbroek, S.M., Regan, R.S., 2013. Simulation of climatechange effects on streamflow, lake water budgets, and stream temperature using GSFLOW and SNTEMP, Trout Lake Watershed, Wisconsin. U. S. Geological Survey Scientific Investigations Report 2013-5159, 118 p. http://pubs.usgs.gov/sir/2013/5159/.

Hunt, R.J., Borchardt, M.A., Bradbury, K.R., 2014. Viruses as groundwater tracers: Using ecohydrology to characterize short travel times in aquifers. Groundwater 52(2), 187e193. http://dx.doi.org/10.1111/gwat.12158.

Intergovernmental Panel on Climate Change, 2014. Climate change 2014: Synthesis report. In: Fifth Assessment Report of the Intergovernmental Panel on Climate Change. Cambridge University Press, Cambridge and New York, 116 p. http://www.ipcc.ch/pdf/assessment-report/ar5/syr/AR5_SYR_FINAL_All_Topics.pdf.

James, S.C., Doherty, J.E., Eddebbarh, A., 2009. Practical postcalibration uncertainty analysis: Yucca mountain, Nevada. Groundwater 47(6), 851e869. http://dx.doi.org/10.1111/j.1745-6584.2009.00626.x.

Jorgensen, D.G., 1981. Geohydrologic models of the Houston District, Texas. Groundwater 19(4), 418e428. http://dx.doi.org/10.1111/j.1745-6584.1981.tb03489.x.

Juckem, P.F., Fienen, M.N., Hunt, R.J., 2014. Simulation of groundwater flow and interaction of groundwater and surface water on the Lac du Flambeau Reservation, Wisconsin. U.S. Geological Survey Scientific Investigations Report 2014-5020, 34 p. http://dx.doi.org/10.3133/sir20145020.

Kashyap, R.L., 1982. Optimal choice of AR and MA parts in autoregressive moving average models. IEEE Transactions on Pattern Analysis and Machine Intelligence 4(2), 99e104. http://dx.doi.org/10.1109/TPAMI.1982.4767213.

Keating, E.H., Doherty, J., Vrugt, J.A., Kang, Q., 2010. Optimization and uncertainty assessment of strongly nonlinear groundwater models with high parameter dimensionality. Water Resources Research 46(10), W10517. http://dx.doi.org/10.1029/2009WR008584.

Kelson, V.A., Hunt, R.J., Haitjema, H.M., 2002. Improving a regional model using reduced complexity and parameter estimation. Groundwater 40(2), 132e143. http://dx.doi.org/10.1111/j.1745-6584.2002.tb02498.x.

Kitanidis, P.K., 1986. Parameter uncertainty in estimation of spatial functions: Bayesian analysis. Water Resources Research 22(4), 499e507. http://dx.doi.org/10.1029/WR022i004p00499.

Kitanidis, P.K., 1995. Quasi-linear geostatistical theory for inversing. Water Resources Research 31(10), 2411e2419. http://dx.doi.org/10.1029/95WR01945.

Kitanidis, P.K., 1997. Introduction to Geostatistics: Application in Hydrogeology. Cambridge University Press, UK, 249 p.

Knight, F.H., 1921. Risk, Uncertainty, and Profit. Hart, Schaffner, and Marx Prize Essays 31. Houghton Mifflin Co., New York, NY, 381 p.

Konikow, L.F., 1995. The value of postaudits in groundwater model applications. In: El-Kadi, A. (Ed.), Groundwater Models for Resource Analysis and Management. CRC-Lewis Publisher, Boca Raton, Florida, pp. 59e78.

Konikow, L.F., Person, M., 1985. Assessment of long-term salinity changes in an irrigated streamaquifer system. Water Resources Research 21(11), 1611e1624. http://dx.doi.org/10.1029/WR021i011p01611.

Laloy, E., Rogiers, B., Vrugt, J.A., Mallants, D., Jacques, D., 2013. Efficient posterior exploration of a high-dimensional groundwater model from two-stage Markov Chain Monte Carlo simulation and polynomial chaos expansion. Water Resources Research 49(5), 2664e2682. http://dx.doi.org/10.1002/wrcr.20226.

Lu, Z., Higdon, D., Zhang, D., 2004. A Markov chain Monte Carlo method for the groundwater inverse problem. In: Miller, C.T., Pinder, G.F. (Eds.), Developments in Water Science, vol. 55, Part 2. Elsevier, pp. 1273e1283. http://dx.doi.org/10.1016/S0167-5648(04)80142-4.

Mariethoz, G., Renard, P., Caers, J., 2010. Bayesian inverse problem and optimization with iterative spatial resampling. Water Resources Research 46(11), W11530. http://dx.doi.org/10.1029/2010WR009274.

Massmann, J., Freeze, R.A., Smith, L., Sperling, T., James, B., 1991. Hydrogeological decision analysis: 2. Applications to ground-water contamination. Groundwater 29(4), 536e548. http://dx.doi.org/10.1111/j.1745-6584.1991.tb00545.x.

Mehl, S., 2007. Forward model nonlinearity versus inverse model nonlinearity. Groundwater 45(6),791e794. http://dx.doi.org/10.1111/j.1745-6584.2007.00372.x.

Menke, W., 1989. Geophysical Data Analysis: Discrete Inverse Theory, revised ed. Academic Press, Inc., New York. 289 p.

Moore, C., Doherty, J., 2005. Role of the calibration process in reducing model predictive error. Water Resources Research 41(5), W05020. http://dx.doi.org/10.1029/2004WR003501.

Moore, C., W€ohling, T., Doherty, J., 2010. Efficient regularization and uncertainty analysis using a global optimization methodology. Water Resources Research 46(8), W08527. http://dx.doi.org/10.1029/2009WR008627.

Morgan, M.G., Henrion, M., Small, M., 1992. Uncertainty: A Guide to Dealing with Uncertainty in Quantitative Risk and Policy Analysis. Cambridge University Press, Cambridge, UK, 346 p.

Myers, T., 2007. Minimizing the insufficient data argument: Uncertainty analysis in adversarial decision making. In: NGWA Ground Water and Environmental Law Conference July 24e26, 2007, Proceedings. Water Well Publishing, Dublin, OH, pp. 127e140.

National Institute of Standards and Technology, 2012. NIST/SEMATECH e-Handbook of Statistical Methods. http://www.itl.nist.gov/div898/handbook/ (accessed 11.11.14.).

Neuman, S. P., 2003. Maximum likelihood Bayesian averaging of uncertain model predictions. Stochastic Environmental Research and Risk Assessment 17(5), 291e305. http://dx.doi.org/10.1007/s00477-003-0151-7.

Pappenberger, F., Beven, K.J., 2006. Ignorance is bliss: Or seven reasons not to use uncertainty analysis. Water Resources Research 42(5), W05302. http://dx.doi.org/10.1029/2005WR004820.

Poeter, E., Anderson, D., 2005. Multimodel ranking and inference in ground water modeling. Groundwater 43(4), 597e605. http://dx.doi.org/10.1111/j.1745-6584.2005.0061.x.

Poeter, E.P., Hill, M.C., 2007. MMA, A computer code for Multi-Model Analysis. U.S. Geological Survey Techniques and Methods 6eE3, 113 p. http://pubs.usgs.gov/tm/2007/06E03/.

Rojas, R., Feyen, L., Dassargues, A., 2008. Conceptual model uncertainty in groundwater modeling: Combining generalized likelihood uncertainty estimation and Bayesian model averaging. Water Resources Research 44(12), W12418. http://dx.doi.org/10.1029/2008WR006908.

Rubin, Y., 2003. Applied Stochastic Hydrogeology. Oxford University Press, Inc, New York, NY, 391 p.

Ruskauff, G.J., Rumbaugh, J.O., Rumbaugh, D.B., 1998. Stochastic MODFLOW and MODPATH for Monte Carlo Simulation. Environmental Simulations Incorporated, Herndon, VA, 58 p.

Saltelli, A., Funtowicz, S., 2014. When all models are wrong. Issues in Science and Technology 30, 79e85. http://www.issues.org/30.2/.

Schwarz, G., 1978. Estimating the dimension of a model. Annals of Statistics 6(2), 461e464. http://projecteuclid.org/euclid.aos/1176344136.

Sepúlveda, N., and J. Doherty, 2015. Uncertainty analysis of a groundwater flow model in east-central Florida, Groundwater 53(3), 464e474. http://dx.doi.org/10.1111/gwat.12232.

Shepley, M.G., Whiteman, M.I., Hulme, P.J., Grout, M.W. (Eds.), 2012. Groundwater Resources Modelling: A Case Study from the UK. The Geological Society of London, p. 378. Special Publication 364.

Silver, N., 2012. The Signal and the Noise: Why Most Predictions Fail but Some Don't. Penguin Press, New York, NY, 534 p.

Singh, A., Mishra, S., Ruskauff, G., 2010. Model averaging techniques for quantifying conceptual model uncertainty. Groundwater 48(5), 701e715. http://dx.doi.org/10.1111/j.1745-6584.2009.00642.x.

Sperling, T., Freeze, R.A., Massmann, J., Smith, L., James, B., 1992. Hydrogeological decision analysis: 3. Application to design of a ground-water control system at an open pit mine. Groundwater 30(3), 376e389.

http://dx.doi.org/10.1111/j.1745-6584.1992.tb02006.x.

Starn, J.J., Bagtzoglou, A.C., Robbins, G.A., 2010. Using atmospheric tracers to reduce uncertainty in groundwater recharge areas. Groundwater 48(6), 858e868. http://dx.doi.org/10.1111/j.1745-6584.2010.00674.x.

Stauffer, F.W., Kinzelbach, W., Kovar, K., Hoehn, E. (Eds.), 1999. Calibration and Reliability in Groundwater Modeling: Coping with Uncertainty. IAHS Publication No. 265. International Association of Hydrological Sciences, IAHS Press, Wallingford, Oxfordshire, 525 p.

Tarantola, A., 2004. Inverse Problem Theory and Model Parameter Estimation. Society for Industrial and Applied Mathematics, Philadelphia, PA, 352 p.

Tartakovsky, D.M., 2013. Assessment and management of risk in subsurface hydrology: A review and perspective. Advances in Water Resources 51, 247e260. http://dx.doi.org/10.1016/j.advwatres.2012.04.007.

Tavakoli, R., Yoon, H., Delshad, M., El Sheikh, A.H., Wheeler, M.F., Arnold, B.W., 2013. Comparison of ensemble filtering algorithms and null-space Monte Carlo for parameter estimation and uncertainty quantification using CO_2 sequestration data. Water Resources Research 49(12), 8108e8127. http://dx.doi.org/10.1002/2013WR013959.

Tonkin, M.J., Tiedeman, C.R., Ely, M.D., Hill, M.C., 2007a. OPR-PPR, a computer program for assessingdata importance to model predictions using linear statistics. U.S. Geological Survey Techniques and Methods TM-6E2, 115 p. http://pubs.usgs.gov/tm/2007/tm6e2/.

Tonkin, M.J., Doherty, J., 2009. Calibration-constrained Monte-Carlo analysis of highly parameterized models using subspace techniques. Water Resources Research 45(12), W00B10. http://dx.doi.org/10.1029/2007WR006678.

Tonkin, M.J., Doherty, J., Moore, C., 2007b. Efficient nonlinear predictive error variance for highly parameterized models. Water Resources Research 43(7), W07429. http://dx.doi.org/10.1029/2006WR005348.

Varljen, M.D., Shafer, J.M., 1991. Assessment of uncertainty in time-related capture zones using conditional simulation of hydraulic conductivity. Groundwater 29(5), 737e748. http://dx.doi.org/10.1111/j.1745-6584.1991.tb00565.x.

Vecchia, A.V., Cooley, R.L., 1987. Simultaneous confidence and prediction intervals for nonlinear regression models with application to a groundwater flow model. Water Resources Research 23(7), 1237e1250. http://dx.doi.org/10.1029/WR023i007p01237.

von Bertalanffy, L., 1968. General Systems Theory: Foundations, Development, Applications. George Braziller, Inc., USA, ISBN 0-8076-0453-4.Vrugt, J.A., ter Braak, C.J.F., Gupta, H.V., Robinson, B.A., 2008. Equifinality of formal (DREAM) and informal (GLUE) Bayesian approaches in hydrologic modeling? Stochastic Environmental Research and Risk Assessment 23(7), 1011e1026. http://dx.doi.org/10.1007/s00477-008-0274-y.

Wallace, C.S., Boulton, D.M., 1968. An information measure for classification. Computer Journal 11(2), 185e194. http://dx.doi.org/10.1093/comjnl/11.2.185.

White, J.T., Doherty, J.E., Hughes, J.D., 2014. Quantifying the predictive consequences of model error with linear subspace analysis. Water Resources Research 50(2), 1152e1173. http://dx.doi.org/10.1002/2013WR014767.

Woodbury, A.D., Ulrych, T.J., 1993. Minimum relative entropy e Forward probabilistic modeling. Water Resources Research 29(8), 2847e2860. http://dx.doi.org/10.1029/93WR00923.

Woodbury, A.D., Ulrych, T.J., 2000. A full-Bayesian approach to the groundwater inverse problem for steady state flow. Water Resources Research 36(8), 2081e2093. http://dx.doi.org/10.1029/2000WR900086.

Ye, M., Pohlmann, K.F., Chapman, J.B., Pohll, G.M., Reeves, D.M., 2010. A model-averaging method for assessing groundwater conceptual model uncertainty. Groundwater 48(5), 716e728. http://dx.doi.org/10.1111/j.1745-6584.2009.00633.x.

Yeh, T., Liu, S., 2000. Hydraulic tomography: Development of a new aquifer test method. Water Resources Research 36(8), 2095e2105. http://dx.doi.org/10.1029/2000WR900114.

Yoon, H., Hart, D.B., McKenna, S.A., 2013. Parameter estimation and predictive uncertainty in stochastic inverse modeling of groundwater flow: Comparing null-space Monte Carlo and multiple starting point methods. Water Resources Research 49(1), 536e553. http://dx.doi.org/10.1002/wrcr.20064.

Zhang, D., 2002. Stochastic Methods for Flow in Porous Media. Academic Press, San Diego, CA, 350 p. Zheng, C., Bennett, G.D., 2002. Applied Contaminant Transport Modeling, second ed. John Wiley & Sons, New York, NY, 621 p.

第 4 部
モデリングの報告書および先端のトピック

>…物語の終わり，それは，それまでに起こったことの意味に変化が生じることでもある．
>
>Mary Catherine Bateson

　本書の最後の部では，モデリングの報告書とアーカイブの準備，および，レポートの精査について議論する（第 11 章）．最終章（第 12 章）では，複雑な過程と高度なモデル，これは基本的な地下水流動問題を超えた問題に対処するために，いずれは考慮しなければならないことであるが，これらのいくつかを簡潔に議論する．

第11章

モデリングの報告，アーカイブ，査読

> 読者に最小の時間で最大の知識を与えるのが
> よいライターである．
>
> Sydney Smith（1771–1845）

11.1 はじめに

　モデリングプロジェクトは，報告書とアーカイブの作成で締めくくられる．モデリング研究を効果的に完了するためには，包括的な報告書が不可欠である．報告書では，モデリングの結果を示すだけでなく，地下水モデルの定式化および開発に際して行った選択を説明（および擁護）しなければならない．また，モデリング結果の再現といった徹底した査読ができるように，モデリングのアーカイブとともに，モデルに固有のデータも追加して提供する．結果の再現を必要要件とすることは非常に重要である．

　モデリングは，法的規制に応えるため，環境に関する意思決定や水資源管理と計画を助けるため，あるいは科学的な仮説を検証するために行われる．実験科学では，どのように結果と手法を公表し他の人が入手できるようにするか，その行動規範が確立している．重要な詳細を隠して，他の人が結果を複製，再現するのを妨げることは，非倫理的と見なされる（Johansson, 2015）．同様の基準を計算科学のあらゆる局面に適用できる（Peng, 2011；Morinetら, 2012）．したがって，モデリング結果に付随した説明書と関連資料（たとえば，モデリングの報告書，付録，アーカイブへのアクセス）は，モデリングそれ自体と同じくらい重要である．要するに，再現は科学的手法の基礎であり（Johansson, 2015），再現できないモデルの結果は科学的手法に準じておらず，正しい科学的手法，正しい工学的手法に基づいたものと見なすことができない．したがって，批判的な科学的査読に持ちこたえられるように，モデルの記述は十分になされなければならない．少なくとも，報告書と補足資料（付録とモデリングのアーカイブ）には，報告書のモデル出力を得ることのできる，完全な入力データセットを含めなければならない．モデルの格子/メッシュに固有の地理座標

を示して，地理情報システムで参照できるようにしなければならない．モデルの結果を裏付ける出力結果，与えられた入力値によるモデルの実行結果と直接対応する出力結果も，資料に含めなくてはならない（11.4節）．

　モデリングの結果を読む読者には，意志決定にモデリング結果を必要とするステークホルダー（利害関係者）が含まれる．地下水応答の予報値に言及するときには，客観的となるように心がけなければならない．また，用語は，わかりやすい定義とすぐに理解できる言葉を用いて，明瞭かつ簡潔なものとする（たとえば，1.3節，10.6節）．報告書は，同僚により査読されるべきであり，外部からのピアレビュー受けることもある．査読過程は，品質管理を提供しモデル作成者の手助けとなることを意図している（11.4節）．報告書を読むのは，利害関係者のみならず専門的な査読者のこともあるため，報告書の読者は，水文地質学およびモデリングの専門技術と理解において，さまざまなレベルをもつことになる．科学的厳密さを維持しながらも，対象とする読者の技術レベルを明確にしておく必要がある．たとえば，モデリングの仕組みの詳細を付録ではなく本文に含めるかどうかは，対象とする読者によって決まる（Hunt and Schwartz, 2014 を参考のこと）．典型的な例として，技術的な記述が主要となるモデリングの報告書でも，専門性が低い読者のために概要書と考察の節が含まれる．

　モデリングの報告書は，抜粋されてより大きなプロジェクトの報告書に組み込まれるか，単独の報告書，研究論文，学位論文，査読付論文として発行されるかもしれない．Barnett ら（2012）は，プロジェクトにおいて次に示す各段階が終わるごとに，中間報告を作成するべきと提案している．（1）概念モデルの構築と数値モデルの設計，（2）モデルのキャリブレーション，（3）予報解析と不確実性解析．形式は何であれ，最終報告書，補足的な中間報告書には，コード，入出力データの情報，処理方法，重要な決定事項を記載するべきである．履歴との整合に用いられた現地観測値を理解しやすく，明確に表で表すことが最重要である．表には，場所，日付，データの種類，優先順位の定性的注釈が含まれる（9.3節参照）．これらのデータは，アーカイブされたモデルにとってというよりも，将来のモデリングで価値をもつ．アーカイブは，他のモデル作成者に十分な情報を提供して，報告書内に記載されているモデリング結果が再現できるようにしなければならない．したがって，アーカイブには，提示したモデル実行結果を得るための入力および出力ファイルとともに，モデルを実行するために必要なステップとそれに関連した前処理・後処理プログラムのリストも含まれる．アーカイブには，モデリングの報告書よりも多くの図や可視化情報，ならびにシミュレーションの記録が含まれることもある．なお，シミュレーションの記録は，プロジェクト実施中になされた作業と意思決定の文書記録である（表3.1，3.7節参照）．

　政府機関や専門家による学会や協会によって作成された地下水モデリングのガイドラインは，さまざまな目的に役立つ．こういったガイドラインでは，モデリングと結果報告のための一般的な枠組や手続きが推薦されており，モデル設計に当たっての助言を得ることができる．規制目的のガイドライン，これは州の規制機関によってしばしば作成されるが，このガイドラインによって，政策，法律，規則，規制が順守されることが保証される（たとえば，OEPA, 2007）．また，一貫性が

あり完全な報告を行うための枠組を提供する．一般的な地下水モデリングの方法を説明するガイドライン文書もある．たとえば，ASTMのガイドライン文書D5718-13（ASTM, 2013）は，地下水流動モデル適用の記録と，データアーカイブのための一般的な情報を提供している．Neuman and Wierenga（2003）は，アメリカ合衆国原子力規制委員会の職員のためのガイドラインを作成した．これは，現地の特性評価，概念モデルと数値モデルの構築，パラメータ推定，予報計算，不確実性解析を含む一般的な地下水モデリングの方法を示している．最近のオーストラリアのガイドライン（Barnettら，2012）もまた，地下水モデリングの一般的な手法を示している．このガイドラインは，「モデルの開発過程とモデリング研究のどちらか一方，あるいは両方に携わるモデル作成者，プロジェクト提案者（とモデルの査読者），規制者，ステークホルダー，モデルのソフトウェア開発者」の参考となることを目的としている．アメリカ地質調査所が提供するガイドライン文書（Reilly and Harbaugh, 2004）は，査読者とモデルユーザーが，地下水流動モデルの「精度と合理性」の評価を行う際の参考となることを目的としている．ガイドラインは信頼性の高いモデル開発に有用であるが，報告書の様式と内容はその簡潔な概略のみ示されるのが通常である．そこで，11.2節では，一般的に求められる報告書の内容を述べる．

11.2 モデリングの報告書

報告書の著者名を表紙とタイトルページに明記することで，内容に対する責任を明らかにしなければならない．著者は，標準的な文章作法（たとえば，Strunk and White, 2009）に熟知しているべきであり，専門的な科学文章作成の訓練は有益である（たとえば，Greene, 2013）．経験は，専門的な文書作成能力を向上させる最も効果的な方法の1つであり，経験豊富なモデル作成者からの指摘は計り知れない．技術報告書の基本的なフォーマットでは，要旨あるいは概要書に始まり，本文へと続き，引用文献，付録で終わる．正確で完全な引用文献は，報告書の主張の科学的な根拠を示すのに不可欠である．すべての資料と図には，著者によるオリジナルであるか，大幅改変していない限りは，原著者を記すこともまた不可欠である．他者の文言をそのまま，あるいは出版された文章から引用をする場合，自身の出版物からであっても，引用を使用しなくてはならない．他人の成果に対する謝辞がない場合には，それは盗作となる．また，自身の先行する成果に対しての謝辞が欠けていても，それは自己盗作となる（Anderson, 2006）．他者の考えをいい換えるときには，原典への賛辞を記さなければならない．モデリングの結果を理解することとは無関係であるようにみえても，文書や引用の質が低いこと，謝辞がないこと，自己盗作は，モデリングの結果の信憑性を損なうことになる．

報告書の本文と付録では，以下の11項目を議論しなければならない（Reilly and Harbaugh, 2004を修正）．

1. 研究の目的と目的のためにシミュレーションが果たす役割

```
タイトル
概要書あるいはアブストラクト
序 論
水文地質学的な設定と概念モデル
    水文地質学的な設定
    パラメータ
    観測水頭；湧き出しと吸い込み
    概念モデル
数値モデル
    支配方程式とコード
    設 計
    キャリブレーション
予測計算と不確実性解析
考 察
まとめと結論
引用文献
付 録
```

図 11.1 モデリングのレポートの一般的な概要

2. 調査地域の水文システムの記述
3. 数学的な手法とその手法を調査地域に適用する上での妥当性
4. 境界条件の水文地質学的な特性
5. 解析領域の離散化
6. 帯水層システムの特性
7. 水文ストレス（たとえば，揚水，涵養，河川水位の変化）
8. 初期条件（非定常解析のみ）
9. 時間の離散化（非定常解析のみ）
10. キャリブレーションの基準，方法，結果
11. モデルの限界とそれが結果や結論に与える影響

ここで示した項目と関連付けて**図 11.1**に報告書のアウトラインを示した．各項目の内容を以下で議論する．

11.2.1 タイトル

報告書のタイトルを決定するときには，モデルを構築することがモデリング研究の目的にはけっしてならないことを覚えておかなくてはならない（2.1 節参照）．「Central Nebraska の地下水に関する水文地質モデルの構築」といったタイトルでは，モデルが必要だった理由や何を実施したのかを読者に伝えることができない．タイトルには，研究のゴールと具体的なモデリングの目標が反映

されていなければならない．たとえば，モデリングの目的が，地下水の揚水と灌漑利用が低水時の河川流量に与える影響を，歴史的にまた将来に向かって評価することである場合，良い報告書のタイトルは，実際にStantonら（2010）の報告書のタイトルとなっているが，「1895年から2055年までのNebraskaのElkhornおよびLoup川流域における地下水流動と地下水灌漑が基底流量に与える影響評価に関するシミュレーション」などとなるだろう．モデル作成者は，報告書の内容を隠すようなタイトルではなく，情報量豊かなタイトルを考案しなければならない．

11.2.2 概要書と要旨

モデリングプロジェクトの要約は，報告書の中で最も多くの人に読まれる部分である．そのため，よく考え抜いて，明瞭に結果を記述するべきである．少なくとも，曖昧さなくモデリングの目的を述べ，プロジェクトの最も重要な発見を要約する必要がある．モデリングプロジェクトの要約では，目的，手法，結果，結論を簡潔に要約する．モデリング過程の重要な側面を簡潔に要約することが重要なため，報告書を終わりまで完成させた後に要約を作成する．

典型的な要約の形式は，概要書か要旨という2つの形式から選択される．概要書は，最大数ページになることもあるが，付録を除いた本文の5%以下のページ数とする．概要書の意図は，多忙な執行部（あるいは行政や立法の関係者）向けの報告書の凝縮版という考え方にある．執行部は報告書全体を読む時間がないか，時には読むことができるだけの専門知識がない．そのため，モデリングの過程および結果は，専門用語を使わずに記述する．項目は本文と同じ順番で記述し，重要な項目については短く，簡潔な段落で要約する．本文内の図表を参照することも可能であるし，鍵となる図表は概要書のために作り直してもよい．

要旨は，概要書よりは短く，目的，手法，結果，結論を要約したものである．要旨は，レポートの簡潔な要約を意図しており，読者が本文にも目を通すことを想定して書かれる．要旨は，意識的に短くし（たとえば，4,5段落），通常1ページ以内とする．学術論文の要旨は，通常500ワードより短い．要旨に図表，引用を含むことはまれである．

11.2.3 序　　論

序論には，2.1節で述べたガイドラインに従ったモデリングの目的，課題の重要性，長期的なゴールとモデリングの具体的目標，関連する先行研究，ゴールと目標に到達するための一般的な手法が含まれる．ゴールは，長期的で一般的な計画目標あるいは管理目標なので，モデリングプロジェクト期間内では完全には達成されないかもしれない．目標は，問題や疑問に答えるために設定された具体的なモデリング課題であり，モデリングプロジェクト期間内に完全に解決される．簡潔に述べたモデリングの目標を，プロジェクトの目的達成に当たって論理的に解決できる順番で記載する．プロジェクトの成否は，設定した目標の達成度に応じて判断される．

序論では，モデリングプロジェクトと最近の研究を関連づけるべきであり，最近の研究には初期のモデリング成果も含む．文献レビューには，関連のある先行研究をできるだけ多く含め，概念モ

デルおよび数値モデルを構築する際に用いた基礎的な地質，水文，水文地質情報を提示する．一般に，モデリング対象の現地に関連して，モデルの概念化，構築，キャリブレーションに関わるあらゆる先行研究を引用するのがよい．序論には，過去のモデリング成果も含むべきであり，各成果の目的と結論を1文あるいは短い段落で簡潔にリスト化するのがよい．出版された文献（たとえば，ピアレビューされた州および政府組織の報告書，学術論文）と灰色文献（たとえば，コンサルタントの報告書，学会プロシーディングの論文，卒業論文，学位論文）の双方の引用文献を文献レビューには含めるのがよい．序論の最後は，モデリングの目標を達成するために用いた全体的な手法あるいは戦略について，簡潔に述べた段落で締めるのがよい．

11.2.4 水文地質学的な設定と概念モデル

モデリングの成果に先立って，水文地質システムについてわかっていることを述べるのが，この部分であり，次の項目を記述した節から成る．(1) 水文地質学的条件（たとえば，気候，地質，水文層序），(2) システムの特性，(3) 観測データ（たとえば，水頭およびフラックス，誤差の推定値を併記する）(4) システムの概念モデル，水収支と概念モデル構築に際して行った単純化のための仮定の説明が含まれる．

11.2.4.1 水文地質環境

気候や現地条件の一般的記述をする．節の冒頭には，地表面の地形と地表水体を明示した研究地域の位置図を示すとよい．数値モデルの境界条件設定に用いた物理的，水理学的条件を説明（2.3節参照）し，その正当性も説明しなければならない．境界選択の妥当性検証に用いた現地データは本文あるいは付録のどちらかに示す．流向を模式的に矢印で記した図はモデルの周囲境界と領域内における一般的な流向を表すために用いることができる．

水文地質条件の説明には，現地固有の水文層序単元の定義，水文層序単元の空間分布を示す図，単元の深度，層厚，向きを示す断面図が含まれる．対象地の実際の大きさを示すために，少なくとも1つの断面図は鉛直方向の縮尺を拡大していないものとするのがよく，これ以外の図での鉛直方向の縮尺の拡大は，断面図上で定義しておく．水文層序単元の代わりに地質図と地質断面図を用いて累層を表すことも可能である（2.3節）．ただし，地質累層と水文層序単元との間の関係を容易に見つけられる場合に限る（図2.7）．モデリングの報告書が地域の水文地質を初めて記述する場合，帯水層のパラメータや水頭データを示すことにより，行った水文層序単元の定義の妥当性を示すことができる．水文層序単元を再定義した場合には，元の分類を引用し改訂を明記する．堆積環境と地質史を議論することは，地質単元の空間的な変動，水理特性，モデリングにとっての重要性を概念化する際の助けとなるだろう（たとえば，Fienen ら, 2009）．

11.2.4.2 システムの特性

この節の意図は，材質特性に関するパラメータと水文パラメータ（5.4節参照）の値を示すことであり，地下水モデルの基礎を成す．モデリングの一環として粒子追跡を行った場合は，有効間隙

率（Box 8.1）も示す．一覧にした値を得るために用いた手法，推定範囲，対象地域におけるこれらパラメータの空間分布を設定した根拠を説明する必要がある．この節で述べる特性は，モデリング以前の値であり，観測値および文献値に基づいて概念モデルと関連するように設定された値である．モデルのキャリブレーションに伴うシステム特性値の変更は，モデルキャリブレーションの節で説明されるのが一般的であり，ここで値の妥当性が議論される（9.1節）．

11.2.4.3 観　　測

キャリブレーションのターゲットとなる水頭，フラックス，その他の観測項目を説明する．地図で表現する場合もあれば，十分なデータが入手できる場合には，断面図によっても情報を示す．複数の帯水層をモデリングする場合には，帯水層ごとにデータを示す（図2.5）．地下水流動の流向，涵養域と流出域の位置を定性的に示す．涵養，流出には，河川，湖，湿地，湧水，排水路，灌漑域，揚水井といった重要な湧き出し・吸い込みが含まれる．湧き出し・吸い込みにおける涵養速度と流出速度は，表にまとめることもできるし，より正式にはモデルキャリブレーションのターゲットという文脈から扱うこともできる．定常条件でのみモデルを実行する場合でも，定常条件を仮定した妥当性を示すためにシステムの非定常性についても説明するのがよい（7.1, 7.2節）．モデルが非定常条件の場合，システム動態の時間変動特性を説明する（7.7節）．たとえば，湧水や河川の時間変動は，表や図で示すことができる．また，揚水井など重要なストレスの非定常な情報も含める必要がある．

11.2.4.4 概念モデル

概念モデルは，これまでに提示した資料に基づいて，画像（模式図，図，表）と説明文により表現される．概念モデルを表す図の種類は，モデリングの目的，水文地質条件，文献や入手可能なデータに応じて，さまざまである．水文層序単元と流動システムの一般的な流向を示す矢印は，特に有用である（図2.9b(b)，2.12，2.15）．長期間の平均的なフラックスの推定値は，水収支の計算値を評価するために必要となり，定常解析ではそれで十分かもしれない．他方，非定常解析の水収支評価のためには，季節的あるいは年間のフラックスが必要となる．重要なフラックスについては，観測あるいは推定した方法の記述とともに示す．水収支の情報は表形式でまとめ（表2.2；図2.16），理想的には値の変動幅もあわせて掲載し，こういった推定値に内在する不確実性を示す（表2.3）．代替となる概念モデルを複数用いるときは，代替の概念モデルにおける概念化の相違を，視覚化して説明するのが好ましい．視覚化により，初期の概念モデルと代替の概念モデルとの差異を効果的に伝えることができる．

11.2.5 数値モデル

この部分では，数理モデルの解を求めるために用いる支配方程式を含めて記述してもよいが，少なくとも以下のことを記述する．(1) 使用したモデルのコードの情報，(2) 格子/メッシュ，節点間隔，境界条件，初期条件（非定常モデルの場合）といった数値モデルの設計，(3) モデルパラメ

ータの初期値，(4) キャリブレーションターゲット，キャリブレーションの手法，および履歴との整合の結果．

11.2.5.1　支配方程式とコード

　数理モデルは，非定常問題では，支配方程式，境界条件，初期条件で構成される（3.2, 3.3 節参照）．実際には，モデルコードは十分に洗練されているため，正確な支配方程式（たとえば，式(3.12)）を復習する必要はない．むしろ，使用したコードのバージョンを，コードを選択した理由の簡潔な説明とともに報告することがより重要である．コードの記述には，汎用機能や関連コードに加えて，コードの特別オプションとソルバーの記述を含めてもよい．モデルがソルバーの設定に高い感度を示す場合には，収束条件とする基準と，その設定が水収支誤差に与える影響，あるいは他の求解スキームとの比較を議論する必要がある．

　標準コード（たとえば，MODFLOW, FEFLOW, PEST）の場合，ほとんどの応用モデリングプロジェクトでは，コード修正は行わないのが通例である．コード修正があった場合には，いかなる修正でも記述しなければならない．コードを大幅修正した場合は，修正点の概要を記述し，コードの修正部分のコピーを付録につける．これらの資料は，コード修正の検証用ベンチマークの例題と一緒にして，要望があった場合に入手可能なようにする．もし，新しいコードを開発した場合には，コードと検証結果を説明するために，別途，報告書あるいは付録が必要となる（3.6 節；ASTM, 2008）．新しいコードを説明する報告書では，支配方程式，境界条件の設定方法，モデル入力の具体的記述，数値解法，コード検証について説明し，ユーザーマニュアルもつける．著作権のあるコードでは，応用モデリングプロジェクトで問題が生じることがある．ソースコードが，通常は査読者や一般の人には入手できるようになっていないためである．設定した境界条件下で正確に支配方程式を求解していることを示すために，コード検証が求められることがあるだろう．著作権付きコードを入手できない場合，著作権がないコードによる類似問題に対する解と比較検討した結果を報告書に含む必要がある．もしくは，コードが，モデリングで必要となる特性や過程をすべて正確に再現していることを確認しているわけではないことを報告書に明記する必要がある．

11.2.5.2　設　　計

　この項では，どのように概念モデルを数値モデルに置き換えたかを説明する．空間と時間の離散化の方法，境界条件の計算方法（4.3 節），格子あるいはメッシュへのパラメータの割り当て方法（5.5 節）が説明に含まれる．対象地の一部のみをモデリングした場合，その領域を選んだ理論的根拠を示す．2 次元，3 次元（4.1 節；Box 4）の選択，および，定常，非定常（7.2 節）の選択は，概念モデルとモデリングの目的に基づいてその妥当性を示す．

　格子/メッシュは対象地の地図に重ね合わせて示す．もし，格子/メッシュのサイズが細かくてすべてを載せると見づらいときには，実際の格子/メッシュを簡略化して表現する．地理空間座標と，重要な地表水体の境界，鍵となる地形的，地質的特性を示す情報をあわせて描き込む．周辺境界条件および湧き出し・吸い込みの種類を説明し，境界条件および湧き出し・吸い込みの位置と計算を

する際の仮定もあわせて説明する（4.3節，第6章）．有限要素法における要素数や要素の種類と同じように，格子/メッシュの総数と節点の数，レイヤー数の概要を示す．水文層序単元とモデルレイヤーの関係を示す図も貴重である（図2.7）．

　パラメータの初期値およびストレスを与えるための手法，および理論的根拠を説明する必要がある．格子/メッシュ上のパラメータ分布を示す図を使用するとよいかもしれない（図5.29）．各パラメータの取りうる範囲，あるいは平均と標準偏差，あるいは分散を示すとよい（たとえば，表，あるいは，箱ひげ図を使う．図5.31）．また，材質特性と水文パラメータの値に不確実性を与える既知の要因説明もこの議論に加えてよい．

11.2.5.3　モデルの実行

　コードを実行するときには，ソルバーを選択し，収束基準を設定する．基準には水収支計算に関する基準も含まれる（3.7節）．ソルバーと収束基準に関連した情報とともに，水収支の計算値についての許容誤差率を示す．収束したモデルについてのみ結果を示せばよい．もし，どのようにしてもモデルが収束しない場合（たとえば，非定常解析で時間ステップ数が少ないとき），ありそうな原因と考えられる結果として生じる制約の説明を示す必要がある．

11.2.5.4　キャリブレーション

　モデリングの適用においては，1つあるいはそれ以上のキャリブレートされたモデルが求められることがほとんどである．キャリブレートされたモデルとは，現地の観測値をよく再現し，システムに関して知られていることを合理的に表すパラメータ値をもつモデルと定義される．履歴との整合（第9章）を通してモデルの適合度が評価されるが，これは，2つの段階から成る．(1) 試行錯誤による初期キャリブレーション（9.4節），(2) パラメータ推定コードによるパラメータ推定（9.5，9.6節）である．加えて，水文地質システムの合理的な表現が，履歴との整合により十分に得られているかを判断する基準についても記述する必要がある．報告書では，キャリブレーションの過程で使用する基準すべてに明確な記述を与える必要があり，パラメータが妥当かどうかを決める経験知（9.1節）もここに含まれる．

　報告書では，キャリブレーションターゲット（9.3節），ターゲットに関連する誤差の推定値（たとえば，表9.1），パラメータ推定で使用した重み（たとえば，表7.1）を列挙する必要がある．ターゲットは種類（たとえば，水頭，フラックス，水頭差など）と質で区別し，可能な場合には，地図上に示した位置情報をターゲットの説明に含めるとよい．ターゲット選定の理論的根拠，誤差推定法の定義，ターゲットの重み付けの方法を記述する．ターゲットの特性とタイプについての一般的な論述も必要であり，間接的なターゲット（たとえば，同位体解析や年代トレーサー，流線，温度，溶質濃度などから導出されたターゲット）がどのように評価されたのかという説明などが含まれる．

　キャリブレーション過程を，手動による試行錯誤やパラメータ推定の段階で得られた重要な洞察とともに，簡潔に記述する．使用したパラメータ推定コードの名前とバージョンを列挙する．ま

た，用いたパラメータ推定法の簡単な説明は，読者によっては有益である（たとえば，疎なパラメータ化，あるいは過剰決定；密なパラメータ化，あるいは過小決定；第9章）．パラメータ推定に用いた初期の目的関数の構成（たとえば，式（9.6））を示し，モデリングの目標（たとえば，Box 9.2 の図 B9.2.1）に関連付ける．キャリブレーションでパイロットポイント法を用いる場合は，その数や分布の図を示さなければならない（図 9.15）．経験知をパラメータ推定における制約条件として正式に利用する場合（9.6 節），経験知による制約を課すこととモデル適合度との関係を示すことができる（図 9.16, 9.17）．

キャリブレーション結果を議論し，図や表で示さなければならない．図は観測値（ターゲット）と計算値を類型化して散布図にしたものなどで表す（たとえば，図 9.2 から 9.7）．フラックスをターゲットとした場合の適合度は，観測値まわりのエラーバーの推定値と計算値をプロットした図によって表現される．各ターゲットの残差誤差も地図上に示さなければならない（図 9.6）．もしキャリブレーションの過程で，何らかのバイアスがあるようであれば，これについても議論する．要約統計量の値（たとえば，ME, MAE, RMSE；式（9.1），（9.2），（9.3））は，パラメータ推定に用いた目的関数の最終値と同様，履歴との整合の質を表すわかりやすい尺度となる（図 9.7）．モデルの全体的な性能評価を代表的な図や表として本文中で提示し，ターゲットごとの比較は付録に含めてもよい．

モデルを非定常条件でキャリブレートするときは，さらに情報を追加する必要がある．一般に，最初に非定常モデルを定常条件下でキャリブレートし，この定常解を非定常解析の初期条件として用いる（7.4 節）．定常条件下でのキャリブレーション結果は，ここまで述べてきたように記述する．非定常条件下でのキャリブレーション結果は通常，ハイドログラフ，あるいは水頭やフラックスの時系列で表される．これらには，非定常モデルの性能を判断するのに重要なシステム動態が記録されているためである（図 7.3, 7.11；式（9.4））．非常に多数の水頭とフラックスの時間変動をキャリブレーションに用いる場合，代表的な観測点をいくつか選択し，時空間的な適合度を描写する．

キャリブレーションのパラメータ推定過程により得られた最終値なパラメータセットを示し，概念モデルから導出された初期値と比較する．キャリブレーションされたパラメータの値は，想定された範囲内に収まるべきであり，収まらないときには，その理由を説明しなければならない（たとえば，モデルが単純すぎてパラメータにしわ寄せがきた（9.6 節），概念モデルが不適切であった，初期値の範囲が極端に狭かったなど）．複数の代替となる概念モデルのキャリブレーション結果を示し，最初の概念モデルのキャリブレーション結果と比較する．キャリブレーション結果の統計量を，最初のモデルと代替モデルで比較するような表，地図，図を追加すると，代替モデル間の比較が容易になる．

報告書には，キャリブレーションについての統計解析の節を含めてよい（9.5 節）．履歴との整合における統計的機構に関して踏み込んだ報告が求められている場合の助けとなる．単純なパラメータ推定に対しては，感度解析の感度係数（式（9.7））を示すことにより，パラメータ値の変化に

より出力値がどのように変化するのかを伝えることができる．パラメータの同定可能性（図10.10）は，利用可能な観測値に最も制約されるキャリブレーションパラメータを描き出す．しかし，応用モデリングプロジェクトでは，パラメータ推定（9.6節）のための先端的な統計解析の詳細な記述までは必要とされないのが通例である．

キャリブレーションに関するもう1つの論点は，経験知を用いてキャリブレートしたモデルの水文地質学的な合理性を評価することである（9.1；9.7節）．許容可能な履歴との整合を与えるパラメータを決定するのに，現地条件についての経験知がどの程度貢献しているのかを評価することは重要であり，そのような評価を図示したり，議論したりする．現地での観測値と計算値との類似性を示す図や表を準備する．モデルレイヤーにおける水平方向と鉛直方向の地下水流動（等ポテンシャル線図とそこから判読した流向），井戸のハイドログラフ（非定常），フラックスターゲットの位置と大きさ，地表水体の増加や減少が生じる位置，地下水の涵養域と流出域を地図化したものとモデリングから得られたそれらの計算値，モデリングに先立つ地下水の水収支と計算により得られた水収支，現地から得られた材質特性とキャリブレーションにより得られた最終的な値，その他，関連する量の観測値と計算値の比較などである．モデルの適合度を定量的，定性的に解析することで，モデルの合理性が決定される．十分詳細に両者を示し，議論することで，読者がキャリブレーションを評価できるようにしなければならない．

たいていのモデリングでは，妥当なモデル群（9.1節；図9.17）の中から最良にキャリブレートされた（基礎）モデル（10.2節）を用いて一連の予報を実施する．それゆえ，報告書内でのキャリブレーションに関する議論の全体的な目的は，基礎モデルの十分な説明を提供することである．これにより，読者は，基礎モデルの強みと限界を正しく認識することができる．

11.2.6 予報計算と不確実性解析

報告書のこの部分では，計算で得られた予報値とモデリングの目的を明確に関連づける．どのように予報を組み立てたのか，予報のために基礎モデルから変更したパラメータや仮定を含めて，情報を示す．予報のために選択した将来の条件について説明する（10.4節）．一般に，予報は，ありうる将来的なイベントや条件の部分集合に基づく．予報計算は，そういった変化により生じる結果を示すものである．予報計算は必ず不確実性を含んでいるため，不確実性評価を含む必要性が広く認識されている（第10章）．

予報の不確実性評価方法として基本的な方法あるいは先端的な方法（10.4, 10.5節）のどちらを選択したかを簡潔に述べ，方法を引用する．また，最良と最悪のシナリオを設定する予報計算もある．予報の範囲と変動性を表す図や表を提示する（たとえば，図10.7, 10.12, 10.16）．観測誤差と構造的誤差が予報の不確実性に及ぼす影響は，正式に予報と関連づけて分析できる（図10.2）．ほとんどの場合，不確実性を最もよく伝えるものは，予報確率の推定値（図10.5；Box 10.4）である．線形不確実解析の場合（10.4節），観測値の誤差の決定や選択したモデル構造に関連したパラメータに内在する変動を示す必要がある（たとえば，表10.2）．キャリブレーションデ

ータによる各パラメータの同定具合の分析，図化は，パラメータが予報の不確実性に与える影響の程度を評価するのに役立つ（図 10.10）．このような解析は，予報の不確実性を減らすために，どのパラメータの定義を見直した方がよいかを示唆してくれる．不確実性評価には多様な方向性があるため，本文中では，重要な結果と洞察に限定して記述するのがよい．個別の不確実性解析の詳細な説明は，付録に示す方がよい場合が多い．

　予報の結果は，事象発生（たとえば，最悪のケースや起こりそうなケース）の尤度の説明とともに提示するのがよい．また，予報を意味あるものにするために不確実性の原因（基礎モデルによる誤差，将来のストレスによる誤差；10.2 節）を議論する．シナリオの不確実性および基礎モデルの不確実性（10.2 節）のどちらか一方，あるいは両方を強調するかどうかは，モデリングの目的を達成するモデルの能力を規定する不確実性に合わせるべきである．

　想定される読者には，意思決定者，規制関係者，利害関係者が含まれ，不確実性理論に関して限られた知識しかないことが多い．可能なら必ず，このような読者にも理解しやすい用語を用いて，予報とそれに関連する不確実性を関係づけるべきである．モデリングの報告書では，利害の決定に直接関係する視点から不確実性を表現し（図 B10.4.2，Box 10.4），予報確率に関連した用語を用いるべきである（10.6 節）．予報確率を用いた可視化は，しばしば予報とそれに関連する不確実性を伝えるための最も効果的な方法である．

11.2.7　考　　察

　考察の節ではモデリング結果を評価し，意図した目的をモデルが達成する能力を簡潔に説明する（たとえば，モデリングの目標は達成されているか）．選択した概念モデルの長所と短所を伝える必要があり，モデルの性能向上や予報の不確実性減少の手立てを示唆しておくこともしばしば価値がある．たとえば，追加で観測する価値が最も高い現地データを同定することによって，データの不足を埋めるに当たっての費用対効果の決定を示すことができる定量的な枠組をモデルは提供してくれる（Box 10.3）．キャリブレーションと予報結果の信頼性評価を考察する必要がある．モデルにより予報を行うときには，次のことを思い出そう．「モデルは正しい答えを保証することはできない．しかし，適切にモデルを構築すれば，不確実性の範囲内に正しい答えがあることは保証でき，これはモデル構築の上での責務でもある」（Doherty, 2011）．したがってこの節では，実施してきた内容に基づいて，言えること言えないことを明らかにする必要がある．

11.2.8　モデルの仮定，単純化，限界

　報告書では，モデルの単純化や仮定の内容を説明することで，モデリングの目的と目標を達成するに当たって，これらがどのようにモデルの能力を制限するのかを議論する（たとえば，Hunt and Welter, 2010）．この内容は，モデリングの結果および不確実性解析には反映されていないと思われる定性的な側面を，改めていい直したものでもよい（たとえば，非定常システムを表現するための定常条件の選定）．この節には，結果に関する注意事項をさらに追加して記述する．モデルに

よるが，節点間隔をより小さくしたりレイヤー数をより多くしたりした場合，データを追加しパラメータ推定をした場合，あるいは非定常解析をした場合，モデル出力にどのような影響が出そうかを記述する．

11.2.9 まとめと結論

まとめでは，プロジェクトの目的，モデリングの目標と結果を簡潔に述べ，モデリング作業から得られた教訓を述べる．簡潔に述べた重要ポイントを箇条書きで示すのが，最も効果的であることが多い（Hunt and Schwartz, 2014）．報告書の始めに概要書が含まれている場合は，まとめは必要ないかもしれない．

結論は，主にプロジェクトの目的とモデリングの目標に焦点を当て，報告書内で既出の資料に基づくものでなければならない．この節では，モデリングの過程と概念モデルの妥当性についての手短な洞察を含めてもよい．これからの現地データの収集活動やどのように概念モデルを再設計することができるかを詳述することは，残された未回答な問題と将来のありうる仕事に言及するに当たってのオプションを与えてくれる．

11.2.10 引用文献

引用文献リストにより，読者はモデルの構築，キャリブレーション，予報を支えている資料を確認することができる．本文で引用された文献は，筆頭著者の姓をアルファベット順に並べるのが一般的であるが，時には本文中で引用された順に並べ，番号付けされることもある．報告書の本文中での標準的な文献引用法は，著者名に続いて発行年，あるいは番号付けルールを使用している場合にはその番号を記す．引用文献リストでは，一般的に著者名，発行年，タイトル，雑誌名，出版会社，巻/号あるいは出版された都市名，引用した報告書の総ページ数，あるいは雑誌の論文掲載ページの範囲を記す．科学雑誌や一部の機関では，文献の引用法が厳格に要求される．

11.2.11 付　　録

付録には，報告書の本文で記さなかったあらゆる関連資料を含める．本文では大まかにしかカバーすることのできなかった概念や手順の詳細な記述，および，追加的あるいは補足的な情報が含まれ，これは，入力ファイルや鍵となる出力ファイル，コードの修正やコードのリスト，地質記録，井戸目録，水位観測値，パラメータの決定，水収支計算などである．付録1つを割いて，パラメー

表11.1　モデルの複製と再現のために必要な最小限の情報

複　製
モデルを実行し，結果を得るために必要なすべてのファイル
説明されているようにモデルが実行されたかを検証するためのモデルの出力ファイル
再　現
モデルの入力ファイルを構築するために必要なGUIのファイルとその他のファイル

タ推定コードの入力値（たとえば，キャリブレーションターゲットの重み，キャリブレーションパラメータの上下限）を選択するのに用いた方法の簡潔なまとめを示すとよい．たいていの報告書の付録では，十分な情報を提供することにより，他の地下水コード（表11.1）を用いて当該モデルの結果を複製，再現できるようにしなければならない．もし，入力および出力ファイルを付録に含まない場合は，興味をもった読者が入手可能なように，本文中でファイルの所在をリスト化しなければならない（たとえば，ウェブサイトやモデルのアーカイブ，11.3節）．

11.3　モデルのアーカイブ化

　モデルのアーカイブ作成の目的は，「モデル開発者あるいは関心ある集団が，将来に結果を再現できることを保証する」ことにある（Reilly and Harbaugh, 2004, p. 26）．ASTM（2013）によれば，アーカイブは「モデリングの作業中に生じた豊富な情報から構成されており，第三者機関による事後のモデリング監査が十全に実施でき，また，将来的なモデルの再利用が可能である」．最善の努力をしても，モデリング作業のすべての側面を，明確に査読者に伝えることはできない．アーカイブには，筆頭のモデル作成者（ら）の名前と連絡先を入れる．こうすることで，アーカイブとモデルのファイルについての質問に適時に対応することができる．構成に優れ，よく記録されたアーカイブは，モデリングの科学的な妥当性を支える決定的資料となる．アーカイブにより，報告書に示したモデリング結果を複製することができ，もし要請があれば，異なるコードを用いて再現もできる（表11.1）．

　アーカイブは，モデル構築に使用したすべての生の現地データと加工された現地データ，および，関連するメタデータを含む（Barnettら，2012）．加えて，研究で使用した地下水流動コード，パラメータ推定コード，モデル作成者によるシミュレーション記録も含む（3.7節；表3.1）．GUIのための設定やモデルファイルを含むと有用である．多くの場合，GUIによるモデルの表現は，誰かがモデルを利用する際に最も便利で強力な方法である．モデリング報告書の最終版はアーカイブに納められ，報告書に掲載したモデルの出力値（図表，挿絵，統計量）を得るために使用した最終的なキャリブレーションと予報のための入力，出力ファイルもアーカイブされる．元のデータセットやその他のデータ情報（たとえば，地理情報システム（GIS）のカバレッジ）も含める．必要であれば，モデリングの中間報告書やそのほかの成果物も含めるとよい．理想的には，すべての資料を紙媒体と電子コピーの両方でアーカイブに納め，コピーは複数の安全な場所に保存する．データ検索のための説明書をファイルに添付し，他の場所からも利用可能とする．

　アーカイブにより，未来の研究者がモデルをよみがえさせたり，査読者，利害関係者，規制関係者がモデルにアクセスできるようにしなければならない．しかし，電子記録媒体やデータ形式が変化し続けていることが，いくつかの課題を突き付けている．紙媒体への記録は，データ検索に課題があるものの，保存期間が長く確実なアーカイブの1つである．O'Reilly（2010）は，アーカイブに電子保存されたデータの安全性を保つために4つのステップを推奨している．それは，「時代遅

れにならないデータ形式の選択，劣化しない記録媒体あるいはアクセス不能にならない記録媒体の使用，複数のコピーを別々に保存，アーカイブデータが読み込めることを定期的に確認」である．データセットは元の形式と1つあるいは複数のオープンな一般形式で保存する．Barnett ら (2012) は，ASCII テキストファイル，Jones ら (2014) は圧縮されたバイナリー形式（たとえば，MODFLOW）の使用を奨めている．保存したファイルの一部を定期的（年周期）にオープンして，読み込めることを確認することを推奨する．アーカイブのデータファイルに加えて，オリジナルのモデリングコードあるいは GUI も時代遅れとなる可能性がある．形式やソフトウェアの変化に伴って，定期的にファイルとコードをアップデートし，新形式でのアーカイブ化が必要となるかもしれない．長期間経過後にモデルにアクセスすることが特に重要な場合（たとえば，モデルが法的手続きで使用される），アーカイブの立ち上げと維持を行う際にデータアーカイブの専門家に相談することを奨める．そうできない場合には，利用可能な資源に見合った洗練度でアーカイブ化を行ってよい．単純なモデリングのアーカイブであっても，システムを記述する現地観測値はすべてのモデリング作業の基礎となり，モデリング完了後ずっと後になっても価値のある情報源となるからである．

11.4　モデリングの報告書の査読

　モデリングの報告書は，モデル作成者が選んだ専門家により査読されるか，あるいは規制組織の職員，クライアント，匿名のピアレビューアー，外部の専門家パネル，法的措置の中で対立する専門家から選ばれた正式な査読者により査読される．ASTM (2013)，Neuman and Wierenga (2003)，Reilly and Harbaugh (2004)，Barnett ら (2012) は，モデルの査読では以下のことを考慮するように奨めている．(1) モデリングの目的と目標，(2) 主な定義と制限についての考察，(3) モデルの理論的基礎，(4) パラメータ推定手法と結果，(5) データの質と量，(6) 重要な仮定，(7) モデリングの性能尺度，(8) モデル資料とユーザーガイド，(9) 反省 (U.S. EPA 1994)．Barnett ら (2012) は，モデルは3つのレベル，つまり，査定，徹底的なピアレビュー，事後検査 (10.7節) というレベルで査読されるべきと提案している．彼らは，モデルが目的と目標を十分に達成できているかを評価する準拠すべきチェックリストとしての質問集を開発した．

　モデルの目標は明確に示されているか．
　モデルの目標は達成されているか．
　概念モデルはモデルの目標と整合的か．
　すべての入手可能なデータに基づいた概念モデルとなっているか，概念モデルは明確に示され適切な査読者によって査読されているか．
　モデルの設計は最良な方法に準拠しているか．
　履歴との整合は十分か．

最終的なパラメータ値やフラックスの推定値は妥当であるか．

モデルによる予測は最良な方法に準拠しているか．

予測に関連する不確実性は報告されているか．

モデルは目的に対応しているか．

Barnett ら（2012）は，プロジェクトの全体としての特性に見識のある査読者と，地下水モデリングに見識のある査読者のためのより詳細な質問集を示している．ここでは，査読の工程について述べる．

徹底的なピアレビューでは，付録とモデリングアーカイブ内のすべての資料へのアクセス権が与えられる．査読者は，モデリング過程の各ステップ（図1.1）でどの程度プロジェクトが達成されたかを評価する．査読者は，キャリブレーション結果の成否（履歴との整合と経験知による評価），モデルの仮定と限界，モデリング結果から引き出された結論の妥当性に焦点を当てながら，モデリング作業の全体を評価する．査読者は，報告書の著者の教養と経験も含む技術的な専門知識について，コメントすることを求められることもある．

査読者は，データセットと概念モデルを支える解釈について特に留意するべきである．概念モデルは，モデルの目的に合わせて個別に仕立てられたものであり，以降の査読を進める上での効率的な枠組を提供してくれるからである．査読者は，モデリングが行われた現地を熟知するべきであり，理想的には個人的に現地を訪れるべきである．現地を訪問することで，モデルの概念化と仮定の意味を理解することができ，水文地質条件を理解するために重要な背景を得ることもしばしばである．概念モデルがどのように数値モデルに翻訳されたのかを査読するには，十分にコードに精通していなければならない．入力ファイルとコード固有のソルバーパラメータのために選んだ値を評価する必要があるからである．

査読者は，与えられた入力および出力ファイル（表11.1）を GUI とその他必要なソフトウェアを用いて検討し，モデルの実行結果が報告書に記述されている結果と一致するかを検証しなければならない．ある場合には，モデルが複雑で並列計算や大きいサーバーを必要とするような特別な要求が生じるため，査読者はコードを実行することができない．このような状況では，計算を担当しているモデリングチームは，査読者と緊密に作業を行い，必要されるモデルの実行やデータ解析を行う．著作権のあるコードを用いた場合には，コードと入力ファイルの両方を査読者が入手できるようにする．契約によりコードへの直接アクセスが許可されていない場合，モデルの作成者や作成グループは，査読者と協同して必要となるモデル実行や解析を実施しなければならない．モデル出力値の査読は，キャリブレーションに関連する等水頭線図，流速ベクトル図，ハイドログラフ，要約統計量（9.4節）などを表示する GUI あるいはポストプロセサーによって簡単となった．GUI やポストプロセサーにより作成された図は，巨大な出力ファイルを素早く総合的に扱うことを可能にする．収束，警告，エラーレポートに関して，生の出力値を査読する必要が生じることもある．水収支の計算値は，その整合性と妥当性を検証し，他の推定値と比較しなければならない．水収支

誤差が大きい場合や水収支の計算値に異常値がある場合，数値モデルの設計に不備がある，入力データに誤りがある，あるいはそのどちらも該当する，ということを示している（3.6節）．

　モデリング結果が規制や法的な場面で使用される場合には，現地状況の解釈とモデルの結果が，異なる結論や時には正反対な結論でさえ支持することがある．しかし，関係者全員が同じシステムが表現されていることを認識しているというのが一般的であり，概念モデルと数値モデルでの仮定の相違，時空間的なパラメータ設定の相違から，そのようなモデルの結果の違いが通常生じる．モデルの定式化において，対立する関係者が合意に達しない場合，相違点の解消を目指して第三者あるいは第三者機関が査読することが多い．ここには，審査員，裁判官と陪審員（あるいはどちらか）へのヒアリングにより判断が下される状況も含まれる．マサチューセッツ州 Woburn の地下水汚染に関する裁判はよく知られており，モデルが法廷に持ち込まれた際に生じる潜在的な陥穽を示す好例である（Bair, 2001）．もし対立する関係者に対して，争点ではないモデリング過程では同意することを求め，重要な争点を明らかにすることを要請できれば，訴訟の過程はいくぶん合理化されるかもしれない．幸い，モデルはそのような議論のための枠組を提供する（Hunt and Welter, 2010）．さらには，モデリング過程においては，利害関係者と意思決定者との意思疎通が重要であるとの意識が高まりつつある．これは，法廷で争う前に論争に決着をつけるのに役立つかもしれない．

11.5　報告書/アーカイブの準備と査読におけるよくある誤り

- 報告書が利害関係者や他のエンドユーザーを対象として書かれていないこと．読者にとって報告書内の情報が非常に難解あるいは簡単すぎる．
- 報告書の記述が不十分であったり，十分に整理されていないために，モデリング過程や結果が理解できなかったり，評価できないこと．さらに，不十分な記述があると著者の信憑性が怪しくなる．
- 入力データあるいは出力データがないか間違っている状態，あるいは，入力データを作成するための GUI ファイルがない状態で，モデルが査読者，利害関係者に受け渡されること．遅れや無駄な出費が生じるとともに，このような手抜きは，モデリングの作業に悪い影響を与える．
- アーカイブが十分に整理されておらず，完成していないこと．アーカイブが入念に設計されているとき，アーカイブは非常に価値をもつ．定期的にアーカイブの維持管理を実施し，データ形式の更新，データへのアクセスの確認をする．
- モデルの査読が，不適格な評価者により行われること．地下水モデルの定式化，実行，解析について限定的な知識しかない専門家が査読者である場合は，モデリングの結果の価値を過小あるいは過大に評価するため，モデリングの作業を適切に評価しないコメントになるだろう．
- 地下水の状態に関する予備的な解析として，限られた予算のもとでモデルとその報告書を準備したにもかかわらず，査読者は，予算が十分で詳細なモデリングプロジェクトとして評価するこ

と，依頼者からの要求が，現場の予備的な地下水モデルである場合，単純で不完全なモデルと非難されるモデルが構築されるかもしれない．それゆえ，予備的なモデリング作業を記録した報告書は，モデリングの目標と限界をはっきりと示す必要がある．

問　　題

11.1 記録管理はモデリングにおいて不可欠である．
- a. 第9章と第10章のモデリングの問題を解く際に，あなたが使用した記録管理方法を記述しなさい．他のモデル作成者が，あなたがとった記録とメモをそのまま理解し，あなたが用いたステップを再構成して，キャリブレートされた定常・非定常解析を再現できるだろうか．もし可能でない場合は，問題を解き直し，今度は，シミュレーション記録をつけなさい．
- b. モデリングの報告書に記録する必要のあるキャリブレーション作業での重要な決定と課題のリストを作成しなさい．

11.2 あなたのメモと問題10.1, 10.2, 10.3の結果を用いて，本章で推奨した報告書概要に従って簡潔なモデリングの報告書を作成しなさい．報告書には，タイトル，概念モデルとあなたが使用したコードの記述，概念モデルの数値モデルへの翻訳についての議論，キャリブレーション方法を含めた数値モデルの計算結果を含めなさい．得られた結果は，概念モデルに表現された地下水の状況を妥当に再現しているかを議論し，報告書に結論づけなさい．

〈参考文献〉

ASTM International, 2008. Standard guide for developing and evaluating groundwater modeling codes, D6025e96 (2008). American Society of Testing and Materials, Book of Standards 04(09), 17 p.

ASTM International, 2013. Standard guide for documenting a groundwater flow model application D5718-13.

ASTM International, 100 Barr Harbor Drive, PO Box C700, West Conshohocken, PA 19428-2959, 6 p.

Anderson, M.P., 2006. Plagiarism, copyright violation and dual publication: Are you guilty? Groundwater 44(5), 623. http://dx.doi.org/10.1111/j.1745-6584.2006.00246.x.

Bair, E.S., 2001. Models in the courtroom. In: Anderson, M.G., Bates, P.D. (Eds.), Model Validation: Perspectives in Hydrological Science. John Wiley & Sons Ltd, London, pp. 55e77.

Barnett, B., Townley, L.R., Post, V., Evans, R.F., Hunt, R.J., Peeters, L., Richardson, S., Werner, A.D., Knapton, A., Boronkay, A., 2012. Australian Groundwater Modelling Guidelines. Waterlines Report No. 82, National Water Commission, Canberra, 191 p. http://nwc.gov.au/__data/assets/pdf_file/0016/22840/Waterlines-82-Australian-groundwater-modelling-guidelines.pdf.

Doherty, J., 2011. Modeling: Picture perfect or abstract art? Groundwater 49(4), 455. http://dx.doi.org/10.1111/j.1745-6584.2011.00812.x.

Fienen, M., Hunt, R., Krabbenhoft, D., Clemo, T., 2009. Obtaining parsimonious hydraulic conductivity fields using head and transport observationsdA Bayesian geostatistical parameter estimation approach. Water Resources Research 45(8), W08405(23). http://dx.doi.org/10.1029/2008WR007431.

Greene, A.E., 2013. Writing Science in Plain English. The University of Chicago Press, Chicago, 124 p.

Hunt, R.J., Welter, D.E., 2010. Taking account of "unknown unknowns". Groundwater 48(4), 477. http://dx.doi.org/10.1111/j.1745-6584.2010.00681.x.

Hunt, R.J., Schwartz, F.W., 2014. For whom do we write? Suggestions for getting read in the twenty-first century.

Groundwater 52(2), 163e164. http://dx.doi.org/10.1111/gwat.12167.

Johansson, J.R., 2015. Introduction to scientific computing with Python, https://github.com/jrjohansson/scientific-python-lectures/blob/master/Lecture-0-Scientific-Computing-with-Python.ipynb (accessed 26.02.15).

Jones, N.L., Lemon, A.M., Kennard, M.J., 2014. Efficient storage of large MODFLOW models. Groundwater 52(3), 461e465. http://dx.doi.org/10.1111/gwat.12060.

Morin, A., Urban, J., Adams, P.D., Foster, I., Sali, A., Baker, D., Sliz, P., 2012. Shining light into black boxes. Science 336 (6078), 159e160. http://dx.doi.org/10.1126/science.1218263.

Neuman, S.P., Wierenga, P.J., 2003. A Comprehensive Strategy of Hydrogeologic Modeling and Uncertainty Analysis for Nuclear Facilities and Sites. NUREG/CF-6805, 236 p. http://www.nrc.gov/reading-rm/doc-collections/nuregs/contract/cr6805/.

Ohio Environmental Protection Agency (OEPA), 2007. Ground Water Flow and Fate and Transport Modeling. Technical Guidance Manual for Ground Water Investigations chapter 14, 32 p. http://www.epa.state.oh.us/ddagw/tgmweb.aspx.

O'Reilly, D., 2010. Future Proof Your Data Archive. http://www.cnet.com/how-to/future-proof-yourdata-archive/.

Peng, R.D., 2011. Reproducible research in computational science. Science 334(6060), 1226e1227. http://dx.doi.org/10.1126/science.1213847.

Reilly, T.E., Harbaugh, A.W., 2004. Guidelines for Evaluating Ground-Water Flow Models. U.S. Geological Survey Scientific Investigations Report 2004-5038, 30 p. http://pubs.usgs.gov/sir/2004/5038/.

Stanton, J.S., Peterson, S.M., Fienen, M.N., 2010. Simulation of Groundwater Flow and Effects of Groundwater Irrigation on Stream Base Flow in the Elkhorn and Loup River Basins, Nebraska, 1895e2055-Phase Two. U.S. Geological Survey Scientific Investigations Report 2010-5149, 78 p. http://pubs.usgs.gov/sir/2010/5149/.

Strunk Jr., W., White, E.B., 2009. The Elements of Style, fifth ed. Allyn and Bacon, Boston. 105 p. U.S. Environmental Protection Agency (EPA), 1994. Assessment Framework for Ground-water Model Applications. Solid Waste and Emergency Response, OSWER, EPA 500-8-94-003, 46 p.

第12章

先端の話題

> いかに複雑であっても取り組まなければならない問題がある．正しい方法で取り組むならけっして複雑ではない．
>
> Poul Anderson
>
> 考えると気が狂いそうだ．考えるのを止めよう．
>
> リア王（第3幕第4場）

12.1 序　論

　第1章から第10章で述べた地下水モデルは，多くの現実的な問題を解決することが可能である．しかしながら，いずれ単純な地下水流動の範囲を超えた問題に直面するであろう．3.1節において簡潔に，不定飽和流，変動密度流，多相流について述べた．これら3つの過程を解析する場合には，基礎的な地下水流動の方程式（式（3.12））よりも複雑な方程式が必要となる．溶質と熱輸送の解析，地表水の経路の正確な解析を行うには，地下水モデルをそれぞれ輸送モデルと降雨流出モデルと結合あるいは連成する必要がある．さらに，管流や亀裂で生じる流れ，帯水層の圧縮のような地下の複雑な過程は通常，基礎的な地下水流動解析では考慮されない．一部のコードでは，これらの過程を解析するためのオプションや追加パッケージを用意している．帯水層の不均一性の確率解析を備えた地下水流動と輸送の解析コード，管理のための最適決定コードもある．

　この本の初版（Anderson and Woessner, 1992）では，最終章において地下水に関する複雑な問題を解析する理論や手法について簡潔にまとめた．しかしながら，現在では地下水モデルに含まれる複雑な過程を解析する手法が多く存在する．たとえば，地下水流動コードには，不飽和流のためのオプションや，地下水モデルと河川流モデルを連成するためのオプションがある．Pythonのような最近のプログラミング言語は，地下水の問題に適しており（たとえば，Bakker, 2014），モデリングツールを拡張することによって他の自然科学において最先端でよく検証された手法を組み込

むことが可能である．また，多くの教科書，報告書，学術論文を通して，地下水が重要であるがそれだけではない複雑な問題をどうモデル化するかを学ぶことができる．初版の頃と比較して情報が急増したため，先端的な話題を1つの章に総括することは困難である．その代わりとして，第1章から第10章で扱った地下水流動モデルの基礎概念の範囲を超えて進みたい人々にその出発点を与えることを本章の目的とする．本章では，(1) 先端的な解析について簡潔に述べている本書内の該当節を照会する，(2) 地下水システムの複雑な過程のモデリングについての出発点を与えるような追加的な考え方と引用文献を紹介する．本書の各章の最後にある問題のPythonのバージョンといった追加的な引用と資料は，http://appliedgwmodeling.elsevier.com で入手可能である．

　はじめに，管流や亀裂内で生じる流れ，帯水層の圧縮，不定飽和流，変動密度流などの複雑な地下での流れの過程について述べる．次に，地下水流動モデルを1つあるいはそれ以上の輸送モデルと連結あるいは連成する必要のある地下水の溶質と熱の輸送について述べる．その次に，地表流の過程について述べる．簡単な地表流解析は地下水コードのオプションやパッケージで実行できる．しかし，厳密に地表流解析を行うには，地下水コードと地表流コードを連成する必要がある．最後に，確率的な地下水モデリングと，意思決定支援や最適化の枠組の中での地下水のモデリングについて述べる．

　複雑な過程のモデリングに着手する前に，モデル作成者は地下水流動の範囲を超えて追加的な過程を計算する必要があるかどうかをまず考えるべきである．追加で必要となる時間と費用に対してモデリングの目的は妥当であるか．最良モデル（9.2節）が単純で低コストなものになっていないか．複雑な過程を解析するためには，一部のモデル作成者にとっては，より多くの知識と技術を必要とする．また，追加のパラメータやそれらの適正値についても必要である．新しいパラメータを制約するための情報が得られていない場合には，パラメータを追加することはモデルキャリブレーションの労力を増大させることになる（図10.2）．さもなければ，もともと不良設定で劣決定（9.2節）の地下水問題は，なお根本的に不良設定で劣決定なより複雑な問題になる．さらには，複雑な過程の解析が複雑化すると，コンピュータ負荷，解法が不安定となる可能性，解析すべき出力値の量，結果の不確実性が増大する．全米研究評議会のモデルの専門家委員会による1990年の以下の結論（NRC, 1990, p. 14）が関係している．

> 地下水モデルは複雑であり，また複雑であるべきである．ある特定の現地を解析するために用いられるモデルの複雑性は，解析しようとする問題の種類に応じて決定されるべきある．モデルがより複雑になるほど記述できる状況が広範囲となるが，より多くの入力データ，モデル作成者のより高く広い技術が必要となる．さらに，モデルのパラメータを特定するための入力データが十分な品質で入手できない場合には，モデルの出力値の不確実性が増すことになるだろう．

　そうはいうものの，複雑なモデルが観測値によってあまり制約されていなくても，複雑な過程が予報やそれに関連する不確実性に与える影響を調べるためには，その複雑なモデルは価値を有す

る．第9章と第10章で示したパラメータの同定可能性（図10.10）のツールやBox 9.6で示したより先端的なツールを用いると，たとえば予報の不確実性を支配する因子など，予報において最も重要な因子を判別し，着目することが可能となる．

　本書では終始，差分（FD）コードのMODFLOW，有限要素（FE）コードのFEFLOWを用いた地下水流動のモデリングの概念を説明してきた．幸運なことに，MODFLOWとFEFLOWの両方とも，コード内の先端的なオプションを調整，モジュールを追加，他のコードと結合あるいは連成することにより，多くの複雑な過程を扱うことが可能である．後述する説明では，この2つのモデルコードの具体的な先端的オプションを示す．しかし，読者にはMODFLOWやFEFLOWの開発者によって管理されているウェブサイトを閲覧して，最新の機能と関連情報のリストを確認することを奨める．

　説明のためにMODFLOWとFEFLOWを使用しているが，本章を含めて本書で扱っている概念はあらゆる地下水モデルのコードに関連する．MODFLOW，FEFLOW，有名な不飽和地下水と熱輸送コードであるTOUGHを含むいくつかのコードについてはBear and Cheng（2010, pp. 583-591），Barnettら（2012；表4-1, pp. 42-44）がその概要を示している．TOUGHは多重処理によるコントロールボリューム差分コードであり，「多孔質性媒体と亀裂性媒体における水，水蒸気，非圧縮気体，熱の連成輸送」を解析することができる（Lawrence Berkeley National Laboratory：http://esd.lbl.gov/research/projects/tough/）．TOUGHは，「透水性媒体における熱的，水文学的，地球化学的，力学的なプロセス」の計算を想定しており，「放射性廃棄物処理，環境修復に関する問題，地熱発電，油田やガス田，ガスハイドレート鉱床，地質学的な炭素隔離，不飽和帯の水文学」への適用が可能である．地表流過程などの他の潜在的に重要な因子を表現する機能は現在のところ限定的である．また，化学反応を計算するオプションもまた，地熱貯留層内および高レベル放射性廃棄物のために提案される地層処分周辺での流体解析で主として限定的に用いられる．TOUGHについての詳細な情報はFinsterleら（2014）によるレビュー論文やTOUGHのウェブサイトで見ることができる．

12.2　複雑な地下水流動過程

12.2.1　亀裂と管内の流れ

　亀裂が不均一に分布し，かつよく連結している場合，その流動システムは等価な多孔体（eguivalent porous media, EPM）（Box 2.2）であると考え，本書の第1章から第10章で説明した手法を用いれば適切に解析できるであろう．帯水層定数（透水係数，貯留に関する係数，間隙率）の有効値は，現地で観測された流れのパターンや速度がモデルで再現されるように決定される．EPM手法では，亀裂のある多孔質媒体を連続体として扱え，有効な帯水層定数によって特徴づけられる媒体の代表要素体積（REV；3.2節）が定義できると仮定している．

EPM 手法を用いる場合には，等価な水理学的特性を決定するために必要な REV の適切な大きさを決定することが難しい（たとえば，Muldoon and Bradbury, 2005）．EPM 手法は，地域的な流動系の挙動を適切に表現できるであろうが，局所的な地下水流動系の再現性は十分でない．亀裂がまばらで，亀裂のない基質部の透水係数が低い場合，EPM 手法は REV が大きくても適切な手法ではないであろう（Gale, 1982）．多孔質な基質中の不連続な亀裂や管内の流れは，FEFLOW の離散的特徴要素（5.2 節；図 5.16；6.2 節），MODFLOW の管流過程，MODFLOW-USG の同様のオプション（5.2 節）により解析することができる．不連続な亀裂のネットワーク内の流れを計算のための専用コードが利用可能である（たとえば，FracMan：http://www.fracman.com/）．炭酸塩岩（たとえば，石灰岩や苦灰岩，カルスト地形，図 2.14(a)）の亀裂や管の不連続なネットワーク内の流れの解析には，さらなる困難が生じる．なぜなら，ネットワークの形状や透水性を変化させる溶解や沈殿により 2 次透水係数が変化するためである（たとえば，Nogues ら，2013）．

亀裂や管内の地下水流動については，Ghasemizadeh ら（2012），Sahimi（2012），Franciss（2010），Neuman（2005），Berkowitz ら（1988），National Research Council（1996, 2001），Bear ら（1993）の研究が役に立つ．

12.2.2 帯水層の圧縮

帯水層の圧縮とそれに関係する地盤沈下は，貯留の概念の理解および貯留係数の定義のために水文地質学の歴史の中で重要であった（たとえば，Anderson, 2008 の A1，A3，A7 の説明を参照）．帯水層の圧縮は，圧縮性の細粒堆積物が圧縮する結果として帯水層の体積が減少することである（Leake and Prudic, 1991）．細粒堆積物は揚水に応答する帯水層内にあることもあれば隣接していることもある．地下水モデリングで使われているように，鉛直方向の圧縮ストレスの増加により帯水層の厚さが減少することを「圧縮」という．この過程は，土質工学では「圧密」と呼ばれる（Leake and Galloway, 2007）．物理的な過程から考えると，多孔質弾性効果と関係する．"多孔質弾性効果は，流体の固体への連成を包含しており，それによって間隙圧の変化が多孔質媒体の体積変化を引き起こし，地盤沈下としてはっきりと現れる．ストレス変化が間隙圧の変化を引き起こすときは，固体の液体への連成が生じ，地下水位変動として現れる"（Anderson, 2008, p. 17）．Wang（2000）は，理論的な詳細な説明を行っており，Bear and Cheng（2010, pp. 237-249）は概要を述べている．

間隙圧の変化に応じて帯水層や加圧層が圧縮すると，材質特性パラメータの値が変化する．多孔質媒体の骨格構造が永久的に再配列されると，帯水層の圧縮は不可逆的なものとなる．そのとき，揚水によって貯留から解放された水は永久に失われ，帯水層は採掘されたと見なされる（Leake and Prudic, 1991）．ほとんどの応用地下水モデルでは，圧縮による影響は通常小さく無視することができる．しかし，圧縮により変化した形状や帯水層の貯留からの水の損失が重要となるケースがある．高い圧縮性単元をもつ地下水系から長期にわたって揚水する場合が該当する（たとえば，Holzer and Galloway, 2005；Kasmarek, 2012）．いくつかのコードでは，特化して圧縮による帯水

層の特性変化を扱うことができる．たとえば，MODFLOW の沈下・圧密（SUB）パッケージ（Hoffmann ら，2003）や類似の不圧帯水層パッケージ（SUB-WT；Leake and Galloway, 2007）では，水が貯留から解放されるときの回復可能な圧縮と永久的な圧縮の両方を扱うことができ，層間の圧縮性細粒土層の貯留にも対応できる．

12.2.3 不定飽和流

本書では，地下水面下の飽和帯での流れのモデリングに着目しており，その領域の間隙空間は完全に水で満たされている（飽和している）（3.1 節）．地下水システムのモデリングでは，上端境界を選定する際にジレンマが生じる．つまり，地下に対する自然な境界は地表面である（Box 6.2）ときに，しばしば地下水面を上端境界として設定する（4.5 節）．理想的には，地表面下の連続している全体の部分をモデリングし，地表面で生じる浸透水が，蒸発散として損失しながら，不飽和帯を通るようにしたい（Box 5.4, Box 6.2）．そうすると，地下水涵養の量とタイミングに影響する過程が圧力水頭の勾配により総合的に解析され，地下水面（すなわち圧力がゼロ（大気圧）の表面）を通過する流れとして計算される（たとえば，図 4.22(c) 参照）．

しかし，地表面下の連続の流れを計算するためには，不定飽和流モデルが必要である．不飽和状態では透水係数が水分量の関数となるため，複雑さが生じる．一般的には，不定飽和流コードは広く知られているリチャーズ式（たとえば，Bear and Cheng, 2010, p. 305 参照）に基づく．リチャーズ式は，地下水流動方程式よりも数値的にも計算的にも求解が難しい．さらに，水分量と圧力との関係を定義する土壌水分特性曲線が，圧力と不飽和透水係数の関係を定義する曲線と同様に必要になる．このような，現地固有の関数を得ることは容易ではない．Diersch（2014, 付録 D）は，現地固有の土壌の適用できるいくつかの一般的な関数をまとめている．さらに，不定飽和流モデルのための節点間隔を設計する場合には，スケーリング問題という困難に直面する（Box 6.2）．

不定飽和流と不飽和流について 4.5 節，Box 6.2 において簡潔に説明した．Box 5.4（図 B5.4.2）では涵養量の例を示したが，そこでは Niswonger ら（2006）が開発した不飽和流解析のための 1 次元近似を MODFLOW に対して用いている．FEFLOW では不飽和流解析のための複数のオプションが利用可能である（Diersch, 2014 の Table 10.3, p. 478 参照）．また，Szymkiewicz（2013）の著書，Zheng と Bennett（2002, 第 16 章），Bear and Cheng（2010, 第 6 章），Diersch（2014, 第 10 章）の記述が参考になる．

12.2.4 変動密度流

混和性流体，すなわち，地下水と混合している流体の流れを変動密度流と呼ぶ．たとえば混和性流体の流れの事例としては，高濃度の溶存汚染物質と地下水の混合，地熱貯留層内の高温の液相の流れ，周囲の温度をもつ地下水への熱的に変化した水の浸潤，沿岸帯水層への海水の侵入，淡水帯水層への塩水廃棄，塩水帯水層への淡水貯留がある．

変動密度流のモデリングでは，変動密度の地下水流動モデルを溶質輸送モデルに連成する必要が

ある（12.3節）．もし，空間的およびまたは時間的な温度変化に流体が影響されるときは，熱輸送モデルにも連成する必要がある．それにも関わらず，「均一密度と変動密度の問題における最も大きい違いは，輸送方程式にあるのではなく，むしろ基礎となる地下水流動系の支配方程式にあり，流動方程式と輸送方程式が双方向に連成しているということにある.」(Zheng and Bennett, 2002, p. 445)．変動密度流の支配方程式は，従属変数として圧力を用いて記述される（Zheng and Bennett, 2002 の付録 A を参照）．溶質濃度に依存する密度に依存し，溶質輸送方程式における流速は地下水流動の解に依存するために，問題は「双方向連成」となる．変動密度流のモデリングを学ぶ一歩として Zheng and Bennett（2002；第 15 章と付録 A）がある．Holzbecher（1998），Diersch（2014, 第 11 章）の論文や Simmons（2005）や Diersch and Kolditz（2002a），Simmons ら（2001）によるレビュー論文も参照されたい．

混和性流体の流れは，溶質濃度の変化がはっきりと流体の密度に影響するため複雑となる．流体の密度は，流体の温度によっても影響を受けるだろう（3.1節）．応用地下水モデルにおいて，最も一般的な混和性流体を含む変動密度流の問題は，沿岸帯水層への海水侵入である．最近では，将来の気候変動が塩水侵入に与える影響が着目されている（たとえば，Loaiciga ら，2012；Langevin and Zygnerski, 2012）．淡水と海水の混合が生じないと仮定する明瞭な界面を有するモデルについては Box4.4 で説明した．界面が明瞭な前線として近似することができない場合には，遷移帯における混合をシミュレートするために変動密度流コードが必要となる（図 4.10）．現在では，海水侵入をモデリングするためのいくつかのかの変動密度流コードが利用可能である（たとえば，Werner ら，2013 の Table 1, p. 11 参照）．MODFLOW や MT3DMS から派生した SEAWAT コード（Langevin ら，2007, 2004）は，多様な温度環境下での塩水侵入をモデリングするために特別に設計されたものである．SUTRA（Voss and Provost, 2002）は，市販の変動密度 FE コードであり，塩水侵入問題に適用することができる（たとえば，Gingrich and Voss, 2005）．同様に FEFLOW は，コードに直接組み込むことのできる変動密度流のためのオプションがある（Diersch and Kolditz, 2002b）．塩水侵入に関する文献は多くあり，塩水侵入のモデリングを議論している最近のレビュー論文としては Werner ら（2013）と Carrera ら（2010）がある．Bear and Cheng（2010, 第 10 章）も参照されたい．

12.2.5 多相流

非混和性流体（液相と気相の両方）は，地表面下を別々の相として移動する．非混和性（多相）流れの事例としては，地下水中のガソリンやドライクリーニングの溶剤，不飽和帯の空気と水，油層中の油とガスと水，地熱貯留層中の水と蒸気がある．

難水溶性液（nonaguous phase liguids, NAPLs）は，多相流れの応用地下水モデリングにおける最も一般的な事例である．NAPLs は，地下水よりも軽いか（LNAPL）あるいは重いか（DNAPL）のどちらかである．地下水中の NAPLs のモデリングは複雑である．なぜなら，地下水と各 NAPL について，流れと溶質輸送の支配方程式が別々に必要となるためである．さらに，各 NAPL は一

般的に，あるNAPLが地下水と混合する飽和帯中の混和性遷移帯や不飽和帯のガス帯に存在する．さらに，水文地質単元の形状（たとえば，傾斜）がDNAPLの移動においては動水勾配より重要となることがある．

輸送コードであるMT3DMSは，LNAPLを計算する別のコード（たとえば，Weaver, 1996が開発したHSSM）と結合することができる（Zheng, 2009参照）．地表面下のNAPL流れの可視化についての古典的な文献にはSchwille（1988）がある．Mayer and Hassanizadeh（2005）も参照されたい．多孔質媒体における多相モデルについてHelmigら（2013），Abriola（1989），Pinder and Abriola（1986）によってレビューされており，Christら（2006），Gerhardら（2007），その他大勢によって議論されている．

12.2.6 モデルの結合と連成

基礎的な地下水流動モデルや不定飽和流や変動密度流を計算するモデルは，溶質や熱輸送モデル（12.3節）あるいは降雨流出モデル（Box 6.3；12.4節）と結合あるいは連成される．流動モデルが輸送モデルや降雨流出モデルと結合されるとき，流動モデルがまず求解され，その結果が他のモデルに入力され，流動モデルの同じ時間ステップ内で求解される．いい換えると，ある時間ステップ内でモデル間のフィードバックはなく，連続的に求解していく．ある時間ステップ内において，ある1つのモデルの結果が他のモデルのパラメータに大きく影響する場合（たとえば，温度や溶質の時間的変化が密度や粘性に影響し，結果として透水係数に影響する；河川水位の変動が地下水流動に影響する），流動モデルと輸送モデルあるいは降雨流出モデルを連成する必要がある．連成する場合は，モデルはある時間ステップ内で反復的に求解され，それぞれのモデルへの入力値は他方のモデルの出力値を反映するように更新される．もちろん，流動モデル（基礎的な地下水流動，不定飽和流，変動密度流）は，輸送モデルと水文応答モデルの一部である降雨流出モデルの両方と結合もしくは連成することができる（Box 6.2）．

12.3 輸送過程

熱や溶質（汚染物質を含む）輸送のシミュレーションは，地下水流動モデルと輸送モデルを結合あるいは連成して解くことを含んでいる．応用地下水モデルリングでは，溶質輸送は移流分散方程式に基づいている．熱輸送方程式は，移流分散方程式と同じ形をしている．流動コードMODFLOWと結合している溶質輸送コードMT3DMSは，粘性と密度の温度依存変化が無視できる場合において，変数変換によって熱輸送に使用することができる（Zheng, 2009）．FEFLOWには熱と溶質輸送の両方のオプションがある（Diersch, 2014, 第11, 12, 13章）．

移流分散方程式に基づいた輸送は，地下水モデリングで標準的な手法であるにも関わらず，「その根底にある理論に多くの概念的な弱点と欠点がある」（Konikow, 2011）ことから，他のアプローチが提案されてきている（たとえば，Hadley and Newell, 2014）．高い不均一性あるいは亀裂のあ

る媒体において溶質輸送を計算する場合，移流分散方程式では，輸送過程を十分に予測することはできない．移流分散方程式による予報を改良する1つの方法は，亀裂あるいは高い透水性の選択流の経路とその周辺の多孔質基質との間の熱や溶質との交換を記述する項を含めることである．これには，1960年代に開発された二重間隙（二重領域とも呼ばれる）アプローチを用いることができる（理論的背景はAnderson, 2008；pp. 104-105を参照）．Zhengら（2011）とZheng and Benett（2002）などは，高い透水性をもつ選択流の経路を有する帯水層内での溶質輸送に対して二重間隙アプローチを適用することついて議論している．MT3DMSとFEFLOWには，二重間隙のオプションがある．

　基礎的な溶質輸送コードは単一の化学物質の濃度を求めるものである．2つあるいはそれ以上の化学物質の反応を計算するためには，地球化学反応モジュールを輸送コードに結合する．たとえば，MT3DMSはRT3D（Clement, 1997, 2003）あるいはPHT3D（Prommerら，2003；Prommer and Post, 2010；Appelo and Rolle, 2010；Zheng, 2009によるレビューも参照）と結合している．FEFLOWにも多種反応のためのオプションがある（Diersch, 2014, 第12章）．

　地下水中の熱と溶質輸送についての文献は多くある．Zheng and Bennett（2002）の教科書やKonikow（2011）の要約論文は出発点として有用である．理論については，Diersch（2014, 第11, 12, 13章），Bear and Cheng（2010, 第7章）が議論している．さらに，Saar（2011），Anderson（2005）は理論と地下水問題への熱輸送モデルの適用についてまとめている．

12.4　地表水過程

　地表水過程は，河川，湖，湿地，海洋などのさまざまな環境において生じる．非乾燥な水文地質環境においては，地下水と地表水は通常よく連結しているため，地表水過程は地下水モデリングの不可欠な部分である．基礎的な地下水モデリングでは，地表水過程は，帯水層と地表水との間の水交換をシミュレートすることに限定されている．

　多くの応用地下水モデルでは，地表水と地下水システムとの単純な水交換は，すべての地下水流動コードで利用可能な境界条件（4.2, 4.3節）によって適切に計算される．Box 4.4と12.2節では，地下水が海水と接する沿岸帯水層における変動密度地下水流動について議論した．第6章では，地下水モデルで地表水過程を表現するためのいくつかの先端的なオプションを説明した．マニング式による河道流の追跡（6.5節），MODFLOWの湖パッケージを用いた湖の表現（6.6節），カドレック式による湿地での地表流（6.7節）が含まれている．地表水のモデル作成者は多様な降雨流出モデル（Box 6.3）を使用しているが，通常，地下水システムを非常に単純化して河川流を予報している（Beven, 2012；Loague, 2010）．同様に，地下水のモデル作成者は，地下水モデルにおいて地表水過程を単純化して表現している．このような単純化を行っても多くの状況を適切に表現することができるが，一部の問題では，降雨流出モデルと地下水モデルを連成する必要がある．計算負荷が大きくなるが，このような連成モデルの適用は一般的な手法となっていくだろう（たと

えば，図 B6.3.1, Box 6.3）．

地下水と地表水の相互作用のモデリングについての多くの文献があり，地下水と地表水の統合利用については 1960 年代（たとえば，Jenkins, 1968）から現在の研究（たとえば，Schmid ら，2014；Hanson ら，2012；Schoups ら，2006）がある．また，河床間隙水域（地表水が地下水と混合する河道周辺の地表面下の領域）における地下水と地表水の交換という比較的新しい対象を記述するモデルも含まれる．河床間隙水域の地下水モデルは，比較的単純な表現（たとえば，Harvey and Bencala, 1993；Woessner, 2000）から比較的複雑な表現（Sawyer and Cardenas, 2009；Zhou ら，2014）へと歴史的に発展してきた．Anderson and Siegel（2013）は，地下水と地表水との相互関係のモデリングの歴史的な概説を行っている．地下水と地表水との相互関係の最近のモデリングについての引用文献は本書の第 4 章と第 6 章にある．

12.5　地下水の確率モデル

Freeze（1975）による地下水流動モデルの不確実性解析は，確率地下水水文学の分野（たとえば，Dagan, 1986 の Fig. 3 を参照）のさきがけとなった．20 世紀の最後の四半期において，このトピックに関する多くの学術論文がある．水文地質学における地質統計学や確率モデルのいくつかの著書もある（Dagan, 1989；Gelhar, 1993；Kitanidis, 1997；Zhang, 2002；Rubin, 2003）．

確率モデルでは，1 つあるいはそれ以上のパラメータが確率分布をもつ（Box 10.1）．たとえば，透水係数の空間的な変動性（不均一性）は，$Y=\ln K$ で表される．ここで，K は透水係数，Y はランダム空間関数である．このように K を表すと，K はランダム空間関数として表されるため，地下水流動の支配方程式は確率偏微分方程式となる．流動の確率的な表現は，溶質輸送にも適用可能であり，溶質輸送（すなわち，移流分散方程式）の確率偏微分方程式は濃度の期待値を求める．確率偏微分方程式の解析解に多くの関心が当てられたが，20 世紀末までは解析的なアプローチが応用地下水モデリングには使用されてこなかった（たとえば，Dagan, 2002；Renard, 2007 を参照）．代わりに，モンテカルロ法を用いた数値解析が確率地下水モデルの求解のために好んで使用された．

確率モデリングの長所は，確率と多点実現値によって目に見えない地下の固有の不確実性が捉えられ，決定論的アプローチに欠けている理論的厳密性を提供することである．多点実現値は，地質統計学的手法，地質過程モデル，多点地質統計学的手法から得られる．Michael ら（2010）は，これら 3 つすべての手法を統合したアプローチを提案している．地質統計学的手法（たとえば，Marsily ら，2005 のレビューを参照）においては，不確実なパラメータは割り当てられた統計量（たとえば，平均値，標準偏差，バリオグラム）をもつ確率変数により表される．実際には，不確実なパラメータはたいてい透水係数であり，透水係数場の複数の多点実現点はクリギング（5.5 節，図 5.30），モンテカルロ法，確率場ジェネレータ（10.5 節）を用いて生成される．このような地質統計学的手法は，確率的 MODFLOW と MODPATH において実現値を生成するために用いら

れている（Ruskauffら，1998）．

　あるいは，堆積物の沈降をシミュレートする地質過程モデルを用いて，水文地質環境の多点実現値を生成することも行われてきた．パラメータ場の推定は，水文地質学的判断によってなされる（Kolterman and Gorelick, 1996；Marsilyら，2005）．多点地質統計学（Hu and Chugunova, 2008）では，地質の不均一構造を表現するために，バリオグラムよりむしろ教師画像（Mariethoz and Caers, 2014）を用いる．教師画像は，地質学や地球物理学的な情報から作成され，溶質輸送で重要となる高い透水性の選択流の経路を扱うことができる．生成される多点実現の中で，教師画像の基本パターンと一致する実現値のみが保持される．連結性行列（Renard and Allard, 2013によりレビューされている）を用いると，実現値の地質学的不均一性の連結性（たとえば，高い透水性の選択流の経路）を評価できる．

　パラメータ推定の文脈では，確率的アプローチは次の意味がある．「逆問題のすべての取りうる解は，帯水層の不均一性のもっともらしい実現値と考えることができる．すべての解は実現値のアンサンブルとして扱われ，不確実性を考慮した予測をするためにさらに解析されなければならない」（Zhouら，2014, p. 26）．逆確率モデル（Zhouら，2014, Gómez-Hernándezら，2003）では，特別な手法を用いて，十分にキャリブレーションされたモデルセットに対して逆問題を解くことができる．

　理論的な厳密性が優れているにも関わらず，確率論的手法は主観的判断を必要とする．たとえば，教師画像は確率モデルのためのもっともらしい実現値の数を減らすことができるが，モデル作成者はもっともらしい帯水層の不均一性を反映する画像を選択する必要がある．このように，不均一性から生じる不確実性は確率論的な枠組によって厳密に扱われるが（Gómez-Hernández, 2006），主観的判断は決定論的モデリングでそうであったように（たとえば，図 9.16），確率論的モデリングにおいても必要となる．特に地下水モデルが密にパラメータ化されている場合には，確率モデルは計算負荷が大きくなる（9.6節）．さらに，依頼者，規制当局者，意志決定者，その他の利害関係者は，一般的に意志決定過程において1つ以上の実現点（複数のモデル）を考慮したくないものである．しかし，コンピュータ性能の向上に伴って，複数の確率的な実現値を評価する能力が向上しており，利害関係者は複数のモデル（10.5節）に基づいた不確実性解析を受け入れるようになるだろう．

12.6　意志決定支援と最適化

　経済性を含む規制要件や水管理計画が動機づけとなって地下水モデルが多く適用されている（たとえば，Guillaumeら，2012；Srinivasanら，2010）．地下水のモデル作成者は形式的に地下水モデルを，リスク評価のための確率的評価（たとえば，Enzenhoeferら，2014）を含めた意志決定過程に組み込んできた（たとえば，Freezeら，1990）．地下水モデルを取り込んだ形式的な最適化手法の利用に関する文献も多く存在する（Ahlfeld and Mulligan, 2000）．そこでの目的は一連の社会

12.6 意志決定支援と最適化

的制約の下で最適解を見つけることである.たとえば,地下水管理における典型的な問題は,隣接する河川で既定の河川流を維持しながら,井戸場の最大揚水量を見つけることである.地下水管理プロセス（Ahlfeld ら,2005, 2009；Banta and Ahlfeld, 2013）や農業プロセス（Schmid ら,2006；Schmid and Hanson, 2009）といった管理の問題を扱うことができる MODFLOW のバージョンがある.Ahlfeld and Mulligan（2000）の他に,Zheng and Bennett（2002,第 17 章）と Bear and Cheng（2010,第 11 章）は,地下水モデリングに適用できる最適化手法の学習を開始する際に役立つ.

地下水モデル作成者が利害関係者を巻き込んで参加させる必要性が広く認識されてきている（たとえば,Tidwell and Van Den Brink, 2008）.このようなフィードバックや相互作用が生じるのは,順応的管理でそうであるように,地下水モデルが進行中の管理ツールとして更新されメンテナンスされる場合である（1.6, 10.7 節）.たとえば,全国的な地下水モデルは,デンマーク（Refsgaard ら,2010）,オランダ（De Lange ら,2014；De Lange, 2006）における水資源設計や管理に用いられており,また英国ではこのような地下水モデルのネットワークを構築する研究が進行中である（Shepley ら,2012）.地下水モデルは,意志決定支援システム（dicision support systems DSSs）にも形式的に含まれている.DSS は,「包括的な学問分野であり,複数の科学分野（たとえば,水文学,生態学,経済学,さまざまな社会科学）にまたがる知識と実践を統合したものである.明らかに,複数の分野にまたがって結合する場合には,結合が弱いところがあるとその弱い結合によって表されるシステムの部分を損なうだけでなく,DSS 全体に悪影響を与える」（Jakeman ら,2011）.それゆえ,DDS を支える基本モデルの改良に多くの関心が払われてきた.本書で述べたような最良実施例では,DSS 中の地下水の部分が適切であることがわかる.

DDS は「もしこうだったらどうなるか？」という問いに素早く回答するためのものであるので,DDS の一部として,地下水モデルの実行時間は重要である.結果が数秒で表示されることが期待されている.もし,地下水モデルの実行時間が長すぎる場合には,DDS においてそれは有用ではないであろう.最もよい環境においても,一般的な地下水モデルの実行時間は数秒よりも長い.けれども,DDS に統合するために特別に構築された実行時間が短い単純な地下水モデルでは,関心のある意志決定のために重要な過程をシミュレートできないだろう.この問題に対処するための 1 つのアプローチとして,研究者は,実行に時間がかかる複雑モデルから実行時間が短い単純なモデルの抽出を行っている.いい換えると,具体的な予報を行うために適切な単純さをもつよう設計されたモデルは,複雑なモデルから導かれる.最も広い観点からは,単純なモデルは伝達関数となる.つまり,より複雑なシステムの実用的な近似となり,代表的な予報（理想的には,予報の不確実性を併せて示す）を与えるような単純構造である.このような予報ジェネレータを Box 1.1 で説明している.地下水予報と予報の不確実性のための対をなす単純モデルと複雑モデルの理論展開の最近の進歩の例が,Razavi ら（2012）,Watson ら（2013）,White ら（2014）,Burrows and Doherty（2014）によって述べられている.

12.7　おわりに

　利害関係者の要望に対応できるようにモデルを順応させるように努めることは，社会の問題を効果的かつ効率的に解決することになる．複雑に連成している水理学的，熱的，化学的，力学的な地中の過程をシミュレートするモデルを用いて，特殊な油やガスの開発に関係する水圧破砕，地中炭素隔離，高レベル核廃棄物の地層処分場周辺におけるに地下水流動と輸送，汚染された帯水層の修復をシミュレートしている．また，地下水と地表水モデルを連成することへの関心が増加しており，将来的な気候変動や持続的な地表水と地下水の統合的な利用の水文学的な影響を検討している．したがって，地下水のモデル作成者は，学際的なモデリングにますます力を注いでいる．社会的な意志決定を行うために地下水水文学と生態学が統合した水文生態学の分野は，地下水の概念が社会的問題に拡張した良い事例である（Hunt ら，2016；Hunt and Wilcox, 2003）．水文生態学的な問題は，水文，農業，都市化のストレスが野生生物や湿地に与える影響，地下水流出の変化が魚の生息地に与える影響，汚染プリュームの外面における微生物反応が帯水層の修復計画に与える影響のように広範囲であり，一見すると異なる課題を含んでいる（Hancock ら，2009）．

　モデリングの目的が社会的に関連のある問題に広がることは，地下水のモデリングに新しい課題をもたらした．「今日では，小さい集団によって行われる純粋な研究は軽視され，学際的な集団によって行われる世界的に重要な大きくて複雑な問題が重視されている．新しく生じた問題への挑戦は，水文地質学の歴史には前例のないものである」(Schwartz, 2012)．統合的連成モデルによって対処されるような複雑な問題が増加するにつれて，地下水モデリングは，個人から科学者，エンジニア，その他の専門家の集団によって行われるようなってきている（Hunt and Zheng, 2012；Langevin and Panday, 2012）．応用地下水のモデル作成者は，他の科学者，経済学者，技術者，モデル作成者に自身のモデリング作業を統合し，正当性を示し，説明することを求められるものと予想される．結果として，地下水のモデル作成者は，本書で説明した地下水流動モデリングの基礎に精通しているだけではなく，異なる分野の環境モデリングと意志決定の包括的な哲学と実践についても知っていることが求められる（たとえば，Beven, 2009；Soetaert and Herman, 2009）．本書で述べた成功事例は，効果的な地下水モデリングのための第一歩を与え，地下水モデリングについて説明した方法は，環境モデルを用いて効果的に社会問題を解決するという広い世界への入り口となる．

　　　　　　　　　　　　　　　　　　　　　　　　諸君，もう一度突破口へ，もう一度．
　　　　　　　　　　　　　　　　　　　　　　　　　　　（ヘンリー五世，第3幕）

〈参考文献〉

Abriola, L.M., 1989. Modeling multiphase migration of organic chemicals in groundwater systemsdA review and assessment. Environmental Health Perspectives 83, 117e143. http://dx.doi.org/10.2307/3430652.

Ahlfeld, D.P., Baker, K.M., Barlow, P.M., 2009. GWM-2005dA Groundwater-Management Process for MODFLOW-

2005 with Local Grid Refinement (LGR) Capability. U.S. Geological Survey Techniques and Methods, 6eA33, 65 p. http://pubs.usgs.gov/tm/tm6a33/.

Ahlfeld, D.P., Barlow, P.M., Mulligan, A.E., 2005.GWMdA GroundeWater Management Process for the U.S. Geological Survey Modular GroundeWater Model (MODFLOWe2000). U.S. Geological Survey OpeneFile Report 2005e1072, 124 p. http://pubs.usgs.gov/of/2005/1072/.

Ahlfled, D.P., Mulligan, A.E., 2000. Optimal Management of Flow in Groundwater Systems: An Introduction to Combining Simulation Models and Optimization Methods. Academic Press, 185 p.

Anderson, M.P., 2005. Heat as a ground water tracer. Groundwater 43(6), 951e968. http://dx.doi.org/10.1111/j.1745-6584.2005.00052.x.

Anderson, M.P. (Ed.), 2008. Benchmark Papers in Hydrology, 3: Groundwater. Selection, Introduction and Commentary by Mary P. Anderson. IAHS Press, 625 p.

Anderson, M.P., Siegel, D.I., 2013. Seminal advances in hydrogeology 1963 to 2013: The O.E. Meinzer Award Legacy. In: Bickford, M.E. (Ed.), The Web of Geological Science: Advances, Impacts and Interactions. Geological Society of America, Denver, CO, pp. 463e500. Special Paper 500, (Chapter 14).

Anderson, M.P., Woessner, W.W., 1992. Applied Groundwater Modeling: Simulation of Flow and Advective Transport. Academic Press, 381 p.

Appelo, C.A.J., Rolle, M., 2010. PHT3D: A reactive multicomponent transport model for saturated porous media. Groundwater 48(5), 627e632. http://dx.doi.org/10.1111/j.1745-6584.2010.00732.x.

Bakker, M., 2014. Python scripting: The return to programming. Groundwater 52(6), 821e822. http://dx.doi.org/10.1111/gwat.12269.

Banta, E.R., Ahlfeld, D.P., 2013. GWM-VI e Groundwater Management with Parallel Processing for Multiple MODFLOW versions. U.S. Geological Survey Techniques and Methods 6-A48. http://pubs.usgs.gov/tm/6a48/.

Barnett, B., Townley, L.R., Post, V., Evans, R.F., Hunt, R.J., Peeters, L., Richardson, S., Werner, A.D., Knapton, A., Boronkay, A., 2012. Australian Groundwater Modelling Guidelines. Waterlines Report No. 82. National Water Commission, Canberra, 191 p. http://nwc.gov.au/__data/assets/pdf_file/0016/22840/Waterlines-82-Australian-groundwater-modelling-guidelines.pdf.

Bear, J., Cheng, A.H.-D., 2010. Modeling Groundwater Flow and Contaminant Transport, Theory and Applications of Transport in Porous Media. Springer, 834 p.

Bear, J., Tsang, C.-F., Marsily, G. de, 1993. Flow and Contaminant Transport in Fractured Rock. Academic Press, 560 p.

Berkowitz, B., Bear, J., Braester, C., 1988. Continuum models for contaminant transport in fractured porous formations. Water Resources Research 24(8), 1225e1236. http://dx.doi.org/10.1029/WR024i008p01225.

Beven, K.J., 2009. Environmental Modelling: An Uncertain Future? Routledge, London, 310 p.

Beven, K.J., 2012. Rainfall-Runoff Modeling: The Primer, second ed. Wiley-Blackwell. 488 p.

Burrows, W., Doherty, J., 2014. Efficient calibration/uncertainty analysis using paired complex/surrogate models. Groundwater. http://dx.doi.org/10.1111/gwat.12257 early view.

Carrera, J., Hidalgo, J.J., Slooten, L.J., V_azquez-Su~n_e, E., 2010. Computational and conceptual issues in the calibration of seawater intrusion models. Hydrogeology Journal 18(1), 131e145. http://dx.doi.org/10.1007/s10040-009-0524-1.

Christ, J.A., Ramsburg, C.A., Pennell, K.D., Abriola, L.M., 2006. Estimating mass discharge from dense nonaqueous phase liquid source zones using upscaled mass transfer coefficients: An evaluation using multiphase numerical simulations. Water Resources Research 42(11), W11420. http://dx.doi.org/10.1029/2006WR004886.

Clement, T.P., 1997. A Modular Computer Model for Simulating Reactive Multi-species Transport in Three-Dimensional Ground Water Systems. Draft Report, PNNL-SA-28967. Pacific Northwest National Laboratory, Richland, Washington. Clement, T.P., 2003. RT3D v2.5 Updates to User's Guide. Pacific Northwest National Laboratory, Richland, Washington. Dagan, G., 1986. Statistical theory of groundwater flow and transport: Pore to laboratory, laboratory to formation, and formation to regional scale. Water Resources Research 22 (9S), 120Se134S.

http://dx.doi.org/10.1029/WR022i09Sp0120S.

Dagan, G., 1989. Flow and Transport in Porous Formation. Springer-Verlag, Heidelberg, Berlin, New York, 465 p.

Dagan, G., 2002. An overview of stochastic modeling of groundwater flow and transport: From theory to applications. Eos 83(53), 621e625. http://dx.doi.org/10.1029/2002EO000421.

De Lange, W.J., 2006. Development of an analytic element ground water model of the Netherlands. Groundwater 44 (1), 111e115. http://dx.doi.org/10.1111/j.1745-6584.2005.00142.x.

De Lange, W.J., Prinsen, G.F., Hoogewoud, J.C., Veldhuizen, A.A., Verkaik, J., Oude Essink, G.H.P., van Walsum, P.E.V., Delsman, J.R., Hunink, J.C., Massop, H.ThL., Kroon, T., 2014. An operational, multi-scale, multi-model system for consensus-based, integrated water management and policy analysis: The Netherlands Hydrological Instrument. Environmental Modelling & Software 59, 98e108. http://dx.doi.org/10.1016/j.envsoft.2014.05.009.

Diersch, H.J.G., 2014. FEFLOW: Finite Element Modeling of Flow, Mass and Heat Transport in Porous and Fractured Media. Springer, 996 p.

Diersch, H.J.G., Kolditz, O., 2002a. High-density flow and transport in porous media: Approaches and challenges. Advances in Water Resources 25 (8e12), 899e944. http://dx.doi.org/10.1016/S0309-1708(02)00063-5.

Diersch, H.J.G., Kolditz, O., 2002b. Variable-density flow and transport in porous media: Approaches and challenges. In: FEFLOW White Papers Vol. II. http://www.feflow.info/manuals.html.

Enzenhoefer, R., Bunk, T., Nowak, W., 2014. Nine steps to risk-informed wellhead protection and management: A case study. Groundwater 52 (S1), 161e174. http://dx.doi.org/10.1111/gwat.12161.

Finsterle, S., Sonnenthal, E.L., Spycher, N., 2014. Advances in subsurface modeling using the TOUGH suite of simulators. Computers & Geosciences 65, 2e12. http://dx.doi.org/10.1016/j.cageo.2013.06.009.

Franciss, F.O., 2010. Fractured Rock Hydraulics. Taylor & Francis Group, London, UK. CRC Press, Balkema, The Netherlands, 179 p.

Freeze, R.A., 1975. A stochastic-conceptual analysis of one-dimensional groundwater flow in nonuniform homogeneous media. Water Resources Research 11(5), 725e741. http://dx.doi.org/10.1029/WR011i005p00725 (Reprinted in Anderson, M.P. (Ed.), 2008, Benchmark Papers in Hydrology, 3: Groundwater. Selection, Introduction and Commentary by Mary P. Anderson. IAHS Press, pp. 331e347.).

Freeze, R.A., Massmann, J., Smith, L., Sperling, T., James, B., 1990. Hydrogeological decision analysis: 1. A framework. Groundwater 28(5), 738e766. http://dx.doi.org/10.1111/j.1745-6584.1990.tb01989.x.

Gale, J.E., 1982. Assessing the permeability characteristic of fractured rock. Geological Society of America Special Paper 189, 163e181.

Gelhar, L.W., 1993. Stochastic Subsurface Hydrology. Prentice Hall, Englewood Cliffs, NJ, 390 p.

Gerhard, J.L., Pang, T.W., Kueper, B.H., 2007. Time scales of DNAPL migration in sandy aquifers examined via numerical simulation. Groundwater 45(2), 147e157. http://dx.doi.org/10.1111/j.1745-6584.2006.00269.x.

Ghasemizadeh, R., Hellweger, F., Butscher, C., Padilla, I., Vesper, D., Field, M., Alshawabken, A., 2012. Review: Groundwater flow and transport modeling of karst aquifers, with particular reference to the North Coast Limestone aquifer system of Puerto Rico. Journal of Hydrogeology 20(8), 1441e1461. http://dx.doi.org/10.1007/s10040-012-0897-4.

Gingerich, S.B., Voss, C.I., 2005. Three-dimensional variable-density flow simulation of a coastal aquifer in southern Oahu, Hawaii, USA. Hydrogeology Journal 13(2), 436e450. http://dx.doi.org/10.1007/s10040-004-0371-z.

Gómez-Hernández, J.J., 2006. Complexity. Groundwater 44(6), 782e785. http://dx.doi.org/10.1111/j.1745-6584.2006.00222.x.

Gómez-Hernández, J.J., Hendricks Franssen, H.J.W.M., Sahuquillo, A., 2003. Stochastic conditional inverse modeling of subsurface mass transport: A brief review and the self-calibration method. Stochastic Environmental Research Risk Assessment 17(5), 319e328. http://dx.doi.org/10.1007/s00477-003-0153-5.

Guillaume, J.H.A., Qureshi, M.E., Jakeman, A.J., 2012. A structured analysis of uncertainty surrounding modeled impacts of groundwater-extraction rules. Hydrogeology Journal 20(5), 915e932. http://dx.doi.org/10.1007/s10040-012-0864-0.

参考文献

Hadley, P.W., Newell, C., 2014. The new potential for understanding groundwater contaminant transport. Groundwater 52(2), 174e186. http://dx.doi.org/10.1111/gwat.12135 (Also see discussion by S.P.Neuman (http://dx.doi.org/10.1111/gwat.12245) and reply by Hadley and Newell, 2014, Groundwater 52(5), 653e658. http://dx.doi.org/10.1111/gwat.12246).

Hancock, P.J., Hunt, R.J., Boulton, A.J., 2009. Hydrogeoecology: The interdisciplinary study of groundwater dependent ecosystems. Hydrogeology Journal 17(1), 1e3. http://dx.doi.org/10.1007/s10040-008-0409-8.

Hanson, R.T., Flint, L.E., Flint, A.L., Dettinger, M.D., Faunt, C.C., Cayan, D., Schmid, W., 2012. A method for physically based model analysis of conjunctive use in response to potential climate changes. Water Resources Research 48(6), W00L08. http://dx.doi.org/10.1029/2011WR010774.

Harvey, J.W., Bencala, K.E., 1993. The effect of streambed topography on surface-subsurface water exchange in mountain catchments. Water Resources Research 29(1), 89e98. http://dx.doi.org/10.1029/92WR01960 (Reprinted in Anderson, M.P. (Ed.), 2008, Benchmark Papers in Hydrology, 3: Groundwater. Selection, Introduction and Commentary by Mary P. Anderson. IAHS Press, pp. 458e467.).

Helmig, R., Flemisch, B., Wolff, M., Ebigbo, A., Class, H., 2013. Model coupling for multiphase flow in porous media. Advances in Water Resources 51, 52e66. http://dx.doi.org/10.1016/j.advwatres.2012.07.003.

Hoffmann, J., Leake, S.A., Galloway, D.L., Wilson, A.M., 2003. MODFLOW-2000 Ground-Water Model: User Guide to the Subsidence and Aquifer-system Compaction (SUB) Package. U.S. Geological Survey Open-File Report 2003-233, 44 p. http://pubs.usgs.gov/of/2003/ofr03-233/.

Holzbecher, E.O., 1998. Modeling Density-driven Flow in Porous MediadPrinciples, Numerics, Software. Springer-Verlag, Berlin, 286 p.

Holzer, T.L., Galloway, D.L., 2005. Impacts of land subsidence caused by withdrawal of underground fluids in the United States. Reviews in Engineering Geology 16, 87e99. http://dx.doi.org/10.1130/2005.4016(08).

Hu, L.Y., Chugunova, T., 2008. Multiple-point geostatistics for modeling subsurface heterogeneity: A comprehensive review. Water Resources Research 44(11), W11413. http://dx.doi.org/10.1029/2008WR006993.

Hunt, R.J., Wilcox, D.A., 2003. EcohydrologyeWhy Hydrologists Should Care. Groundwater 41(3), 289. http://dx.doi.org/10.1111/j.1745-6584.2003.tb02592.x (see also comment by R.W. Talkington and response by Hunt and Wilcox, 2003, Groundwater 41(5), 562e565. http://dx.doi.org/10.1111/j.1745-6584.2003.tb02393.x).

Hunt, R.J., Zheng, C., 2012. The current state of modeling. Groundwater 50(3), 329e333. http://dx.doi.org/10.1111/j.1745-6584.2012.00936.x.

Hunt, R.J., Hayashi, M., Batelaan, O., 2016. Ecohydrology and its relation to integrated groundwater management. In: Jakeman, A.J., Barreteau, O., Hunt, R.J., Rinaudo, J.D., Ross, A. (Eds.), Integrated Groundwater Management, Springer Publishing, New York, NY.

Jakeman, A.J., El Sawah, S., Guillaume, J.H.A., Pierce, S.A., 2011. Making progress in integrated modeling and environmental decision support. In: Hrebicek, J., Schimak, G., Denzer, R. (Eds.), Environmental Software Systems. Frameworks of Environment, 9th IFIP WG.11 International Symposium, IFIP AICT 359. IFIP (International Federation for Information Processing), Springer, pp. 15e25.

Jenkins, C.T., 1968. Electric analog and digital computer model analysis of stream depletion by wells. Groundwater 6(6), 37e46. http://dx.doi.org/10.1111/j.1745-6584.1968.tb01258.x.

Kasmarek, M.C., 2012. Hydrogeology and Simulation of Groundwater Flow and Land-surface Subsidence in the Northern Part of the Gulf Coast Aquifer System, Texas, 1891e2009 (ver. 1.1, December 2013).
U.S. Geological Survey Scientific Investigations Report 2012-5154, 55 p. http://pubs.usgs.gov/sir/2012/5154/.

Kitanidis, P.K., 1997. Introduction to Geostatistics: Applications in Hydrogeology. Cambridge University Press, Cambridge, UK, 249 p.

Koltermann, C.E., Gorelick, S.M., 1996. Heterogeneity in sedimentary deposits: A review of structureimitating, process-imitating, and descriptive approaches. Water Resources Research 32(9), 2617e2658. http://dx.doi.org/10.1029/96WR00025.

Konikow, L.F., 2011. The secret to successful solute-transport modeling. Groundwater 49(2), 144e159. http://dx.doi.

org/10.1111/j.1745-6584.2010.00764.x.

Langevin, C.D., Oude Essink, G.H.P., Panday, S., Bakker, M., Prommer, H., Swain, E.D., Jones, W., Beach, M., Barcelo, M., 2004. Chapter 3, MODFLOW-based tools for simulation of variable-density groundwater flow. In: Cheng, A., Ouazar, D. (Eds.), Coastal Aquifer Management: Monitoring, Modeling, and Case Studies. Lewis Publishers, pp. 49e76.

Langevin, C.D., Panday, S., 2012. Future of groundwater modeling. Groundwater 50(3), 333e339. http://dx.doi.org/10.1111/j.1745-6584.2012.00937.x.

Langevin, C.D., Zygnerski, M., 2012. Effect of sea-level rise on salt water intrusion near a coastal well field in southeastern Florida. Groundwater 51(5), 781e803. http://dx.doi.org/10.1111/j.1745-6584.2012.01008.x.

Langevin, C.D., Thorne Jr., D.T., Dausman, A.M., Sukop, M.C., Guo, W., 2007. SEAWAT Version 4: A Computer Program for Simulation of Multi-species Solute and Heat Transport. U.S. Geological Survey Techniques and Methods Book 6. Chapter A22, 39 p. http://pubs.usgs.gov/tm/tm6a22/.

Leake, S.A., Galloway, D.L., 2007. MODFLOW Ground-water ModeldUser Guide to the Subsidence and Aquifer-system Compaction Package (SUB-wt) for Water-table Aquifers. U.S. Geological Survey Techniques and Methods, 6eA23, 42 p. http://pubs.usgs.gov/tm/2007/06A23/.

Leake, S.A., Prudic, D.E., 1991. Documentation of a Computer Program to Simulate Aquifer-system Compaction Using the Modular Finite-difference Ground-water Flow Model. U.S. Geological Survey Techniques and Methods Book 6. Chapter A2, 68 p. http://pubs.usgs.gov/twri/twri6a2/.

Loague, K. (Ed.), 2010. Benchmark Papers in Hydrology. Rainfall-Runoff Modelling. Selection, Introduction and Commentary by Keith Loague, vol. 4. IAHS Press, p. 506.

Loáiciga, H.A., Pingel, T.J., Garcia, E.S., 2012. Sea water intrusion by sea-level rise: Scenarios for the 21st century. Groundwater 50(1), 37e47. http://dx.doi.org/10.1111/j.1745-6584.2011.00800.x.

Mariethoz, G., Caers, J., 2014. Multiple-point Geostatistics: Stochastic Modeling with Training Images. Wiley-Interscience, Hoboken, NJ, 384 p.

Marsily, G. de, Delay, F., Goncalves, J., Renard, P., Teles, V., Violette, S., 2005. Dealing with spatial heterogeneity. Hydrogeology Journal 13(1), 161e183. http://dx.doi.org/10.1007/s10040-004-0432-3.

Mayer, A., Hassanizadeh, S.M. (Eds.), 2005. Soil and Groundwater Contamination: Nonaqueous Phase Liquidsd-Principles and Observations. Water Resources Monograph, vol. 17. American Geophysical Union, Washington, DC, 216 p. http://dx.doi.org/10.1029/WM017.

Michael, H.A., Li, H., Boucher, A., Sun, T., Caers, J., Gorelick, S.M., 2010. Combining geologic-process models and geostatistics for conditional simulation of 3-D subsurface heterogeneity. Water Resources Research 46(5), W05527. http://dx.doi.org/10.1029/2009WR008414.

Muldoon, M., Bradbury, K.R., 2005. Site characterization in densely fractured dolomite: Comparison of methods. Groundwater 43(6), 863e876. http://dx.doi.org/10.1111/j.1745-6584.2005.00091.x.

National Research Council (NRC), 1990. Ground Water Models: Scientific and Regulatory Applications. National Academy Press, Washington, DC, 303 p.

National Research Council (NRC), 1996. Rock Fractures and Fluid Flow: Contemporary Understanding and Applications. National Academies Press, Washington, DC, 551 p.

National Research Council (NRC), 2001. Conceptual Models of Flow and Transport in the Fractured Vadose System. National Academy Press, Washington, DC, 374 p.

Neuman, S.P., 2005. Trends, prospects and challenges in quantifying flow and transport through fractured rocks. Hydrogeology Journal 13(1), 124e147. http://dx.doi.org/10.1007/s10040-004-0397-2.

Niswonger, R.G., Prudic, D.E., Regan, R.S., 2006. Documentation of the Unsaturated-zone Flow (UZF1) Package for Modeling Unsaturated Flow between the Land Surface and the Water Table with MODFLOW-2005. U.S. Geological Survey Techniques and Methods Report, 6eA19, 62 p. http://pubs.usgs.gov/tm/2006/tm6a19/.

Nogues, J.P., Fitts, J.P., Celia, M.A., Peters, C.A., 2013. Permeability evolution due to dissolution and precipitation of carbonates using reactive transport modeling in pore networks. Water Resources Research 49(9), 6006e6021. http:

//dx.doi.org/10.1002/wrcr.20486.

Pinder, G.F., Abriola, L.M., 1986. On the simulation of nonaqueous phase organic compounds in the subsurface. Water Resources Research 22(9), 109Se119S. http://dx.doi.org/10.1029/WR022i09Sp0109S.

Prommer, H., Barry, D.A., Zheng, C., 2003. MODFLOW/MT3DMS-Based reactive multicomponent transport modeling. Groundwater 41(2), 247e257. http://dx.doi.org/10.1111/j.1745-6584.2003.tb02588.x.

Prommer, H., Post, V.E.A., 2010. A Reactive Multicomponent Model for Saturated Porous Media, Version 2.0, User's Manual. http://www.pht3d.org.

Razavi, S., Tolson, B., Burn, D., 2012. Review of surrogate modeling in water resources. Water Resources Research 48 (7), W07401. http://dx.doi.org/10.1029/2011WR0011527.

Refsgaard, J.C., Højberg, A.L., Møller, I., Hansen, M., Søndergaard, V., 2010. Groundwater modeling in integrated water resources managementdvisions for 2020. Groundwater 48(5), 633e648. http://dx.doi.org/10.1111/j.1745-6584.2009.00634.x.

Renard, P., 2007. Stochastic hydrogeology: What professionals really need? Groundwater 45(5), 531e541. http://dx.doi.org/10.1111/j.1745-6584.2007.00340.x.

Renard, P., Allard, D., 2013. Connectivity metrics for subsurface flow and transport. Advances in Water Resources 51, 168e196. http://dx.doi.org/10.1016/j.advwatres.2011.12.001.

Rubin, Y., 2003. Applied Stochastic Hydrogeology. Oxford University Press, New York, NY, 391 p.

Ruskauff, G.J., Rumbaugh, J.O., Rumbaugh, D.B., 1998. Stochastic MODFLOW and MODPATH for Monte Carlo Simulation. Environmental Simulations Incorporated, Herndon, VA, 58 p.

Saar, M.O., 2011. Review: Geothermal heat as a tracer of large-scale groundwater flow and as a means to determine permeability fields. Hydrogeology Journal 19(1), 31e52. http://dx.doi.org/10.1007/s10040-010-0657-2.

Sahimi, M., 2012. Flow and Transport in Porous Media and Fractured Rock: From Classical Methods to Modern Approaches. John Wiley & Sons, 733 p.

Sawyer, A., Cardenas, M., 2009. Hyporheic flow and residence time distributions in heterogeneous crossbedded sediment. Water Resources Research 45(8), W08406. http://dx.doi.org/10.1029/2008WR007632.

Schmid, W., Hanson, R.T., 2009. The Farm Process Version 2 (FMP2) for MODFLOW-2005-modifications and Upgrades to FMP1. U.S. Geological Survey Techniques and Methods, Book 6. Chapter A32, 102 p. http://pubs.usgs.gov/tm/tm6a32/.

Schmid, W., Hanson, R.T., Leake, S.A., Hughes, J.D., Niswonger, R.G., 2014. Feedback of land subsidence on the movement and conjunctive use of water resources. Environmental Modelling & Software 62, 253e270. http://dx.doi.org/10.1016/j.envsoft.2014.08.006.

Schmid, W., Hanson, R.T., Maddock III, T., Leake, S.A., 2006. User Guide for the Farm Process (FMP1) for the U.S. Geological Survey's Modular Three-Dimensional Finite-Difference Ground-Water Flow Model, MODFLOW-2000. U.S. Geological Survey Techniques and Methods, 6eA17, 127 p. http://pubs.usgs.gov/tm/2006/tm6A17/.

Schoups, G., Addams, C.L., Minjares, J.L., Gorelick, S.M., 2006. Sustainable conjunctive water management in irrigated agriculture: Model formulation and application to the Yaqui Valley, Mexico. Water Resources Research 42(10), W10417(19). http://dx.doi.org/10.1029/2006WR004922.

Schwartz, F.W., 2012. Volume 50 and beyond. Groundwater 50(1), 1. http://dx.doi.org/10.1111/j.1745-6584.2011.00894.x.

Schwille, F., 1988. Dense Chlorinated Solvents in Porous and Fractured Media: Model Experiments. Translated from the German by J.F. Pankow. Lewis Publishers, Boca Raton, Florida, USA, 146 p.

Shepley, M.G., Whiteman, M.I., Hulme, P.J., Grout, M.W., 2012. Groundwater Resources Modelling: A Case Study from the UK, vol. 364. The Geological Society, London. Special Publication, 378 p.

Simmons, C.T., 2005. Variable density groundwater flow: From current challenges to future possibilities. Hydrogeology Journal 13(1), 116e119. http://dx.doi.org/10.1007/s10040-004-0408-3.

Simmons, C.T., Fenstemaker, T.R., Sharp Jr., J.M., 2001. Variable-density groundwater flow and solute transport in heterogeneous porous media: Approaches, resolutions and future challenges. Journal of Contaminant Hydrology 53

(1e4), 245e275. http://dx.doi.org/10.1016/S0169-7722(01)00160-7.

Soetaert, K., Herman, P.M.J., 2009. A Practical Guide to Ecological Modelling. Springer, 372 p.

Srinivasan, V., Gorelick, S.M., Goulder, L., 2010. A hydrologic-economic modeling approach for analysis of urban water supply dynamics in Chennai, India. Water Resources Research 46(7), W07540. http://dx.doi.org/10.1029/2009WR008693.

Szymkiewicz, A., 2013. Modelling Water Flow in Unsaturated Porous Media: Accounting for Nonlinear Permeability and Material Heterogeneity. Springer, 237 p.

Tidwell, V.C., Van Den Brink, C., 2008. Cooperative modeling: Linking science, communication, and ground water planning. Groundwater 46(2), 174e182. http://dx.doi.org/10.1111/j.1745-6584.2007.00394.x.

Voss, C.I., Provost, A.M., 2002. SUTRA: A Model for 2D or 3D Saturated-Unsaturated, Variable-density Groundwater Flow with Solute or Energy Transport. U.S. Geological Survey Open-File Report 02e4231, 250 p. http://pubs.er.usgs.gov/publication/wri024231.

Wang, H.F., 2000. Theory of Linear Poroelasticity with Applications to Geomechanics and Hydrogeology. Princeton University Press, 287 p.

Watson, T.A., Doherty, J.E., Christensen, S., 2013. Parameter and predictive outcomes of model simplification. Water Resources Research 49(7), 3952e3977. http://dx.doi.org/10.1002/wrcr.20145.

Weaver, J., 1996. The Hydrocarbon Spill Screening Model (HSSM) Volume 1 User's Guide (Version 1.1 Rev. October 1996). U.S. Environmental Protection Agency, Office of Research and Development, Athens, Georgia.

Werner, A.D., Bakker, M., Post, V.E.A., Vandenbohede, A., Lu, C., Ataie-Ashtiani, B., Simmons, C.T., Barry, D.A., 2013. Seawater intrusion processes, investigation and management: Recent advances and future challenges. Advances in Water Resources 51, 3e26. http://dx.doi.org/10.1016/j.advwatres.2012.03.004.

White, J.T., Doherty, J.E., Hughes, J.D., 2014. Quantifying the predictive consequences of model error with linear subspace analysis. Water Resources Research 50(2), 1152e1173. http://dx.doi.org/10.1002/2013WR014767.

Woessner, W.W., 2000. Stream and fluvial plain ground water interactions: Rescaling hydrogeologic thought. Groundwater 38(3), 423e429. http://dx.doi.org/10.1111/j.1745-6584.2000.tb00228.x.

Zhang, D., 2002. Stochastic Methods for Flow in Porous Media. Academic Press, San Diego, CA, 350 p.

Zheng, C., 2009. Recent developments and future directions for MT3DMS and related transport codes. Groundwater 47(5), 620e625. http://dx.doi.org/10.1111/j.1745-6584.2009.00602.x.

Zheng, C., Bianchi, M., Gorelick, S.M., 2011. Lessons learned from 25 years of research at the MADE site. Groundwater 49(5), 649e662. http://dx.doi.org/10.1111/j.1745-6584.2010.00753.x.

Zheng, C., Bennett, G.D., 2002. Applied Contaminant Transport Modeling, second ed. John Wiley & Sons, New York. 621 p.

Zhou, H., G_omez-Hern_andez, J.J., Liangping, L., 2014. Inverse methods in hydrogeology: Evolution and recent trends. Advances in Water Resources 63, 22e37. http://dx.doi.org/10.1016/j.advwatres.2013.10.014.

Zhou, Y., Ritzi, R.W., Soltanian, M.R., Dominic, D.F., 2014. The influence of streambed heterogeneity on hyporheic flow in gravelly rivers. Groundwater 52(2), 206e216. http://dx.doi.org/10.1111/gwat.12048.

索　引

〈ア　行〉

赤池の情報量基準　438
アーカイブ　466
アクティブ節点　150, 171, 203, 216
アクティブレイヤー　150, 267
アスペクト比　181
圧　縮　48, 116, 207, 476
アップスケーリング　193
圧力水頭　148, 206

意志決定支援システム　483
一次間隙率　39
位置水頭　148
一般化最尤不確実性推定法（GLUE）　437
一般水頭境界（GHB）パッケージ　145
井　戸　190, 206
移動境界　112, 130
移動時間　307, 326, 415
移動自由面境界　148
井戸性能（比湧出量）試験　206
井戸節点　190, 237, 240, 244, 320
井戸損失　242
井戸（WEL）パッケージ　238, 243
異方性　68, 169, 183, 192, 204
異方性比　183, 194
移　流　307, 331
移流分散方程式　479
入れ子式格子　175
入れ子式メッシュ　180
インバージョン　374

鉛直漏出　208
鉛直漏水係数　123

〈カ　行〉

オイラー積分　317, 333
汚染物質　331
汚染プリューム　331
重み付き残差法　84

〈カ　行〉

加圧層　38, 49, 110, 123, 206, 476
開始水頭　278
解釈モデル　10, 28
解析解法　73
解析的モデル　7, 73
解析要素法　7
解析要素（AE）モデル　75
概念モデル　4, 9, 16, 28, 33, 42, 54, 55, 389
ガウス・マルカート・レーベンベルグ（GML）　365
確率的MODFLOW　481
確率的MODPATH　433
確率モデル　481
確率論的アプローチ　411
確率論的モデル　5, 406, 431
重ね合わせの原理　75
過小適合　380
過剰適合　380, 383
河　川　250
河川消失　330
河川（RIV）パッケージ　139, 142, 251
仮想節点補正（GNC）パッケージ　178
可動節点　151
河道追跡　252
河道追跡（SFR）パッケージ　236
可変要素　151
河床コンダクタンス　251
間欠河川　128, 252, 253, 267

感度解析　　372, 391
感度行列　　368
感度係数　　367
涵　養　　210, 247
涵養パッケージ　　247
涵養量　　71
管　流　　48, 187
管流過程（Conduit Flow Process：CFP）　　188

基底関数　　83, 180
規定水頭境界　　72, 124, 135
規定流量境界　　72, 124, 135
逆距離法　　318
逆距離補間　　220, 314
逆問題　　342, 362
逆粒子追跡　　320, 327
キャリブレーションターゲット　　186, 346, 349
キャリブレーションパラメータ　　356, 374
寄与域　　327, 328, 433
境界条件　　34, 72, 124, 134, 278
行列ソルバー　　88
局所的格子調整　　146, 175
亀　裂　　48, 126, 187, 475

空　洞　　48
グラフィカルユーザーインターフェース　　93
クリッギング　　220

経験知　　343, 377
傾斜床　　198
決定論的モデル　　5, 406
検　証　　387

降雨流出モデル　　264
工学計算　　10
格　子　　79, 80
構造化格子　　168, 171
構造化差分格子　　171
構造的誤差　　357, 408, 409
誤差分散　　421
コーシー条件　　72
コスト　　15

コスト・ベネフィット解析　　427
固定節点　　150
コード　　8
コード検証　　18, 91, 388, 460
コンダクタンス　　81, 87, 139, 143, 145, 257
コントロールボリューム差分（CVFD）　　84, 168, 178, 475
混和性流体　　478

〈サ　行〉

最小メッセージ長（MML）曲線　　409
最適モデル　　345
最尤ベイズモデル平均　　438
査　読　　467
差分格子　　115, 167, 169
差分法　　8, 79, 80
残　差　　54, 84, 96, 350, 352
3次元モデル　　111, 116, 121
3重線形補間　　314

時間ステップ　　96, 289, 291
時間的水頭差ターゲット　　347
軸対称断面モデル　　121
事後確率　　411
事後監査　　440
事前確率　　411
実行時間　　96
失　水　　142
失水河川　　141, 250
湿　地　　141, 189, 259
湿地（Wetland）パッケージ　　139, 260
質量保存の法則　　65, 67, 86, 91, 194
時定数　　281, 311
自動化試行錯誤　　360
シナリオ　　409, 418, 429
支配方程式　　66
四分木格子法　　172, 176
シミュレーションログ　　94
周囲境界条件　　124, 186, 278, 287
自由水面　　112

索　引

収　束　　96, 196, 242, 278, 367, 432
手動の試行錯誤　　358
シュールの補行列　　422
準3次元モデル　　123
順応的予報　　441
蒸　散　　49, 143, 215
消散深さ　　144, 215
蒸　発　　49, 143, 215
蒸発散　　49, 143, 215, 249
蒸発散セグメント（ETS1）パッケージ　　249
蒸発散（EVT）パッケージ　　139
障　壁　　126, 187
情報量基準　　437
初期条件　　285
助走期間　　286
浸出湖　　255
浸出面　　112, 143, 148, 151
浸　透　　211, 247
浸透率　　39, 48
順問題　　341
水　質　　54
水　相　　41
水頭依存境界　　72, 124, 139
水頭拡散率　　281
水頭ターゲット　　346
水平流動障壁（Horizontal-Flow Barrier：HFB）
　パッケージ　　188, 198
水文応答単位　　265
水文応答モデル　　260
水文学的センス　　12, 343, 359, 372
水文構造単元　　42
水文地質単元　　41, 121, 169
水文水収支　　53
水理学的トモグラフィー（断層撮影法）　　206
数値モデル　　8, 13, 27, 79
数理モデル　　5, 16, 29, 65, 460
スクリーニングモデル　　10, 18, 28, 78
ストレス期間　　289
正規化　　374, 377

正規化インバージョン　　373
正規化目的関数　　378
節　点　　80, 150
節点間隔　　80, 185, 192, 244
ゼロ空間モンテカルロ（NSMC）法　　435
ゼロフラックス面　　212
全間隙率　　207, 210, 305, 332
線形不確実性解析　　420, 424
線形補間　　314
全水頭　　148
全体行列方程式　　88
前方粒子追跡　　320
失　減　　198
全溶解固形物　　66
潜伏流　　49, 135, 137, 145, 247, 249

層序柱状図　　44
双線形補間　　314
層　相　　41
測定値目的関数　　378
側面境界流れ　　145
ゾーン　　217

〈タ　行〉

タイスの式　　6, 73, 245, 289, 293
帯水層　　38
帯水層応答時間　　282, 311
帯水層試験　　206
代表要素体積　　67
多項フィッティング　　220
多段階スラグ試験　　206
妥当性評価　　18, 387
ダルシー則　　65, 68
単一井（スラグ）試験　　206
段階的メッシュ細分化　　146, 175
断水　　253
淡水-塩水界面　　128, 129
断　層　　126, 187, 198
断面モデル　　115, 118, 121

遅延係数　　307, 332

地下水涵養　49, 211
地下水集水域　260
地下水分水嶺　36, 127, 132
地下水面　35, 110, 112, 148, 152
地　形　152
地表水過程　480
地表水体　51, 127, 140, 222
地表水追跡（SWR1）過程　255
地表水モデル　264
注入井　237
超パラメータ　385
直接解法　88
貯留係数　71, 131, 196, 206, 207, 221, 281, 291
貯留パラメータ　207
地理情報システム（GIS）　31, 32

追　算　10, 403
強い吸い込み　319

定常モデル　277
ティームの式　243, 245
ディリクレ条件　72
定量知　343, 377
適正モデル　345
データ同化　441
点中心型差分格子　134

等価多孔質媒体　48, 66
等間隔格子　171, 173
透水係数　40, 81, 87, 183, 194, 204, 358, 415, 481
透水係数テンソル　68, 69, 169, 198
透水試験　207
透水量係数　71, 73, 77, 189, 196, 206, 242, 245
等層厚線図　43
等ポテンシャル線　132, 184, 308
特異値　382
特異値分解（SVD）　382, 383
得　水　142
得水河川　250, 327
特性漏水長　75, 189, 222
土壌水収支　212

トレーサー　55, 305

〈ナ　行〉
流れ関数　78, 308
難水溶性液　478
難透水層　38

二次間隙率　39, 48
2次元（2D）平面モデル　109
二重ステップ法　318
認識論的誤差　409
認識論的不確実性　409

ノイマン条件　72

〈ハ　行〉
排　水　208, 249
排水湖　255
排水路　142
排水路パッケージ　139, 142
パイロットポイント　220, 377, 381
破砕帯　126
八分木格子　176
バックキャスト　403
パラメータ　203
パラメータ感度　367, 421
パラメータ推定　360, 362, 370, 377, 385, 390, 422
パレート前線　380, 416
半透水層　38
反復解法　88, 278

非アクティブ節点　171, 203, 216, 257
被圧帯水層　38, 110
被圧レイヤー　196, 208
非一意性　11, 388
非構造化格子　85, 168, 175, 178
非混和性流体　478
比産出率　116, 131, 196, 207, 209, 216, 281
比産出量　71
非線形勾配探索法　365
比貯留率　68, 82, 207, 209, 216

索　引

非定常シミュレーション　283, 289, 294
非定常モデル　281, 387
非透水層　38
表計算ソフト　118
非流動境界　72, 118, 125
非流動条件　126, 136
ヒンドキャスト　403

不圧帯水層　72, 77, 111, 208
不圧レイヤー　196, 208, 216
フェンスダイアグラム　44
不確実性　12, 55, 221, 347, 407, 413, 438
不確実性解析　406, 418, 429, 436
不規則格子　171, 173, 175
不均質性　186, 193, 217
複数帯水層井戸（MAW1）パッケージ　243
物理探査　55
物理モデル　5
不飽和帯流（UZF）パッケージ　264
不定飽和流　65, 152, 477
不飽和流　65, 210, 263
フラックスターゲット　347
ブラックボックス　5, 261, 265
ブルズアイ　381
プレゼンテーション　14, 439
プロセス型モデル　5, 7
ブロックダイアグラム　44
ブロック中心型差分格子　119, 134
分配係数　332

平均誤差　352
平均絶対誤差　353, 435
閉合基準　90, 92, 96, 140
ベイズ理論　411
平方平均二乗誤差　353
ペナルティ　377, 438
変換可能レイヤー　196
変動密度　130, 477

ポアソン式　77
包括的モデル　10

報告書　455
補間　216, 217, 309, 313
補間関数　83, 179, 315
補間誤差　347
捕捉帯　327, 328

〈マ　行〉

マニング式　252, 260
マルコフ連鎖モンテカルロ（MCMC）シミュレーション　435
湖　255
湖（LAK）パッケージ　139, 257
水収支　51, 67, 91
水収支誤差　92, 97, 140
水収支式　53, 68, 86
見積もり　409, 418

メッシュ　79, 82

目的関数　364, 366, 369, 378, 429
目的関数面　365, 369
モデリングの目的　27
モデル　4
モデルキャリブレーション　343
モデル誤差　357, 364
モデルの限界　11
モデルの検証　18, 388
モデルの作成手順　15
モデルの設計　13
モデルのバイアス　14, 352
モデルの目的　9, 16
モデルの倫理　12
モンテカルロ法　363, 391, 430, 433, 437, 481

〈ヤ　行〉

ヤコビ行列　368, 372, 382, 385, 422

有限体積法　86
有限要素法　8, 71, 82, 90, 169
有限要素メッシュ　82, 179
有効間隙率　39, 131, 210, 304

湧　水　250

揚　水　214
揚水井　237
揚水量　242
予　測　10, 403
予　報　10, 403
弱い吸い込み　319

〈ラ　行〉
ラプラス式　77
ランキング　349
ランク　349

離散化　167, 192, 289, 309, 311
離散的特徴要素　187
リチャーズ式　477
流域モデリング　260
流　向　49, 459
粒子追跡　303
粒子追跡コード　332
流出寄与域　265
流　線　78, 118, 132, 184, 307
流動経路　55, 307, 316, 326, 331
流動ポテンシャル　76
領域区分　217
履歴との整合　10, 17, 342, 344, 350, 360

ルンゲ・クッタ法　316, 318, 333

レイヤー　168, 190, 196, 197
連結線形ネットワーク　188, 241

漏　水　110, 123, 141, 190

〈ワ　行〉
歪曲レイヤー　310
湧き出し・吸い込み　49, 188, 235, 247

〈英　名〉
AnAqSim　78, 132
AQUIFEM-N　151

BeoPEST　362
CLN過程　241
COMSOL　90, 236
DFBETAS　390
DNAPL　478
Dupuit-Forchheimer（D-F）近似　71, 78, 111, 112
FEFLOW　8, 88, 90, 151, 169, 236
FePEST　433
FLOWPATH　333
FREESURF　151
Freeware PMWIN　93
Galerkin法　84
GENIE　362
GFLOW　78, 132, 147, 257
Ghyben-Herzberg関係　129
GPTRAC　333
GroundWaterDesktop　94
Groundwater Modeling Systems　93
Groundwater Vistas　93
GSFLOW　263
GUI　93
GWPATH　333
HRU　265
INFSTAT　390
LAK3パッケージ　257
LNAPL　478
MATLAB　7, 90
MIKE11　255
MIKE SHE　264
MLAEM　78
MNW1パッケージ　243
MNW2パッケージ　242
ModelMate　93
ModelMuse　93
Model Viewer　94
MODFLOW　8, 85, 90, 93, 236
MODFLOWP　362
MODFLOW-SURFACT　94
MODFLOW-USG　85, 90, 94, 168

MODHMS 94	SFR2 パッケージ 253
MODINV 362	SLAEM/MLAEM 78
MODPATH 94, 319, 332, 481	SSSTAT 390
ModPATH3DU 332	SUTRA 71, 169, 478
MT3DMS 94, 291, 479, 480	SVD-Assist（SVDA） 385
Nash-Sutcliffe の効率係数 353	SWI2 パッケージ 131
OCTAVE 90	SWR1 過程 260
PATH3D 94, 332	Tikhonov の正規化 377
PEST 8, 94, 362, 363, 390, 407	TimML 78
PEST ++ 8, 94, 362, 386	Tóthian 流れ 152
PEST GENLINPRED 422, 425	TOUGH 475
PetraSim 93	UCODE 362
PHT3D 480	Visual MODFLOW-flex 93
RT3D 480	WHPA 333
SEAWAT 94, 478	ZONEBUDGET 92
SFR パッケージ 252, 257, 267	ZOOMQ3D 333
SFR1 パッケージ 253	ZOOPT 333

Memorandum

Memorandum

〈訳者紹介〉

堀野　治彦（ほりの　はるひこ）
　　1990 年　京都大学大学院農学研究科博士後期課程単位取得退学
　　専門分野　農業工学
　　現　　在　大阪府立大学大学院生命環境科学研究科教授，博士（農学）

諸泉　利嗣（もろいずみ　としつぐ）
　　1990 年　京都大学大学院農学研究科修士課程修了
　　専門分野　農業工学
　　現　　在　岡山大学大学院環境生命科学研究科教授，博士（農学）

中村　公人（なかむら　きみひと）
　　1999 年　京都大学大学院農学研究科博士後期課程農業工学専攻修了
　　専門分野　農業工学
　　現　　在　京都大学大学院農学研究科教授，博士（農学）

大西　健夫（おおにし　たけお）
　　2004 年　京都大学大学院農学研究科博士課程修了
　　専門分野　水文学
　　現　　在　岐阜大学応用生物科学部准教授，博士（農学）

吉岡　有美（よしおか　ゆみ）
　　2014 年　京都大学大学院農学研究科博士後期課程修了
　　専門分野　地域環境科学
　　現　　在　島根大学学術研究院環境システム科学系助教，博士（農学）

地下水モデル ─実践的シミュレーションの基礎─ 〔第2版〕
Applied Groundwater Modeling ─ Simulation of Flow and Advective Transport
2nd Edition

1994年8月25日　初　版1刷発行
2019年6月15日　第2版1刷発行

検印廃止

著　者　Mary P. Anderson，William W. Woessner，Randall J. Hunt
訳　者　堀野　治彦・諸泉　利嗣・中村　公人・大西　健夫・吉岡　有美

© 2019

発行者　南條　光章

発行所　共立出版株式会社
〒112-0006　東京都文京区小日向4丁目6番19号
電話　03-3947-2511
振替　00110-2-57035
www.kyoritsu-pub.co.jp

（一般社団法人
自然科学書協会
会　員）

印刷：真興社／製本：加藤製本　NDC 450, 518／Printed in Japan

ISBN 978-4-320-04736-5

JCOPY ＜出版者著作権管理機構委託出版物＞
本書の無断複製は著作権法上での例外を除き禁じられています．複製される場合は，そのつど事前に，出版者著作権管理機構（TEL：03-5244-5088，FAX：03-5244-5089，e-mail：info@jcopy.or.jp）の許諾を得てください．

現代地球科学入門シリーズ

大谷　栄治
長谷川　昭
花輪　公雄
【編集】

全16巻

世の中には多くの科学の書籍が出版されている。しかしながら多くの書籍には最先端の成果が紹介されているが，科学の進歩に伴って急速に時代遅れになり，専門書としての寿命が短い消耗品のような書籍が増えている。本シリーズは，寿命の長い教科書，座右の書籍を目指して，現代の最先端の成果を紹介しつつ，時代を超えて基本となる基礎的な内容を厳選し丁寧にできるだけ詳しく解説する。本シリーズは，学部2～4年生から大学院修士課程を対象とする教科書，そして専門分野を学び始めた学生が，大学院の入学試験などのために自習する際の参考書にもなるように工夫されている。さらに，地球惑星科学を学び始める学生や大学院生ばかりでなく，地球環境科学，天文学，宇宙科学，材料科学などの周辺分野を学ぶ学生・大学院生も対象とし，それぞれの分野の自習用の参考書として活用できる書籍を目指した。

【各巻：A5判・上製本・税別本体価格】
※価格は変更される場合がございます※

共立出版
https://www.kyoritsu-pub.co.jp/
https://www.facebook.com/kyoritsu.pub

❶ **太陽・惑星系と地球**
佐々木　晶・土山　明・笠羽康正・大竹真紀子著
....400頁・本体4,800円

❷ **太陽地球圏**
小野高幸・三好由純著...............264頁・本体3,600円

❸ **地球大気の科学**
田中　博著..324頁・本体3,800円

❹ **海洋の物理学**
花輪公雄著..228頁・本体3,600円

❺ **地球環境システム** 温室効果気体と地球温暖化
中澤高清・青木周司・森本真司著......294頁・本体3,800円

❻ **地震学**
長谷川　昭・佐藤春夫・西村太志著....508頁・本体5,600円

❼ **火山学**
吉田武義・西村太志・中村美千彦著....408頁・本体4,800円

❽ **測地・津波**
藤本博己・三浦　哲・今村文彦著......228頁・本体3,400円

❾ **地球のテクトニクスⅠ** 堆積学・変動地形学
箕浦幸治・池田安隆著...............216頁・本体3,200円

❿ **地球のテクトニクスⅡ** 構造地質学
金川久一著..270頁・本体3,600円

⓫ **結晶学・鉱物学**
藤野清志著..194頁・本体3,600円

⓬ **地球化学**
佐野有司・高橋嘉夫著...............336頁・本体3,800円

⓭ **地球内部の物質科学**
大谷栄治著..180頁・本体3,600円

⓮ **地球物質のレオロジーとダイナミクス**
唐戸俊一郎著..266頁・本体3,600円

⓯ **地球と生命** 地球環境と生物圏進化
掛川　武・海保邦夫著...............238頁・本体3,400円

⓰ **岩石学**
榎並正樹著..274頁・本体3,800円

フィールドジオロジー

野外で学ぶ地質学シリーズ
野外調査をふまえた研究の手引き！

全9巻

日本地質学会フィールドジオロジー刊行委員会 編
編集委員長：秋山雅彦／編集幹事：天野一男・高橋正樹

❶ フィールドジオロジー入門
天野一男・秋山雅彦著　本書を片手にフィールドに出て直接自然を観察することにより，フィールドジオロジーの基本が身につくように解説。調査道具の使用法や調査法のコツも詳しく説明。

❷ 層序と年代
長谷川四郎・中島　隆・岡田　誠著　地質現象の前後関係を明らかにするための手法である層序学と，それらの現象が地球が何歳のときに起きたかを明らかにする手法である年代学を，専門研究者がわかりやすく解説。

❸ 堆積物と堆積岩
保柳康一・公文富士夫・松田博貴著　堆積過程の基礎と堆積物と堆積岩から変動を読み取るための方法をやさしく解説。砂岩，泥岩，礫岩などの砕屑性堆積岩と同様に石灰岩についても十分に説明。

❹ シーケンス層序と水中火山岩類
保柳康一・松田博貴・山岸宏光著　第4巻では，第3巻で扱えなかった地層と海水準変動との関係を考察する仕方と，日本列島でのフィールド調査では避けて通れない，水中火山岩類の観察の仕方を取り上げた。

❺ 付加体地質学
小川勇二郎・久田健一郎著　付加体とは何であろうか？どのようにして，また何故できるのだろうか？どこへ行けば見られるのだろうか？というような問いに対して具体的に答える付加体地質学の入門書。

❻ 構造地質学
天野一男・狩野謙一著　露頭で認められる構造を対象として，フィールドで地質構造を認識・解析するための基礎知識を解説。構造地質学で必要とされる応力や歪といった基本概念についても必要最小限説明。

❼ 変成・変形作用
中島　隆・高木秀雄・石井和彦・竹下　徹著　変成岩の形成は，物理化学的，そして構造地質学的な二つの側面をもっている。本書ではそれらをそれぞれの専門家が「変成岩類」と「変形岩類」に分けて執筆。

❽ 火成作用
高橋正樹・石渡　明著　主に深成岩について野外で観察できるその特徴やそれらが地下のどのようなマグマ活動を表すのか，そして地球の歴史の中で演じてきた役割を豊富な実例と最新の研究成果を示し解説。

❾ 第四紀
遠藤邦彦・小林哲夫著　新しい第四紀の定義と第四紀学のカバーする分野とともに，火山にまつわる諸現象を最近の話題をもとにわかりやすく解説しており，関連した地震や津波の研究についても紹介。

≪全巻完結≫

【各巻】B6判・並製本・168～244頁
①，③，④，⑤，⑦，⑧，⑨巻：本体2,000円
②，⑥巻：本体2,100円

（税別本体価格）

（価格は変更される場合がございます）

共立出版　https://www.kyoritsu-pub.co.jp/

■地学・地球科学・宇宙科学関連書

https://www.kyoritsu-pub.co.jp/ 共立出版

地質学用語集 和英・英和	日本地質学会編
応用地学ノート	武田裕幸他責任編集
地球・環境・資源 地球と人類の共生をめざして 第2版	内田悦生他編
地球・生命 その起源と進化	大谷栄治他著
大絶滅 2億5千万年前、終末寸前まで追い詰められた地球生命の物語	大野照文監訳
人類紀自然学 地層に記録された人間と環境の歴史	人類紀自然学編集委員会編
氷河時代と人類 (双書 地球の歴史 7)	酒井潤一他著
よみがえる分子化石 有機地質学への招待 (地学OP 5)	秋山雅彦著
天気のしくみ 雲のでき方からオーロラの正体まで	森田正光他著
竜巻のふしぎ 地上最強の気象現象を探る	森田正光他著
桜島 噴火と災害の歴史	石川秀雄著
大気放射学 衛星リモートセンシングと気候問題へのアプローチ	藤枝 鋼他共訳
土砂動態学	松島亘志他著
海洋底科学の基礎	日本地質学会「海洋底科学の基礎」編集委員会編
プレートダイナミクス入門	新妻信明著
プレートテクトニクス その新展開と日本列島	新妻信明著
サージテクトニクス 地球ダイナミクスの新仮説	西村敬一他訳
躍動する地球 その大陸と海洋底 第2版	石井健一他著
地球の構成と活動 (物理科学のコンセプト 7)	黒星瑩一訳
地震学 第3版	宇津徳治著
水文科学	杉田倫明他編著
水文学	杉田倫明訳
陸水環境化学	藤永 薫編集
地下水モデル 実践的シミュレーションの基礎 第2版	堀野治彦他訳
地下水流動 モンスーンアジアの資源と循環	谷口真人編著
環境地下水学	藤縄克之著
地下水汚染論 その基礎と応用	地下水問題研究会編
汚染される地下水 (地学OP 2)	藤縄克之著
復刊 河川地形	高山茂美著
大学教育 地学教科書 第2版	小島丈兒他共著
国際層序ガイド 層序区分・用語法・手順へのガイド	日本地質学会訳編
地質基準	日本地質学会地質基準委員会編著
日本の地質 増補版	日本の地質増補版編集委員会編
東北日本弧 日本海の拡大とマグマの生成	周藤賢治著
地盤環境工学	嘉門雅史他著
岩石・鉱物のための熱力学	内田悦生著
岩石熱力学 成因解析の基礎	川嵜智佑著
同位体岩石学	加々美寛雄他著
岩石学概論(上) 記載岩石学	周藤賢治他著
岩石学概論(下) 解析岩石学	周藤賢治他著
地殻・マントル構成物質	周藤賢治他著
岩石学Ⅰ 偏光顕微鏡と造岩鉱物 (共立全書 189)	都城秋穂他共著
岩石学Ⅱ 岩石の性質と分類 (共立全書 205)	都城秋穂他共著
岩石学Ⅲ 岩石の成因 (共立全書 214)	都城秋穂他共著
水素同位体比から見た水と岩石・鉱物	黒田吉益著
偏光顕微鏡と岩石鉱物 第2版	黒田吉益他共著
黒鉱 世界に誇る日本的資源をもとめて (地学OP 4)	石川洋平著
轟きは夢をのせて	的川泰宜著
人類の星の時間を見つめて	的川泰宜著
いのちの絆を宇宙に求めて	的川泰宜著
この国とこの星と私たち	的川泰宜著
的川博士が語る宇宙で育む平和な未来	的川泰宜著
宇宙生命科学入門 生命の大冒険	石岡憲昭著
現代物理学が描く宇宙論	真貝寿明著
狂騒する宇宙 ダークマター、ダークエネルギー、エネルギッシュな天文学者	井川俊彦訳
めぐる地球 ひろがる宇宙	林 憲二他著
人は宇宙をどのように考えてきたか	竹内 努他共訳
多波長銀河物理学	竹内 努訳
宇宙物理学 (KEK物理学S 3)	小玉英雄他著
宇宙物理学	桜井邦朋著
復刊 宇宙電波天文学	赤羽賢司他共著